贵金属珠宝饰品材料学

Precious Metal Jewelry Materials

宁远涛　宁奕楠　杨　倩　编著

北　京
冶　金　工　业　出　版　社
2021

内 容 简 介

本书内容涉及贵金属及其珠宝材料的基本物理与化学性质、贵金属珠宝饰品色度学、冶金学和材料学；详细地阐述了贵金属合金饰品和装饰材料，贵金属镀层、涂层和包覆材料，金属间化合物和实体非晶态材料，贵金属牙科修复材料以及作为贵金属珠宝饰品天然伴侣的各种有机和无机宝石材料的结构、性质和应用；介绍了贵金属珠宝饰品的制造技术和现代高科技在贵金属珠宝饰品制造中的应用、贵金属珠宝饰品的品质检验和印鉴方法、贵金属珠宝饰品在制造和使用中的安全防护和保护问题及现代贵金属的供需关系和我国贵金属珠宝饰品市场发展前景。

本书可供从事贵金属材料科学和从事贵金属珠宝饰品研究、设计、生产的科技工作者及相关专业的师生参考，也可作为贵金属珠宝饰品消费者和鉴赏者的参考读物。

图书在版编目(CIP)数据

贵金属珠宝饰品材料学/宁远涛，宁奕楠，杨倩编著．—北京：冶金工业出版社，2013.8（2021.7 重印）

ISBN 978-7-5024-6319-9

Ⅰ.①贵…　Ⅱ.①宁…　②宁…　③杨…　Ⅲ.①贵金属—首饰—金属材料　②宝石—首饰—原料　Ⅳ.①TS934.3

中国版本图书馆 CIP 数据核字(2013）第 195895 号

出 版 人　苏长永
地　　址　北京市东城区嵩祝院北巷 39 号　邮编　100009　电话　(010)64027926
网　　址　www.cnmip.com.cn　电子信箱　yjcbs@cnmip.com.cn
责任编辑　张熙莹　美术编辑　彭子赫　版式设计　孙跃红
责任校对　王永欣　责任印制　禹　蕊
ISBN 978-7-5024-6319-9
冶金工业出版社出版发行；各地新华书店经销；三河市双峰印刷装订有限公司印刷
2013 年 8 月第 1 版，2021 年 7 月第 2 次印刷
787mm×1092mm　1/16；25.5 印张；613 千字；394 页
76.00 元

冶金工业出版社　投稿电话　(010)64027932　投稿信箱　tougao@cnmip.com.cn
冶金工业出版社营销中心　电话　(010)64044283　传真　(010)64027893
冶金工业出版社天猫旗舰店　yjgycbs.tmall.com

（本书如有印装质量问题，本社营销中心负责退换）

前　言

金银作为珠宝饰品的历史可以追溯到人类文明的启蒙时代，世界上各地区与各民族的先民都制作了大量华美的金器与银器，成为世界灿烂文明的一个组成部分。事实上，一部金银的开发和应用历史就是一部人类文明史。铂族金属的发现与命名时间虽然较金银为晚，但它们被用作装饰材料的历史也很久远。在现代社会，虽然贵金属及其合金已成为基础工业、尖端工业和高新技术必不可少的关键材料，但黄金、白银、铂金和钯金的主要应用领域仍是珠宝首饰业，各类贵金属珠宝饰品已成为人类生活与文明的组成部分之一，各类贵金属投资产品已成为人们抗击金融风险和保值增值的最佳理财产品。当今世界每年用于珠宝首饰业的黄金量保持在3000t以上，白银珠宝首饰量保持在5000t以上，铂金和钯金用量在百吨以上。中国贵金属珠宝首饰每年的银用量上千吨，黄金用量在500t以上，铂金和钯金的年用量在80t以上。贵金属珠宝首饰已成为我国的重要产业之一，据初步统计，中国珠宝行业的从业人员目前已超过300余万人（不包括从事贵金属冶金和材料加工的人员），2010年我国珠宝市场的销售额约为1800亿元，占全球市场的10%以上；预计到2020年，中国珠宝产业年销售总额将达到3000亿元，出口超过120亿美元。在世界珠宝首饰业中，中国珠宝市场一直繁荣兴旺，“一枝独秀”，占据世界珠宝首饰制造和消费的主导地位。中国已成为世界最大的珠宝消费市场，也将成为全球最具竞争力的珠宝首饰制造和贸易中心之一。中国贵金属珠宝市场繁荣兴旺，对促进就业、拉动内需、促进外贸和繁荣经济都具有重要意义，也有利于在我国实现“藏金于民”和“藏铂于民”的贵金属储备战略。鉴于中国贵金属珠宝首饰业的快速发展，作者认为有必要写一本关于贵金属珠宝饰品材料学的专著，总结贵金属珠宝饰品材料的历史发展，阐述影响贵金属珠宝饰品材料的色泽、结构和性能的基本原理，推行国家标准，规范市场秩序。

本书是一本关于贵金属珠宝饰品材料学的综合性科技论著，主要内容涉及贵金属及其珠宝材料的基本物理与化学性质，贵金属珠宝饰品色度学、冶金学和材料学。全书分16章，介绍了贵金属珠宝饰品和贵金属钱币的历史发展和社会功能，详细地阐述了用作珠宝饰品和装饰品的各种传统贵金属材料，如彩色开金与白色开金珠宝材料，银与银合金、铂与铂合金、钯与钯合金、贵金属镀层、涂层和包覆材料、贵金属牙科修复和装饰材料等的结构、性质和应用以及相关的基本原理；阐述了新型的贵金属珠宝饰品材料，如彩色贵金属金属间化合物材料、实体非晶态材料、具有马氏体结构的斑斓闪烁珠宝饰品材料等；阐述了贵金属珠宝饰品材料和珠宝饰品的各种制造技术和现代高科技在贵金属珠宝饰品制造中的应用。本书还介绍了作为贵金属珠宝饰品天然伴侣的非贵金属饰品材料、各种有机和无机宝石材料的结构、性质和应用，贵金属珠宝饰品的品质检验和印鉴方法、贵金属珠宝饰品的鉴别和保护，贵金属珠宝饰品在制造和使用中的安全防护和环保问题，现代贵金属的供需关系和投资趋势及我国贵金属珠宝饰品消费概貌和发展前景。

全书内容覆盖面十分广泛，涵盖贵金属珠宝饰品材料的各个方面。作者本着雅俗共赏的理念，本书既有相关材料在应用中所涉及的基本原理的阐述，也有通俗介绍。本书可供从事贵金属材料研究与生产、贵金属珠宝饰品设计和生产的科技人员参考，也可作为相关专业师生的参考读物，此外还可对贵金属珠宝饰品消费者、投资者和鉴赏者提供参考。

在本书的撰写与出版过程中，得到了许多同事和同行专家的热情鼓励。杨正芬高级工程师为本书做了详细的校对和修改，文飞和胡新教授提供了技术帮助，昆明市“五华区文博商会”为本书出版提供了资助，作者在此一并致以诚挚的感谢。

书中不足之处敬请专家、广大同仁和读者批评指正。

作　者

2013年1月于昆明

目　录

1 贵金属珠宝饰品的历史

贵金属是金、银、铂、钯、铑、铱、钌、锇八个金属元素的总称。贵金属因具有美丽的颜色、稳定的化学性质、好的观赏收藏价值和高的保值增值作用，自古就用于制造饰品与装饰材料。金银作为饰品材料的历史可以追溯到人类文明的启蒙时代，世界上各个地区各民族的先民们都制作了大量华美的金器与银器，成为世界灿烂文明的一个组成部分。铂族金属的发现与命名时间虽然较金银晚，但它们被用作装饰材料的历史也同样久远。

1.1 古代金饰品和金饰艺术的发展

1.1.1 古代金资源与产量

自然界存在着“自然金”，中国古代先民称之为“生金”。“自然金”不是纯金，而是含有或混合有其他元素的“合金”或混合金。自然金具有光彩夺目的光泽和沉重的手感，一旦显露于山岩、河谷和土表时，容易被人们发现和采集。因此，金是人类最早发现的金属，它的发现年代早于铜和银。

自然金的成分因地而异，通常金含量为 80% ~95%，其他元素主要是银（最高含量达 20%），少量铜和微量铁、铂等。在古埃及发现了大量砂金和块金，金的纯度约 80% ~85%，其余成分主要为银。俄罗斯乌拉尔山脉的块金纯度达 95%，银含量为 4% ~5%。在美国加利福尼亚和澳大利亚昆士兰发现了世界上最纯的自然金，金含量高达 99.5% ~99.9%，余为微量铜和银[1~4]。小的自然金有麸片金、片金、鳞片金、掌状金、棒状金、树枝状金，大的自然金则有“块金”和“狗头金”等。狗头金的发现被认为是采金史上大事，“千百年间有获狗头金一块者，名曰金母”（明朝《天工开物·五金》）。1 世纪和 11 世纪在湖南宜阳曾发现 4.75kg 和 24.5kg 的狗头金；2002 年在青海省发现了一块重 4.018kg 的狗头金。据资料介绍，世界各国历史上都发现了狗头金，质量在 10kg 以上的块金已发现了 8000 ~ 10000 块，质量超过 30kg 的有几十块，最重的是 1872 年在澳大利亚发现的重 285kg 的“板状霍尔特曼”块金[1,4]。在澳大利亚维多利亚州盛产黄金的巴拉瑞镇的黄金博物馆内展示有许多几十到上百千克重的狗头金。图 1-1 所示为维多利亚州于 19 世纪中叶发现的自然块金的形态，其中图 1-1(a)是 1855 年在巴拉瑞镇发现的自然金，重 68.98kg；图 1-1(b)是 1869 年在瑞奥拉镇发现的自然金，重 70 余千克，其形态似狗头。

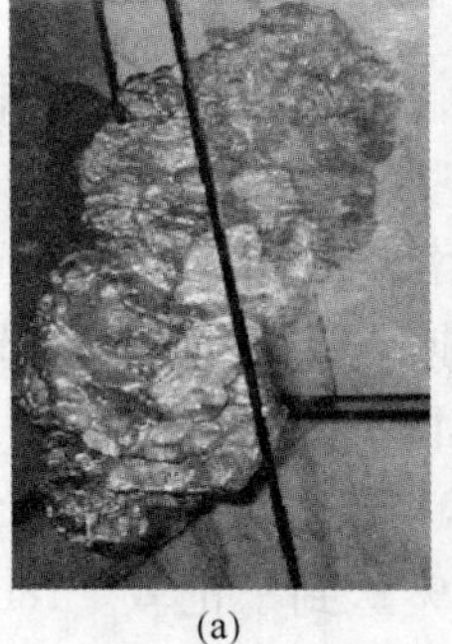
(a)

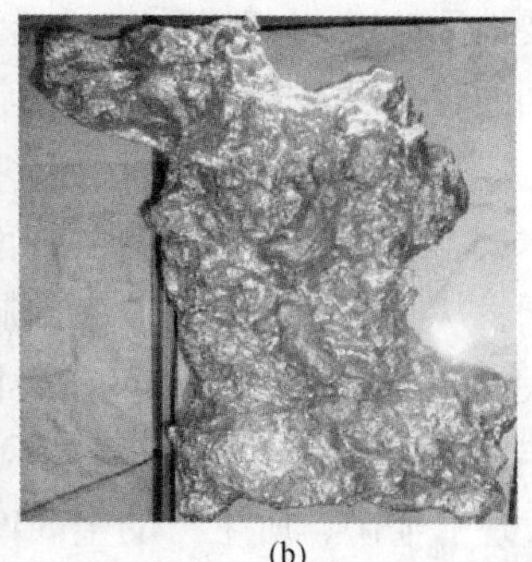
(b)

图 1-1　澳大利亚维多利亚州于 19 世纪中叶发现的自然块金的形态

古代先民最先找到较大的自然金块，随后开采砂金。在各洲大陆的沿海和河流沿岸的砂金矿和某些山脉的砂金矿都是采金的主要来源，如在埃及红海沿岸和上尼罗河地区、赞比西河、尼日尔河、塞内加尔河、黑海沿岸、爱尔兰岛、莱茵河、中亚细亚底格里斯河和幼发拉底河上游、乌拉尔山脉、南美洲的厄瓜多尔和哥伦比亚地区、印度河、恒河、中国的长江、汉水、洞庭湖滨等诸多河流及地区都是采掘黄金的主要源地。总的来说，中国、埃及、印度、小亚细亚等古代文明中心地区都盛产自然金。

在保加利亚靠近黑海的瓦尔纳发现了公元前4000年前的经过加工的共2000余件（重约5.5kg）黄金宝藏和古代金冶炼加工技术相关的记载，显示出当时人们已经懂得了黄金的冶炼加工技术。冶金史学家们认为可将它作为人类实质性开采和冶炼黄金的历史年代[3,5]。在早期青铜器时代（4800年前），爱尔兰是金、银的主要产地。在埃及的一处公元前2300年的古遗址墙壁上发现了金称量、熔炼、熔铸、金板压延等工艺的浮雕。这个历史时期，人们已经知道通过氧化清除金中的贱金属和银。公元前2000年前，在土耳其的吕底亚地区发现了砂金矿带，公元前650年，当地金冶炼技术很发达，所生产的金用于制造质量和纯度准确的金币。公元元年期间，西班牙发现了巨大的沉积矿床，采用了水力冲挖方法采金[3]。

中国古代早有山金和砂金之分。从一些古籍的记载表明，中国古代利用的金资源主要是砂金矿藏，并以冲积型砂金矿床为主，残积型和坡积型矿床次之[1]。战国时代的楚国拥有大量黄金就在于长江、汉水、洞庭湖流域盛产黄金。此外，云南、贵州、山东、福建等地也出产黄金。在战国时代黄金已成为物质财富的代表，动辄以百镒、千镒（斤）计。狐刚子的《出金矿图录》论述了我国古代矿脉的分布规律，指出早在汉代已开采山金。古籍《本草拾遗》记载："常见人取金，掘土深丈余，至纷子石，石皆一头黑焦，石下有金……"。它不仅描述了金矿床的分布，也表明了我国古代也开采脉金矿，这是采金史上的一大进步[6,7]。明朝李时珍在他所著《本草纲目》中科学地描述了金的成色："金有山金沙金两种，其色七青八黄九紫十赤，以赤为足色"，表明古人已经认识到了杂质或合金元素对金颜色的影响。

1492年，哥伦布发现了美洲。当时海地的土著人手中拥有金块，引起了西班牙人的兴趣。1532年西班牙人征服了秘鲁之后，印加统治者支付的赎金是一屋黄金，约为6t[1]，可见南美洲早已采集黄金并有丰富的积累。此后，南美洲成了欧洲人寻找和开采黄金的重要地区。16世纪以后，通过贸易和掠夺，欧洲又从亚洲获得了大量金和银。南美洲和亚洲的黄金财富对欧洲的发展起了极为重要的作用。

从19世纪开始，世界多次掀起了大规模"淘金热"，淘金足迹遍布俄罗斯、美国、加拿大、澳大利亚、新西兰和南非等地，使采集黄金的活动达到了新高潮。俄罗斯地域广阔，从西伯利亚经乌拉尔山脉至黑海和地中海分布有丰富的金资源，在1847年它成为最大的金生产国。1848年在美国的加利福尼亚发现了金矿并采用水力冲挖方法采金，1853年它生产金达到93t，超过俄罗斯的金产量。1851年澳大利亚的新南威尔士和维多利亚州发现了金矿，所生产的金80%送到了伦敦。1867年在南非金伯利发现了钻石矿，在开采钻石矿的过程中发现了金，在继续寻找金的过程中于1886年在约翰内斯堡发现了含金大矿脉，金的品位高达31~62g/t。南非的金矿深埋在地下，开采需要新的技术。1887年以后，陆续发明了金银氰化法、锌屑沉淀法等新的提取金的专利技术，使金的提取与生产进入了以科学技术为主的新历史时代，也使南非成为世界第一产金大国，1899 年它的金产量占西方世界的 25%，1910 年占 33%，随后达到 60% ~70%。在 20 世纪 70 年代，南非的黄金年产量达到了 1000t，在几十年内一直占据世界第一位。1896 年加拿大的勘探人员在北部育康河的支流发现金矿，随后在此地区开采金直至 1966 年[5]。

表 1-1[1]列出了自公元前 4000 年至公元 2000 年间世界黄金累积产量，6000 年间共产黄金 156152t，其中 76% 是 20 世纪开采的。这 6000 年间出现了 7 次黄金生产高峰期：第一高峰期是公元前 2000 ~ 公元元年，源于中国、埃及等文明古国大量采金；第二高峰期是 1492 ~ 1600 年，是发现美洲后黄金大量流入欧洲；第三高峰期是 1600 ~ 1800 年，是南美洲砂金和脉金矿床发现后黄金产量激增期；第四高峰期是 1820 ~ 1880 年，是在西伯利亚、加利福尼亚、澳大利亚和新西兰发现砂金和脉金矿床后；第五高峰期是 1890 ~ 1920 年，反映了在阿拉斯加、加拿大和南非发现大型金矿藏之后金产量的增长；第六高峰期是在 20 世纪 30 年代经济大萧条时期黄金开采量的增长；第七高峰期是 20 世纪 70 年代取消了金官价和实行金价自由浮动后引发黄金大量开采和产量迅速增加。在 19 世纪以前，中国黄金产量一直名列世界前茅，1888 年黄金产量 13.452t，居世界第五位。20 世纪 80 年代以后，中国黄金生产获得了快速发展，产量稳步上升，1998 ~ 2000 年连续 3 年超过 170t[1]。

表 1-1 公元前 4000 年至公元 2000 年世界黄金累积产量

年 代	年均产量/t	区间产量/t	区间产量比例/%	累积产量/t	累积产量比例/%	人均占有量/g
公元前 4000 ~ 公元前 2000	1.5	3000	2.0	3000	2.0	181.4
公元前 2000 ~ 公元前 1000	12.0	12000	7.7	15000	9.6	360.0
公元前 1000 ~ 0	8.0	8000	5.1	23000	14.7	209.8
0 ~ 700	6.0	4000	2.6	27000	17.3	121.9
700 ~ 1200	1.0	500	0.3	27500	17.6	93.6
1201 ~ 1493	3.0	1000	0.6	28500	18.3	70.9
1494 ~ 1600	7.0	715	0.5	29215	18.7	62.4
1601 ~ 1700	9.0	896	0.6	30111	19.3	48.2
1701 ~ 1800	19.0	1904	1.2	32015	21.0	42.5
1801 ~ 1850	24.0	1212	0.8	33227	21.3	31.2
1851 ~ 1900	210.0	10430	6.7	43657	28.0	28.3
1901 ~ 1950	730.0	36607	23.4	80264	51.4	34.1
1951 ~ 1984	1210.0	41280	26.4	121544	77.8	31.2
1985 ~ 1994	1989.0	19886	12.7	141430	91.0	22.7
1995 ~ 2000	2441.5	14649	9.4	156152	100.0	22.7

注：区间产量比例为区间产量占总产量的比例；累计产量比例为区间累计产量占总产量比例。

1.1.2 国外古代金加工技术和金饰艺术

金有极好的延展性和可锻性，它的熔点不很高，因此它是最早被加工和用做饰物的金属。从黑海边瓦尔纳发掘的公元前 4000 年前的经过加工的 2000 余件黄金宝藏来看，说明当时人类已经掌握了把自然金加工成材并通过熔铸或雕刻制成饰品的整套技术工艺[8,9]。黄金光辉夺目，古埃及的法老们认为“黄金是不朽的象征”。因此早年的黄金为国王、王室和贵族所有，通常用来装饰寺庙和制造装饰艺术品，甚至用于制造金棺埋葬法老以保证永远不朽。考古发现，公元前2700年，埃及国王的精致头盔就采用薄金片制造；公元前1361～公元前1352年埃及国王Tutankhaman的遗体放在厚2mm、重达110kg（约242磅）的金棺内，金棺是铸造的，厚度相当均匀，金棺的盖含有足量的银以至显示黄绿色，他头上戴的面罩也是用锤击的金片制造的。公元前862年，吕底亚人使用Au-27Ag绿色合金制作硬币，币上有凸起的浮雕图案。公元前1世纪至公元4世纪，罗马帝国的疆域广阔，它的黄金生产和金饰技术得到发展，公元32年罗马帝国亚历山大大帝去世，他的遗体放在用黄金包封的玻璃棺内。罗马帝国崩溃后，拜占庭帝国（今君士坦丁堡）成了金饰中心，它的金饰技术非常著名，同时还发展了珐琅技术，超过欧洲人几百年。

印度也是发现和使用金较早的国家，约在公元前10世纪，印度的诗文描写“金是由火神而生，永生不朽”。约在4世纪，印度人掌握了金箔制造技术和通过机械粉碎法将金箔制成金粉的技术；9世纪掌握了汞齐法制备金粉的技术[1]。

在美洲的墨西哥、哥伦比亚和秘鲁等地出土了大量古代金饰品，它们主要用于装饰宗教建筑物，其制造方法与艺术风格不同于欧洲和亚洲。公元前3400年前，南美洲的工匠们已会将金加工成金箔并贴在铜制品上。50～750年间，穆奇帝国（今秘鲁北部和哥伦比亚一带）创造了相当繁荣的穆奇文化，玛雅的金匠们不仅使用金、银和铜金属制备各种装饰品，而且利用这些金属制造Au-Ag、Au-Cu和Au-Ag-Cu合金，其中包括色调呈红色的合金，并采用交替锤击锻打和退火技术将贵金属合金制备成精密华丽的工艺品。图1-2(a)所示为一件出自哥伦比亚安第斯山脉卡里玛地区的艺术品，它是由71Au-22Cu-7Ag合金用手工重锤击至厚0.2mm片材制作的面部装饰品，大的一片宽28cm，浮雕花纹是用模具衬在背面通过锤击形成，耳饰和鼻饰用细合金丝连接。11世纪以后，南美洲的工匠们还采用铸造工艺制造各种形状复杂的金饰品，图1-2(b)所示为一件出自哥伦比亚安第斯山脉奇门巴亚（Quimbaya）地区约于16世纪采用石蜡模铸造工艺制造的金面罩，其高11.5cm，铸件表面相当光滑致密，在耳部仍保留有黑色的铸模材料[10,11]。可见古代南美洲金饰品制造技术已很高超，证明安第斯金属加工制作技术并不亚于其他文明发达地区。

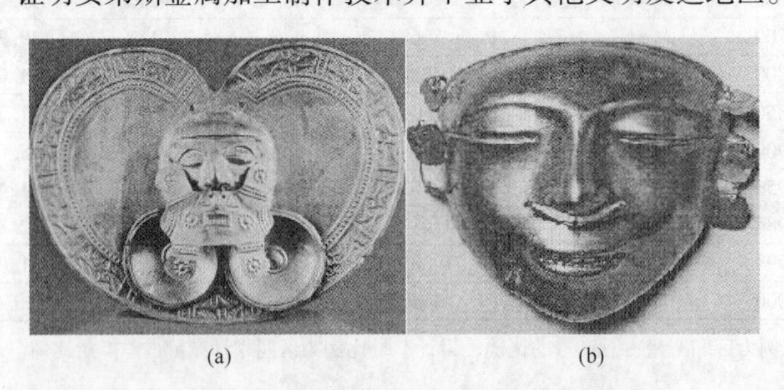

(a) (b)

图1-2 南美洲古安第斯地区制作的装饰金艺术品

在欧洲，爱尔兰的金饰品和制造技术非常著名。公元前1500年，爱尔兰的冶金技术已经很成熟，制造了大量的金、银器，至今在蒂珀雷里和利默里克地区仍可发现公元前3000～公元前2000年的金容器和饰品以及熔炼金的坩埚和勺等器具。10世纪以后，欧洲的金主要来自阿尔卑斯山脉、西伯利亚和西欧。12世纪以后，现代意义的金饰品和金饰艺术在欧洲获得发展。约在1300年，巴黎成立了金匠行业协会，以后它一直是法国的饰品生产中心。1327 年，伦敦也成立了金匠行业协会。随后，伦敦和伯明翰成了英国的饰品制造中心，伯明翰尤以金包覆饰品和银器而著称。约在 1350 年，意大利的佛罗伦萨有一批金匠制作金银饰品和圣器，以后米兰地区成为主要金饰品生产地，他们的许多优秀作品一直保存在欧洲博物馆。14 世纪，德国的施瓦本镇生产金饰品，尤以生产宗教饰品著称，后来发展成著名的金饰品和银器生产地。1600 年，德国汉瑙开始制造金饰品，随后发展成为重要的金、银和铂饰品生产地。1768 年以后德国普佛镇成为重要饰品生产地，尤以金包覆饰品著名。美国的金饰品制造要更晚些，主要集中在新英格兰和大纽约地区。1958 年，美国生产贵金属饰品总计约 3.06 亿美元，其中 69% 是开金和铂饰品，其余为金钎料、金板和银器饰品[3]。

1.1.3 中国古代金加工技术和金饰艺术

中国的先民们很早就认识了黄金的属性，将黄金奉为“上品”、“贡品”。《史记 · 平准书》记载“虞夏之际，金为三品，或黄，或白，或赤”，即黄金为上品，白金（银）为二品，赤金（铜）为三品。古人认为“黄金入火，百炼不消，埋之毕天不朽”，服之则“炼人身体，故能令人不老不死”（《抱朴子 · 金丹》），故“亡人以黄金塞九窍，则尸不朽”（《东观秘记》）。

在古代，中国金制造技术和工艺都处于世界领先地位，有些甚至是世界上独一无二的技术。我国近代发掘与出土了大量历代制造的金器与饰品，其数量之多和造型之精美堪称世界之最。大体来说，我国在夏商时代（约公元前 2100 ~ 公元前 1600 年）已掌握了制造金箔和贴金技术。在殷墟出土文物中发现了小件黄金饰物，有金片、金箔和贴金虎形饰物等，金片和金叶的厚度在 0.1mm 左右，金箔材的厚度仅 0.01mm ± 0.001mm，观察其组织发现晶界平直，晶粒大小不均匀，证明是经过锤击加工后再经退火的制品。商代已掌握了金的精密铸造技术，在北京平谷商墓中发掘出了重 108.7g 的铸造金瓶，金含量为 85%。商代还发明了“错金银”镶嵌工艺。“错金银”是以金（银）丝或片嵌入器物表面制作成铭文或纹饰图案，传世的栾书缶是较早的错金器物，器身错金铭纹 40 字，盖内错金铭纹 8 字[1]。

春秋战国至秦汉期间是我国黄金加工制造技术发展最快的时期，不仅进一步发展了“错金银”技术，还掌握了包金镶银技术和发明了“鎏金”技术，这些技术不仅处于当时世界领先水平，而且对后世金银器制作有深刻影响。在探明秦陵地下埋藏时发现了大量秦代的金银器和饰件，如 1976 年发现了错金银“乐府”编钟一件，编钟的鼻部和鼓部铸有纤细云雷纹，篆间饰“错金”流云纹和蟠螭纹，金嵌镶于阴槽中，然后打平抛光。1978 年在秦陵二号坑发现的铜车马制件中有黄金制件 737 件，银制件 983 件，有各种马饰如金泡、金银项圈、金银链条、金银勒、错金银龙首辕饰、错金银伞柄等[1,12]，表明“错金银”镶嵌技术在秦汉期间得到进一步的发展。这个时期的出土文物中，除了有如金盏、金勺、鹰形金冠饰、兽形金带钩等纯金饰物外，还有包金的青铜器、铜兽首、矛柄和铅饼冥币等，其包金层均匀且厚度很薄。“包金银”是一项重要节约金银的技术，即使在现代也有重要的社会和经济意义。“鎏金”技术是将金碎片溶于水银制成膏状“金汞齐”并涂抹在器物表面，用炭火烘烤使汞蒸发，金留在器物表面，类似于今日涂层技术。同样方法也可在器物表面“鎏银”和“鎏金银”。在山东出土了秦代鎏金刻花银盘，盘内外錾刻风纹，花纹活泼秀丽。到公元2世纪，中国先民还发明了金汞齐法加食盐制造细微金粉的技术[1, 13]，其技术处于世界领先地位。汉代金银器制作日渐发达，金银器制作技术更加成熟。汉代出土了许多珍贵的文物，如从江苏盱眙出土的西汉豹形金兽，重9000g，表面锤印圆形斑纹，是十分罕见的黄金重器。汉代的“错金银”技术更加成熟，所制造的“错金博山炉”炉体是采用石蜡模铸造成型的青铜器，炉身错金呈卷云状，细微处镶嵌金丝，饰纹流畅自然；炉体上部铸出峻峭起伏山峦，炉盖山势镂空，在炉中点燃香料，香烟通过炉盖袅袅上升（见图1-3[14]）。错金银技术的发展还带动了金银丝和片材加工技术的进步，汉代已能制造很细的金丝和银丝，其直径达0.1mm[1]。从刘胜墓出土的金缕玉衣，其中金丝直径仅0.14mm，穿孔链接方、圆、三角、多边、梯形等各种玉片共2498块。我国还出土了银缕玉衣和丝缕玉衣，连同金缕玉衣共约40余件。

图1-3 汉代错金博山炉

唐代达到了金银器物制造的繁荣时期。近代出土了大批唐代金银器物，主要有：1970年西安南郊出土碗、杯、钗、壶、觞、盒、炉、香囊等金银器270件；1978年江苏丹徒出土龟负“论语玉竹”酒筹筒、盒、盆、茶托、碟、杯、瓶、熏炉、锅、箸、匕、镯、钗、注子等金银器956件；1987年陕西法门寺出土金银器121件，除了大量法器、供养器和生活用具以外，还有许多鎏金器物[1]，如鎏金银龟盒、鎏金镂空鸿雁球路纹银笼子、鎏金三钴杵纹臂钏、鎏金鸿雁纹镂孔小银香囊、鎏金双峰团花镂孔大银香囊、鎏金卧龟莲花纹朵带环五足银熏炉（重6408g）、鎏金鸳鸯团花纹双耳圈足银盆（重6265g）、鎏金如来说法、鎏金顶银宝函、鎏金珍珠装捧真身菩萨、鎏金熏炉、鎏金银坛子、鎏金银盆、鎏金银碾槽、鎏金茶罗等。这批流金溢彩的金银器，都是皇室佳作，堪称稀世珍宝。在此基础上，宋代的金银器制作有了进一步发展而且走向商品化。明清代金银器制作工艺虽无大的创新，但制作技术却更为精湛。如北京定陵地下宫出土金器289件，金锭103件，其中万历帝的金丝冠和孝靖皇后的点翠金凤冠是明代金器中出类拔萃的代表。图1-4[1]所示为万历帝的金丝冠，它采用极细的金丝编织而成，做工极为精巧。明清以后，民间金银制品及制作也得到了普及，金银器商品化进一步发展。图1-5所示为清代乾隆庚寅年铸造的金佛像。

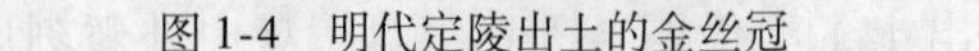
图1-4 明代定陵出土的金丝冠

图1-5 清代乾隆庚寅年铸造的金佛像

1.2 古代银饰品和银饰艺术的发展

1.2.1 古代银资源与产量

自然界中，虽然不排除人类早期可能发现过天然银，但银极少以金属态单独存在。银通常以硫化物矿共生或伴生隐藏在重金属矿物中，如在方铅矿中含有高品位的银。因此银不如黄金容易辨认，它的发现在金和铜之后。在石器时代，早期人类居住地的火堆，或由于太阳照射和雷电引发森林大火的地方，借助有机物质燃烧和强烈的空气对流，使露出地表面的方铅矿被还原成金属铅和铅银合金，铅银合金通过自然的“灰吹”过程而得到闪亮的金属银块。上述这种情景曾被古代希腊历史学家戴奥多汝斯·司库勒斯于公元前1世纪记载在他的历史著作中，他写道：“古代欧洲的比利牛斯山脉被茂密森林覆盖，由于牧羊人放火烧山，大火燃烧了许多天，……丰富的银矿被熔化，熔融的金属银流成了河。”英格兰贵金属史学家迈克当纳德评论说：“这幅图景就像人们看见了一个巨大的炼银炉出银的情景。”这就是银的天然冶炼与提取[15,16]。

显然，古人类就是从这些原始的或者天然的冶金实验场所学会了银的冶金，知道从矿石冶炼银，并发明了“灰吹法”从硫化物矿石提取银，但文献中对具体冶炼方法少有记载。根据对树木年轮和辐射性碳测定，公元前4000年以前，在东欧的巴尔干半岛、爱尔兰岛和中东地区的居民已掌握了银的冶金术，古埃及人开采和使用银的历史可能不晚于公元前4000年。当时银稀缺，因而银比黄金贵，被称为“白金”。公元前4000~公元前3000年间，在小亚细亚东部的卡巴多西亚（今土耳其）的赫梯人进行银矿开采。公元前3100年，在欧洲南部克里特岛的原居民已开采、冶炼和使用金、银和铜。公元前2500年，在小亚细亚西部靠近特洛伊地方的银铅矿被开采。公元前1200~公元前1000年间，在西班牙、古代东欧地区、希腊和耶路撒冷等地都在开采银矿，希腊最有名的络里姆铅银矿开采时间长达几个世纪，银产量超过67.8t（约250万盎司）。罗马帝国时代，从英格兰、西班牙、意大利、巴尔干半岛、小亚细亚、阿拉伯等广阔的地域开采银矿。公元800年后，穆斯林帝国的采银区域扩展到前苏联境内[15,17]。

中国上古时代已生产和使用金、银和铜。《尚书·禹贡》记载：“扬州厥贡，维金三品”，“荆州厥贡……维金三品”。“金三品”意即金、银和铜三种金属，表明我国在夏禹之际（公元前2070~公元前1046年）在扬荆之地（应是今天的长江流域）已生产黄金和白银。关于中国古代的银矿，著于战国时期的《山海经·西山经》记载：“皋涂之山，其阴多银黄金”，所述“银黄金”是指自然银金矿，因含有银，黄金的颜色变淡。先秦时代的矿物学著作《五藏三经》中的《山经》记载“白金”矿物产地为“南山经之首，西山经之首，西次四经，中次七经、中次九经、中次十经、中次十一经”。有学者认为这里记载的“白金”是辉锑矿；也有学者认为是方铅矿（铅银矿）；根据《山海经·西山经》，也可能是自然银金矿。这些古籍的记载都表明中国古代已开采过方铅矿（铅银矿）和金银共生矿。在东汉末年（公元2世纪），狐刚子的著作《出银矿法》中详细记载了“灰吹法”提炼银的工艺：“有银若好白，即以白矾石、硇末火烧出之。若未好白，即恶银一斤和熟铅一斤又灰滤之为上白银。”工艺要点是恶银加熟铅在熔炉中共炼，银和铅形成铅坨（低熔点铅银合金），下沉到炉底，熔渣上浮，大火燃烧和鼓风对流，铅氧化形成氧化铅

(PbO)，大气排出，铅氧化完毕，得白银。这是目前已知的最早银冶金的文献，狐刚子对古代冶金和化学作出了卓越的贡献[6, 15,18]。

古代的银矿资源主要分布在爱尔兰岛、英国、西班牙、撒丁岛和多斯加尼（今意大利)、希腊、波希米亚、罗马尼亚、小亚细亚、亚美尼亚、努比亚（今苏丹)、埃塞俄比亚、波斯、印度和中国，恰好形成贯穿古代欧洲和亚洲所有古文明发源地的一条直线矿带，这一带也正是金矿资源富集的地区。因此古代金、银矿的开采和金、银的使用与这些地区的文明发展有不可分割的密切联系。10～15 世纪，欧洲本土只开采了少量银。1520 年后西班牙人来到中南美洲，在墨西哥、秘鲁、玻利维亚、哥伦比亚等地不仅发现了金矿，同时也发现了高品位的银矿，可直接进行灰吹法炼银。当时，玻利维亚成了世界最大银产地，至 1700 年，玻利维亚的总银产量超过 3. 11 万吨（10 亿盎司)。1859 年在美国内华达州发现了大型银矿，1871～1900 年期间，美国成了最大产银国。再往后，秘鲁和墨西哥相继成为最大产银国，墨西哥产银大国地位一直维持至今[15]。

20 世纪是人类历史上产银最多的一个世纪，银产量总体呈上升趋势，但两次世界大战和战后的经济萧条造成银产量几起几落。20 世纪 80 年代后世界经济大发展，工业用银增加和银价格升高，银产量迅速增长。1985 年，世界产银 9950. 2t，其中墨西哥产银 2146. 2t、秘鲁 1794. 7t、美国 1185. 1t、加拿大 1182t、澳大利亚 1091. 8t。1991 年世界银产量上升到 15000t。随后银价有所下降，1993 年银产量减至 13900t。之后银价再次升高和产量增加，2000 年世界银产量达到 18100t，其中澳大利亚 2959t、秘鲁 2439t、墨西哥 2473t、美国 1969t、中国 1499t。中国银产量已位居世界第五[15]。

在 6000 余年的时间里，世界总共生产了约 118 万吨银，从 1493 年至 2000 年世界银产量列于表 1-2。20 世纪 80 年代曾有人估计，在大量工业应用之前，历史上开采出来的银总量的 80% 已积留下来供人类再利用，也就是说，世世代代开采的银中的大部分都变成了银器物、银首饰和银币等有价物质，总量超过 70 万吨，成为留给后人的历史财富。

表 1-2 1493～2000 年世界白银累积产量

年 代	产量/t	年 代	产量/t	年 代	产量/t
1493～1520	1316	1721～1740	8624	1871～1880	20118
1521～1544	2165	1741～1760	10663	1881～1890	31251
1545～1560	4986	1761～1780	13055	1891～1900	48541
1561～1580	5990	1781～1800	7581	1901～1910	59794
1581～1600	8378	1801～1810	8941	1911～1920	61252
1601～1620	8458	1811～1820	5407	1921～1930	74130
1621～1640	7872	1821～1830	4605	—	—
1641～1660	7326	1831～1840	5965	1951～1960	69330
1661～1680	6740	1841～1850	7804	1961～1970	75032
1681～1700	6838	1851～1860	9348	1971～1980	89509
1701～1720	7112	1861～1870	12201	1991～2000	158500

注：表中 1493～1930 年数据取自文献［17］，1951～2000 年数据取自文献［15］。

1.2.2 国外古代银加工技术和银饰艺术

银被发现和熔化成块锭后，人们首先发现了它的美丽颜色、不晦暗的品质和柔软容易加工的特性，相对的稀缺性也增加了它的保存和收藏价值，于是银被加工制造成了饰物。最初，人们用两块平滑的石头将银展平，切割成所需要的形状和尺寸，得到最早的原始银饰物。银加工和银器制造的历史与它的冶金史一样悠久，可追溯到公元前4000年，基本上与金的开采利用年代相当。在漫长的岁月和实践中人们逐渐学会了磨光、打孔、雕刻图纹、造型和组装等加工工艺，逐步制造出形状更复杂和造型更精美的银器和银饰。

从一些墓地已发掘出土了公元前4000年的银器。在黎巴嫩的拜布洛斯发掘出土了公元前3500年的200多件银器。在古巴比伦的迦勒底地区的王室墓中，考古人员发现了一只银瓶，其制造年代大约在公元前2850年。这是幸存至今的最古老的银器之一，现保存在巴黎罗浮宫博物馆。青铜器时代，在东地中海地区，银主要用于制造项链、手镯、戒指和耳环等首饰和碗、杯等生活用品。这个地区的许多地方发现的银饰品都可追溯到公元前2500年。在土耳其北部邻近马尔马拉海的多拉克地区的一些赫梯族人的墓中，考古学家发掘出了一些公元前2487~公元前2473年的银器，包括银剑、银矛头、带坠饰的银王冠、银手镯和银耳坠等。古罗马帝国统治着广阔的疆域，贪婪的统治者手中聚集了大量的金银器，帝国军队的指挥官甚至在战争的征途中也大量使用银器。考古学家在一个名叫米尔登霍的地方找到了罗马军队当年储存的宝藏，发掘出了雕刻的大银盆、银碗、银杯和银匙等银器。在以色列所罗门国王（公元前960~公元前930年）统治时期，在神殿中使用了大量的金和银，传说一个神殿估计使用了5t银和1.5t金。《圣经》中记载了许多有关教堂神殿建筑中使用金银装饰和金银器的故事。有意思的是，考古学家对东地中海和埃及的古银器做同位素测定，证明这些银器都是用希腊络里姆银矿的银制造的[15, 17]。

在南美洲，距今3400年前后出现了安第斯金属加工制作技术，它除了加工金饰物外，也生产银器。公元50~750年间，工匠们已大量使用铜、铜银合金制造首饰和工艺品，其合金加工技术和金饰、银饰艺术十分高超。在欧洲，公元前1500年前后，爱尔兰人的银冶炼和加工技术已很成熟，他们生产了大量的金银器和首饰供家庭使用和贸易。考古人员在古爱尔兰统治者的墓葬中发现了大量金银器陪葬品，包括由金、银与金银合金制作的各种饰品，还发掘出了公元750年制造的精美的银首饰和银杯银器。在现代爱尔兰国家博物馆和都柏林博物馆内陈列着大量古代金银器珍品，在欧洲和中东地区都可以找到古爱尔兰的金银器[15]。

从历史上看，金和银饰品的成色经历了一个由高走低的过程。古代，人们使用自然金和经过打造的银块与金块。一般认为，铸造金和铸造银饰物始于公元前6世纪，当时使用的是含有天然杂质的粗金与粗银，后来逐步采用冶炼银，但仍不能完全除去其中的杂质。中世纪之后，银币的纯度在90%~99%之间。如公元700~710年间，英国银饰物含银约95%，另含有1%~3%金和2%~4%铜，它们是在冶炼银时没有除去的杂质元素。随着冶炼技术和合金化技术的提高，人们开始设计和制造银合金，并将它们用于制造银币或饰品。英国从11世纪亨利二世时期起，便设计与制造含92.5%银的斯特林银和含95.8%银的布里塔里亚银合金，并以它们作为制造银币和其他银饰品的标准合金。图1-6[19]所示为英国于18世纪80年代采用斯特林银制造的银器。18世纪，美国和欧洲发展了含90.0%~

80%银的银币合金。20世纪，银饰品成色继续降低，含银量降至83.5%、62.5%、50.0%，甚至为40.0%[16,17]。金银饰品成色降低不仅可以增高银饰品的硬度和耐磨性，而且降低了饰品用银量和银饰品的成本。

图1-6 英国于18世纪80年代采用斯特林银制造的银器

1.2.3 中国古代银加工技术和银饰艺术

我国古代银加工和银器具的制造技术与金器是同步发展的，在世界上处于领先水平。春秋战国时代已掌握在银器上包金镶玉的技术，并具有相当高的水平。现出土的这个时期制造的银饰品有包金镶玉琉璃银带钩（河南辉县出土战国文物）、铅饼包镶金银箔（湖北江陵出土楚国文物）、青铜器包金银箔等装饰器具等。战国时代还发明了“错金银”镶嵌工艺和“鎏金”技术。在探明秦陵地下宝藏时，除了发现大量金器外，还发现了大量的白银饰件。在汉代，我国漆器工艺发达，漆器盛行，那时期制备了大量嵌金镶银的漆器，金银器制造“细工”的发展使它们从青铜器制作的传统工艺中脱颖而出，形成一种独特的工艺门类。魏晋南北朝时期，银器制作技术又有了很大提高，不仅银器制作更加精良，而且体现了北方民族和异域的艺术风格。图1-7[1,15]所示为北魏（公元5世纪）鎏金刻花银碗，显示了北方民族粗犷的风格。图1-8[1,15]所示为从北周（公元6世纪）宁夏古墓出土的波斯镀金银壶（现收藏于宁夏固原博物馆），它是通过丝绸之路带来的异国银器。

图1-7 北魏鎏金刻花银碗

图1-8 北周宁夏古墓出土的波斯镀金银壶

唐代是金银器制作的繁荣时期。20世纪70～80年代发掘了大量唐代金银器件，如西安地区和法门寺出土的大量金银器和鎏金银器以及1978年在江苏丹徒出土的金银器956件。唐代以前的各朝代的金银器多属宫廷制作，不仅制造工艺水平高超，而且多为传世珍宝，为皇室和贵族拥有。从明代开始，金银器作为商品获得发展。至近代，除了各类银（金）器件外，首饰品（戒指、耳环、项链、手镯）、民间饰品和餐具器件得到大发展，并逐步走向民间。

从我国历代出土的金银器物来看，它们主要可以分为传统首饰、生活用具（食器、容器、镜子、茶具、花瓶、熏香器和其他生活器具）、供养器（灯、炉、鼎、香案、烛台、宝函、棺椁、菩萨像等）和法器（钵盂、如意、锡杖等）。传统的金银饰品和器具是以手工制造为主，其制造技术大体可以分为三类：（1）铸造、锻压、打凿、造型等技术；（2）雕刻、镶嵌、压花或汞齐化涂层技术；（3）花丝精细工艺（简称细工工艺），即用金、银细丝精细装饰的工艺：先将金银锭经加工抽成细丝，再采用编丝、穿丝、搓丝、累丝、填丝（镶嵌）等细工工序，做成各式各样的饰品与装饰器具[15]。纵观我国金银器制作的历史过程，可以看出金银器制造自古就作为一独立的工艺与技术门类获得发展，金银器的制作也大体经历了三个阶段，即早期原始制作阶段、宫廷作坊阶段和商品化阶段。从明代开始，商品经济萌芽，金银器作为商品获得发展。金银器与饰品的加工经历了由手工作坊到现代化生产的历程。

1.3 古代铂饰品和铂饰艺术的发展

1.3.1 铂族金属元素的发现和命名

与金和银相比较，铂族金属的发现和使用要晚得多。

我国的先民们在淘洗金砂时曾得到一种似银的银灰色颗粒，工匠们发现它的性质不同于银，它比银更硬和更难熔化，因此将它命名为“毒银”[20]。今天看来，它可能是天然铂或含铂矿物之类。这种传说虽然久远，但未见明确文字记载。在古埃及、古罗马和古希腊的矿冶文献中也未发现铂的可靠记载。1542 年哥伦布发现美洲后，西班牙人占领了南美洲的新格拉纳达（现厄瓜多尔和哥伦比亚）地区，目的是要开发当地的金矿并将金砂送到制币厂生产金币。1735 年前后，在新格拉纳达的乔科地区平托河流域发现了类似银的白色金属，被命名为“platina”，意即平托河地区的“小银”。从 1741 年起，英国从牙买加购买“小银”并最先开展研究。经过了欧洲多位化学家持续研究，1752 年瑞典化学家谢斐尔肯定它是一种独立的金属，称它为“白金”（aurum album）。1760 年，“platina”被正式确定是一种新金属元素，命名为“platinum”，化学符号为 Pt，列于当时已知七种元素（金、铜、银、铁、锡、铅和汞）之后，被称为“第八号”金属[21,22]。

铂被发现之后，引起欧洲科学家们的极大兴趣，继续开展铂的提取和分离研究。1802 年，化学家沃拉斯顿用氯化铵从王水溶液中沉淀氯铂酸盐时，在母液中发现了一种新金属，并以当年新发现小行星“Pallas”命名这种新金属为“palladium”（钯）。1804 年，化学家腾南特在研究王水溶铂的剩余残渣时，发现两种新元素，一种因其化合物有多变的颜色，命名为“铱”（拉丁文意“虹”）；另一种因其化合物有特殊气味，被命名为“锇”（希腊文意“气味”）。同年，沃拉斯顿宣布他从铂矿中发现了另一种新金属，因其化合物稀溶液呈美丽玫瑰红色，被命名为“铑”（希腊文意“玫瑰”）。1844 年，俄罗斯化学家克劳斯发现了铂族金属中最后一个元素，为了纪念他的祖国，他命名新元素为“钌”（拉丁文意“俄罗斯”）[20, 23]。

1.3.2 铂族金属资源的发现

随着铂族金属的发现和对其价值认识的加深，鼓励了在其他地区寻找和开发铂资源。

19 世纪至 20 世纪，在世界许多地区发现了铂矿资源，被称为是铂矿资源发现的世纪[5, 24]。

南美洲的哥伦比亚和厄瓜多尔地区是世界上发现、生产和使用铂最早的地区。当在俄罗斯、加拿大和南非相继发现和生产铂之后，南美洲生产和供应铂的地位逐渐降低。但是，近年在巴西发现了含铂矿脉，是有开发前景的铂族金属新矿源[25]。

1819 年，俄罗斯在乌拉尔叶卡特琳堡金矿区发现了天然金属铂，随后沙皇政府垄断了铂矿的开采、精炼（由政府送往欧洲精炼）和出口贸易权利。1914 年第一次世界大战爆发以后，俄罗斯政府在乌拉尔矿区中心建立了精炼厂。1919 年俄罗斯又在诺尼尔斯克和西伯利亚发现了更富含钯的铂族金属矿，20 世纪 30 年代又发现了含有铂族金属的镍铜矿，40 年代以后开始从镍和铜矿的生产过程中得到铂族金属副产品[5]。在南非开始生产铂以前，俄罗斯是第一铂生产国，现在它仍然是世界上最大的钯生产国。

1888 年，在加拿大安大略省的苏贝里地区发现铜和镍矿中含有铂，孟得买下了镍矿，并通过在英国的江森·马塞公司精炼铂和钯。1924 年，他在英国建立了自己的精炼厂，每年可稳定地生产铂族金属达 9.233t，1929 年，孟得的镍公司归并到国际镍公司[5]。现在，加拿大是世界第三大铂族金属生产国。

1906 年，化学家威廉·贝特尔最先在南非布什维尔德地区的含铬铁矿的岩石中发现铂[24]。1924 年，地质学家美伦斯基在南非约翰内斯堡发现了富铂矿脉，即现在称呼的美伦斯基铂矿脉。1924 年，在非洲的津巴布韦大岩墙的硫化矿带发现了铂族金属元素，80 年代勘定铂族金属储量达 7900t，仅次于南非。近年，在南非的法拉博瓦等多个地区也发现了有开发前景的铂矿脉。为了开采南非的铂矿，许多公司相继成立，主要有吕斯腾堡铂矿公司、英帕拉和西方铂公司等。由于美伦斯基铂矿难以精炼，经过 2 年研究之后，1928 年英国江森·马塞公司开发了新的精炼方法，由此得到了垄断南非铂精炼和销售的权利。20 世纪 30 年代以后，为了适应世界对铂需求的增长，南非的各个铂矿公司相继扩大了它们的铂产量[5, 26, 27]。

1936 年，在美国蒙大拿州南部斯蒂尔瓦特杂岩体发现矿化铂族元素，1967 年开始勘探，1973 年发现富含铂族元素的层状矿带，探明储量 1100t，使美国铂族金属资源量达到世界储量的 5%，1978 年投产开发，可实现 1/4 铂和全部钯自给[26]。

中国从 20 世纪 60 年代开始普查矿产资源，1958 年发现甘肃金川伴生铂族金属硫化铜镍共生矿，探明金属镍储量 5450t，铂族金属储量约 200t。随后在云南和其他地区发现多个品位较低的铂矿藏，1996 年查明全国铂族金属资源储量 310.1t[27, 28]。

铂族金属是近两百年来陆续开发的新金属，它的矿产资源分布极不均匀，大型铂矿床多分布在南北回归线以上高纬度地带并大致呈环带状分布。铂族金属在地壳中的含量极微，是名副其实的“稀有”或“稀散”元素，其中主要是铂、钯元素，其他铂族金属的总产量约为铂、钯总产量的 10% ~20%。在 200 年内，全世界共生产铂族金属约 9000 多吨，其中约 5000t 是近 30 年生产的。主要铂生产国和地区是南非、俄罗斯、北美和津巴布韦，以南非的铂产量居世界第一[29]。中国是次要铂矿生产国，2001 年以后，中国的铂族金属年产量超过 1t[30]。

1.3.3 古代铂饰品艺术

自然界存在天然铂、铂合金或铂与其他金属的化合物。天然铂具有较好的可锻性，有理由相信，人类在远古时代就会“偶然地”发现和使用铂制作装饰材料。1900 年法国科学家柏舍罗特在分析古埃及的一件用金和银制作的小盒时（现存放于法国卢浮宫博物馆）发现在盒面的象形文字和图案中间镶有一小条天然铂，其制造年代约在公元前 7 世纪。这是至今有考证的发现最早的铂制品，人们据此认为它是人类开始使用铂的年代。哥伦布发现美洲之前，南美洲厄瓜多尔和哥伦比亚的土著印第安人就已使用天然铂或铂与金、钯、铑、铱的天然合金制作精巧的耳、鼻、唇饰物。1865 年，地质学家沃尔夫在厄瓜多尔西北部海岸地区挖掘到一批精巧小饰品，据对其中的一块饰件进行分析，发现它含有 84.95% Pt、4.64%（Pd、Rh、Ir）、6.94% Fe 和约 1% Cu。对其他饰品的分析也证明是铂合金。后来于 1907 年和 1912 年在厄瓜多尔圣地亚哥河口的托利塔小岛上的墓葬中又相继挖掘到类似精致饰品，经分析发现它们是铂鼻环和 Pt-Au 合金坠饰（现存放在美国纽约印第安博物馆，见图 1-9[22]）。这些都表明南美洲的土著工匠已掌握了铂金属饰物的加工制备技术，他们是最先制造铂金属饰品的民族之一。

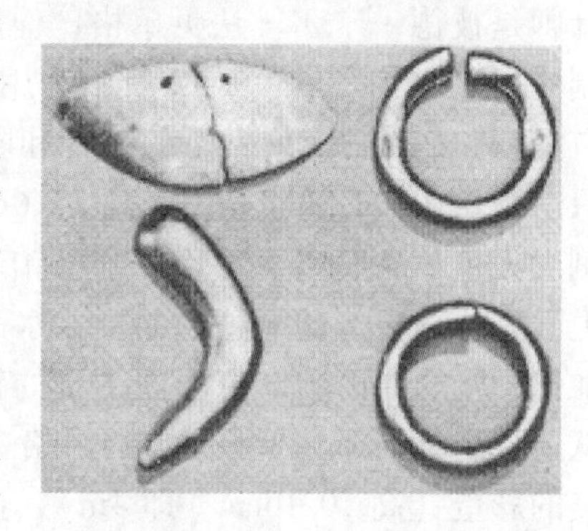

图 1-9 厄瓜多尔托利塔小岛发现的铂鼻环和 Pt-Au 合金坠饰品

18 世纪中叶发现与命名铂之后，欧洲人很快就掌握了铂的精炼和加工技术。当时欧洲的一批银匠、金匠转而从事铂饰品制造，他们制造了许多铂饰品，如铂咖啡壶、鼻烟壶、表链、糖碗和其他精美小饰品。这些铂饰品大多数都遗失，仅剩铂糖碗还展示在纽约大都会艺术博物馆，它长约 17.8cm（约 7in），明亮铂金与黑蓝色玻璃衬里显示流光溢彩（见图 1-10[31]）。西班牙银匠们也制造了许多铂饰品，其中的铂圣餐杯（见图 1-11[32]）作为礼品送给了西班牙国王查尔斯三世，1789 年查尔斯三世将这个圣餐杯送给了罗马教皇颇普·庇护六世。该铂圣餐杯高 29.5cm，杯身直径为 8.5cm，底座直径为 15cm，完全用铂制造，重 1.725kg（约合 55.45 金衡盎司），在杯的内部铭刻有“西班牙人弗兰西斯科·阿隆左制造”字迹。

自 1819 年俄罗斯发现天然铂金属之后，俄罗斯政府很快就聚集了大量的铂金属。在

图 1-10 1786 年间法国银匠制造的铂糖碗

图 1-11 1788 年西班牙银匠制造的铂圣餐杯

当时铂工业与应用还不发达的情况下，铂的应用很自然地走向铂硬币和铂饰品制造。19 世纪至 20 世纪初叶，许多金匠和艺术家利用俄罗斯丰富铂资源设计与制造了许多精美的首饰制品和工艺美术装饰品，最著名的首饰和装饰品设计师是彼德·卡尔·法贝尔格，他设计与制造了诸多用铂制作的艺术品[33]：图 1-12 所示为用 Pt-Ag 合金制备的镶嵌有宝石和细小玫瑰形钻石的饰针和坠饰。图 1-13 所示为一只“亚历山大Ⅲ骑士蛋”（高 15.6cm，即 6.125in），在雕刻的无色水晶底座上站着 4 个用铂雕刻的小爱神，小爱神上面是一只中空的无色水晶蛋，水晶蛋内站立着一个骑士雕像，蛋的外面装饰有嵌镶钻石的铂丝网格，这只骑士蛋从造型到色调都显示了凝重的风格。图 1-14 所示为一只精美的彩蛋（高 10.16cm，即 4in），蛋内悬挂着一支嵌镶有钻石的铂篮，铂篮内置有用白色石英制作的雪花花瓣，花瓣心是镶金橄榄石，显示了一种富丽和浪漫情调。图 1-15 所示为一只用铂制作的华丽天鹅（高 10.16cm，即 4in），它在装饰有微雕百合花的水蓝色宝石湖面上休息，它们放在金底垫的花篮内，花篮置入淡紫色的彩蛋内，显示了一种风趣活泼的情趣。法贝尔格的饰品不仅注重设计思想新颖和造型精致，而且选用最合适的天然材料，包括铂、铂合金和各种天然珠宝，既创造了优雅美丽的视觉效果，又保持了固有的珍贵价值。这些精美铂饰品是一种贵族艺术品，为沙皇王室拥有。

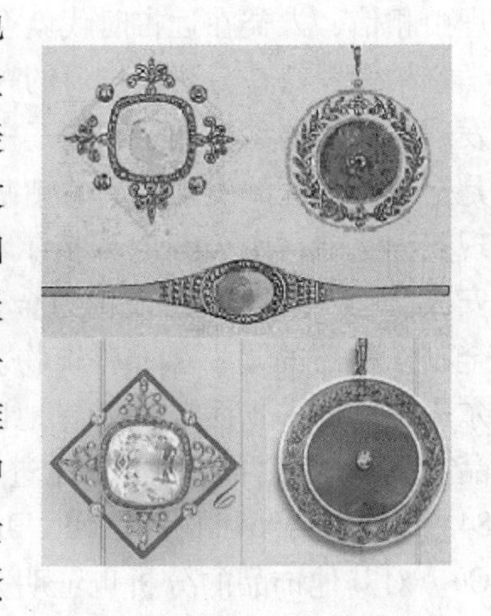

图 1-12　嵌镶有宝石和钻石的铂合金饰针和坠饰

图 1-13　法贝尔格设计和制造的“亚历山大Ⅲ骑士蛋”

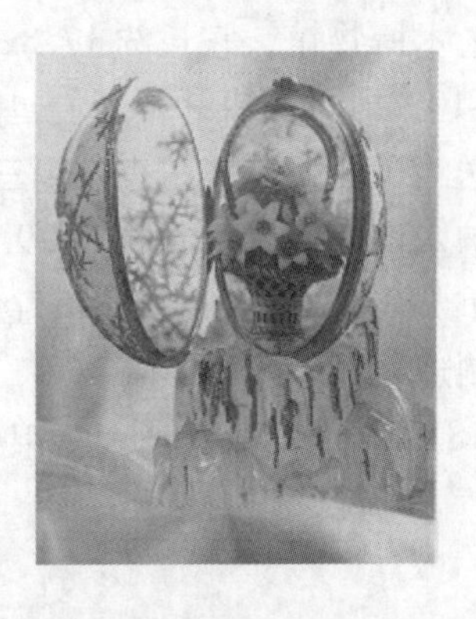

图 1-14　法贝尔格设计和制造悬挂铂篮的彩蛋

图 1-15　法贝尔格设计和制造的天鹅彩蛋

在19世纪的西欧各国，如英国、法国、意大利和德国许多城市的金饰艺术已经很发达，随着铂供应量增加，许多金匠和金店也开始制造和出售铂饰品。20世纪30年代以后，铂饰品的商品交易逐渐活跃，50年代后，铂饰品制造业获得进一步发展。在80~90年代，世界铂首饰业空前发展，1999年，世界生产和销售铂首饰量约89.6t[23,31]，达到历史上铂饰品制造与销售的辉煌顶点。

1.4　贵金属珠宝饰品的社会功能

人类学家从2万年以前的洞穴壁画发现，人类最初的装饰品起源于狩猎时代[34]。当时，人类将狩猎动物不能食用的副产品（如骨、牙、角等）串起来佩戴在身上作为装饰物。这种早期的行为很可能是想通过佩戴这些“战利品”获得勇气和力量，显示人类有能力征服动物。其他早期的装饰材料还可能来自于具有美丽颜色的植物、鸟类羽毛、昆虫和贝壳类等，并随着美学意识的增长人们逐渐学会了将这些具有不同颜色、形状和尺寸的材料汇集起来做成装饰品。在某些地区，人们可能会发现一些耐用的天然材料适合于制作装饰品，如在河流和海滨发现一些颜色和形态好看及被流水抛光的小圆石或鹅卵石。大约在后石器时代的晚期，即约在公元前1.5万年，人们已经掌握了将这些小圆石通过手工穿孔并串联起来做成装饰品的技术，同时期，人们也逐渐掌握了破碎和抛光石头的技术。在制作过程中人们发现了某些石头具有更好看的颜色或纹理，于是将它们做成宝石装饰品。这可能是珠宝饰品历史上的一次重要革命。随着经验的积累，人们逐渐发现许多颜色更好看、硬度更高、更耐磨和可以精细抛光的宝石，于是萌生了硬度和雕刻的概念。

传说人类约在公元前1.2万年发现了黄金[3]，在金属时代的初期，即约公元前4000年前，一些古文明发源地的人们逐渐掌握了金、银的冶炼加工技术，并学会了将金、银制作成饰品，随后一些抛光的宝石也被镶嵌到金、银饰品上，形成了今天的贵金属珠宝饰品的概念。

在历史的不同时期，珠宝饰品具有不同的社会属性和功能。

1.4.1　贵金属珠宝饰品的初期功能

在人类文明初期，黄金的灿烂颜色和不朽不腐的特性使它具有神秘和神圣感，另外，人们对许多自然灾害或超自然现象不能理解，于是产生了对灾害和超自然现象敬畏的思想，同时也产生了保护自己免受灾害的思想。早期的装饰品就成了人们寄托希望的一种护身符[34]。在部落时代，珠宝饰品或装饰品也有可能是某一部落内部或不同部落之间的联系符号。基于这样的信念和功能，人们发展了用不同材质制造的不同形态的装饰品，特别相信佩戴那些链式的或与身体任何部位皮肤亲密接触的贵金属饰品等作为护身符具有避邪免灾的功能。事实上，在当今世界上一些地区的民族或人们，不分男女老幼都佩戴各种奇异的珠宝饰品，他们仍然相信珠宝饰品具有避邪免灾的作用。

1.4.2　贵金属珠宝饰品的现代基本功能

当今社会，可以将贵金属珠宝饰品的功能分为基本功能和附属功能。贵金属珠宝饰品的基本功能应是它们的装饰功能、收藏功能和投资功能。

（1）贵金属珠宝饰品的美学属性和装饰功能。贵金属珠宝饰品集成了贵金属和珠宝的美学属性和永恒的品质，是所有装饰品中美学属性最高的艺术品，具有装饰性、艺术性和纪念性，其主要功能就是供人们佩戴和装饰环境，充实人们的物质生活，美化人们的生活环境，提供人们的精神享受，提高人们的高雅素质。爱美是人类的最原始、最基本的素质，佩戴贵金属珠宝饰品可以提高人们的美学享受。可以这样说，在人类社会的发展过程中，贵金属珠宝饰品一直伴随着人类从古走到今，装点美化人们的生活，并将伴随人类的延续一直走向未来。

（2）贵金属珠宝饰品的投资功能。贵金属珠宝饰品属于高档商品，它具有保值增值功能，具有抗通货膨胀的功能，必要时它也可作为基本的信用保证，因而具有极高的投资价值，同时它的精巧和可携带性更增加了投资的便利性。珠宝饰品投资者可以是珠宝饰品佩戴者，但投资者的目的在于未来的财富。

（3）贵金属珠宝饰品的收藏功能。贵金属珠宝饰品和纪念币属于高档艺术品，具有极高的收藏价值。与投资者不同，珠宝饰品收藏者都是珠宝饰品的爱好者，当然，收藏珠宝饰品也可能包含有投资的目的。贵金属珠宝饰品收藏具有高度的选择性，如收藏古代珠宝、稀有珠宝、民族珠宝和现代特色珠宝等，主要收藏那些具有稀有性、珍贵性、民族性、前驱性或原创性的贵金属珠宝饰品。

1.4.3 贵金属珠宝饰品的附属功能

基于贵金属珠宝饰品的基本功能，它们还具有如下的附属功能：

（1）商业功能。贵金属珠宝饰品属于贵重商品，因而具有巨大的商业价值。随着我国经济快速发展和人民生活水平的提高，我国贵金属珠宝饰品销售市场十分兴旺与火爆。2010年，我国珠宝首饰市场黄金首饰用金量达400余吨，居世界第二；铂金饰品销售总件数突破100万件，用铂量达46.7t，占全球铂金饰品年销售额的52%，首饰市场的销售额约在1800亿元人民币以上。预计到2020年，中国珠宝产业年销售总额有望达到3000亿元，出口超过120亿美元。我国贵金属珠宝饰品市场的发展极大地推动了贵金属珠宝首饰加工业的蓬勃发展。据统计，中国珠宝行业的从业人员目前已达300万人，已初步成为全球最大的首饰加工制造中心。因此，我国贵金属珠宝饰品工业的发展对于繁荣经济、拉动内需、扩大就业、促进社会稳定发展具有重要意义。

（2）财富功能。贵金属与珠宝玉石的储量有限，都是珍稀材料。随着用量不断扩大，贵金属与珠宝玉石的供需矛盾将日益突出，致使贵金属珠宝饰品的价格不断升高。因此，无论普通消费者、投资者或收藏家，手中握有的贵金属珠宝饰品都有很好的升值预期，在时机适当的时候都可以通过交易市场或银行将珠宝饰品变成财富。一个国家和它的人民拥有的贵金属珠宝饰品数量越多，它们聚集的财富也就越多。

（3）贵金属储备功能。贵金属是重要的战略储备物质。一个国家的黄金储备关系到它的国际支付能力及其货币的国际信用，一个国家的铂族金属储备则关系到它的国防建设。广大人民手中握有大量贵金属珠宝饰品，实际上是一种“藏金于民”和“藏铂于民”的战略措施，它有利于增加国家的贵金属储备，必要时可以用于战略需要。

（4）环保功能。经过严格检验并打有标记印戳的贵金属珠宝饰品具有高的质量保证，不含任何有害身体的元素和放射性物质，不会损害人们的健康。贵金属对于人体体液具有高的稳定性和生物组织相容性，因而贵金属也用做人体植入材料，如牙科修复材料、耳环、鼻环、脐环和其他人体植入装饰材料等，采用贵金属材料比采用其他非贵金属材料更安全，某些特制的贵金属珠宝饰品还具有一定的治疗功能。采用银制造的餐具容器，不仅美观实用，更具有消毒杀菌功能，是健康环保产品。

（5）文化功能。贵金属珠宝饰品和硬币实际上是一种文化形式，不仅普通的珠宝饰品的设计、造型和构造蕴含有文化元素，特别设计和制造的艺术珠宝饰品更是高档艺术品，是多种文化元素的结晶。由国家发行的贵金属货币、纪念币和投资币的图案设计再现了一些重大政治事件、历史事件、社会事件、科学技术成就和人文地理知识，更是重要的文化载体。人们选择和佩戴贵金属珠宝饰品不仅可以展示他们美化的个人形象和公众形象，在某种程度上也反映了个人的文化素质和品位。

在当今社会，随着大众的科学和文化水平空前提高，珠宝饰品的神秘特性已逐渐淡化，但历史上赋予珠宝饰品的许多社会属性并未消失，贵金属及其珠宝饰品的坚贞、永恒的品质也未减退，人们仍然相信佩戴贵金属珠宝饰品具有幸运、吉祥、幸福的功效和特定纪念意义。事实上，人们在挑选和购买贵金属珠宝饰品的时候，总会赋予许多寓意和寄托美好的期望。

参 考 文 献

[1] 赵怀志，宁远涛．金[M]．长沙：中南大学出版社，2003.
[2] 夏湘蓉．中国古代矿业开发史[M]．北京：地质出版社，1980：338.
[3] WISE E M. Gold Recovery, Properties and Applications [M]. Princeton: D. Van Nostrand Company, Inc.: 1964.
[4] 马雷谢夫 B M. 黄金[M]．李安国，刘润修，刘鹤德译．长春：冶金工业部长春黄金研究所，1979.
[5] BENNER L S, SUZUKI T, MEGURO K, et al. Precious Metals Science and Technology [M]. Austin in U. S. A.: The International Precious Metals Institute: 1991.
[6] 赵匡华．狐刚子及其对中国古代化学的卓越贡献[J]．自然科学史研究，1984，3(3)：224～235.
[7] 卢本珊，王根元．中国古代金矿的采选技术[J]．自然科学史研究，1987，6(3)：260～272.
[8] MOHIDE T P. Gold[M]. Toronto: Ontario Ministry of Natural Resource, 1981.
[9] GREEN T. The New World of Gold[M]. London: George Weidenfeld & Nicolson Ltd., 1981.
[10] HOERZ G, KALLFASS M. Study on the Working of Precious Metals and Alloys in ancient Peru (Moche Culture AD 50-750) [C]//Harris B. Precious Metals 1999. Montreal: The International Precious Metals Institute, 1999: 104～110.
[11] BRAY W. Gold-working in ancient America[J]. Gold Bulletin, 1978, 11(4): 136～143.
[12] 徐卫民，田静．秦始皇、兵马俑、铜车马[M]．西安：陕西人民出版社，1994.
[13] 赵怀志，宁远涛．古代中国和印度的金粉制造技术和应用[J]．贵金属，1999，20(2)：55～58.
[14] 宋航．古墓[M]．重庆：重庆出版社，2006.
[15] 宁远涛，赵怀志．银[M]．长沙：中南大学出版社，2005.
[16] BUTTS A, COXE C D. Silver Economics, Metallurgy and Use[M]. Princeton, New Jersey: D. Van Nostrand Company, Inc., 1967.
[17] MOHIDE T P. Silver[M]. Toronto: Ontario Ministry of Natural Resource, 1985.
[18] 陈国生，杨晓霞．《五藏三经》中矿物名称考释及地理分布研究[J]．自然科学史研究，1997，16(4)：368～383.
[19] Australian Antique and Art Dealsers Association. Carter's Price Guide to Antique in Australasia[M]. Syd-

ney, John Furphy Pty Ltd. , 2010.
[20] 谭庆麟，阙振寰．铂族金属——性质、冶金、材料、应用[M]．北京：冶金工业出版社，1990.
[21] McDONALD D. The platinum of new granada-mining and metallurgy in the spanish colonial empire[J]. Platinum Metals Rev. , 1959, 3(4): 140~145.
[22] McDONALD D. The platinum of New Granada[J]. Platinum Metals Rev. , 1960, 4(1): 27~31.
[23] 宁远涛，杨正芬，文飞．铂[M]．北京：冶金工业出版社，2010.
[24] CAWTHORN G R. Centenary of discovery of platinum in the Bushveld complex [J]. Platinum Metals Rev. , 2006, 50(3): 130~133.
[25] FONTANA J. Phoscorite-carbonatite pipe complex[J]. Platinum Metals Rev. , 2006, 50(3): 134~142.
[26] 王淑玲．铂族金属[G]//国土资源部信息中心编著．世界矿产资源年评（2005~2006）[M]．北京：地质出版社，2007: 237.
[27] 刘时杰．铂族金属矿冶学[M]．北京：冶金工业出版社，2001.
[28] 王永录，张永俐，宁远涛．贵金属[M]//张国成，黄文梅．有色金属进展(第5卷) 稀有色金属和贵金属(第9册)．长沙：中南大学出版社，2007.
[29] KEOGH N. Platinum 2000[M]. London: Published by Johnson Matthery Company, 2000.
[30] 宁远涛．铂在现代工业中的应用与供需关系[J]．贵金属信息，2009(1): 1~9.
[31] CORBEILLER C L. A Platinum bowl by Janety[J]. Platinum Metals Review, 1975, 19(4): 154, 155.
[32] McDONALD D. The Platinum chalice of Pope Pius Ⅵ[J]. Platinum Metals Review, 1960, 4(2): 68, 69.
[33] DALE S R. The Use of platinum by Carl Faberge[J]. Platinum Metals Review, 1993, 37(3): 159~164.
[34] UNTRACHT O. Jewelry Concepts and Technology[M]. Doubleday & Company, INC. , Garden City, New York, 1982.

2 贵金属的性质

2.1 贵金属在元素周期表中的位置

贵金属元素（Ag、Au、Pd、Pt、Rh、Ir、Rn、Os）在元素周期表中处于第 5 周期和第 6 周期的Ⅷ$_B$ 族和Ⅰ$_B$ 族，如图 2-1 所示。Ru、Rh、Pd、Os、Ir、Pt 6 个元素又称为铂族金属，处在Ⅷ$_B$ 族；Ag 和 Au 处在Ⅰ$_B$ 族。因此，贵金属 8 个元素都属于副族元素。

周期 \ 族	Ⅰ$_A$	Ⅱ$_A$	Ⅲ$_B$	Ⅳ$_B$	Ⅴ$_B$	Ⅵ$_B$	Ⅶ$_B$	Ⅷ$_B$	Ⅷ$_B$	Ⅷ$_B$	Ⅰ$_B$	Ⅱ$_B$	Ⅲ$_A$	Ⅳ$_A$	Ⅴ$_A$	Ⅵ$_A$
2	3 Li	4 Be											5 B	6 C	7 N	8 O
3	11 Na	12 Mg											13 Al	14 Si	15 P	16 S
4	19 K	20 Ca	21 Sc	22 Ti	23 V	24 Cr	25 Mn	26 Fe	27 Co	28 Ni	29 Cu	30 Zn	31 Ga	32 Ge	33 As	34 Se
5	37 Rb	38 Sr	39 Y	40 Zr	41 Nb	42 Mo	43 Tc	44 **Ru**	45 **Rh**	46 **Pd**	47 **Ag**	48 Cd	49 In	50 Sn	51 Sb	52 Te
6	55 Cs	56 Ba	57 La ▲RE	72 Hf	73 Ta	74 W	75 Re	76 **Os**	77 **Ir**	78 **Pt**	79 **Au**	80 Hg	81 Tl	82 Pb	83 Bi	84 Po

图 2-1 贵金属在元素周期表中的位置

2.2 贵金属的原子和晶体学性质

表 2-1 列出了 8 个贵金属元素的原子和晶体学主要性质。从原子的电子组态来看，处于第 5 周期的 Ru、Rh、Pd、Ag 的内层电子基态是［Kr］组态，而处于第 6 周期的 Os、Ir、Pt、Au 的内层电子基态是［Xe］组态。6 个铂族金属元素中，第 5 周期的 Ru、Rh、Pd 的 $4d$ 电子壳层未完全充满，它们被称为 $4d$ 过渡金属，而第 6 周期的 Os、Ir、Pt 的 $5d$ 电子壳层未完全充满，它们被称为 $5d$ 过渡金属。要指出的是，虽然 Pd 的电子组态是 $4d^{10}$，但它的最外层 $5s$ 电子未填充，Pd 的 d^{10} 电子有可能填充到 $5s$ 电子层。因此，Pd 仍然是过渡金属。Ag 和 Au 的 $4d^{10}$ 和 $5d^{10}$ 电子层虽然处于“封闭壳层”，但它们的 d、s 轨道上的电子能量较接近，可以打破封闭 d 电子壳层，使 d 电子也能参与化学反应。这使 Au 和 Ag 也具有某种过渡金属的特性，其性能分别是处于第 5、6 周期的铂族金属性能的延续[1~3]。

表 2-1 贵金属的原子与晶体学性质

元素符号	Ru	Rh	Pd	Ag	Os	Ir	Pt	Au
原子序数	44	45	46	47	76	77	78	79
相对原子质量	101.07	102.905	106.4	107.8682	190.2	192.22	195.078	196.9665

续表 2-1

元素符号	Ru	Rh	Pd	Ag	Os	Ir	Pt	Au
电子组态	[Kr] $4d^7 5s^1$	[Kr] $4d^8 5s^1$	[Kr] $4d^{10} 5s^0$	[Kr] $4d^{10} 5s^1$	[Xe] $5d^6 6s^2$	[Xe] $5d^7 6s^2$	[Xe] $5d^9 6s^1$	[Xe] $5d^{10} 6s^1$
原子半径/nm	0.1335	0.1342	0.13726	0.1442	0.1350	0.13545	0.1387	0.1442
摩尔体积 $/cm^3 \cdot mol^{-1}$	8.18	8.29	8.37	10.27	8.38	8.53	9.094	10.23
晶体结构	hcp	fcc	fcc	fcc	hcp	fcc	fcc	fcc
晶格常数（室温）/nm	$a = 0.27054$ $c = 0.42816$ $c/a = 0.15826$	0.38031	0.38898	0.40860	$a = 0.27341$ $c = 0.43200$ $c/a = 0.15800$	0.38394	0.39236	0.40786
原子间距/nm	$d_1 = 0.26449$ $d_2 = 0.27003$	0.2689	0.2751	0.2889	$d_1 = 0.2670$ $d_2 = 0.27298$	0.2715	0.27744	0.2884
配位数	6+6	12	12	12	6+6	12	12	12
密度（室温）$/g \cdot cm^{-3}$	12.37	12.42	12.01	10.49	22.59	22.56	21.45	19.32

注：hcp 为密排六方结构；fcc 为面心立方结构。

随着贵金属元素在周期表中的原子序数增大，它们的相对原子质量增大，在相应的第5和第6周期中它们的原子半径和摩尔体积也随其原子序数增加而增大。虽然在第6周期中插入了镧系元素，但由于镧系元素自身存在镧系收缩，这使铂族金属的原子半径随原子序数仅有小幅度增大。相对于铂族金属，Ag和Au有更大的原子半径和摩尔体积。在8个元素中，第5周期中的Ru、Rh、Pd和Ag的密度较低，介于10.49~12.5g/cm^3之间，称为轻贵金属；第6周期中的Os、Ir、Pt和Au的密度更大，介于19.30~22.60g/cm^3之间，称为重贵金属。

8个贵金属元素的晶体结构分为两类：Ag、Au、Pd、Pt、Rh和Ir都为面心立方（fcc）晶体结构；Ru和Os具有密排六方（hcp）晶体结构。在面心立方金属中，最近的原子间距 $d = (a\sqrt{2})/2$；在密排六方金属中，原子间距 $d = (a^2/3 + c^2/4)^{1/2}$，其中 a、c 是晶格常数。

2.3 贵金属的同位素

贵金属元素都存在同位素。Ag有多种同位素，它们的衰变模式、半衰期和衰变产物参见文献［4］。在Ag的同位素中两个最稳定的同位素是^{107}Ag和^{109}Ag，它们在原子序数为47的Ag（天然Ag）中的分配比例大约为51.35%和48.65%，其丰度比1.055∶1，它们没有放射性。半衰期接近与超过1h以上的同位素有^{103}Ag、^{105}Ag、^{106}Ag、^{110}Ag、^{111}Ag、^{112}Ag、^{113}Ag等。Ag具有低的中子捕集能力，其热中子吸收截面不大，但对超热中子具有强的共振吸收峰。金属Cd的热中子吸收截面远大于Ag，而其超热中子吸收截面却远低于Ag。Ag与Cd的这种特性正好互补，使得Ag-Cd或Ag-15In-5Cd合金具有与Hf相当的控制中子反应的能力而又兼具好的抗腐蚀性，可用于压水堆核反应装置控制中子吸收。

Au的同位素至少有26个，其半衰期在1h以上的同位素有^{191}Au、^{192}Au、^{193}Au、^{194}Au、^{195}Au、^{196}Au、^{196m}Au、^{197}Au、^{198}Au、^{199}Au，它们的衰变模式、半衰期和衰变产物参见文献[5]。天然^{197}Au是唯一稳定的同位素，质量数197，没有放射性。最重要的核反应是在低能状态下^{197}Au俘获由γ射线释放的入射中子嬗变到^{198}Au，即$^{197}Au(n, \gamma)^{198}Au$。在这个反应中，原子核的有效靶面积（即有效截面）与入射中子能量有关。当入射中子能量为5eV时，俘获截面达到$2.0 \times 10^{-20} cm^2$最大值；当入射中子能量为1eV时，俘获截面达到最小值，这使Au适于在核反应堆中测定低能中子的流量。Au的放射性同位素中，^{198}Au和^{199}Au最有价值。^{198}Au的半衰期为2.7天，最后转变为稳定的^{198}Hg；^{198}Au经第二次反应也可转变为^{199}Au，即$^{198}Au(n,\gamma)^{199}Au$。Au的放射性同位素可用于治疗癌症等疾病，也用于冶金物化过程中某些性质（如扩散与溶解度等）的测定，它还可作为示踪原子用于无损鉴定。^{198}Au衰变成稳定的^{198}Hg可用于精密干涉测量技术中作光源Hg灯。

天然Pt没有放射性。在1935~1996年间发现了44个Pt的同位素，其中有6个同位素是天然存在的。表2-2[6]列出了Pt的天然同位素的性质，5个主要同位素稳定，同位素^{190}Pt衰变时发射α粒子，其半衰期为6.5×10^{11}年，可以认为是一个稳定同位素。质子数166~178的人造Pt同位素具有放射性，轻质量同位素的半衰期很短，随着质量数增大，同位素半衰期延长。人造Pt同位素的衰变模式、半衰期和衰变产物参见文献[6]。在核反应堆中铂族金属的同位素是不希望有的杂质。

表2-2 Pt的天然同位素的性质

同位素	^{190}Pt	^{192}Pt	^{194}Pt	^{195}Pt	^{196}Pt	^{198}Pt
相对原子质量	189.96	191.9614	193.9628	194.9648	195.9650	197.9675
相对丰度/%	0.014	0.782	32.965	33.832	25.142	7.163
半衰期	6.5×10^{11}年	稳定	稳定	稳定	稳定	稳定
衰变模式	α粒子	—	—	—	—	—
俘获截面/cm^2	—	$(30 \pm 4.0) \times 10^{-24}$	—	—	$(1.1 \pm 0.3) \times 10^{-24}$	$(3.9 \pm 0.8) \times 10^{-24}$

Pd有6个稳定的天然同位素，即^{102}Pd（相对原子质量和丰度（下同）：101.9049，1.02%）、^{104}Pd（103.9036，11.14%）、^{105}Pd（104.9046，22.33%）、^{106}Pd（105.9032，27.33%）、^{108}Pd（107.9030，26.48%）和^{110}Pd（109.9045，11.72%）。在核反应堆中可以产生半衰期6.5×10^6年的^{107}Pd同位素，它辐射出强度较低的软β射线，对人体和环境影响很小。已发现Ru有7个稳定的天然同位素，其相对原子质量和丰度分别如下：^{96}Ru（95.9077，5.6%）、^{98}Ru（97.9055，1.9%）、^{99}Ru（98.9061，12.7%）、^{100}Ru（99.9030，12.6%）、^{101}Ru（100.9041，17.1%）、^{102}Ru（101.9037，31.5%）、^{104}Ru（103.9055，18.5%）。在核反应堆中可以产生含有放射性的同位素^{103}Ru（丰度0.0036%，半衰期39天）和^{106}Ru（丰度3.8%，半衰期368天）。^{103}Ru活性较低，属中度毒核素；^{106}Ru的β衰变经^{106}Rh之后转变为稳定的^{106}Pd，放射性强，故^{106}Ru属于高度毒核素。Rh有一个稳定的天然同位素，即^{103}Rh（相对原子质量为102.9048）。在核反应堆中可以产生有微量放射性的同位素^{102}Rh（半衰期2.9年）、^{102m}Rh（半衰期207天），存放相当长时间（如30年）以后，Rh的放射性降低到可以接受的水平。Ir有2个稳定的天然同位素：^{191}Ir（190.9609，38.5%）、^{103}Ir

(192.9633，61.5%)。Os 有 7 个稳定的天然同位素：^{184}Os(183.9526，0.018%)、^{186}Os(185.9539，1.59%)、^{187}Os(186.9560，1.64%)、^{188}Os(187.9560，13.3%)、^{189}Os(188.9586，16.1%)、^{190}Os(189.9586，26.4%)、^{192}Os(191.9612，41.0%)[3,6~8]。

虽然贵金属元素都存在同位素，但天然贵金属及其同位素是稳定元素，没有放射性。迄今所发展的所有贵金属饰品合金也是稳定的和不具有放射性。

2.4 贵金属的化学稳定性

2.4.1 贵金属的耐腐蚀性

在干燥大气中银不被氧化和不受大气的腐蚀。银能耐弱酸、氨溶液、碱溶液、熔融氢氧化钠、熔融过氧化钠、熔融碳酸钠、有机酸和大多数有机化合物的腐蚀，也能耐在食品制作中所遇到物质的腐蚀。但是，银易溶解于硝酸和热浓硫酸，它易被包括浓盐酸在内的强氢卤酸腐蚀，也被氰化物溶液、硫和硫化物、汞和汞的化合物腐蚀[4]。在贵金属 8 个元素中，银的耐腐蚀性相对较弱，但是它的抗腐蚀性却远高于贱金属。

在自然环境和一般腐蚀介质中，金有高的化学稳定性。金与氧、氢、氮、硫和硫化物在低温或高温均不直接发生反应。在常温下，金不与硫酸、硝酸、盐酸、磷酸、过硫酸、氢氟酸、氢溴酸、氢碘酸等发生反应，其高的抗酸腐蚀性甚至还可以延续到中、高温度。金也不受碱性溶液、熔融碱、熔融硫酸盐和熔融碳酸盐的腐蚀。在室温下，干燥卤素对金无腐蚀或仅有轻度腐蚀，大多数有机酸和有机化合物对金也无腐蚀。因此，在室温和中温条件下，金有高的耐腐蚀性，永远保持其天然颜色与光泽。但是，金易被王水、氰化钾溶液、熔融过氧化钠、潮湿卤素和卤素水溶液或酒精溶液腐蚀[5]。

致密铂族金属都显示了高的耐腐蚀性，在各种酸、碱、盐和其他腐蚀性介质中，它们有高的化学稳定性。铂的耐腐蚀性与金相当，具有优异的抗酸、碱腐蚀能力，但可被王水腐蚀，也可被湿卤素缓慢腐蚀。铂也具有极强的耐生化腐蚀性[6]。

铂族金属在常用试剂中的反应和耐腐蚀能力大体有下列顺序[2]：Ir > Ru > Rh > Os > Pt > Pd，其中 Ir、Ru、Rh 显示更高的化学稳定性，它们既不溶于普通酸，也不溶于王水。在铂族金属中，Pd 的耐腐蚀能力较低，但仍高于 Ag，当然远高于任何贱金属。

表 2-3[3~6,9]定性地评价了贵金属在各种腐蚀介质中的耐腐蚀程度。贵金属在各种介质中的化学反应和腐蚀程度与诸多因素有关，除了与试剂的种类和浓度有关外，还与贵金属的存在形态、表面状态和外界条件（温度、压力、气氛等）有关。海绵态和粉体态的贵金属的耐腐蚀性明显降低，金属内部存在的缺陷和杂质以及金属本身的物理与化学不均匀性也会降低耐腐蚀性。表面膜的特征也是影响耐腐蚀性的重要因素，表面致密无孔的、连续的和黏附的膜有保护金属的作用，相反，多孔的、离散的和不黏附的膜降低金属的耐腐蚀性。

表 2-3 各种腐蚀性介质中贵金属元素耐腐蚀程度

腐蚀介质	温度/℃	Ag	Au	Ru	Rh	Pd	Os	Ir	Pt
浓硫酸 H_2SO_4	18	C	A	A	A	A	A	A	A
	100	D	A	A	A	B	A	A	A
	250	D	A	A	A	C	B	A	B

续表 2-3

腐蚀介质	温度/℃	Ag	Au	Ru	Rh	Pd	Os	Ir	Pt
过硫酸 $H_2S_2O_8$	18	—	A	A	A	—	—	A	—
硒酸 H_2SeO_4	18	—	A	—	—	C	—	—	A
（密度 d 为 1.4g/cm^3）	100	—	A	—	—	D	—	—	C
HNO_3 0.1mol/L	18	B	A	A	A	A	—	A	A
HNO_3 1mol/L	18	C	A	A	A	B	—	A	A
HNO_3 2mol/L	18	D	A	A	A	C	B	A	A
HNO_3 70%	18	D	A	A	A	D	C	A	A
HNO_3 70%	100	D	A	A	A	D	D	A	A
发烟硝酸	18	D	B	A	A	D	D	A	A
HCl（36%）	18	C	A	A	A	A，B	A	A	A
	100	D	A	A	A	B	C	A	B
王水	18	C	D	A	A	D	D	A	D
	沸腾	D	D	A，B	A，B	D	D	A	D
磷酸 H_3PO_4	100	—	A	A	A	B	D	A	A
氢氟酸 HF（40%）	18	C	A	A	A	A	A	A	A
高氯酸 $HClO_4$	18	—	A	—	—	A	—	—	A
（d=1.6g/cm^3）	100	—	A	A	A	C	—	—	A
氢溴酸 HBr	18	—	A	A	B	D	A	A	B
（d=1.7g/cm^3）	100	—	—	A	C	D	D，C	A	D
氢碘酸 HI	18	—	A	A	A	D	B	A	A
（d=1.75g/cm^3）	100	—	A	A	A	D	C	A	D
有机酸	18	A	A	A	A	A	A	A	A
冰醋酸 CH_3COOH	100	—	A	A	A	A	—	A	A
氟 F_2	18	—	A	—	—	—	—	—	B，C
氯 Cl_2 干氯	18	—	B	A	A	C	A	A	B
氯 Cl_2 湿氯，氯水	18	—	D	A	A	D	C	A	B
溴 Br_2 干	18	—	D	A	A	D	D	A	C
溴 Br_2 液，湿	18	—	D	A	A	D	B	A	C
溴 Br_2 溴水	18	—	D	B	B	B	B	—	A
I_2 湿	18	—	B	A	B	B	B	A	A
I_2 在 KI 溶液中	18	—	D	A，C	B，C	C	—	A	—
I_2 在酒精溶液中	18	—	C	B	B	B	—	A	A
NaClO 水溶液	18	—	—	D	B	C	D	A	A
	100	—	—	D	B	D	D	B	A
$HgCl_2$ 溶液	100	—	—	C	A	A	A	A	A
$CaCl_2$ 溶液	100	—	—	A	A	C	—	A	A

续表 2-3

腐蚀介质	温度/℃	Ag	Au	Ru	Rh	Pd	Os	Ir	Pt
$FeCl_3$ 溶液	18	—	B	A	A	C	C	A	—
	100	—	—	A	A	D	D	A	—
$CuCl_2$ 溶液	100	—	—	A	A	B	—	A	A
$CuSO_4$ 溶液	100	—	A	A	A	A	A	A	A
K_2SO_4 溶液	20	—	—	B	C	C	B	A	B
$Al_2(SO_4)_3$ 溶液	100	—	—	A	A	A	—	A	A
KCN 溶液	18	—	D	—	—	C	—	—	A
	100	—	D	—	—	D	—	—	C
硫 S_2	100	—	A	A	A	A	A	A	A
湿 H_2S	18	—	A	A	A	A	A	A	A
NaOH 溶液	18	A	A	A	A	A	A	A	A
KOH 溶液	18	—	—	A	A	A	A	A	A
NH_4OH 溶液	18	A	A	A	A	A	A	A	A
熔融苛性钠		A	A	C	B	B	C	B	B
熔融苛性钾		—	—	C	B	B	C	B	B
熔融过氧化钠		A	D	C	B	D	C	C	D
熔融碳酸钠		A	A	B	B	B	D	A	A
熔融硝酸钠		D	A	A	A	C	D	A	A
熔融硫酸钠		D	A	B	C	C	B	A	B

注：A 为不腐蚀；B 为轻微腐蚀；C 为腐蚀；D 为严重腐蚀；—表示尚无实验数据。

2.4.2　贵金属合金的耐腐蚀性

合金的腐蚀受诸多因素影响，如合金元素的性质、显微结构特征、合金相组成及晶体尺寸大小与均匀性等。一般地说，比基体更耐腐蚀的合金化元素有可能提高合金的耐蚀性，而耐蚀性更差的组元在合金中则优先被腐蚀。单相固溶体合金可能比多相合金更耐腐蚀，因为多相之间的电极电位不同而形成的电池偶可以加快腐蚀，基于同样原因合金中形成的有序相可能降低耐蚀性。由于晶界可成为腐蚀的驱动力，因而晶粒尺寸也是腐蚀的重要因素。由各种原因在合金内部所引起的内应力可能构成应力腐蚀。

单相固溶体合金的腐蚀是建立在选择性溶解和“腐蚀—无序/扩散—再有序”模型基础上的[5, 10, 11]。假定一个二元合金的表面由 A 和 B 两种原子组成，其中 B 原子是相对稳定的耐蚀原子，A 是耐蚀性差的原子。在腐蚀介质中，首先是表面层中结合最不牢固的具有三面凹角的 K 类位置的 A 原子被溶解，其所留下的空位被 B 原子取代和占据（见图 2-2[10]）。进一步是结合不很牢固的两面凹角 N 类位置的 A

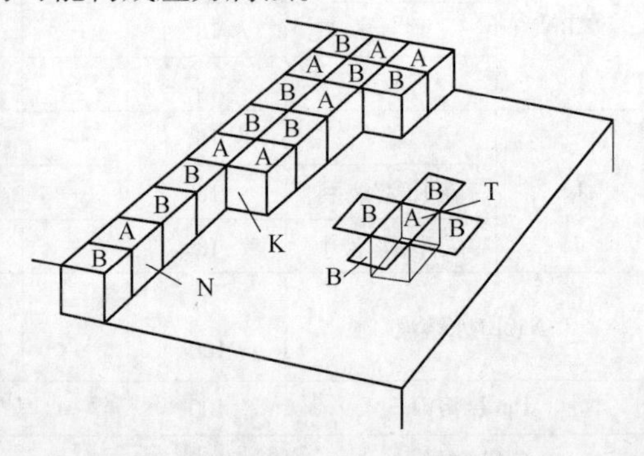

图 2-2　合金表面选择性腐蚀示意图

原子被溶解并被B原子取代和占据，继而表面T类位置的A原子被腐蚀，这需要更高的过电位或激活能。如果A原子含量很少，B原子含量很高，则表面所有结点位置均被B原子占据，合金就被钝化而不再受腐蚀。如果A原子含量很高，表面钝化现象就不会出现，A原子继续溶解并向合金内部发展。A原子溶解后所留下的空位向表面迁移或向体内扩散，形成腐蚀通道和腐蚀坑。随着扩散与腐蚀的进行，B原子向表面富集，腐蚀通道与腐蚀坑收缩。一般地说，易腐蚀原子（A原子）的浓度越高，腐蚀坑半径越小，但腐蚀坑的深度越大。稳定的腐蚀坑半径可表示为[10, 11]：

$$R_c = 2N_c d/C \tag{2-1}$$

式中，R_c 为临界腐蚀通道半径；d 为一个原子层厚度；C 为合金中稳定原子的摩尔浓度；N_c 为 C 的函数，与合金中A、B原子的初始分布有关。

以Au-Ag和Au-Cu合金为例，按上述“腐蚀—无序/扩散—再有序”的腐蚀模型，Ag和Cu原子优先溶解并形成腐蚀通道与腐蚀坑。表2-4[10]列出了几个金合金的腐蚀通道半径的观测值和按式(2-1)计算的值，可见随着合金中Au含量增大，临界腐蚀通道半径增大，腐蚀坑深度减小。达到腐蚀坑临界半径后，合金表面钝化和不再受腐蚀。图2-3[10]所示为基于上述模型计算的Au-Ag合金腐蚀坑半径相对收缩率 Ψ 与Au浓度的关系。当Au浓度较低时，Ψ 值随时间平缓下降却始终保持高值，表明腐蚀坑半径收缩缓慢，合金表面不会钝化，腐蚀坑不会封闭或很长时间以后才会封闭，合金的腐蚀持续进行。随着Au含量增高，Ψ 值逐渐下降；当Au的摩尔分数超过50%（即 $C>0.5$）后，腐蚀坑将在有限的时间之后封闭（$\Psi=0$），Au的浓度越高，腐蚀坑封闭时间越短。因此，存在一个临界Au浓度，即50%（摩尔分数）Au。

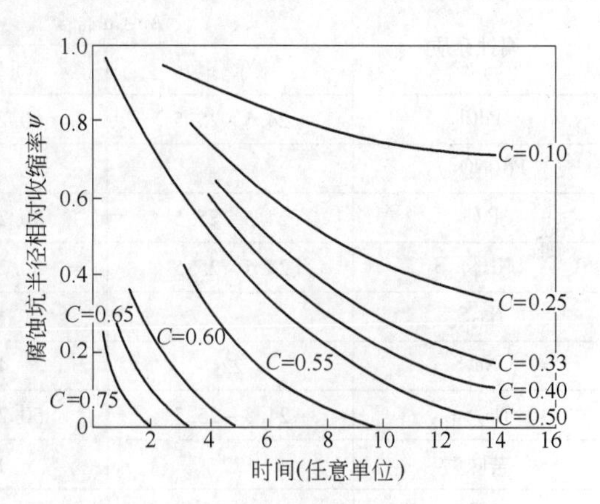

图2-3 Au-Ag合金腐蚀坑半径相对收缩率 Ψ 与Au摩尔浓度 C 的关系

表2-4 某些金合金的临界腐蚀通道半径 R_c 的观测值与按式(2-1)计算的值

合金（以质量分数计）	观测 R_c/nm	计算 R_c/nm	合金（以质量分数计）	观测 R_c/nm	计算 R_c/nm
50Au-50Ag	28	30	40Au-60Cu	30	40
33Au-67Ag	26	25	25Au-75Cu	10	15
5Au-95Ag	4	5	16Au-84Cu	4.5	5

注：R_c 值越小，腐蚀坑越深，腐蚀通道封闭越困难，合金耐腐蚀性越低。

对于单相固溶体Au合金而言，早年塔曼（Tammann）[11]根据广泛实验研究也曾提出了Au合金抗腐蚀的极限Au摩尔分数为50%，此即塔曼耐酸定律。由此可见，由选择性溶解和“腐蚀—无序/扩散—再有序”模型所建立的抗腐蚀极限Au浓度与塔曼耐酸定律完全吻合。就开金饰品合金而言，这个临界极限Au浓度相当于15.6K Au-Ag合金和18K Au-Cu合金。在多相合金中，由于不同合金相的耐蚀性不同，不同相内合金组元对腐蚀敏感性和选择性溶解成分都不同于单相合金，同时也因为存在相界的腐蚀而使腐蚀情况更为复杂。

表2-5[12, 13]列出了Au-Ag和Au-Cu合金在某些腐蚀介质中允许的最小Au含量。在较强的腐蚀介质（如硝酸、硫酸等）中，允许的最小Au含量接近和达到50%（摩尔分数），符合塔曼耐酸定律；但在比较弱的腐蚀介质中，Au合金耐腐蚀的最小Au含量可能更低一些。应当指出，虽然塔曼耐酸定律以及上述实验得到的最低Au含量允许值为Au合金的耐腐蚀性提供了某种指导，但考虑到Au合金成分和结构的复杂性，特别考虑到开金合金中的分解相、有序相、沉淀相等第二相对合金耐腐蚀性的影响，这个极限浓度在实践中只能作为参考。

表2-5　在某些腐蚀介质中Au-Ag和Au-Cu合金中允许的最小Au含量　（%）

腐蚀介质	Au-Cu合金		Au-Ag合金	
	摩尔分数	质量分数	摩尔分数	质量分数
$PdCl_2$	24.5~25.5	50.2~51.5	—	—
$Pd(NO_3)_2$	—	—	24.5~25.5	37.2~38.5
$PtCl_2$	24.5~25.5	50.2~51.5	24.5~25.5	37.2~38.5
$(NH_4)_2S_2$	24.5~25.5	50.2~51.5	32	46.5
Na_2S_2	—	—	27~32	40.3~46.5
Na_2S	22	46.7	—	—
Na_2Se_2	24.5~25.5	50.2~51.5	27	40.3
苦味酸	22	46.7	—	—
$AuCl_3$	—	—	49.5~50.5	64.2~65.1
H_3CrO_4	—	—	49.2	63.9
$HMnO_4$	50	75.5	49.5~50.5	64.2~65.1
HNO_3(1.3g/cm^3)	—	—	48.0~49.0	62.8~63.7
H_2SO_4	49~50	74.5~75.5	50	64.7
H_2PtCl_6	22	46.7	—	—

注：若合金中Au浓度低于表中值，合金在室温将被严重腐蚀。

虽然上述讨论针对的是Au合金，但它所涉及的腐蚀原理和模型对其他贵金属合金仍然是有效的，即贵金属基合金中的贱金属组元将在腐蚀介质中优先腐蚀并遵循选择性溶解和“腐蚀—无序/扩散—再有序”模型。在贵金属元素中，Ag的化学稳定性低于Au和铂族金属。因此，在Au与铂族金属合金中的Ag添加剂将优先腐蚀。反之，Au与铂族金属添加到Ag中，可以提高Ag合金的耐腐蚀性。另外，贵金属的化学稳定性远高于贱金属，在贵金属合金中，贱金属组元的原子优先溶解与腐蚀。

2.4.3 贵金属的表面晦暗

2.4.3.1　Ag的表面晦暗

致密金属Ag在常温常压大气中不被氧化和不形成氧化物膜，这一特性与Au、Pt相似。金属Ag，特别是粉体Ag在氧气氛中加热可生成Ag_2O薄膜，Ag_2O不稳定，在200℃

开始分解，250～300℃分解加快，在400℃以上温度完全分解，因而高温加热并淬火的银可保持光亮表面。在含有 HCl 的潮湿气氛或溶液中，Ag 表面可以形成 AgCl 膜[4]。

Ag 和 Ag 合金制品在大气中长期存放会慢慢形成一层暗黑色表面膜，其主要组成是硫化银，反应为：$4Ag + 2H_2S + O_2 \rightarrow 2Ag_2S + 2H_2O$。导致 Ag 变晦暗的最重要原因是大气中存在微量 H_2S、SO_2 等硫化物。虽然大多数情况下，晦暗膜主要是硫化银（Ag_2S），但当气氛中存在有 SO_2 和水蒸气时，晦暗膜则是 Ag_2S 和 Ag_2SO_4 的混合物。一些含硫较高的食品（如蛋黄、洋葱等）和物品（如硫化橡胶等）与 Ag 接触时都会使 Ag 表面迅速形成晦暗膜。随着膜层增厚，硫化银膜的颜色由暗褐绿色变成黑色。这也是一种腐蚀形式，通常称之为“晦暗”。在含有卤素和盐雾的气氛中 Ag 也会变色与晦暗[4]。含 Cu 的 Ag 合金可以加重晦暗倾向。对于 Ag 和 Ag-Cu 合金饰品与装饰材料而言，晦暗膜的形成使饰品失去光泽。

硫化银膜不仅颜色晦暗，它的电阻率也高，大约是 Cu 的 1 万倍。因此，当 Ag 或 Ag-Cu 合金用做电接触材料时，硫化银晦暗膜的形成将大大增加接触电阻。

Ag 在工业上与家庭中有广泛的应用，如何防止晦暗一直是一个重要课题。长期以来人们试图通过合金化改善 Ag 的晦暗特性，发现通过添加一定量的贵金属元素可以改善 Ag 的抗硫化和抗晦暗作用，如 Au、Pd 和 Pt 可以不同程度地抑制 Ag 的硫化晦暗倾向。不排除某些贱金属元素合金化也可能有类似的效果，但至今的研究表明许多常用的贱金属合金化元素对银的抗硫化作用不明显。在贱金属合金化元素中，Cu 是 Ag 最常用的强化元素，但 Cu 添加剂通常增大银的硫化和晦暗倾向。早年曾添加 Sn、Ge 到 Ag 中试图提高 Ag 的抗晦暗性，但当 Sn、Ge 含量增加到赋予合金足够高的硬度并保持较好可锻性时却使合金失去 Ag 的光泽。In 加入 Ag 可使 Ag-In 合金更容易形成氧化物而不形成硫化物。当 Ag-In 合金曝露到大气环境中时，合金表面形成一层非常薄的透明的 In_2O_3 膜，它不损害 Ag 的高反射率和光亮性，它还能保护 Ag 合金不再继续氧化或硫化，因而使 Ag 合金不变晦暗[14]。上述特点可使 Ag-In 合金在长期存放之后仍保持光亮表面和高的电导率，因此 In 常用于制备抗晦暗 Ag 合金。具有这种保护特性的氧化物还有 SiO_2、TiO_2、Al_2O_3 或它们的非化学计量化合物，如 SiO_x、TiO_x（$x<2$）等[14]，这些氧化物也呈致密透明性并具有好的黏附性，对 Ag 合金表面具有保护作用，但对合金光亮性可能有一定影响。

2.4.3.2 Au 的表面晦暗

纯 Au 具有高的抗腐蚀和抗晦暗能力。对于制造首饰品、装饰品、牙科制品及电接触触点的各类金合金，它们的抗晦暗能力则是一项重要的要求。饰品金合金含有不同量的 Ag、Cu、Ni、Zn 等元素，它们的抗晦暗能力很不相同。一般地说，高开金合金有高的抗晦暗能力，可以经受硝酸斑点腐蚀，即以一滴新鲜的浓硝酸置于合金表面，合金不改变颜色，也不留下斑点；而 14K 以下的低开金合金的抗晦暗能力明显降低，不能经受硝酸斑点腐蚀。

元素硫、H_2S 和其他硫化物是造成开金合金晦暗的重要介质。图 2-4[5,13] 所示为退火态 Au-Ag、Au-Cu 和 Au-Ni 合金在某些含硫化合物介质中的腐蚀情况：随着合金中 Ag、Cu 和 Ni 溶质浓度增高，因这些组元形成硫化物而造成金合金急剧增重，合金的腐蚀程度明显增大，以 Au-Cu 合金最高。Au-Ag-Cu 合金在类似的介质中也出现腐蚀增重，由表 2-6[12] 的数据可见，在含硫化物介质中的腐蚀增重比在氧气氛中的腐蚀增重高一个数量级，随着合金中 Ag 含量增高，合金的腐蚀增重也相应增高。

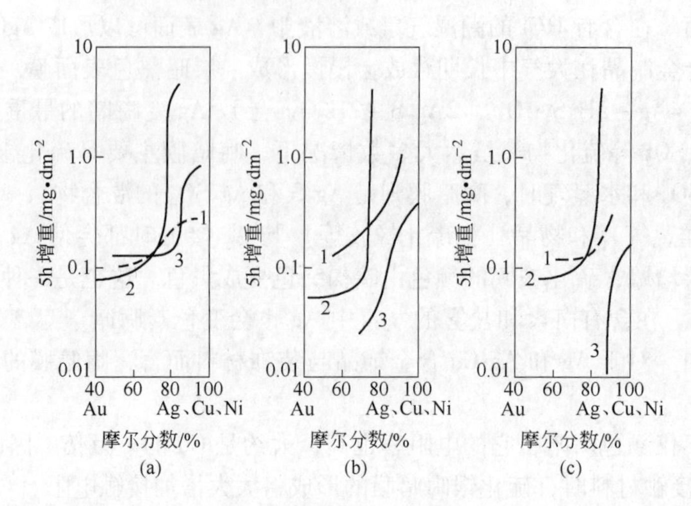

图 2-4　退火态 Au-Ag、Au-Cu 和 Au-Ni 合金在某些含硫化合物介质中的腐蚀情况

（a）H_2S 与空气混合物（体积比 1∶5），20℃；（b）2mol/L Na_2S_2 溶液，20℃；（c）真空中硫，20℃

1—Au-Ag；2—Au-Cu；3—Au-Ni

表 2-6　在氧气氛和硫化物介质中 Au-Ag-Cu 合金的腐蚀增重

合　金	腐蚀介质	试验条件		腐蚀增重 /mg·dm^{-2}
		温度/℃	时间/h	
Au-25Ag-10Cu（摩尔分数）	H_2S + 空气	20	500	0.42
	Na_2S_2	20	500	0.29
	O_2	100	2880	0.03
Au-20Ag-10Cu（摩尔分数）	H_2S + 空气	20	500	0.33
	Na_2S_2	20	500	0.18
	O_2	100	2880	0.055

Au 在氧气氛中稳定，即使在高温大气中加热 Au 也不直接氧化。但是，在含有 Cu 和其他贱金属组元的 Au 合金中，由于贱金属组元的优先选择性氧化，导致金合金增重或失重，并由于形成贱金属氧化物膜使合金晦暗。图 2-5[12] 所示为 Au-Ag 合金在 930℃ 氧气中加热后缓冷至室温时的质量变化，随着合金中 Ag 含量增加或加热时间延长，合金的质量变化增大，这可能是在冷却时由于银氧化膜形成所致。Au-Pt 合金有高的抗氧化性，而富 Pt 的 Pt-Au 合金即使在 1200 ~ 1400℃ 高温也显示出高的抗氧化性[5, 15]。

多元和多相金合金的抗晦暗性更为复杂，它既受合金组元的影响，也受合金相和相界面的影响。一般地说，铂族金属组元可以改善多元金合金的抗晦暗性，Ni 组元也有较好的抗室内气氛的晦暗作用；退火态和无应力相组织也有利于改善抗晦暗性。一项在一种人工汗液（含 5 份醋酸、5 份氯化钠和 100 份水）和硝酸中的腐蚀试验[12] 表明，经受 40% 压缩冷变形后在 315℃ 以下温度时效处理的 10K 合金（组成（质量分数）为：42% Au、41% Cu、9% Ag、6% Zn、2% Ni）对人工汗液显示了高的抗晦暗能力，在 370℃ 以上温度时效

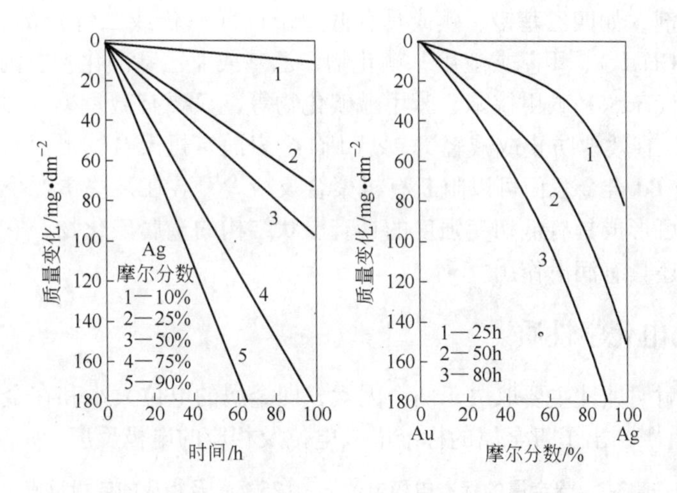

图2-5　Au-Ag合金在930℃氧气中加热后缓冷至室温时的质量变化

处理可以明显改善对硝酸的腐蚀抗力。

2.4.3.3　铂族金属的表面晦暗

在室温干燥大气环境中，致密铂族金属性能稳定，表面不形成晦暗膜。铂族金属对氧的亲和力都很小，且有 Pt < Pd < Rh < Ir < Ru < Os。在大气或氧气中加热铂族金属，Pt在约150℃以上温度开始氧化并在400～500℃时表面形成一层近似透明的 PtO_2 氧化物薄膜，约在620℃以上温度 PtO_2 转变为气态 PtO_2 而挥发。Pd在约260℃开始氧化并于400℃以上温度形成晦暗PdO膜，877℃以上温度PdO分解。Rh约在580℃以上温度形成非挥发性氧化物 Rh_2O_3 和挥发性 RhO_2，约在1100℃以上温度 Rh_2O_3 分解。Ir在600℃形成蓝黑色 IrO_2 膜，高于1100℃ IrO_2 分解。Ru在室温就开始缓慢氧化并形成薄的氧化膜，随温度升高氧化速率加快，在800℃形成深蓝色 RuO_2，930～950℃分解。粉末态Os在室温即形成挥发性 OsO_4 并散发特殊气味，500℃时 OsO_4 会燃烧。因此，致密铂族金属在室温仅Os呈蓝灰色，Pt、Pd、Rh、Ir和Ru金属为白色，加热形成氧化膜，高温氧化膜分解，高温加热后淬火可保持光亮表面[6,16]。

在室温下，铂族金属不与硫和干燥的卤素反应，但与有机物或有机物气氛反应。铂族金属的 d 电子层未充满，易吸附有机气体，有机物吸附在铂族金属表面，在铂族金属的催化作用下，芳香族化合物转变为脂肪族化合物或复杂的混合物，表面上会形成一薄层暗褐色粉状有机聚合物，称为“褐粉效应”。这种现象在所有铂族金属上都存在，但对Pt和Pd的污染最为严重，在其他铂族金属上形成聚合物的量约是在Pt上聚合物总量的40%。按金属表面聚合物生成量的顺序排列，则有 Pt > Pd > Ru > Ta > Rh > Mo > Au[6,17]。

有多种途径可以避免或减轻在铂族金属表面形成有机聚合物。第一，要减少环境中有机物污染源，尽量不在含有如甲苯、乙醚、苯酚、苯甲醛等有机物质或气氛的环境中使用或存放。第二，向Pt、Pd及其合金中添加Ag、Cu、Sn、Sb、Zn、Ni、Au等合金元素，可以增强Pt、Pd及其合金的抗有机物污染能力。如在Au上形成聚合物的量仅是在Pt上聚合物总量的2%～10%，添加5%Au到Pt或Pt合金中就可以提高合金的抗有机物污染能力。向Pd中添加Ag，也有利于提高Pd的抗有机物污染能力。第三，在使用铂族金属的环境中置入抑制剂，如四乙基铅、碘或具有低原子价（一价或二价）的含碘有机化合物，如碳氢碘化物（CH_2I_2）、甲基或亚甲基碘化物、乙基或亚乙基碘化物、丙烯基碘化物、正丁基碘化物、碘代苯、一碘甲烷苯、苯甲酰碘化物等，只要有微量碘（如碘浓度为10μg/L）抑制剂就可以有效地防止或减轻 Pt 或 Pd 合金表面有机聚合物形成，其机理是碘化物蒸气覆盖在 Pt 或 Pd 合金表面可以阻断有机聚合反应[6,17]。在某些情况下，碘化物与磨损的金属表面反应可形成具有低切变强度的具有层状结构的金属碘化物，它不仅阻止有机聚合物形成，而且还具有润滑作用。

2.5　贵金属的电化学性质

金属的相对耐腐蚀性主要取决于两个因素，即金属的电位大小和在金属表面是否形成保护膜。表 2-7[1, 18] 列出了贵金属的标准电极电位及相应的电极反应。

表 2-7　贵金属的标准电极电位 $E^{\ominus}$（25℃）及相应的电极反应

电极反应	$E^{\ominus}$/V	电极反应	$E^{\ominus}$/V
$Ag^+ + e = Ag$	0.7996	$Pd^{2+} + 2e = Pd$	0.987
$Ag_2O + H_2O + 2e = 2Ag + 2OH^-$	0.342	$PdBr_4^{2-} + 2e = Pd + 4Br^-$	0.60
$2AgO + H_2O + 2e = Ag_2O + 2OH^-$	0.599	$PdCl_4^{2-} + 2e = Pd + 4Cl^-$	0.623
$Ag_2S + 2e = 2Ag + S^{2-}$	-0.7051	$PdI_4^{2-} + 2e = Pd + 4I^-$	0.18
$Ag_2S + 2H^+ + 2e = 2Ag + H_2S$	-0.0366	$PdCl_6^{2-} + 2e = PdCl_4^{2-} + 2Cl^-$	1.29
$AgCl + e = Ag + Cl^-$	0.2223	$Pd(OH)_2 + 2e = Pd + 2OH^-$	0.07
$Ag_2SO_4 + 2e = 2Ag + SO_4^{2-}$	0.653	$Pt^{2+} + 2e = Pt$	1.2
$Au^+ + e = Au$	1.68	$PtCl_4^{2-} + 2e = Pt + 4Cl^-$	0.73
$Au^{3+} + 2e = Au^+$	1.29	$PtCl_6^{2-} + 2e = PtCl_4^{2-} + 2Cl^-$	0.74
$Au^{3+} + 3e = Au$	1.42	$Pt(OH)_2 + 2e = Pt + 2OH^-$	0.16
$AuCl_4^- + 3e = Au + 4Cl^-$	0.994	$Rh^{4+} + e = Rh^{3+}$	1.43
$IrCl_6^{3-} + 3e = Ir + 6Cl^-$	0.77	$RhCl_6^{3-} + 3e = Rh + 6Cl^-$	0.44
$IrCl_6^{2-} + e = IrCl^{3-}$	1.02	$Ru^{3+} + e = Ru^{2+}$（HCl 1~6mol/L）	-0.084
$Ir_2O_3 + 3H_2O + 6e = 2Ir + 6OH^-$	0.1	$Ru^{3+} + e = Ru^{2+}$（$HClO_4$ 0.1mol/L）	-0.11
$OsO_4 + 8H^+ + 8e = Os + 4H_2O$	0.85	$Ru^{4+} + e = Ru^{3+}$（HCl 2mol/L）	0.858
$OsO_4^{2-} + 4H^+ + 2e = OsO_2 + 2H_2O$	1.61	$RuO_2 + 4H^+ + 4e = Ru + 2H_2O$	-0.8

大多数电化学过程都是在与水和空气相接触时发生。由表 2-7 可知，贵金属有高的标准电极电位，如 Au 的标准电极电位为 1.68V，Pt 为 1.2V，Pd 为 0.987V，Ag 为 0.8V。这些值远高于 Cu（0.522V）、Fe（-0.41V）、Co（-0.28V）、Ni（-0.23V）、Ti（-1.63V）、Al（-1.71V）、Sn（-0.136V）、Zn（-0.76V）等贱金属的标准电极电位。当贵金属与任何其他普通金属之间建立起一个电池偶时，在金属表面完全干净和没有其他化学因素干扰时，贵金属都将是阴极而不受腐蚀。由于在正常情况下贵金属表面不形成保护性膜，贵金属优良的抗腐蚀性主要由其高的电极电位特性决定。

当贵金属形成氧化物或硫化物等化合物时，其电极电位比金属的标准电位低，表明其稳定性降低。因此，当 Ag 表面形成硫化物膜时，其化学稳定性下降。另外，Ag 不形成保护性膜的特性使之不易形成完全连续与致密无针孔的涂层，采用普通方法制备的Ag涂层在大气环境中或其他弱腐蚀环境中也许不受重大影响，但这样的涂层可以形成一种自发电池，其中贱金属基体变成阳极，腐蚀介质可通过Ag涂层针孔到达贱金属基体，虽然Ag得到了保护，但贱金属基体被腐蚀，也就是Ag涂层对贱金属基体并未起到保护作用。因此，当Ag作为一个结构部件与贱金属相接触时，一定要避免让所接触贱金属变成一个电池偶中的阳极，否则会使贱金属受到强烈腐蚀。

2.6 贵金属的生化特性

2.6.1 致密合金在生理环境中的毒性与耐腐蚀性

致密的贵金属及其合金无毒性，可以安全佩戴与应用。除了含有高Ni的贵金属合金以外，长期接触或佩戴贵金属合金材料和首饰不会中毒或致皮肤过敏。Ni可致皮肤过敏，实验证明，含高Ni（如质量分数大于6%）合金制造的首饰制品有可能导致部分佩戴者皮肤过敏，尤其用于穿孔愈合中的高镍首饰制品的过敏倾向更大。

用于生物体内的金属材料，要求具有高抗腐蚀性和无毒性，对生物体组织无刺激并有良好的相容性。金属元素的细胞毒性很不相同，一般地说，第Ⅱ族金属Be、Mg、Ca、Sr、Ba、Zn、Cd、Hg显示很强的细胞毒性，第Ⅲ_A族金属Al、Ga、In和第Ⅳ族元素Si、Sn、Ti、Zr等不显示细胞毒性；第Ⅰ、Ⅴ和Ⅷ族中，相对原子质量小的元素如Cu、As、Sb、V、Fe、Co、Ni等显示细胞毒性，而相对原子质量大元素如Au、Pt、Pd、Ta等不显示细胞毒性。Au和铂族金属是与人体组织具有最好生物相容性的金属。

金属在生物体内的腐蚀可分为置换式和氧化式。比氢更容易离子化的金属（M）在生物体内多产生氢置换式腐蚀：$M + 2H^+ \rightarrow M^{2+} + H_2$。第Ⅱ族金属不仅易于离子化，而且与体液中的蛋白质结合形成配合物，使体液的pH值升高，造成细胞坏死或变性。第Ⅲ族In，第Ⅳ族Sn、Ti、Zr和第Ⅵ族Cr等金属的离子化倾向虽然比较强，但因其易形成致密表面氧化膜而被钝化，在pH值为7.2～7.4的环境中，它们的离子化倾向较小，因而难以腐蚀，在生物体中较稳定，不显示组织刺激性。离子化倾向比氢小的贵金属的腐蚀属于氧化式，因为贵金属在各种腐蚀介质环境中都有高的耐腐蚀性，在体液环境中也具有高稳定性[19～21]。

按塔曼（Tammann）耐酸限原则，Au摩尔分数高于50%的合金在各种腐蚀介质中显示良好耐蚀性。在Au合金中加入铂族金属（PGM）时可以提高合金的耐蚀性。试验证明Au + PGM总含量高于50%的合金在清洁口腔环境中耐腐蚀。因此，牙科和其他生物材料中，高"Au + PGM"含量成为高化学稳定性的指标，它们构成牙科合金成分设计的基础[5, 22]。

贵金属珠宝饰品具有高的化学稳定性和无毒性，佩戴致密贵金属珠宝饰品材料无毒性。

2.6.2 贵金属的不可食用性

古代炼金术士认为，服食金可"炼人身体，故能令人不老不死"（《抱朴子·金丹》）。在国内外民间也时有"金箔宴"和可食用金箔的报道。近年纽约一家餐厅推出的"黄金富贵圣代"中含有可食用的23K金箔，这种经过特别加工的金箔叶，薄如蝉翼，其分子结构容易被分离吸收，食之在唇齿之间会发出一种金属碎屑相互碰撞的声音。

虽然致密贵金属无毒性，但它们都是高密度物质，特别是金、铂、铱属于最高密度物质，服食金块、金屑、金箔等不可能吸取什么营养，有可能造成消化系统出血或穿孔，危害生命。唐代诗人刘禹锡在《马嵬行》一诗中有“贵人饮金屑……”诗句，说的是杨贵妃吞金自尽。虽然服食少量金箔、铂箔等可能不致有生命之虞，但服食金的毒副作用在中国古籍中早有记载。《本草纲目》记载“金有毒”；《会约医镜》记载未经熔炼的“生金”有毒，金箔亦不可多服。近代学者对金箔的毒副作用进行了许多研究，认为金箔中毒会对皮肤、黏膜、消化系统、造血系统和神经系统造成损伤，过量中毒者必须进行解救。解救药物有：肌肉注射二硫基丙醇、静脉注射10%葡萄糖酸钙、青霉胺等，如果粒状白细胞减少，则需辅以抗生素治疗[5]。因此，对民间流传的“金箔宴”和金箔、金屑（金粉）入食入药都应慎重对待。

2.6.3 贵金属化合物的毒性

金属离子对人体的毒性通常以无毒钠离子作为基数1，以最毒汞离子取2300作为比较，可将所有金属离子的毒性分为高毒、中等毒和低毒三类[23]：贵金属中的Ag、Au、Pt离子属高毒类，Pd、Ir、Ru、Rh离子属中等毒类。因此，许多贵金属化合物具有毒性，高浓度摄入甚至对人体健康造成严重影响；但是，有许多贵金属化合物也可用做抗菌消毒剂和药物[4~6,24,25]。贵金属珠宝饰品材料由无毒性致密金属制造，在制造和使用过程中很少涉及具有毒性的贵金属化合物。因此本章对贵金属化合物的毒性不作详细讨论。

2.7 贵金属的光学性质

金属的颜色取决于它们对可见光谱的反射率，表2-8[9,26,27]列出了它们的反射率。

表2-8 贵金属的反射率与光波长的关系

Ag	波长/μm	0.247	0.300	0.350	0.400	0.500	1.00	3.00	6.00	9.00	12.0
	反射率/%	26.6	17.6	82.7	93.8	96.2	97.9	98.7	98.7	98.8	98.9
Au	波长/μm	0.300	0.410	0.490	0.600	0.700	0.81	1.00	4.00	8.00	12.0
	反射率/%	38.6	41.0	44.6	93.1	97.1	97.6	98.1	99.0	99.0	99.1
Pd	波长/μm	0.200	0.300	0.400	0.500	0.600	0.700	0.800	1.00	5.00	10.0
	反射率/%	30.0	40.0	54.0	60.0	62.0	65.0	68.0	78.0	94.0	96.0
Pt	波长/μm	0.302	0.404	0.500	0.600	0.700	0.900	1.50	3.0	5.0	7.0
	反射率/%	51.5	61.2	65.6	70.0	71.2	76.9	80.6	89.7	93.7	94.7
Rh	波长/μm	0.302	0.365	0.500	0.600	0.700	0.800	1.00	2.50	5.00	10.0
	反射率/%	67.0	75.4	73.1	75.6	80.3	81.5	82.9	94.1	96.2	97.5
Ir	波长/μm	0.302	0.404	0.500	0.600	0.700	0.800	1.00	4.00	8.00	12.0
	反射率/%	58.7	66.1	69.4	70.5	72.3	73.9	77.6	94.8	96.9	97.8
Ru	波长/μm	0.302	0.404	0.500	0.600	0.700	0.800	1.00	2.50	5.0	10.0
	反射率/%	75.0	72.0	69.3	70.8	67.2	63.8	60.3	94.6	94.6	96.1
Os	波长/μm	0.280	0.302	0.365	0.400	0.500	0.600	0.700	0.800	0.900	1.00
	反射率/%	65.9	61.4	63.1	64.7	62.2	53.2	43.9	38.9	45.1	61.0

注：1. Ag和Au的反射率是在膜试样上采用偏光测定的；Pd、Pt、Rh和Ir的反射率是在抛光多晶体试样上测定；Ru和Os的反射率是在电抛光单晶试样上采用偏光测定。2. Pd的反射率是从文献［26］所给出反射率曲线取值，具有一定近似性。

虽然 Ag 在低光谱段的反射率较低，但在波长 0.38 ~ 0.78μm 的可见光谱区，Ag 的反射率达到 92% ~96%，在红外光区，反射率高达 98% 以上。因在整个可见光区呈高的反射率，故 Ag 呈明亮的白色，俗称“银白色”。Au 在短波段反射率也较低，但在可见光黄光波段（0.55 ~0.6μm），它的反射率迅速提高到 92%，随后反射率保持在 97% 的高值。也就是说，Au 对可见光的黄光波段反射率很高，故 Au 显示黄色，俗称“金黄色”。铂族金属对可见光全波段都有高的反射率，其中以 Rh 的反射率最高，在可见光区其反射率达 80%，仅次于 Ag 和 Au，因而 Rh 显示银白色。Ir 的反射率低于 Rh、高于 Pt，显示白色。在可见光的波段内 Pt 反射率达到 68% ~73%，平均反射率约 72%，显示类银白色或锡白色。Pd 的最高反射率低于 65%，平均反射率约 62.8%，显示钢白色。具有面心立方晶格的铂族金属 Pt、Pd、Rh 和 Ir 的反射率随波长的变化较小，反射率曲线随波长的变化较平稳。Ru 和 Os 的反射率随波长的变化有一定的起伏，电抛光 Ru 和 Os 对可见光反射率分别介于 67% ~72% 和 43% ~53% 范围内，它们显示蓝白色。

贵金属在室温环境中不被氧化和不被腐蚀，因而其光学性能和相关的颜色稳定。

2.8　贵金属的热学、电学与磁学性质

表 2-9[3~6,9] 列出了贵金属的主要热学、电学与磁学性能。

表 2-9　贵金属的主要热学、电学与磁学性能

性　质		Ru	Rh	Pd	Ag	Os	Ir	Pt	Au
熔点/℃		2333	1966	1555	961.78	3127	2448	1768.1	1064.59
熔化热 ΔH_m/kJ·mol^{-1}		39.0	27.3	16.6	11.30	70.0	41.3	22.11	12.68
熔化熵 ΔS_m/J·(mol·K)$^{-1}$		15.0	12.2	8.80	9.17	20.6	15.2	10.83	9.40
沸点/℃		4077	3900	2990	2177	5027	4577	3876	2808
蒸发热 ΔH_v/kJ·mol^{-1}		649	558	377	284.6	788	670	565	365.3
汽化熵 ΔS_v/J·(mol·K)$^{-1}$		135	124	111	103	141	129	122.3	107
比热容 c_p(298.15K)/J·(mol·K)$^{-1}$		24.05	24.90	26.0	25.41	24.69	25.09	25.65	25.33
电子比热 γ/J·(mol·K^2)$^{-1}$		2.95×10^{-3}	4.65×10^{-3}	9.57×10^{-3}	0.63×10^{-3}	2.35×10^{-3}	3.14×10^{-3}	6.54×10^{-3}	0.73×10^{-3}
德拜温度 θ_D/K		530	512	267	215	467	420	236	178
功函/J		7.37×10^{-19}	7.61×10^{-19}	7.69×10^{-19}	6.90×10^{-19}	9.45×10^{-19}	8.65×10^{-19}	8.49×10^{-19}	7.85×10^{-19}
焓($H^{\ominus}_{298.15}-H^{\ominus}_0$)/kJ·mol^{-1}	固相	4.56	4.91	5.44	5.77	4.99	5.27	5.69	6.02
	气相	6.2	6.2	6.2	6.2	6.2	6.2	6.6	6.2
熵 $\Delta S^{\ominus}_{298.15}$/J·(mol·K)$^{-1}$	固相	28.5	31.6	37.6	42.7	32.7	35.5	41.5	47.5
	气相	186.5	185.8	167.1	173	192.6	193.6	192.4	181
热导率(273K)/W·(m·K)$^{-1}$		119	153	75.1	435	88	148	71.7	318
热扩散率(273K)/m^2·s^{-1}		0.29	0.24	0.24	1.75	—	0.13	0.25	1.25
线膨胀系数 $\alpha_{298.15}$/℃$^{-1}$		9.1×10^{-6}	8.3×10^{-6}	11.77×10^{-6}	19.2×10^{-6}	6.1×10^{-6}	6.8×10^{-6}	8.93×10^{-6}	14.2×10^{-6}

续表 2-9

性　质		Ru	Rh	Pd	Ag	Os	Ir	Pt	Au
蒸气压/Pa	熔化温度	1.05	0.505	4.23	0.38	7.75	0.99	0.019	0.012
	1500℃（数量级）	10^{-6}	10^{-4}	10^{0}	10^{2}	10^{-10}	10^{-6}	10^{-4}	10^{1}
电阻率(298.15K)/μΩ · cm		7.37	4.78	10.55	1.59	9.13	5.07	10.42	2.125
相对电导率/%IACS①		22.9	35.4	16.0	106.3	18.5	33.3	16.2	79.5
电阻温度系数 $\alpha_{0\sim100℃}$/℃$^{-1}$		42.00×10^{-4}	45.70×10^{-4}	37.90×10^{-4}	40.98×10^{-4}	42.00×10^{-4}	43.00×10^{-4}	39.27×10^{-4}	40.60×10^{-4}
磁化率/$cm^3 \cdot g^{-1}$		0.385×10^{-6}	0.990×10^{-6}	5.231×10^{-6}	-0.195×10^{-6}	0.052×10^{-6}	0.133×10^{-6}	0.985×10^{-6}	-0.15×10^{-6}

① IACS 为国际退火铜电导率标准，以退火铜电导率为 100%。

从表 2-9 的数据可以归纳出如下规律：

（1）随着原子序数增大，在第 5 周期中从 Ru 至 Ag 和第 6 周期中从 Os 至 Au，贵金属的熔点、沸点、熔化热和蒸发热分别依次降低，即有 Ru > Rh > Pd > Ag 和 Os > Ir > Pt > Au，铂族金属有更高的熔点、沸点、熔化热和蒸发热，而 Ag 和 Au 有相对低的熔点、沸点、熔化热和蒸发热。另外，在第 6 周期贵金属的热学性能高于第 5 周期同族中相应贵金属的热学性能，即 Os、Ir、Pt、Au 的热学性能分别高于同族中 Ru、Rh、Pd、Ag。热学性能对于贵金属及其合金的熔炼、铸造、熔模铸造和焊接具有重要意义。

（2）依照第 5 和第 6 周期中原子序数增大的顺序，在相同温度时同周期中贵金属的蒸气压依次增大，即 Ru < Rh < Pd < Ag 和 Os < Ir < Pt < Au，而 Os、Ir、Pt、Au 的蒸气压分别低于同族中 Ru、Rh、Pd、Ag。在 8 个贵金属中，以 Ag 的蒸气压最高，Os 的蒸气压最低。

（3）铂族金属有较低的热导率、热扩散率和线膨胀系数，而 Ag 和 Au 有更高的热导率、热扩散率和线膨胀系数，其中 Ag 具有最高的热导率、热扩散率和线膨胀系数。

（4）Ag 具有最高的电导率，Au 次之。按国际退火铜电导率标准（IACS），取标准退火铜电导率为 100%，则 Ag 的相对电导率为 106.3% IACS，Au 为 79.5% IACS。铂族金属有相对低的电导率，其中以 Pd 的电导率最低（16.0% IACS），Pt 次之（16.2% IACS）。这是因为在铂族金属中 *d* 电子参与导电，增大了所谓“*s—d* 散射”，对 Pd 和 Pt 而言，还存在磁散射机制。

（5）Ag 和 Au 的磁化率为负值，具有抗磁性。铂族金属具有小的正值磁化率，它们呈现顺磁性，其中以 Pd 的磁化率最高。铂族金属，特别是 Pd 与 Pt，与铁族元素合金化所形成的合金显示磁性，特别是具有超晶格的合金，如 FePt、CoPt 和 CoPd 等显示铁磁性特征。

2.9　贵金属的力学性质

表 2-10[3~7] 列出的退火态贵金属的主要室温力学性能，它们大体具有如下一些规律：

（1）随着原子序数增大，在第 5 周期中从 Ru 至 Ag 和第 6 周期中从 Os 至 Au，贵金属的硬度、屈服强度、拉伸强度、弹性模量、切变模量等力学性能逐渐降低，即有 Ru > Rh > Pd > Ag 和 Os > Ir > Pt > Au；而 Os、Ir、Pt、Au 的力学性能分别高于同族中 Ru、Rh、

Pd、Ag，其中以具有密排六方晶格的 Os 和 Ru 具有最高强度性能。贵金属的强度性质随着温度升高而降低。

（2）泊松比是在弹性变形的比例极限内横向应变与纵向应变的比值，是材料的横向变形系数。具有高压缩模量/切变模量比值（即 B/G）的金属 Os、Ru、Rh 和 Ir 的泊松比较小，仅 0.25～0.26；而 B/G 值相对低的金属 Pt、Pd、Au 和 Ag 的泊松比较大，达到 0.39～0.42。

（3）在第 5 周期中从 Ru 至 Ag 和第 6 周期中从 Os 至 Au，随着原子序数增大，贵金属的压缩模量逐渐减小，而压缩系数则逐渐增大，以 Au 和 Ag 的压缩模量最小，而压缩系数最大。

（4）金属的 B/G 值或泊松比 μ 值是金属延展性的度量。从 Ru 至 Ag 和从 Os 至 Au，随着 B/G（或 μ）值增大，贵金属的延展性逐渐升高，即面心立方贵金属的延展性能高于密排六方金属 Os 和 Ru。Au 具有最高 B/G（或 μ）值，它具有最高延展性，可直接加工到纳米尺度箔或丝材料；Pt 具有次高的 B/G（或 μ）值和延展性，可加工成纳米材料；Pd 和 Ag 也具有好的延展性。

表 2-10 贵金属的主要力学性能（退火态）

性 质		Ru	Rh	Pd	Ag	Os	Ir	Pt	Au
密度 γ/g·cm^{-3}		12.41	12.40	12.0	10.49	22.57	22.42	21.45	19.32
维氏硬度 HV	退火态	250	102	42	25	350	200	40	26
	电沉积态	约 1100	约 850	约 350	约 100	约 1300	—	约 650	约 120
屈服强度 $\sigma_{0.2}$/MPa		370	70	60	20～25	—	90	70～110	15～25
拉伸强度 σ_b/MPa		500	420	190	140～160	—	490	130～160	125～135
伸长率 δ/%		3	9	35～40	40～50	—	6	40～50	40～45
断面收缩率 ψ/%		2～3	20～25	80～85	80～95	—	10～15	95～99	95～99
弹性模量 E/GPa		431	380	125	82	550	530	165	79
切变模量 G/GPa		170	150	50	28	216	210	54.2	28
压缩系数 K/cm^3·N^{-1}		0.032×10^{-6}	0.037×10^{-6}	0.053×10^{-6}	—	0.029×10^{-6}	0.029×10^{-6}	0.037×10^{-6}	6.01×10^{-6}
压缩模量 B/GPa		292	280	191	101.8	380	378	280.8	170
压缩模量/切变模量		1.72	1.87	3.82	3.64	1.76	1.80	5.18	6.07
泊松比 μ		0.25	0.26	0.39	0.38	0.25	0.26	0.396	0.42

注：电沉积态硬度与沉积层厚度和沉积工艺有关，表中值为文献报道值的平均值。

2.10 贵金属变形与加工硬化特性

2.10.1 延性—脆性转变温度

每一种金属都存在一个延性—脆性转变温度 $T_{p\text{-}b}$，低于这个温度时金属呈脆性，高于这个温度金属呈延性。实验证明[7]：Ag、Au、Pd、Pt、Rh 的 $T_{p\text{-}b} < -196$℃，这些面心立方贵金属在室温均呈延性，仅在 −196℃以下温度呈脆性；Ir 的 $T_{p\text{-}b}$ 介于 400～600℃，Ru

的 $T_{p\text{-}b}$ 约1000℃。因此，Au、Pt、Ag 和 Pd 具有高的延性和可加工性，Rh 和 Ir 在高温才具有较好延性和可加工性。Ru 的可锻性很小，而 Os 不能进行有效加工。

2.10.2 塑性变形及其机制

金属的塑性变形通过滑移或孪生或两种机制同时作用而发生，与其成分、结构、变形应力、温度、速率等因素有关。一般地说，滑移沿着原子最密排的面和方向发生。在面心立方晶格贵金属中，滑移面为（111）和（100），滑移方向为［110］。对密排六方晶格金属而言，当 $c/a > (8/3)^{1/2}$ 时，滑移面为｛0001｝系；当 $c/a < (8/3)^{1/2}$ 时，滑移面为 $\{10\bar{1}0\}$ 系。Ru 和 Os 的 c/a 均大于 $(8/3)^{1/2}$，它们的主滑移系为｛0001｝，次滑移系有 $\{10\bar{1}1\}$ 和 $\{10\bar{1}2\}$，滑移方向为 $[11\bar{2}0]$。

2.10.3 加工硬化和强化

图 2-6 所示为贵金属在压力加工形变过程中的加工硬化曲线。密排六方金属 Os 和 Ru 具有最高的加工硬化率；在面心立方金属中，Ir 和 Rh 的加工硬化率远高于 Ag、Au、Pd 和 Pt。图 2-7[6] 所示为以屈服强度 $\sigma_{0.2}$ 表示的变形抗力和加工硬化增值（ΔH）与切变模量 G 以及切变模量与柏格斯矢量 b 乘积 Gb 的关系，切变模量 G 或 Gb 代表晶格的刚性和变形难度。随着金属的 G 或 Gb 值增大，金属的 $\sigma_{0.2}$ 和 ΔH 明显增大。由于 Pt、Pd、Ag 和 Au 具有低的切变模量 G 值或 Gb 值，它们具有低的变形抗力和较低的加工硬化率，而具有高 G（或 Gb）值的 Ir、Rh 和 Ru 则具有更高的变形抗力和加工硬化率[6, 28]。

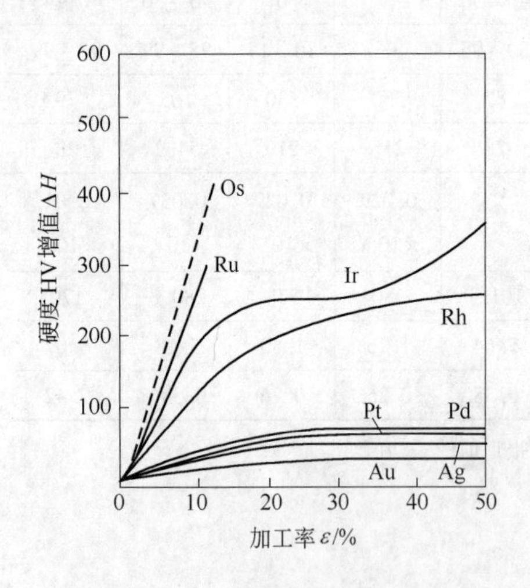

图 2-6 贵金属的加工硬化曲线

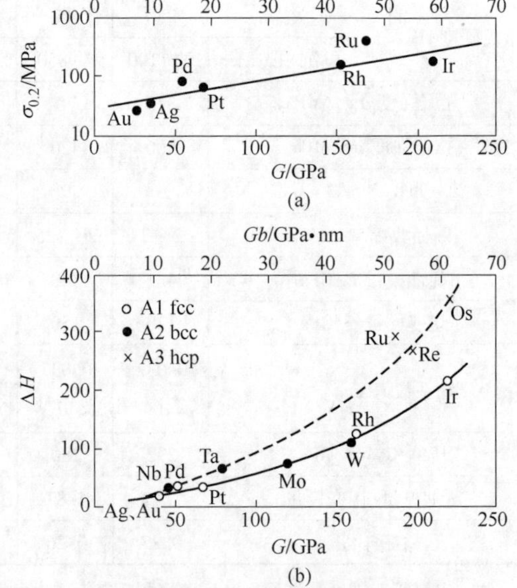

图 2-7 贵金属的屈服强度 $\sigma_{0.2}$ 与 Gb 乘积的关系（a）和贵金属加工硬化增值 ΔH 与刚性模量 G 的关系（b）

2.10.4 贵金属在机加工过程中的硬化

虽然 Au、Ag、Pt 和 Pd 在压力加工过程中显示了较低的加工硬化率，但在拉拔过程和机加工过程中却显示了高的加工硬化率。通过模具（钢模、碳化钨模或钻石模）拉拔工序制备贵金属棒或丝时发现，模具特别容易磨损。同样，在用传统碳化钨或高速钢刀具机加工 Au 和 Pt 制品时也发现刀具容易磨损并使 Au、Pt 制品表面损坏。这与机加工过程中的热效应、Au 与 Pt 的物理化学性能和机加工参数有关。例如，当以碳化钨和高速钢刀具加工退火态 Pt 棒时，发现 Pt 表面的硬度 HV 从初始的 45 迅速增高到 180，在接近表面的被切削层的硬度 HV 上升到 210，而在切削层下面的变形区的硬度 HV 也升高到 130～190，远高于冷变形 90% 的 Pt 的硬度（约 130）[6, 29]，这表明在机加工过程中表面层的应变程度和加工硬化率都很大。这是由于机加工所产生的 Pt 切屑在刀具压力作用下经受黏附—滑动—切变—断裂等一系列的严重变形过程所致。同时，Pt 屑最初黏附到刀具表面并被接着产生的屑片（粒）切割，有可能带走刀具上的颗粒，这使刀具产生黏着性磨损，也使 Pt 制品表面损坏。

基于贵金属在拉拔和机加工过程中高的加工硬化率特性，应正确选择拉拔加工和机加工的模具、刀具和润滑剂。实验证明采用钻石模具与刀具可以减少磨损和改进贵金属成品质量。

2.11 贵金属再结晶特性

形变金属在随后的退火过程中发生结构弛豫、回复和再结晶，再结晶温度是度量这一过程的重要参数。金属的再结晶温度受纯度、冷变形量、热处理历史、加热速度与时间、原始晶粒尺寸等诸多因素的影响。因此，金属的再结晶温度与其状态和杂质含量有关。金属的纯度越高和变形程度越大，再结晶温度越低。商业纯（质量分数约为 99.5%）金属的再结晶温度大约为(0.35～0.4)T_m(T_m是熔点,K)。因此，从 Ru 至 Ag 和从 Os 至 Au，随着它们的熔点依次降低，贵金属的再结晶温度也依次降低。

商业纯 Ag 的再结晶温度可达到约 160～220℃。Ag 的纯度越高和（或）冷变形程度越高，再结晶温度越低。当 99.999% 高纯 Ag 承受 50% 和 90% 冷变形时，其再结晶温度降低至 75～64℃，致使高纯 Ag 在较低温度甚至室温就会发生回复软化效应。变形程度低于 75% 的商业纯 Au 和 99.999% 高纯 Au 的再结晶温度约为 195℃ 和 160℃，当变形程度高于 99.5% 时，其再结晶温度降低到约 80～70℃。因此，大变形高纯 Au 在较低温度也会发生回复软化[4,5]。

预变形 95% 而纯度不同的金属 Pt 的再结晶温度也不相同。如图 2-8[6] 所示，物理纯 Pt 的再结晶温度为 300℃，化学纯 Pt 约为 450℃，商业纯 Pt 为 650℃。预变形 60% 和 90% 的商业纯 Pd 的再结晶温度为 450℃ 和 400℃。预变形 60% 的商业纯 Rh 和高纯 Rh 的再结晶温度分别约为 1000℃ 和 600℃。变形 60% 的商业纯 Ir 或 Ru 的再结晶温度约为 1200℃[6,7]。鉴于 Rh、Ir 和 Ru 的延展性较低和再结晶温度高，铸态 Rh、Ir 和 Ru 应选择在再结晶以上温度进行热加工。

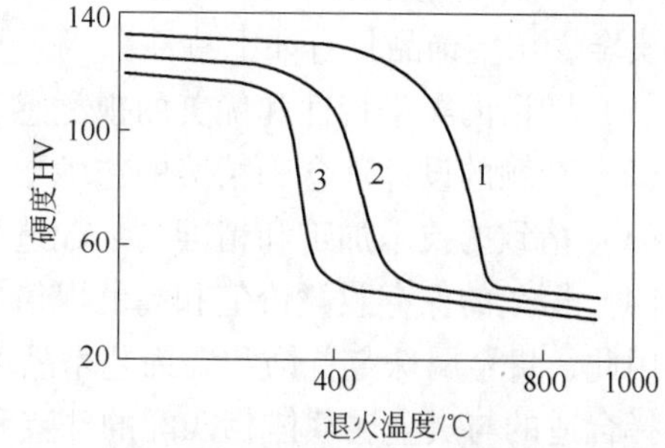

图 2-8 商业纯、化学纯和物理纯 Pt 的再结晶曲线

1—商业纯（99.5% Pt）；2—化学纯（>99.9% Pt）；3—物理纯（>99.99% Pt）

2.12 贵金属装饰材料的基本特性

2.12.1 贵金属饰品材料的基本性质

作为珠宝饰品主体或载体的贵金属具有如下一些基本性质：

（1）贵金属对可见光具有高反射率，因而具有明亮、美丽、稳定和协调的颜色。

（2）致密贵金属及其涂层材料具有高的耐腐蚀性和化学稳定性，好的抗晦暗性，无放射性，对人体组织具有好的生物相容性，无毒副作用和刺激性。

（3）退火态 Ag、Au、Pt、Pd 纯金属具有相对低的硬度和强度，但通过塑性加工或合金化可获得足够高的硬度和强度，可保持饰品与器具经久不变形，适于镶嵌宝石和其他美学材料。

（4）Ag、Au、Pt、Pd 具有良好的工艺性能，包括良好的铸锭铸造性、熔模铸造性、形变加工性、机加工性和焊接性，可制造与焊接成各种形态珠宝首饰和装饰艺术品。

（5）Rh、Ir 和 Ru 具有高硬度和相对低的延性，它们通常以合金化元素加入 Ag、Au、Pt、Pd 基体中形成合金，并能提高合金硬度、强度和化学稳定性；Os 具有极高的硬度，可用作特殊高硬材料的添加剂。

（6）采用电沉积或其他沉积技术可明显提高贵金属表面镀层或涂层材料的硬度和耐磨性，也可提高对可见光的反射率。贵金属涂层是一类具有高亮度和高耐磨损性的装饰材料，并能节约昂贵的贵金属资源。

（7）贵金属高的化学稳定性和与人体组织良好的生物相容性以及微量离子好的杀菌能力等特性，使贵金属制品可用于医用装饰材料和消毒杀菌生活器具。

（8）贵金属天然资源稀缺，价格昂贵。

总之，好的天然美学属性、高的化学稳定性和生物相容性、资源稀缺和保值增值特性，是贵金属作为饰品与装饰材料最重要的性质。

2.12.2 贵金属珠宝饰品的特殊性

贵金属珠宝饰品是由贵金属作为主体或载体与宝石或其他具有美学价值的稳定材料制作的用于人体及其生活环境和社会环境的装饰艺术品，是一类特殊的文化产品和艺术商品。贵金属珠宝饰品具有如下特性：

（1）和谐的美学特性和优美的视觉感受；

（2）新颖的设计理念和精美的艺术形象；

（3）精致的技术加工和精准的装配造型；

（4）恒久的保存收藏价值和高的保值增值投资预期。

因此，贵金属珠宝首饰和装饰艺术品不仅要求选择合适的贵金属主体或载体材料，还要选择合适的与贵金属载体相匹配的珠宝和其他美学材料，通过创造性的设计理念和精致的加工与装配，制造出造型优美和多姿多彩的精美饰品。

参 考 文 献

[1] 戴安邦，沈孟长．元素周期表[M]．上海：上海科技出版社，1979.

[2] 谭庆麟，阙震寰．铂族金属[M]．北京：冶金工业出版社，1990.
[3] 孙加林，张康侯，宁远涛，等．贵金属及其合金材料[M]//黄伯云，等．中国材料工程大典第5卷，有色金属材料工程(下)，第12篇．北京：化学工业出版社，2006：339.
[4] 宁远涛，赵怀志．银[M]．长沙：中南大学出版社，2005.
[5] 赵怀志，宁远涛．金[M]．长沙：中南大学出版社，2003.
[6] 宁远涛，杨正芬，文飞．铂[M]．北京：冶金工业出版社，2010.
[7] SAVITSKY S，POLYAKOVA N，GORINA N，et al. Physical Metallurgy of Platinum Metals[M]. Oxford，New York：Pergamon Press，1978.
[8] ARBLASTER J W. The discoverers of the palladium isotopes[J]. Platinum Metals Rev.，2006，50(2)：97～103.
[9] SAVITSKII E M，PRINCE A. Handbook of Precious Metals [M]. New York：Hemisphere Publishing Corp，1989.
[10] FORTY A J. Micromorphological studies of the corrosion of gold alloys[J]. Gold Bulletin，1981，14(1)：25～35.
[11] RAPSON W S. Tarnish resistance，corrosion and stress corrosion cracking of gold alloys [J]. Gold Bulletin，1996，29(2)：61～69.
[12] WISE E M. Gold Recovery，Properties and Applications[M]. Princeton N J，D Van Nostrand Company，Inc.，1964.
[13] МАЛЫШЕВ В М. Золото[M]. Москва，Металлургия，1979.
[14] SARA W，MIKAEL S. Anti-tarnish Silver Alloys：EP2307584[P]. 2011-04-13.
[15] RAUB E，ENGEL A. Über die chemischen eigenschaften des goldes[J]. Z. Metallkund，1953，44(4)：298～301.
[16] NING Y T，Yang Z F，Zhao H Z. Platinum recovery by palladium alloy catchment in nitric acid plants[J]. Platinum Metals Rev.，1996，40(2)：80～87.
[17] HERMANCE H W，EGAN T F. An investigation into contact contamination in telephone relays[J]. Bell System Technical J.，1958，37(3)：739～814.
[18] 顾庆超，楼书聪，戴庆平，等．化学用表[M]．南京：江苏科学技术出版社，1979.
[19] 黎鼎鑫，张永俐，袁弘鸣．贵金属材料学[M]．长沙：中南工业大学出版社，1991.
[20] KNOSP H，NAMAZ M，STÜMKER M. Dental gold alloys[J]. Gold Bulletin，1981，14(2)：57～64.
[21] TREACY D J L，GERMAN R M. Chemical stability of gold dental alloys [J]. Gold Bulletin，1984，17(2)：46～54.
[22] LAUB L W，STANDFORD J W. Tarnish and corrosion behavior of dental gold alloys[J]. Gold Bulletin，1981，14(1)：13～16.
[23] 朱根逸．环境标准质量总论[M]．北京：中国标准出版社，1986.
[24] 朱亚峰．中药中成药解毒手册（第二版）[M]．北京：人民军医出版社，1998.
[25] 王永录，刘正华．金、银及铂族金属再生回收[M]．长沙：中南大学出版社，2005.
[26] WISE E M. Palladium Recovery，Properties and Applications[M]. Princeton N J，D Van Nostrand Company，Inc.，1967.
[27] SHIRAISHI T，HISATSUNE K，TANAKA Y，et al. Optical properties of Au-Pt and Au-Pt-In alloys[J]. Gold Bulletin，2001，34(4)：129～133.
[28] DARLING A S. The elastic and plastic properties of the platinum metals[J]. Platinum Metals Rev.，1966，10(1)：14～19.
[29] RUSHFORTH R W E. Machining properties of platinum[J]. Platinum Metals Rev.，1978，22(1)：2～12.

3 贵金属饰品材料色度学

3.1 色度坐标系

3.1.1 可见光谱和三原色

对人而言，能为眼睛感受并产生视觉是源于可见光辐射，即在可见光谱范围内不同波长的辐射引起人的不同颜色视觉。可见光谱的波长范围在380~780nm之间，从短波到长波，各种单色波波长的范围是：紫色420nm（400~450nm），蓝色470nm（450~480nm），绿色510nm（480~550nm），黄色580nm（550~600nm），橙色620nm（600~640nm），红色700nm（640~750nm）。780nm以上的更长波段是红外线，而380nm以下的更短波段是紫外线。图3-1[1]所示为可见光谱的波长、频率、能量和视觉颜色之间的关系。在特殊情况下，人眼的感受范围可以扩大到红外线和紫外线部分区域。人眼对颜色的感受除了受波长的影响外，在某些波长范围内还会受到光强度的影响。在上述各种颜色的光谱中，仅有三种颜色不受光强度的影响，它们是572nm黄光、503nm绿光和478nm蓝光，其他颜色在光强度增大时都略向红色或蓝色变化。颜色匹配实验证明，可见光谱的全部颜色，都可以用红、绿、蓝三色相加混合出来。因此，红、绿、蓝称为三原色。

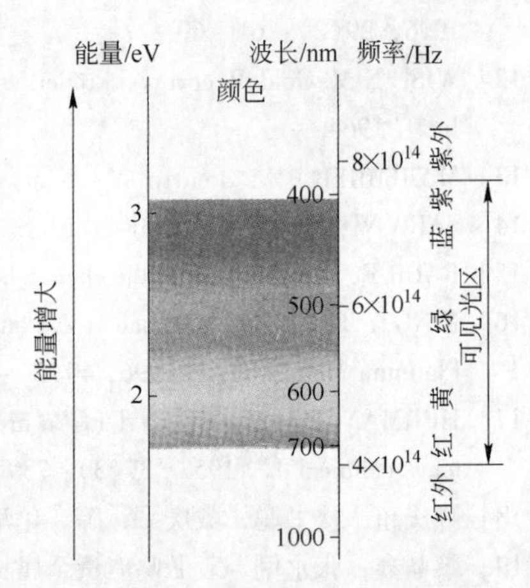

图3-1 可见光谱的波长、频率、能量和视觉颜色之间的关系

为了精确地测量颜色，在长期的实践中逐步导出和建立了不同的色度坐标体系，其中最常用的是CIE-XYZ标准色度学系统和CIELAB色度参比体系。这些色度坐标体系在金属材料（如首饰、牙科、钟表材料等）、油漆、塑料和纺织等工业中有广泛应用。

3.1.2 CIE-XYZ标准色度学系统

当一个物体或系统通过吸收、反射、折射、衍射或发射可见光不同波长波段的光时，人们就会感觉到不同的颜色。物体的颜色既取决于外界物理刺激值，也取决于人眼的视觉特性。但是，不同的观察者对颜色的感知不完全相同。这就要求根据许多观察者的颜色实验确定一组能匹配等能光谱色所需的三原色数据，即建立标准色度观察者对一个物体颜色的“三原色三刺激值”，以此代表人眼平均颜色视觉特性，用以标定颜色和色度学计算。现代色度学采用国际照明委员会（CIE）规定的一套颜色测量原理和数据计算方法，称为CIE标准色度学系统。色度学系统以两组基本视觉实验数据为基础[1]：一组数据称为

CIE1931 标准色度观察者，适于 1°～4°视场的颜色测量；另一组数据称为 CIE1964 补充标准色度观察者，适于大于 4°视场的颜色测量。按 CIE 规定，必须在明视觉条件下使用这两类标准观察者数据。

计算照明体（光源）或物体颜色的色度坐标，首先要测定光源的光谱功率分布和物体的光谱反射率，然后计算颜色的三刺激值，最后将三刺激值转换为色度坐标值。确定一个物体颜色的三刺激值 X、Y 和 Z 的标准方程是[1,2]：

$$\left.\begin{aligned} X &= k\int R(\lambda)S(\lambda)\bar{x}(\lambda)\mathrm{d}\lambda \\ Y &= k\int R(\lambda)S(\lambda)\bar{y}(\lambda)\mathrm{d}\lambda \\ Z &= k\int R(\lambda)S(\lambda)\bar{z}(\lambda)\mathrm{d}\lambda \end{aligned}\right\} \tag{3-1}$$

式中，$S(\lambda)$ 是照明体或光源的相对光谱功率分布函数，对于 CIE 推荐的标准光源，其相对的光谱功率分布值可查表得；$R(\lambda)$ 是被测定物体的光谱反射率，它需要通过实验测定；$\bar{x}$、$\bar{y}$ 和 $\bar{z}$ 是匹配各波长等能光谱刺激所需要的红、绿、蓝三原色的量；$k = 1/\{\int \lambda S(\lambda)\ \bar{y}(\lambda)\mathrm{d}\lambda\}$，它是将照明体或光源的 Y 值调整为 100 的计算值，计算的 Y 值是物体的亮度参数。

在计算物体颜色的三刺激值时，应采用 CIE 标准照明体和它的相对光谱功率分布值，再采用 CIE 推荐的加权法计算，CIE1931 标准观察者光谱三刺激值加权值也有表可查。加权计算时的波长间隔 $\Delta\lambda$ 采用小的定量值，如 $\Delta\lambda$ 取 1nm、5nm 或 10nm，$\Delta\lambda$ 取值越小，色度坐标分度越细。

将由式(3-1)计算的三刺激值 X、Y 和 Z 按式(3-2)转换为物体的色度坐标 x、y、z：

$$x = X/(X+Y+Z),\ y = Y/(X+Y+Z),\ z = Z/(X+Y+Z) \tag{3-2}$$

因为 $x+y+z=1$，物体的色度坐标可由 x、y 和 Y（亮度）三个量确定。CIE-XYZ 系已根据三刺激值 X、Y 和 Z 的测量值计算出 x、y 和 Y（亮度）值并列成表格。图 3-2[1,2] 所示为 CIE-XYZ 色度坐标图，x 和 y 坐标定义色度，即 x 坐标相当于红原色的比例，y 坐标相当于绿原色的比例，Y（图中未显示）定义亮度，这 3 个参数确定物体的颜色。图中标示有波长的曲线是光谱轨迹线，越靠近光谱轨迹线坐标点的颜色纯度（颜色饱和度）越高，反之，离光谱轨迹线越远的坐标点的颜色纯度越低。图 3-2 中 E 点是等能白光，相当于红、绿、蓝三原色各 1/3 产生的白光，其坐标 x_E、y_E、z_E 均为 0.3333。图中 C 点（$x_C = 0.3100$，$y_C = 0.3162$）是 CIE 系统定义的光源坐标，该光源相当于中午阳光的光色，接近于 E 点等能白光。任何颜色在 CIE-XYZ 色度图的

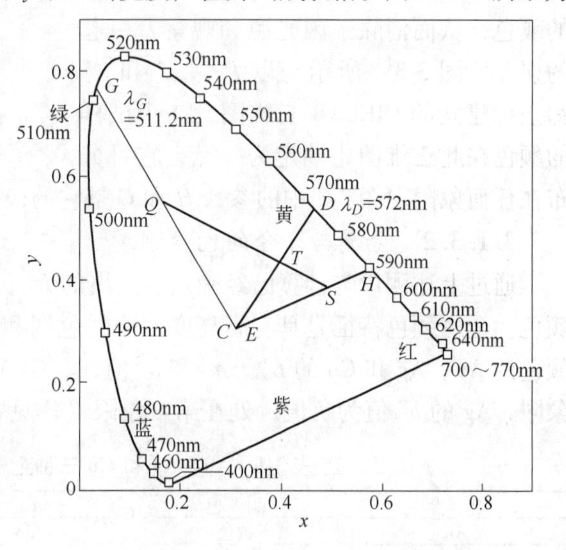

图 3-2 CIE-XYZ 色度坐标图

第一象限对应于一确定点，如 Q 点和 S 点的色度坐标分别为 $x_Q=0.16$，$y_Q=0.55$；$x_S=0.50$，$y_S=0.38$。作 CQ 直线并延长至光谱轨迹线交于 G 点（波长511.2nm），Q 点的基本颜色就是主波长为511.2nm的绿色，而 Q 点颜色饱和度 $=CQ/CG\approx50\%$。同样，S 点的基本颜色是主波长为590nm的黄色，而 S 点颜色饱和度 $=CS/CH\approx65\%$。从色度图可以推算出由两种颜色相混合所得到的各种颜色，如 Q 色和 S 色相加，则从 Q 到 S 直线段上各点显示各种过渡色。以 T 点为例，作 CT 直线并延伸到光谱轨迹线 D 点，它的波长为572nm，即 T 点的基本颜色是主波长为572nm的黄色，再由 CT 与 CD 的比例算出 T 颜色的纯度（饱和度）。同样的方法也可计算其他任意一点的主颜色和颜色饱和度，越靠近光谱轨迹线的颜色纯度（饱和度）越高，反之，越靠近 C 点的颜色纯度越低。

3.1.3　CIELAB色度参比体系

3.1.3.1　CIELAB色度参比体系

1976年，国际照明委员会（CIE）采用CIELAB色度参比体系作为色度测量系统，被美国珠宝和银器制造委员会所采用，并成为美国测试与材料学会关于色度和形貌标准的一部分，现在已成为国际公认的色度测量系统。

CIELAB色度参比体系采用 L^*、a^* 和 b^* 三维坐标表示颜色，这里以 L^* 表示亮度，其值为0～100：$L^*=0$ 表示样品完全不反射光，即为黑色；$L^*=100$ 表示样品反射全部入射光，即为白色。a^* 坐标表示试样颜色中绿色或红色的强度，称为红-绿坐标：$a^*=-100$ 表示全绿色，$a^*=100$ 表示全红色。b^* 坐标表示试样颜色中蓝色或黄色的强度，称为黄-蓝坐标：$b^*=-100$ 表示全蓝色，$b^*=100$ 表示全黄色。a^* 和 b^* 坐标的交点表示白色。采用分光光度仪测量物体反射率，然后通过与分光光度仪连接的计算机计算出 L^*、a^* 和 b^* 值，就可确定物体的颜色，从而消除了因光源和观察者引起的误差。图3-3[3] 所示为以 L^*、a^* 和 b^* 为坐标建立的CIELAB三维图，一个试样的颜色在此三维图中确定为一点，它可分布在任何象限。图3-3中的参数 H 和 C 是它的极坐标，称为米制色度坐标（详见3.5节）。

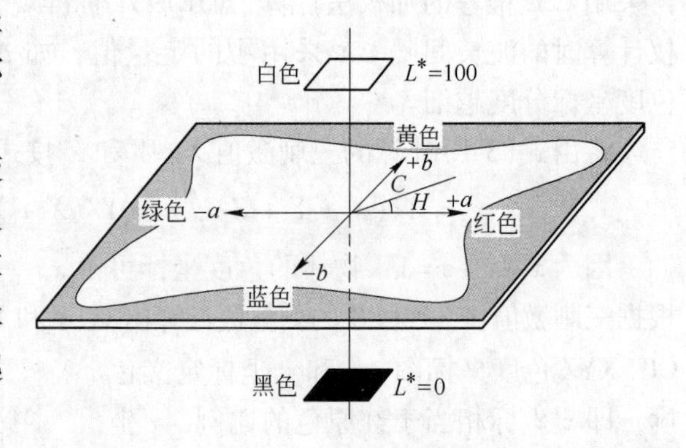

图3-3　以 L^*、a^* 和 b^* 坐标建立的CIELAB三维图

3.1.3.2　金属与合金的色度测量

通过上述测量与计算已经确定了金属的 L^*、a^* 和 b^* 色度值，用来度量金属与合金的颜色。金属颜色特征是具有高亮度、淡的色调和较低的饱和度。表3-1[4] 列出了具有特殊颜色的Au、Ag和Cu的 L^*、a^* 和 b^* 值，其中Au和Cu的 a^*、b^* 值均为正值，处在第一象限，Ag的 a^* 值为负值，处在第二象限（详见3.2.1节）。

表3-1　Au、Ag和Cu三种金属的CIELAB色度坐标

合　金	颜　色	a^*	b^*	L^*
Au	黄色	4.8	34.3	84.0
Ag	白色	−0.7	5.3	95.8
Cu	红色	11.8	14.3	84.0

CIELAB 三维坐标系也可以用来测量两种合金的色度差。以 ΔE 表示两种颜色的色度差，它的计算公式如下：

$$\Delta E = [(L_2^* - L_1^*)^2 + (a_2^* - a_1^*)^2 + (b_2^* - b_1^*)^2]^{1/2} \tag{3-3}$$

式中，带有下标的 L^*、a^* 和 b^* 分别表示合金 1 和合金 2 相应色度值。

通过计算两合金的 ΔE 值，可以知道实际合金对标准合金的颜色差别，ΔE 值越小，颜色差别越小。因此，对于牙科和首饰合金而言，ΔE 是很重要的参数，它可用于度量实际合金对标准合金的颜色偏差，用于度量经热处理或其他处理合金的颜色变化或合金的晦暗程度，用于匹配由不同合金组成的构件的颜色。

3.1.4 CIE-XYZ 系与 CIELAB 系色度坐标的相互转换

一个物体颜色的三刺激值 X、Y 和 Z 可以按式(3-2)转换为物体的色度坐标 x、y、z，或者从已知的 x、y 和 Y 值可以计算得原始的三刺激值 X、Y 和 Z。当已知光源的刺激值为 X_0、Y_0 和 Z_0 时，按式(3-4)可以将 X、Y 和 Z 换算到 CIELAB 系色度坐标[5]：

$$\left.\begin{aligned} L^* &= 116(Y/Y_0)^{1/3} - 16 \\ a^* &= 500[(X/X_0)^{1/3} - (Y/Y_0)^{1/3}] \\ b^* &= 200[(Y/Y_0)^{1/3} - (Z/Z_0)^{1/3}] \end{aligned}\right\} \tag{3-4}$$

国际照明委员会（CIE）设定和定义了标准照明体 A、B 和 C，其坐标（X_0，Y_0，Z_0）值分别为：(109.4872, 100.0000, 35.5824)、(99.0930, 100.0000, 85.3125) 和 (109.0705, 100.0000, 118.2246)[1]。根据一个物体色质的原始三刺激值 X、Y、Z 和已知光源的 X_0、Y_0、Z_0 值，就可以转换为 CIELAB 色度参数。例如，对于 30Au-30Ag-40Cu 合金，直接测定的色度参数为 $L^* = 90.3$、$a^* = 4.6$ 和 $b^* = 13.0$；而根据 1931CIE 坐标转换值按式(3-4)计算的色度参数分别为 $L^* = 90.8$、$a^* = 4.2$ 和 $b^* = 12.8$，色度差 $\Delta E = 0.67$[5]，计算值与测量值吻合较好。

3.1.5 金合金色泽标准和标准颜色金合金的成分

在金合金首饰制造、牙科制造和钟表制造工业中，为了对金合金的颜色和色泽进行比较，早期瑞士钟表工业制定了某些金合金的标准色泽。20 世纪 50 年代，德国德古萨公司的研究人员[2]制备了其成分覆盖整个 Au-Ag-Cu 系的 1089 个合金，并从每一个合金箔上取个小等边三角形试样，然后拼成一个边长 1m 的大等边三角形，构成了 Au-Ag-Cu 系合金的颜色图谱（这个历史性的色度图谱毁于第二次世界大战时期）。以此为基础，德国和法国扩充了瑞士钟表工业的色泽标准，先后制定了 18K 金合金的 2N、3N、4N 和 5N 颜色标准，随后德国又增补了 3 个 14K 金合金的 0N、1N 和 8N 颜色标准，这里 0N ~ 8N 是色泽代码。表 3-2[2]是金合金色泽的德国 DIN8238 标准，它是基于金合金颜色从红色、绿黄色、黄色到白色一系列 18K 和 14K 金合金的色泽制定的。以这些合金的色泽作为标准与需要检验的试样或饰品进行视觉比较，以此评定试样的颜色。这种视觉比较方法的优点是直观和使用简单、方便，但仍带有一定的主观色彩。

表 3-2　金合金色泽标准和标准颜色合金成分（德国 DIN8238 标准）

色泽代码	开 数	国际名称	颜 色	合金成分(质量分数)/%				
				Au	Ag	Cu	Ni	Zn
0N	14	Green-yellow	绿黄	58.5	34	7.5		
1N	14	Pale-yellow	浅黄	58.5	26.5	15.0		
2N	18	Light-yellow	淡黄	75.0	16.0	9.0		
3N	18	Yellow	黄	75.0	12.5	12.5		
4N	18	Pink	粉红	75.0	9.0	16.0		
5N	18	Red	红	75.0	4.5	20.5		
8N	14	White	白	59.0		24.0	10.0	7.0

注：1N ~ 5N 标准多用于瑞士、德国和法国；0N 和 8N 标准多用于德国和法国。

在 CIELAB 色度参比体系中，人们制作了一系列开金合金参比试样，测定和建立了标准开金合金的颜色色度坐标参数，如表 3-3[4, 5] 列出了不同颜色 14K Au 合金的 a^* 和 b^* 值。根据贵金属和标准颜色开金的色度坐标，国际标准协会 ISO 绘制了色度坐标图（见图 3-4[6]），其中标示了 1N ~ 8N 标准颜色和贵金属颜色的位置。CIELAB 色度坐标图可以精确地标示任何金属或物体的色度坐标参数并据以精确确定它的颜色。相对于视觉比较方法，色度坐标图显示了严格的科学性。

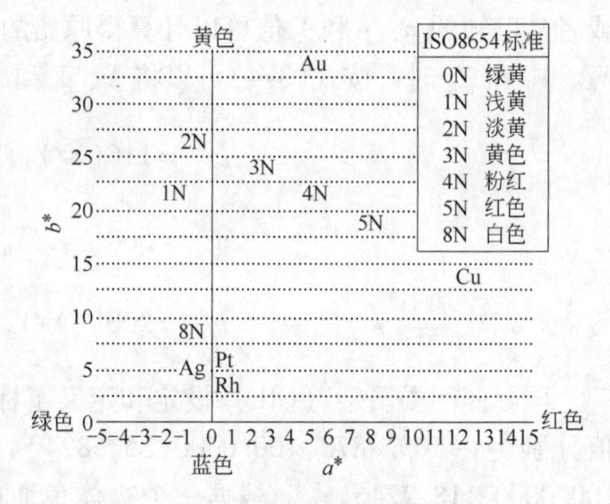

图 3-4　0N ~ 8N 标准颜色和贵金属在 CIELAB 色度图中的位置

表 3-3　14K Au-Ag-Cu 标准颜色合金的 CIELAB 色度坐标

颜 色	a^*	b^*	颜 色	a^*	b^*
红色	>3.5	15.0 ~ 23.0	绿色	-1.0 ~ -5.5	17.0 ~ 23.0
黄色	-1.0 ~ 3.5	18.5 ~ 23.0	白色	-1.0 ~ 1.0	<12.0

3.2　Au-Ag-Cu 合金的色度图

用做珠宝首饰和装饰品的贵金属合金主要有 Au 合金、Ag 合金、Pt 合金和 Pd 合金，其中以 Au 合金的品种最多。在 Au 合金系中最主要的装饰合金就是 Au-Ag-Cu 三元合金系和在此基础上建立的多元合金系，构成了规格品种繁多和色彩丰富的 Au-Ag-Cu 合金体系，成为金基饰品合金的主体。因此，建立可以规范各种金合金颜色标准的 Au-Ag-Cu 三元合金系色度图具有重要意义。这里介绍 Au-Ag-Cu 合金的 CIE-XYZ 和 CIELAB 色度图。

3.2.1　Au-Ag-Cu 合金的 CIE-XYZ 色度图

当采用 CIE-XYZ 色度系统描述物体的颜色时，只需要在确定光源下测定物体的光谱反射率，再按 CIE 色度计算方法就可容易地得到色度坐标。为了定量地表述 Au-Ag-Cu 合金的颜色，许多研究者系统地制备了 Au-Ag-Cu 合金，测定了它们的反射率并确定了它们的 CIE-XYZ 色度坐标。罗贝特和克拉克[2]采用 CIE 标准照明体 C（黑体温度 6700K）和光谱-椭圆对称法精确测定了一系列 Au-Ag-Cu 合金的反射率和晶格常数，建立了色度坐标参数（见表 3-4[2]），所有二元和三元 Au-Ag-Cu 合金的色度坐标点都分布在 CIE-XYZ 色度坐标系第一象限（见图 3-5）。

表 3-4　Au-Ag-Cu 系某些合金的 CIE-XYZ 色度坐标和晶格常数

合金序号	合金成分(质量分数)/%			色度坐标		饱和度 /%	主波长 /nm	亮度 /%	晶格常数 /nm
	Au	Ag	Cu	x	y				
1	0	0	100	0.3585	0.3376	18.68	588.9	71.09	0.3610
2	10	0	90	0.3559	0.3366	17.77	588.8	70.47	0.3637
3	20	0	80	0.3539	0.3358	17.02	588.8	69.26	0.3664
4	30	0	70	0.3533	0.3355	16.78	588.8	69.37	0.3684
5	40	0	60	0.3517	0.3346	16.13	589.0	70.16	0.3733
6	50	0	50	0.3506	0.3348	15.87	588.5	68.07	0.3758
7	60	0	40	0.3501	0.3360	16.04	587.5	69.94	0.3785
8	70	0	30	0.3508	0.3369	16.47	587.1	69.05	0.3835
9	80	0	20	0.3598	0.3464	21.45	584.6	68.87	—
10	90	0	10	0.3620	0.3483	22.57	584.3	69.34	0.4004
11	100	0	0	0.3779	0.3770	34.53	579.1	65.01	0.4062
12	0	90	10	0.3159	0.3220	3.00	576.4	95.33	0.4049，0.3620
13	0	80	20	0.3190	0.3245	4.79	579.7	91.28	0.4061，0.3630
14	0	70	30	0.3253	0.3264	6.83	583.3	86.77	0.4056，0.3625
15	0	60	40	0.3307	0.3316	9.67	581.8	86.90	0.4047，0.3620
16	0	50	50	0.3385	0.3372	13.28	581.9	84.45	0.4050，0.3621
17	0	40	60	0.3434	0.3383	14.88	583.4	83.81	0.4049，0.3621
18	0	30	70	0.3490	0.3408	17.06	584.1	80.22	0.4050，0.3620
19	0	20	80	0.3505	0.3399	17.21	585.1	79.68	0.4062，0.3624
20	0	10	90	0.3579	0.3407	19.41	587.0	74.12	0.4048，0.3618
21	90	10	0	0.3679	0.3873	34.59	574.8	80.81	0.4065
22	80	20	0	0.3558	0.3783	28.96	573.5	81.56	0.4065
23	70	30	0	0.3420	0.3635	21.27	572.3	85.43	0.4070
24	60	40	0	0.3278	0.3451	12.54	571.1	85.51	0.4071
25	50	50	0	0.3211	0.3332	7.54	571.9	90.06	0.4079
26	40	60	0	0.3177	0.3268	4.91	573.2	90.53	0.4074
27	30	70	0	0.3157	0.3235	3.50	574.3	90.46	0.4074
28	20	80	0	0.3129	0.3197	1.70	575.0	87.29	0.4075
29	10	90	0	0.3128	0.3193	1.58	576.5	93.71	0.4079

续表 3-4

合金序号	合金成分(质量分数)/%			色度坐标		饱和度/%	主波长/nm	亮度/%	晶格常数/nm
	Au	Ag	Cu	x	y				
30	0	100	0	0.3110	0.3173	0.57	577.1	95.86	0.4086
31	80	10	10	0.3602	0.3595	25.08	579.6	72.56	0.3975
32	70	10	20	0.3545	0.3495	20.87	581.7	75.37	0.3902
33	70	20	10	0.3538	0.3619	24.01	577.0	78.24	0.3985
34	60	30	10	0.3464	0.3591	21.27	575.3	80.95	0.3981
35	60	20	20	0.3506	0.3528	20.72	579.0	76.21	0.3916
36	60	10	30	0.3537	0.3451	19.46	583.4	71.51	0.3868
37	50	40	10	0.3392	0.3529	17.70	574.5	82.63	0.3989
38	50	30	20	0.3430	0.3495	17.77	577.5	80.47	0.3995, 0.3872
39	50	20	30	0.3478	0.3462	18.21	580.8	76.89	0.4017, 0.3812
40	50	10	40	0.3515	0.3418	18.00	584.4	72.14	0.3789
41	40	50	10	0.3312	0.3432	12.94	574.3	85.16	0.4018, 0.3892
42	40	40	20	0.3348	0.3410	13.28	577.6	83.53	0.4021, 0.3801
43	40	30	30	0.3401	0.3406	14.61	580.5	79.34	0.4033, 0.3780
44	40	20	40	0.3447	0.3402	15.74	582.8	76.72	0.4038, 0.3767
45	40	10	50	0.3500	0.3418	17.58	583.9	74.46	0.3801
46	30	60	10	0.3310	0.3356	10.82	578.7	81.22	0.4049, 0.3723
47	30	50	20	0.3293	0.3352	10.28	577.8	84.81	0.4047, 0.3782
48	30	40	30	0.3334	0.3353	11.42	580.4	82.91	0.4051, 0.3747
49	30	30	40	0.3404	0.3378	13.94	582.4	77.99	0.4052, 0.3727
50	30	20	50	0.3466	0.3381	15.68	584.8	74.49	0.4045, 0.3744
51	30	10	60	0.3497	0.3378	16.30	586.5	73.13	0.4046, 0.3078
52	20	70	10	0.3224	0.3310	7.29	575.2	86.83	0.4047, 0.3734
53	20	60	20	0.3265	0.3327	8.85	577.6	85.49	0.4043, 0.3727
54	20	50	30	0.3306	0.3331	10.05	580.4	83.64	0.4048, 0.3704
55	20	40	40	0.3336	0.3338	11.04	581.7	82.46	0.4052, 0.3691
56	20	30	50	0.3419	0.3375	14.25	583.3	76.01	0.4051, 0.3689
57	20	20	60	0.3452	0.3364	14.86	585.4	76.09	0.4049, 0.3677
58	20	10	70	0.3511	0.3374	16.07	586.9	72.60	0.4047, 0.3673
59	10	80	10	0.3184	0.3254	4.72	576.4	87.76	0.4046, 0.3678
60	10	70	20	0.3231	0.3268	6.35	580.5	86.66	0.4045, 0.3666
61	10	60	30	0.3271	0.3290	8.02	581.6	85.20	0.4050, 0.3666
62	10	50	40	0.3325	0.3311	10.02	583.4	81.08	0.4054, 0.3662
63	10	20	70	0.3488	0.3376	16.14	585.9	72.13	0.4053, 0.3650
64	10	30	60	0.3437	0.3366	14.51	584.6	74.95	0.4058, 0.3658

续表 3-4

合金序号	合金成分(质量分数)/%			色度坐标		饱和度/%	主波长/nm	亮度/%	晶格常数/nm
	Au	Ag	Cu	x	y				
65	10	10	80	0.3360	0.3349	11.98	582.3	79.76	0.4053, 0.3665
66	10	40	50	0.3536	0.3376	17.42	587.5	71.76	0.4055, 0.3648

注：1. 合金为600℃水淬态；2. 合金为名义成分，大多数合金实际成分偏差0.02% ~1.0%，少数合金（如5号合金）偏差达5.1%；3. 序号12~20、38、39、41~44、46~66合金为两相合金，故有两个晶格常数。

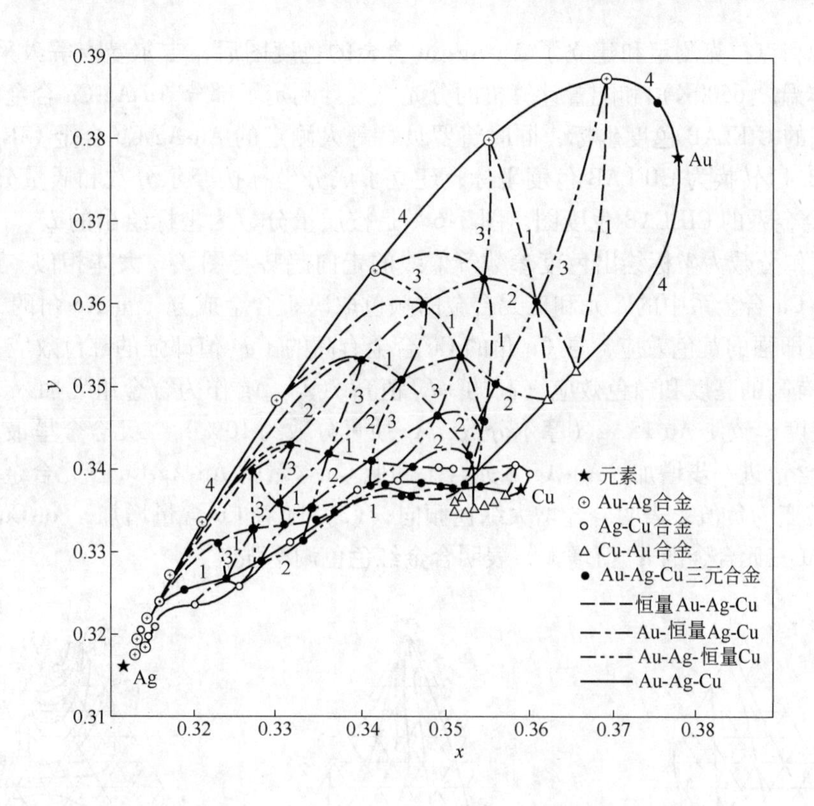

图 3-5 Au-Ag、Au-Cu 和 Au-Ag-Cu 合金的 CIE-XYZ 色度图

由表 3-4 数据可以看出以下特征：(1) 合金的色度坐标与它们的成分一一对应。(2) 在 Au-Ag 和 Au-Ag-Cu 合金中，随着 Au 含量减少，合金的色度坐标 x、y 值减小；在 Au-Cu 合金中，随着 Au 含量减少，合金的色度坐标 x、y 先减小，Au 含量减少到 50% 或 40% 后，色度坐标值增大。(3) 所有合金都有较低的颜色饱和度，以纯 Au 和富 Au 的 Au-10Ag 合金的颜色饱和度最高（颜色最黄），向 Au 中添加 Ag 或 Cu 实质上降低了 Au 颜色的饱和度。(4) 所有合金都有高的亮度，以纯 Ag 和富 Ag 合金的亮度最高，将 Ag 添加到 Au 和 Cu 中可增大 Au 和 Cu 的亮度，这些性质反映了典型的金属反射特性。(5) 各个合金所对应的主波长决定了该合金的基本色调，随着合金成分的变化，主波长值的改变反映了合金元素对合金颜色的影响。如表 3-4 中 100Au 对应的主波长为 579.1nm，由图 3-1 和图 3-2 可知，100Au 对应黄色。在 Au-Cu 二元合金中，随着 Cu 含量增多，合金的主波长逐渐增大，表明合金的颜色由金黄色逐渐增加铜红色的色调。又如 Au-Ag 二元合金，随着 Ag 含

量增多，当 Ag 含量低于 50% 时，合金的主波长逐渐降低，表明合金的颜色由金黄色逐渐增加绿色的色调；当 Ag 含量达到和高于 50% 时，合金主波长增大。Au-Ag-Cu 三元合金的主波长及其颜色变化取决于合金中各组元比例的变化。（6） Ag 具有最高晶格常数，Au 次之，Cu 最小。随着 Au-Ag-Cu 合金中 Ag 含量增高，晶格常数增大，而随着 Cu 含量增高，晶格常数减小。由于 Ag 与 Cu 的固溶度极小，Ag-Cu 二元合金在大范围内呈两相合金，富 Ag 相有相对大的晶格常数，富 Cu 相有相对小的晶格常数。

3.2.2 Au-Ag-Cu 合金的 CIELAB 色度图

罗贝特和克拉克测定和建立了 Au-Ag-Cu 合金的色度图后，吉尔曼[5]等人采用类似的光源（黑体温度 6500K） 和配置计算机的分光光度计测定了部分 Au-Ag-Cu 合金的反射率，计算了它们的 CIELAB 色度坐标，同时将罗贝特等人测定的 Au-Ag-Cu 合金 CIE-XYZ 色度坐标按式(3-4)转换为 CIELAB 色度坐标，建立了成分坐标按摩尔分数和质量分数分布的 Au-Ag-Cu 合金系的 CIELAB 色度图。图 3-6[5]是按质量分数为坐标绘出的 L^*、a^*、b^* 等值线，按摩尔分数为坐标绘出色度参数等值线的走向趋势与图 3-6 大体相似。可以看出：(1） Au-Ag-Cu 合金系中的二元和三元合金的颜色取决于合金成分，富 Au 角的 Au 合金有高的 $+b^*$ 值即强的黄色效应，富 Cu 角的 Cu 合金有高的 $+a^*$ 值即强的红色效应，富 Ag 角的 Ag 合金有高的亮度和白色效应（高的 $+L^*$ 值）；（2） Ag 作为合金组元加入 Au 中明显提高合金亮度，致使 Au-15Ag（摩尔分数，Ag 质量分数约 10%） 二元合金呈最黄的颜色，但随着 Ag 含量进一步增加，Au-Ag 二元合金和低 Cu 含量的 Au-Ag-Cu 三元合金的 b^* 值减小、a^* 值转变为负值，表明合金增大绿色倾向；（3） 随着 Cu 含量增加，Au-Cu 二元合金和 Au-Ag-Cu 三元合金的 a^* 值增大，表明合金红色色调增强。

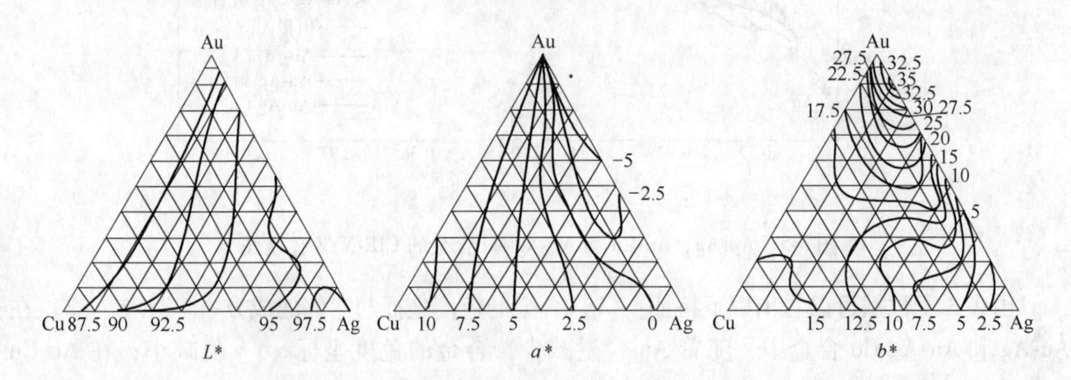

图 3-6 Au-Ag-Cu（质量分数） 合金的 CIELAB 色度图

（色度坐标 L^*、a^*、b^* 等值线间距为 2.5 单位）

Au-Ag-Cu 合金在 CIELAB 和在 CIE-XYZ 色度坐标系中的颜色变化倾向完全一致。CIE-XYZ 和 CIELAB 色度坐标和色度分布图的建立，说明合金的颜色可以用 CIE 系色度坐标定量表示，提高了对合金颜色描述的精度。鉴于合金成分对 Au-Ag-Cu 合金系中的二元和三元合金的颜色有决定性的影响，这对于鉴别和匹配贵金属珠宝合金或牙科合金的颜色、设计新型彩色合金、验证各种合金的颜色稳定性和抗晦暗能力提供了一个有效的工具。

3.3 合金元素对贵金属颜色的影响

3.3.1 贵金属颜色的本质

银对可见光谱全波段有最高反射率，它显示明亮的白色。铂族金属对可见光谱全波段也有较高反射率，它们显示似银白色或灰白色。金对可见光谱的黄光波段有高反射率，这使金显示黄色。从能量的观点分析，图 3-7(a)显示了 Au、Ag 和 Au-Ag 合金的反射率与入射光能量的关系[8,9]。曲线 1 是 Au 的反射特征曲线，随着入射光能量增高，Au 的反射率开始缓慢下降，在约 2.3eV 能量处急剧降低。由于光吸收过程是通过能带跃迁造成的，即自由电子从低能带向位于费米能以上的导带跃迁，或从导带向更高能带跃迁，对于 Au，一个电子从 d 带到未填充导带跃迁的能量恰好为 2.3eV（见图 3-1）并产生强烈的光吸收过程，正好相当于 Au 对黄光波段的反射率急剧上升，表明 Au 呈黄色最终源于其 d 带电子跃迁。

3.3.2 Ag 对 Au 颜色的影响

Ag 与 Au 有相似的电子结构，可以期望在整个 Au-Ag 合金系中能带结构不变，但是在 d 能带和费米能级之间的能隙则随着 Ag 含量增高而连续增大，而这个能隙的宽度即跃迁能恰好是控制颜色的能带跃迁的决定因素。因此，随着 Ag 含量增高，Au-Ag 合金的电子跃迁能增大，Au 的反射率曲线差不多平行地向更高能量迁移，其结果是不仅可见光谱的红光和黄光波段被强烈地反射，甚至绿光、蓝光和紫光波段、最终全可见光谱波段都被强烈反射，如图 3-7(b)所示[3]。因此，随着 Ag 含量逐渐增高，Au-Ag 合金的颜色由纯金黄色逐渐转变为绿色，当 Ag 质量分数超过 56%（摩尔分数为 70%）时，合金变成白色[7]。由此可见，Au-Ag合金中 Ag 组元有增强绿色和白色的倾向，同时增大合金的亮度 L^* 指标。

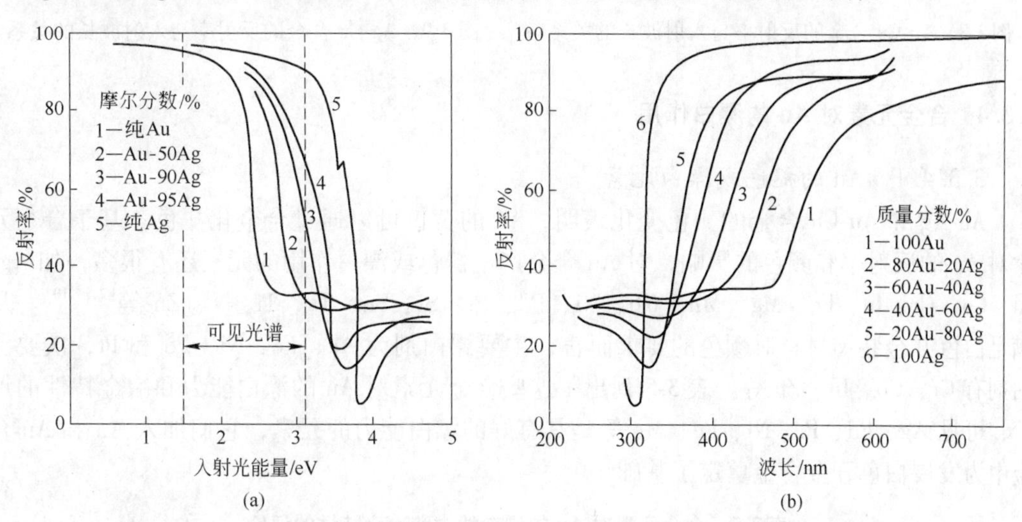

图 3-7 Au、Ag 和 Au-Ag 合金的反射率与入射光能量（a）和波长（b）的关系

3.3.3 Cu 对 Au、Ag 颜色的影响

Cu 和 Au 的电子结构也相似，但 Cu 的电子跃迁能低于 Au。在 Au-Cu 合金中，随着

Cu含量增高，合金的电子跃迁能降低，反射率曲线向更低能量方向迁移，也就是合金的光吸收波段逐渐向Cu的吸收波段靠近，在反射率曲线上是红光波段（640～750nm）的反射率明显提高（见图3-8[3]），使合金的颜色由纯金黄色逐渐转变为玫瑰色直至铜红色。因此，在Au-Cu合金中，Cu组元有增强红色色调的倾向。

图3-9[3]所示为Ag-Cu合金的特征反射率曲线。Cu和Ag的电子结构也相似，但Cu的电子跃迁能低于Ag。添加Cu到Ag中，随着Cu含量增高，反射率曲线向更低能量或更长波段方向迁移，而短波长波段的反射率逐渐降低，这使Ag的白色逐渐褪色而转向玫瑰红直至铜红色。反过来，添加Ag到Cu中，随着Ag含量增高，反射率曲线向更高能量或更短波长方向迁移，即短波长波段的反射率逐渐升高，这使Cu-Ag合金从铜红色逐渐褪色并经由玫瑰红色转向银白色。

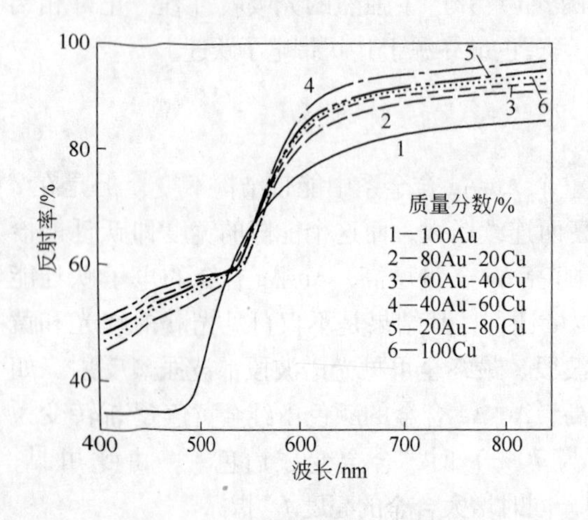

图3-8 Au-Cu合金的反射率与入射波长的关系

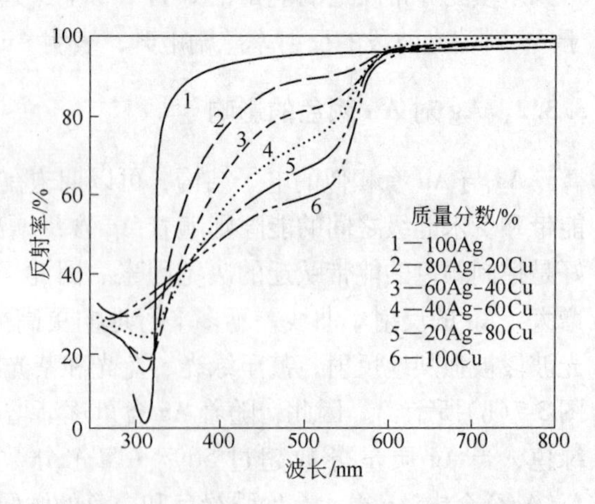

图3-9 Ag-Cu合金的反射率与入射波长的关系

3.3.4 合金元素对Au的漂白作用

3.3.4.1 Au的褪色或漂白元素

Au-Ag和Au-Cu合金的颜色变化表明，Au的黄色可以通过合金化褪色。基于合金元素对Au的反射率和颜色的影响，对Au合金产生褪色或漂白作用的元素还有很多，如Ag、Al、Co、Cr、In、Fe、Mg、Mn、Nb、Ni、Pd、Pt、Si、Sn、Ta、Ti、V、Zn等[2,7～10]。从满足白色开金装饰材料对颜色的要求而言，主要漂白剂为Ag、Fe、Ni、Pd和Pt，次要漂白剂有Cr、Co、In、Zn等。表3-5列出了这些合金元素对Au的漂白能力和冶金特性的评价，可见Ag、Pd、Pt、Ni、Fe、Mn等是具有好的漂白能力的元素，它们加入Au和Au合金中为发展白色开金合金奠定了基础。

表3-5 合金元素对Au的漂白能力和冶金特性的评价

元素	漂白能力	冶金特性（组元质量分数/%）
Ag	较好	低浓度增大合金亮度，适中浓度有漂白效果，高浓度增大硫化晦暗倾向
Pd	非常好	低浓度有轻度漂白效果，>10% Pd有极好漂白效果，但升高合金液相线温度；Pd价格高，增加合金成本

续表 3-5

元 素	漂白能力	冶金特性（组元质量分数/%）
Pt	非常好	漂白能力类似 Pd，Pt 升高合金液相线温度；Pt 价格高，增加合金成本
Ni	好	低浓度漂白能力不足，14% Ni 有好的漂白效果；高浓度 Ni 对皮肤有过敏性，并导致合金硬化和增大合金淬脆性
Cr	好	升高固相线温度，2% Cr 对颜色无影响，13% Cr 有优良的漂白效果，降低可加工性
Fe	好	易氧化，耐蚀性差，16% Fe 有好的漂白效果；高 Fe 浓度合金导致高硬化和难加工，赋予合金磁性；与 Pd 匹配漂白效果更好
Mn	好	强氧化剂，高于 10% Mn 显示高活性和高应力腐蚀倾向；与 Pd 匹配漂白效果好
In	中等	低浓度对颜色无影响，约 5% In 有适中漂白能力，高浓度可恢复 Au 的黄色，并造成高硬化和低可加工性；含高 In 的 PtIn 或 PdIn 金属间化合物呈黄色
Sn	中等	低浓度有弱漂白作用，约 5% Sn 有适中漂白能力，增大合金高脆性倾向
Zn	中等	小于 2% Zn 改善熔模铸造性能，约 6% Zn 有适中漂白能力，高浓度造成大的氧化挥发和失重，增大淬裂倾向和不利于铸造
Al	弱	1.5% Al 有轻度漂白作用，强氧化物生成剂，高浓度损害合金加工性
Co	弱	1.5% Co 有轻度漂白作用，升高合金固相线温度和增高硬度，对皮肤有过敏性
Ti	弱	1.3% Ti 有可察觉的漂白作用，强氧化物生成剂，高浓度损害合金加工性
Ta，Nb	弱	升高液相线温度，7.4% Ta 有可察觉的漂白作用，高活性元素使其应用困难
V	弱	低浓度无漂白作用，25% V 有强漂白效果；高毒性、高活性、强氧化性，高浓度损害合金加工性

3.3.4.2 Ni 和 Pd 的漂白机制

Ni 和 Pd 是 Au 的主要漂白元素，但它们的漂白机制却不是由能隙连续迁移或电子跃迁能改变决定的，因为 Ni、Pd 是过渡金属。当 Au 与 Ni、Pd 等过渡金属合金化时会产生所谓的“真实束缚态”，并造成相对宽化的吸收峰，Au-Ni 合金最大吸收峰相应的能量为 0.8eV，Au-Pd 合金相应为 1.7eV[9]。这就是说，与纯 Au 相比较，含 Ni 或 Pd 的 Au 合金在更低能态产生光吸收过程，降低了 Au 在可见光谱低能光波段的反射率。图 3-10[8] 和图 3-11[9] 表明，在 Au-Ni 和 Au-Pd 合金中，随着 Ni 或 Pd 摩尔分数增加，合金在低能态光谱的红光和黄光波段的反射率明显降低，但并未明显改变显示 Au 黄色的电子跃迁能，表明 Au 仍保持黄色主色调但已逐渐变淡。另外，对于富 Ni 或富 Pd 合金直至纯 Ni 与纯 Pd 金属，合金的反射率特征曲线逐渐改变为平滑曲线，即在可见光谱全波段都有较高的反射率，合金变成灰白色，即 Au 的黄色完全被漂白。

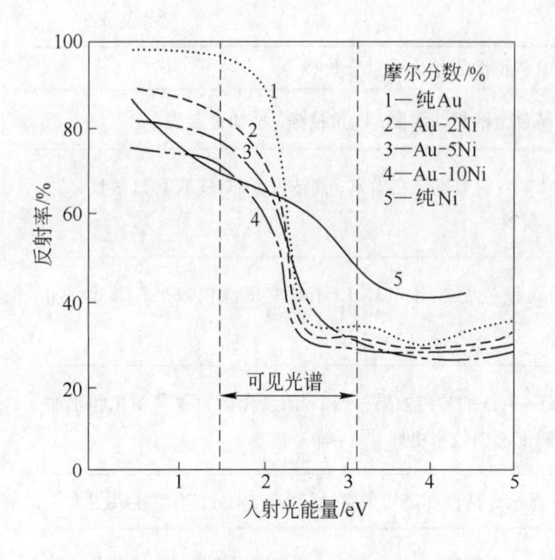

图 3-10　Au-Ni 合金的反射率与入射光能量的关系

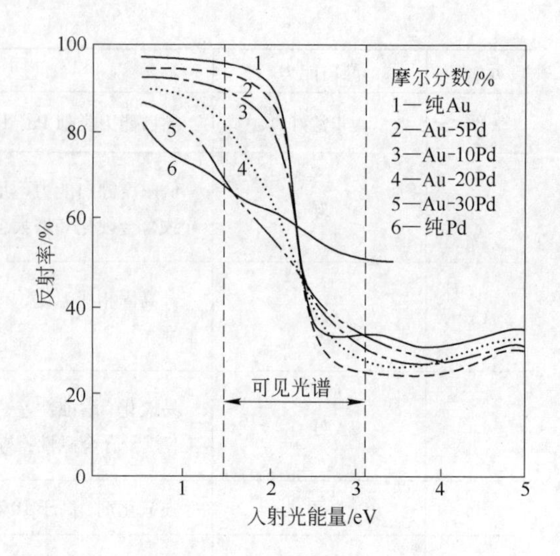

图 3-11　Au-Pd 合金的反射率与入射光能量的关系

3.4　彩色开金的颜色

金合金饰品中 Au 含量被称为 Au 的成色。金饰品的成色可分为纯金类和开金类，并将纯金饰品定义为 24 开金。按国际标准化组织（ISO）推荐和我国现在执行的开金饰品合金的 Au 成色标准，按其 Au 含量从高到低，开金成色分为 24K、22K、18K、16K、14K、12K、10K、9K 等不同纯度标准，详见 5.1 节。

基于合金化元素对 Au 合金颜色的影响，开金合金可分为彩色（颜色）开金和白色开金。

3.4.1　Au-Ag-Cu 彩色开金的颜色

Au-Ag-Cu 合金的颜色主要取决于合金成分并与成分呈单一对应的关系。鉴于 Ag 和 Cu 对 Au 颜色的影响和 Cu 对 Ag 颜色的影响，Au-Ag-Cu 合金的颜色与合金成分的关系如图 3-12 所示[11,12]。Au-Ag-Cu 合金显示了丰富的颜色和色调，富 Au 角的合金呈金黄色（以 Au-10Ag 合金颜色最黄），富 Ag 角的合金呈银白色，富 Cu 角的合金呈铜红色。向 Au 中添加 Ag 并随 Ag 含量增加，合金的颜色逐渐转变为绿黄、淡绿黄、浅白直至银白色；向 Au 中添加 Cu 并随 Cu 含量增加，合金的颜色逐渐转变为红黄、粉红直至铜红色。图 3-13[8,13,14] 所示为 Au-Ag-Cu 系中 14K 和 18K 合金的颜色分布特征。在 14K 合金线上，随着 Cu 含量增加，合金的颜色由暗绿色经浅绿、浅黄、暗黄、黄、粉红、红、橘红等色过渡到铜红色。18K 合金线上的合金也存在类似的颜色变化过程，即随着 Cu 含量增加，合金的颜色变化由淡黄色（2N）、黄色（3N）、玫瑰色（4N）到红色（5N）。14K 合金线上的 1N 和 18K 合金线上的 2N、3N、4N、5N 是瑞士和德国采用的开金颜色标准，详见表 3-2。这样，调整 Au-Ag-Cu 合金中 Ag 和 Cu 的含量就可以设计和发展丰富多彩的开金合金。

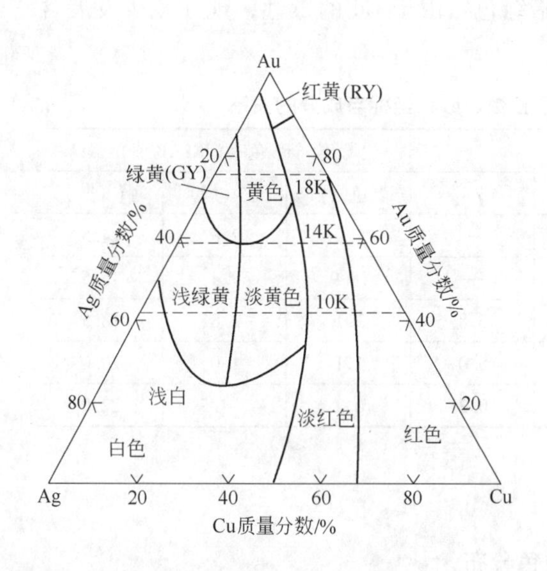

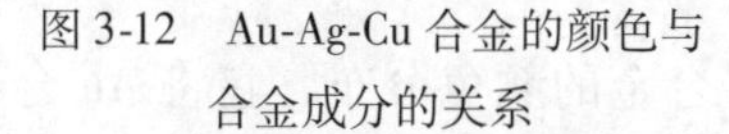
图 3-12 Au-Ag-Cu 合金的颜色与合金成分的关系

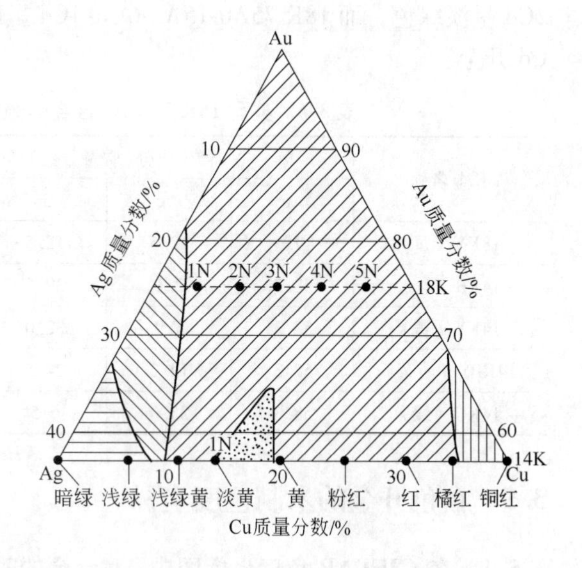

图 3-13 18K 和 14K Au-Ag-Cu 合金的颜色分布特征

3.4.2 Au-Ag-Cu-Zn 彩色开金的颜色

向 Au-Ag-Cu 系合金中可以添加直至15%（质量分数）的 Zn，以改变合金的颜色和冶金特性，如富铜角的红色或淡红色区内的合金可通过添加 Zn 制成红色合金，但高浓度 Zn 添加剂常用于制造白色开金合金。对于一定成色的开金，增加 Ag 和 Zn 含量可使合金颜色从红色向黄色、绿色方向变化，Zn 对这种颜色变化的影响比 Ag 更明显。这一方面是由于 Ag 和 Zn 添加剂对合金颜色的影响，另一方面也由于随着 Ag + Zn 含量增高，则 Cu 含量相应减少。因此，对于含 Zn 的 Au-Ag-Cu 系开金合金，可以通过一个与 Ag、Cu 和 Zn 含量相关的颜色指数评价合金的颜色。这个颜色指数表示如下[2,15]：

$$\text{颜色指数} = w_{\mathrm{Cu}}/(w_{\mathrm{Ag}} + 2w_{\mathrm{Zn}}) \tag{3-5}$$

式中，w_{Cu}、w_{Ag}、w_{Zn}为 Cu、Ag 和 Zn 的质量分数。

这个颜色指数越高，即 Cu 含量比例越高，合金显示红色色调；相反，颜色指数越低，即 Ag + Zn 含量比例越高，合金向淡黄或绿色方向变化。

表 3-6[15,16]列出了典型 18K 和 14K 合金的颜色指数与颜色坐标的关系，其颜色指数根据已知的 Ag、Cu、Zn 含量通过式(3-5)计算得到。对表中 14K 合金而言，颜色指数从 19 变化到 0.2，合金的颜色则从红色变化为黄色、淡黄色再到绿色；颜色指数为 2.0 的 14K 合金呈现具有美学价值的黄色。另外，颜色指数与合金的开数有关，对于呈现淡黄色的 14K PY 合金（含 24.5% Cu），它的颜色指数为 1.1 和 CIELAB 红色色度值为 1.0；而具有标准 3N 黄色的 18K Y 合金（含 12.5% Cu）虽然有相同颜色指数（1.0），但 CIELAB 红色色度值为 2.8。这个差别是因为 18K 合金含有更高 Au 含量，只需要较少 Cu 含量就可以达到与 14K 合金相同的颜色。这样就可以根据开金成色和颜色指数设计颜色。另外，向 Au-Ag-Cu 系合金中添加一定量（≤4%）Cd，可以得到绿色开金合金。如 18K 75Au-23Cu-

2Cd 呈淡绿色，而 18K 75Au-15Ag-6Cu-4Cd 呈暗绿色。由于 Cd 的毒性，现在较少发展含 Cd 开金。

表 3-6　典型 18K 和 14K 合金的颜色指数、颜色坐标与成分的关系

开金名称	合金成分(质量分数)/%				合金颜色（CIELAB 值）		
	Au	Ag	Cu	Zn	颜色指数	红（绿）	黄（蓝）
18KY（黄）	75	12.5	12.5	—	1.0	2.8	24.5
14KR（红）	58.3	2.1	39.6	—	18.9	9.4	15.5
14KY（黄）	58.3	3.9	32.0	5.8	2.1	2.8	18.5
14KPY（淡黄）	58.3	12.2	24.5	5.0	1.1	1.0	20.0
14KG（绿）	58.3	35.0	6.5	0.2	0.2	−4.5	22.0

3.5　白色开金的米制色度坐标

3.5.1　在 CIELAB 色度坐标图中 Au 合金的颜色分布

图 3-14[17] 所示为在 CIELAB 色度坐标图中标准 Au 合金的颜色分布，它将 Au 合金的颜色分成了几个区域，形成了绿色、黄色、红色、粉红色和白色区，其过渡区内的坐标点则是两种颜色的混合色。可以看出，白色 Au 合金的色度坐标值在 $-3.5<a^*<+3$ 和 $b^*<15$ 的区域内，其中“好白色”区的色度坐标值介于 $-2<a^*<+2$ 和 $b^*<10$ 的区域内。根据这个白色区的色度坐标形成了一个判据：一个白色 Au 合金的 CIELAB 色度参数必须是 $L^*>75.0$，$-3.5<a^*<+3$ 和 $b^*<15$。图中“好白色”区和“较好白色”区只是一种定性的判断，定量的判断需要根据色度标准建立分级标准。

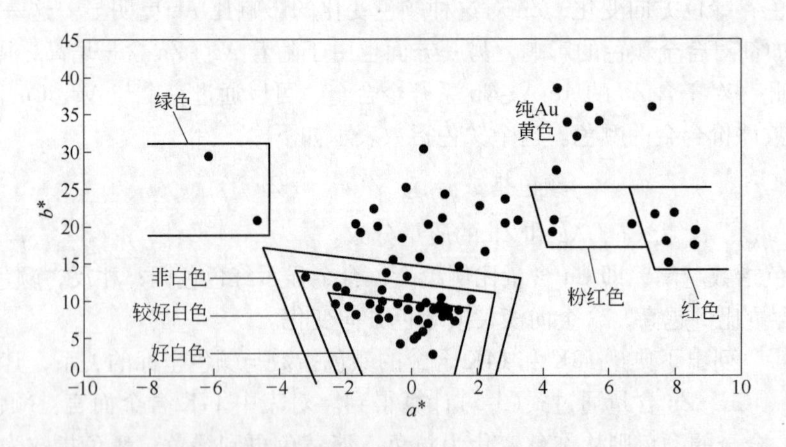

图 3-14　CIELAB 色度坐标图中标准 Au 合金的颜色分布（颜色盒）

3.5.2　白色开金的 CIELAB-C-H 米制色度参数

图 3-15[17] 所示为商业 18K 白色 Au 合金的 CIELAB 极坐标系的平面图，称为 CIELAB-C-H 米制色度坐标系，它用 H、C 和 L 三个参数表示合金的颜色或颜色饱和度。参数 H 是合金所在位置点与 a^* 轴的夹角，表示偏离光谱红色的程度，称为米制色调角度：H 值越

大，偏离红色的程度越大；反之，H 值越小，越接近红色。参数 C 为合金所在位置点至坐标原点的距离，称为米制色度坐标或米制白色指数，它直接表示偏离白色的程度，是决定白色的主要参数；L 表示亮度，其值变化于0（黑色）和100（白色）之间[15,17]。米制色度参数适于用来分析和比较各种白色开金的“白色纯度”或颜色饱和度，分析白色开金的色调变化和衰减，也可以经验地确定各种合金元素对Au的相对漂白效果和预测Au合金的色度，因而是评价与发展白色开金的重要参数。

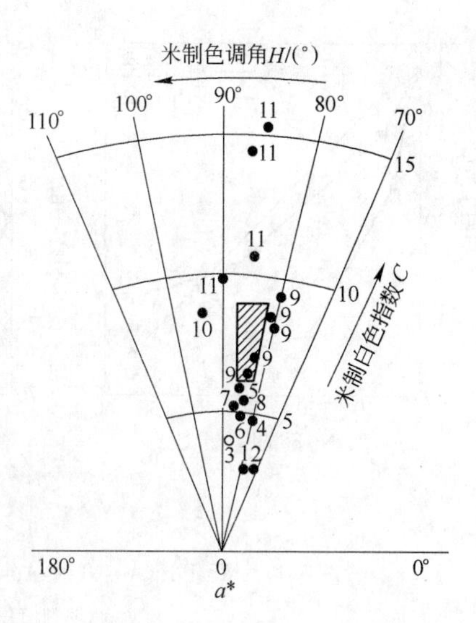

图3-15 商业18K白色Au合金的CIELAB-C-H米制色度图

因为纯金黄色的 C 值为37.9，故所有开金合金的米制白色指数 C 值介于0～37.9之间。一个好的白色开金的米制白色指数 C 值应尽量小，$C<6$ 则为一级白色（俗称“极好白色”），$C<9$ 为二级白色（俗称“好白色”），若 $C>9$ 则为灰白色[18]。当一个白色开金的 H 介于82°～86°之间，L 介于83～85，C 值小于9时，这样的开金才被珠宝工业界接受为“好白色开金”。

3.5.3 Au-Pd(Ni、Fe)白色开金的CIELAB-C-H米制色度图

由表3-5可知，Pd、Ni、Fe等元素对Au具有好的漂白能力，为了发展好的白色开金合金，有必要讨论这几个元素与Au所形成的二元合金的结构、性能和漂白效果。

Au-Pd合金为单相固溶体，含有相对低浓度Ni或Fe的合金也为单相固溶体，而含有高浓度Ni或Fe的合金为两相合金。图3-16所示为上述合金的硬化效应，图3-17所示为Au-Pd、Au-Ni、Au-Fe合金的CIELAB米制色度值。可以看出，随着合金中Pd、Ni、Fe的摩尔分数增高，Au合金的硬度值升高，米制白色指数 C 值和亮度 L 值降低，米制色调角度 H 值相应增大[19]。显然，Au-Pd合金的米制色度值、亮度值和硬化效应低于Au-Ni和Au-Fe合金。

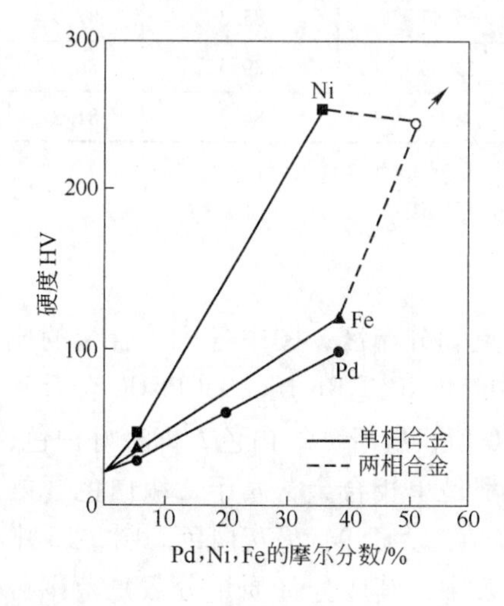

图3-16 Au-Pd、Au-Ni和Au-Fe合金的硬化效应（700℃退火后水淬）

表3-7[19]列出了Au-Pd、Au-Ni、Au-Fe和其他开金合金的米制色度值，18K Au-Pd合金有小的米制白色指数值（$C=4.83$），因而具极好白色，但它的色调角 H 低于纯Au，表明它的色调略偏向红色，亮度 L 也低于纯Au。18K Au-Fe也显示好的白色（$C<6$），而18K Au-Ni显示灰白色（$C>9$），它们的色调角比Au大使它们的色调偏向黄色。由于18K Au-Fe和18K Au-Ni含有高Fe、Ni质量分数，它们有两相结构并具有高硬度，同时有高的氧化倾向，因而实用性较小。这表明，这3个漂白元素中，Pd对Au具有最好的漂白作用，又具有适中的强化效果和好的性能稳定性，

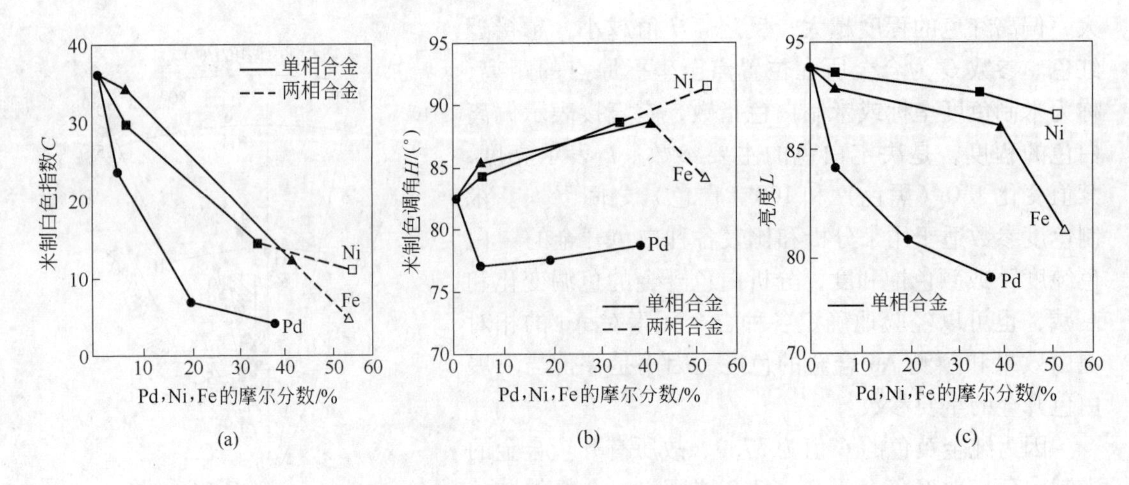

图 3-17　Au-Pd、Au-Ni 和 Au-Fe 合金在 CIELAB-C-H 色度坐标中的米制色度坐标

（a）米制白色指数 *C*；（b）色调角 *H*；（c）亮度 *L*

这正是珠宝饰品合金所需要的特性。

表 3-7　Au-Pd、Au-Ni、Au-Fe 合金和其他贵金属材料的 CIELAB-C-H 米制色度值

序　号	合金成分(质量分数)/%	合金成分(摩尔分数)/%	米制白色指数 *C*	色调角 *H*/(°)	亮度 *L*/%
1	100Au	100Au	37.90	82.5	88.8
2	97.2Au-2.8Pd	95Au-5Pd	24.00	77.2	84.3
3	88.2Au-11.8Pd	80.1Au-19.9Pd	7.07	77.6	81.0
4	75Au-25Pd	61.8Au-38.2Pd	4.83	78.9	79.0
5	98.5Au-1.5Ni	95Au-5Ni	30.12	84.6	88.5
6	86Au-14Ni	64.7Au-35.3Ni	15.03	89.0	87.6
7	75Au-25Ni①	47.2Au-52.8Ni	11.19	92.0	86.6
8	98.5Au-1.5Fe	95Au-5Fe	35.47	85.3	87.9
9	86Au-14Fe	59.8Au-40.2Fe	13.69	89.5	86.7
10	75Au-25Fe①	46Au-54Fe	4.15	84.3	81.2

① 两相合金。

3.5.4　利用米制白色指数评价与发展的商业白色开金

图 3-15 中显示了某些商业白色金属与合金的数据点和分布区，图中各序号合金的成分及其米制色度参数值列于表 3-8[15, 19]。表中 Ag 镀 Rh 和 Ni 镀 Rh 层、950Pt-Cu 合金和 4～9 号含有 Pd、Fe、Ni 组分的 18K Au 合金具有低的 *C* 值，属于一级白色，即极好白色；10 号合金是富含 Ni 组分的三元或多元 18K Au 合金，都是单相合金，属于二级白色（好白色）。11 号商业 18K 合金是一般商业白色开金，其 *C* 值都大于 9，呈灰白色。图 3-15 中画影线的区域包含一系列富含 Pd 的多元 18K 白色 Au 合金，其成分（质量分数）范围可表示为：75Au-10Pd-(5～10)Fe-(0～10)Cu-(0～10)Ag-(0～5)Zn，这些合金实质上是以 Pd 作为主要漂白剂，以 Fe、Ag 作为次要漂白剂，并添加 Cu、Zn 作为改性元素，它们具

有好的白色，其米制白色指数 C 值介于6~9，调角度 H 介于82°~86°之间，亮度 L 介于83%~85%；它们也具有单相组织和较高的硬度，其800℃退火-淬火态硬度HV为120~150，是一类具开发前景的白色开金合金。

表3-8 贵金属商业白色合金的CIELAB-C-H米制色度值

序 号	合金成分(质量分数)/%	米制白色指数 C	色调角 H/(°)	亮度 L/%
1	Ag镀Rh（镀层100%Rh）	3.01	77.0	89.0
2	Ni镀Rh（镀层100%Rh）	2.96	74.8	89.1
3	95Pt-5Cu	3.92	87.6	87.0
4	75Au-25Pd	4.83	78.9	79.0
5	75Au-10Pd-15Ni	5.77	85.0	82.9
6	75Au-10Pd-15Fe	4.80	84.6	83.4
7	75Au-10Pd-10Ni-5Fe	5.20	87.1	84.3
8	75Au-10Pd-10Fe-5Ni	5.33	84.8	83.4
9	商业富Pd18K白色开金	6~9	82~88	83~85
10	商业富Ni18K白色开金	约9	约93	—
11	其他商业18K白色开金	>10	85~90	—

注：表中1~8号合金为一级白色（极好白色），9和10号合金为二级白色（好白色），11号合金为灰白色。

3.6 白色开金的黄色指数和白色分级

3.6.1 白色开金合金的黄色指数

珠宝工业界对白色开金的“白色”并无严格的法律定义，使得人们很难判定白色开金珠宝饰品的“白色”程度。为了对白色开金的“白色”建立一个可以被接受的分级标准，除了上述米制白色指数外，基于英国和美国特别工作组的工作，珠宝工业界决定采用美国材料试验学会（ASTM）建立的“黄色指数YI”（Yellowness Index D1925）作为鉴别“白色”分级的标准。ASTM D1925标准最初是对颜料和塑料建立的，在应用到白色开金合金时，需要满足以下条件：（1）白色开金的CIELAB坐标参数 $L^*\geqslant 75.0$，a^* 值必须介于 $-3.5\sim+3.0$；（2）采用特制的最小面积为 $12mm^2$ 方形或直径12mm圆形抛光平板试样；（3）使用国际照明委员会CIE系统的标准照明体“C”和1931CIE 2°视场的标准观察者系统在分光光度计上测量试样的 X、Y、Z 颜色三坐标值；然后按式(3-6)计算黄色指数 YI[17]：

$$YI = [100(1.28X - 1.06Z)]/Y \tag{3-6}$$

按ASTM D1925黄色指数“YI”值的大小将白色开金的“白色”分为三级（见表3-9）：$YI<19$ 时定义为一级白（纯白色），开金无需镀Rh；YI 值介于19.0~24.5时，定义为二级白（标准白色），开金不强制镀Rh；YI 值介于24.5~32.0时，定义为三级白（灰白色），开金必须镀Rh；$YI>32$ 时为非白色合金。因此，白色开金的“YI”值越接近于零，其颜色越白，只有当Au合金的“YI”值低于32.0时，才被珠宝工业界承认和接受为“白色开金”，对于灰白色合金，按ASTM D1925标准要求则需要镀一层0.05~0.5μm

Rh 以增加白色和提高耐腐蚀性。

表 3-9 白色开金合金的黄色指数（按照 ASTM D1925 标准）

分 类	纯白色（一级白色）	标准白色（二级白色）	灰白色（三级白色）	非白色
黄色指数 *YI*	< 19.0	19.0 ~ 24.5	24.5 ~ 32.0	> 32
最大偏差	±2.0	±2.0	< -3.0	—
镀 Rh 要求	无需镀 Rh	不强制镀 Rh	必须镀 Rh	—

3.6.2 利用黄色指数设计白色开金的指导原则

基于合金元素对 Au 的漂白能力，利用米制白色指数或 ASTM D1925 黄色指数可为设计特定级别白色开金成分提供基本的但非权威的指南[17, 18]。

（1）22K 合金。22K 合金中 Au 含量达到 91.7%，因而发展高级别白色开金的余地很小，即使含有 8.3% Pd 的 22K 合金也只能产生三级灰白色，其平均 *YI* 值为 29.336。

（2）18K 合金。18K 合金含有 75% Au，添加不同漂白元素可以达到不同级别白色。

1）一级白色开金。方案 1：75% Au + 至少 17.5% 漂白元素（其中 13.5% 应为主要漂白元素，其余为次要漂白元素）+7.5% 其他合金化元素，这里主要漂白元素为 Pd 或 Ni 或 Pd + Ni。

方案 2：75% Au + 至少 24.5% 漂白元素（其中 17% 应为主要漂白元素，其余为次要漂白元素）+0.5% 其他合金化元素。

2）二级白色开金。75% Au + 至少 19.5% 漂白元素（其中 7.4% 应为主要漂白元素，其余为次要漂白元素）+5.5% 其他合金化元素。

（3）14K 合金。14K 合金的 Au 含量为 58.5% Au。

1）一级白色开金。58.5% Au + 至少 26.5% 漂白元素（其中 16.5% 应为主要漂白元素，其余为次要漂白元素）+15% 其他合金化元素。

2）二级白色开金。58.5% Au + 至少 22.5% 漂白元素（其中 12% 应为主要漂白元素，其余为次要漂白元素）+19% 其他合金化元素。

（4）9K 合金。9K 合金的 Au 含量为 37.5% Au，以 Ag 作为主要漂白元素。

1）一级白色开金。37.5% Au + 至少 62% 漂白元素 +0.5% 其他合金化元素。

2）二级白色开金。37.5% Au + 至少 45% 漂白元素 + 17.5% 其他合金化元素。

低开金中的 Ag 可以用其他漂白元素替换，达到类似漂白效果的替换量大体为：1% Ag≈1% Zn≈0.6% Ni 或 Pd。

白色开金的黄色指数与合金成分有密切关系。对 Au 具有好漂白能力的元素中，最常用的元素主要是 Pd、Ni、Ag 或它们之间的组合。一般地说，Pd 具有最好色漂白能力，含有高 Pd 的合金可以创造一级白色开金，但高 Pd 含量可能导致 Au 合金偏向微红色调。Ni 也有高的漂白能力，含有高 Ni 的白色开金通常为二级标准白色；含有低 Ni 或低 Pd 的许多商业白色开金通常归类为三级灰白色。Ag 具有较好的漂白能力，主要用于低开金作漂白剂，含有高 Ag 或 Ag + Pd 的低开金可为二级或一级白色，但高 Ag 含量可能使 Au 合金增加绿色色调，同时其抗晦暗能力较差。其他漂白元素中，Pt 虽然具有好的漂白能力，但因其价格太高而只能少量应用。Fe、Mn 易氧化，少量的 Fe、Mn 和 In、Sn、Zn 等常用作辅助漂白元素。出于冶金或性能的需要，白色开金常添加其他合金化元素，其中最常用的是 Cu，但 Cu 加入可使白色开金变成灰白色甚至褐黄色。显然，白色开金的“白色等级”受所添加漂白元素的类型和数量的影响，而且其中某些组元可以增强或减弱漂白效果。

表 3-10[17] 列出了 Au 和某些开金的 CIELAB 色度参数和 ASTM D1925 黄色指数 *YI*，纯 Au 的 *YI* 值高达 71.78，颜色开金的 *YI* 值大于 32。在 Au 中添加适量 Pd、Ni、Ag 等漂白元素之后，Au 合金的 *YI* 值明显降低。22K 合金一般为灰白色甚至非白色；14K ~ 18K 合金视其合金组元类型和含量不同，可产生 1 ~ 3 级白色；以 Ag 作为主要漂白元素的低开金可以产生二级白色，若添加适量 Pd，还可以创造一级白色低开金。

表 3-10 Au 和某些开金的 CIELAB 色度参数和 ASTM D1925 黄色指数 *YI*

Au 合金	合金成分（质量分数）/%	L^*	a^*	b^*	*YI*	颜色特征
Au	99.99Au	81.98	4.449	38.442	71.78	非白色
22K	91.67Au-2.76Ag-5.57Cu	78.949	5.696	34.082	38.634	非白色
18K	74.95Au-10.05Pd-15Ni	79.635	0.230	7.369	16.48	一级白
18K	74.98Au-25.02Ni	80.563	−0.45	9.459	19.972	二级白
18K	74.83Au-9.68Cu-2.6Zn-12.89Ni	77.696	−0.10	13.308	28.609	三级白
14K	57.9Au-27.7Ag-14.4Pd	76.91	0.884	10.188	23.456	二级白
14K	59.07Au-7.64Ag-11.98Cu-6.74Zn-14.57Ni	79.248	−0.531	15.468	31.903	三级白
10K	44.99Au-17.52Ag-12.53Cu-24.96Pd	75.097	0.772	9.124	21.548	二级白
9K	37.07Au-10.57Ag-20.1Cu-32.44Pd	77.255	0.469	7.138	16.611	一级白
9K	33.32Au-66.68Ag	86.463	−0.90	11.577	22.501	二级白

3.6.3 白色贵金属、合金和镀层的白色级别

Pt 的 CIELAB 色度参数分别为：$a^*=0.88$，$b^*=4.52$ 和 $L^*=86.11$。与表 3-1 中 Ag 的色度坐标比较，Pt 的 a^* 值的绝对值和 b^* 值都接近于 Ag 的相应坐标值，而 Pt 的亮度坐标参数 L^* 稍低于 Ag，所以 Pt 接近 Ag 的白色，在图 3-4 上 Pt 与 Ag 的位置相邻。表 3-8[19] 中列出了 95Pt-5Cu 合金以及在 Ag 和 Ni 基体上镀 Rh 层的米制色度值，其 *C* 值小于 6，具有好的白色。表 3-11[19,20] 列出了非 Au 白色贵金属的黄色指数，其 $YI<19$。由此可见，Ag、Pd、Pt、Rh 金属（或 Rh 镀层）、950Pt 和 950Pd 高成色合金都具有一级白色和高的亮度。

表 3-11 非 Au 白色贵金属的 CIELAB 色度参数和 ASTM D1925 黄色指数 *YI*

贵金属	成分（质量分数）/%	L^*	a^*	b^*	*YI*	颜色特征
Ag	99.99	92.65	−0.31	4.305	8.402	一级白
Rh	99.99	83.816	0.645	2.817	6.828	一级白
Pd	99.99	81.063	0.367	6.046	13.638	一级白
Pt	99.99	86.11	0.88	4.52	约 8	一级白
950Pt	95.5Pt-4.5Cu	84.604	0.101	5.05	10.927	一级白
950Pt	95.5Pt-4.5Ru	87.7	0.7	3.4	约 8.0	一级白
950Pd	95Pd-5Ru	86.0	0.9	4.1	9.9	一级白

3.7 In 和 Al 对 Au 合金颜色的影响

Ⅲ$_A$ 族金属 Al、Ga、In 是贵金属珠宝饰品常用的辅助元素，它们既能影响贵金属合金的颜色，也能调节和改变合金的性能。同时，他们容易与贵金属形成金属间化合物，造成合金结构、性能和颜色突变。

3.7.1 Au-Pt 和 Au-Pt-In 合金颜色与色度坐标

Pt 对 Au 具有很好的漂白效果，在首饰 Au 合金中添加少量 Pt 可使合金漂白，而在牙科 Au 合金中添加 Pt 可提高化学稳定性。因此，研究 Pt 对 Au 光学性能的影响是有意义的。

图 3-18[21] 所示为 Au-Pt 合金的反射率，随着波长增大，Au 的反射率曲线在 520nm 波长处反射率急剧上升，这是 Au 呈黄色的基本特征。Au-5Pt 合金的反射率曲线已偏离 Au 的反射率曲线，Au-10Pt 合金则已经失去了 Au 的特征反射率曲线形态，反射率曲线变得平缓。这表明，随着 Pt 含量增加 Au 逐渐被漂白。但是，在 Au-10Pt 合金中添加 2% In 和 4% In，又使 Au-10Pt 合金反射率曲线逐渐恢复到 Au 原有的特征反射率曲线的趋势（见图 3-19）。表 3-12 列出了 Au-Pt 和 Au-Pt-In 合金的 CIELAB 色度坐标。Au 相对高的 a^* 和 b^* 值表明它呈带微红色调的黄色，Pt 呈灰白色。Pt 添加到 Au 中明显降低了 Au 的 a^* 和 b^* 值，即 Au 的黄色逐渐被 Pt 漂白。反过来，向 Au-10Pt 合金中添加 In 又逐渐增大 a^* 和 b^* 值。这表明，随着 In 含量增加，Au-10Pt-In 合金的颜色逐渐恢复到 Au 的颜色。

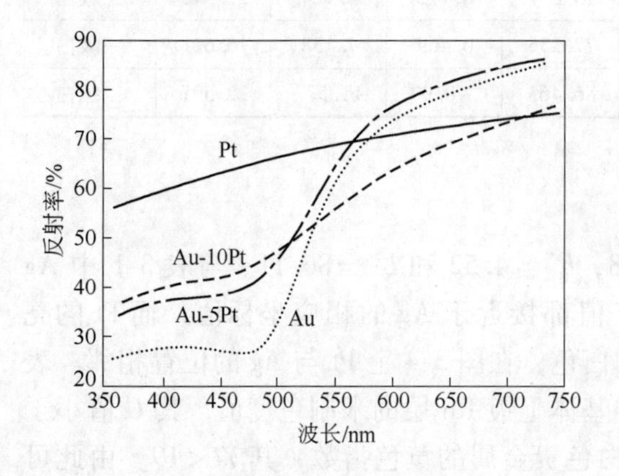

图 3-18 Au-Pt 合金的反射率

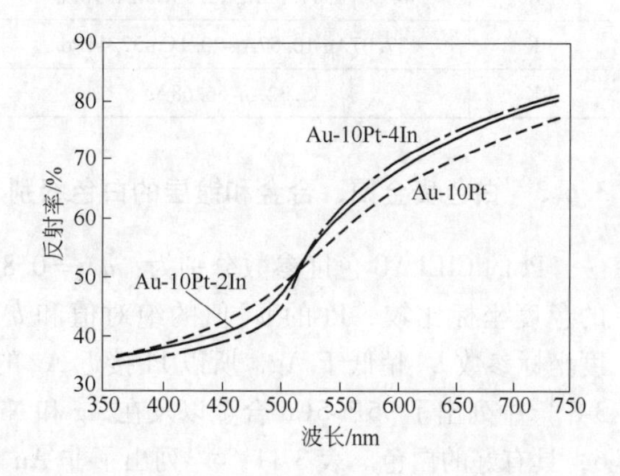

图 3-19 Au-Pt-In 合金的反射率

表 3-12 Au-Pt 和 Au-Pt-In 合金的 CIELAB 色度坐标

合金成分	CIELAB 色度坐标①			CIELAB 色度差 ΔE②				
（质量分数）/%	L^*	a^*	b^*	Au-5Pt	Au-10Pt	Au-10Pt-2In	Au-10Pt-4In	Pt
Au	79.4	11.22	33.59	11.7	20.8	16.9	14.1	31.6
Au-5Pt	82.25	7.38	22.91	—	9.9	5.6	3.1	19.9
Au-10Pt	79.49	5.03	13.73	—	—	4.2	6.9	12.1
Au-10Pt-2In	80.80	5.93	17.65	—	—	—	2.7	15.0
Au-10Pt-4In	80.83	6.73	20.26	—	—	—	—	17.6
Pt	86.11	0.88	4.52	—	—	—	—	—

① 与表 3-1 中标准 Au 的色度参数相比较，本表中 Au 的 a^* 值偏高，表明它呈带微红的黄色；② CIELAB 色度差 ΔE 是指表中相应合金的色度差。

由表3-5可见In对Au具有一定的漂白能力，但在Au-Pt合金中In添加剂却显示了恢复Au黄色的倾向。这可能是因为金属的光学性质是由入射光的光子与金属中的电子相互作用的结果，增加合金的价电子浓度（e/a）可以增大它的光反射率。Au、Pt和In的e/a值分别为1、0和3，按摩尔浓度换算可得Au-10Pt、Au-10Pt-2In和Au-10Pt-4In合金的e/a值分别为0.901、0.935和0.982。可见随着In含量增加，Au-10Pt-In合金的价电子浓度值逐渐增高到接近Au的e/a值，使合金的颜色逐渐恢复到接近Au色调。

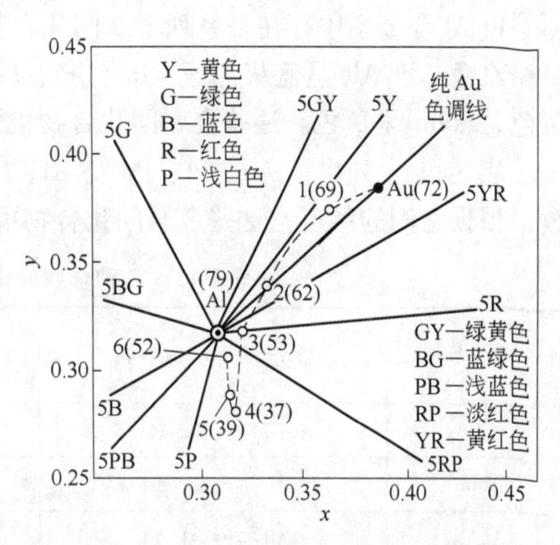

图3-20 Au-Al合金的CIE-XYZ色度图

3.7.2 Au-Al合金的颜色与色度图

图3-20[7,22]所示为富Au的Au-Al合金的CIE-XYZ色度图，沿图中虚线6个合金的成分（质量分数,%）是：1：Au-2Al；2：Au-7Al；3：Au-12.5Al；4：Au-22Al；5：Au-25Al；6：Au-50Al，合金序号后面括号内的数字为该合金亮度值。在Au-Al合金中随着Al含量增加，合金的颜色沿图中虚线变化，即从Au的黄色经紫色逐渐转变到白色，而合金的亮度则降低。含量为2%～3% Al的Au合金（图中1点及附近合金）的颜色仍接近纯Au的黄色，但当Al含量达到15%～50%时，合金呈现紫色，直到Al含量达到81%～83%合金仍呈紫色，超过这个含量以后，合金转变为铝白色。虽然Al组元对Au有轻度的漂白效应，但因它降低合金亮度和明显的氧化倾向而很少用作Au合金的漂白剂，它主要用于Au合金制造漂亮的紫色Au合金。

3.8 金属间化合物的颜色

Ⅲ$_A$族金属Al、Ga、In可以与Au、Pt、Pd等贵金属形成一系列金属间化合物，它们具有不同的晶体结构和不同于金属本色的鲜艳颜色。当Al、Ga和In的摩尔分数为66.6%时，它们与Au分别生成金属间化合物$AuAl_2$、$AuGa_2$和$AuIn_2$。图3-21[8,9]所示为这三个金属间化合物对光的反射特性。金属间化合物的能带结构不同于它们各自组元的能带结构。通过计算表明，$AuAl_2$从费米能级到未填充高能级的能带跃迁约在2.1eV能量处，但发生跃迁的能量范围很窄。由图3-21中曲线1可见，它对可见光谱的红色和紫色波段有强的反射，使$AuAl_2$化合物呈微带红色调的紫色[20,21]。对于$AuIn_2$和$AuGa_2$化合物（图3-21中曲线2和3），相应的电子跃迁能量比$AuAl_2$化合物更低一些，在红光区的反射强度也相应低一些，即$AuIn_2$和$AuGa_2$对红光

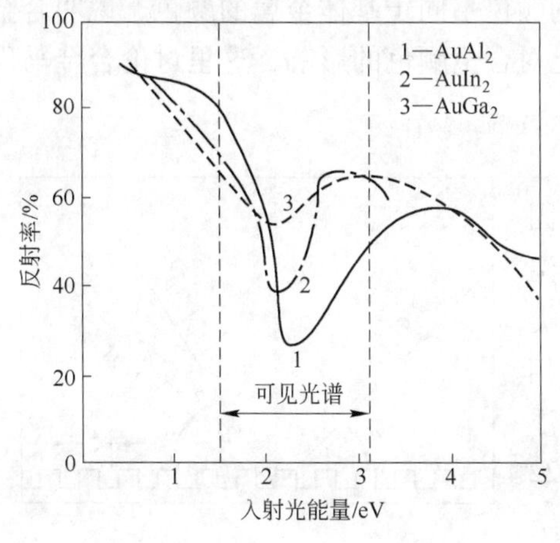

图3-21 $AuAl_2$、$AuGa_2$和$AuIn_2$的反射率与入射光能量的关系

的反射率比 $AuAl_2$ 弱，而对蓝光和紫光的反射率又比 $AuAl_2$ 高，这使 $AuIn_2$ 化合物显示鲜蓝色，而 $AuGa_2$ 化合物呈浅蓝色[8]。

Pt-Al 合金系中存在一系列金属间化合物并呈现不同的颜色，如 $PtAl_2$ 呈金黄色、PtAl 呈粉红色、Pt_2Al_3 呈蓝灰色等。In 与 Pt、Pd 也形成多种颜色金属间化合物，如 $PtIn_2$ 呈杏黄色，$PdIn_2$ 呈黄色。这些金属间化合物也可以发展成相应彩色饰品材料。

表 3-13[23] 列出了 Au、Pt、Pd 与 Al、Ga、In 所形成的部分化合物的 CIELAB 色度参数，根据它们的颜色，这些金属间化合物可以发展成紫色、蓝色等颜色饰品材料。

表 3-13 几种金属间化合物的 CIELAB 色度参数

化合物	成分(质量分数)/%	硬度 HV	CIELAB 色度参数			颜 色
			L^*	a^*	b^*	
$AuGa_2$	Au: 58.5; Ga: 41.5	75	81	−1.0	−2.1	蓝色
$AuIn_2$	Au: 46; In: 54	49	79	−3.7	−4.2	蓝色
$AuAl_2$	Au: 79; Al: 21	260	71	9.1	−1.9	紫色
$PtAl_2$	Pt: 77; Al: 23	—	83.9	0.67	17.71	金黄色
$PtIn_2$	Pt: 46; In: 54	—	78	5.1	12.1	杏黄色
$PdIn_2$	Pd:52; In:48	约 300	77.98	7.19	19.4	黄色
$(Au,Pt)In_2$	Au: 36; In: 54; Pt:10	139	81	0.2	−1.3	灰白色
$(Au,Pt)In_2$	Au: 26; In: 54; Pt:20	—	80	2.4	1.3	灰白色

注：1. $AuAl_2$ 相当于18K Au 合金；$AuGa_2$ 相当于14K Au 合金；$AuIn_2$ 相当于11K Au 合金；2. 根据 CIELAB 色度参数，含 10% Pt 的 $(Au,Pt)In_2$ 化合物的颜色为带微蓝色调的灰白色，而含 20% Pt 的 $(Au,Pt)In_2$ 的颜色为带微红色调的灰白色。

3.9 具有类马氏体转变合金的光学特征

由上述讨论可知，虽然贵金属合金的颜色主要取决于合金的成分，但单相合金与两相合金的色度坐标与颜色存在差异，金属间化合物的颜色不同于基体金属的颜色，说明合金的相结构对颜色有影响。为了进一步研究结构变化对合金颜色的影响，这里讨论合金马氏体和类马氏体结构转变的光学特性和颜色效应。

有色金属合金的马氏体相变可以广义地分为三类[7,24]：第一类是基于纯金属多形性转变的边端固溶体的相变；第二类是基于电子化合物 β 相从高温体心立方区淬火发生的类马氏体相变；第三类是类似马氏体转变的有序化转变。马氏体和类马氏体相变所产生的结构特征是形成精细层状结构和表面浮突，可通过合适的热处理和腐蚀工艺显露。图 3-22 所示为马氏体和类马氏体的表面浮突和精细层状结构形貌示意图。每个晶体内的层状结构间距不同，它们对可见光的反射构成衍射光栅效应。

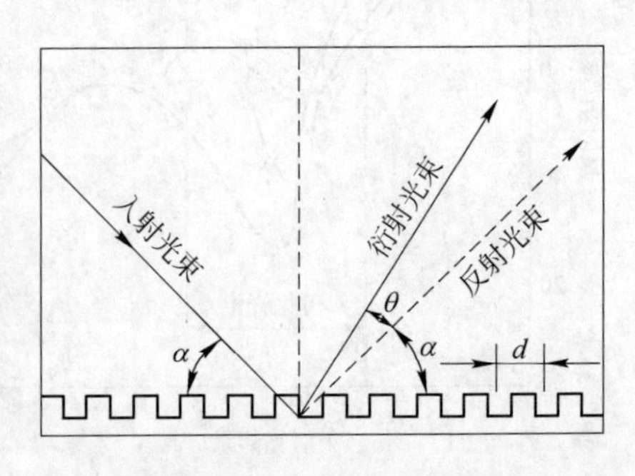

图 3-22 马氏体和类马氏体的表面浮突和精细层状形貌及衍射光栅效应

马氏体结构的衍射光栅效应的光学反射应满足如下方程[24]：

$$d\sin\theta = m\lambda \tag{3-7}$$

式中，d 为光栅间距，可视为图 3-22 中的层间距；λ 是入射光波长；m 是所产生的光谱级数。

对于马氏体和类马氏体而言，d 值一般介于 0.5 ~ 10μm。鉴于人眼能容易地分辨从红光到紫光之间的各种颜色，当层状结构间距约为 2 ~ 3μm 时可产生强烈的彩色闪烁效应。当入射光照射到显露了马氏体和类马氏体结构特征的表面时，在不同取向的精细层状结构上产生不同的入射角和反射角，从而跨过合金表面就产生了广泛的反射和动态的闪烁效应，类似于镶嵌钻石的闪烁效果。由于这种闪烁效应与层间距 d 值和晶体取向有关，控制热处理工艺可以控制层间距和晶体取向，使得不同成分或经历不同热处理的合金产生各具特色的闪烁花纹。这样，具有马氏体和类马氏体结构的每件合金饰品都具有各自特征的闪烁效果，犹如其“指纹”一样，使之具备独特的美学观赏效果。

由于 Au、Ag、Pt 和 Pd 本身不存在多形性转变，因此也就不存在以这些金属为基体的固溶体合金的第一类转变。但是，在许多二元和三元贵金属合金系中存在属于第二类 β 相转变和属于第三类无序—有序转变的类马氏体相变[8,25,26]，如在 Au-Al 系中的 β 相相变和在 Au-Cu 系中的无序—有序转变等。1993 年，南非闵特克（Mintek）公司的研究人员研究了 Au 合金系中的类马氏体相变的晶体学结构特征及其在光学条件下的光栅衍射效应，开发了具有丰富色彩和动态闪烁的 Au 合金专利产品，命名为“Spangold”[27~29]。这个词由 spangle 和 gold 二词合并而成，前者原意为亮晶晶的小金属片，此处意为闪闪发亮的晶面，后者为金，全词的含意即为闪烁着彩色光亮的金，作者将其译为“示斑金”[8, 30]，既取其译音又喻其斑斓闪烁的光学特征。1993 年瑞士巴塞尔举行的手表和饰品博览会上首次展出了采用“示斑金”制造的珠宝饰品，立即引起了人们的注意与兴趣，被誉为珠宝饰品的新家族。

关于这类“示斑金合金”的结构和光学特性将在第 5 章结合具体合金进行详细讨论。

参 考 文 献

[1] 荆其诚，焦书兰，喻柏林，等. 色度学[M]. 北京：科学出版社，1979.

[2] ROBERTS E F I, CLARKE K M. The colour characteristics of gold alloys[J]. Gold Bulletin, 1979, 12(1): 9 ~ 19.

[3] CRETU C, LINGEN VAN DER E. Coloured gold alloys[J]. Gold Bulletin, 1999, 32(4): 115 ~ 126.

[4] RAYKHTSAUM G, AGARWA D P. The color of gold[J]. Gold Technology, 1997, No. 22: 26 ~ 30.

[5] GERMAN R M, GUZOWSKI M M, WRIGHT D C. The colour of gold-silver-copper alloys[J]. Gold Bulletin, 1980, 13(3): 113 ~ 116.

[6] POLIERO M. White gold alloy for investment casting[J]. Gold Technology, 2001, (31): 10 ~ 20.

[7] BENNER L S, SUZUKI T, MEGURO K, et al. Precious Metals Science and Technology[M]. Austin in U. S. A: The International Precious Metals Institute: 1991.

[8] 赵怀志，宁远涛. 金[M]. 长沙：中南大学出版社，2003.

[9] SAEGER K E, RODIES J. The colour of gold and its alloys[J]. Gold Bulletin, 1977, 10(1): 10 ~ 14.

[10] O'CONNOR G P. Improvement of 18 carat white gold alloys[J]. Gold Bulletin, 1978, 11(2): 35 ~ 39.

[11] RAPSON W S. The metallurgy of the carat gold alloys[J]. Gold Technology, 1991, 4: 16 ~ 22.

[12] WISE E M. Gold Recovery, Properties and Applications [M]. Prenceton, New Jersey, D. Van Nostrand Company, Inc., 1964.

[13] SUSZ C P, LINKER M, ORES P, et al. The colour of the carat gold alloys [J]. Aurum, 1982, 11: 17 ~ 25.

[14] 黎鼎鑫，张永俐，袁弘鸣．贵金属材料学[M]．长沙：中南工业大学出版社，1991：359 ~ 425.

[15] AGARVAL D P, RAYKHTSAUM G, MARKIC M. In search of a new gold [J]. Gold Technology, 1995, (15): 28 ~ 37.

[16] 宁远涛．Au-Ag-Cu 系开金合金的颜色与色度图[J]．贵金属，2012，33(3)：65 ~ 72.

[17] HENDERSON S, MANCHANDA D. White gold alloys: colour measurement and grading [J]. Gold Bull., 2005, 38(2): 55 ~ 67.

[18] 宁远涛．白色开金的色度参数和白色分级[J]．贵金属，2013，34(2)：62 ~ 68.

[19] MACCORMAK I B, BOWERS J E. New white gold alloys [J]. Gold Bulletin, 1981, 14(1): 19 ~ 24.

[20] BRELLE J, BLATTER A. Precious palladium-aluminium-based alloys with high hardness and workability [J]. Platinum Metals Review, 2009, 53(4): 189 ~ 197.

[21] SHIRAISHI T, HISATSUNE K, TANAKA Y, et al. Optical properties of Au-Pt and Au-Pt-In alloys [J]. Gold Bulletin, 2001, 34(4): 129 ~ 133.

[22] TAMEMASA H. Our new material violet gold [J]. Metals, 1983, 53(8): 54 ~ 60.

[23] KLOTZ U E. Metallurgy and processing of coloured gold intermetallics-part Ⅰ: Properties and surface processing [J]. Gold Bulletin, 2010, 43(1): 4 ~ 10.

[24] RESNICK R, HOLLIDAY D. Physics [M]. New York, John Wiley & Sons, 1996.

[25] 宁远涛，赵怀志．银[M]．长沙：中南大学出版社，2005.

[26] 宁远涛，杨正芬，文飞．铂[M]．北京：冶金工业出版社，2010.

[27] WOLFF I M, CORTIE M B. The Aesthetic Enhancement or Modification of Articles or Components made of Non-Ferrous Metals: South African Patent Application No. 93/2674 [P]. 1993-06-25.

[28] WOLFF I M, PRETORIUS V R. Spangold-a new jewellery alloy with an innovative surface finish [J]. Gold Technology, 1994, (12): 7 ~ 11.

[29] LEVEY F C, CORTIE M B. A 23 carat alloy with a colourful sparkle [J]. Gold Bulletin, 1998, 31(3): 75 ~ 82.

[30] 宁远涛，赵怀志．斑斓闪烁“示斑金”[J]．贵金属，2000，21(3)：64 ~ 70.

4 贵金属装饰合金冶金学

4.1 贵金属装饰合金的强化效应

贵金属 8 个元素中，最常用做珠宝首饰和装饰材料的是具有面心立方晶格的 Ag、Au、Pd 和 Pt。退火态贵金属具有较低的硬度和强度，不能满足大多数珠宝饰品制造的要求，因而需要强化，其常用的强化手段有加工硬化、固溶强化、各种结构性强化和表面硬化等。

4.1.1 贵金属形变特征和加工硬化

Ag、Au、Pd 和 Pt 都具有好的延展性，通过变形可以容易地制成各种型材、器具和饰品。金具有最好的可加工性能，它可以直接拉拔到微米尺度的丝材，锤击或轧制到 50 ~ 100nm 厚度的箔材，这个厚度仅相当于 250 ~ 500 个原子厚度，低于可见光波长。银具有良好的延展性，采用适当的加工—退火工艺，1g Ag 可以拉拔成 1800m 长的细丝，也可以轧制成 100 ~ 250nm 厚度的箔材。纯铂也具有高的塑性和良好的加工性能，纯铂铸锭可以热加工开坯，也可以直接进行冷加工，冷加工过程中进行适当中间热处理，通过锻、轧、拉拔等加工方式制成各种规格尺寸的板、带、丝、箔材，其最小的尺寸可达几微米，如直径达 8μm 的超细高纯 Pt 丝。采用 Ag 或 Cu 包覆 Pt 丝的复合锭进行反复地拉拔和合适的中间退火处理，制备了直径 1μm ~ 8nm 超细 Pt 丝[1~5]。Pd 具有良好的塑性，采用类似于 Pt 的加工—退火工艺也可加工成细丝材和箔材，Pd 退火宜在真空或保护气氛中进行。

退火态 Ag、Au、Pd、Pt 都具有较低的强度和硬度，形变冷加工是最方便和最常用的硬化手段。图 4-1 所示为冷变形压缩率对退火态工业纯（质量分数为 99.9%）Ag、Au、Pd、Pt 的强度和硬度的影响：随着压缩率 ε 增大，金属的强度和硬度值都有较大的增高；在大变形条件下，Ag 和 Pd 的加工硬化（强化）率分别高于 Au 和 Pt。

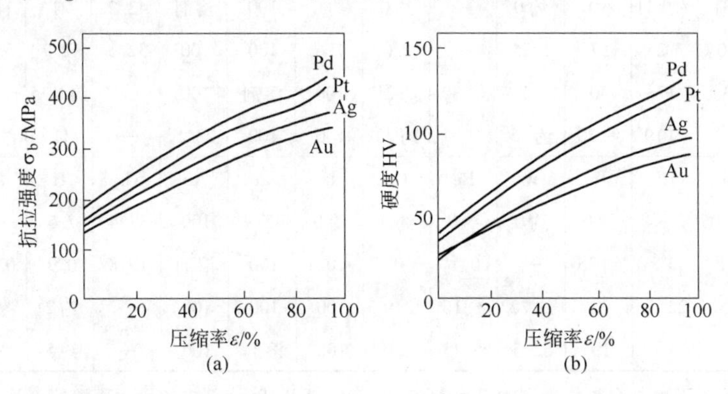

图 4-1　冷变形压缩率 ε 对退火态工业纯 Ag、Au、Pd、Pt 的强度（a）和硬度（b）的影响

由于高纯 Ag 和 Au 的再结晶温度较低，大应变产生的高形变储能可以促使 Ag 和 Au 发生回复或再结晶过程，导致回复软化。如冷变形 97.5% 可使 Ag 的硬度 HV 提高到 98，但自然时效 20 天后其硬度 HV 降低到约 60[1,6]。因此，虽然大变形可提高 Ag 和 Au 的硬度和强度，但同时也降低了它们力学性能的稳定性。简言之，大变形面心立方贵金属都存在一定程度的力学性能不稳定性，不能单纯依赖大变形加工提高其强度和硬度性能。

4.1.2 贵金属的固溶强化

4.1.2.1 周期表元素在贵金属中的固溶度

周期表元素在 Ag、Au、Pd、Pt 中的最大固溶度（摩尔分数）见表 4-1。

表 4-1 周期表元素在 Ag、Au、Pd、Pt 中的最大固溶度 （%）

ⅠA	ⅡA	ⅢB	ⅣB	ⅤB	ⅥB	ⅦB		Ⅷ		ⅠB	ⅡB	ⅢA	ⅣA	ⅤA	ⅥA
Li	Be											B	C	N	O
60.8	0.3											—	—	—	0.01
40	0.2											0.5	0.08	—	—
约6	约0.7											18.6	约8	—	—
—	—											约1	约2	—	—
Na	Mg											Al	Si	P	S
约0	29.3											20.4	0	—	0.14
约0	22											16	<2.0	0	0
—	约25											约20	<0.01	0	约0
—	—											14.3	约1.4	0	约0
K	Ca	Sc	Ti	V	Cr	Mn	Fe	Co	Ni	Cu	Zn	Ga	Ge	As	Se
约0	约0	10.4	约5	约0	约0	47	约0	约0	约0	14.1	40.2	18.8	9.6	7.8	—
约0	1.8	8.8	12	59	47	31	74	23.5	100	100	33.5	12.4	3.0	0.2	0
—	约0	约15	约22	58	约50	30.5	100	100	100	100	约20	约11	约3	0	1.5
—	—	约11	19	57	约71.2	38	100	100	100	100	—	14	6.6	0	0
Rb	Sr	Y	Zr	Nb	Mo	Tc	Ru	Rh	Pd	Ag	Cd	In	Sn	Sb	Te
约0	约0	1.31	约0.11	约0	约0	—	约0	约0	100	溶剂	42.2	21	11.5	8.1	—
约0	约0	2.0	7.25	57	1.25	—	2.0	1.6	100	100	32.5	12.7	6.81	1.2	0.15
—	—	13	17	30	43	约30	约21	100	溶剂	100	—	约18.5	约17	约14.5	11
—	—	约0	约19	约20	约45	—	约73	100	100	22.1	—	11	约14	约11	约2
Cs	Ba	La	Hf	Ta	W	Re	Os	Ir	Pt	Au	Hg	Tl	Pb	Bi	Po
约0	约0	约0.05	—	约0	约0	约0	约0	约0	42.9	100	37.4	7.5	7.8	2.62	—
约0	约0	0.1	>5	约35	—	0.1	0	<0.1	100	溶剂	19.8	0.9	0.11	0	0
—	—	1.5	22.5	22	约22	约16	2.9	100	100	100	—	约2	约14	—	—
—	—	0	—	19	62.5	约45	24	100	溶剂	100	—	约5	—	0	—

注：表中每个元素下面 4 个数值分别为该元素在 Ag、Au、Pd、Pt 溶剂中的最大固溶度，固溶度数据取自文献[7]；“100”表示连续固溶；带“约”的数值是根据相图估计值，“约0”表示极小；“—”表示尚无数据。

周期表元素在 Ag、Au、Pd、Pt 溶剂中有不同的固溶度。在各周期中，距离溶剂元素越远的元素在溶剂中的固溶度越小，而与溶剂元素邻近的元素固溶度大甚至形成连续固溶体。对于 Ag 溶剂，能形成连续固溶体的元素只有 Au 与 Pd；简单金属元素在 Ag 中有限固溶，其中 $Ⅰ_A$ 和 $Ⅱ_A$ 族的 Li、Mg 和 $Ⅰ_B$、$Ⅱ_B$、$Ⅲ_A$-$Ⅴ_A$ 族元素在 Ag 中有较大固溶度，其他元素固溶度很小或不溶解于 Ag；过渡金属中，除 Pd、Pt 和 Mn 有大的固溶度外，其他过渡金属在 Ag 中固溶度很小，高熔点过渡金属不溶于 Ag；稀土金属在 Ag 中有很小的固溶度。对于 Au 溶剂，Au 与邻近的 Cu、Ag、Ni、Pd、Pt 形成连续固溶体；$Ⅱ_B$ 和 $Ⅲ_A$-$Ⅵ_A$ 族金属在 Au 中有限固溶；碱金属（除 Li）、碱土金属（除 Mg）和稀土金属在 Au 中的固溶度很小。对于 Pt 或 Pd 溶剂，$Ⅰ_B$ 族和Ⅷ族中的具有面心立方晶格的元素与之形成连续固溶体；$Ⅶ_B$ 和Ⅷ族中密排六方晶格元素在 Pt 或 Pd 中有较大固溶度；$Ⅱ_B$-$Ⅶ_B$ 族过渡金属和 $Ⅲ_A$-$Ⅴ_A$ 族简单金属在 Pt 或 Pd 中有限固溶；碱金属、碱土金属和镧系元素在 Pt 中固溶度很小，但镧系元素在 Pd 有较大的固溶度。

4.1.2.2 面心立方贵金属的固溶强化效应

固溶强化是溶质原子溶解于溶剂晶格所产生的晶格畸变导致的强化，是贵金属饰品合金的主要强化手段。图 4-2 和图 4-3[1~5] 所示为合金元素对面心立方贵金属的强度或硬度的影响。

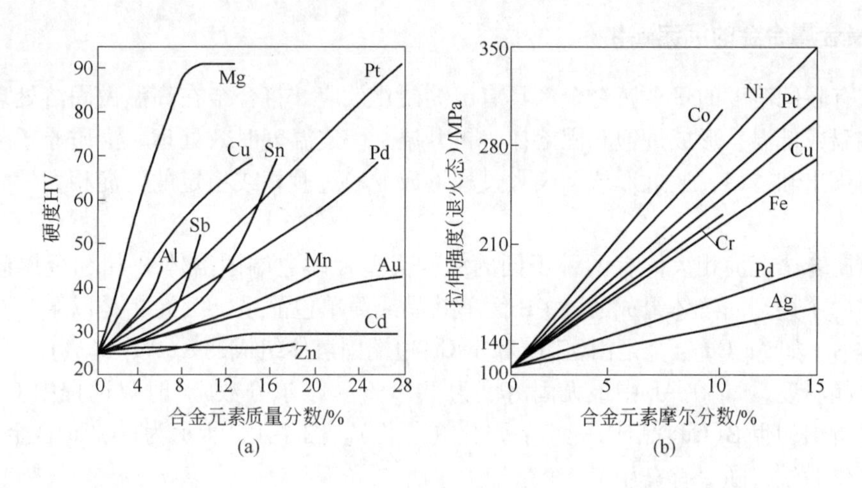

图 4-2 合金元素（溶质）对 Ag、Au（溶剂）的硬度或强度的影响

（a）Ag 作为溶剂；（b）Au 作为溶剂

一切能固溶于贵金属溶剂中的元素对贵金属都会产生不同程度的强化，其强化效果主要取决于在单位面积滑移面上溶质原子的数目和溶质原子与位错间的相互作用。首先，相对于溶剂具有更小相对原子质量的溶质元素，较小质量分数相对于较大的摩尔分数，因而具有相对高的固溶强化效应。这样，在相同质量分数时，相对原子质量小的碱金属和碱土金属比其他溶质对贵金属具有更高的固溶强化效应，如 Mg 对 Ag 高的固溶强化效应（见图 4-2(a)）。其次，溶质原子与位错间的相互作用涉及溶质与溶剂原子结构差异和溶剂晶格畸变大小，因此，固溶强化效应与合金化元素对贵金属溶剂元素的相对原子尺寸效应、熔点温度差异和晶体结构差异等因素有关。那些与溶剂元素原子的尺寸差异或熔点温度差异大或晶体结构不同的元素，对贵金属有相对高的强化效应，差异相对较小而晶体结构相

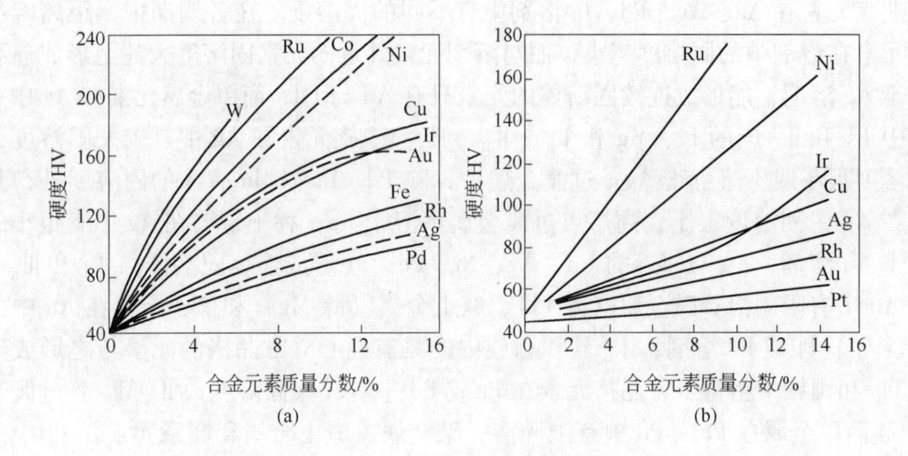

图 4-3 合金元素（溶质）对 Pt、Pd（溶剂）的硬度的影响

（a）Pt 作为溶剂；（b）Pd 作为溶剂

同的元素，强化效应相对较低。大体来说，难熔过渡金属如 W、Ru、Zr、Hf、Ir、Rh 及碱土金属与稀土金属有高的强化效应。

4.1.3 贵金属合金的沉淀强化

具有有限固溶度的贵金属合金都具有沉淀硬化效应。将合金在高温做固溶处理并随后淬火到室温或低温，形成过饱和固溶体，再升温至一定温度时效处理，溶质原子从过饱和固溶体中析出和富集，通过形核和长大过程形成亚稳过渡相或稳定的沉淀相，使合金硬化和强化。

贵金属合金沉淀相大体有两种不同的结构类型，即边端固溶体 β 相和金属间化合物 A_xB_y。由两个边端固溶体组成的 α + β 简单共晶或简单包晶系，沉淀相是以第 2 组元为基的固溶体 β。如 Ag-Cu 合金是由富 Ag 和富 Cu 边端固溶体组成的 α(Ag) + β(Cu)简单共晶系，在共晶温度，Cu 在 Ag 中最大固溶度为 14.1%（摩尔分数）。时效过程中 Cu 的固溶度减小并析出初生 β(Cu)晶体，使 Ag 强化（硬化）。图 4-4[8] 所示为 Ag-Cu 合金在 200℃ 的时效硬化曲线，随着合金中 Cu 含量增大，时效硬化效应增强。提高时效温度可使 β(Cu)相析出速度和沉淀过程加快，在 250～300℃较高温度时效，沉淀过程与硬化过程几乎同时发生。

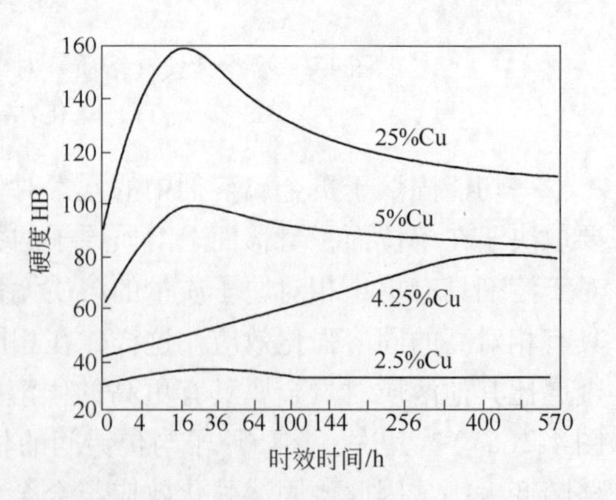

图 4-4 Ag-Cu 合金在 200℃ 的时效硬化曲线（时效温度：200℃）

许多二元和多元贵金属合金系中存在大量作为沉淀相的 A_xB_y 金属间化合物或中间相。在面心立方贵金属与过渡金属、简单金属、碱土金属与稀土金属形成的合金中存在大量金属间化合物沉淀相，如 Au_4Ti、Au_4Zr、Au_5Ca、Au_6RE、Pt_3Co、Pt_3Cr、Pt_3Zr、Pt_3Hf、Pt_3Ti、Pt_3Ga、Pt_3In、Pt_3Sn、Pd_3Sn、$PdGa_2$ 等。例如，Pd-Ga、Pd-Sn 都是沉淀硬化型合金，通过时效

处理析出 Pd_2Ga 或 Pd_3Sn 沉淀相使合金硬化。在 Pd-Ga 或 Pd-Sn 合金中添加 Cu 或 Ag 形成的三元合金也具有沉淀硬化效应，如 Pd-Cu-Ga 合金的沉淀相为 $Pd(Cu)_2Ga$，Pd-Ag-Sn 合金的沉淀相为 $Pd(Ag)_3Sn$。图 4-5[9] 所示为 Pd-10Cu-10Ga 合金时效硬化曲线，在时效过程中先形成亚稳过渡相，结构发生畸变，合金硬度升高；$Pd(Cu)_2Ga$ 沉淀相析出初期，硬度达到最大值，随后沉淀相粒子长大，合金硬度下降。

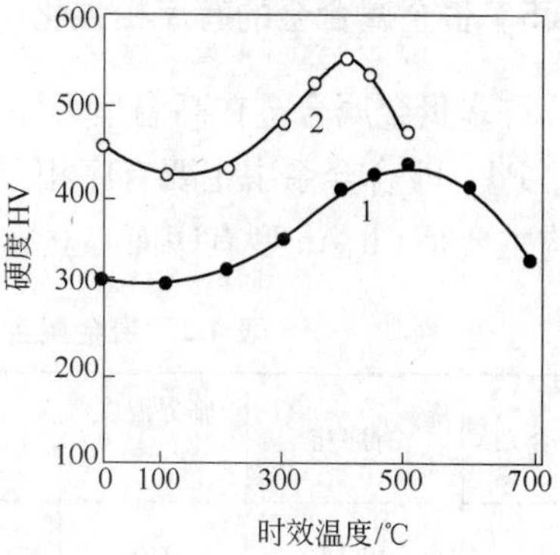

图 4-5 Pd-10Cu-10Ga 合金时效硬化曲线
1—淬火态；2—$\varepsilon = 90\%$ 加工态

4.1.4 贵金属合金的亚稳相分解强化

Ⅷ族和 I_B 族面心立方贵金属合金系中，许多合金在高温为连续固溶体，低温存在亚稳相分解区，主要合金有 Au-Ni、Au-Pt、Pd-Ir、Pd-Rh、Pt-Pd、Pt-Rh、Pt-Ir、Ir-Rh 合金等。图 4-6 所示为部分贵金属合金相分解区示意图。

一般地说，在亚稳相分解区的高温区时效会出现不连续沉淀，形成由两个边端固溶度相组成的层状结构。在亚稳相分解区的低温区时效会出现调幅分解，通过上坡扩散机制控制的脱溶过程，使溶质原子形成浓度呈周期变化并与基体呈共格关系的偏聚调幅结构，导致合金晶格畸变和合金强化。如 Au-Ni 合金在 810.3℃以上温度为连续固溶，810.3℃以下温区为具有不对称固溶度曲线的两相区。此两相区内，在约 520℃以下和 20% ~80%（摩尔分数）Ni 成分范围的区域内为调幅分解区[2]。将 Au-Ni 合金从高温单相区快速淬火至室温，便获得过饱和固溶度，然后进行时效处理，过饱和固溶度分解。根据时效处理温度不同，过饱和固溶体分解的机制也不同。在高于 520℃温区时效处理，合金出现不连续沉淀过程，形成富 Au 和富 Ni 相层状结构[8]。在低于 520℃温区时效处理，合金发生调幅分解，形成正弦调幅结构[8,10]。这两种分解过程都使 Au-Ni 合金强化（硬化）。图 4-7[2,5] 所示为 Au-Ni 合金在 400℃时效过程中的硬化效应。其他的具有亚稳相分解的贵金属合金，如 Au-Pt、Pt-Ir、Pd-Ir 合金等，借助于适当的时效处理都可以获得不同程度的相分解强化效应[3,6]。

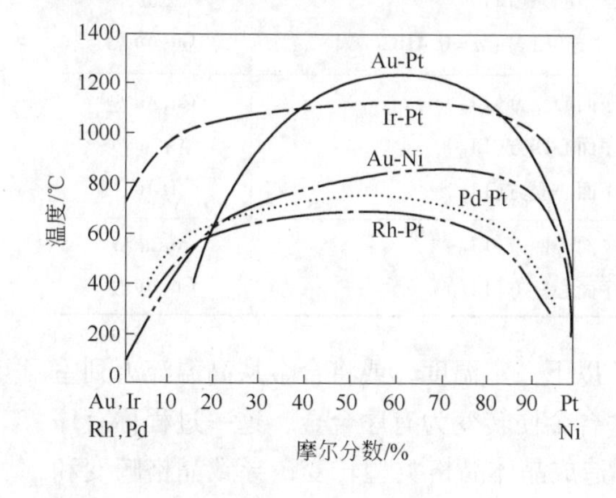

图 4-6 部分贵金属合金的固溶度曲线和相分解区

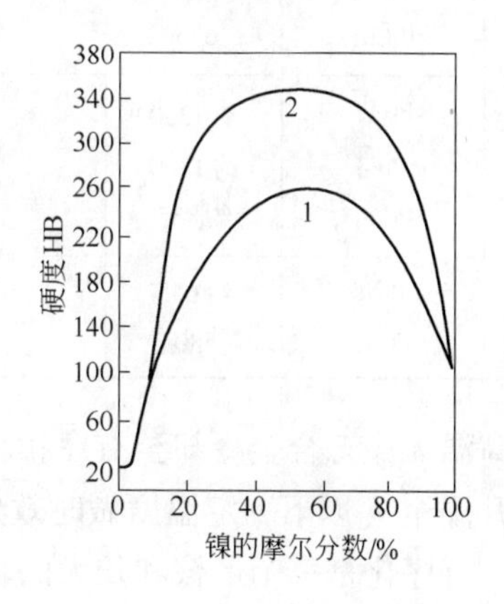

图 4-7 Au-Ni 合金在 400℃时效过程中的硬化效应
1—900℃淬火；2—900℃淬火后 400℃时效

4.1.5　贵金属合金的有序相强化

许多贵金属合金在高温呈无序固溶体，低温区形成各种类型的有序相。表 4-2 列出了 Au、Pd、Pt 合金系中主要有序相及其临界温度、晶格类型和结构原型，它们的原型晶体结构主要是 Cu_3Au 型有序面心立方（$L1_2$）和 AuCu 型有序面心四方（$L1_0$）结构[1~3]。

表 4-2　贵金属合金系中主要有序相的临界温度和晶体结构

合金系	有序相	临界温度 T_c/℃	晶格类型与晶格参数/nm	结构原型
Au-Cu	Au_3Cu	240	有序面心立方($L1_2$)：$a=0.4021\sim0.3940$	Cu_3Au
	AuCu(Ⅰ)	385	有序面心四方($L1_0$)：$a=0.2810\sim0.2785$，$c=0.3712$	AuCu
	AuCu(Ⅱ)	410	斜方：$a=0.3956$，$b=0.3972$，$c=0.3676$	AuCu(Ⅱ)
	$AuCu_3$(Ⅰ)	390	有序面心立方($L1_2$)：$a=0.3743$	Cu_3Au
	$AuCu_3$(Ⅱ)	390	四方	—
Au-Pd	Au_3Pd	850	有序面心立方($L1_2$)	Cu_3Au
	AuPd	约 100	—	—
	$AuPd_3$	870	有序面心立方($L1_2$)	Cu_3Au
Pd-Cu	Cu_3Pd	508	有序面心立方($L1_2$)	Cu_3Au
	CuPd	598	体心立方(B2)	—
Pd-Fe	Pd_3Fe	820	有序面心立方($L1_2$)	Cu_3Au
	PdFe	790	有序面心四方($L1_0$)	AuCu
Pd-Co	Pd_3Co	830	有序面心立方($L1_2$)	Cu_3Au
	PdCo	—	有序面心四方($L1_0$)	AuCu
Pt-Co	Pt_3Co	约 750	有序面心立方($L1_2$)：$a=0.3831$	Cu_3Au 型
	PtCo	825	有序面心四方($L1_0$)：$a=0.3793$，$c=0.3675$	AuCu 型
Pt-Cu	Pt_7Cu	—	面心立方	—
	PtCu	816	三角晶系($L1_1$)	CuPt
	$PtCu_3$	645	有序面心立方($L1_2$)：$a=0.4162$	Cu_3Au 型
Pt-Fe	Pt_3Fe	约 1350	有序面心立方($L1_2$)	Cu_3Au 型
	PtFe	约 1300	有序面心四方($L1_0$)	AuCu 型
	$PtFe_3$	约 835	有序面心立方($L1_2$)	Cu_3Au 型
Pt-Ni	PtNi	约 645	有序面心四方($L1_0$)	AuCu 型
	$PtNi_3$	580	有序面心立方($L1_2$)	Cu_3Au 型

使高温无序态合金冷却至有序相临界温度 T_c 以下一定温度，或将合金从高温淬火到室温然后升温至 T_c 以下一定温度做时效处理，无序合金便转变为有序合金，这一过程称有序化转变。有序化是一个形核和长大的转变过程，造成晶体晶格类型转变，导致晶格畸变和合金强化。图 4-8[5] 所示为有序化处理对 Au-Cu 合金强度的影响，其中具有有序面心四方（$L1_0$）结构的 AuCu 有序化使强度提高近 1 倍，$AuCu_3$ 有序化也使强度明显提高。

图 4-9[11] 所示为 Pt-Ni 系中具有 $L1_0$ 超结构的 PtNi 合金的有序化强化曲线，其有序强化与合金的预变形和时效工艺有密切关系，其最佳有序化热处理工艺是 75% 预变形 +600℃/80h 退火，可达到强度 2200MPa 和伸长率 40% 的最高力学性能。

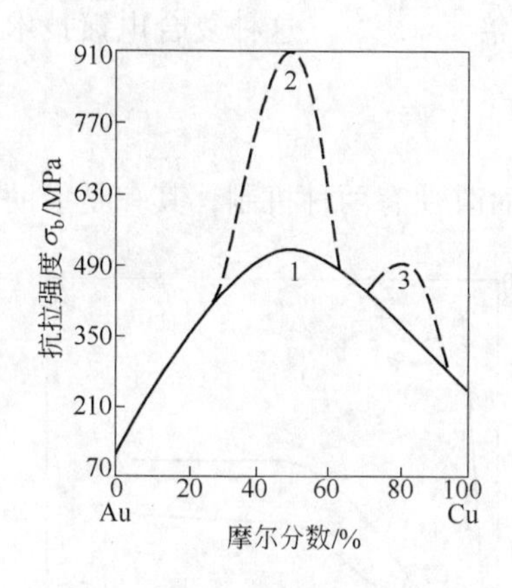

图 4-8 有序化处理对 Au-Cu 合金强度的影响

1—淬火处理；2—AuCu 有序化处理；3—$AuCu_3$ 有序化

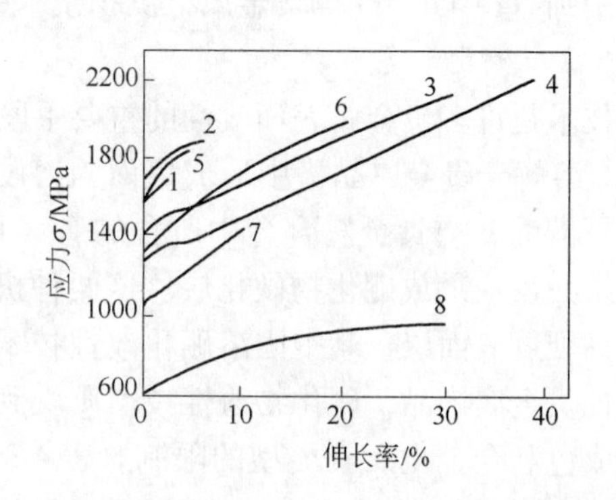

图 4-9 Pt-Ni 系中具有 $L1_0$ 超结构的 PtNi 合金的有序化强化曲线

1—75% 预变形；2—预变形 +600℃/3h 退火；3—预变形 +600℃/24h 退火；4—预变形 +600℃/80h 退火；5—预变形 +550℃/3h 退火；6—预变形 +550℃/12h 退火；7—预变形 +550℃/80h 退火；8—800℃/1h 淬火（无预变形）

4.1.6 贵金属的表面硬化

表面硬化是贵金属饰品合金、牙科合金常用的技术，主要有镀层、表面硼化、表面氮化、表面渗铝涂层和表面激光处理等项技术。

4.1.6.1 电镀技术

电沉积层常用于改善贵金属饰品表面的力学性能，采用合金镀可以明显提高硬度和耐磨性。根据工作需要，可以在贵金属或贱金属基体表面沉积适当厚度的镀层，如含有少量 Ag、Cu、In、Sn、Cd 等元素的 Au 合金镀层可将硬度提高至中等水平，含质量分数 0.1% 到百分之几的 Co、Ni、Fe 的低合金化 Au 合金或 Pt 合金镀层可以获得高硬度的表面涂层，如 Au-Co 合金镀层硬度 HV 可达 250[2]，Pt-Co 合金镀层硬度 HV 可达 700[3]。

电镀液中加入耐磨粒子，可以获得更高硬度和耐磨性的贵金属涂层。自 20 世纪 70 年代以来，贵金属复合电镀技术获得了广泛发展，制备了如 Au-TiN、Au-BN、Au-TiC、Au-WC、Au-ZrB、Au-石墨、Au-Al_2O_3、Au-金刚石等大批电沉积多功能复合镀层。例如，在亚硫酸盐镀金液或氰化镀金液中添加高硬度和导电性好的 TiC 或 WC，能获得 Au-TiC 和 Au-WC 复合镀层。这些复合镀层中，高硬度的第二相粒子弥散地分布在镀层中，明显提高表面层硬度和耐磨性。图 4-10[11,12] 所示为

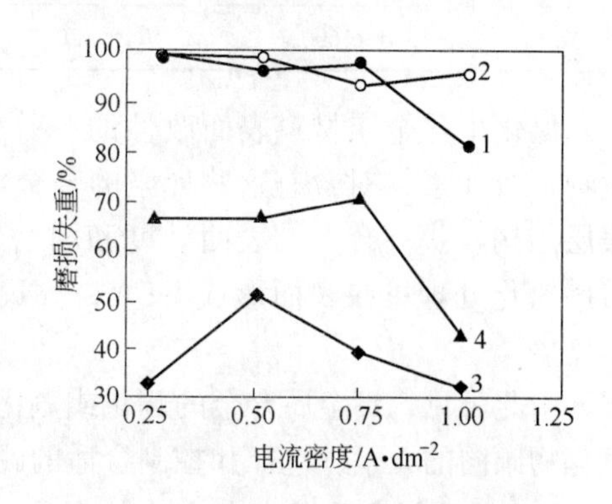

图 4-10 Au-TiN 镀层的耐磨性比较

电镀条件：1—TiN 0g/L，25℃；2—TiN 0g/L，50℃；3—TiN 100g/L，25℃；4—TiN 100g/L，50℃

Au-TiN 镀层的耐磨性比较，以纯 Au 镀层的磨损失重为 100%，Au-TiN 复合镀层的磨损失重明显减小，仅相当于纯 Au 镀层磨损失重的 30% ~65%（与电镀条件有关）。如果向电镀液中添加具有高 c/a 轴比的密排六方晶格的组分，如石墨，可以获得 Au-石墨复合镀层，摩擦系数比纯金镀层减少 4/5 ~ 5/6，耐磨寿命提高近 10 倍[2, 3, 11,12]。这种复合电镀技术也可以应用到 Ag、Pd、Pt 等贵金属电沉积技术中。

4.1.6.2　硼化和氮化技术

硼化技术是许多贵金属表面改性的重要手段。硼化表面改性有两种机制，其一是借助 B 原子间隙溶解于贵金属晶格中形成表面固溶硬化层；其二是借助 B 与贵金属合金中所含的 Cr、Fe、Ti、Ni 等组元反应形成硼化物硬化层。这两种机制均可获得高硬度表面层，其中固溶硼化改性技术更适于高成色贵金属饰品，硼化物改性技术则受到贵金属饰品成色和合金化元素类型的限制。表 4-3 和图 4-11 显示了含有上述元素的 Au 合金在 900℃ 硼化处理 6h 后表面层的溶质含量、结构和硬度，总的趋势是，随着 B 溶质浓度增加，表面层硬度增大；达到一定溶质浓度之后，表面层硬度达到最大值并保持基本不变。Au-Cr 合金具有最高的硼化表面硬化效应，其次是 Au-Fe 与 Au-Ni 合金，Au-Ti 合金的硼化物厚度很薄，硬度也很低。其他如 Au-Co、Au-Mn、Au-V 等合金进行硼化处理后也显示了表面硬化效应[2,13]。

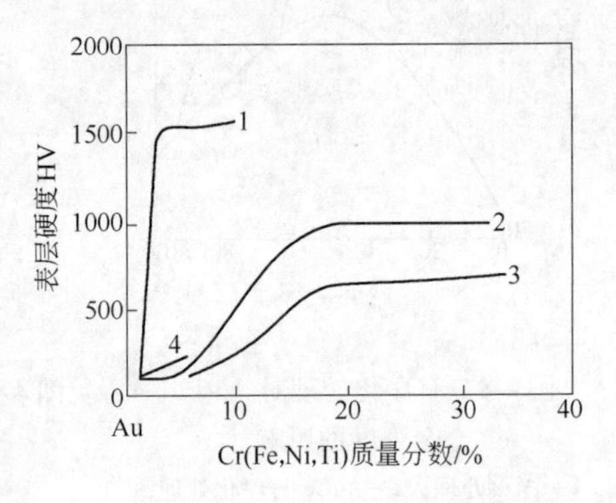

图 4-11　硼化处理 Au 合金表面层的硬度

1—Au-Cr；2—Au-Fe；3—Au-Ni；4—Au-Ti

表 4-3　Au 合金在 900℃硼化处理 6h 后表面层的溶质含量、结构和硬度

合金系	最高硬度 HV	最高硬度层厚度/μm	达到最高硬度时 B 溶质质量分数/%	硼化物组成
Au-Ti	<200	<2	≥5	TiB_2
Au-Ni	500 ~ 700	≤50	>18	Ni_4B_3，Ni_2B，Ni_3B
Au-Fe	900 ~ 1000	≤80	>18	FeB，Fe_2B
Au-Cr	1500 ~ 1600	10 ~ 20	>3	CrB，CrB_2

氮化也是金属材料表面改性的有效方法。一般地说，Fe、Ti、Al、V 等元素是强氮化物形成元素，对含有这些元素的合金实行氮化处理，可以形成金属氮化物弥散分布的表层结构，提高合金的表面硬度和耐磨性。对于含有强氮化物形成元素的贵金属合金，借助氮化处理可在表面形成 Fe_4N、TiN、AlN 等氮化物，也可明显提高贵金属合金的表面硬度。

由此可见，贵金属合金的硼化或氮化处理，关键在于合金中应含有强的形成硼化物或氮化物倾向的元素，选择和控制合适的硼化或氮化处理工艺则可达到最佳硬化效果。

4.1.6.3　表面激光合金化技术

表面激光合金化也是材料表面改性的常用方法。利用激光源的高能量密度迅速熔化金属或合金表层，并在表面熔化层与未熔化基体之间形成大的温度梯度，加快溶质扩散速度和均匀合金化过程，冷却时借助快速自淬火达到10^{11}K/s以上高冷却速度使表面熔化层再凝固，在金属或合金表面形成过饱和固溶体表面层、亚稳相层或非晶态表面层，可以明显提高表面层的硬度和耐磨性。Au的表面激光合金化已用于在Ni、Cu、Pt、Pd、Pd-Ag等金属或合金基体上制备Au合金涂层。另外，原则上凡是可形成非晶态的合金，采用激光表面处理都可以形成非晶态表面层。如对Au-Ge、Au-Bi、Au-Ti、Au-Si、Pd-Si、Pd-Si-M（M＝Au、Ag、Cu）、Pd-Zr、Pt-Ni-P等合金进行表面激光处理，或将这些合金置于其他金属基体表面进行表面激光处理，都可以形成非晶态表面层[2, 14]。表面激光处理技术是适合于包括贵金属合金在内的金属材料表面硬化的重要手段。

4.2 贵金属装饰合金微合金化

4.2.1 贵金属及其合金中微合金化的适应性

贵金属饰品合金微合金化是源于改善高纯贵金属和24K金饰品的耐磨性而发展起来的技术。纯贵金属在工业、牙科和珠宝饰品业中有广泛的应用，但纯贵金属强度和硬度较低，所制造的饰品与制品在使用过程中极容易被划伤、扭曲和断裂。为了发展具有相对高强度或硬度的高开金饰品或工业用材料，微合金化是最佳选择。微合金化的贵金属材料在工业中已广泛应用，如微合金化高纯键合Au丝，微合金化高纯Pt丝，微合金化抗软化银材和微合金化高耐磨电触头合金等。在贵金属珠宝饰品材料中，微合金化适用于Au、Ag、Pd、Pt纯金属及其合金的强化，已成为纯贵金属和高成色饰品合金的重要的强化手段。

4.2.2 贵金属微合金化的主要强化机制

关于微合金化合金元素的含量，至今在文献中并无统一的定义。一般认为微合金化的合金元素的质量分数在0.5%或在0.1%以下[1, 2, 15]。根据合金化元素类型的不同，微合金化的强化效应主要可归纳为3种机制，下面仅以Au的微合金化强化效应进行说明，其他贵金属的微合金化强化机制与Au相同。

4.2.2.1 微合金化固溶强化机制

微合金化元素一般溶于溶剂晶格中产生固溶强化效应。固溶强化取决于单位面积滑移面上溶质原子的数目和溶质原子与位错间的相互作用，前一因素与溶质摩尔浓度有关，后一因素主要与溶质-溶剂间相对原子尺寸差有关[2, 15]。按其第一个因素，以参数A表示溶质对Au溶剂的相对原子质量之比，对一定的质量分数，参数A值近似等于Au与溶质的原子数量之比；按其第二个因素，以参数B表示溶质元素对Au的相对原子尺寸差，即$B=(r_{M}-r_{Au})/r_{Au}$，它与溶质原子在Au晶格中所造成的畸变有关。固溶强化效应参数H_s可以表示为这两个参数之积，即$H_s=AB$。表4-4列出了某些溶质元素对Au、Ag、Pd的固溶强化参数[16~19]，由于Pt的性质接近于Au，溶质元素对Pt的固溶强化参数也接近于Au。显然，碱金属（Li、Na、K）和碱土金属（Be、Mg、Ca、Sr）对Au、Ag、Pd、Pt有高的固溶强化参数，其中以Be的H_s值最高；稀土金属也有高的固溶强化参数，且有H_s(Sc，Y，Eu)＞H_s(从La到Sm的轻稀土)＞H_s(从Gd到Lu的重稀土)；类金属Si和简单金属Cu也有相对高的H_s值，与溶剂元素邻近的过渡金属则有相对低的H_s值。

表4-4 某些溶质元素对 Au、Ag、Pd 的固溶强化参数 H_s

合金化元素	Au	Ag	Pd	合金化元素	Au	Ag	Pd
Sc	0.61	0.34	0.476	Ge	0.137	0.22	0.16
Y	0.56	0.30	0.377	Si	0.595	0.715	0.55
Eu	0.54	0.30	0.343	Li	1.58	0.81	1.61
RE（L）①	0.43~0.33	0.23~0.18	0.29~0.23	Na	2.48	—	1.62
RE（H）②	0.31~0.23	0.17~0.12	0.21~0.16	K	2.90	—	1.77
Ag	0.004	—	0.049	Be	4.76	2.75	2.24
Cu	0.352	0.20	0.117	Mg	0.899	0.49	0.70
Ti	0.056	0.005	0.11	Ca	1.81	1.00	1.15
Zr	0.22	0.12	0.187	Sr	1.11	0.60	0.68

① RE(L)表示从 La 到 Sm 的轻稀土金属；② RE(H)表示从 Gd 到 Lu 的重稀土金属。

4.2.2.2 微合金化沉淀强化机制

在溶剂晶格中固溶度很小的合金化元素即使微合金化也可能产生沉淀强化效应。为了比较合金化元素对溶剂 Au 的沉淀强化效应，应计量出 Au 合金在一定温度退火时所析出的沉淀强化相的分量。仍以 A 表示 Au 对合金化元素的相对原子质量之比，以 H_W 表示在一定温度时效所形成的沉淀相中合金组元的质量分数，则沉淀相中合金组元的摩尔分量 $H_A = AH_W$；以 N 表示沉淀相的原子数，则沉淀相分量 $H_P = NH_A$，H_P 可作为沉淀强化参数[15, 20]。表4-5 列出了某些合金组元 M 质量分数为1%的合金按400℃时效处理计算的 H_P 值[17, 18, 20]，可见：（1）金属间化合物沉淀相比单金属或边端固溶体沉淀相有更高的沉淀强化效应；（2）M 为过渡金属组元时，Au-Ti 系中沉淀相析出分量 H_P 最大，沉淀强化效果最好，Au-Zr 合金的 H_P 值和沉淀强化效果次之，Au-Rh 的 H_P 值和沉淀强化效应较低；（3）主族金属组元对 Au 的沉淀强化效应很低；（4）稀土元素对 Au 有较高的 H_P 值和沉淀强化效应，含有更富 Au 沉淀相的合金有更高的 H_P 值，如沉淀相为 Au_6RE 的 Au-RE(RE = Dy、Tb、Ho)合金的 H_P 值高于沉淀相为 Au_4Er 的 Au-Er 的 H_P 值。因为在 Au-轻稀土合金系中形成高富 Au 的沉淀相 Au_6RE[18]，可以产生更高沉淀强化效应。在 RE-Ag、Pd、Pt 合金系中和碱土金属-贵金属的合金系也存在高贵金属含量的沉淀相，如在 Pt-RE 系中有 Pt_5RE 沉淀相，在 Au-Ca 系中有 Au_5Ca 沉淀相等，它们可以产生高的沉淀强化效应。

表4-5 Au-1M（质量分数）合金在固溶处理、淬火和400℃时效后的沉淀强化参数 H_P

合金化元素 M	固溶度（质量分数）/%		沉淀相	H_P	合金化元素 M	固溶度（质量分数）/%		沉淀相	H_P
	800℃	400℃				800℃	400℃		
Ti	1.2	0.4	Au_4Ti	12.5	Co	2.2	0	Co	3.3
Zr	2.0	0.3	Au_4Zr	7.5	U	0.7	0.1	Au_3U	2.0
Tb	1.2	0.3	Au_6Tb	5.6	Ru	1.0	0	Ru	2.0
Dy	1.9	0.3	Au_6Dy	5.6	Rh	0.6	0.2	Rh	0.8
Ho	3.2	0.4	Au_6Ho	4.9	Tl	1.0	0.5	Tl	0.5
Er	4.8	0.4	Au_4Er	3.5	Sb	—	—	$AuSb_2$	—

4.2.2.3　细化晶粒强化机制

图4-12[17,21]和图4-13[22,23]显示了某些微合金化元素对Au和14K Au合金晶粒尺寸的影响，可见微合金化可以细化Au合金的晶粒尺寸。按合金元素细化晶粒的机制，大体有[2]：(1) 借助有限固溶度元素形成沉淀相细化晶粒，如溶解度有限的高熔点或大原子半径元素Ir、Ru、Rh、Re、Zr、Ta、Mo、Co、RE等；(2) 借助活性元素形成细小弥散氧化物细化晶粒，如稀土和碱土金属（如Y、Ca等）；(3) 借助形成金属间化合物细化晶粒，如Zr、Co、B等。晶粒细化元素涉及高熔点金属、稀土金属、碱土金属和类金属等。

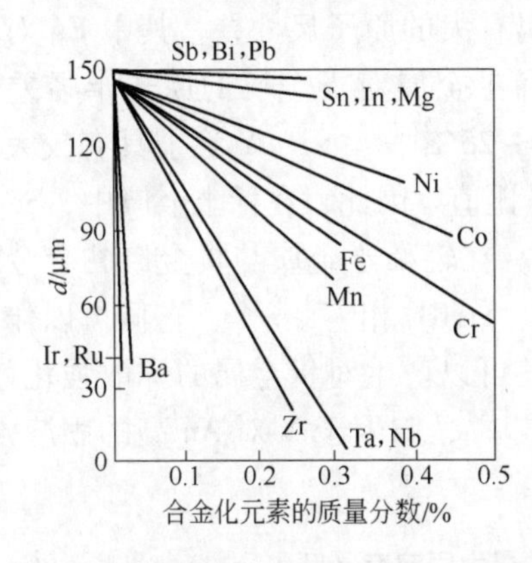

图4-12　某些添加元素对600℃退火态Au的晶粒尺寸 d 的影响

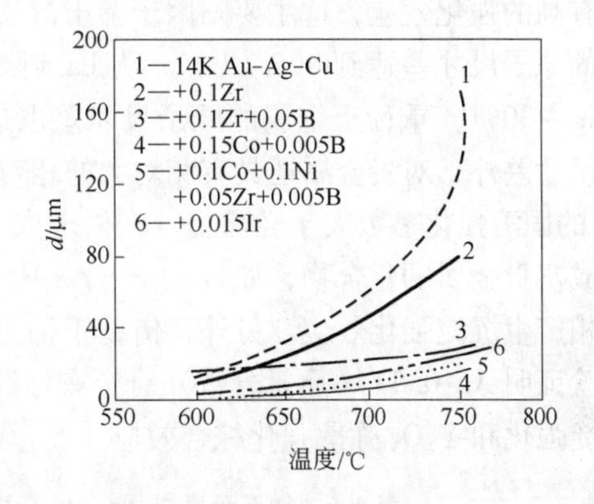

图4-13　某些添加元素对在不同温度退火的14K Au-Ag-Cu合金晶粒尺寸 d 的影响

按Hall-Petch关系：$\sigma = \sigma_i + Kd^{-1/2}$（$K$ 为常数；σ_i 为位错运动的摩擦阻力；d 是晶粒尺寸），随着晶粒尺寸的减小，合金的流变应力 σ 增大，合金强度提高。

4.2.3　微合金化元素的选择

4.2.3.1　微合金化元素的选择原则

几乎所有金属和类金属都可用作Au的微合金化元素，可根据其应用目的不同，选择不同微合金化元素。若以提高强度性质为主要目的，则应选择具有高强化效应的元素：(1) 碱金属与碱土金属（如Li、Mg、Be、Ca等）；(2) 稀土金属；(3) B、Si类金属；(4) Ti、Zr、Hf、Co等过渡金属；(5) Cu、Al、Ge、Sb等简单金属。这些元素的强化效应主要涉及固溶强化与沉淀强化机制。若以细化晶粒为主要目的，则应选择固溶度低和原子尺寸相差大的元素，如Ir、Ru、Rh、Mo、W、Re、Zr、B和稀土元素等。事实上，在实用Au与Au合金中，根据应用性能的需要，通常是将多种微合金化元素组合使用的。

4.2.3.2　碱金属与碱土金属强化

碱金属与碱土金属对贵金属有高的固溶强化效应，这主要归因于它们有较小的相对原子质量、低密度和相对大的原子半径差。前一因素反映了碱金属与碱土金属溶质对贵金属溶剂有大的原子数量比，后一因素反映溶质与溶剂间有大的晶格畸变。如果取0.5%（质量分数）Li（Li相对原子质量为6.9，密度为0.53g/cm³）作为溶质加入Au中，则可得Au-12.55Li（摩尔分数）固溶体合金，可使Au得到较大的固溶强化。如果向Au中添加0.5%（质量分数）Ca（Ca相对原子质量为40.1，密度为1.53g/cm³），可得到Au-

2.41Ca（摩尔分数）合金，因 Ca 在 Au 中固溶度很小，可以获得以 Au_5Ca 为沉淀相的沉淀强化[15,17]。类似于 Au-Li 和 Au-Ca 合金，其他如 Be、Mg、Sr 也可获得强的固溶强化或沉淀强化效应。原则上，碱金属与碱土金属对贵金属都是具有高强化效应的微合金化元素，实用中多采用 Be、Ca、Li、Mg 等。

4.2.3.3 稀土金属强化

表4-6列出了镧系元素在 Ag、Au、Pd、Pt 中的最大固溶度[1~3,19]。对贵金属溶剂而言，轻稀土金属有相对低的固溶度，而重稀土金属有较大的固溶度。微量稀土金属对贵金属有高的强化效应，这主要归因于稀土溶质对贵金属有大的原子尺寸差，其中 Eu 对贵金属的原子尺寸差达到40%以上，从 La 到 Sm 的轻稀土金属对贵金属的原子半径差达到25%~30%，重稀土金属的原子尺寸差也达到20%~25%[17]。Sc、Y 除了具有较大的原子尺寸差外，对贵金属还具有相对大的相对原子质量比值。因此，在稀土金属中，Sc、Y、Eu 的固溶强化参数大于轻稀土，轻稀土大于重稀土。在轻稀土金属与贵金属的合金中还形成富贵金属的化合物，如 Au_6RE、Ag_5RE、Pd_5RE、Pt_5RE 相[1~3,18,19]，它们可以作为沉淀相产生沉淀强化效应。另外，借助于稀土氧化物还可以产生对贵金属的弥散强化效应。试验证明 Au-0.5Y（质量分数）合金有好的强化效应[15]，归因于 Y 对 Au 高的固溶强化、沉淀强化和 Y_2O_3 弥散强化综合效应。

表4-6 镧系元素在 Ag、Au、Pd、Pt 中的最大固溶度（摩尔分数） （%）

溶剂	Ce	Pr	Nd	Pm	Sm	Eu	Gd	Tb	Dy	Ho	Er	Tm	Yb	Lu
Ag	0.05	0.065	0.2	0.2	1.0	0	0.95	1.1	1.3	1.6	3.6	4.57	1.92	5.8
Au	约0.1	0.1	约0.25	—	0.3	0	0.7	1.5	2.3	3.92	5.7	6.5	6.9	7.7
Pd	约7	约9	约4	—	10.3	10	12	11	12.3	12.5	13	—	16.5	—
Pt	约0	约0	约1.5	—	约0	约0	约0.7	约0	约0	约0	约0	—	约0.2	约0

注：稀土金属 Sc、Y、La 在贵金属中最大固溶度见表4-1。

稀土金属微合金化不仅可以提高贵金属的强度和硬度，还可以明显抑制 Ag、Au 的回复软化。图4-14所示为添加0.05%（质量分数）RE 对冷变形 Ag 和 Au（纯度为99.99%）

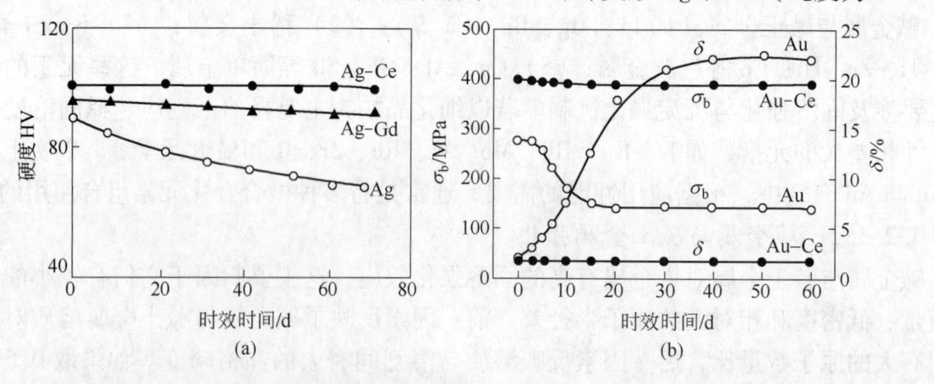

图4-14 质量分数为0.05%的 RE 添加剂对冷变形纯 Ag 和 Au 在自然时效过程中硬度和强度的影响

（a）Ag 和 Ag-0.05RE（RE＝Ce、Gd）合金（预冷变形 $\varepsilon=75\%$）；

（b）Au 和 Au-0.05Ce 合金（预冷变形 $\varepsilon=75\%$）

在自然时效过程中硬度和强度的影响：纯金属出现明显的回复软化，微量 Ce、Gd 添加剂不仅提高 Ag 和 Au 的硬度和强度，而且明显地抑制回复软化，尤其以 Ce 的强化效应更高，其机制在于 Ce 溶质造成大的晶格畸变，抑制冷变形过程中形成的畸变晶格的回复[2,17]。

4.3 Au-Ag-Cu 系彩色开金冶金学

彩色开金是指除白色开金以外的所有颜色金合金。传统的彩色开金合金主要有 Au-Ag-Cu 和 Au-Ag-Cu-Zn 合金，它们的颜色和色度学已在第 3 章讨论，本章讨论它们的结构特征和强化机制。

4.3.1 Au-Ag-Cu 系合金的结构

4.3.1.1 Au-Ag-Cu 合金相图

Au-Ag-Cu 系的 3 个二元合金具有不同的相结构特征：Au-Ag 系为连续固溶体；Au-Cu 系高温区为连续固溶体，低温区出现 $AuCu_3$ 和 AuCu 有序相；Ag-Cu 系为由富 Ag 和富 Cu 边端固溶体组成的简单共晶系，在室温时 Ag 与 Cu 相互固溶度极小。因此，三元合金系中存在着起源于 Ag-Cu 共晶系中富 Ag 相和富 Cu 相、随着 Au 含量增高趋向纵深发展的拱形不混溶两相区，在富 Au 角则形成单相固溶体。图 4-15[24] 所示为 Au-Ag-Cu 系在 371～704℃ 温区内不混溶两相区等温固相边界在室温的投影，不混溶两相区随温度降低而扩大。

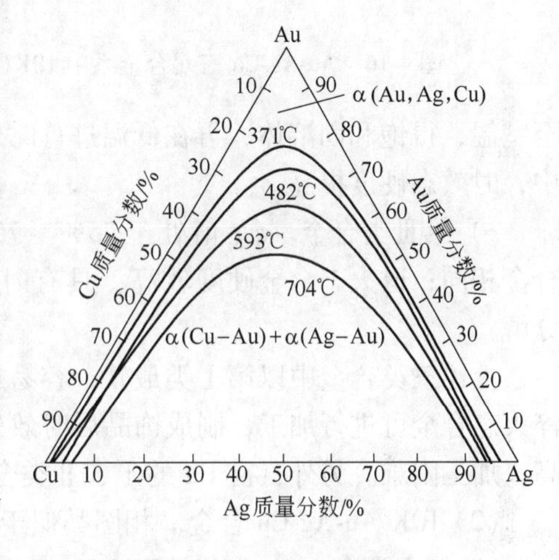

图 4-15 Au-Ag-Cu 系合金两相区等温固相边界在室温的投影

Au-Ag-Cu 合金的结构与合金成分中 Ag/Cu 比例有关。定义合金加权成分参数 w'_{Ag} 为：

$$w'_{Ag} = \frac{w_{Ag}}{w_{Ag} + w_{Cu}} \times 100\% \tag{4-1}$$

式中，w_{Ag}，w_{Cu} 为 Au-Ag-Cu 合金中 Ag 和 Cu 的质量分数。

显然，在 Au 含量一定时，w'_{Ag} 值越小，则 Cu 含量越大，为富 Cu 合金；反之，w'_{Ag} 值越大，则为富 Ag 合金。图 4-16[25, 26] 所示为以 w'_{Ag} 值为成分坐标的 18K、14K 和 10K 准二元合金的相图截面。

4.3.1.2 Au-Ag-Cu 开金的结构特征

根据图 4-16 和合金的 w'_{Ag} 值，18K、14K 和 10K 合金具有以下的结构特征：

（1）14K Au-Ag-Cu 合金。按 w'_{Ag} 值可将 14K 合金分为三类：

1）第Ⅰ类合金。w'_{Ag} 值处于 0%～10% 和 90%～100% 两个成分范围内，在熔点以下直至室温是均匀固溶体。这类合金退火态很软，无时效硬化效应。

2）第Ⅱ类合金。w'_{Ag} 值处于 10%～25% 和 75%～90% 两个成分范围内，在不混溶区临界线以上温区合金为单相固溶体 α(Au,Ag,Cu)，当缓慢冷却到室温平衡态时，α(Au,Ag,Cu)固溶体发生相分解，析出 α(Au,Ag)＋α(Cu,Au)两相；将单相固溶体从高温淬火

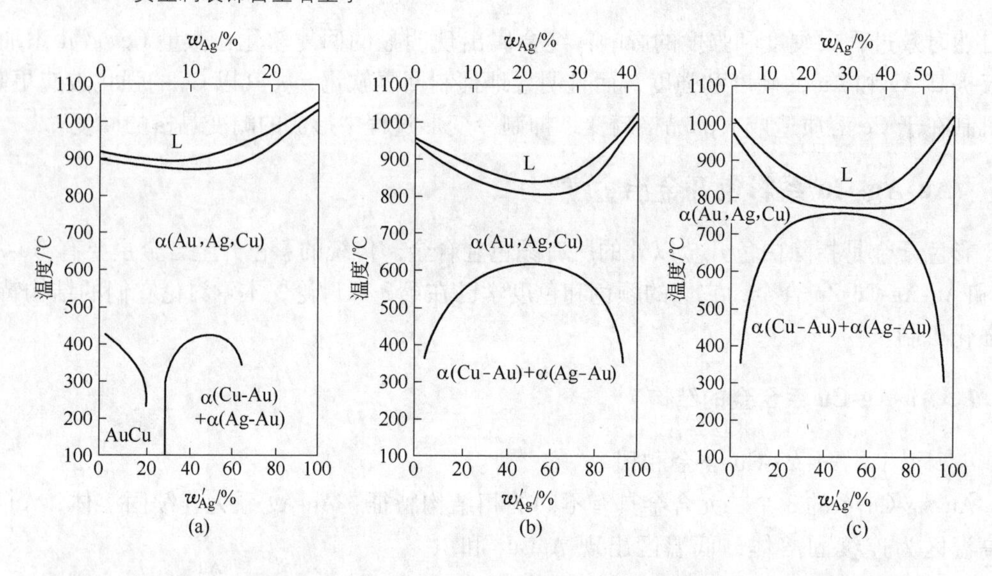

图4-16 Au-Ag-Cu 三元合金系中18K(a)、14K(b)和10K(c)准二元合金的相图截面

至室温，得饱和固溶体，再在低温进行时效处理，析出上述两相。这类合金退火态硬度适中，时效态硬度提高。

3）第Ⅲ类合金。w'_{Ag}值处于25%～75%成分范围内，相分解和相结构特征与第Ⅱ类合金相同；退火态合金硬度较高，具有时效硬化效应：中温时效相分解，低温时效调幅分解。

上述三类合金中以第Ⅰ类最软，容易加工。第Ⅱ类合金比第Ⅰ类合金硬度高，从高温淬火态合金可进行加工，制成饰品后时效处理而硬化，是常用型合金。第Ⅲ类合金硬度更高，加工困难。另外，富 Cu 的Ⅰ、Ⅱ类合金比富 Ag 的Ⅰ、Ⅱ类合金更硬。

（2）10K Au-Ag-Cu 合金。相图类似于14K 合金，但两相区范围比14K 合金更宽更高。

1）第Ⅰ类合金。w'_{Ag}值处于0%～5%和95%～100%两个成分范围内，为单相固溶体区，但其成分范围比14K 合金更窄。这类合金较软，易加工，无时效硬化。

2）第Ⅱ类合金。w'_{Ag}值处于5%～25%和75%～95%两个成分范围内，为两相区。这类合金退火态硬度较高且具有时效硬化效应，是常用合金。

3）第Ⅲ类合金。w'_{Ag}值处于25%～75%成分范围内，高温为固溶体，低温相分解，具有明显的时效硬化效应，硬度值很高，加工困难。因高温固溶体区温度范围很窄，热处理难度大。

（3）18K Au-Ag-Cu 合金。按w'_{Ag}值也可将18K 合金分为三类，但合金类型与强化机制与14K 和10K 合金不相同。

1）第Ⅰ类合金。w'_{Ag}值处于0%～20%的富 Cu 合金相区，高温为α(Au,Ag,Cu)固溶体，低温出现 AuCu 有序相并赋予合金有序化强化，合金硬度高。

2）第Ⅱ类合金。w'_{Ag}值处于20%～75%成分范围内，高温为α(Au,Ag,Cu)固溶体，低温区α(Au,Ag,Cu)固溶体分解为α(Au,Ag)+α(Cu,Au)两相区，具有时效强化效应，硬度适中。

3）第Ⅲ类合金。w'_{Ag}值大于75%成分范围内，为单相固溶体区，是非时效硬化型合金，硬度低。

随着 Au 含量增高和开数增大，合金向单相固溶体发展，合金的硬度逐渐降低，耐磨性逐渐变差。对 18K 以上高开金合金的强化主要依赖于稀溶质和微合金化强化。

4.3.2 Au-Ag-Cu-Zn 系合金的结构

Au-Ag-Cu-Zn 四元合金中，Zn 的质量分数低于 2% 时，Zn 为固溶态；Zn 含量达到 15% 时，三元系中的固态不混溶两相区的范围减小，使图 4-16 中 18K、14K 和 10K 三个开金合金的两相区变窄和变矮，也影响 AuCu 有序化，因而影响合金的时效硬化特性。在退火态与时效态，含 Zn 的合金比相应不含 Zn 的合金都更软和更容易加工。

在 900℃，Zn 氧化物生成焓为 -348kJ/mol，而氧化亚铜生成焓为 -86kJ/mol，Zn 氧化物更稳定。因此，Zn 对 Au-Ag-Cu 合金有脱氧作用。另外，添加 Zn 到 18K 和 14K 合金中可以减小合金的表面张力和改善氧化行为，因此适量 Zn 可改善铸造性和可加工性[2,6]。

表 4-7 比较了退火态和时效硬化态 14K Au-Ag-Cu-Zn 合金表面的洛氏硬度与 w'_{Ag} 的关系：随着 w'_{Ag} 增加，退火态和时效硬化态的洛氏硬度都增高，w'_{Ag} 约在 40% ~ 60% 和 20% ~60% 成分范围时，退火态和时效态的硬度分别达到各自最高值并保持平衡，w'_{Ag} 进一步增加，两种状态的硬度都降低。基于 Au-Ag-Cu 合金分类，也可将 Au-Ag-Cu-Zn 合金分为三类[25,26]，其中Ⅰ型合金硬度低，基本不具时效硬化效应；Ⅱ型合金硬度值升高，有时效硬化效应；Ⅲ型合金硬度最高，时效硬化效应也最强。

表 4-7 退火态和时效硬化态 14K Au-Ag-Cu-Zn 合金的洛氏硬度（HR45T）

合金类型	w'_{Ag}/%	合金成分(质量分数)/%				退火态①	时效态②
		Au	Ag	Cu	Zn		
Ⅰ型	11	58.3	4.6	36.9	0.2	38 ~ 40	42 ~ 43
	11	58.3	4.0	31.3	6.4	25 ~ 28	33 ~ 36
Ⅱ型	22	58.3	9.1	32.4	0.2	47 ~ 51	75 ~ 76
	22	58.3	8.3	29.2	4.1	40 ~ 43	60 ~ 61
	78	58.3	32.5	9.0	0.2	43 ~ 53	68 ~ 69
	84	58.3	35.0	6.5	0.2	34 ~ 38	64 ~ 65
Ⅲ型	31	58.3	12.9	28.6	0.2	53 ~ 63	75 ~ 76
	40	58.3	16.5	25.0	0.2	58 ~ 71	74 ~ 75
	60	58.3	24.8	16.8	0.2	58 ~ 69	74 ~ 75
	75	58.3	31.0	10.5	0.2	49 ~ 68	71 ~ 72

①退火态：合金先经 50% 冷轧变形，然后经 650℃/0.5h 退火；②时效态：退火态合金经 315℃/2 ~ 4h 时效，若经不同温度时效，合金硬度值有差别。

4.3.3 Au-Ag-Cu 系开金的性质

4.3.3.1 Au-Ag-Cu 系开金的硬化度指数

由上述讨论可知，常用 Au-Ag-Cu 系开金合金多为时效硬化型合金。为了反映合金时效硬化能力，文献中采用了以合金中 Cu 与 Ag 含量之比作为硬化度指数[27]。为了反映硬化度指数与合金硬度之间的正比关系，本书定义硬化度指数为开金合金中 Ag 含量与 Cu 含量之比。表 4-8 列出了 14K 合金的硬化度指数与时效态硬度的关系：当硬化度指数小于 0.2 时，合金经时效热处理提高硬度的能力很小；而当硬化度指数提高到 0.5 时，合金经时效热处理硬度明显增高。这个结果意味着随着硬化度指数（即 Ag/Cu 比）增大，14K 合金的时效硬化能力提高。但是，仅就 Cu 含量而言，10K、14K 和 18K 合金的时效硬化随着 Cu 含量增加呈先升后降的关系：当 Cu 含量低于 25% 时，随着 Cu 含量增高，开金的时效硬度增高；而当 Cu 含量高于 20% 时，开金的时效硬化效应反而降低。事实上，开金时效硬化能力是由合金中不混溶间隙、富 Ag 相与富 Cu 相的比例和 Au-Cu 有序化转变等因素决定的，与合金系中相分解和有序化效应等因素有关。因此，采用 Ag/Cu 比值作为硬化度指数可能一定程度反映了 Au-Ag-Cu 开金的时效硬化的结构因素。

表 4-8 某些改性 14K 合金的性能

牌 号	合金成分(质量分数)/%				硬度 HV		硬化度指数
	Ag	Cu	Zn	Co	退火态	硬化态	
14KY	3.8	32.2	5.8	—	150	150	0.12
14KNH	6.1	30.3	4.7	0.6	150	150	0.2
14KPY	12.2	24.2	4.7	0.4	153	258	0.5
14KHY	12.2	26.2	2.7	0.6	177	275	0.48

表 4-8 中含有少量 Co 添加剂的 3 个 Au-Ag-Cu 开金中有 2 个合金显示了沉淀硬化效应，表明 Co 添加剂可以提高合金的硬化能力。

4.3.3.2 Au-Ag-Cu 合金耐蚀性

图 4-17[5] 所示为 Au-Ag-Cu 系合金的抗腐蚀性与成分的关系，其中 3 条斜线是耐蚀性分界线，它们将该合金系的抗腐蚀能力分为 4 个特性区：Ⅰ区合金具有好的抗腐蚀性，耐强酸腐蚀，仅受王水浸蚀；Ⅱ区合金也具有好的抗腐蚀性，仅受强酸轻微腐蚀；Ⅲ区合金受强酸浸蚀；Ⅳ区合金倾向于晦暗变色。Au-Ag-Cu 合金的抗腐蚀性主要取决于合金中的 Au 含量，18K 以上的合金在普通强酸作用下不受腐蚀；14K 合金也有好的抗腐蚀性，但在强酸作用下会从表面浸出铜和银受轻度腐蚀；10K 以下合金不耐强酸腐蚀，在不良环境中，特别在含硫化物气氛环境中会变晦暗。这些结果与第 2 章所述塔曼耐酸定律一致，即高开金合金具有高的耐腐蚀性。应当指出，晦暗变色是由化学过程、环境因素和组织结构综合作用的结果，某些单相结构低开金在良好的环境中也能具有较好的抗晦暗能力。

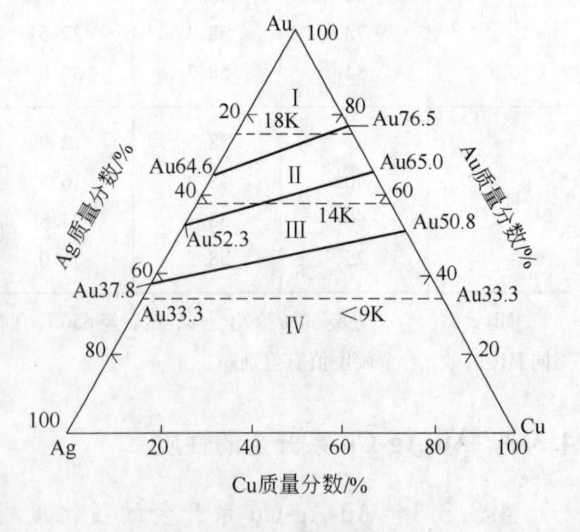

图 4-17 Au-Ag-Cu 系合金的抗腐蚀性与成分的关系

4.4 微量 Si 对颜色开金性能的影响

SiO_2 的生成热为 −859.4kJ/mol[28]，Si 氧化物具有远大于 Zn 和 Cu 的负值生成热。因此，在各种开金铸造合金的生产过程中，少量 Si 常被作为脱氧剂使用。在开金合金熔化和铸造条件下，Si 优先与原料或熔体中的氧结合，避免形成晦暗的铜或锌氧化物，增大熔体流动性和填充性，增加铸件的表面清洁度和光滑性，这对于采用熔模铸造法生产开金饰品尤为重要。但是，过量的 Si 可以造成 Si 偏析或生成低熔点物相，导致合金脆性和力学性能降低。图 4-18[29] 所示为 Si 含量对 14K 和 18K 铸造 Au 合金表面形貌的影响，低 Si 含量的 14K 合金表面较平滑，无明显树枝晶（见图 4-18(a)）；而高 Si 含量的 14K 合金析出粗大的树枝晶，合金表面粗糙（见图 4-18(b)）。18K Au 合金对过量 Si 含量的危害更敏感，0.1%（质量分数）Si 就可能导致合金晶间脆断（见图 4-18(c)）。图 4-19[28] 所示为在 14K 黄色 Au-Ag-Cu-Zn 合金中添加 Si 对合金某些性能的影响，Si 添加剂明显增大合金的硬度和填充性能，但当 Si 含量超过 0.1 %后，合金的屈服强度 $\sigma_{0.2}$、抗拉强度 σ_b 和伸长率持续降低。

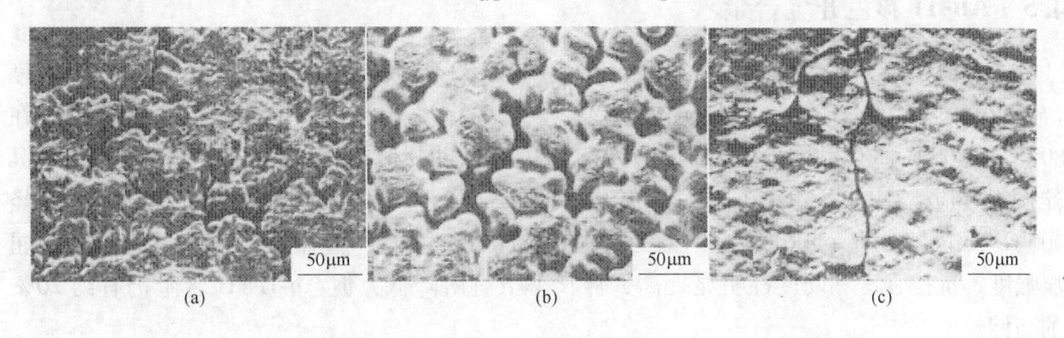

图 4-18 Si 质量分数对 Au-Ag-Cu-Zn 铸造合金表面形貌的影响
（a）14K 合金：0.09% Si；（b）14K 合金：0.175% Si；（c）18K 合金：0.1% Si

根据对 Si 添加剂利弊的广泛研究和大量铸造开金的生产数据发现，在 Au-Ag-Cu 和 Au-Ag-Cu-Zn 系彩色开金中的 Si 含量对开金延性/脆性的影响与合金中（Au + Ag）含量有关。图 4-20[29] 表明，因开金中（Au + Ag）和 Si 含量不同，开金显示了延性区和脆性区：

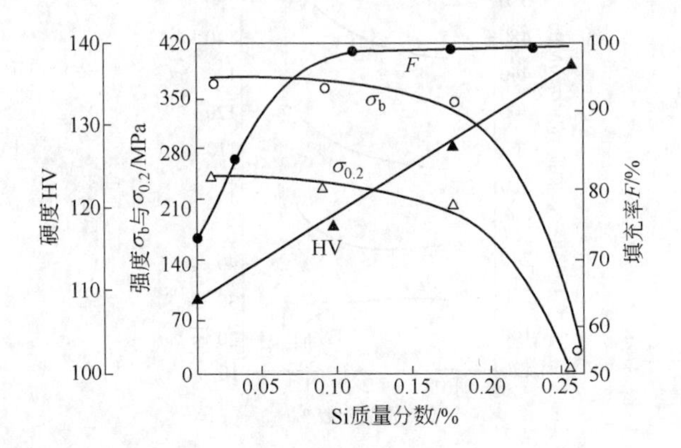

图 4-19 14K 黄色 Au-Ag-Cu-Zn 合金中 Si 含量对合金某些性能的影响

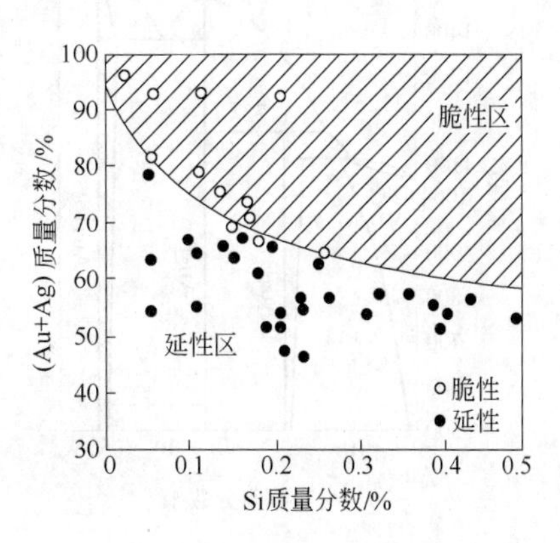

图 4-20 颜色开金合金中延性/脆性区与（Au + Ag）含量和 Si 含量的关系

高（Au + Ag）含量和低 Si 含量的开金呈延性；高（Au + Ag）含量同时高 Si 含量的开金呈脆性。当（Au + Ag）的质量分数低于 50% 时，开金中 Si 添加剂含量实际上可不作限制，即使添加 0.5% Si 也不损害合金的力学性质，更高 Si 含量对开金实际无益。另外，对于其成分基于 Au-Ag 的绿色开金合金，即使是 14K 合金都无需添加 Si，因为这类合金不含 Cu 或只含有少量 Cu，形成氧化铜的倾向很小。对于其成分基于 Au-Cu 和基本上不含 Ag 的红色开金合金，随着 Au + Ag 含量减少或者 Cu 含量增加，Si 添加剂含量也应增大，溶解于溶体中的 Si 优先氧化以减少氧化铜生成量。综合上述研究结果和通过对凝固过程中 Si 的分配系数和偏析程度计算[29]，对于典型的用于熔模铸造的黄色开金合金，当其 Cu∶Ag 比值在 4∶1 左右时，Si 质量分数的最佳推荐数值如下：对 18K 合金，Si 含量小于 0.05%；对 14K 合金，Si 含量介于 0.04% ~0.12%（安全含量是 0.04% ~0.08%）；对 10K 合金，Si 含量介于 0.12% ~0.35%。在开金中 Si 添加剂的临界含量取决于（Au + Ag）的含量，同时应注意 Si 含量不要超过最高限量水平。

4.5 Au-Ti 彩色开金合金

图 4-21[7] 所示为富 Au 的 Au-Ti 系相图，在 1123℃ 包晶温度，Ti 在 Au 中最大固溶度（质量分数）为 3.21%（摩尔分数为 12%）。随着温度降低，Ti 的固溶度急剧降低，在 800℃ 和 400℃ 时 Ti 的固溶度分别为 1.2% 和 0.4%，同时析出沉淀相 Au_4Ti，因此具有沉淀强化效应。由表 4-5 可知，Au-Ti 合金具有高的沉淀强化效应。图 4-22[20] 所示为经 900℃/1h 固溶处理 + 500℃/2h 时效处理的 Au-Ti 合金性能，随着 Ti 含量增大，合金的屈服强度、抗拉强度和硬度都明显提高，伸长率虽有所降低，但 Au-1.4Ti 合金仍有约 20% 的高伸长率[20, 26]。

Au-1% Ti 合金是具有高时效硬化效的高开金合金，呈黄色，是高成色饰品合金。为了获得更高强度，Ti 含量可增高到 1.4% ~1.5%。在 Au-Ti 合金中添加少量 Ru 和 B 可明显细化晶粒，典型的改性合金有 Au-0.91Ti-0.05Ru-0.04B[2]。

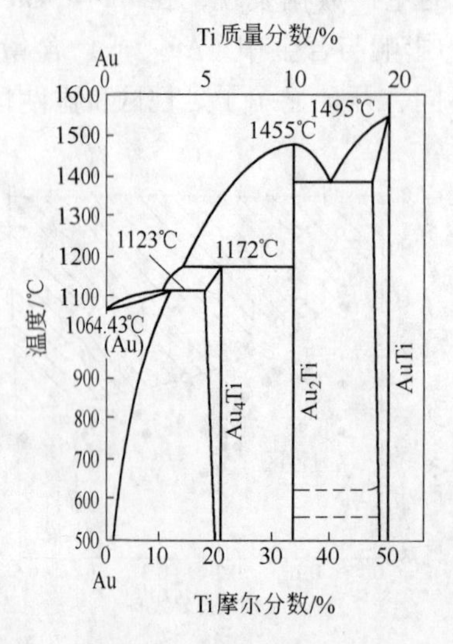

图4-21 富 Au 的 Au-Ti 系相图

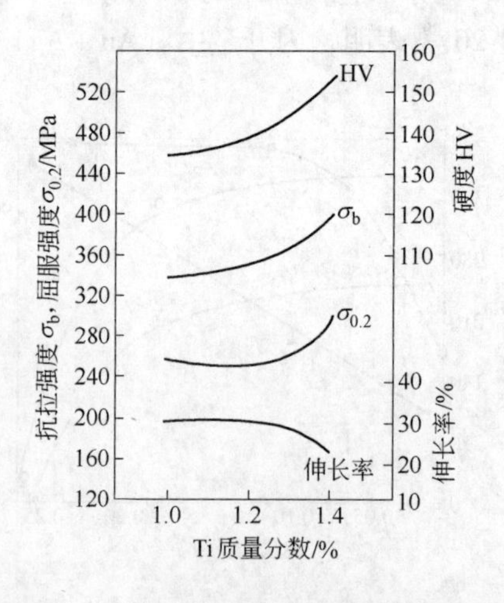

图 4-22 Ti 含量对 Au-Ti 合金力学性能的影响

（经 900℃/1h 固溶处理 + 500℃/2h 时效处理）

4.6 白色开金冶金学

由第 3 章关于合金化元素对 Au 的漂白能力的讨论可知，Au 的主要漂白元素是 Ni 和 Pd，从而形成了含 Ni 型、含 Pd 型、混合改进型和无 Ni 低 Pd 型四类白色开金合金。

4.6.1 含 Ni 白色开金合金

4.6.1.1 Au-Ni-Cu 系相图

传统的含 Ni 白色开金是 Au-Ni-Cu 系合金，Cu 组元主要用于改善合金可加工性。Au-Ni-Cu 系的三个二元系合金在高温区均为连续固溶体，但 Au-Ni 二元系于低温区存在相分解区[2]。随着三元合金中 Cu 含量增加，源于 Au-Ni 二元系的两相分解线向三元系中延伸，随着温度降低相分解区扩大。图 4-23(a)[30] 显示了 Au-Ni-Cu 系相分解区边界线，相分解区内为 α(Au-Cu) + α(Ni-Cu)两相区，而富 Au、富 Ni 和富 Cu 角区为单相固溶体。图 4-23(b)显示了合金颜色与成分的关系，图中细折线是白色合金与黄色或红色合金的分界线，位于 18K、14K 和 10K 线上的粗黑线区内的合金是可用做饰品的白色合金。

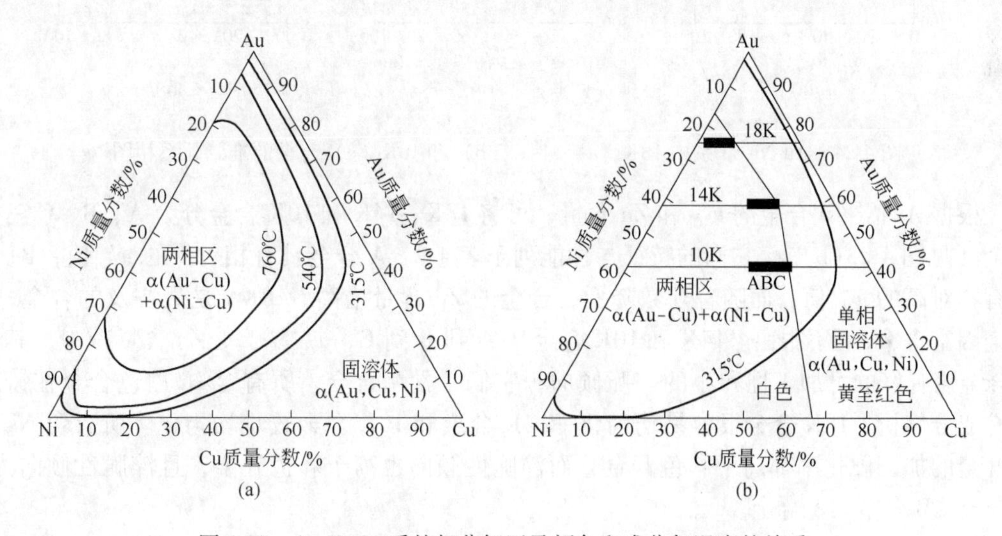

图 4-23 Au-Ni-Cu 系的相分解区及颜色和成分与温度的关系

4.6.1.2 Au-Ni-Cu 开金结构特征

Au-Ni-Cu 合金的结构与合金成分中 Cu/Ni 比例有关，类似于 Au-Ag-Cu 彩色开金合金的成分参数 w'_{Ag}，定义 Au-Ni-Cu 系合金的加权成分参数 w'_{Cu}为[30]：

$$w'_{Cu} = \frac{w_{Cu}}{w_{Cu} + w_{Ni}} \times 100\% \qquad (4\text{-}2)$$

式中，w_{Cu}，w_{Ni}为 Au-Ni-Cu 合金中 Cu 和 Ni 的质量分数。

同样，Au 含量一定时，w'_{Cu}值越小，则 Ni 含量越大，为富 Ni 合金；反之，w'_{Cu}值越大，则为富 Cu 合金。图 4-24[30] 显示了以 w'_{Cu}为成分坐标的 18K、14K 和 10K 准二元系相图。这 3 个开金中富 w'_{Cu}区为单相 α(Au,Ag,Cu)固溶体，低 w'_{Cu}区为两相区，它们的两相分解线对 w'_{Cu}坐标不对称。以 Ni 取代 Au 的低开合金中，液相线升高，两相区扩大，同时使合金铸造性和可加工性变差。Au-Ni-Cu 合金通常需要添加 Zn 作为第二漂白剂和脱氧剂。Zn 用做漂白剂时，其含量可增大到 12%，用以增强 Ni 的漂白效果和抑制 Cu 的红色色调。Zn 用做脱氧剂时和可以改善熔模铸造湿润性作用。但 Zn 含量不宜过高，过高 Zn 含量增大合金淬脆倾向和循环使用的难度。

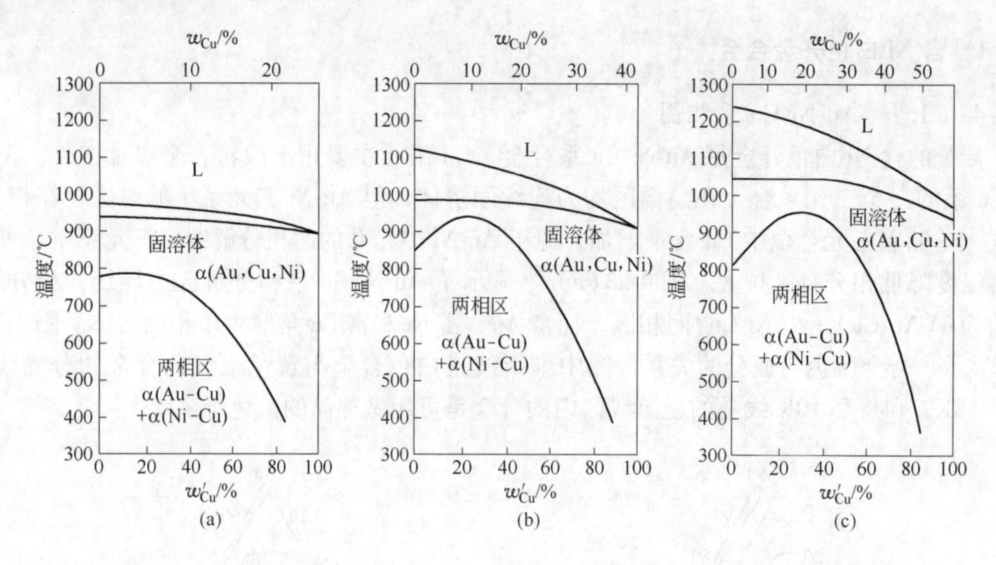

图 4-24 Au-Ni-Cu 系中 18K（a）、14K（b）和 10K（c）合金的准二元系相图

根据 Au-Ni-Cu 合金的 w'_{Cu} 和 Zn 含量，可将 18K、14K 和 10K 合金分为 A、B、C 三类合金（见图 4-23(b)），它们的特征与性能列于表 4-9。A 合金具有相对低的 w'_{Cu} 值，B、C 具有相对高的 w'_{Cu} 值，而随着开数降低，合金的 Zn 含量增高。18KA 是最普及的合金，B 合金因富含 Cu 而不很白。14K 和 10K 合金从 A 到 B 到 C，w'_{Cu} 增高，Zn 含量减少，其中 C 合金兼有好的可加工性和小的淬脆倾向，它们是常用合金。所有含 Ni 白色合金在铸态都有成分偏析，18K 合金很容易均匀化，14K 合金和 10K 合金较难均匀化。所有含 Ni 白色开金的加工硬化率都高于彩色开金，而淬脆性倾向也高于彩色开金，且淬脆性倾向为：C 合金≤B 合金≤A 合金。

表 4-9 18K、14K 和 10K 合金中 A、B、C 三类合金的特征

合 金	w'_{Cu}/%	w_{Zn}/%	合 金 特 征
18KA	6 ~ 11	5 ~ 6	铸态、加工态、退火态和时效状态合金比彩色开金和其他白色开金更硬，有沉淀硬化效应，是常用合金
18KB	31 ~ 33	5 ~ 6	铸态、加工态和退火态合金较硬，无沉淀硬化效应，因富 Cu 而不很白
14KA	50 ~ 54	9	铸态、加工态和退火态合金较硬，无明显沉淀硬化效应
14KB	66 ~ 68	9	铸态、加工态和退火态合金相当硬，无沉淀硬化效应
14KC	66 ~ 68	6	铸态、加工态和退火态合金比 14KB 合金更硬，无沉淀硬化效应；好的可加工性和小的淬脆倾向，是常用合金
10KA	50 ~ 54	12	铸态、加工态和退火态合金较硬，无明显沉淀硬化效应
10KB	66 ~ 68	12	铸态、加工态和退火态合金硬度不很高，无沉淀硬化效应
10KC	66 ~ 68	9	铸态、加工态和退火态合金比 10KB 合金稍硬，无沉淀硬化效应；好的可加工性和小的淬脆倾向，是常用合金

4.6.1.3 Au-Ni-Cu 开金性能

Au-Ni-Cu 和 Au-Ni-Cu-Zn 合金中，Au 含量决定合金的化学稳定性，Ni 和 Zn 含量决定漂白特性，而 Ni∶Cu 比值决定合金的许多性质。表 4-10[31,32]列出了某些 14K 和 10K 铸造白色合金的物理性能，随着 Ni∶Cu 比值增大，合金的硬度、致断伸长率、屈服强度和抗拉强度大体呈增大趋势，而液相线温度则随着 Ni∶Zn 比值增大而升高。由此可见，Ni∶Cu 比值可视为 Au-Ni-Cu-Zn 系白色开金的“强化度指数”，类似 Au-Ag-Cu 系彩色开金合金中作为硬化度指数的 Ag/Cu 比值。另外，随着 Ni∶Cu 比值增大，Au-Ni-Cu 系合金相对标准 Pt 的颜色差矢量 ΔE 明显减小，即更接近 Pt 的白色。表中 ΔE 值是按式(3-3)的计算值，作为标准的 Pt 试样的 CIELAB 色度坐标为 $a_1^*=0.3$，$b_1^*=3.4$ 和 $L_1^*=82.3$。

表 4-10 Ni∶Cu 比值对 14K 和 10K Au-Ni-Cu-Zn 铸造合金的物理性能的影响

序号		合金成分(质量分数)/%					物理性能					
		Au	Ni	Cu	Zn	Ni∶Cu	硬度 HV	*YS* /MPa	*UTS* /MPa	δ/%	T_{liq} /℃	ΔE
14K	1	余量	7.2	26.4	8.1	0.27	128	270	504	35	994	7.1
	2	余量	8.9	29.7	3.1	0.30	151	333	600	48	995	6.9
	3	余量	9.9	26.0	5.8	0.38	155	400	669	34	994	6.5
	4	余量	10.4	24.4	6.9	0.43	143	415	661	44	977	6.2
	5	余量	13.7	21.7	6.2	0.63	160	423	667	45	995	5.3
	6	余量	14.0	18.0	9.7	0.78	164	460	674	40	981	3.9
10K	1	余量	10.3	37.0	11.0	0.28	120	242	530	50	1042	5.9
	2	余量	12.4	41.6	4.3	0.30	133	275	648	44	1028	5.6
	3	余量	13.9	36.4	8.1	0.38	141	290	645	41	1018	6.5
	4	余量	19.2	32.1	7.1	0.60	147	347	712	45	1087	4.5
	5	余量	20.0	25.2	13.1	0.79	163	405	604	19	1049	2.9

注：*YS* 为屈服强度；*UTS* 为极限抗拉强度；δ 为致断伸长率；T_{liq} 为液相线温度；ΔE 为对标准 Pt 颜色差矢量。

4.6.2 含 Pd 白色开金合金

4.6.2.1 Au-Pd-Ag 系

Pd 是 Au 的主要漂白元素，Ag 是次要漂白元素。这样，Au-Pd-Ag 构成了一类不含 Ni 的白色开金合金。鉴于组成 Au-Pd-Ag 三元系的 Au-Pd、Au-Ag 和 Pd-Ag 三个二元合金系在全部成分范围内都是连续固溶体，Au-Pd-Ag 三元合金系也为连续固溶体，其液相面与固相面之间的间隙都很小，凝固时合金成分偏析很小。在广泛的成分范围内，Au-Pd-Ag 三元合金的液相面温度都超过 1100℃，仅富 Ag 角合金的液相面温度约为 1000℃。因此，Au-Pd-Ag 三元合金的性能随成分平稳变化，图 4-25[33]所示为退火态合金的维氏硬度等高线，

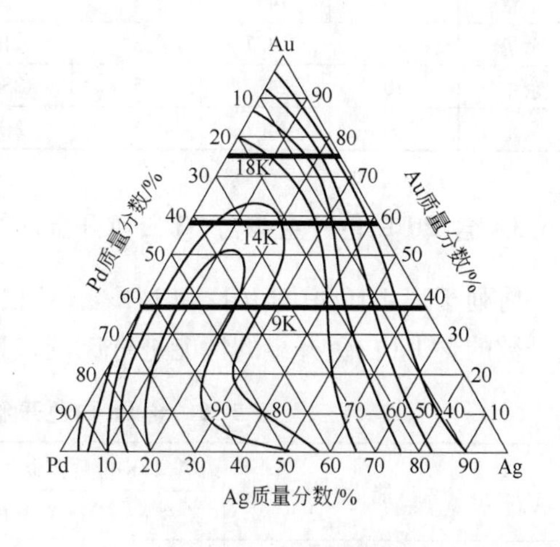

图 4-25 Au-Pd-Ag 三元合金的硬度与成分的关系

随着 Au 含量或开数降低，合金硬度增高；对于相同开数的合金，随着 Pd 含量增加，合金硬度增高。

对于 Au-Pd 二元系，百分之几的 Pd 含量就可使 Au 的颜色从黄色转向白色，Pd 质量分数达 15% 时，Au 的黄色被完全漂白。Ag 的漂白作用较弱，它只能用作辅助漂白剂，同时高 Ag 含量会降低合金硬度和减弱合金的抗硫化晦暗能力。因此，Ag 限量使用。图 4-26[33, 34] 所示为 Au-Pd-Ag 三元合金系的颜色与成分的关系，在白色成分区域中的粗黑线段表示适于制造 18K、14K 和 9K 好白色合金的成分范围。这些合金都具有高的 Au + Pd 含量和有限的 Ag 含量，具有非常好的白色色泽和抗晦暗能力。

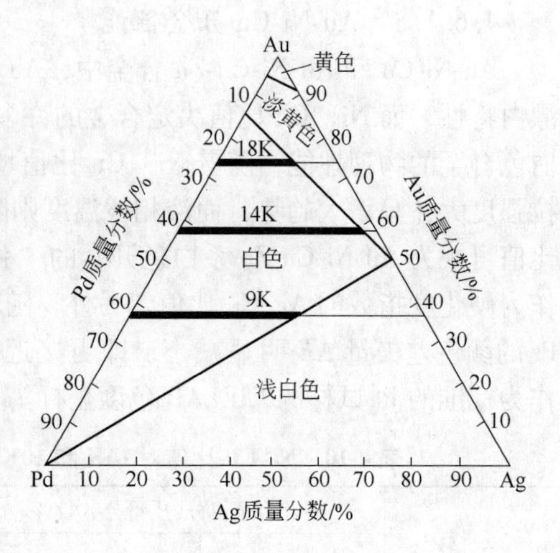

图 4-26 Au-Pd-Ag 三元合金的颜色与成分的关系

4.6.2.2 Au-Pd-Cu 系

有一种设计采用 Cu 全部或部分替代 Ag 构成 Au-Pd-Cu 或 Au-Pd-Cu-Ag 系白色合金。与 Au-Pd-Ag 系比较，Au-Pd-Cu 系在靠近 Au-Cu 边的一个相当广泛的成分范围内合金的液相线温度低于 1100℃，同时可借助 Au-Cu 合金有序化反应提供硬化机制。为了抑制红色 Cu 元素对颜色的影响，合金可以容纳更高的 Pd 含量，有时还需添加少量 Zn 作为次要漂白元素，Zn 同时也提高合金硬度。表 4-11[32] 列出了某些 14K Au-Pd-Cu 系合金的性能。

表 4-11 14K Au-Pd-Cu 系合金的性能

合金成分（质量分数）/%					物理性能		
Au	Pd	Cu	Ag	Zn	硬度 HV	液相线温度 T_{liq}/℃	对 Pt 颜色差 ΔE
余量	20	21.7	—	—	172	1100	2.3
余量	20	19.7	—	2	322	—	—
余量	20	14.7	7	—	160	1115	4.8
余量	20	14.7	5	2	178	1075	3.2
余量	20	14.7	5	2In	165	1092	6.2
余量	20	14.7	5	2Sn	175	1077	7.3
余量	20	14.7	5	2Co	167	1105	9.3

4.6.3 含 Pd 白色开金与含 Ni 白色开金的性能比较

将列于表 4-10 中的 10K 和 14K 含 Ni 白色开金的性能对合金成分取平均值，与具有相同开数的含 Pd 白色开金的性能进行比较，其结果列于表 4-12[32]。

表 4-12 含 Pd 白色开金与含 Ni 白色开金性能比较

性 能	18K 白色合金①		14K 白色合金②		10K 白色合金③	
	含 Ni	含 Pd	含 Ni	含 Pd	含 Ni	含 Pd
对 Pt 颜色差（ΔE）	6.5	4.3	5.9	3.2	5.1	3.5

续表 4-12

性能		18K 白色合金①		14K 白色合金②		10K 白色合金③	
		含 Ni	含 Pd	含 Ni	含 Pd	含 Ni	含 Pd
液相线温度/℃		960	1074	982	1094	1045	1091
铸态硬度 HV		235	167	150	161	141	161
铸态抗拉强度/MPa		866	800	629	672	626	712
铸态屈服强度/MPa		710	630	383	440	310	510
伸长率/%		29	35	41	38	40	40
冷加工态性能	压缩率/%	75	85	65	80	83	88
	硬度 HV	366	272	300	287	330	301
熔模铸造填充率④/%		95	82	40	62	90	45
淬脆倾向性		高	无	高	无	高	无
Ni“DMG”试验⑤		未通过	通过	未通过	通过	未通过	通过

① 18K 含 Ni 合金：Au-13.5Ni-8.5Cu-3Zn；18K 含 Pd 合金：Au-15Pd-7Cu-3Zn；② 14K 含 Ni 合金为表 4-10 中 14K 含 Ni 合金平均值；14K 含 Pd 合金：Au-20Pd-14.7Cu-6Ag-1Zn；③ 10K 含 Ni 合金为表 4-10 中 10K 含 Ni 合金平均值；10K 含 Pd 合金：Au-28Pd-20.5Cu-8.4Ag-1.4Zn；④ 熔模铸造温度 = 液相线 + 100℃；⑤ DMG 试验为 Ni 过敏试验。

含 Ni 白色开金具有许多优点，如合金组元便宜和合金成本低；具有与 Pt 相接近的白色；合金表面适于镀铑；良好的抗晦暗能力；合金液相线温度低于 1100℃使之适于熔模铸造等。含 Ni 合金也有许多缺点，如高的铸造硬度和加工硬化率，从而使加工变形困难；含较低 Ni 合金的颜色与铂不甚匹配，与 Pt 颜色差 ΔE 值大于含 Pd 白色合金；高 Ni 含量合金对人体皮肤有过敏倾向，如表 4-12 中含 Ni 的 18K、14K 和 10K 合金均未通过“DMG”人体 Ni 过敏试验。因此，在生产含 Ni 白色开金时应特别注意合金的相分解特性、淬脆性倾向、高加工硬化率和合金组元的氧化倾向，应根据不同合金成分和结构制定相应的加工与热处理工艺。

与含 Ni 白色合金比较，含 Pd 白色合金的优点是：具有与铂相匹配的优良色泽；无过敏特性；较低的硬度和加工硬化率；优良的延性和冷加工性；无淬脆倾向；好的抗腐蚀性和抗晦暗能力；可循环使用等。它们的缺点是：Pd 组元价格贵致合金成本高；合金熔化温度高致使熔模铸造温度高，导致熔模材料硫酸钙分解出有害气体。

4.7 改进型白色开金合金

传统的含 Ni 和含 Pd 白色开金都具有各自的局限性，为了改进白色开金合金性能，珠宝工业发展了一些新的合金和合金设计方案。

4.7.1 (Au-Pd-Ag) + (Cu-Ni-Zn) 系

(Au-Pd-Ag) + (Cu-Ni-Zn) 系是在 Au-Pd-Ag 系中引入 Cu、Ni 和 Zn，以综合这两类合金的优点和克服其缺点，形成改进型六元合金。添加 Cu、Ni 和 Zn 可以调节 Au-Pd-Ag 合金的力学性能：随着 Cu + Ni + Zn 总含量增加，加工态、退火态和淬火态六元合金的硬度和埃里克森强度随之增大，但相当于延性指标的埃里克森杯突（深拉）深度随着减小，如图4-27[33]所示。改进型六元合金的颜色主要取决于 Pd + Zn 含量，适量 Pd + Zn 能产生好的白色。基于前面讨论的原因，在白色开金中应限制 Zn 含量以免在热处理过程中合金过度氧化，限制 Ag 含量以减轻硫化晦暗倾向。通过不同的配方设计可制备多种 Au-Pd-Ag-Cu-Ni-Zn 六元白色开金合金。

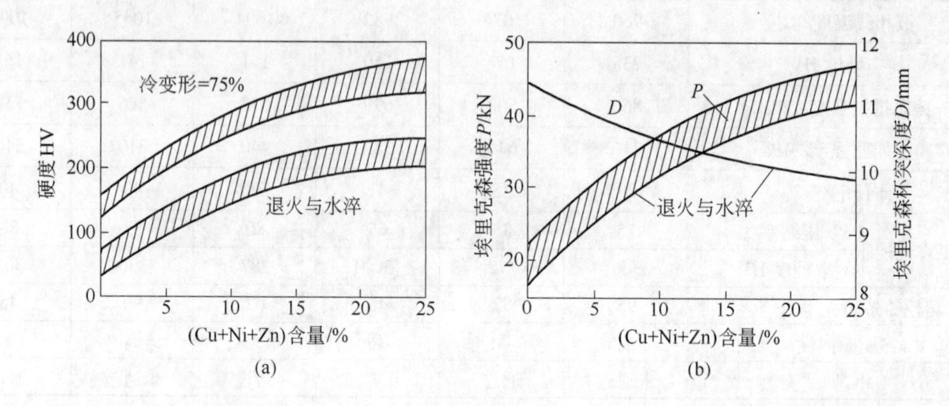

图 4-27 Cu + Ni + Zn 添加剂总量对 18K 白色 Au-Pd-Ag 合金力学性能的影响趋势

4.7.2 含 Pd 与低 Ni 白色开金

高 Ni 的白色开金合金不仅存在冶金学缺点，还会使某些人群的皮肤过敏。这种潜在的毒性问题引起了社会的关注，欧洲国家早在 20 世纪 90 年代初就制定了在生产贵金属珠宝饰品和相关制品过程中避免 Ni 过敏的指南，1999 年 7 月欧共体又发布了“Ni 安全指令”（The Nickel Directive-CE Directive 94/27）[35~37]，强制要求珠宝饰品和相关产品从 2000 年 1 月起必须符合指令规定的致人体 Ni 过敏的 Ni 释放量。按上述指令，Ni 的释放量的极限应低于 0.5μg/(cm^2 · 周)。为了满足 Ni 的释放指令要求，在上述改进型 Au-Pd-Ag-Ni-Cu-Zn 六元白色开金合金中应控制 Ni 含量低于 5%，因而发展了一系列含适量 Pd 和低 Ni 白色合金。

4.7.3 含有辅助漂白和改性元素的无 Ni 白色 Au-Pd-Ag(Cu) 合金

为了彻底免除 Ni 对人体过敏反应，无 Ni 白色合金应运而生。Au 的漂白元素中除 Pd、Pt 与 Ni 之外，漂白效果好的还有 Fe 与 Mn。在含 Pd 白色合金中添加少量 Fe 或 Mn 可进一步提高 Pd 的漂白能力和改善合金色泽，同时可提高合金力学性能。由此发展了 Au-Pd-Ag-Cu-Mn 和 Au-Pd-Ag-Cu-Fe 等系列白色合金。这两个合金系中，当 Pd 含量不小于 5%，Pd + Mn 或 Pd + Fe 含量不小于 15%（质量分数）时，合金具有足够好的白色，其加工性能优于含 Ni 白色合金，可以制备 18K 和 14K 白色合金，但 14K 合金比 18K 合金难加工。考虑到 Mn 的高活性和 Fe 的磁性，合金中 Pd 含量最好在 10% 以上，Fe 含量应低于 10%，Mn 应严格限量使用，高 Fe 和高 Mn 含量不仅使合金加工困难，而且使合金易晦暗和受应力腐蚀[2,38]。

另一类不含 Ni 的白色开金是 Au-Pd-Ag + In(Sn、Ga、Zn) 或 Au-Pd-Cu + In(Sn、Ga、Zn)。这些低熔点元素对 Au 具有中等漂白能力和降低熔点，但应控制它们的加入量在 5% 以下，过高的含量降低合金的加工性[2,38]。

因此，不含 Ni 白色合金主要是在 Au-Pd-Ag 和 Au-Pd-Cu 两个合金系中添加适量辅助漂白和改性元素（如 Fe、Mn、In、Ga、Sn、Zn 等）。

4.7.4 无 Ni 低 Pd 型白色开金合金

发展不含 Ni 和 Pd 白色合金是为了避免 Ni 的过敏特性和降低合金成本[39, 40]。

虽然 Pt 的高化学稳定性和高漂白能力使它成为白色开金的最佳添加元素，但 Pt 加入 Au 不仅增加饰品成本，而且升高合金液相线温度（高于1100℃）。因此，含 Pt 的白色开金主要用作牙科材料，在一般白色开金中 Pt 仅少量加入。

10K 以下低开金白色合金中，通常主要采用高 Ag 含量作增白剂。这类合金有好的色泽与加工性，但硬度低与抗腐蚀性较差，常需添加适量 Pd、Cu、Ni、Zn 等元素改善其性能，这里 Cu、Ni、Zn 作为改性元素，Ag + Pd 作为漂白元素，可以创造一级白色合金[38,41]。

若以 Fe、Mn、In 作为主要漂白剂发展白色开金合金，含高 Mn、高 Fe 和高 In 的合金不仅加工困难，而且易氧化、易晦暗和易受应力腐蚀。发展这类开金仍需要添加一定量 Pd 以改善性能，最终变成了含适量 Pd 和低 Ni 白色合金。显然，发展完全不含 Ni、Pd 的好白色合金似有困难，但发展无 Ni 低 Pd 的好白色合金无疑会有很好发展和应用前景。

4.8 “示斑金”的结构特征

4.8.1 Au 合金中的马氏体相变

第 3 章已讨论了马氏体或类马氏体结构在光线照射下产生的“衍射光栅”效应，“示斑金”的斑斓闪烁彩色效应正是基于马氏体结构特征及其“衍射光栅”效应[42]。有色金属马氏体相变大体可以分三类：第一类为边端固溶体的同素异构转变；第二类为高温体心立方 β 相淬火发生的相变；第三类是基于“立方—四方（或斜方）”有序化转变，由于有序相偏离立方晶格元胞较小，故有序化转变常称为类马氏体转变。因为在面心立方贵金属合金中不存在第一类相变，仅讨论后两类相变及其结构特征。

4.8.1.1 高温体心立方 β 相—马氏体相转变

Au 与简单金属的合金系中存在第二类马氏体转变，即其高温体心立方 β 相在适当的冷却条件下转变到马氏体相。大多数情况下，β 相呈原子有序态，因而马氏体相也是有序的[43]。图 4-28 所示为 Au-Al 系相图[7]，其中 β 相是电子浓度 $e/a = 1.5$ 的电子化合物，具有体心立方结构，晶格常数 $a = 0.324$nm。当采用快速凝固或从 β 相区固态淬火时，β 相转变为具有体心四方结构的 β′相，其晶格常数 $a = 0.3100$nm，$c = 0.3495$nm，因而从 β 相转变到 β′相伴随着 a 和 b 轴约 4% 的收缩和 c 轴约 5% ~6% 的膨胀。这种相变很容易形成高度规则孪生晶体显微结构。

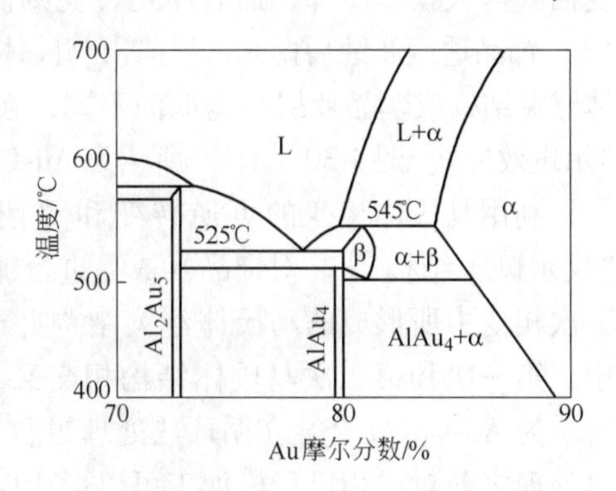

图 4-28 富 Au 的 Au-Al 系相图

Au-18.5% Al（摩尔分数，即 Al 质量分数为 3%）合金的铸造显微结构由富 Au 的 α 相和（Au_4Al + α）精细共析混合物组成，但在 β 相区均匀化（称 β 化）后快速淬火的合金保持 β′亚稳相，在 β′相的每个晶粒内都呈现规则排列的板条结构或孪晶，即规则的层状结构，而在 β′相的不同晶体中其层状结构的间距和取向不同。轻度腐蚀后，具有这种层状结构的表面在光线照射下产生明显的衍射光栅和斑斓闪烁效应[44]，类似镶嵌钻石的闪烁效果。

4.8.1.2 有序化类马氏体转变

许多合金中的结构有序化属于第三类马氏体转变，在 Au-Cu 系中的 AuCu 有序化反应尤为典型。Au-Cu 合金在高温为无序面心立方连续固溶体，从高温冷却时在 410℃转变为斜方晶格 AuCu(Ⅱ)有序相，继而在 385℃转变为面心四方（$L1_0$）晶格 AuCu(Ⅰ)有序相（见图 4-29，晶格结构见表 4-2）。在形成 AuCu(Ⅱ)有序化过程中，形成板条状马氏体，其内部为孪晶片层结构，

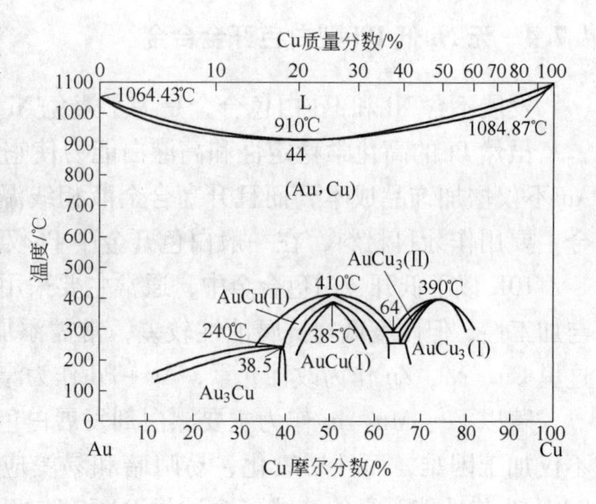

图 4-29 Au-Cu 系中 AuCu 有序化反应

在抛光表面产生浮突效应；在形成 AuCu(Ⅰ)$L1_0$ 晶格的反应中，有序化产生机械孪生使表面浮突。这两种结构都能产生斑斓闪烁的“衍射光栅”效应。在 Au-Cu 系中添加第三组元 Al 可改善马氏体结构，促进相界移动，形成规则排列的孪晶结构，同时降低有序转变温度到 200～300℃，因而提高有序反应速度，促使有序反应更完全，增强马氏体的浮突效应[44]。有序化 AuCu 合金正好相应于质量分数为 75% Au 的 Au-Cu 合金，这为发展 18K“示斑效应”开金合金奠定了基础。

4.8.2 “示斑效应”金合金的结构特征

虽然在许多贵金属合金系中都存在马氏体和类马氏体转变，但并不是每个合金都可以用于制造“示斑金”饰品，只有那些具有强的“示斑金”效应的合金可用于制造饰品。为此，首先应选择能产生强的表面浮突的合金体系和能增强浮突效应的少量合金化组元，同时要采用适当的热处理工艺显示表面浮突。就 Au 合金而言，典型的“示斑效应”合金有 Au-Al、Au-Cu-Al 等。产生“示斑效应”的步骤大体如下：（1）通过铸造和加工工序制成适宜的饰品半成品，然后对饰品进行均匀化热处理或高温退火处理，促使组织均匀化和晶体长大；（2）热处理后饰品冷却，冷却速度因合金不同而异，如高温 β 相的马氏体转变需要淬火快速冷却，而有序化转变则需要缓慢冷却或时效处理以便有足够的转变时间；（3）饰品适度腐蚀后抛光，显露出马氏体浮突结构或孪晶片层结构。由于在各个晶粒内马氏体浮突结构或孪晶片层结构取向不同，在光线照射下产生“衍射光栅效应”和斑斓闪烁的“示斑效应”。图 4-30（a）[43]所示为 Au-Cu-Al 合金具有宽孪晶带的完全“马氏体结构”。

利用马氏体相变的可逆转变和“记忆”能力，可产生叠加的马氏体结构，简称为“反示斑”结构[43]。对饰品半成品进行循环地热处理可使试样产生可逆马氏体相变，在第一次相变中所形成的马氏体浮突结构并未完全消失，可以保留到第二次马氏体相变结构中，第一次和第二次马氏体结构相交叉重叠，形成一种“编织式”结构。图 4-30(b)[40]所示为 Au-Cu-Al 合金在循环热处理过程中由可逆马氏体转变产生的叠加马氏体结构。在热处理之前对母相进行机加工可以形成应力感生马氏体和表面浮突，后续热处理产生的马氏体结构也可叠加到应力感生的马氏体上形成“编织式”结构[43]。这种重叠的“编织式”

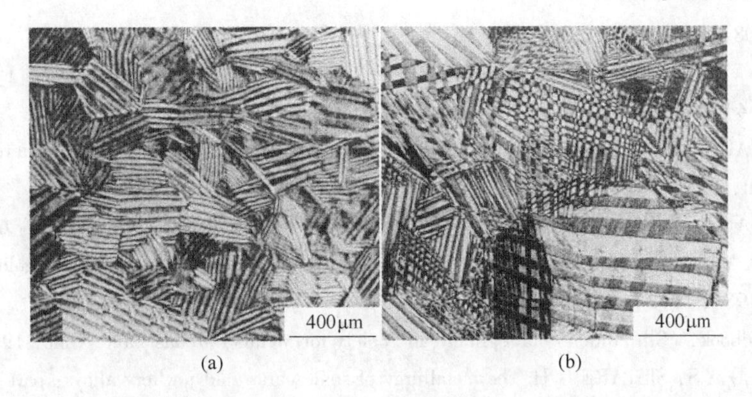

图4-30 Au-Cu-Al合金的“李晶带结构”（a）和叠加“编织式”（b）马氏体结构

马氏体结构可进一步增强其斑斓闪烁效果[44]。

参 考 文 献

[1] 宁远涛，赵怀志．银[M]．长沙：中南大学出版社，2005.

[2] 赵怀志，宁远涛．金[M]．长沙：中南大学出版社，2003.

[3] 宁远涛，杨正芬，文飞．铂[M]．北京：冶金工业出版社，2010.

[4] WISE E M. Palladium Recovery, Properties and Applications[M]. Princeton N J, D Van Nostrand Company, Inc., 1967.

[5] WISE E M. Gold Recovery, Properties and Applications[M]. Princeton N J, D Van Nostrand Company, Inc., 1964.

[6] BENNER L S, SUZUKI T, MEGURO K, et al. Precious Metals Science and Technology[M]. Austin in U. S. A: The International Precious Metals Institute: 1991.

[7] MASSALSKI T B, OKAMOTO H. Binary Alloy Phase Diagrams (2nd Edition Plus Updates)[M]. ASM International Materials Park, OH/National Institute of Standards and Technology, 1996.

[8] 黎鼎鑫，张永俐，袁弘鸣．贵金属材料学[M]．长沙：中南工业大学出版社，1991：60~169.

[9] 宁远涛，李永年，周新铭．高强度钯基弹性合金研究[J]．贵金属，1989，10(1)：1~7.

[10] HOFER F, WARBICHLER P Z. Spinodal decomposition in the gold-nickel system[J]. Z. Metallkunde, 1985, 76(1): 11~16.

[11] ZIELONKA A R. Surface hardening of 24 carat gold jewellery-early results[J]. Gold Technology, 1994, (14): 38~42.

[12] ZIELONKA A R. Improved wear resistance with electroplated gold containing diamond dispersions[J]. Gold Technology, 1995, (16): 16~20.

[13] MATSUDA F, NAKATA K, MORIKAWA M. Surface hardened gold alloys[J]. Gold Bulletin, 1984, 17(2): 55~61.

[14] DRAPER C W. Laser surface alloying of gold[J]. Gold Bulletin, 1986, 19(1): 8~14.

[15] CORTI C W. Metallurgy of microalloyed 24 carat golds[J]. Gold Bulletin, 1999, 32(2): 39~47.

[16] 宁远涛．合金元素对Au的强化效应与应用[J]．贵金属，2002，23(3)：51~56.

[17] NING Y T. Microalloying of gold and gold alloys[J]. Precious Metals, 2008, 29(2): 55~61.

[18] NING Y T. Alloying and strenthening of gold via rare earth metal additions[J]. Gold Bulletin, 2001, 34(3): 77~87.

[19] NING Y T. Alloying and strenthening effects of rare earths in palladium[J]. Platinum Metals Rev., 2002,

46(3): 108 ~ 115.

[20] GAFNER G. The development of 990 gold-titanium: its production, use and properties[J]. Gold Bulletin, 1989, 22(4): 112 ~ 122.

[21] OTT D, RAUB C J. Einflußß kleiner zusätze auf die eigenschsften von gold und goldlegierung, teil I: gold [J]. Metall, 1980, 34(7): 629 ~ 633.

[22] OTT D, RAUB C J. Grain size of gold and gold alloys[J]. Gold Bulletin, 1981, 14(2): 69 ~ 74.

[23] RIABKINA M, GALOR L, FISHMAN Y, et al. Grain-refined recrystallized 14-carat gold alloy[J]. Gold Bulletin, 1984, 17(2): 62 ~ 67.

[24] Metal Handbook, (8th edition)[M]. American Society for Metals, Metals Park, Ohio, 1973.

[25] MCDONALD A S, SISTARE G H. The metallurgy of some carat gold jewllery alloys: part Ⅰ-coloured gold alloys[J]. Gold Bulletin, 1978, 11(3): 66 ~ 73.

[26] RAPSON W S. The metallurgy of the coloured carat gold alloys[J]. Gold Bulletin, 1990, 23(4): 125 ~ 133.

[27] AGARVAL D P, RAYKHTSAUM G, MARKIC M. In search of a new gold[J]. Gold Technology, 1995, (15): 28 ~ 37.

[28] NORMANDEAU G, ROETERINK R. The optimization of silicon alloying additions in carat gold casting alloys[J]. Gold Technology, 1995, (15): 4 ~ 15.

[29] MCCLOSKEY J C, AITTHAL S, WELCK P R. Silicon microsegregation in 14K yellow gold jewelry alloys [J]. Gold Bulletin, 2001, 34(1): 3 ~ 13.

[30] MCDONALD A S, SISTARE G H. The metallurgy of some carat gold jewllery alloys: part Ⅱ-nickel containing white gold alloys[J]. Gold Bulletin, 1978, 11(4): 128 ~ 131.

[31] NORMANDEAU G. White golds: a review of commercial material characteristics & alloys design alternatives [J]. Gold Bulletin, 1992, 25(3): 94 ~ 103.

[32] NORMANDEAU G, ROETERINK R. White golds: a question of compromises conventional material properties to alternative formulations[J]. Gold Bulletin, 1994, 27(3): 70 ~ 86.

[33] SUSZ C P, LINKER M H. 18 carat white gold jewellery alloys[J]. Gold Bulletin, 1980, 13(1): 15 ~ 20.

[34] GERMAN R M, GUZOWSKI M M, WRIGHT D C. The colour of gold-silver-copper alloys[J]. Gold Bulletin, 1980, 13(3): 113 ~ 116.

[35] Guidelines for Manufacturing Jewellery and Associated Products in order to Avoid Nickel Allergy[C]// CEN Technical Committee, CEN 283WG4, Feb. 26, 1992.

[36] DABALA M, MAFREINI M, POLOERO M, et al. Production and characterization of 18 carat white gold alloys conforming to European directive 94/27CE[J]. Gold Technology, 1999, (25): 29 ~ 31.

[37] BAGNOUD P, NICOUD S, RAMONI P. Nickel allergy: the european directive and its consequences on gold coatings and white gold alloys[J]. Gold Technology, 1996, (18): 11 ~ 19.

[38] 孙加林，张康侯，宁远涛，等．贵金属及其合金材料[M]//黄伯云等．《中国材料工程大典》第5卷，有色金属材料工程（下），第12篇，北京：化学工业出版社，2006.

[39] POLIERO M. White gold alloy for investment casting[J]. Gold Technology, 2001, (31): 10 ~ 20.

[40] 张永俐，李关芳．首饰用开金合金的研究与发展(I)[J]．贵金属，2004，25(1)：46 ~ 54.

[41] HENDERSON S, MANCHANDA D. White gold alloys: colour measurement and grading [J]. Gold Bull., 2005, 38(2): 55 ~ 67.

[42] 宁远涛．斑斓闪烁“示斑金”[J]．贵金属，2000，21(3)：64 ~ 70.

[43] WOLFF I M, CORTIE M B. The development of spangold[J]. Gold Bulletin, 1994, 27(2): 44 ~ 54.

[44] LEVEY F C, CORTIE M B. A 23 carat alloy with a colourful sparkle [J]. Gold Bulletin, 1998, 31(3): 75 ~ 80.

5 金合金饰品材料

5.1 金合金饰品的成色

金合金饰品的成色是指其中金的含量。按国际惯例，饰品成色一般只表示金含量，而对其他元素成分则不予公示。金成色以质量分数表示，因而在本书中除特别注明外，金合金成色与含量均为质量分数。金合金饰品的成色有不同表示方式，常见有如下几种：

（1）百分比法。即以质量分数表示饰品中金含量，如95% Au、90% Au、80% Au等，这是最常用的成色表示法。百分比法也适用于其他贵金属饰品合金。工业上，贵金属产品的纯度通常表示为商业纯（99.9%）、化学纯（99.99%）和物理纯（99.999%）。

（2）千分比法。即以千分质量分数表示饰品中贵金属含量，常以“9999”或“999”等数字表示，故又称为数字法。如“9999Au”即999.9‰Au，“990Au”即990‰Au，“950Au”即950‰Au，“900Au”即900‰Au等。同样，银、钯和铂饰品的成色也以千分比法表示。

（3）开金法。开金一词来源于英文词“carat”，原用于表示宝石的质量单位，称“克拉”，1克拉等于0.2g。后用于金饰品作为金成色单位符号，并以“K”表示。按金饰品合金中金含量，定义100% Au为24K，则1K = 4.1666%。这样，饰品金合金的金成色按其质量分数从高到低分为24K、22K、18K、16K、14K、12K、10K、9K等不同纯度标准。

（4）称谓法。中国1990年8月开始实施的金银纯度标准规定，中国黄金饰品纯度标准定为“足金”、“千足金”和“纯金”三档，其金的质量千分数分别不小于990‰、999‰和999.9‰。中国人民银行公布黄金价格时，也相应将其分为“足金价”、“千足金价”和“纯金价”三档。

（5）成色法。民间常以成色称谓黄金饰品，即以10% Au为1成，1% Au为1色，0.1% Au为1点。“八成金”表示80% Au，“九成九色五点”则为99.5% Au。这种成色法现在已很少使用。

以前中国不同地区制定了不同的金饰品成色标准，因而金饰品市场上常使用多种成色标准[1,2]。自颁布金饰品成色的国家标准后，已逐步废除各地区早年制定的地区标准，采用统一的国家标准，并与世界标准接轨。表5-1[1,3]列出了中国开金首饰成色的国家标准，它与国际标准化组织（ISO）推荐的开金成色标准相同。

表5-1 中国开金饰品成色的最低金含量（国家标准GB 11887—2002）

开　数	24K	22K	21K	20K	18K	14K	12K	10K	9K	8K
质量千分数/‰	999.9	916.7	875	833	750	585	500	417	375	333

基于不同的历史渊源，不同地区与民族对饰品成色有不同的要求。足金饰品历来深受中华民族的喜爱，近年来18K金饰品也赢得青睐。印度与阿拉伯国家则流行22K和21K

饰品。我国通常采用18K、14K和9K金饰品。欧洲南部国家如意大利、法国和葡萄牙基本上采用18K金，德国与英国等欧洲北部国家原以8K和9K金为主，高开金所占份额较少，但现已逐渐废除8K金标准，转而采用9K、14K和18K金。美国饰品金以14K和18K为主，同时规定饰品用金最低成色为10K(416‰Au)。

5.2 纯金和微合金化高强度金饰品材料

5.2.1 纯金饰品

纯金饰品具有美丽灿烂的金黄色泽，高的化学稳定性，优异的美学观赏性，高的保值增值作用，深受东方人喜爱。中国人民自古以来就有佩戴和收藏纯金饰品的喜好和习惯。

传统纯金饰品的纯度在不同国家和地区有很大差别，有些地区将金含量96%以上的金通称为纯金。中国的"足金"、"千足金"、"纯金"和现代意义上的"24K金"都属于纯金，但其纯度差别很大。按国际标准化组织（ISO）推荐金成色标准和中国现执行的国家标准，"24K"为纯金（即99.99%Au）。但在各国珠宝市场上，只有用做投资的大小金锭和金币的纯度能达到99.99%Au。因各种商业纯金饰品有一定的硬度和耐磨性要求，允许含有少量杂质，其纯度一般应为99.9%Au或更高。

退火态纯金硬度和强度低，退火态纯金的硬度HV约为25，抗拉强度约为125MPa，伸长率约为45%。金可通过冷变形强化，但加工硬化率不高，经60%冷加工后其硬度HV仅达到约58（见图5-1[4]）。因此，纯金用做饰品很软，即使加工态纯金硬度也不高，易变形和划伤，不能镶嵌宝石，只能用做素净饰品，如项链、戒指、耳环、坠饰和某些摆饰艺术品等。

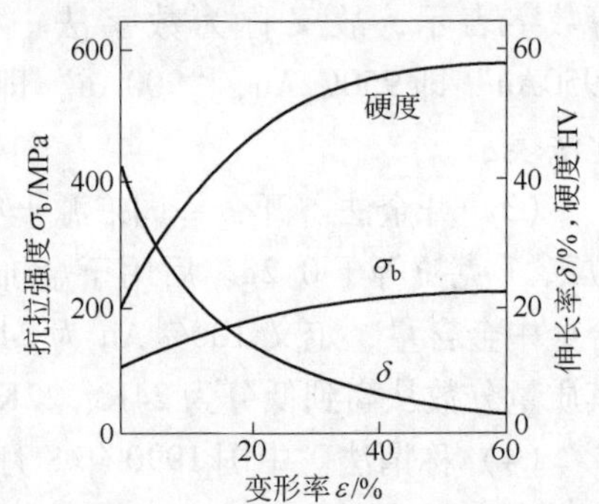

图5-1 纯金的加工硬化曲线

5.2.2 微合金化高强度纯金

为了保证纯金饰品既有金的色泽，同时具有更高强度和硬度，最佳途径就是微量合金化。

微合金化高强度金是在纯金中引入质量分数为0.0001% ~0.5%的微量强化元素，使之既保持24K金的纯度与色泽，同时又具有比普通纯金更高的强度性质。由第4章已知，金的常用的微合金化元素主要包括碱金属与碱土金属（Li、K、Be、Mg、Ca、Sr等）、稀土金属（La、Ce、Gd、Y等）、类金属（Si、B）、某些过渡金属（Co、Zr、Pt等）和某些简单金属（Al、Cu等），其强化机制涉及固溶强化、沉淀强化和细化晶粒致强化等。在微合金化金的诸多配方中，通常以Ca、Be、Mg、RE等作为主要强化元素，再配以其他辅助元素，或多种微量元素相互组合加入纯金中，可以发展品种繁多的高强度金。

表5-2[5,6]列出了多种微合金化强化金的性能，同时列出普通纯金（99.99%Au，简称4N纯金）以及22K和18K金合金的力学性能作为比较。高强度纯金有多种配方，典型配方是在纯金中添加0.02% ~0.2%Ca、Be、Ge和B等元素，其中以Ca为主要强化元素，具有固溶和沉淀强化效应。其他的配方是在纯金中添加0.001% ~0.1%包括Mg、RE、Y、

Al、Co、Pt、Si、Sb 等在内的多种金属组合。这些合金的加工态硬度 HV 和强度分别可达到 125 和 500MPa，进一步时效可使硬度 HV 升高到 140 ~ 150。与普通 4N 纯金比较，高强度纯金与 4N 纯金实际上有相同的熔点，但其强度提高约 3 ~ 3.5 倍，硬度提高近两倍。与标准黄色开金相比较，高强度纯金的硬度可达到 22K 合金硬度的水平。图 5-2 所示为高强度纯金与 4N 纯金经 80℃/700h 时效后的硬化效应，前者保持其高的硬度值基本不变，而普通纯金时效 50h 明显软化。若以 HV 为 80 作为饰品可接受的耐磨性最低硬度标准，高强度纯金已超过这个标准，普通纯金尚未达到。

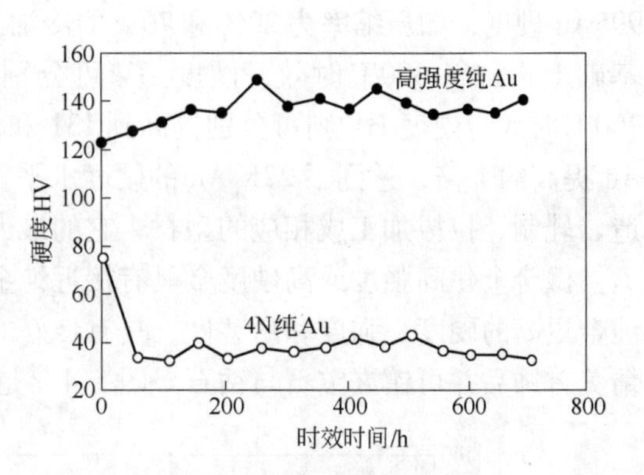

图 5-2　高强度 Au 与普通 4N 纯 Au 的时效硬化曲线

表 5-2　某些商用高强度纯金的性能

材料名称	Au(质量分数)/%	硬度 HV			强度/MPa		使用状态	制作公司（注解）
		退火态	冷加工	时效态	退火	加工		
高强度纯金	99.9	55	125	140 ~ 150	420	500	时效态，可铸造	Mitsubishi，日本
THAu	99.9	35 ~ 40	90 ~ 100	—	—	—	加工态，可铸造	Tokuriki Honten，日本
24K 硬 Au①	99.5	32	100	131 ~ 142	160	330	时效态	Mintek，南非
Uno-A-Erre	99.6	33	87	—	—	—	加工态	Uno-A-Erre，意大利
24K Au	99.8	62	118	130	—	360	加工态	
DiAurum Au24	99.7	60	95	—	—	—	铸态、加工态	Titan，英国
“3O”纯金②	99.7	63	106	145 ~ 176	—	—	时效态	Three O Co.，日本
普通 4N 纯金	99.99	30	60	—	120	185		
22K Au 合金	91.7	52	100 ~ 138	—	220	440	可铸造	(Au-5.5Ag-2.8Cu)
18K Au 合金	75.0	150	190 ~ 225	230	500	770	时效态，可铸态	(Au-12.5Ag-12.5Cu)

①24K 硬 Au，含有 Co、Sb 强化元素；时效态硬度和强度值为预变形后于 250 ~ 300℃时效态值，预变形 $\varepsilon = 80\%$ 后时效态强度值为 360MPa。②“3O”纯金含 0.01% ~ 0.3% Gd（Gd > 0.005%）、Ca、Al、Si 等元素，它的杨氏模量为 82.5GPa。

5.2.3　微合金化高强度 995Au

表 5-2 中的“24K 硬金”含有 99.5% Au，按千分比法称为“995Au”，其配方为 99.5Au-0.3Sb-0.2Co。由相应二元系相图可知，富 Au 的 Au-Sb 合金为共晶系，在 500 ~ 700℃，Sb 在 Au 中溶解度约为 1%。随着温度降低，固溶度急剧降低，在 300℃以下温度 Sb 的固溶度可忽略不计，并析出富 Sb 相（$AuSb_2$），因而具有沉淀强化效应。Au-Co 合金为简单共晶系，共晶温度下 Co 在 Au 中最大固溶度为 8%，温度降低到 500℃以下时 Co 的固溶度降低接近于零，因而 Co 也具有沉淀强化作用，同时 Co 可以抑制 Au 和 Au-Sb 合金的再结晶。铸造 995Au 的硬度 HV 为 60，退火态硬度 HV 和强度分别为 30 和 160MPa。对退火态或预变形态的 995Au 在 250 ~ 300℃时效，$AuSb_2$ 沉淀相以小碟片状析出，可获得较好硬化，如图 5-3[7] 所示。退火态 995Au 的时效时间长且硬化效果相对较低，冷变形提高

995Au 硬度，如压缩率为20%和70%的冷加工可使硬度HV分别提高到约80和100，在此基础上再进行300℃时效，硬度HV可分别提高到约120和130，强度也可提高。若在250℃时效，硬度HV则可分别提高到131和142。可见预变形+时效态995Au的硬度比纯Au提高约1倍，达到了22K Au的硬度水平。995Au具有好的铸造性和加工性，可经受锻造、轧制、拉拔加工成相应的型材，它的最大优点是可以重熔和循环使用。

微合金化高强度或高硬度金具有接近纯金和24K金的纯度并保持纯金的色泽，具有比纯金更高的硬度、强度和耐磨性，具有良好的铸造性、可加工性和机加工性，可制作各种精美首饰品并可镶嵌宝石与钻石。图5-4[8]是用24K硬金制作的饰品，显示金黄的色泽。

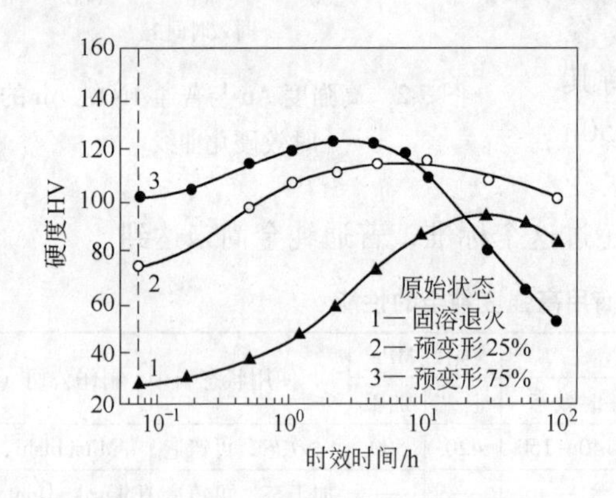

图5-3 固溶退火态和预变形态的995Au在300℃时效硬化效应

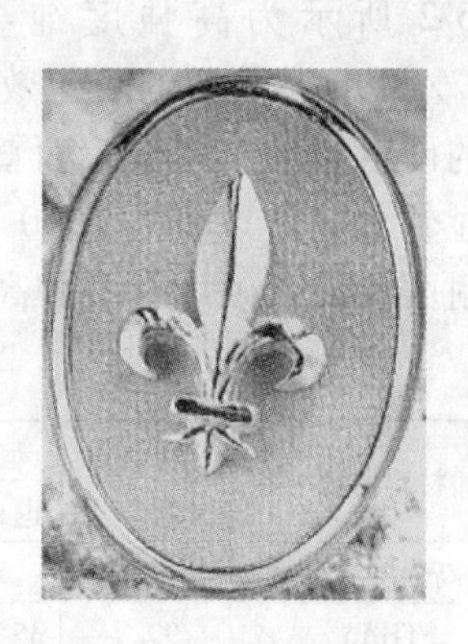

图5-4 24K硬金制作的饰品

5.3 23.7K Au-Ti 饰品合金

由第4章可知，Au-Ti合金具有高的沉淀强化效应，其沉淀相是Au_4Ti。基于Au-Ti系的冶金学特性，近年开发了含1%Ti的颜色开金合金，按质量千分数表示为990Au-10Ti或990Au-Ti合金，简称990Au，按成色为23.7K合金。

990Au呈金黄颜色，密度为19g/cm^3，熔化温度为1090℃±10℃。铸态990Au具有粗大不均匀的晶体尺寸和相对低的韧性。在990Au中添加少量Ru和B明显细化晶粒尺寸和改善韧性，如990Au-9.1Ti-0.5Ru-0.4B铸态合金具有细小均匀的晶粒尺寸和相对高的韧性。退火态990Au具有高的伸长率和好的加工性，冷变形压缩率23%时硬度HV为125。该合金具有沉淀硬化效应，其硬化程度与其原始状态（退火态、预变形态）、时效温度和时间有关，500℃时效可以获得最高硬度与强度。图5-5[9,10]所示为在500℃时效态和时效后再加工态990Au的力学性能，根据初始预变形程度和时效时间不同，990Au可达到的硬度不同，预变形23%后时效1h硬度HV达到170，时效后再经受23%冷加工硬度HV达到约240，合适的时效处理工艺还可以细化990Au的晶粒。表5-3[9~11]列出了990Au-10Ti合金的典型力学性能，它的加工态硬度远高于纯金和退火态22K金合金，相当于加工态22K合金，它的时效态硬度高于传统22K并达到了18K合金的水平，因而具有高的耐磨性。990Au化学性质稳定，在正常环境中不变晦暗，但在大气中加热时Ti组元易与O_2或N_2反应生成氧化物和氮化物而变晦暗。因此，990Au合金的熔炼和热处理必须在真空或氩气氛保护下进行。

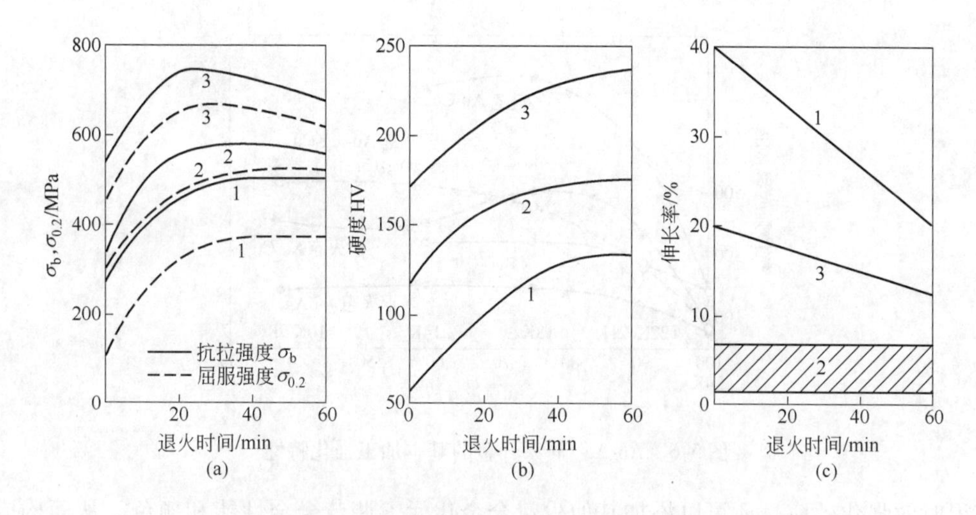

图 5-5　500℃时效对 3 种原始状态 990Au-10Ti 合金力学性能的影响

（a）抗拉强度与屈服强度；（b）硬度；（c）伸长率

1—原始态为退火态；2—原始态为 23%冷加工态；3—500℃时效后 + 23%冷变形

表 5-3　990Au-10Ti 合金的典型力学性能

性　能	800℃/1h 退火后水淬	冷加工态（压缩率 23%）	500℃/1h 时效态①
硬度 HV	70	120	170 ~ 240
0.2%屈服强度/MPa	90	300	360 ~ 660
抗拉强度/MPa	280	340	500 ~ 740
伸长率/%	40	2 ~ 8	2 ~ 20

①时效态性能的范围取决于原始状态为退火态或预变形态，时效后再加工进一步提高硬度。

20 世纪 80 年代，国际金委员会（World Gold Council）提倡发展具有高强度性能的含 99.0% Au 的饰品金合金，990Au-10Ti 合金是一个成功的例证。在合金设计上，它改变了传统 Au-Ag-Cu(Zn)合金的设计理念，创造了 23.7K 金合金（可视为 24K 金），既保持了高开金合金的品质和色泽，又具有相当于 18K 或 14K 黄色开金的耐磨性，因而能用于镶嵌宝（钻）石。990Au-10Ti 合金一经推出，开发商即将它制作成结婚钻戒，深受青年喜爱。后来，逐步推广到制造其他首饰、手表零件和装饰品，如表壳和眼镜框架等。

5.4　Au-Ag-Cu 系彩色开金饰品合金

5.4.1　Au-Ag-Cu 系开金的基本加工强化特性

图 5-6[5] 所示为 Au-Ag-Cu 系开金的基本加工强化特性。Ag 原子半径与 Au 相同，它对 Au 的强化贡献小。Cu 与 Au 的原子尺寸差约 11.4%，对 Au 有较大的晶格畸变和较高的强化效应。因此，Au-Cu 开金的强度高于 Au-Ag 开金；冷变形开金的强度高于退火态开金；Au-Ag-Cu 开金的强度随着合金化程度增大即开数减小而增高。

Au-Ag-Cu 是最基本、最重要的彩色开金饰品材料。在 Au-Ag-Cu 合金系中，Au 组元是其化学稳定性的保证，调节 Ag、Cu 组元的比例不仅可以控制合金的力学性质，也可调节合金的颜色。基于该合金系的相结构特征与冶金学，借助于相分解和有序化等结构变化

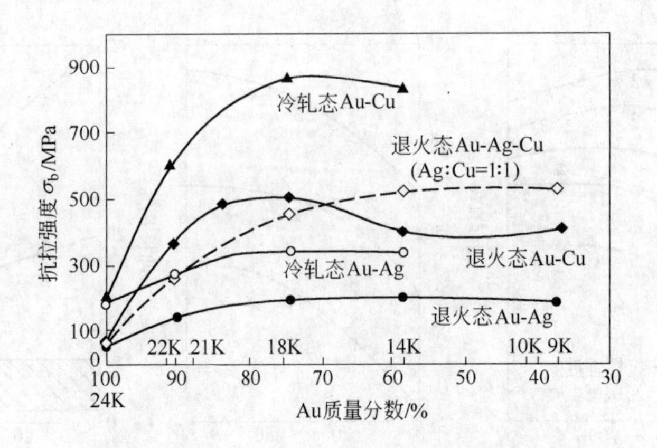

图 5-6 Au-Ag-Cu 系开金的基本加工强化特性

可获得时效强化效应，还可以添加其他少量合金化元素调节合金性能和颜色，从而构成了丰富多彩的彩色开金合金系，包含了从 22K 高开金到 8K 金合金。

5.4.2 22K Au-Ag-Cu 合金

早在 1527 年，英国已采用 22K Au-Ag-Cu 合金制作金币；1560 年，22K 合金被用于制造首饰和其他饰品，有时用来制造表壳，但因其硬度较低后来很少使用。22K 金被认为是最圣洁的纯度[4]，直至今日仍被用来制作婚戒。

22K 金是 Au 含量为 91.66% 的二元 Au-Ag、Au-Cu 合金和三元 Au-Ag-Cu 合金，它们的性能和颜色随 Ag、Cu 含量不同而变化，基本规律是：随着 Cu 含量增加，合金的硬度和拉伸强度随之增大，伸长率随之降低，无时效硬化效应，颜色由黄色经深黄色转变到红黄色。图 5-7[4] 所示为 Cu 含量对 22K Au-Ag-Cu 合金力学性能的影响，图 5-8[12,13] 所示为退火温度对 22K Au-Ag-Cu 合金力学性能的影响，表 5-4 列出了广泛用于首饰制造的两个标准 22K 金合金的性能。一般地说，含 2% ~5% Cu 的 22K 金具有最好的黄色与性能匹配。

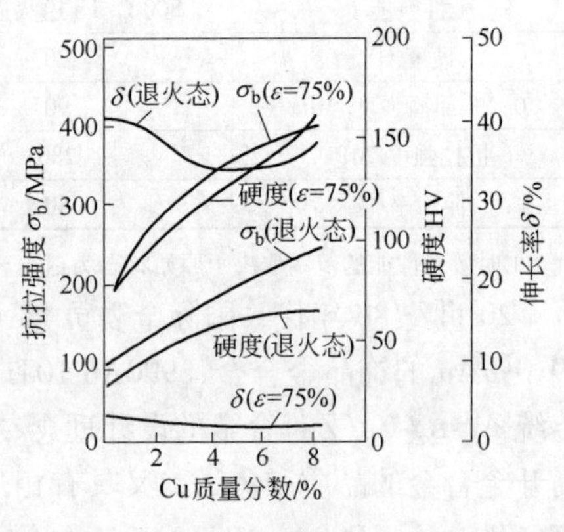

图 5-7 Cu 含量对 22K Au-Ag-Cu 合金力学性能的影响

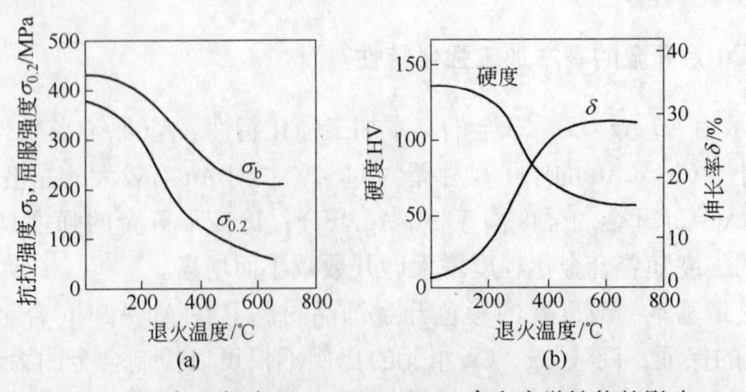

图 5-8 退火温度对 917Au-55Ag-28Cu 合金力学性能的影响

表 5-4 两个 22K 标准颜色合金的性能（合金成分以质量千分数计）

性能		917Au-32Ag-51Cu（名称;22LS(暗黄)）	917Au-55Ag-28Cu（名称;22LS(黄)）
密度/g·cm^{-3}		17.8	17.9
熔化温度/℃		964 ~ 982	995 ~ 1020
颜色		暗黄色①	黄色①
硬度 HV	铸态	80	65
	20%冷加工态②	120	100
	75%冷加工态②	165	138
	600℃/30min 退火态③	70	52
拉伸强度 σ_b/MPa	20%冷加工态②	360	290
	75%冷加工态②	500	440
	600℃/30min 退火态③	275	220
屈服强度 $\sigma_{0.2}$/MPa	20%冷加工态②	270	210
	75%冷加工态②	450	380
	600℃/30min 退火态③	95	60
伸长率/%	20%冷加工态②	1.5	3
	75%冷加工态②	1.0	0.5
	600℃/30min 退火态③	30	27
埃里克森杯突深度④/mm	600℃/30min 退火态③	9.2	10.5

①颜色按瑞士 NIHS-03-50(1961)标准、法国 CETEHOR-07-70(1966)标准和德国 DIN8238（1966）标准；②加工态是在 600℃/30min 退火态基础上冷加工；③退火态是在 75%冷加工态基础上退火；④杯突试验是在厚 0.5mm 退火片材试样上按德国 DIN50102 标准执行。

针对传统 22K 金合金无时效硬化的缺点，南非闵特克公司开发了具有时效硬化效应的新型 22K 硬开金[14]。它不含对人体健康有害的元素，具有与传统 917Au-55Ag-28Cu (22LS) 合金相近的黄色和优良的抗腐蚀性、好的铸造性、好的冷加工性和时效硬化特性，因而具有更高的硬度和耐磨性。该合金在退火态、70%冷变形态和 300 ~ 400℃时效态的硬度 HV 分别为 94、170 和 274，明显高于表 5-4 中 22LS（黄）合金的硬度。虽然 22K 硬开金的成分未公布，但由高强度纯金配方可知，发展 22K 硬开金的设计思想仍是借助微合金化时效硬化效应。

5.4.3 21K Au-Ag-Cu 合金

21K 金合金是含有 87.5% Au 的 Au-Ag、Au-Cu 和 Au-Ag-Cu 合金。表 5-5[15] 列出了 3 个典型的 21K 金合金的物理和力学性能，图 5-9 和图 5-10 所示为在冷加工和退火状态下 875Au-17.5Ag-107.5Cu 合金的力学性能，另外两个合金的力学性能也有类似的变形趋势。21K 金合金具有好的冷加工性和高于 22K 金的加工硬化率，但无明显时效硬化效应，通过时效热处理不能期望获得高的强化。因 875Au-125Cu 合金是含有高量 Cu 的 Au-Cu 二元合金，相对于两个三元合金，它具有更高的力学性能，致使合金在冷加工过程中有形成裂纹的倾向，但通过控制适当的加工和退火工艺仍可加工成材。

表 5-5 典型 21K 金合金的性能（合金成分以质量千分数计）

性 能		875Au-45Ag-80Cu	875Au-17.5Ag-107.5Cu	875Au-125Cu
密度/$g \cdot cm^{-3}$		16.8	16.8	16.7
熔化温度/℃		940 ~ 964	928 ~ 952	926 ~ 940
颜 色		淡黄色（3N ~ 4N）①	粉红色（4N ~ 5N）①	红色（5N）①
硬度 HV	铸 态	96	108	121
	30% 加工态②	176	194	180
	70% 加工态②	194	219	214
	退火态③	100	116	123
拉伸强度/MPa	30% 加工态②	580	611	648
	70% 加工态②	688	740	748
	退火态	363	359	396
屈服强度/MPa	30% 加工态②	559	576	622
	70% 加工态②	638	656	737
	退火态③	212	226	244
伸长率/%	30% 加工态②	0.7	0.9	1.0
	70% 加工态②	0.6	0.6	0.5
	退火态③	37	37	38
埃里克森杯突深度④/mm	退火态③	10.5(11kN)	10.5(11kN)	8.9(10.5kN)

① 颜色按德国 DIN EN 28654 标准和 ISO 8654 标准；②加工态是在 700℃/60min 退火态基础上冷加工；③退火态是在 70% 冷加工态基础上进行 700℃/60min 退火；④杯突试验是在厚 0.5mm 退火片材试样上按德国 DIN50102 标准执行。

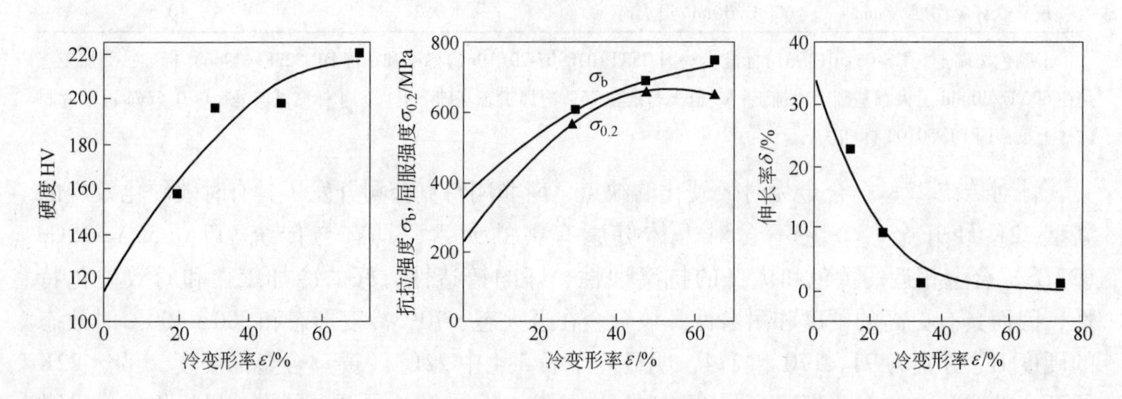

图 5-9 冷变形对 875Au-17.5Ag-107.5Cu 合金的力学性能的影响（预处理：700℃/60min）

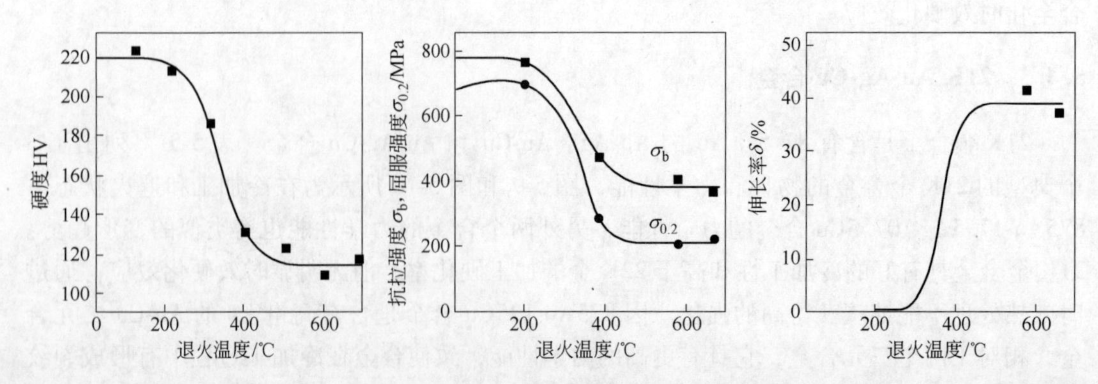

图 5-10 退火处理对 875Au-17.5Ag-107.5Cu 合金力学性能的影响（预处理：70% 冷变形；退火时间 1h）

5.4.4 20K Au-Ag-Cu 合金

1783 年，爱尔兰确定 20K Au-Ag-Cu 合金为金饰品法定标准纯度[4]，这个品牌合金一直沿用至今。20K 金合金的金含量为 83.33%，其余是 Ag 和 Cu。图 5-11[4] 所示为 Cu 含量对 20K Au-Ag-Cu 合金力学性能的影响：随着合金中 Cu 含量的增加，退火态和冷变形态 20K 金合金的强度和硬度增高，而伸长率则有所降低。商品 20K 金合金也有诸多不同配方，某些典型的合金成分和颜色见 5.4.9 节。

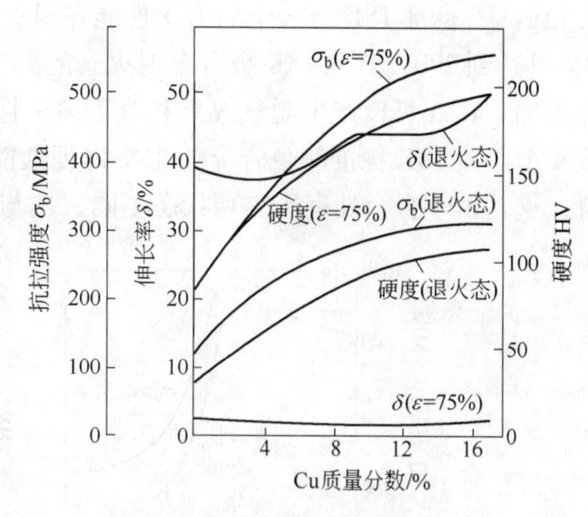

图 5-11 Cu 含量对 20K Au-Ag-Cu 合金力学性能的影响

5.4.5 18K Au-Ag-Cu 合金

5.4.5.1 传统 18K Au-Ag-Cu 合金

1482 年，英国制造 18K Au-Ag-Cu 合金并确定为金合金饰品法定标准纯度[4]。自那以后，18K Au-Ag-Cu 合金获得了很大的发展。18K 金合金具有较高的硬度和丰富多彩的色泽，并且具有相对高的金含量和保值、增值作用，用于制造各种类型的珠宝首饰和装饰品，深受消费者的喜爱。为了迎合青年人对 18K 金饰品的喜爱，国际金委员会与著名珠宝制造商合作创造了一个新的术语"K-gold"作为 18K 开金特征标记，用以催生开金珠宝饰品的新概念和新设计。

18K Au-Ag-Cu 合金含 75% Au，其余为 Ag 和 Cu。随 Cu 含量由低到高，18K 金合金的颜色能先后显示 1N(浅黄色)、2N(淡黄色)、3N(黄色)、4N(粉红色)、5N(红色)等标准颜色。图 5-12[4] 所示为 18K 金合金力学性能与 Cu 含量的关系，随着 Cu 含量增加，合金的强度、硬度和退火态伸长率先升高，在 15% ~25% Cu 含量时达到峰值后降低，加工态合金的伸长率则持续降低。图 5-13[4] 所示为 18K Au-Ag-Cu 合金的时效硬化曲线，Cu 含量达到 20% 时合金的时效硬度 HB 达到 210。图 5-14[16,17] 所示为冷变形 75% 的 750Au-125Cu-

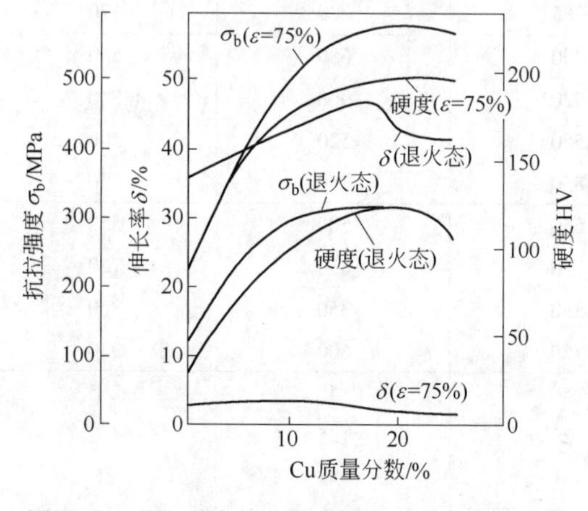

图 5-12 18K 金合金力学性能与 Cu 含量的关系

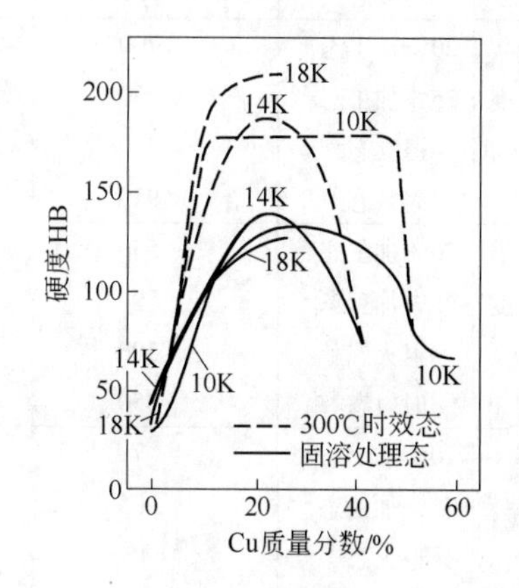

图 5-13 18K、14K 和 10K 合金的时效硬化曲线

125Ag(‰)标准 18K 金合金的力学性能在退火过程中的变化，经 75% 预变形的时效态硬度 HV 可达到 290，其他 18K 金合金退火态的力学性能也呈类似的关系。向 18K Au-Ag-Cu 合金添加 2% Zn 可以产生脱氧效果和改善铸造性能，可用于制造铸件饰品。表 5-6[16,17] 列出了 4 个经典 18K 标准颜色合金的主要物理性能，表中强度性质与图 5-12 曲线值不完全相符，这是由于合金处理历史和状态不同，也与不同研究人员的工作有关。

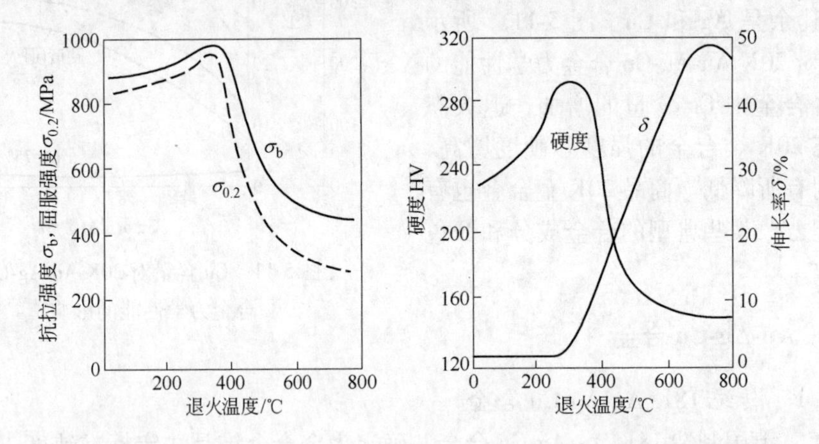

图 5-14　冷变形 75% 的 750Au-125Cu-125Ag(‰)合金的力学性能在退火过程中的变化

表 5-6　4 个 18K 标准颜色合金的性能（合金成分以质量千分数计）

性　能		750Au-45Ag-205Cu（名称:Au750S(红)）	750Au-90Ag-160Cu（名称:750Y-4）	750Au-125Ag-125Cu（名称:750Y-3）	750Au-160Ag-90Cu（名称:750Y-2）
密度/g·cm^{-3}		15.15	15.3	15.45	15.6
熔化温度/℃		890～895	880～885	885～895	895～920
颜　色		红色(5N)①	粉红色(4N)①	黄色(3N)①	淡黄色(2N)①
硬度 HV	铸　态	270	200	170	135
	20% 加工态②	200	200	190	170
	75% 加工态②	240	240	225	210
	退火态③	165	160	150	135
	时效态④	325	285	230	170
拉伸强度/MPa	20% 加工态②	700	700	680	650
	75% 加工态②	950	920	900	800
	退火态③	550	550	520	500
	时效态④	950	850	750	550
屈服强度/MPa	20% 加工态②	550	550	500	550
	75% 加工态②	800	770	850	720
	退火态③	300	330	350	300
	时效态④	850	750	600	350
伸长率/%	20% 加工态②	7	5	4	2.5
	75% 加工态②	1.5	2	1.5	1.2
	退火态③	40	40	40	35
	时效态④	4	7	15	35

续表 5-6

性能		750Au-45Ag-205Cu（名称：Au750S（红））	750Au-90Ag-160Cu（名称：750Y-4）	750Au-125Ag-125Cu（名称：750Y-3）	750Au-160Ag-90Cu（名称：750Y-2）
埃里克森杯突深度⑤/mm	退火态③	7(10kN)	7(9.5kN)	7(9kN)	7(8kN)

① 颜色按瑞士 NIHS-03-50（1961）标准、法国 CETEHOR-07-70（1966）标准和德国 DIN8238（1966）标准；②在 550℃/30min 退火态基础上冷加工；③在冷变形 75% 基础进行 550℃/30min 退火；④在 550℃/30min 退火态基础上进行 280℃/60min 时效；⑤杯突试验是在厚 0.5mm 退火片材试样上按德国 DIN50102 标准执行。

5.4.5.2 高硬度 18K Au-Ag-Cu 合金

由表 5-6 可知，除高 Cu 含量的退火态 18K 合金时效态硬度 HV 达到 325 外，Cu 含量较低的 18K 合金时效态硬度 HV 都在 300 以下。如 750Au-125Cu-125Ag 标准 18K 合金，在退火态基础上时效硬度 HV 为 230，在冷变形基础上时效硬度 HV 为 290[17]。应该说时效态 18K Au-Ag-Cu 合金的硬度可以满足一般应用的要求，但是对于某些应用，如钟表工业为保证零件精加工和耐磨性，需要更高硬度（HV > 300）的合金，18K Au-Ag-Cu 合金的硬度还需要进一步提高，为此发展了高硬度 18K Au-Ag-Cu 合金。

鉴于传统 18K Au-Ag-Cu 合金的基于相分解和有序化的时效硬化效应已被利用，对 18K Au-Ag-Cu 合金的进一步强化宜采用低合金化或微合金化固溶强化及其所产生的附加沉淀强化。基于这种机制，有广泛的合金化元素可供选择，如 Al、B、Co、Cr、Ir、Mo、Pd、Pt、RE、Rh、Ru、Si、Ti、V、Zn、Zr 等，作为低合金化元素的含量应在 5.0% 以下，微合金化元素的含量应在 0.5% 以下。实验研究证明[18]，在 Au-Ag-Cu 开金中，Co 具有细化晶粒作用并提供以富 Co 的 ε-Co 为沉淀相的沉淀硬化；Ti 可提供以 Au_4Ti 为沉淀相的沉淀硬化；Zr 具有代位式固溶强化和 Au_4Zr 沉淀强化双重作用，少量 Zr 就可以获得硬度 HV 超过 300 的高硬化效应，特别 Zr 可以与 Co 同时加入 18K 金合金中产生附加硬化效应；少量的高熔点铂族金属添加剂可以细化开金的晶粒，Ru 或 Ir 可以提供沉淀硬化，Pt 可以提供相分解强化。向标准 18K 金合金中添加 0.04% ~0.3% B 也可以产生很好地硬化效应，其 300℃ 时效硬度 HV 达到或超过 300，主要机制是 B 的间隙式固溶强化，也可能存在硬的硼化物沉淀强化。虽然 Cr、Mo 和 V 可以提供沉淀强化，但一般需要较高浓度，这有可能漂白或淡化开金合金的颜色。少量 Zn 或 Si 可以改善合金的流动性和铸造性。因此，18K 开金的发展必须综合考虑合金化元素对开金合金力学性能和颜色的影响。表 5-7[18] 列出了具有高硬度的 18K Au-Ag-Cu 合金，它们是以 18K 75Au-12.5Cu-12.5Ag 标准 3N 黄色合金为基础，添加了适当和适量合金化元素的改性 18K 金合金，具有好的铸造性、可加工性和耐腐蚀性。图 5-15 和图 5-16[18] 所示为这些改性 18K 金合金的时效硬化曲线和 CIELAB 色度坐标图，可见经适当热处理，它们的硬度可以超过表 5-6 中相应传统 18K 金合金的时效硬度（HV230），尤其含有适量 Co + Zr 的 18K 合金的时效硬度 HV 甚至超过 320，而颜色接近标准 3N 黄色。

表 5-7 基于 75Au-12.5Cu-12.5Ag 标准 18K 黄色（3N）合金的改性高硬度 18K 金合金（质量分数,%）

序号	Ag	Cu	Zr	Co	PGM	B	Zn	Al
1	12.7	11.5	0.5	0.3	—	—	—	—
2	10.4	12.6	—	0.8	—	—	0.8	0.4
3	12.0	12.0	—	1.0	—	—	—	—
4	12.46	12.46	—	—	—	0.8	—	—
5	12.0	9.0	—	—	4.0Pt	—	—	—
6	12.5	10.5	—	—	2.0Pt	—	—	—
7	10.5	12.5	—	—	2.0Ru	—	—	—
8	10.5	12.5	—	—	2.0Rh	—	—	—
9	10.5	12.5	—	—	2.0Ir	—	—	—

注：合金成分的余量为 Au。

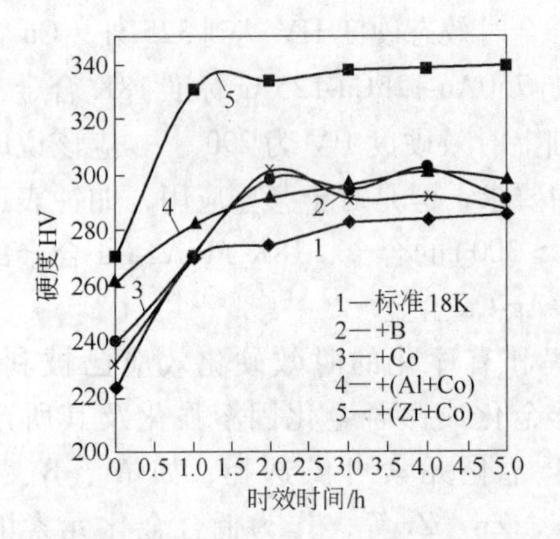

图 5-15 改性 18K Au-Ag-Cu 合金的时效硬化曲线

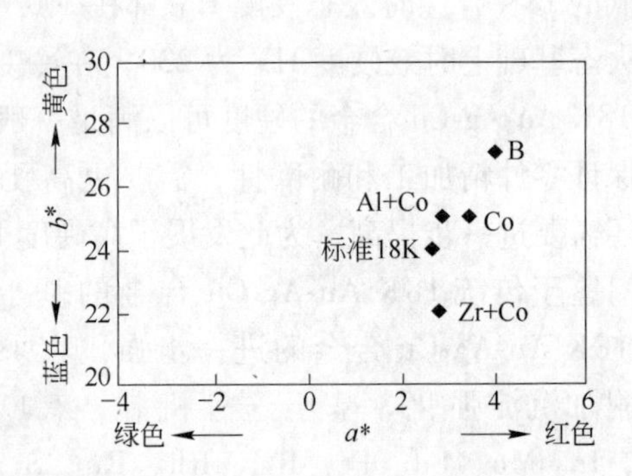

图 5-16 标准和改性 18K Au-Ag-Cu 合金的 CIELAB 色度坐标图

5.4.6 16K 和 15K Au-Ag-Cu 合金

16K Au-Ag-Cu 合金在欧洲和美国使用，日本也偶尔使用，它不是法定金饰品纯度。16K 金合金具有非常漂亮的颜色以及满意的硬度和韧性，可与 18K 金合金相媲美。图 5-17[4] 所示为 16K Au-Ag-Cu 合金的力学性能随 Cu 含量的变化曲线，随 Cu 含量增加，合金的力学性能增高，在 Cu 含量为 15% ~25% 时达到性能峰值后降低。

1854 年，英国确定 15K Au-Ag-Cu 合金为 Au 合金饰品法定纯度和品牌，但在 1932 年废止转而确定 14K Au-Ag-Cu 合金为法定金合金饰品纯度。图 5-18[4] 所示为 15K Au-Ag-Cu 合金的力学性能，性能演变趋势类似于 16K 合金。某些商品 16K 和 15K 金合金详见 5.4.9 节。

5.4.7 14K Au-Ag-Cu 合金

1932 年英国确定 14K Au-Ag-Cu 合金为金合金饰品法定纯度，此后逐步发展为有广泛应用的品牌合金。严格地说 14K 金合金含 58.33% Au，但英国确定 14K 合金含 58.5% Au[4]。这个纯度后来逐渐被其他国家和国际标准化组织（ISO）采用（见表 5-1）。由于

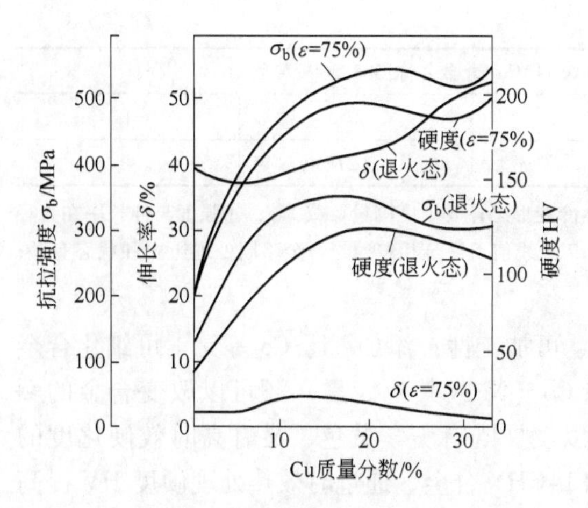

图 5-17 Cu 含量对 16K Au-Ag-Cu 合金力学性能的影响

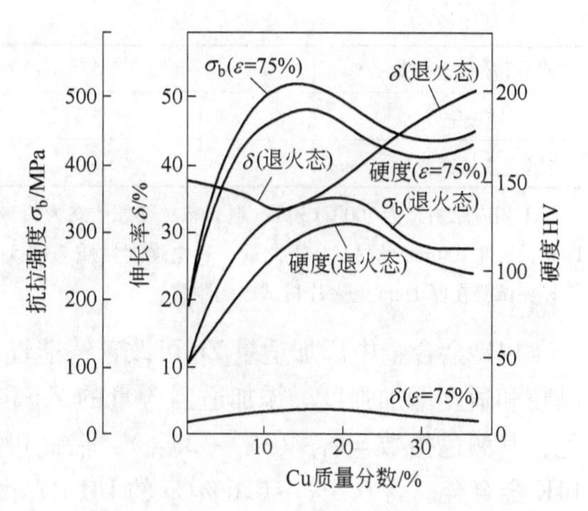

图 5-18 Cu 含量对 15K Au-Ag-Cu 合金力学性能的影响

14K 金合金比 18K 金合金更便宜，因而在欧洲和美国被广泛地用来制造各种珠宝首饰，也用于制造如钟表零件、表壳、镜架和笔尖等装饰品。

图 5-19[4] 所示为 14K Au-Ag-Cu 合金的力学性能与 Cu 含量的关系，图 5-13 所示为 14K 合金的时效硬化曲线，它的时效硬化能力低于 18K 开金。显然，14K 金合金的力学性能在含 20% ~22% Cu 的合金上达到相应的峰值，对于 Cu 含量低于 20% 的合金，随着 Cu 含量增高，退火态和时效态合金的硬度增高，时效硬化能力增大；对于 Cu 含量高于 20% 的合金，随着 Cu 含量增加，合金硬度下降，时效硬化效应减弱。虽然这种特性在其他开金合金上也存在，但在 14K 金合金更明显。另外，随着 Cu 含量增加，14K 金合金的颜色经由暗绿、浅绿、浅绿黄、淡黄、黄、粉红、红、橘红等色过渡到铜红色，显示了丰富的颜色变化。表 5-8[19] 列出了“585/300”品牌合金的性能，其他商用 14K 合金成分和颜色详见 5.4.9 节。

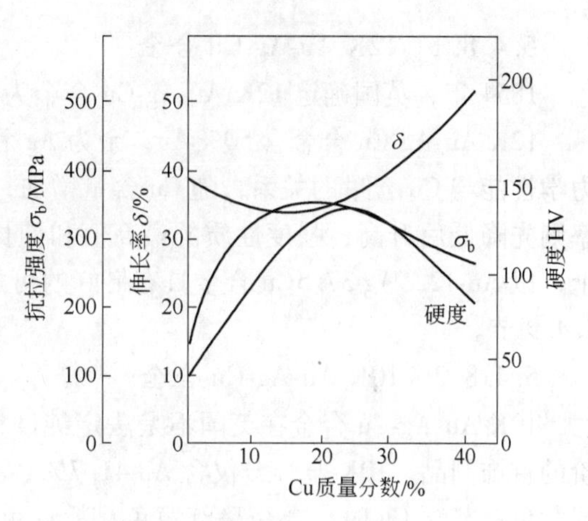

图 5-19 退火态 14K Au-Ag-Cu 合金的力学性能与 Cu 含量的关系

表 5-8 14K 标准黄色合金的性能

成分(质量千分数)/‰	585Au-300Ag-115Cu(合金名称:585/300(黄色))				
密度/g·cm⁻³	14.05				
熔化温度/℃	820 ~885				
合金状态	铸态	20%冷变形①	75%冷变形①	650℃/30min 退火态②	350℃/60min 时效态①
硬度 HV③	147	226	252	150	247
拉伸强度④/MPa		697	932	590	767
0.2%屈服强度④/MPa		647	907	410	731

续表 5-8

成分(质量千分数)/‰	585Au-300Ag-115Cu(合金名称:585/300(黄色))				
伸长率④/%	3		0	17	1
埃里克森杯突深度⑤/mm				10.1(27kN)	

①相应原始态为700℃/30min退火态；②原始态为75%冷变形态；③硬度测量负载1kg；④强度与伸长率在直径1mm、长度100mm丝材试样上测量，表中强度性质与图5-19曲线值不完全相符，与合金不同处理历史和状态有关；⑤杯突试验在厚1mm退火片材试样上测量。

14K金合金中添加适量Zn可改善铸造性、可加工性；添加Ni、Co等元素可细化合金晶粒和适度增加强度。添加适当含量的Zn和Co（Ni或其他元素）还可以改变合金的颜色，其颜色指数 $=w_{Cu}/(w_{Ag}+2w_{Zn})$，借此可以发展既有美学黄色，又有高时效硬化度的14K金合金。含0.4%～0.6%Co的14KPY和14KHY合金，通过时效热处理硬度HV提高到258～275。

5.4.8 12K～9K低开金合金

5.4.8.1 12K Au-Ag-Cu合金

1854年，英国确定12K Au-Ag-Cu合金为金饰品的法定纯度，但在1932年废止。

12K Au-Ag-Cu合金含50%Au，余为Ag和Cu。图5-20[4]所示为12K Au-Ag-Cu合金的力学性能与Cu含量的关系，随Cu含量增加，强度和硬度曲线先增高后降低，退火态伸长率则先降低后升高，强度性质的最高值和伸长率的最低值出现在含15%～20%Cu的合金上，以Au-12.5Ag-37.5Cu合金具有最好的可加工性。某些商用12K合金成分和颜色详见5.4.9节。

5.4.8.2 10K Au-Ag-Cu合金

10K Au-Ag-Cu合金在英国不是法定纯度饰品合金，但在美国被广泛应用于制造较廉价的首饰制品。10K金合金仅含Au 41.7%，当合金组元中富含Ag时，合金呈淡黄色或淡绿黄色；富含Cu时，合金呈红黄色、粉红色或红色。图5-21[4]所示为Cu含量对退火态10K金合金力学性能的影响，图5-13所示为10K金合金的时效硬化曲线。10K金合金具有

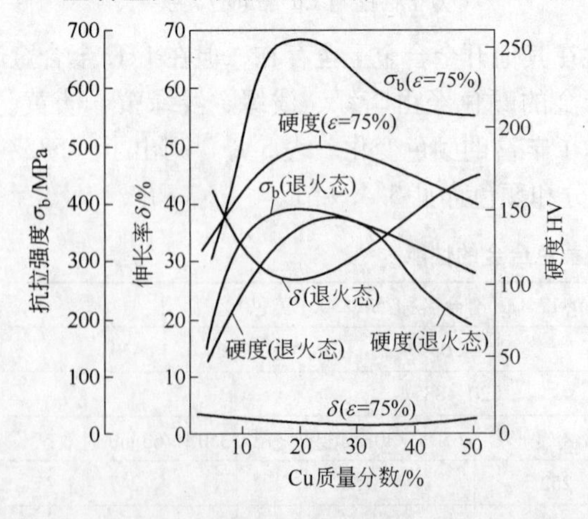

图5-20 12K Au-Ag-Cu合金的力学性能与Cu含量的关系

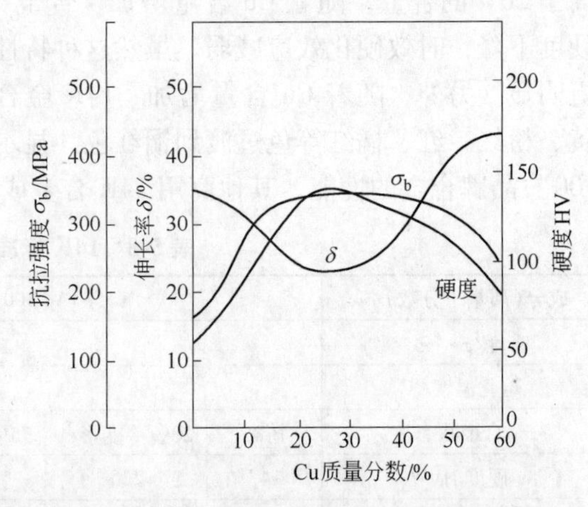

图5-21 退火态10K Au-Ag-Cu合金的力学性能与Cu含量的关系

较好的韧性和可加工性，但色泽和耐腐蚀性不如18K金合金。

5.4.8.3 9K Au-Ag-Cu 合金

1854年英国曾确定9K Au-Ag-Cu合金为法定纯度，用于制造廉价首饰制品。9K金合金的Au含量仅37.5%，合金的颜色相对于Ag和Cu含量变化趋势如10K合金。图5-22[4]所示为Cu含量对退火态9K金合金力学性能的影响，性能曲线的变化趋势也与10K合金相同。9K金合金的色泽和耐腐蚀性也远不如18K金合金。

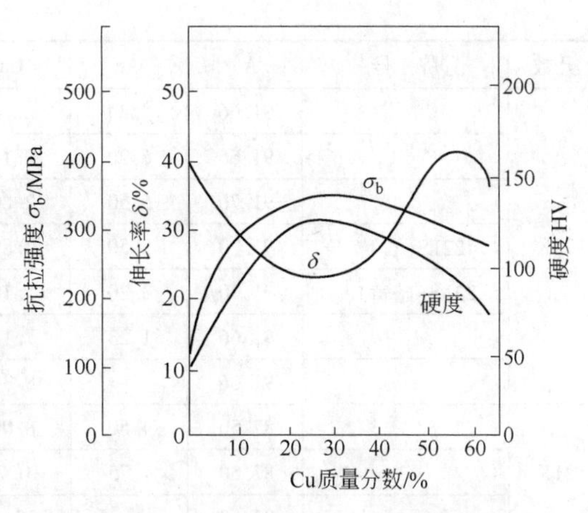

图5-22 退火态9K Au-Ag-Cu合金的力学性能与Cu含量的关系

一些欧洲国家如德国与英国等早年曾采用8K Au-Ag-Cu合金作为饰品合金，因合金中Au含量仅为1/3，其色泽和耐腐蚀性都不尽如人意，现已废除8K金标准，转而采用9K、14K和18K金合金。

5.4.9 商业颜色开金合金

在Au-Ag-Cu开金中，Au含量决定了合金的成色与品质，Ag与Cu含量和比例影响合金的性质和颜色变化趋势。在Au含量一定时，富含Ag的合金的颜色偏向于绿色或白色，富含Cu的合金的颜色偏向于粉红色或红色，当Ag与Cu比例适中时合金呈黄色。由于Au-Ag-Cu开金合金的力学性能随Cu含量增高呈先增高后降低的趋势，当Cu含量较低时，随着Cu含量（或Cu/Ag比例）增大，合金的力学性质倾向于增高；当合金含Cu量较高时，随着Cu含量（或Cu/Ag比例）增大，合金的力学性质和时效硬化能力倾向于降低。这种性能和颜色变化趋势为开金合金提供了丰富的选择和发展空间。

在Au-Ag-Cu开金合金发展过程中，通过国际金委员会及其前身国际金有限公司（International Gold Corporation Ltd.）、德国德古萨公司（Degussa AG）、英国江森·马塞公司（Johnson Matthey Metals Ltd.）和法国Métaux Précieux SA Metalor、德国贵金属和金属化学研究所等单位之间的技术合作，发展了一系列品牌标准颜色开金合金，建立了他们的技术数据[12~24]，它们的饰品在欧洲更为流行。表5-9列出了广泛的彩色开金合金的成分和颜色，其中包括上述欧洲品牌合金，表5-10[24,25]列出了俄罗斯的某些颜色开金合金的成分与性能，可供商业应用和消费者选择参考。根据消费者和市场需要，按第3章和第4章讨论的贵金属合金饰品材料色度学和冶金学原理，开发商可以设计与制造更多新型饰品合金。

表5-9 某些典型彩色开金合金的成分和颜色（质量分数） （%）

开数	牌　号	Au	Ag	Cu	Zn	其　他	颜色(颜色标准)
24K	纯　金	99.99					黄　色
	高强度纯金	99.90				0.1 微合金化元素	黄　色
	995Au	99.50				0.3Sb，0.2Co	黄　色
23.76K	990Au-Ti①	99.00				1.0Ti	黄色(3N)②

续表 5-9

开数	牌　号	Au	Ag	Cu	Zn	其　他	颜色(颜色标准)
22K		91.66	8.34				淡黄色
		91.66	6.20	2.14			黄　色
		91.70	5.50	2.80			黄　色
	22LS(黄)①	91.70	5.50	2.80			黄色(3N)②
	22LS(暗黄)①	91.70	3.20	5.10			暗黄色
		91.66	1.23	7.11			深黄色
		91.66		8.34			粉红色
21K		87.50	4.50	8.00			淡黄(3N~4N)②
		87.50	1.75	10.75			粉红(4N~5N)②
		87.50		12.5			红色(5N)②
20K		83.33	16.67				绿黄色
		83.33	12.50	4.17			淡绿黄色
		83.33	8.00	8.67			黄　色
		83.33	6.67	10.00			黄　色
		83.33	4.20	12.47			粉红色
		83.33		16.67			红　色
		80.00				20.0Al	紫　色
18K		75.00	25.00				绿黄色
		75.00	22.00	3.00			淡绿黄色
	750Y-2(淡黄)①	75.00	16.00	9.00			淡黄色(2N)②
		75.00	15.00	10.00			黄　色
		75.00	13.00	12.00			黄　色
	750Y-3(黄)①	75.00	12.50	12.50			黄色(3N)②
		75.00	12.30	12.50	0.20		黄　色
		75.00	10.00	13.00	2.00		黄　色
	750Y-4(粉红)①	75.00	9.00	16.00			粉红色(4N)②
		75.00	7.50	17.50			粉红色
	Au750S(红)①	75.00	4.50	20.50			红色(5N)②
		75.00		25.00			红　色
		75.00				25Fe	蓝　色
		75.00				25Co	黑　色
16K		66.70	33.30				绿黄色
		66.70	28.50	4.80			淡绿黄色
		66.70	22.20	11.10			黄　色
		66.70	16.70	16.60			黄　色
		66.70	11.10	22.20			粉红色
		66.70	4.80	28.50			粉红色
		66.70		33.30			红　色

续表 5-9

开数	牌 号	Au	Ag	Cu	Zn	其 他	颜色(颜色标准)
15K		62.50	37.50				绿黄色
		62.50	28.80	8.70			淡绿黄色
		62.50	25.00	12.50			淡绿黄色
		62.50	18.75	18.75			黄 色
		62.50	12.50	25.00			粉红色
		62.50	8.00	25.50	4.00		粉红色
		62.50		37.50			红 色
14K		58.50	41.50				绿黄色
		58.50	34.00	7.50			绿黄色(0N)[2]
	585/300(黄)[1]	58.50	30.00	11.50			黄色(3N)[2]
		58.50	27.75	13.75			淡黄色
	Au585S(淡黄)[1]	58.50	26.50	15.00			淡黄色(1N)[2]
		58.50	22.83	18.67			黄 色
	Au585S(黄)[1]	58.50	20.50	21.00			黄色(3N)[2]
		58.50	13.10	26.50	1.90		淡黄色
	14KPY[3]	58.50	12.20	24.2	4.70	0.4Co	淡黄色
	14KHY[3]	58.50	12.20	26.00	2.70	0.6Co	红黄色
		58.50	11.60	26.90	3.00		淡黄色
	585/100(粉红)[1]	58.50	10.00	31.50	(适量)		粉红色
	Au585S(红)[1]	58.50	9.00	32.50			红 色
		58.50	8.50	26.50	5.00	1.50Ni	粉红色
		58.50	8.00	29.50	4.00		粉红色
		58.50	6.00	29.50	6.00		粉红色
		58.50	2.00	29.50	10.00		红 色
		58.50	0.20	31.70	9.60		红 色
		58.50		41.50			红 色
12K		50.00	50.00				淡绿色
		50.00	42.90	7.10			淡绿黄色
		50.00	33.30	16.70			淡绿黄色
		50.00	25.00	25.00			黄 色
		50.00	16.70	33.30			黄 色
		50.00	11.50	37.50	1.00		粉红色
		50.00	8.00	34.00	8.00		粉红色
		50.00	5.50	36.50	7.00	1.0Ni	粉红色
		50.00	5.00	36.00	9.00		粉红色
		50.00	4.50	41.00	4.50		红 色
		50.00		42.00	2.00	6.00Ni	淡红色
		50.00		50.00			红 色
		46.00				54.00In	蓝 色

续表 5-9

开数	牌 号	Au	Ag	Cu	Zn	其 他	颜色(颜色标准)
10K		41.70	58.30				浅白色
		41.70	50.00	8.30			淡绿黄色
		41.70	47.00	11.30			淡绿黄色
		41.70	35.00	23.30			淡黄色
		41.70	29.15	29.15			淡黄色
		41.70	23.00	35.30			淡黄色
		41.70	11.66	46.64			粉红色
		41.70	10.00	46.30	2.00		粉红色
		41.70	9.00	40.30	9.00		粉红色
		41.70	8.30	50.00			红 色
		41.70	5.00	49.30	4.00		红 色
		41.70		58.30			红 色
9K		37.50	62.50				白 色
		37.50	60.00	2.50			白 色
		37.50	55.00	7.50			浅白色
		37.50	49.00	13.50			淡绿黄色
		37.50	42.00	20.50			淡绿黄色
		37.50	40.00	15.50	7.00		淡黄色
		37.50	35.50	27.00			淡黄色
		37.50	24.00	38.50			淡黄色
		37.50	20.00	40.00	2.50		淡黄色
	375DF(黄)①	37.50	10.00	45.00	7.50		黄 色
		37.50	11.50	51.00			粉红色
		37.50	7.50	55.00			粉红色
		37.50	3.00	59.50			红 色
		37.50		62.50			红 色

①表中具有牌号的合金为欧洲制定和应用的标准颜色开金合金[20~22]；②表中标示的颜色符合瑞士 NIHS-03-50(1961) 标准、法国 CETEHOR-07-70(1966)标准和德国 DIN8238(1966)、DINEN28654 标准和 ISO 8654 标准；③美国 Leach & Garner 公司产品[19]。

表 5-10 俄罗斯部分颜色开金合金的成分与性能

开数	合金成分(质量千分数)/‰	熔点/℃	密度/g · cm^{-3}	强度/MPa	硬度 HV
23	959Au-20Ag-21Cu	1005~1030	18.52	157	49
23	958Au-20Co-17.5Cu-4In-0.5Be	980~1012	18.5	245	74
18	750Au-250Ag	1028~1038	15.9	186	—
18	750Au-150Ag-100Cu	900~920	15.2	390	—
18	750Au-150Ag-90Cu-6Co-4In	894~927	15.2	540	160
14	583Au-80Ag-337Cu	878~905	13.24	480	140
14	583Au-300Ag-117Cu	850~900	13.9	490	133

续表 5-10

开数	合金成分(质量千分数)/‰	熔点/℃	密度/g·cm^{-3}	强度/MPa	硬度 HV
9	375Au-100Ag-487Cu-38Pd	780~950	11.55	440	142
9	375Au-30Ag-515Cu-20Pd-30Zn-30In	865~945	11.26	390	93
9	375Au-30Ag-520Cu-25Pd-5Co-20Zn-20In-5Ge	900~965	11.35	390	93

注：强度和硬度值是变形和退火后的数值。

5.5 紫金与蓝金饰品材料

在3.8节中已讨论了 $AuAl_2$、$AuGa_2$ 和 $AuIn_2$ 化合物的光学特性与色度参数。

在 Au-Al 系中，含21%（质量分数，下同）Al 的合金形成 $AuAl_2$ 金属间化合物，其成色相当于18K开金，熔点为1060℃，呈现美丽纯正的紫色，称为“紫金”。在 Au-In 系中，含46% Au 的合金形成 $AuIn_2$ 化合物，其成色相当于11K开金，呈鲜蓝色。在 Au-Ga 合金中，含58.5% Au 的合金形成 $AuGa_2$ 化合物，其成色相当于14K开金，显示浅蓝色[22,23]。虽然 $AuAl_2$、$AuIn_2$ 和 $AuGa_2$ 都具有 CaF_2 晶型结构，呈脆性，但都能经受热处理不碎裂。鉴于它们的光学特性，可以发展成具有特色的18K紫色和14K或11K蓝色珠宝饰品。

为了将这些化合物开发为商用饰品，在过去的30多年内，人们一直试图改善紫金和蓝金的延性，提出了一些改善延性的措施[26,27]：（1）添加适量合金化元素（如 Pt、Pd、Co 或 Ni）使化合物偏离化学计量成分；（2）细化晶粒到纳米尺度；（3）改善铸造条件获得均匀结构，如采用真空离心铸造并添加 Al 熔剂以避免合金氧化，制备结构均匀的合金；（4）采用热加工或旋锻加工；（5）添加适量 Pt、Pd、Co 或 Ni 粉末并采用粉末冶金技术等。这些措施只能适度增加延性，尚未完全解决紫金和蓝金的加工问题，改进紫金和蓝金延性还需继续研究与探索。

为了将蓝金和紫金制造珠宝饰品，目前已发展了许多新技术[26~28]，主要有：（1）采用单晶制造技术制造紫金或蓝金单晶；（2）采用熔模铸造技术制造紫金和蓝金铸件；（3）采用电镀、液态熔体浸镀、化学气相沉积、物理气相沉积（PVD）或热喷涂技术在金或金合金饰物上镀 Al、Ga、In 金属层，再经退火处理可获得表面紫金和蓝金涂层；（4）将镀 Au 的 Al 丝和镀 Al 的 Au 丝集束并在450~700℃还原气氛中高温拉拔成丝，可形成具有纤维结构的紫金复合材料等。采用这些技术制造的紫金和蓝金已经用于商业饰品，如制成刻面宝石或镶嵌体、精密铸件和表面涂层饰品等。图5-23[23]所示为镶嵌有刻面修饰的 $AuAl_2$ 紫金单晶的开金饰品。

图5-23 镶嵌刻面 $AuAl_2$ 紫金单晶的饰针

5.6 斑斓闪烁“示斑金”饰品合金

关于“示斑金”的光学颜色特性和结构特征已在第3章和第4章讨论，还可参见文献[29]，本章介绍两种商用“示斑金”合金。

5.6.1 23K Au-Al“示斑金”合金

Au-Al 合金相图如图 4-28 所示，含 3%（质量分数）Al（摩尔分数为 18.4%）的 Au-Al 合金在高温为 β 体心立方相，低温结构为 α(Au) + Au_4Al 精细共析混合物。若将合金在 β 相区均匀化（称“β 化”）后快速淬火，合金转变为 β′亚稳结构，在 β′相合金的每一个晶粒内都形成规则排列的层状板条结构或孪晶。在不同晶粒内，各层状结构的取向和间距不同，在光线照射下各晶粒分别反射黄、红、绿、紫、蓝等颜色，可获得类似于镶嵌钻石的斑斓闪烁效应。

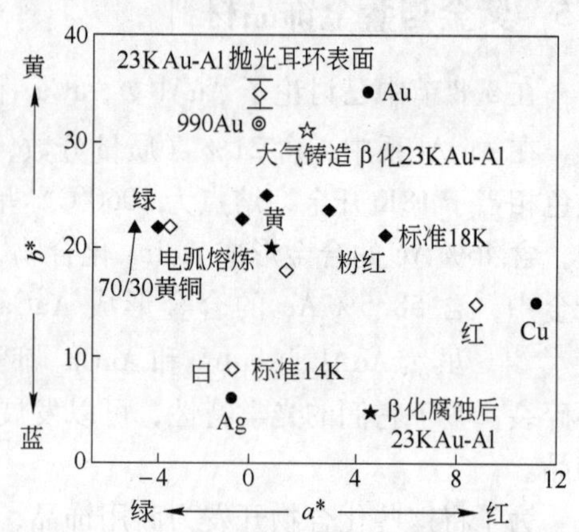

图 5-24 23K Au-Al 合金的 CIELAB 色度图

23K 铸态 Au-3% Al 合金显示银白色，经高温 β 化处理后淬火合金的颜色非常接近 990Au 的黄色（见图 5-24）[30]。对 β 化处理后淬火合金做适度腐蚀，Au-3Al 合金的主色仍为黄色，但所显露的精细层状结构闪烁着白、红、蓝等绚丽色彩。根据 β 化热处理中相变程度的差异，不同的铸造和 β 化处理工艺可能会使 23K Au-3Al 合金产生不完全相同的表面颜色和闪烁效果，因而可以获得具有独特美学效应的饰品。但若对 β 化处理的合金进行完全抛光，β 化处理所产生的精细层状结构可能消失，合金仍呈黄色。

23K Au-3Al 合金的熔化温度为 550 ~ 600℃，密度为 16.8g/cm³，介于标准 22K（17.8g/cm³）和 18K（15.2 ~ 15.6g/cm³）开金密度值之间。该合金具有优良的填充性和铸造性能，采用熔模铸造可获得满意铸件，但因 Au_4Al 相的存在使铸件呈脆性，脱模时应仔细。β 化热处理可以改善铸态合金的脆性，增大合金的延性与韧性，使之可经受 10% 以下的冷变形和多次冲击。该合金的硬度 HV 高达 220，高于标准 22K 合金，因而具有高的耐磨性。该合金还具有较好的抗氧化性和抗人体汗液腐蚀的能力。因此，23K Au-3Al 合金适于制造首饰与装饰制品，如耳环、表壳、表链等。与相同 Au 含量的开金比较，Au-3Al 合金质量轻可制作更大件饰品，或制作传统尺寸的饰品如耳环等，佩戴更为舒适。

5.6.2 18K Au-Cu-Al“示斑金”合金

由 Au-Cu 合金相图可知，含 25%（质量分数）Cu（摩尔分数为 50%）的 18K 合金存在有序转变：合金在高温区为无序面心立方结构，缓慢冷却至 410℃ 转变为斜方晶格的 AuCu（Ⅱ）有序相，形成有序化板条结构，板条结构内部为孪晶亚结构；低于 385℃ 转变为 $L1_0$ 型面心四方晶格 AuCu（Ⅰ）有序相并产生机械孪生使表面浮突，在光线照射下产生“示斑效应”。

在 18K Au-Cu 合金的基础上添加 Al 可发展 18K Au-Cu-Al 合金。18K Au-Cu-Al 合金在高温区为无序面心立方 α-Au(Cu,Al) 固溶体，在低温区的结构类似于 AuCu（Ⅱ）的有序相[31,32]。Al 添加剂可以促使马氏体相界移动，增强表面浮突和光栅衍射效应，产生更加灿烂的闪烁效果。如果通过热处理细化合金的晶粒和控制马氏体结构的细度，还可以获得不同的闪烁效果[31~33]。图5-25[31]所示为Al含量对合金色度标准和亮度的影响，对于普通抛光合金，它的色度坐标 a^*、b^* 值接近而亮度 L 较高，使合金呈灰白色。对“示斑”合金而言，当Al质量分数达到约6.0%时，红色坐标（a^*）值升高而黄色坐标（b^*）值降低，使表面呈粉红色基本色调，而亮度值则降低到最小值，这是因为表面浮突造成光栅衍射的结果。Al添加剂还可以改善18K Au-Cu合金的力学性能。图5-26[31]表明，随着Al含量增加，有序合金的硬度增高；当Al含量达到6%以上时，合金的硬度HV达到250以上。作为比较，传统18K合金的硬度HV介于150（退火态）到230（加工态或时效态），可见18K Au-Cu-Al合金的硬度高于传统18K合金，因而具有好的抛光性和高的耐磨性。

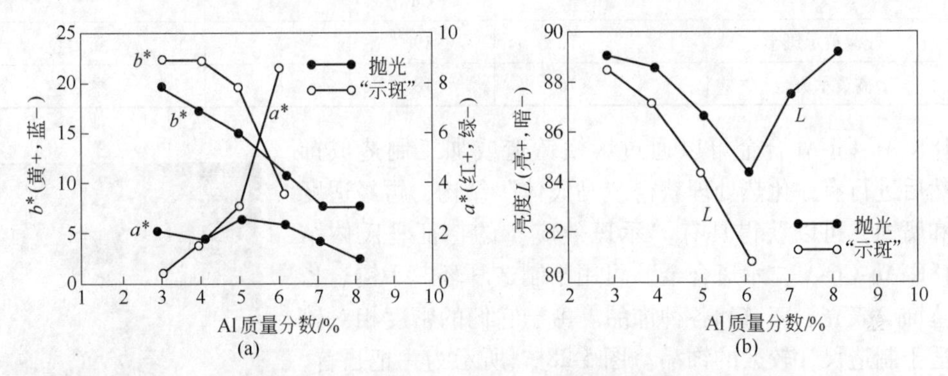

图5-25 Al含量对18K Au-Cu-Al合金的CIELAB色度坐标与亮度的影响

（a）对 a^*、b^* 色度坐标的影响；（b）对亮度 L 的影响

表5-11列出了两种18K Au-Cu-Al商用饰品合金的成分与颜色，其Au含量稍高于标准18K金合金的Au含量。典型18K Au-Cu-Al合金的密度为12.9g/cm³，熔点为765℃，其密度低于传统18K金合金的密度（15.5g/cm³），熔点也低于18K Au-Cu(910℃)和18K Au-Ag-Cu(885℃)合金的熔点。熔融态18K Au-Cu-Al合金具有好的流动性和铸造性，单相固溶体合金的延性相当好，可在650℃以上高温区进行热加工，从高温区淬火的合金可进行冷加工，但有序合金硬度高，加工困难。合金的颜色受Al∶Cu比值的影响，当Al含量为5%时，合金颜色中黄色分量大，合金呈黄色（称“柠檬黄示斑金”）；而当Al含量达到6%时，红色分量增大，合金呈粉红色（称“橘黄示斑金”）。图5-27[33]所示为商用18K

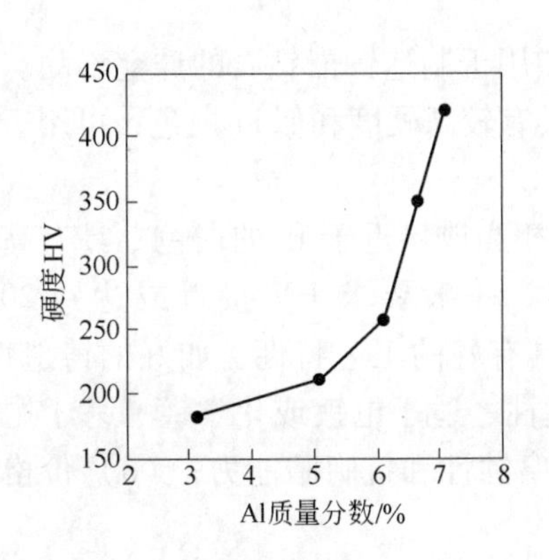

图5-26 Al含量对18K Au-Cu-Al合金硬度的影响

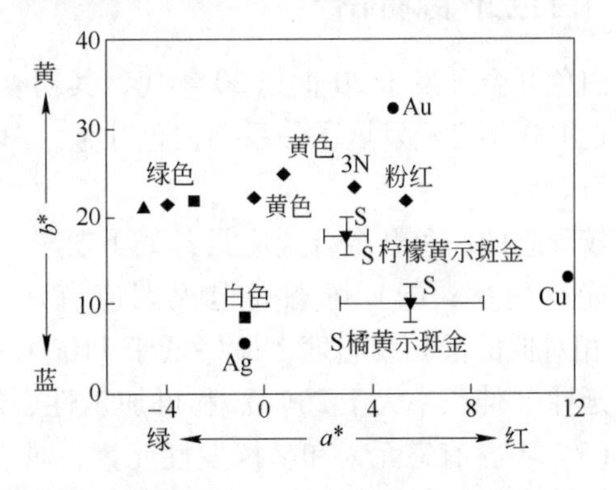

图5-27 18K Au-Cu-Al合金的CIELAB色度坐标

S—18K Au-Al-Cu“示斑金”；◆—标准18K合金；■—标准14K合金；▲—70/30黄铜

Au-Cu-Al 合金的 CIELAB 色度坐标，可见 18K Au-19Cu-5Al 黄色示斑金的颜色接近 18K 3N 黄色，而 18K Au-18Cu-6Al 橘黄色合金的色调则偏向红色。18K Au-Cu-Al“示斑合金”在加热—冷却循环热处理时会发生一定的体积变化，经 4 次以上循环热处理会产生裂纹。因此，由这类“示斑合金”制造的饰品不宜做多次循环热处理。18K Au-Cu-Al 合金熔点较低，熔点合适的焊料较少，在合金表面存在氧化物膜，合金的焊接较困难。

表 5-11 两种 18K Au-Cu-Al 商用饰品合金的成分与颜色

名称	合金成分(质量分数)/%			颜色
	Au	Cu	Al	
柠檬黄示斑金	76	19	5	黄色
橘黄示斑金	76	18	6	橘黄色

18K Au-Cu-Al 合金可以通过熔模铸造或加工制造成饰品，然后进行有序化热处理获得“马氏体”结构，再经适度抛光和腐蚀，可以获得具有“示斑效应”的特征马氏体结构。18K Au-Cu-Al“示斑合金”可用于制造耳环、手镯、匕首、坠饰、表壳、表链和各种饰品。由于它们的密度相对较低，适于制造尺寸较大的饰品。图 5-28[31] 所示为一把匕首，它用 18K Au-Cu-Al“示斑合金”制作的刀片装配在饰有红宝石和红色象牙的木质刀柄中。

图 5-28 用 18K Au-Cu-Al“示斑合金”制造的匕首

总结“示斑金”合金的冶金学和色度学，可得出如下结论：(1) 可以设计和制造 23K ~ 10K 金合金；(2) 通过适当的加工与热处理制度，可以获得重叠马氏体浮突结构，产生特定的斑斓闪烁彩色效应；(3) 具有比传统开金合金更低的熔点和优良的铸造特性；(4) 具有比传统开金合金更低的密度，适于制造较大的和更舒适的饰品；(5) 具有比传统开金合金更高的硬度和耐磨性，因而更经久耐用。因此，“示斑金”合金构成了有别于传统 Au-Ag-Cu 开金的特色合金，形成了金合金珠宝饰品中的新家族。

5.7 白色开金饰品合金

白色开金开发于 20 世纪 20 年代，其初衷是替代铂用于制造镶嵌钻石的珠宝饰品。经过了近 100 年已经发展了一系列白色开金。白色开金具有较高硬度和似 Pt 白色，可用于镶嵌宝石。

较理想的白色开金合金应具备如下要求：(1) 有相当或接近于 Pt 的白色，具有高的可见光反射率；(2) 铸态和退火态应有适当的硬度，一般要求 HV 接近或达到 200；(3) 相对低的液相线温度，最好低于 1100℃；(4) 具有好的工艺特性，如好的铸造性、好的延性（伸长率大于 25%）和可加工性、好的焊接性、适于电镀或化学镀、易于抛光等；(5) 不含有害元素和易挥发性元素，具有好的耐腐蚀性和抗晦暗能力；(6) 价格合适，能为消费者接受。

商用白色开金大体分为含 Ni 型、含 Pd 型、混合改进型、含低 Ni（或无 Ni）和低 Pd 型等。

5.7.1 含 Ni 白色开金饰品合金

Ni 是金的主要增强元素和漂白元素，含 10%（质量分数）Ni 的金合金接近白色，含 25% Ni 时合金变成白色。高 Ni 含量的 Au-Ni 合金相分解倾向大，一般为两相合金，硬度高，加工困难，通常需要添加 Cu 软化合金，增大合金的塑性和可加工性；添加 Zn 可进一步增强合金白色、降低熔点和改善铸造性能。因此，传统的含 Ni 白色开金合金主要有 Au-Ni-Cu 系和 Au-Ni-Cu-Zn 系合金，其中 Au 含量决定合金的化学稳定性，Ni 和 Zn 含量决定漂白特性，而 Ni∶Cu 比值决定合金的力学性质[34,35]。表 5-12 列出了某些含 Ni 白色开金合金的成分与性能。

表 5-12 某些含 Ni 白色开金合金的成分与性能

开数	合金成分（质量分数）/%					铸态硬度 HV	70% 加工态硬度 HV	抗拉强度①/MPa	屈服强度①/MPa	熔化温度/℃
	Au	Ni	Cu	Zn	Ag					
20K	83.3	16.7	—	—	—	120	300	680	—	955~960
18K	75.0	17.0	3.0	5.0	—	—	—	—	—	—
	75.0	13.5	8.5	3.0	—	—	—	—	—	—
	75.0	11.0	9.5	4.5	—	223	307	716	643	913~950
	75.0	7.4	14.0	3.6	—	192	291	623	450	913~943
	75.0	6.6	15.4	3.0	—	187	288	607	437	922~946
	75.0	5.0	17.0	3.0	—	182	276	623	444	915~939
14K	58.3	14.0	18.0	9.7	—	164	—	672	461	约 981
	58.4	13.7	21.7	6.2	—	160	—	667	423	约 995
	58.5	11.0	25.5	5.0	—	169	306	747	529	956~986
	58.3	9.9	26.0	5.8	—	155	—	669	400	约 995
	58.5	8.3	28.2	5.0	—	145	286	665	421	947~987
	58.5	6.5	28.4	6.6	—	153	278	706	502	924~965
10K	41.7	10.3	37.0	11.0	—	120	—	530	242	约 1042
	41.7	12.4	41.6	4.3	—	133	—	648	275	约 1028
	41.7	13.9	36.3	8.1	—	141	—	645	285	约 1018
	41.7	19.1	32.1	7.1	—	147	—	712	347	约 1087
	41.7	20.0	25.2	13.1	—	120	—	598	405	约 1049
9K	37.5	10.0	37.0	13.5	2.0	127	258	642	494	887~923
	37.5	—	5.5	5.0	52.0	118	189	400	290	874~885

①抗拉强度与屈服强度值在 650℃/30min 退火态测量。

含 Ni 白色开金的优缺点在第 4 章已作评价，一般地说，白色开金价格相对便宜，含高 Ni 的白色开金可以达到二级标准白色，含低 Ni 的白色开金的颜色与铂不甚匹配，但镀铑可以提高其白色饱和度和抗腐蚀、抗晦暗能力。它的最大缺点是高 Ni 含量白色开金饰品对人体皮肤有过敏倾向。早年的白色开金首饰市场中，估计含 Ni 开金占 76% 份额[34]。但从 2000 年 1 月起，按欧共体发布的“Ni 安全指令” （The Nickel Directive-CE Directive 94/27）[36,37]，含 Ni 开金饰品必须符合指令规定的 Ni 的释放量（极限量 $<0.5\mu g/(cm^2\cdot 周)$）；

2004 年，欧共体对上述 94/27/EC“Ni 安全指令”又作了修改，规定对在穿孔愈合中使用的含镍制品，要求其镍释放量必须小于 0.2μg/(cm^2·周)。这样，含 Ni 白色开金饰品的适用性和市场份额缩小。

5.7.2 含 Pd 白色开金饰品合金

含 Pd 白色开金合金可以分为两类，一类是传统的 Au-Pd-Ag 系和 Au-Pd-Cu 系合金；另一类是含 Fe、Mn 等辅助漂白元素的合金。

5.7.2.1 传统的 Au-Pd-Ag 系和 Au-Pd-Cu 系合金

在高开金中 Ag 限量使用，某些低开金中 Ag 被用作主要漂白剂。在 Au-Pd-Cu 合金中，合金可以容纳更高的 Pd 含量以抑制红色 Cu 元素对颜色的影响，有时还可添加少量 Zn、In、Sn、Ga 等低熔点元素作为次要漂白元素和降低合金熔点，它们的加入量应控制在 5% 以下，过高的含量降低合金的加工性。表 5-13 列出了含高 Pd 的传统白色开金合金成分与性能。

表 5-13 Au-Pd-Ag 和 Au-Pd-Cu 系的白色开金合金的成分与性能

开数	合金成分(质量分数)/%						退火态硬度	液相线温度
	Au	Pd	Ag	Cu	Zn	其他	HV	/℃
20K	83.3	16.7					65	约 1250
18K	75.0	20.0	5.0				100	1350
	75.0	19.5		2.5		2.3In，0.7Sn	105	1250
	75.0	18.0		2.5		3.8In，0.7Sn	125	1210
	75.0	18.0		3.0		3.5In，0.5Ga	135	1210
	75.0	17.0	4.0	4.0			85	1290
	75.0	17.0		4.0	1.0	3.0In	130	1175
	75.0	15.0	10.0				100	1300
	75.0	15.0		7.0	3.0		167(铸态)	1074
	75.0	12.5	12.5				—	—
	75.0	10.0	15.0				80	1250
	75.0	10.0	10.5	3.5	0.1	0.9Ni	95	1150
	75.0	10.0	—	3.0	2.0	10.0Pt	—	—
15K	62.5	12.64	24.86				—	—
14K	58.5	20.0	18.5			3.0Ni	—	—
	58.5	20.0	6.0	14.5	1.0		160	1095
	58.5	20.0	—	21.5			172	1100
	58.5	20.0	—	19.5	2.0		322	—
	58.5	20.0	5.0	14.5	2.0Zn(或 In、Sn)		165~175	1077~1105
	58.5	20.0	5.0	14.5		2.0Co	167	1105
	58.5	19.8	19.7	2.0			—	—
	58.5	17.5	23.5	0.5			—	—
	58.5	16.6	24.1			0.8Ni	—	—
	58.5	16.6	23.7			1.2Ni	—	—
	58.5	10.0	29.5			2.0Ni	—	—
	58.5	5.0	32.5	3.0		1.0Ni	100	1100

续表 5-13

开数	合金成分(质量分数)/%						退火态硬度 HV	液相线温度 /℃
	Au	Pd	Ag	Cu	Zn	其他		
12K	50.0	15.0	32.5	1.0		1.5Ni	—	—
10K	41.7	28.0	8.4	20.5	1.4		161	1091
	41.7	12.0	45.8		0.5		—	—
	41.7	8.4	28.0	20.5	1.4		160	1095
9K	37.5	20.0	42.5				—	—
	37.5	17.5	45.0				—	—

含 Pd 白色合金具有与铂相匹配的一级白，但 Pd 价格昂贵，致合金成本高。

5.7.2.2 Au-Pd-Ag-Cu-Mn(Fe)系白色开金合金

在 4.7.3 节已讨论了 Au-Pd-Ag-Cu-Mn(Fe)系白色开金合金的设计思路，表 5-14 列出了 Au-Pd-Ag-Cu-Mn(Fe)白色开金合金的成分与性能。

表 5-14 Au-Pd-Ag-Cu-Mn(Fe)白色开金合金的成分与性能

开数	合金成分(质量分数)/%							退火态硬度 HV	可加工性	CIELAB 坐标①		
	Au	Pd	Ag	Cu	Zn	Mn	Fe			L^*	a^*	b^*
18K	75.0	15.0		7.0		3.0		176	好	82.5	1.4	6.1
	75.0	15.0	2.0	5.0		3.0		115	好	82.6	1.5	6.0
	75.0	5.0	10.0			10.0		140	好	83.3	1.3	8.1
	75.0	5.0	10.0		1.0	9.0		297②	好	83.8	-1.03	0.3
	75.0	2.0		10.0	5.0	8.0		345②	中等	84.0	-0.36	0.73
	75.0	15.0	5.0				5.0	145	好	83.4	1.0	7.1
	75.0	13.5		9.5			2.0	140	好	82.7	1.7	7.4
	75.0	10.0	10.0				5.0	135	好	84.6	0.9	9.3
	75.0	5.0	14.0				6.0	254②	好	83.1	-0.56	2.03
	75.0	4.0	14.0		2.0		5.0	297②	好	77.0	-0.70	2.73
14K	58.5	15.0	17.5	7.0		2.0		155	好	82.9	1.9	6.9
	58.5	6.0	23.5	3.0		9.0		140	好	83.5	1.3	9.4
	58.5	15.0	17.5	7.0			2.0	170	中等	85.5	1.6	7.3

①表中合金的 a^*、b^* 值位于图 3-14 的好白色盒内，亮度值大于 75.0，具有好白色；②加工态硬度。

5.7.3 含低 Ni 和低 Pd 白色开金饰品合金

为了发扬含 Ni 和含 Pd 白色开金的优点，避免缺点，满足 Ni 安全指令要求和降低合金成本，在 Au-Pd-Ag 系中引入 Cu、Ni、Zn、Fe 等元素并控制 Ni 含量小于 5%，因而发展了一系列含低 Ni 和含 Pd 白色合金。按其合金的组成，这类合金也可分为两类，即 Au-Pd-Ag-Cu-Ni-Zn 系改进型六元合金和 Au-Pd-Ni-Fe 系。

Au-Pd-Ag 合金中添加 Cu、Ni 和 Zn 可以调节的力学性能，随着 Cu + Ni + Zn 总含量增加，加工态、退火态和淬火态六元合金的硬度和强度随之增大，而合金的颜色则主要取决于 Pd + Zn 含量，Pd + Zn 产生好的白色。含 Pd 和含 Ni 合金中添加漂白元素 Fe 可以增强合金的白色和降低 Pd 的含量。一种发展趋势是在 Au-Pd 或 Au-Pd-Ni 二元或三元合金中添加 0 ~ 10% Fe、0 ~ 10% Cu、0 ~ 10% Ag 或 0 ~ 5% Zn 而发展的 18K 合金，即 75Au-10Pd-(0 ~ 10)Fe-(0 ~ 10)Cu-(0 ~ 10)Ag-(0 ~ 5)Zn，这类合金的米制色度 C 值低于 9，具有好白色。为了降低白色开金饰品的成本，另一种发展趋势是发展无 Pd 低 Ni 白色开金。这类合金中可以选择 Ag、Zn 等元素作为漂白剂。例如 18K Au-14% ~16% Cu-3% ~5% Ni-3% Zn-2% Cr 合金和 9K Au-52% Ag-4.9% Cu-4.2% Zn-1.4% Ni 合金等，既能满足珠宝首饰制造的物理和机械特性，又能满足 Ni 释放限令的要求，同时具有低成本。

显然，含低 Ni 和低 Pd 并具有好白色合金是白色开金今后的发展方向。表 5-15 列出了含有较低 Ni 和 Pd 的改进型白色开金合金的成分与性能。

表 5-15 某些含 Ni 和 Pd 的改进型白色开金合金的成分与性能

开数	合金成分(质量分数)/%							退火态硬度 HV	液相线温度/℃	CIELAB 坐标①		
	Au	Pd	Ag	Ni	Cu	Zn	其他			L^*	a^*	b^*
18K	75.0	5.4	9.9	1.1	5.1	3.5	—	140	1040	—	—	—
	75.0	10.0	10.5	0.9	3.5	0.1	—	95	1150	—	—	—
	75.0	15.0	—	7.0	3.0	—	—	180	1150	—	—	—
	75.0	15.0	—	5.0	5.0	—	—	165	1155	82.8	1.0	6.7
	75.0	5.0	11.0	5.9	3.1	—	—	170	1025	86.2	1.1	13.5
	75.0	10.0	—	15.0	—	—	—	—	—	82.9	C = 5.77	
	75.0	10.0	—	10.0	—	—	5.0Fe	—	—	84.3	C = 5.20	
	75.0	10.0	—	5.0	—	—	10.0Fe	—	—	83.4	C = 5.33	
	75.0	—	—	5.0	15.0	3.0	2.0Cr	388(加工)	—	83.6	C = 1.74	
14K	58.5	14.0	6.0	2.0	6.5	1.0	—	165	1080	81.6	1.4	9.7
14K	58.5	20.0	18.0	2.0	6.5	1.0	—					
9K	37.5	—	52.0	1.4	4.9	4.2	—	85	940	—	—	—

①表中所列合金的 $L^* > 75$，a^*、b^* 值和 C 值很小（C 为米制色度参数），合金具有好白色和极好白色。

5.8 金和开金合金的应用

彩色和白色开金材料广泛地用于制造各类珠宝饰品和装饰器件，是人类社会生活和文化的重要组成部分。归纳起来，金、镀金和开金可用做如下类型的珠宝和装饰饰品：

(1) 经典珠宝首饰，如戒指、耳环、项链、胸花、饰针、手镯等。纯金和各种开金珠宝首饰具有丰富多彩的美学颜色，镶嵌各种宝石的开金珠宝首饰更显璀璨和华丽，极富魅力，是各类珠宝首饰中的上品，深受女士喜爱，也受男士青睐。

(2) 生活器具，如餐具、茶具、刀具、钟表、眼镜架、服饰、领带夹、袖口夹等；居室和公共场所装饰材料，如各种摆饰和装饰器件。

(3) 金合金牙科装饰材料和人体置入式装饰材料（参见第10章）。

(4) 各种贱金属、陶瓷、塑料、植物等装饰品表面镀金（开金）和涂层材料（参见第12章）。

(5) 钱币、纪念币、投资硬币、证章、奖章、纪念章和各种工艺艺术装饰品（参见第9章）。

(6) 宗教神庙装饰材料、宗教法器、供养器和家庭供奉金佛像等，如近年在上海静安寺宝塔中安放有采用108kg黄金打造的“静安佛鼎”。

在上述的各类应用中，最重要的是作为珠宝首饰的应用。走进任何一家珠宝商店，彩色和白色开金珠宝饰品琳琅满目。图5-29[38]所示为由黄色开金制造的戒指、项链、坠饰、耳环和胸花等经典饰品；图5-30所示为由黄色、白色、玫瑰色开金制造的装饰品。

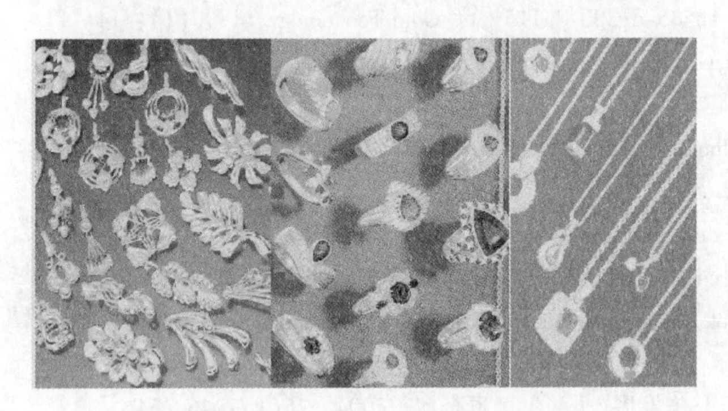

图5-29 由黄色开金制造的经典饰品

图5-30 采用黄色、白色和玫瑰色开金制造的座钟、手表和手机

参考文献

[1] 赵怀志，宁远涛. 金[M]. 长沙：中南大学出版社，2003.

[2] 李培铮，吴延之. 黄金生产加工技术大全[M]. 长沙：中南工业大学出版社，1995.

[3] 孙加林，张康侯，宁远涛，等. 贵金属及其合金材料[M]//黄伯云，等.《中国材料工程大典》第5卷，有色金属材料工程（下），第12篇. 北京：化学工业出版社，2006.

[4] BENNER L S，SUZUKI T，MEGURO K，et al. Precious Metals Science and Technology[M]. Austin in U. S. A：The International Precious Metals Institute：1991.

[5] CORTI C W. Metallurgy of microalloyed 24 carat golds[J]. Gold Bulletin，1999，32(2)：39～47.

[6] CORTI C W. Strong 24 carat golds：the metallurgy of microalloying[J]. Gold Technology，2001(33)：27～35.

[7] DU TOIT M. The development of a novel gold alloy with 995 fineness and increased hardness [J]. Gold Bulletin，2002，35(2)：46～52.

[8] AKIRO NISHIO. The development of high strength pure gold[J]. Gold Technology，1996(19)：11～14.

[9] GAFNER G. The development of 990 gold-titanium：its production，use and properties[J]. Gold Bulletin，1989，22(4)：112～122.

[10] HUMPSTOM H，JACOBSON D M. The strengthening of 990 gold[J]. Gold Technology，1992(6)：5～6.

[11] Gold alloy data：Au990-Ti10[J]. Gold Technology，1992(6)：2～4.

[12] JOHNSON MATTHEY METALS LIMITED. 22 carat gold alloy data：Au917-Ag55-Cu-28[J]. Gold Technology，1990(1)：6～9.

[13] JOHNSON MATTHEY METALS LIMITED. 22 carat gold alloy data: Au917-Ag32-Cu-51[J]. Gold Technology, 1993(10): 2~5.

[14] CRETU C, VAN DER LINGEN E, GLANER L. Hard 22 carat gold alloy[J]. Gold Technology, 2000(29): 25~29.

[15] FORSCHUNGSINSTITUT FUR EDELMETTALLE UND METALLCHEMIE. 21 carat gold alloy data [J]. Gold Technology, 1996(19): 15~26.

[16] METAUX PRECIEUX S A METALOR. 18 carat gold alloy data [J]. Gold Technology, 1993(10): 6~17.

[17] METAUX PRECIEUX S A METALOR. 18 carat gold alloy data: Au750-Ag125-Cu125[J]. Gold Technology, 1990(1): 10~13.

[18] SüSS R, VAN DER LINGEN E, GLANER L. 18 carat yellow gold alloys with increased hardness[J]. Gold Bulletin, 2004, 37(3~4): 196~207.

[19] DEGUSSA A G. 14 carat gold alloy data: Au585-Ag300-Cu115 [J]. Gold Technology, 1990(1): 14~17.

[20] AGARVAL D P, RAYKHTSAUM G, MARKIC M. In search of a new gold[J]. Gold Technology, 1995(15): 28~37.

[21] RAPSON W. The metallurgy of the coloured carat gold alloys [J]. Gold Bulletin, 1990, 23(4): 125~133.

[22] SAEGER K E, RODIES J. The colour of gold and its alloys[J]. Gold Bulletin, 1977, 10(1): 10~14.

[23] CRETU C, VAN DER LINGEN E. Coloured gold alloys[J]. Gold Bulletin, 1999, 32(4): 115~126.

[24] SAVITSKII E M, PRINCE A. Handbook of Precious Metals[M]. New York: Hemisphere Publishing Corp, 1989.

[25] 张永俐, 李关芳. 首饰用开金合金的研究与发展(Ⅰ)[J]. 贵金属, 2004, 25(1): 46~54.

[26] WONGPREEDEE K, TANSAKUL T, SCHUSTER H J. et al. Purple gold: past, present and future to ductile intermetallics [C]. Gold 2006: New Industrial Applications for Gold/World Gold Council: 163.

[27] KLOTZ U E. Metallurgy and processing of coloured gold intermetallics——part Ⅰ: Properties and surface processing[J]. Gold Bulletin, 2010, 43(1): 4~10.

[28] TAMEMASA H. Our new material violet gold[J]. Metals, 1983, 53(8): 54~60.

[29] 宁远涛. 斑斓闪烁"示斑金"[J]. 贵金属, 2000, 21(3): 64~70.

[30] LEVEY F C, CORTIE M B, CORNISH L A. A 23 carat alloy with a colourful sparkle[J]. Gold Bulletin, 1998, 31(3): 75~82.

[31] WOLFF I M, CORTIE M B. The development of spangold[J]. Gold Bulletin, 1994, 27(2): 44~54.

[32] WOLFF I M, PRETORIUS V R. Spangold——a new jewellery alloy with an innovative surface finish[J]. Gold Technology, 1994(12): 7~11.

[33] CORTIE M B, WOLFF I M, LEVEY F, et al. Spangold——a jewellery alloy with an innovative surface finish[J]. Gold Technology, 1994(14): 30~35.

[34] POLIERO M. White gold alloy for investment casting[J]. Gold Technology, 2001(31): 10~20.

[35] NORMANDEAU G. White Golds: a question of compromises conventional material properties to alternative formulation[J]. Gold Bulletin, 1994, 27(3): 70~86.

[36] BAGNOUD P, NICOUD S, RAMONI P. Nickel allergy: the European directive and its consequences on gold coatings and white gold alloys[J]. Gold Technology, 1996(18): 11~19.

[37] DABALA M, MAFREINI M, POLOERO M, et al. Production and characterization of 18 carat white gold alloys conforming to European Directive 94/27CE[J]. Gold Technology, 1999(25): 29~31.

[38] International Gold Corporation Japan Limited. Gold Jewellery Japan[M]. Printed in Japan by Toppan Printing Company Limited, 1984.

6 银合金饰品材料

6.1 银的基本特性

6.1.1 高亮度与“银白”色泽

在波长为0.38~0.78μm的可见光谱区，Ag的反射率高达92%~96%，在红外光区，反射率高达98%以上[1,2]。在CIELAB色度坐标体系中，Ag的亮度值$L^*=95.8\%$，而Au与Cu的亮度值$L^*=84\%$，可见Ag的亮度远高于Au和Cu。由于在整个可见光区都具有高反射率，因而Ag呈明亮的白色，俗称为“银白色”。银白色已成为白色金属饰品材料最具有美学属性的色泽。

6.1.2 银的化学稳定性

银耐弱酸、大多数有机化合物及在食品和装饰品制造中所遇到的物质的腐蚀。但Ag易溶于硝酸和热浓硫酸，易被包括浓盐酸在内的氢卤酸腐蚀，也被氰化物溶液、硫和硫化物、汞和汞化合物腐蚀。Ag的标准电极电位为0.8V，远高于Cu(0.52V)，实际上与Hg的标准电位(0.85V)基本相当，仅低于Pt(1.2V)和Au(1.68V)[1,2]。当Ag与任何其他贱金属之间建立起一个电池偶时，除Hg、Pt和Au之外，在金属表面完全干净和没有其他化学因素干扰时，Ag都将是阴极并因此而不受腐蚀。因此，虽然在8个贵金属元素中Ag的耐腐蚀性是最低的，但相对于贱金属而言，Ag具有好的耐蚀性和高的化学稳定性。

虽然Ag在室温干燥大气中不氧化，但当有H_2S存在时，Ag与之反应并在表面形成Ag_2S膜。随着膜层增厚，颜色由暗褐绿色变成黑色，导致表面“晦暗”。当环境气氛中含有水蒸气和SO_2时，晦暗膜是Ag_2S和Ag_2SO_4的混合物。一些含有高硫的食品（如蛋黄、洋葱等）和物品（如硫化橡胶等）与银接触时，也会使银表面迅速形成晦暗膜。银也会与卤化物反应而变色，如在HCl中形成AgCl膜。

6.1.3 银的力学性能

退火态商业纯银（质量分数为99.9%）的硬度HV约25，极限拉伸强度σ_b为150GPa，屈服强度$\sigma_{0.2}$为20~50MPa，伸长率δ为40%~50%，断面收缩率ψ为80%~95%[1,2]。

冷变形可以提高银的力学性质。图6-1[3]所示为冷变形率对商业纯银力学性能的影响：随着冷变形率ε增大，银的硬度和抗拉强度增高，伸长率明显降低。虽然Ag显示了加工硬化效应，但它的刚性模量较低，只具有较低的加工硬化率。Ag的强度性质受其纯度与温度的影响。随着退火温度升高，强度下降，伸长率升高，尤其在200℃以上，这种性能发生急剧变化。图6-2[3]所示为不同纯度Ag的抗拉强度和伸长率与退火温度的关系，99.99%高纯度Ag的强度随退火温度升高而下降的趋势明显大于99.9%商业纯银。银的纯

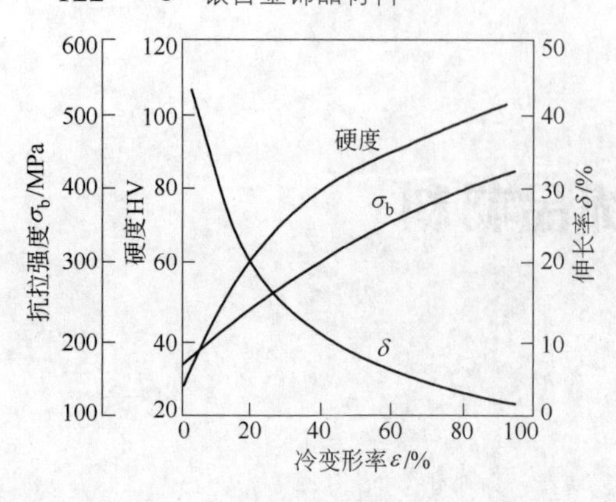

图 6-1 冷变形商业纯银的力学性能

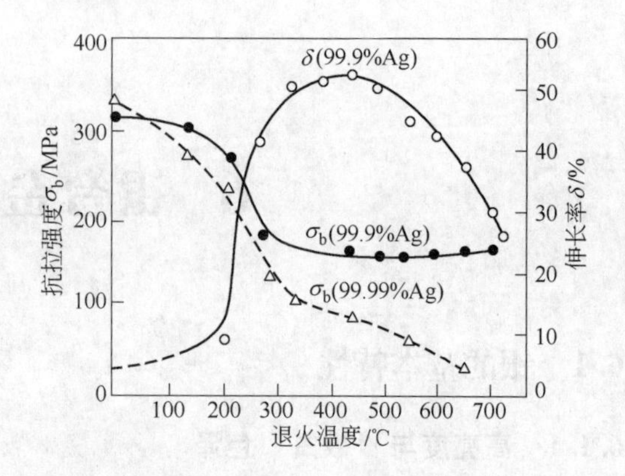

图 6-2 退火温度对 Ag 的室温强度与伸长率的影响

度越高，它的强度越低。Ag 的硬度随退火温度升高也呈类似下降趋势，如商业纯银冷变形 60% 的硬度 HV 达到约 70，退火态的硬度 HV 下降到约 25。

退火态纯 Ag 具有高的伸长率，这使它具有好的加工性能，通过冷加工 + 中间退火可以容易地加工成板、带、管、棒、丝、箔等各种型材。Ag 还具有很好的深冲性，图 6-3[4] 所示为 Ag 的杯突试验数据，完全退火态商业纯 Ag 在室温杯突深度可达到 8mm 以上，但冷变形又使 Ag 的杯突深度降低，深冲性能变差。深冲性能对于装饰材料是一项很重要的性能，因为在制作中空饰品或制造管材时需要好的深冲性。

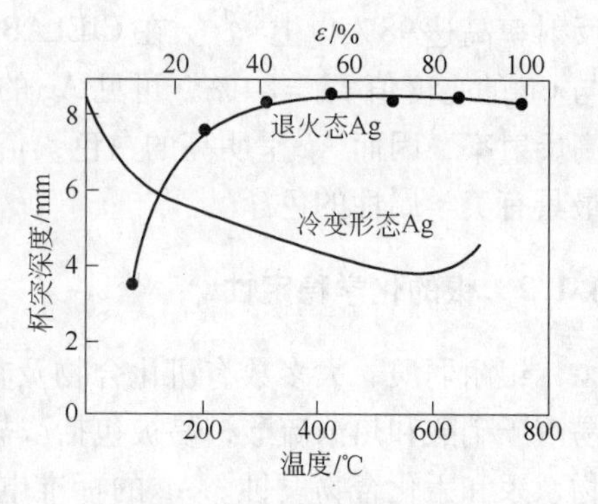

图 6-3 商业纯 Ag 杯突深度

6.1.4 银的回复软化与再结晶特性

冷变形虽然可一定程度提高 Ag 的力学性能，但冷变形高纯 Ag 的力学性能不稳定，自然存放期间其畸变的晶格会逐渐弛豫，导致强度性质逐渐下降，产生一种所谓“自然时效软化现象”。Ag 的回复软化程度，既与回复温度有关，也与 Ag 的纯度和冷变形量有关。研究表明，商业纯 Ag 经 97.5% 冷变形时的硬度 HV 可达到近 100，在室温自然时效约 30 天，硬度 HV 降低到约 60[3]；99.999% 高纯 Ag 经 75% 冷变形时的硬度 HV 约为 90，在 23℃ 和 50℃ 时效过程中，它的硬度不同程度下降，时效 70 天后硬度 HV 分别下降到约 60 和 40，显示了明显的回复软化。图 6-4[1,5] 所示经不同冷变形的 99.99% 纯 Ag 在时效过程

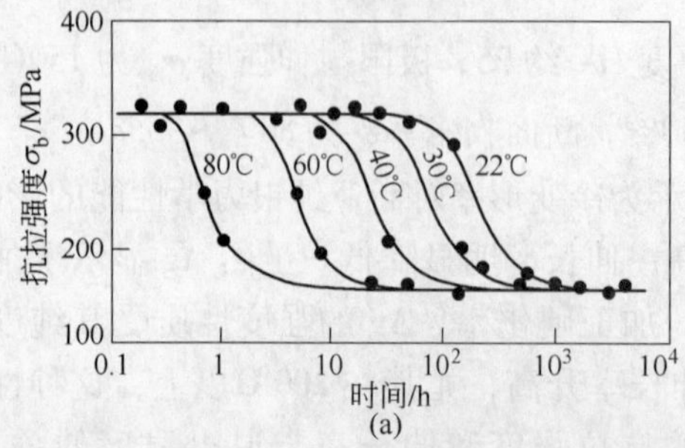

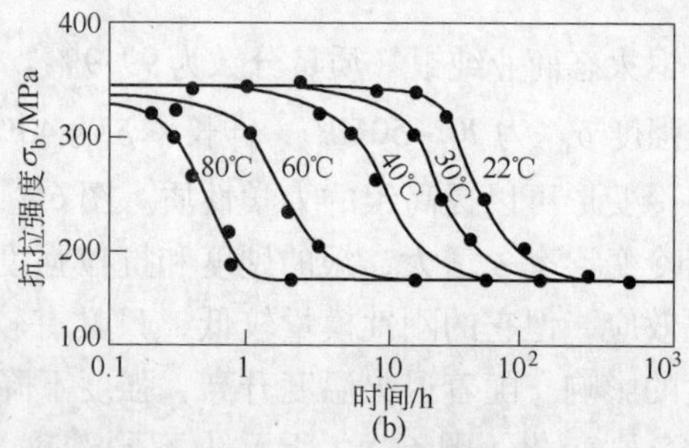

图 6-4 不同冷变形 99.99% 纯 Ag 在 22~80℃时效过程中强度性质变化
（a）冷变形率为 50%；（b）冷变形率为 70%

中抗拉强度变化：冷变形50%和70%时的抗拉强度 σ_b 分别约为320MPa和340MPa，在不同温度经不同时间时效之后，其强度性质下降到约180MPa，接近退火态。上述研究结果表明，Ag纯度越高，发生回复的温度越低，回复越充分；冷变形程度越高，形变储能越高，发生回复软化的温度越低或回复软化时间越短；时效温度越高，回复软化时间越短。图6-5[1]所示为经冷变形的99.999%高纯Ag在23℃时效过程中（420）衍射峰的变化。冷变形态Ag的衍射峰宽而漫散，经7天自然时效，K_{α_1} 和 K_{α_2} 衍射峰就已分离。随着自然时效时间延长，两峰分离更明锐，半高宽继续减小，20天后，晶格畸变明显降低，导致了Ag的自然回复软化。

Ag的回复软化与其再结晶温度低有关，而Ag的再结晶温度也与其纯度和冷变形量有关。图6-6表明[5]，经50%和90%冷变形的99.999%高纯Ag的再结晶温度分别为75℃和64℃，而在相同冷变形条件下99.99%纯Ag的再结晶温度分别达到180℃和145℃。显然，Ag的纯度越高，再结晶温度越低；而对相同纯度的Ag材，其冷变形程度越高，其再结晶温度越低。因此，当99.999%高纯Ag承受大的冷变形时，其再结晶温度低至60～75℃，使之在较低温度甚至室温发生回复软化效应。由于所含杂质不同和冷变形程度不同，商业纯Ag的再结晶温度也不相同。向纯Ag中添加一定含量的杂质和控制冷变形程度，可在一定程度上提高其再结晶温度和抑制回复软化过程。

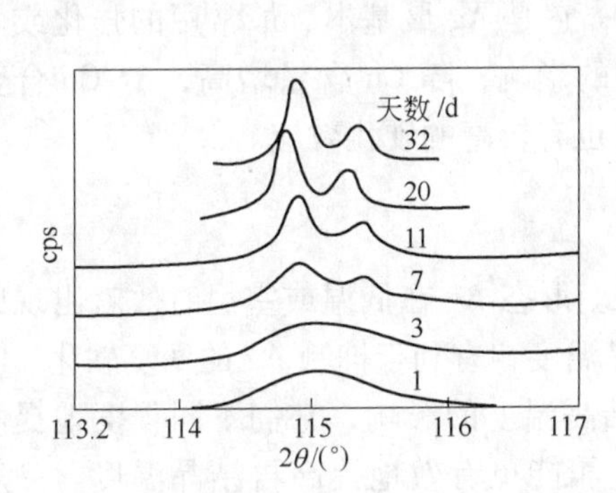

图6-5 冷变形高纯Ag在时效过程中（420）衍射峰的变化

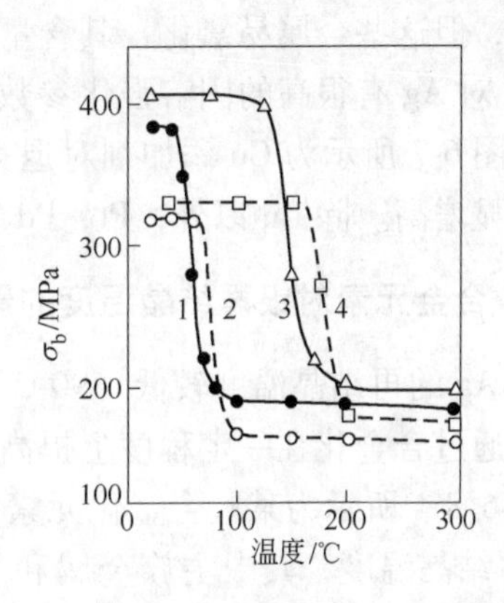

图6-6 Ag的再结晶温度与其纯度和冷变形量的关系

1—99.999% Ag, ε = 90%；2—99.999% Ag, ε = 50%；3—99.99% Ag, ε = 90%；4—99.99% Ag, ε = 50%

6.2 合金元素对银性能的影响

银虽然具有许多优点，但纯银太软，冷变形态纯银力学性能不稳定，在存放过程中它的强度和硬度就会降低。另外，银还易硫化晦暗。纯银的这两大缺点限制了它作为饰品材料的应用范围。合金化可在不同程度上补救银的这些缺点。

6.2.1 合金元素对银抗硫化性能的影响

银在工业上与家庭中有广泛的应用，如何防止银的硫化晦暗一直是一个重要课题。

有大量的研究都是通过合金化来改善Ag的晦暗性质。Cu加入Ag中并不能改善Ag的晦暗特性，相反加快 Ag 的晦暗速率。大多数条件下 Ag-Cu 合金的晦暗速率正比于 Cu 含量。因此，在普通环境中 Ag-Cu 合金甚至比纯 Ag 晦暗更快，在其晦暗膜中既含有 Ag 的化合物，也含有 Cu 的化合物，相对含量随条件而变。贱金属的合金元素中，很难找到一种元素既可阻止 Ag 合金表面形成硫化物晦暗膜，而合金元素自身又不形成氧化物。除了少数元素如 In、Si 等形成透明氧化物膜外，大多数贱金属的氧化物膜也是晦暗膜。因此，贱金属合金化元素不能根本改变 Ag 的晦暗问题。贵金属合金化元素可在一定程度上改善 Ag 的抗晦暗能力，如 Pd，当 Pd 含量超过 30% 时，Ag-Pd 合金便具有抗晦暗性。添加 Pt 也可以增强 Ag 的抗晦暗性。从另一个角度考虑，Pt 与 Pd 在有机气氛中易形成有机聚合物褐粉而晦暗，而 Ag 却不受有机气氛的作用。因此 Ag-Pd、Ag-Pt 合金在抗硫化气氛和有机气氛有互补作用。Au 也可以改善 Ag 的晦暗特性，随着 Au 浓度增加明显降低 Ag-Au 合金在含硫介质中腐蚀程度[1,6]。在 Ag-Au-Cu 三元合金中，随着 Au 含量增高，合金的抗硫化腐蚀性质明显改善。

6.2.2 合金元素对银力学性能的影响

一切能固溶于 Ag 中的元素对 Ag 都存在固溶强化。根据对溶质元素相对 Ag 的固溶强化参数的分析（见表 4-4），碱金属与碱土金属（Li、Be、Mg、Ca、Sr 等）对 Ag 有最高的固溶强化参数，其次是稀土金属及 Zr、Cu 等元素。虽然碱土金属、稀土金属具有高硬化效应，但这些金属易氧化，其含量难以控制，只适于用作微合金化元素。

Cu 对 Ag 有很高的固溶强化参数和硬化效应，它是 Ag 最基本、最常用的强化或硬化元素。图 6-7 所示为 Cu 添加剂对退火态 Ag 硬度的影响，随 Cu 含量增高，Ag-Cu 合金的硬度明显增高。除 Cu 以外，Pt、Pd 等元素对 Ag 也有较高的硬化效应。

6.2.3 合金元素对银再结晶温度的影响

纯 Ag 的再结晶温度较低（90℃），以至于冷变形态 Ag 在低温或室温时效就出现回复软化。通过合金化在一定程度上提高 Ag 的再结晶温度，有利于抑制 Ag 的回复软化。

图 6-8[3] 所示为某些合金化元素对 Ag 的再结晶温度的影响，它们不同程度地提高了 Ag 的再结晶温度，其中主族金属和 Cu 比过渡金属能更有效地提高再结晶温度。一般地说，那些在 Ag 中固溶度较小而对 Ag 原子尺寸差较大的元素能明显提高再结晶温度，如 Bi、Pb、Cu、Be、Sb 等在 Ag 中的固溶度很小，对 Ag 的再结晶温度有较大影响，其中 Cu 是最常用于提高 Ag 再结晶温度的元素。Au、Pd 等贵金属在 Ag 中具有大固溶度，它们对

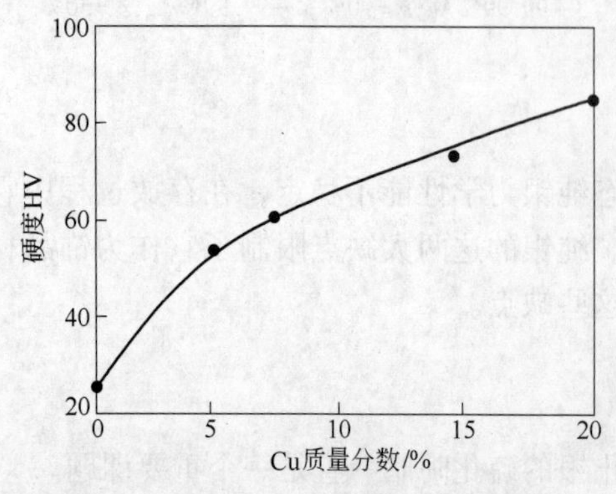

图 6-7 Cu 含量对 Ag-Cu 合金硬度的影响

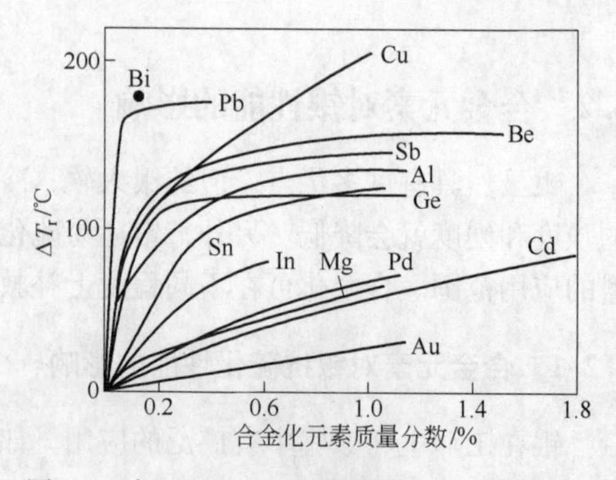

图 6-8 合金化元素对 Ag 再结晶温度的增值 ΔT_r

Ag 的再结晶温度增幅相对较小。稀土金属 Ce 在 Ag 中固溶度很小而对 Ag 原子尺寸差很大，微量 Ce 可明显提高纯 Ag 的再结晶温度和抑制 Ag 的自然回复软化[7,8]。

6.3 珠宝饰品用银合金

6.3.1 银合金饰品成色表示方法

银饰品的成色采用百分或千分比法表示。在我国，银饰品标准成色有：千足银(999‰)、足银(990‰)、925Ag 和 800Ag。

历史上，无论银饰品或银币，它们的成色都经历了一个由高走低的过程。古代，人们采用自然银或98% ~99% 精炼银制作银饰品或银币。中世纪以后，发展了 Ag-Cu 合金，其中最著名的是 925 斯特林银。为了改善与提高银的抗硫化性能和强度性质，近代又发展了 Ag-Pd 合金、硬化型银合金和抗变色银合金等。

6.3.2 纯银和抗回复软化银

作为饰品与装饰材料，银具有美丽的银白色泽和高的亮度，良好的化学稳定性和杀菌消毒功效，在干燥和不含硫化物的环境中不变晦暗。银具有极好的加工性、铸造性和焊接性，通过加工、铸造、冲压和焊接等工艺制造成珠宝饰品、容器器具、造型艺术品和各种装饰品。在贵金属中，银的密度相对较低，资源相对丰富，价格相对便宜。这些都是银用做珠宝饰品的优良特性。因此，银是民众最熟悉、最乐于接受与应用的饰品材料，主要用于制造各种首饰、生活用品、民族饰品、儿童饰品、各种摆饰品、环境装饰艺术品、宗教供奉器具等。银饰和银器是世界上各个国家、各个地区和各个民族的人民都喜爱的饰品。

但是，作为饰品和装饰材料，银有它不可回避的缺点。银很软，硬度和强度低，耐磨性差。银的力学性能也不稳定，加工硬化态银在自然存放过程中会回复软化。另外，在潮湿和含硫化物的环境中，银易变晦暗。这些缺点限制了银的更广泛应用。

为了克服纯银硬度低和冷变形态纯银回复软化的特性，通常采用微合金化提高 Ag 的抗回复软化能力。具有高强化和硬化效应的元素成为微合金化的首选元素，如碱土金属、稀土金属和 Cu 等。图4-14 显示了添加0.05% RE（RE = Ce、Gd）对冷变形“9999Ag”在自然时效过程中硬度和强度的影响：纯 Ag 出现明显的回复软化，而以微量 Ce、Gd 合金化的 Ag 不仅具有更高的硬度和强度，而且明显地抑制了回复软化，尤其以微量 Ce 的强化效应更高，抑制 Ag 回复软化的作用更强[7~9]。向纯 Ag 中添加质量分数为0.5% 的 Ce 的合金，其组织由(Ag) + Ag_5Ce 组成，不仅具有好的固溶强化效应，还具有一定的沉淀硬化效应，冷变形75% 时硬度 HV 达到110，强度达到395MPa[1,10]。向纯 Ag 中添加微量 Be、Cu 或 Ti 与其他元素的组合，也能很好地强化和抑制 Ag 回复软化的效应[11,12]。这些通过微合金化途径发展的银材不仅可以抑制 Ag 的回复软化，保持银材高的力学性能稳定性，在使用和存放期间不软化，同时也不改变 Ag 的颜色和光亮性。

6.3.3 Ag-Cu 饰品合金

6.3.3.1 Ag-Cu 合金结构和性质

Cu 是 Ag 的主要强化剂和硬化剂，它还能明显提高 Ag 的再结晶温度，抑制形变态 Ag

回复软化，提高 Ag 的力学性能稳定性。Cu 资源相对丰富，价格较低廉。因此，自古以来 Cu 就是珠宝银饰品合金的主要和首选合金化元素。

Ag-Cu 合金系相图如图 6-9 所示[13]，它是以富 Ag 固溶体和富 Cu 固溶体组成的简单共晶系。在共晶温度为 779℃，Cu 在 Ag 中的最大的固溶度为 8.8%（质量分数），Ag 在 Cu 中的最大固溶度为 8.0%（质量分数）。随着温度降低，Cu 和 Ag 的相互固溶度急剧下降，在室温时，彼此固溶度很小或几乎互不相溶。经高温退火并淬火至室温，在固溶体相区内的合金仍保持固溶体，处于两相区内的合金仍为两相合金。表 6-1[1] 列出了退火态 Ag-Cu 合金的主要物理性能。

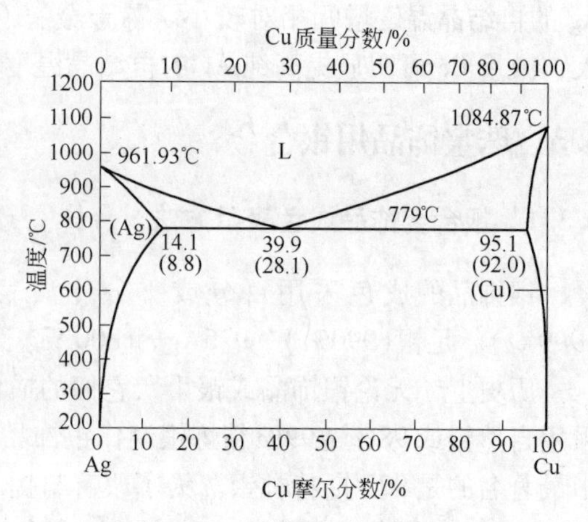

图 6-9 Ag-Cu 合金系相图

表 6-1 退火态富 Ag 的 Ag-Cu 合金的主要物理性能

合金成分（质量分数）/%	熔点 /℃	密度 /g·cm^{-3}	硬度 HV	强度 /MPa	电阻率 /μΩ·cm	电阻温度系数/℃$^{-1}$	导热系数 /W·(cm·K)$^{-1}$	伸长率 /%
Ag-5Cu	885	10.4	50	230	1.8	3.5×10^{-3}	3.35	43
Ag-7.5Cu	870	10.35	60	250	1.9	3.5×10^{-3}	3.35	40
Ag-10Cu	779	10.3	70	270	1.9	3.5×10^{-3}	3.35	35
Ag-15Cu	779	10.2	78	290	2.1	—	3.35	35
Ag-20Cu	779	10.1	85	310	2.1	—	3.30	35

Ag-Cu 合金的结构特征使 Ag-Cu 合金具有很好的固溶强化和沉淀强化效应，沉淀强化相是富 Cu 固溶体。由图 6-9 相图可见，几乎在所有成分范围内 Ag-Cu 合金都有时效硬化效应。图 6-10[3] 所示为两个成分的退火态 Ag-Cu 合金的时效硬化曲线，其中 Ag-6.3Cu 合金的最佳时效温度应为 250～300℃，时效硬度 HV 峰值可达到约 120；Ag-7.5Cu 合金的最佳时效温度应为 200～250℃，时效硬度 HV 峰值接近 160。Ag-Cu 合金也可以先进行预变形然后再做时效硬化处理，这样可以达到更高的硬度。结合图 4-4 可见，随着合金中 Cu 含量增大，时效硬化效应明显增大，时效硬化速率也明显加快，达到时效硬化峰的时间显著缩短。

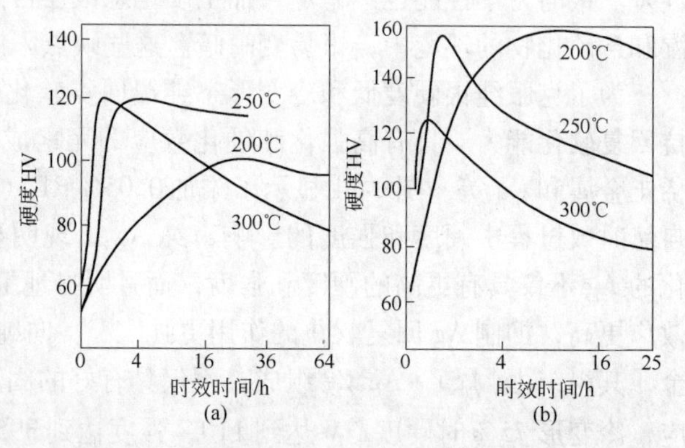

图 6-10 退火态 Ag-6.3Cu(a) 和 Ag-7.5Cu(b) 合金的时效硬化曲线

6.3.3.2 主要 Ag-Cu 饰品合金

作为饰品与货币的 Ag-Cu 合金，Ag 的质量分数通常高于 80%，主要成色有 958Ag、925Ag、916Ag、900Ag 和 800Ag 等。

A 925Ag-Cu 合金

12 世纪，德国铸币师 Easterlings 掌握了先进的银币和银合金制备技术。英国亨利二世（1133～1189 年）时期，他来到英国并带来铸银币技术，制造了质量分数为 92.5% Ag 和 7.5% Cu 的 Ag-Cu 合金，即 Ag-7.5Cu 合金。由于应用广泛，它成了 12 世纪英国第一品牌银合金。为了纪念这位铸币师，该合金被命名为斯特林银[4]。后来合金化元素的范围有所扩大，它成为所有 925Ag 的泛称，如 925Ag-Cu-Ge 和 925Ag-Cd 合金等，但在所有的 925Ag 合金中，应用最广泛的是 925Ag-Cu(Ag-7.5Cu)合金。中国在明代（1368～1644 年）实行了一种标准银，称为纹银。据清朝乾隆年间文献《通考·钱币考》记载，在明朝“凡一切行使，大抵数少则用钱，数多则用银。其用银之处，官司所发，例以纹银。凡商民行使，自十成至九成、八成、七成不等。遇有交易，皆按照十成足纹递相核算。”这表明纹银成色很高，才有“十成足纹”之称。经近代化验，明代纹银含 93.54%(质量分数)Ag[14]。纹银中的 Ag 含量接近斯特林银中的 Ag 含量，因此国内一些文献称斯特林银为纹银。在国际珠宝饰品行业和文献中广泛使用斯特林银名称，我国银饰品标准称谓为 925Ag。

鉴于 Cu 在 Ag 中最大固溶度可达 8.8%，925Ag 在高温区为单相固溶体。将 925Ag 在 800℃进行固溶处理并淬火，得到单相固溶体，它有很好的延性与加工性。退火态 925Ag 的硬度 HV 可达到 60～65，冷变形态硬度 HV 提高到约 145，可见 925Ag 具有高的固溶硬化效应。退火态 925Ag 在 200～250℃进行时效处理可使它的硬度 HV 提高到近 160(见图 6-10(b))。若冷加工预变形 925Ag 进行时效处理，可以获得更高的硬度，可见具有高沉淀硬化效应。因此，可将 925Ag 先制作成饰品成品，然后再进行时效处理使之硬化，可用于镶嵌宝石。

925Ag 是主要的装饰银合金。英国制造的 925Ag 饰品和工艺品上都刻有狮头印记作为标志。该合金从 12 世纪一直沿用至今，已有 800 余年历史，现已被世界各国接受和采用。

B 958Ag-Cu 合金

12 世纪英国的第二个标准饰品银合金是 958Ag。该合金含 4.2%(质量分数)Cu，称为布里塔尼亚银[3]。958Ag 在高温区也为单相固溶体，在低温区时效析出（Cu）沉淀相，具有沉淀硬化效应。因 958Ag 含 Cu 量低，它的固溶硬化、形变硬化和时效硬化效应均不如 925Ag。由图 4-4 可见，退火态 958Ag 的硬度 HV 约为 45，时效态硬度 HV 达到约 80。由于硬度低，其耐磨性差，不宜于镶嵌宝石。在英国，用 958Ag 合金制作的饰品或制品都须刻印女性图像作为标识。

为了改善 958Ag 的性能，后来逐渐发展了 950Ag 和 935Ag。950Ag 和 935Ag 分别为 Ag-5Cu 和 Ag-6.5Cu 合金，它们都具有与 958Ag 和 925Ag 相同的结构特征，也具有固溶硬化和沉淀硬化效应。退火态 950Ag 的硬度 HV 为 50，最高时效态硬度 HV 可达到约 100。935Ag 的性能与图 6-10(a)所示的 937Ag(Ag-6.3Cu)合金的性能相近，它的退火态硬度 HV 约 55，最高时效态硬度 HV 可达到约 120。将 950Ag 和 935Ag 作高温固溶处理，淬火后得到单相固溶体，具有好的形变和加工性能。将退火态合金制作成饰品后在 200～250℃时效，硬度 HV 分别可达到约 100～120；若在预变形的基础上进行时效处理，合金饰品的硬度还可进一步提高，但 950Ag 和 935Ag 的硬度值仍然低于斯特林银合金。

C 900Ag-Cu 合金

900Ag 即 Ag-10Cu 合金，原设计主要用于制作银币，故又称为银币合金或货币银，后来也用于制作各种珠宝饰品。900Ag 中的 Cu 含量已超过 Cu 在 Ag 中的最大固溶度，因此即使作高温热处理也不可能形成单相固溶体，只能形成以（Ag）固溶体为基体和以（Cu）固溶体为沉淀相的两相合金，因而它同时具有固溶强化和时效硬化效应。退火态 900Ag 的硬度 HV 为 70，加工态硬度 HV 达到 150，时效态硬度 HV 可达到约 180，可用于镶嵌宝石。在 900 银币合金中，还可以 Al 取代 2.5% Cu 而形成 Ag-7.5% Cu-2.5% Al，其硬度 HV 达到 190。银饰品市场上，有时还会出现 916Ag，其 Cu 含量为 8.4%，性能则介于斯特林银与货币银之间，主要用于制造珠宝首饰与餐具等。

D 欧洲银

根据 1972 年签订的关于贵金属制品控制和标记的维也纳公约，许多欧洲国家接受和使用 Ag-17Cu（液相线温度为 829.8℃）和 Ag-20Cu（液相线温度为 819.4℃）银合金[15]，统称为欧洲银，按千分质量表示法写为 830Ag 和 800Ag。欧洲银的结构类似于 900Ag，只是其中的（Cu）相含量更高，因而具有更高的固溶强化和时效硬化效应。如退火态 800Ag 硬度 HV 达到 85，时效态硬度 HV 超过 200，具有更高的耐磨性。欧洲银被广泛用于制造扁平形和中空形银器具与银饰品。

Ag-Cu 合金是主要的银基饰品合金。虽然 Cu 加入 Ag 能提高 Ag 的强度性质和改善铸造性能，但不能改善 Ag 与 Ag 合金的抗硫化性能，Ag-Cu 合金的耐蚀性随 Cu 含量增高而降低。另外，高 Cu 含量的 Ag 合金在空气中加热时，表面形成铜氧化物使合金变成黑色。虽然浸渍于稀硫酸中可消除这层黑色铜氧化膜，但由于酸的腐蚀作用并不能完全恢复原来的金属光泽。

珠宝首饰与饰品用 Ag-Cu 合金的 Ag 含量一般不低于 80%，即 Cu 含量不高于 20%。事实上，应用最广泛的合金是 Cu 含量在 15% 以下的 Ag 合金，它们具有足够的硬度，高的耐磨性和好的色泽。当 Cu 含量高于 15% 以后，Ag-Cu 合金的颜色由银白色逐渐转变为黄红色甚至红色。因此，在选择和使用现存的 Ag-Cu 合金或设计新的含 Cu 组元的银合金时，应当充分考虑对合金结构稳定性、化学稳定性和银饰品颜色的影响。

6.3.4 925Ag-Cd 饰品合金

用做饰品的 Ag-Cd 合金主要是 Ag-7.5Cd 合金，在英国属于泛称的斯特林合金[3]。

Cd 在 Ag 中有很大的固溶度，最高固溶度（质量分数）达到 40%，因而具有固溶强化效应，但无沉淀硬化效应。Ag-7.5Cd 合金的熔点约 930℃，密度约为 10.3 g/cm^3，退火态硬度 HV 约 32，具有优良铸造、深拉深冲和钎焊性质。Cd 是对人体有害元素，在合金熔炼、加工和热处理过程中释放的 Cd 蒸气和氧化物是有害物质。虽然 Ag-Cd 合金饰品在干燥大气环境中并不释放有害物质，但在某些溶液，甚至人体唾液、汗液中会释放 Cd。随着人类对环保日益重视，含 Cd 材料在工业中已限制使用。在银珠宝饰品材料中，Ag-7.5Cd 合金较少用做珠宝首饰，常用于制作诸如花瓶之类的中空装饰品（如花瓶）和其他摆饰品。

6.3.5 Ag-Pd 饰品合金

早在 20 世纪 20 年代，英国和德国的科学家就开始研究抗硫化的银合金。经过系统研究表明，向 Ag 中添加一定量的贵金属元素，如 Au、Pd 和 Pt，可以不同程度地抑制 Ag 的硫化晦暗倾向。美国国家标准局在 1927 年得出结论，要想完全抑制硫化银的形成，最佳的合金元素是贵金属元素，并且必须向银中添加至少40% Pd、70% Au 或 60% Pt[15]。Au 与 Pt 不仅价格高，而且完全抑制硫化银的形成所需要的添加量也高，必然导致 Ag 合金和珠宝饰品价格增高。因此，对那些要求抗晦暗的高档银合金珠宝饰品，使用 Ag-Pd 合金是必然的选择。图 6-11[16] 所示为两种环境中在 Ag-Pd 合金上形成的硫化物浓度与合金中 Pd 含量的关系：随着 Pd 含量增加，Ag 的硫化倾向急剧降低；当 Pd 含量达到 40% 时，Ag-Pd 合金上化合态硫的浓度降低到最小，证明 Pd 添加剂可以抑制银的硫化物形成。向 Ag 或 Ag 合金中添加 Pd 或再添加少量 Au 或 Pt，还可以提高 Ag 合金的抗腐蚀性能。

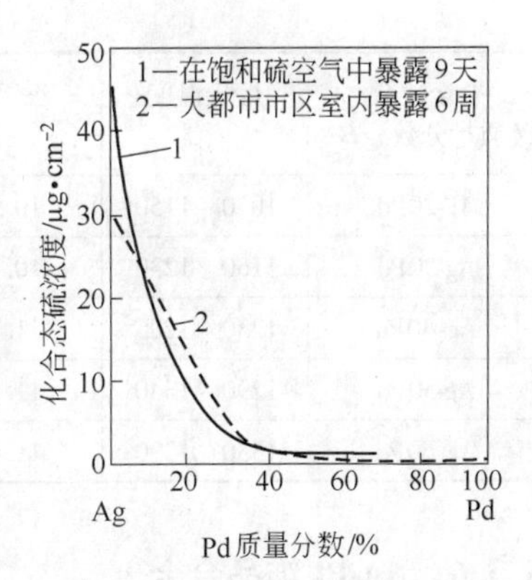

图 6-11 Ag-Pd 合金的硫化倾向

图 6-12 所示为 Ag-Pd 系合金相图[13]，在全部浓度范围内形成连续固溶体。随 Pd 含量增加，合金液相线从 961.93℃(Ag 的熔点)平滑升高到 1555℃(Pd 的熔点)。Ag-Pd 合金的物理性能呈典型固溶体特性，即随着溶质浓度增高，合金的物理性能平滑变化，在等摩尔分数附近达到最大值或最小值。图 6-13[17] 所示为 Ag-Pd 合金的力学性能，表 6-2[1,17] 列出了某些 Ag-Pd 合金的主要物理性能。Pd 对 Ag 仅有中等硬化和强化效应，富 Ag 的退火态 Ag-Pd 合金的硬度和强度都不很高，通过冷加工虽然可以一定程度提高合金的硬度和强度，但并不能完全满足珠宝饰品的需要，必要时通过添加第三组元如 Cu、Ni 等进一步强化。Ag-Pd 合金中添加 Cu、Sn、Zn 等元素还可以改善合金的铸造性。以 Ag 为基体，添加 12% Pd，10% ~12% Ni 和 Zn 可制备具有一定抗硫化性能的“白金”合金。Ag 和 Pd 都易吸气，一般应采用真空熔炼，若在大气中熔化则必须采用措施脱氧。所有成分的 Ag-Pd 合金都具良好的加工性和焊接性能，能容易制造各种型材和饰品。虽然 Ag-Pd 合金具有许多优点，但 Pd 加入提高 Ag 合金成本，高 Pd 添加量还会降低 Ag 合金的亮度。

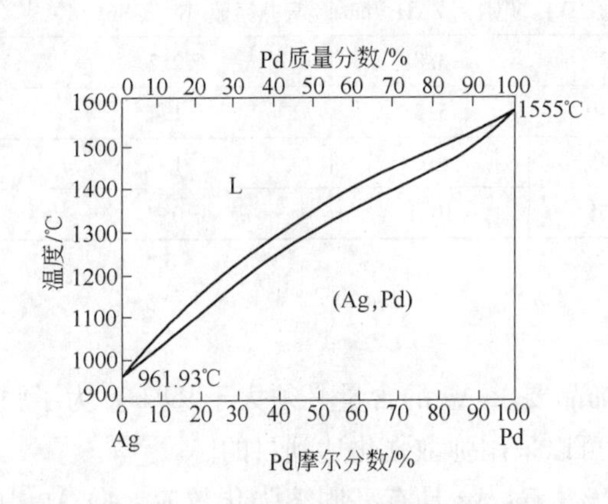

图 6-12 Ag-Pd 系合金相图

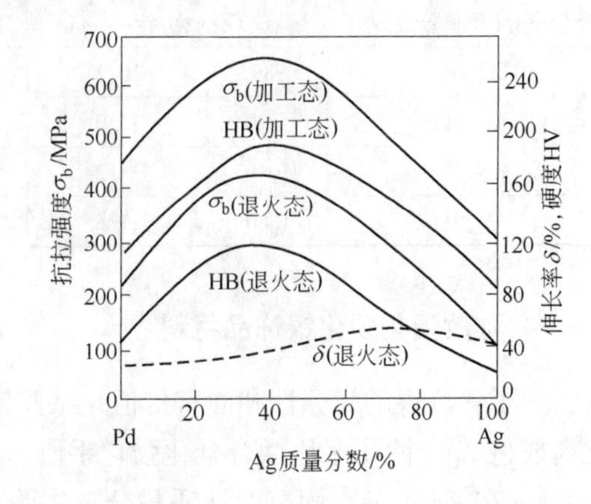

图 6-13 退火态和加工态 Ag-Pd 合金的力学性能

表 6-2 退火态 Ag-Pd 合金的主要物理性能

合金成分（质量分数）/%	熔化温度/℃	密度/g·cm^{-3}	硬度 HV	强度/MPa	电阻率/μΩ·cm	电阻温度系数/℃$^{-1}$	导热系数/W·(cm·K)$^{-1}$
Ag-5Pd	980~1020	10.5	28	170	3.8	—	2.20
Ag-10Pd	1000~1060	10.6	35	210	5.9	0.94×10^{-3}	1.42

续表 6-2

合金成分（质量分数）/%	熔化温度/℃	密度/g·cm^{-3}	硬度 HV	强度/MPa	电阻率/μΩ·cm	电阻温度系数/℃$^{-1}$	导热系数/W·(cm·K)$^{-1}$
Ag-20Pd	1070～1150	10.7	45	260	10.2	0.58×10^{-3}	0.92
Ag-30Pd	1160～1230	10.8	70	300	16.0	0.43×10^{-3}	0.60
Ag-40Pd	1230～1285	11.1	75	340	23.0	0.40×10^{-3}	0.46
Ag-50Pd	1290～1340	11.3	85	365	31.0	0.27×10^{-3}	0.35
Ag-60Pd	1330～1390	11.4	95	390	42.0	0.025×10^{-3}	0.30

6.3.6 Ag-Pt 饰品合金

Ag-Pt 是包晶系合金（见图 6-14[13]），在富 Ag 端低温区存在复杂的有序相，但它们的晶体结构尚未确定。Pt 加入 Ag 中，不仅提高 Ag 的力学性能，还提高 Ag 的抗腐蚀和抗晦暗能力而不损害 Ag 的颜色与光泽。从饰品材料的角度看，Pt 应是 Ag 和 Ag 合金的理想添加元素。历史上曾经使用 Ag-20.5Pt 合金作为饰品材料。近年来，由于 Pt 的价格昂贵，Ag-Pt 合金已很少用作饰品材料。某些 Ag 饰品合金中，Pt 可以少量和微量加入其中。表 6-3[1] 列出了几个 Ag-Pt 合金的基本物理性能。

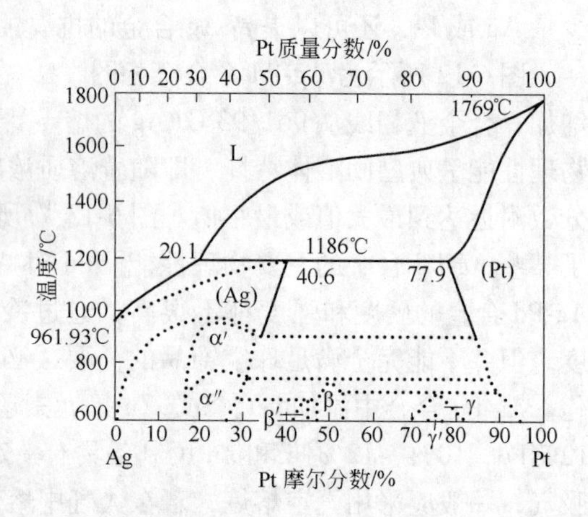

图 6-14 Ag-Pt 系合金相图

表 6-3 退火态 Ag-Pt 合金的主要物理性能

合金成分(质量分数)/%	熔点/℃	密度/g·cm^{-3}	硬度 HV	电阻率/μΩ·cm	导热系数/W·(cm·K)$^{-1}$
Ag-5Pt	980	10.7	33	3.8	2.2
Ag-10Pt	1020	11.0	40	5.8	1.4
Ag-12Pt	1040	11.2	45	6.0	1.2
Ag-20Pt	1080	11.8	55	10.1	0.9

6.3.7 弥散强化硬化银饰品材料

为了保持银的光亮性和固有价值，某些银饰品要求 Ag 的含量必须大于 99%。为了强化高成色 Ag，除了采用微合金化强化手段，还可以采用弥散强化达到目的。

Mg 在 Ag 中最大固溶度（质量分数）为 17%，对 Ag 具有高固溶强化效应。向 Ag 中添加少量 Mg，如 0.2%～0.3%，固溶体 Ag-Mg 合金可以很容易地进行压力加工和成型，经内氧化处理后，Mg 被氧化形成 MgO 并弥散分布在 Ag 基体中，形成 Ag-MgO 颗粒复合材料。为了抑制内氧化期间晶粒长大，再向合金添加低于 0.25% Ni，形成了重要的 Ag-Mg-Ni 商业合金[17,18]。表 6-4 列出了经内氧化的 Ag-Mg-Ni 合金的性能，可见这种以氧化物弥散硬化的银既保持了合金的高纯度又具有高的硬度和强度。Ag-Mg-Ni 合金原是经典的滑动电触头材料，它因具有的高 Ag 成色、高硬度和高光亮性也用作饰品材料。

表 6-4 经内氧化的 Ag-Mg-Ni 合金的性能

合金成分(质量分数)/%	硬度 HV	强度/MPa	弹性模量/GPa	电阻率/μΩ·cm
Ag-0.205Mg-0.185Ni	140	460	88	2.63
Ag-0.25Mg-0.25Ni	155	510	88	3.0

注：表中强度值取文献[2]和[4]的平均值。

以氧化物粒子作为强化相的弥散强化银还可以通过粉末冶金方法制备，最常用的强化相是 Y_2O_3。Ag-Y_2O_3 复合材料可以通过 Ag 和 Y_2O_3 粉末机械混合—粉末冶金法制备，也可通过化学共沉积法先制备 Ag-Y_2O_3 混合粉末然后再通过粉末冶金法制备，后一种方法可使 Y_2O_3 粉末在 Ag 基体中分布更均匀。一项研究表明[19]，含有 0.2% ~0.4%(质量分数) Y_2O_3 的弥散强化银明显提高 Ag 的硬度和强度，具有良好的抗回复软化能力和高的持久寿命。这类弥散强化银因具有好的高温力学性能常被用于高温用途，但也可以用于制造珠宝饰品。

6.3.8 抗晦暗抗变色饰品银合金

Ag 中添加一定量的贵金属元素，如 Au、Pd 和 Pt，可不同程度抑制 Ag 的硫化晦暗倾向。从抗硫化性能和合金成本考虑，Pd 显然是抗晦暗银合金的最佳选择元素。虽然贱金属元素对抑制银晦暗变色的作用有限，但至今仍发展了许多含有贱金属组元的抗晦暗抗变色的银合金，如一个含有 Pd 和 Au 的银合金，其成分（质量分数,%）范围是：(35 ~68) Ag-(8 ~30)Pd-(4 ~4.5)Au-(18 ~32)M(M 为 Ir、Cu、Zn、Ni、Si、In 之一或几个元素)[20]。其他抗变色银合金还有：Ag-12Pd-(10 ~ 12)Ni-Zn、(80 ~ 92.5)Ag-5Pd-2Cu-0.5In、Ag-6.0In-1.5Al-3.0Cu、83.5Ag-12Cu-3.2Zn-1.5Al-0.005Fe 等合金。可以看出，这些抗变色合金或以 Pd，或以 $Ⅲ_A$ 族元素（如 Al、Ga、In），或者这两类元素相结合作为主要抑制硫化物生成元素，它们大体有相当于 925Ag 的抗变色性，在 0.1% Na_2S 或 5% NaCl 水溶液中不变色。无疑，这些抗变色元素中，以 Pd 的抗变色效果最好和最稳定，但合金的成本明显增高。选择以 $Ⅲ_A$ 族元素作为 Ag 与 Ag 合金的抗变色剂，主要是因为 Al、In 等元素容易氧化并形成致密、透明和黏附性好的保护膜，可以保护 Ag 合金不受大气环境中有害元素或化合物的侵蚀，保护 Ag 合金不变晦暗；同样的原理，Si、Ti 等元素也可作为 Ag 与 Ag 合金的抗变色剂。具有抗晦暗特性的 Ag-In 合金一般含 1% ~10% In，以含 1% ~7% 或 3% ~7% 的 In 更好，典型的合金是 Ag-5In 合金，当 In 含量超过 10% 时，Ag-In 合金的抗晦暗性降低[21]。在多元 Ag 基合金中添加少量 In，仔细地调配合金中 Ag 和 In 含量可以制备具有高反射率、高导电性和保持 Ag 光亮性的抗晦暗 Ag 合金。抗变色银合金仍然是有待进一步研究与发展的材料。

抗变色银合金有广泛的应用，主要用于制作首饰、餐具、佛像和银器。

6.3.9 主要商用饰品银合金的性能

商用饰品银合金主要有纯银和各种成分的 Ag-Cu 合金，应用最广泛的是斯特林银。虽然含有贵金属组元的银合金具有良好的抗硫化、抗晦暗、抗腐蚀特性，但毕竟成本增高，仅用于某些特殊场合。表6-5列出了常用饰品银合金的主要力学性能和应用。

表6-5 纯Ag、Ag合金与硬化银的力学性能

名 称	合金成分（质量分数）①/%	状 态	硬度HV	强度②/MPa	伸长率/%	应 用
纯银	≥99Ag	冷加工	90	250	10	首饰、民族服饰、儿童饰品等
		退火态	25	160	50	
950Ag	Ag-5Cu	冷加工	100	359	3	首饰、民族服饰、儿童饰品等
		退火态	50	230	40	
925Ag	Ag-7.5Cu	冷加工	145	520	3	首饰、餐具等
		退火态	60	280	38	
916Ag	Ag-8.4Cu	加工态	150	550	3	首饰、餐具等
		退火态	65	290	35	
900Ag	Ag-10Cu	冷加工	150	580	3	银币、首饰、餐具等，也称货币银
		退火态	70	300	35	
875Ag	Ag-12.5Cu	退火态	75~116	310	30	首饰、餐具等
硬化银	Ag-Mg-Ni	退火态	50~60	200~220	35~45	首饰、餐具、装饰与工艺品等
		内氧化态	135~155	460~510	10~18	

①表中Ag-Cu合金的液相线温度介于896~845℃，固相线温度为779℃；密度介于10.36~10.28g/cm³；②表中强度值取文献[1]和[3]的平均值。

6.4 银与银合金饰品防晦暗的某些途径

银在潮湿和含有硫化物和卤化物盐雾气氛中长期存放时会慢慢地失去原有的光泽而逐渐变晦暗，影响了它的美观性。为了防止银饰银器和银制品变晦暗，下面的措施可供参考。

防止银饰、银器变晦暗，最重要的是将银饰银器放置在干燥无腐蚀性气氛的环境中，不与含有硫化物、卤化物或盐雾气氛长期接触，也不要与硫、硫化物、含硫食品和橡胶制品接触。银饰、银器要经常用柔软布皮擦拭，或采用精细磨料抛光可以消除晦暗膜。另外，硫化银晦暗膜在约400℃分解，将Ag加热然后迅速淬火到水中可得到光亮Ag表面。但是，加热法不适用于含有易氧化组元（如Cu或其他贱金属）的Ag合金，加热法也不适用于含有镀银层制品。

Ag表面的晦暗膜可用化学试剂消除。将变晦暗的银制品在碱性溶液中与铝接触，可以清除Ag_2S膜，还原为金属银而变明亮。在碱金属铬酸盐和碳酸盐溶液中对晦暗的银做阴极处理，使Ag钝化；或者以阳离子电泳沉积氧化铝、氧化铍、氧化钍和氧化锆等氧化物也可以防止Ag晦暗。采用电解法消除工业用银或家用银器的晦暗膜不仅方便，也可得到极好的效果。工业上常用氰化钾或氰化钠稀溶液消除银的晦暗膜，这类稀溶液可以溶解大多数银化合物[2,5]。但是家用银器具不能用氰化物溶液清洗，一者因氰化物有剧毒，再者氰化物在清除银器表面晦暗膜的同时也侵蚀银本身。

表面涂层可保护Ag不变晦暗，最佳表面涂层是镀Rh或镀Pt。Rh是白色金属，它对可见光有高的反射率（85%）和接近 Ag 的白色。在 Ag 与 Ag 合金饰品上的 Rh 镀层，不仅抑制晦暗，还能提高银饰品的耐磨性和耐腐蚀性，保持银的光亮色泽与漂亮外观。虽然 Rh 的价格昂贵，但镀 Rh 层用 Rh 量不多，对银饰品的成本增加有限。因此，镀 Rh 是银饰品最常用的措施，许多高档银饰品都采用镀 Rh 层，镀 Pt 也有类似的特性。通过各种物理或化学气相沉积技术，将 In_2O_3、SiO_2、TiO_2、Al_2O_3 等致密、透明并有良好黏附性的氧化物作为保护涂层施加到 Ag 合金表面，当这类氧化物膜厚度达到 5~50μm（优先选择 5~20μm）时，底层银合金就不与大气环境中的各种元素或化合物反应，能保护 Ag 合金不变晦暗，同时使 Ag 合金保持高反射率和银白色，对人眼视觉而言，就像没有施加这类氧化物涂层一样[20]。在 Ag 合金饰品表面镀 Rh(Pt)或气相沉积透明氧化物时，工艺上应保证涂层表面不存在针孔和缺陷。否则，一旦涂层表面被划伤，都会导致涂层下的 Ag 曝露于大气而变晦暗。

另一种减轻 Ag 饰品变晦暗的途径是将 Ag 包裹在抗晦暗的纸中储存。有不同类型的纸可用于 Ag 的抗晦暗，其中以浸渍醋酸铜和醋酸镉的纸效果最好。这些盐优先吸收 H_2S，防止或减轻 H_2S 与 Ag 反应。醋酸铜的价格比醋酸镉低，常为首选浸渍剂。浸渍 2.3% 醋酸铜的牛皮纸比普通牛皮纸至少提高银的抗晦暗能力 10~20 倍。氧化铜也有抗晦暗作用，用含 1.4% CuO 的纸包裹银饰品比用普通纸包裹可提高抗晦暗能力至少 10 倍以上。采用接近透明的清漆涂层也可保护 Ag 免受腐蚀与晦暗，但清漆对 Ag 的黏着力差，不耐磨和易划破。在 Ag 上涂敷一层极薄的极性长链脂肪族化合物膜层也可有效防止 Ag 晦暗，犹如清漆一样，但黏着力比清漆更强。奇怪的是这种化合物分子的活性端就含有硫，但极性分子强的化学吸附可形成一层紧密的几乎看不见的膜层，可防止 Ag 变晦暗[1,4]。虽然这些清漆和极性长链脂肪族化合物膜层显示了一定的抗硫化和抗晦暗作用，但一定程度降低了银的光亮度。

家庭银饰和银器以及工业银制品如何防止晦暗一直是一个重要课题，随着技术的进步，将会有更多性能更好的抗变色银合金和保护银不变晦暗的措施出现。

6.5 银饰品与银器具

在所有金属中，银显示了最明媚和温柔的“女性”形象。古罗马时代，银被喻为最纯洁的月亮女神露娜或戴安娜，古希腊时代也尊奉银为月亮女神阿缇米丝。秘鲁古印加人称呼银为“月亮的泪珠”[22]，这更增加了银的妩媚。银一直为女性所爱戴甚至崇拜，美丽的银饰珠宝和银器具深受妇女的喜爱。银饰品寓意着纯洁、淡雅和吉祥如意。

6.5.1 银合金珠宝首饰

银首饰在中国有悠久的历史，应用很广泛。如果将银首饰进行分类，大体可分为经典首饰、民间首饰和少数民族首饰及饰品。

6.5.1.1 经典首饰

经典首饰是以所谓几大件如戒指、耳环、项链、胸花、坠饰等为代表的首饰。由于首饰越来越普及，其品种和规格越来越多，其他如头簪、领夹、手镯、袖扣、别针等也可列为经典首饰。纯银饰品的硬度和强度较低，一般用于制造素净首饰。925Ag 既可用于制造素净饰品，也可用于镶嵌各种宝石。当以纯银和 925Ag 制造素净饰品时，饰品表面可以刻制复杂精美的花纹和图案。刻花的环状首饰与饰品称为刻花环，它的制作包括制环、初刻、表面加工、精刻、清洗去脂与抛光等工序，其中精刻可采用磨砂法或钻石刀具雕刻基本图案、闪光刻面、精美花纹和附加图案等，以钻石刀具雕刻的刻面和花纹更光滑和精细。刻花银环饰品款式新颖，用作婚戒很受欢迎。当在925Ag或其他银合金饰品上镶嵌宝石时，鉴于银饰品的大众化特性，与银饰品匹配的宝石一般为半贵重宝石或价格相对低廉的宝石，如玛瑙、玉石、立方锆石、蛋白石、珍珠和珠母层以及人造宝石等。如果以925Ag与透明立方锆石相匹配制作饰品，其美学效果酷似铂金钻石饰品，甚至比铂金钻戒具有更高的亮度。图6-15所示为采用925Ag制造的抛光和刻花戒指以及镶嵌有缟玛瑙、立方锆石和粉红色珠母层的戒指、项链、坠饰等饰品。以这些银首饰装饰人体，尤其是妇女，其装饰效果不亚于铂金饰品，极显温柔、淡雅和甜润之姿。世界上几乎所有国家和地区的妇女都喜爱佩戴闪亮的925Ag首饰品，不仅可以增加她们的妩媚与漂亮，也可增加财富安全感。

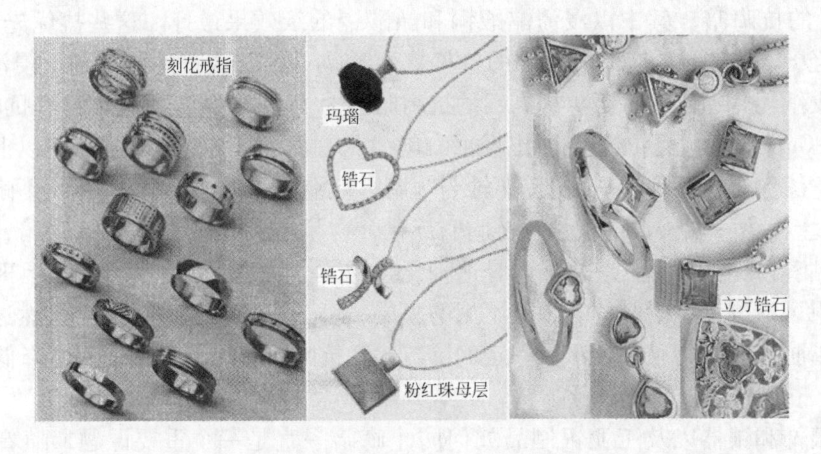

图6-15 采用925Ag制造的抛光刻花和镶嵌宝石的饰品

6.5.1.2 民间首饰

银珠宝饰品中还有民间银首饰品和适于儿童佩戴的饰品。民间银饰品除了上述经典首饰外，还有在民间流传的一些首饰，如各种挂饰件、服饰配件、鼻环脐环、脚镯等。还有用于婴儿和儿童身上的银饰品，如带有小银铃的儿童银手镯与脚镯、银颈圈、“长命百岁”银锁、抓岁银算盘等，体现了人类对婴幼儿的热爱与期盼。儿童银饰品不仅在中国民间广为流传，在其他国家和地区也广泛应用。图6-16[15]所示为儿童佩戴的银项链和手镯饰品。

6.5.1.3 民族银饰品

世界上各个地区和各个国家的民族都喜爱银器银饰品，都有佩戴银饰品的习惯。由于各地区不同民族的生活环境、人文社会乃至宗教信仰不同，他们设计和制造的银器银饰品的风格、形态和款式也各不相同，创造了源于各自文化基础的丰富多彩的民族银饰银器，成为世界文化的珍贵财产。图6-17[15]所示为国外妇女佩戴的银耳环、银项链、银手镯和挂件饰品。

中国各地区的少数民族都有佩戴银首饰的习俗，具有吉祥如意和辟邪护身的意义。如景颇族妇女除了佩戴经典银首饰外，还佩戴各种服饰银饰品，盛装时，她们颈上挂6~7个银颈圈或一串银链与银铃，耳上戴银耳筒，腕上戴1~2对刻花银手镯，上衣前后及肩上挂

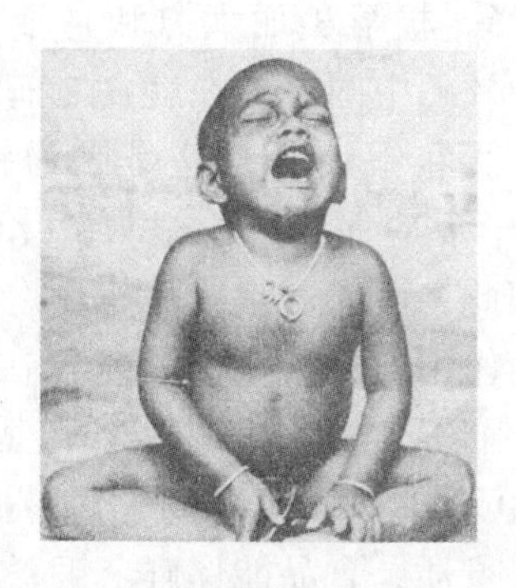

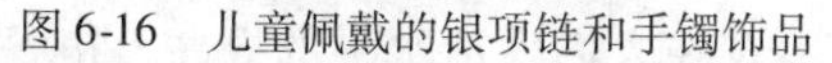

图6-16 儿童佩戴的银项链和手镯饰品

图6-17 国外妇女佩戴的银耳环、项链和手镯饰品

有许多银泡、银币和银饰片，有时其银饰品和佩件重达几千克。景颇族男子也佩戴银饰品，如银腰带、银质或银饰刀鞘和以银片装饰的“筒帕”（挂包）等。盛装苗族妇女佩戴的银冠和银饰有时重达十几千克。藏族人虔诚地信奉佛教，他们佩戴银挂盒，盒内装佛像、经文和吉祥符，是一种护身符。为了满足少数民族对银饰品的需要，在国家对金银实行统一管理的年代里，政府每年拨出专项银指标供少数民族制造银首饰和装饰。现在，中国贵金属市场开放，各地都有相应的民族饰品制造厂，可以方便地制造各种款式的民族银饰。

6.5.2 银合金餐具

自古以来人们就喜爱以银或银合金制作的餐具，中国历代出土文物中都包含有大量银餐具和银生活器具。在欧洲与北美，银餐具常作为结婚礼品由父母送给新娘，父母期望新娘经常为丈夫使用银器，以使作为爱情象征的银器具永不褪色。银器包括餐具和其他生活器件，按其形状分为扁平器具和中空（或深凹）器具等，前者有刀、叉、匙、勺、碟、盏、盘、箸、筷等，后者有碗、杯、盆、深盘、水壶、茶壶、酒具和咖啡壶等。图6-18[4]所示为摆放了925Ag餐具的餐桌；图6-19[4,23]所示为用925Ag制造的壶具。这些925Ag餐具和器具造型优雅，花纹细腻清晰，显示了精美与华贵的气质，尤其是法国佛朗西斯一世的银咖啡壶更是银器具中的精品和珍品。

图6-18 925Ag餐具和摆放了餐具的餐桌

(a)

(b)

图6-19 用银和925Ag制造的精美中空器具
(a) 法国佛朗西斯一世的银咖啡壶；(b) 19世纪英格兰镀金之银酒壶

银制作餐具，一方面是因为银具有美丽银白的色泽，极显美丽大方和高雅华贵的气派。另一方面更是因为银餐具有验毒、消毒和杀菌的功效。中国古人在就食之前常以银筷验证食物中是否有毒，现代食品生产也常会采用银器和银设备，这是因为银与砒霜(As_2O_3)、山奈(NaCN)等毒性物质相接触时会发生化学反应而变色，银与硫化物、亚硫酸、卤素及其他一些有毒化学物质接触时也会变色。因此，可通过银餐具与食物接触是否会变色检验食物是否含有毒性。另外，银有很强的杀菌作用，将汤盛于银容器中或将银餐具置于汤中，有微量Ag离子溶于汤中，Ag离子可使细菌或微生物体内胶质凝固而死亡。有实验证明，即使每升水中仅含有2×10^{-11}g银离子也可以在短时间内杀死细菌，起到消毒与净化作用[2]。因此，以银容器盛汤和奶类食品不易变质，食品能保鲜。银餐具既是一种精美华贵的装饰品，也是卫生保健消毒食具。随着现在人们生活水平的提高，银餐具将会进入更多家庭。

6.5.3 银生活器具、银证章、银工艺品

银饰的大众化还在于它广泛地用做家庭生活用品，如钟表（挂钟、座钟和怀表）、梳妆台、化妆盒和其他盒具、熏香器、花瓶、各种摆饰品和挂饰品等。图6-20[23]所示为几件用925Ag制造的家庭用具。银也用于制作各种证章和体育赛事的奖章、各种银工艺品和礼品。在西方国家的圣诞节，人们常用银装饰的圣诞树作为礼品送给亲友。

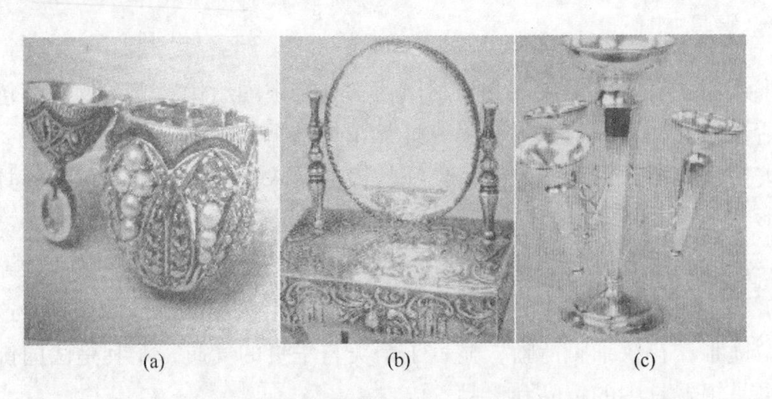

图6-20 用925Ag制造的家庭用具
(a) 储藏罐；(b) 梳妆台；(c) 插花架

6.5.4 宗教供奉银器

中国历史上，银器是重要的宗教供奉器，如银供养器（灯、炉、鼎、香案、烛台、宝函、棺椁、菩萨像等）和银法器（钵盂、如意、锡杖等）。在现代，许多寺庙仍然供奉有银佛，设置有银供养器和银法器。2010年，由昆明贵金属研究所和江西铜业公司合作，采用抗变色银合金铸造了10余吨大佛像，于上海世博会期间安置与供奉在上海静安寺，供人们瞻仰。

中国民间许多家庭也供奉银佛像和银供养器，如银烛台、银香炉、银罄等。现在的珠宝饰品商店中都有银佛像或银佛像摆饰、挂饰出售，它们多采用熔模铸造或电铸成型工艺制造，造型精致，形态逼真，明净灵韵，熠熠闪光。除去宗教色彩，它们也是精美的工艺美术品和家居环境的装饰品。

6.6 银器制造技术

银器制造是银饰品材料的主要应用，生产量大而应用面广。银器包括餐具和其他器件。因其形状差异较大，制备方法也有所不同。因为银器制造独具特色，这里特予介绍。

6.6.1 扁平类银器具制造

扁平器具的制作一般经过模具制造和成型制造两个阶段。以餐具（刀具）为例，首先设计餐具的形状、几何尺寸和装饰花纹图案，然后取符合厚度要求的银板制作一个精确的餐具原型，再以此原型餐具复制石膏模[4]，继以石膏模为基础制作尺寸放大的青铜铸模。将青铜铸模按以任何比例缩放的尺寸复制切压模具，对模具做硬化处理。硬化处理的切压模在压力机上压入事先退火的工具钢中，便得到餐具的钢模，进行必要修理后，钢模做硬化处理，它便成为制作银餐具的母模。模具制作每一个步骤要保持餐具的精确形状、尺寸和饰纹。

餐具一般以925Ag制作，它的成型制造过程包括如下步骤：（1）坯料准备与下料。将经过检验的具有特定厚度的925Ag板材送入冲压机切成坯料，经型锻和粗轧，控制坯料尺寸与质量。（2）冲切，获得所设计餐具的最初外形轮廓。（3）对冲切银坯退火处理，消除加工硬化。（4）冲压成型。将退火银坯置入工具钢母模中，经冲压成型，餐具设计花纹清晰印刻在软态银餐具上，最后进行修理、抛光、检查与包装。在冲压变形过程中，银材有一定加工硬化效应，必要时可进一步做时效硬化处理以提高制品硬度。用这种方法和步骤可以大批量生产各种扁平型银餐具和其他制品。

6.6.2 中空或深凹形器具制作

中空或深凹形餐具如深盘、碗、杯、壶具等在古代都是工匠单件制作，它的设计独具个性，既是实用餐具，又是一件艺术品，具有很高的实用性与观赏性。因为需要适当的硬度，这类餐具也用925Ag制作。

手工制造法包括起拱、加工、铸造装饰配件、焊接、修饰和抛光等步骤。第一步起拱，选用一块平直圆形斯特林银片材，直径近似地等于所制备器件宽度与深度之和。在木砧或铁砧上用锤敲击使其周边逐步卷起，使平块金属隆起，做成一个凹形的帽。然后将卷起的折皱用锤击逐步展平，做一个“碗形坯”。为消除其加工硬化，加工毛坯在约650℃退火。一个标准的碗形物一般需要3~4个锤击加工过程，每一个过程都需要更换具有按设计要求角度的新砧，以保证正确的形状和较平滑的表面。然后，碗形坯表面先用钢块研磨抛光，再用血玉石抛光，可得特别光滑精美的表面。第二步是铸造或加工所需要的配件，然后采用焊接方法将金属丝、片或铸造配件安装在碗形坯上，并采用雕刻、蚀刻、錾花等步骤做进一步装饰（见图6-21[4]）。手工艺法制备银器可追溯到世界各地远古先民，尽管不同地区的设计构型有所不同，但制备方法基本相同。手工方法制作的银器件很少雷同，用现代方法也难以复制。图6-19所示的以咖啡壶为代表的中空银器就是用手工方法制作的精品银器。

中空银器的现代制造方法与手工法基本相同，只是许多手工操作改由机器操作，主要的工序包括旋压起拱、冲压成型、拉伸延长、浇铸各种装饰配件、装配和焊接配件、抛光和最终修饰。在旋压、冲压、拉伸（深冲）等工序中，每一工序可使用多个模具，并配以

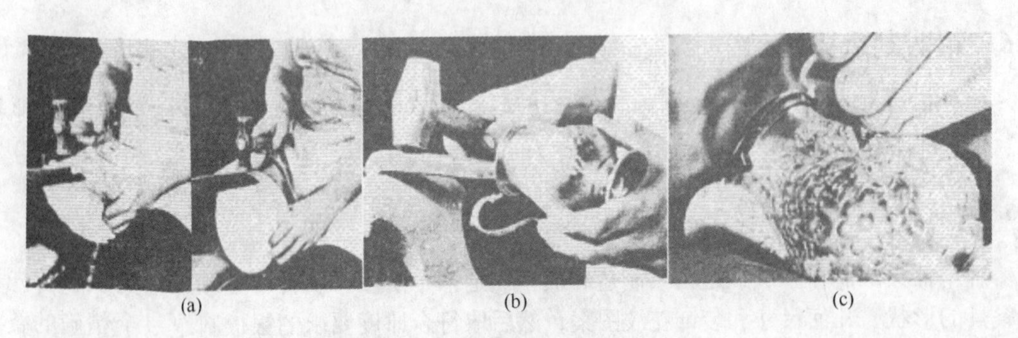

图 6-21 手工制造中空或深凹形餐具

（a）起拱制“碗”；（b）安装配件与修饰整形；（c）雕刻与錾花

中间退火。装配是将器具的身、腿、嘴、手柄等各种部件装配起来，采用熔点在 590 ~ 790℃的银钎料分级钎焊。最后修饰是一个重要工序，它赋予产品最终的形貌与特征，这个工序包括手工加工、机械加工和化学刻蚀，如浮雕花纹、嵌镶饰物、化学刻蚀、抛光、氧化处理等工序。

6.7 银饰品和银器具的发展前景

世界各个地区和国家都生产银饰品和银器具，如素有“首饰王国”之称的意大利，银饰品生产工艺先进，产量与出口量占世界的 1/4 左右，并领导世界首饰制造的新潮流。印度也是世界上最早和重要的银饰和银器生产国之一，它的零售银饰品中，公司礼品约占 40%，家庭银器与结婚饰品各约占 20%，其余为宗教物品、奖章和其他饰品。中国金银器经典饰品的加工企业主要集中在广东、上海、北京和江浙等地，所生产的银器、银饰品和工艺饰品种繁多。随着人们生活水平的提高，银器具、餐具、首饰和其他饰品已进入一般家庭。根据上海老凤祥首饰总厂数据，该厂在 20 世纪 90 年代生产各种银饰品、餐具等折成纯银量约 4 ~ 5t（不包括民族饰品），近年来有了更大的发展。广东和江浙现在已发展成为贵金属珠宝饰品制造中心，他们除了制造精美的黄金和铂金珠宝饰品以外，也大量生产银饰和银器。这些工厂采用现代先进加工方法制造银饰品，工艺技术先进，银饰品质量上乘。中国香港是世界上重要的首饰品生产和消费之地，有几十家首饰厂生产白银饰品。香港首饰造型美观，技艺精湛，深受用户喜爱与欢迎。为了生产少数民族用银首饰与服饰品，全国各地都有相应的民族饰品制造厂，如云南、甘肃、西藏、四川、广西、贵州等省都建有许多家银首饰加工厂，仅在云南省就有几十家主要民族银饰品生产厂，如通海银饰品厂和建水县民族银首饰厂，每年用银量达几吨。这些工厂生产的民族银饰品款式多样，深受各少数民族欢迎。另外，城乡广大区域还有大量制造金银首饰器件的个体手工作坊，生产各种款式金、银饰品。

在元素周期表中，银处于贱金属向铂族金属过渡的 I_B 族，从化学稳定性与其价格的昂贵性而言，Ag 介于同族的 Cu 与 Au 之间，也介于贱金属与贵金属之间。尽管银饰品在 20 世纪 90 年代以来保持了良好的消费势头，但银饰品的发展受到来自“上”、“下”两方面的制约。在“上”，素净的黄金、铂金和钯金饰品及镶嵌各种宝石的高档饰品消费日益增长；在“下”，各种廉价代用品或伪造“银”饰品（如白铜、铝合金、锡合金、铅合金等）以及非金属材料（骨质、木质、石质、塑料、合成材料等）饰品逐渐流行，使经典银首饰的消费受到一定影响。但是，银饰的明媚美学色泽和淡雅甜润的装饰魅力则是任何代用饰品都不及的，镶嵌宝石的高档银珠宝首饰、各种民族民间饰品、宗教饰品、工艺品和家庭用银器皿的消费仍保持良好势头，尤其是兼具有装饰与保健功效的银餐具有更广阔的发展空间和前景。银饰和银器的发展，首先应不断提高作为原材料的银和银合金的抗晦暗变色能力和制造质量；其次要发展款式花色新颖、制造精细的银饰品与银器，提高银饰品的美学特性。由于银饰与银器具有相对轻的质量和相对低廉的价格，仍有广阔的发展前景。

参 考 文 献

[1] 宁远涛，赵怀志. 银[M]. 长沙：中南大学出版社，2005.

[2] SAVITSKII E M, PRINCE A. Handbook of Precious Metals [M]. New York: Hemisphere Publishing Corp, 1989.

[3] BENNER L S, SUZUKI T, MEGURO K, et al. Precious Metals Science and Technology [M]. Austin in U. S. A: The International Precious Metals Institute, 1991.

[4] BUTTS A, COXE C D. Silver Economics, Metallurgy and Use [M]. Princeton, New Jersey: D. Van Nostrand Company, Inc., 1967.

[5] HARMSEN U, SAEGER K E. Über das entfestigungsverhalten von silber verschiedener reinheiten [J]. Metall, 1974, 28 (7): 683 ~ 686.

[6] WISE E M. Gold Recovery, Properties and Application [M]. Princeton N J, D. Van Nostrand Company Inc., 1964.

[7] 宁远涛，文飞，赵怀志，等. 高纯 Ag 和 Ag-RE 合金的回复和再结晶[J]. 贵金属，1998，19(4)：4 ~ 10.

[8] 宁远涛，文飞. 纯 Ag 和 Ag-Ce 合金在回复过程中的结构变化[J]. 贵金属，1999，20(3)：1 ~ 8.

[9] 宁远涛，文飞，赵怀志，等. 含稀土元素的抗自软化银合金[P]. ZL93108789. 9：1998-04-09.

[10] 赵怀志，卢邦洪，刘雄. Ag-Ce 合金研究[J]. 稀土，1981(1)：28 ~ 32.

[11] 杨富陶，刘泽光，唐敏. 抗时效软化的银材[J]. 贵金属，1992，13(3):22 ~ 25.

[12] 黎鼎鑫，张永俐，袁弘鸣. 贵金属材料学[M]. 长沙：中南工业大学出版社，1991：114.

[13] MASSALSKI T B, OKAMOTO H. Binary Alloy Phase Diagrams 2nd Edition Plus Updates [M]. ASM International Materials Park, OH/National Institute of Standards and Technology, 1996.

[14] 夏征农. 辞海[M]. 上海：生活辞书出版社，1999.

[15] UNTRACHT O. Jewelry Concepts and Technology [M]. Doubleday & Company, Inc., Garden city, New York, 1982.

[16] WISE E M. Palladium Recovery, Properties and Use [M]. New York, London: Academic Press, 1967.

[17] 孙加林，张康侯，宁远涛，等. 贵金属及其合金材料[M]//黄伯云，李成功，石力开，等.《中国材料工程大典》第5卷，有色金属材料工程（下），第12篇. 北京：化学工业出版社，2006，339.

[18]《贵金属材料加工手册》编写组，贵金属材料加工手册[M]. 北京：冶金工业出版社，1978.

[19] 黄炳醒，刘诗春，张国庆. 弥散强化银及其应用研究[J]. 贵金属，1995，16 (2)：33 ~ 42.

[20] SPA P B. Palladium-Containing Alloy for Jewellery Ware: World Appl. 017299 [P], 2012.

[21] SARA W, MIKAEL S. Anti-tarnish Silver Alloys: EP2307584 [P]. 2011-04-13.

[22] MOHIDE T P. Silver [M]. Toronto: Ontario Ministry of Natural Resource, 1985.

[23] Australian Antique and Art Dealsers Association. Carter's Price Guide to Antique in Australasia [M]. Sydney, John Furphy Pty Ltd., 2010.

7 铂合金饰品材料

7.1 铂与铂合金珠宝饰品概况

7.1.1 铂的发现与发展

自18世纪中叶在南美发现铂以后，欧洲国家生成了金属铂，当时欧洲的一批银匠、金匠转而从事铂饰品制造，制作了许多精美的铂饰品。在俄罗斯发现天然金属铂之后，俄罗斯政府很快就聚集了大量的铂，在当时工业还不发达的情况下，铂的应用很自然地走向饰品和硬币的制造，一批著名艺术家设计与制造了许多精美的首饰和艺术品。这一时期欧洲制造的铂饰品大都为宫廷制造，为国王与贵族占有，法国国王路易十六称赞铂是“唯一能与国王称号相匹配的贵金属”。在20世纪前30年，铂珠宝饰品产量增加，铂饰品的商品交易逐渐活跃，其中美国铂珠宝饰品产量达到欧洲的4~5倍，并创造了950Pt-Pd饰品合金。70年代以后，世界经济形势好转，铂珠宝饰品获得大发展，90年代日本成为世界铂珠宝饰品销售大国。2002年以后，中国一跃成为世界第一铂珠宝饰品销售大国[1~3]。

自铂发现后，许多科学家对铂的性质和先驱性应用进行了广泛地研究，为推动铂科学技术的发展和应用作出了卓越的贡献。著名的科学家法拉第对铂进行深入研究后，发现和证明了铂有许多惊人的性质，他评价铂是“美丽、卓越和有价值的金属”[4]。经过200多年的研究和发展，铂已成为现代工业的维生素、国家支柱产业的“关键材料”、国防建设的“战略储备物质”、高新科技产业的“第一高技术金属”、现代环保事业的“绿色金属”、活跃市场经济的“投资产品”和装饰美化生活的重要饰品材料，真正成为“美丽、卓越和有价值的金属”。

7.1.2 铂合金珠宝饰品的一般特性

与黄金饰品材料的成色法表示一样，所有铂饰品材料的成色也只标示Pt的含量，而饰品材料中的其他元素及其含量则不予公示。我国和世界上大多数国家都采取质量千分数表示铂珠宝饰品的成色，主要成色有Pt990、Pt950、Pt900、Pt850、Pt800等。

作为珠宝饰品主体或载体的铂和铂合金具有如下一些基本特性：（1）具有柔和白色与明亮光泽，色泽稳定；（2）具有高化学稳定性，耐腐蚀，铂合金不含对人体有害元素；（3）通过合金化或其他手段可获得足够高的硬度和耐磨损性；（4）具有足够高的强度，可保持饰品经久不变形和保护镶嵌的宝石；（5）具有良好的工艺性能，包括良好的铸造性、加工性和焊接性；（6）铂资源稀缺，价格昂贵，具有极高的收藏和增值预期。这些性能中，最重要的当属铂的高化学、力学稳定性、美学特性和它的资源稀缺性。

7.2 铂的基本特征

7.2.1 铂的光学性质

图 7-1[3,5]所示为贵金属对可见光的反射率。铂族金属对可见光全波段都有高的反射率，其中 Rh 的反射率高达 80% 以上，仅次于 Ag 和 Au；Ir 也有高反射率，显示白色，Ru 和 Os 显示蓝白色[5,6]。Pt 的平均反射率约为 72%，在 CIELAB 色度坐标中，Pt 的色度参数接近 Ag，显示类银白色，但其亮度（$L^*=85$）低于 Ag（$L^*=95$）。

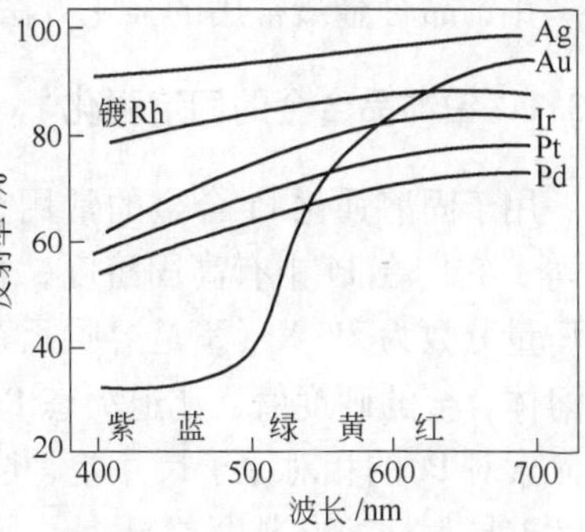

图 7-1 贵金属对可见光的反射率

7.2.2 铂的化学稳定性

致密铂有高的耐腐蚀性，在各种酸、碱、盐和其他腐蚀性介质中，具有高的化学稳定性，也具有极强的耐生物化学腐蚀能力，仅可被王水和被湿卤素缓慢腐蚀。铂的高耐腐蚀性取决于它的高电极电位。Pt 的标准电极电位为 1.2V，仅次于 Au（1.68V），铂的耐腐蚀性与金相当。

在常温大气环境中，致密金属铂不氧化。因此，金属铂表面不形成氧化物膜。大气中加热时，Pt 在约 150℃以上开始形成 PtO_2，400～500℃时，它的表面形成一层近似透明的固态 PtO_2 薄膜，约在 620℃以上温度，PtO_2 膜转变为气态 PtO_2 而挥发。因此，将加热的 Pt 从高温淬火到室温可得到无氧化物附着的光亮表面。

在常温大气环境中，铂和硫不发生反应，因而不形成硫化物膜。因此，Pt 可以作为合金化元素加入 Ag 中抑制硫化银晦暗膜形成。虽然在有机物材料环境和气氛中使用时，在 Pt 与 Pd 在表面上会形成一薄层暗褐色粉状有机聚合物，但这不影响 Pt、Pd 珠宝饰品的应用。在 Pt 或 Pd 中加入 Ag、Au、Cu、Ni、Sb、Sn、Zn 等元素，可增强抗有机物污染能力，减轻“褐粉效应”。Ag 和 Au 在有机环境中具有完全惰性，向 Pt 或 Pd 中添加 Au 或 Ag，可有效地提高 Pt 和 Pd 的抗有机物污染能力。

7.2.3 铂的力学性能

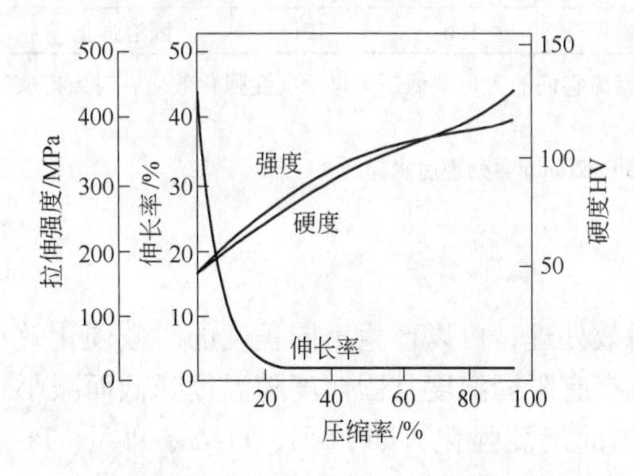

图 7-2 Pt 的加工硬化和强化曲线

Pt 是面心立方晶体结构金属，具有极好的延性和可加工性。退火态纯铂的硬度和强度不高，硬度 HV 约 40，屈服强度约 70MPa，抗拉强度约 150MPa，伸长率约40%～50%[3]。

图 7-2[7]所示为 Pt 的加工硬化和强化曲线。铂的加工硬化率高于金和银，但因铂也属于低层错能金属，其加工硬化率也并不很高。将铂进行冷加工到压缩率 90% 以上，它的硬度 HV 大约能达到 120～130。通常饰品材料要求硬度 HV 在 150 以上。因此，纯铂一般不能满

足嵌镶钻石对其强度和硬度的要求，需要进一步进行强化。其中最常用的强化方法就是通过合金化产生的固溶强化和经热处理而产生的沉淀硬化或有序强化。

7.3 铂饰品合金的强化效应

铂饰品合金最常用的强化方法是固溶强化和沉淀硬化。

7.3.1 铂饰品合金的固溶强化

用于固溶强化 Pt 合金的常用合金化元素有 Ag、Au、Cu、Co、Pd、Ni、Ir、Rh、Ru、W 等，它们在 Pt 中有高固溶度，显示对 Pt 高的固溶强化（硬化）效应。表 7-1[8] 列出了含质量分数为 2% X（X 是溶质元素）的 Pt-X 合金经 1000℃/20min 固溶处理后水淬得到的固溶体合金的硬度值，比退火态 Pt 的硬度高出的 1 倍甚至几倍。对 Pt 固溶强化效应与溶质元素对 Pt 的相对原子尺寸差、熔点温度差和晶体结构差异等因素有关。那些与 Pt 原子尺寸差异大、熔点温度差异大、晶体结构不同的元素，如 Mo、W、Ru、Ti、Zr、V、Si、Ge 等，对 Pt 有相对高的固溶硬化效应；而那些与 Pt 原子尺寸或熔点差异相对较小而晶体结构相同的元素，如 Ag、Au、Cu、Fe、Ir、Pd、Rh 等，对 Pt 的固溶强化效应相对较低。有些合金化元素对 Pt 的原子尺寸差相对较大而在 Pt 中固溶度很低，它们对 Pt 也有高的固溶强化效应，如稀土、碱土金属等元素，但只能以微量合金化元素加入 Pt 中而获得高的固溶强化。如向 Pt 中添加 0.001% ~0.01% Ce 或 Ca 可以使 Pt 硬化到用作饰品材料所要求的硬度。

表 7-1 Pt-2X 合金的硬度值（HV）

X 元素	固溶态①	时效态②	强化效应	X 元素	固溶态①	时效态②	强化效应
Ti	180	220	固溶、时效强化	Ag	97	92	固溶强化
Zr	223	207	固溶强化	Au	86	73	固溶强化
V	159	157	固溶强化	Cu	86	88	固溶强化
Cr	113	112	固溶强化	Mg	140	154	固溶、时效强化
Mn	102	102	固溶强化	Si	376	339	固溶强化
Fe	114	102	固溶强化	Ga	141	124	固溶强化
Co	97	94	固溶强化	Ge	265	305	固溶、时效强化
Ni	102	100	固溶强化	In	118	133	固溶、时效强化
Ta	125	113	固溶强化	Sn	123	131	固溶、时效强化
Mo	130	129	固溶强化	W	106	101	固溶强化

注：表中许多合金在时效态硬度值低于固溶态的硬度值，因为它们的含量太低还未显示沉淀强化效应，时效态实为退火态，硬度有所降低。

①固溶态：1100℃/20min 固溶处理后水淬；②时效态：600℃/20min 热处理后水淬。

7.3.2 铂饰品合金的时效强化

许多铂合金固溶处理后再于较低温度进行时效处理，可以产生不同程度的时效硬化效应。不同的铂合金，时效强化的机制不相同。具有有限固溶度且固溶度随温度降低而减小的合金，时效强化机制是脱溶所导致沉淀相析出的沉淀强化，如 Pt-Ti、Pt-Zr、Pt-V、Pt-Ga、Pt-Ge、Pt-Sn 等合金。对于在高温连续互溶低温出现相分解的合金，如 Pt-Au、Pt-Ir

等合金，其时效硬化机制是相分解析出第二相所致，其实质也是沉淀强化。对于在高温连续互溶和低温出现有序相的合金，如 Pt-Fe、Pt-Co、Pt-Ni、Pt-Cu 等合金，其时效强化机制是有序硬化。有序硬化机制一般应出现在有序相区内，需要相对高的溶质浓度。

由表 7-1 可见，1000℃/20min 固溶处理后水淬所得到的 Pt-2X 固溶体合金，再经 600℃时效处理，Pt-Ti、Pt-Mg、Pt-Ge、Pt-In 和 Pt-Sn 等合金已经显示了时效强化效应，有些金属未显示时效硬化是因为溶质含量太低所致。如含 3% 以上 Zr、V 的 Pt-Zr 和 Pt-V 合金，800℃时效处理就显示出沉淀强化效应。表 7-2[8] 显示了几种铂合金热处理后的时效硬化效应，均属沉淀硬化。其他具有时效硬化效应的铂合金还有 Pt-Ir、Pt-Cu、Pt-RE、Pt-Ca 等。一些三元或多元铂合金也具有时效硬化效应，如成分（质量分数）为 85% ~95% Pt、3.5% ~5.4% Fe 和 5% 及以上 Cu 的合金经时效处理后硬度 HV 值可达 280 ~ 355[8]。

表 7-2 某些 Pt 合金的时效硬化效应（硬度 HV）

合金成分（质量分数）/%	固溶态	时效态	合金成分（质量分数）/%	固溶态	时效态
Pt-5Ga	175	275	Pt-2Ti	180	220
Pt-6Ga	225	350	Pt-3V	175	270
Pt-2Ge	265	305	Pt-3Zr	290	360
Pt-2In	118	133	Pt-5Au	80	150
Pt-5.5Sn	210	255	Pt-10Au	100	210

7.4 高成色高熔点铂合金珠宝饰品材料

7.4.1 纯铂和微合金化铂饰品材料

退火态和冷变形态纯铂的硬度和强度虽然高于相应状态的金和银，但仍不能满足镶嵌钻石对其强度和硬度的要求。纯铂可用于制造素净首饰、器具和其他装饰器件。

纯铂饰品主要成色为 Pt990，它仅含有 1% 其他合金化元素，因而应选择具有高强化和硬化效应的元素，如 Mo、W、Ru、Ti、Zr、V 等。对于更高成色的纯铂饰品，应采用具有高强化效应的微合金化元素作为强化元素提高硬度和改善饰品的耐磨性。

Pt 的微合金化特性类似于 Au，根据本书第 4 章所述贵金属微合金化原理，碱土金属、稀土金属、VI_B 族过渡金属和类金属是 Pt 的高强化（硬化）微合金化元素，其中最常用的是 Ca、Ce、Co、Ti（或 Zr、Hf）、Ga、Si、RE 等元素。国际珠宝市场上已有一些微合金化专利铂合金，如一项专利合金采用 0.001% ~0.01% Ce 作为高纯 Pt 的微量强化元素[9]。由于碱土金属的高强化效应，在此专利合金中也可以用碱土金属如 Ca 取代 Ce。另一项专利合金以 0.01% ~1.0% Ti（或 Zr、Hf）和微量稀土金属或类似强化金属作为微合金化强化元素[10]。一项俄罗斯专利合金的合金成分是[11]：99% ~ 99.5% Pt、0.1% ~ 0.7% Ir、0.1% ~0.5% Co，余量 Ga。事实上，根据微合金化原理还可以设计和发展更多微量合金化 Pt。

微量合金化 Pt 具有珠宝饰品所要求的硬度，并保持高 Pt 纯度和纯 Pt 的色泽，还具有好的铸造性能、加工性能、焊接性能、制造性能，能制造各种形式珠宝饰品。

7.4.2 Pt-Cu 合金

Pt-Cu 合金在高温为连续固溶体，低温区出现 $PtCu_3$、PtCu、Pt_3Cu 和 Pt_7Cu 等有序相（见图 7-3[12]）。Pt-Cu 合金经高温、固溶处理后淬火到室温，得到单相固溶体，再经低温时效处理，时效硬化效应不明显。若对合金做 75% 以上冷变形并在 300 ~ 500℃ 做时效处理，有序相区内合金可以获得高的硬化，偏离有序相成分太远的富 Pt 合金，有序硬化效应较低或不明显。

Cu 是 Pt 的中等固溶强化元素，用作高成色饰品的 Pt-Cu 合金一般含 3% ~5%（质量分数）Cu，应用更多是 Pt-5Cu 合金，含 Cu 量超过 5% 的合金铸造性能变差。冷加工态和 800℃退火态的 Pt-5Cu 合金的拉伸应力-应变曲线如图 7-4 所示，该合金的主要力学性能列于表 7-3[13]。800℃退火态 Pt-5Cu 合金的硬度 HV 可达到 150，再经 90% 冷加工态硬度 HV 可提高到 240。由于 Pt-5Cu 合金在相图中的位置距离有序相成分区很远，因而时效硬化效应不明显。完全退火态 Pt-5Cu 合金的再结晶温度约为 800℃，而经 90% 冷加工后再结晶温度低于 800℃。Pt-Cu 合金在大气中加热时，因 Cu 组元选择性氧化形成氧化铜膜层而致合金呈现轻度增重和晦暗，因此，Pt-Cu 合金应在保护气氛或真空中熔炼和退火处理。Pt-Cu 合金主要用于制造一般珠宝饰品。

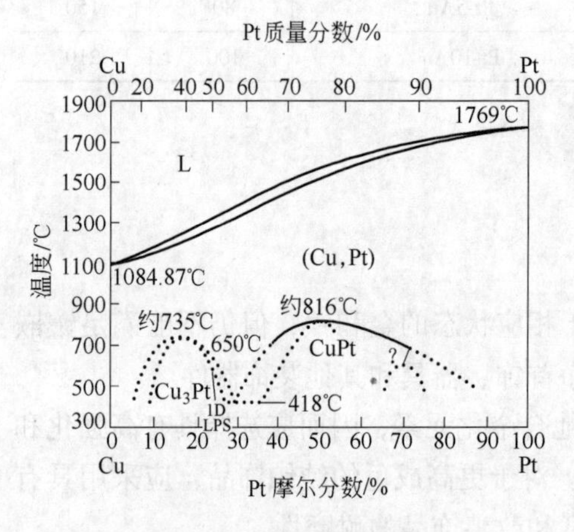

图 7-3　Pt-Cu 合金相图

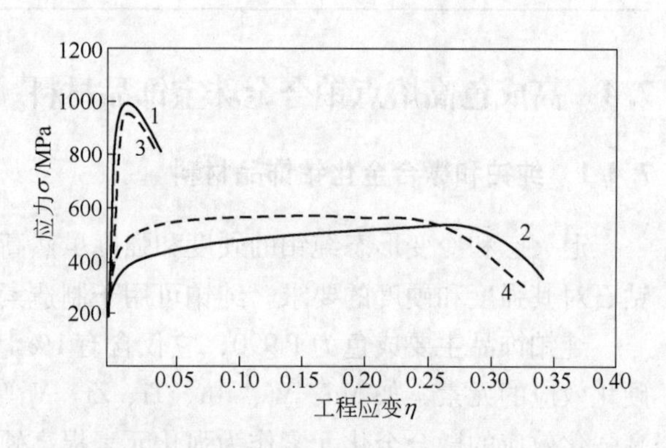

图 7-4　Pt-5Cu 和 Pt-5Ru 合金的拉伸应力-应变曲线

1—Pt-5Cu，90% 冷加工；2—Pt-5Cu，800℃退火态；
3—Pt-5Ru，90% 冷加工；4—Pt-5Ru，800℃退火态

表 7-3　Pt-5Cu 和 Pt-5Ru 饰品合金的主要力学性能

合金成分（质量分数）/%	硬度 HV	屈服强度/MPa	极限强度/MPa	断裂强度/MPa	伸长率/%
Pt-5Cu（800℃退火态）	150	280 ±30	530 ±40	360 ±50	36 ±9
Pt-5Cu（90% 冷加工态）	240	970 ±100	990 ±90	820 ±100	2 ±1
Pt-5Ru（800℃退火态）	160	390 ±40	540 ±20	370 ±70	29 ±6
Pt-5Ru（90% 冷加工态）	280	930 ±40	960 ±50	780 ±70	3 ±1

7.4.3 Pt-Co 合金

Pt-Co 合金在高温为连续固溶体，低温出现 Pt_3Co 和 PtCo 有序相，有序化临界温度分别

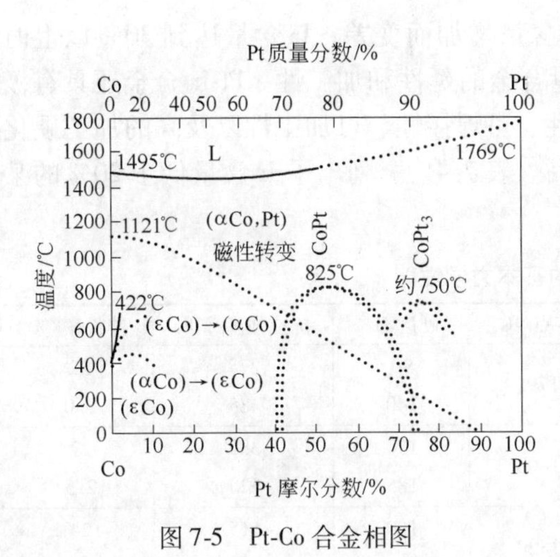

图7-5 Pt-Co合金相图

约为750℃和825℃(见图7-5[12])。Co含量在8%以下的合金有序硬化效应不明显,但Pt-10Co及其附近成分的合金具有有序硬化效应,合金转变到Pt_3Co有序态。如无序态Pt-8.5Co合金经60%冷拉拔变形后于600℃进行有序化退火,可以获得高而稳定的力学性能,极限拉伸强度可达1350MPa,屈服强度可达约1150MPa,伸长率可达约24%[14]。

Co是Pt的强固溶强化元素,Co加入Pt可以有效地提高合金硬度。退火态Pt-5Co合金硬度HV为135,强度为450MPa;Pt-10Co合金硬度HV可达约200,明显提高合金耐磨性。Co可有效地改善液态铂合金流动性,因而具有良好的铸造性,铸件能显现饰品精细图纹。Co含量达到5%以上时,Pt-Co合金显示磁性。

Pt-Co合金可采用加工态半成品制造饰品,也可采用熔模精密铸造饰品。Pt-5Co合金在欧洲与北美广泛用于制造珠宝饰品,Pt-(8.5~10)Co合金用于制造硬件珠宝饰品。

7.4.4 Pt-Ir合金

Pt-Ir合金在高温区为连续固溶体,低温区出现相分解,相分解临界线的最高点在975℃和50%(摩尔分数)Ir的合金处;在700℃,相分解区扩大到7%~99%Ir的广大相区,相分解区内(Pt)+(Ir)两相并存(见图7-6[12])。

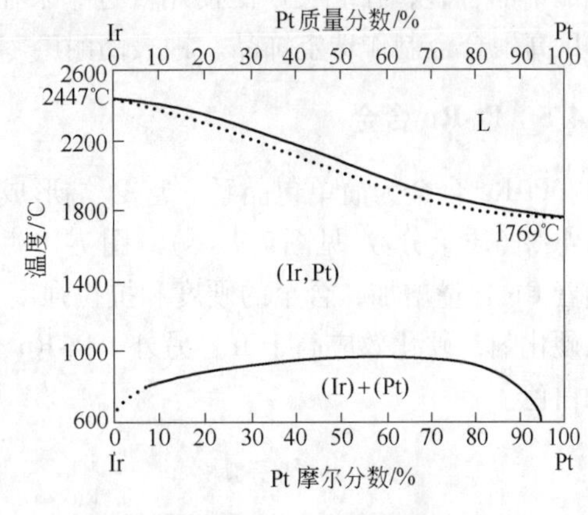

图7-6 Pt-Ir合金相图

Ir是Pt的有效强化剂。在Pt-Ir合金中,随着Ir含量增高,合金的弹性模量(见图7-7[15])、抗拉强度和硬度(见图7-8[3,16])几乎呈线性增大。由于存在相分解反应,在相分解曲线之下温度对Pt-Ir合金进行时效处理,Pt-Ir合金具有很强的时效硬化效应,并随着

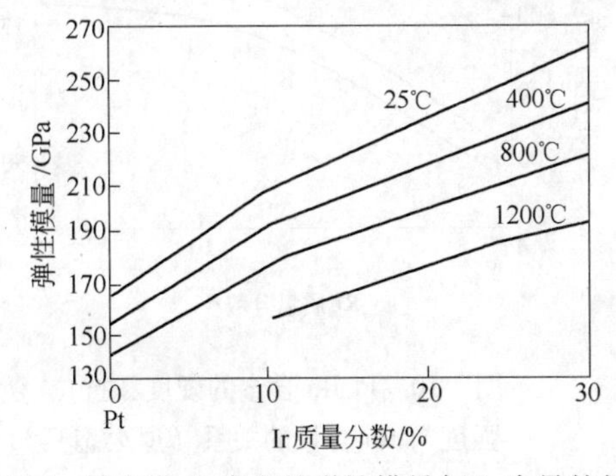

图7-7 铸态Pt-Ir合金的弹性模量与Ir含量的关系

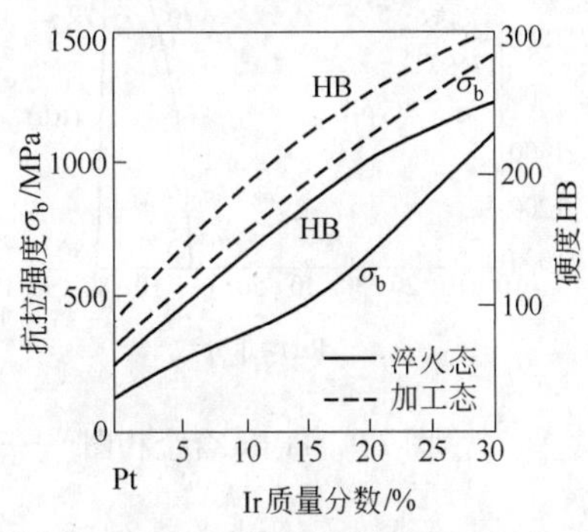

图7-8 单相Pt-Ir合金的硬度和抗拉强度与Ir含量的关系

Ir 含量增高而增强。Pt-Ir 合金的可加工性随 Ir 含量增加而变差，Ir 含量达到 30% 以上时合金加工困难，添加少量 Rh 可以改善高 Ir 含量合金的延性和加工性。Pt-Ir 合金还具有极好的抗腐蚀性和抗氧化性，也具有很好的铸造性、可焊接性、可加工性以及高的加工硬化率，可采用多种手段制造合金型材及其珠宝饰品。表 7-4[3,16] 列出了 Ir 含量低于 20% 的某些 Pt-Ir 合金的基本力学性能。

表 7-4　Pt-Ir 合金的基本力学性能

合金成分(质量分数)/%	状　态	密度/g · cm⁻³	熔点/℃	硬度 HB	抗拉强度/MPa	伸长率/%
Pt-5Ir	退火态	21.49	1795	90	275	32
	加工态			140	485	2.0
Pt-10Ir	退火态	21.53	1800	130	380	27
	加工态			185	620	2.5
Pt-15Ir	退火态	21.57	1820	160	515	24
	加工态			230	825	2.5
Pt-20Ir	退火态	21.63	1830	200	690	21
	加工态			265	1020	2.6

Ir 含量低于 20% 的 Pt-Ir 合金可用于制造珠宝饰品，其中最重要的是 Pt-10Ir，它是传统的饰品合金，在北美广泛使用。近年来在日本和德国也采用 Pt-5Ir 合金，德国还采用 Pt-20Ir 高硬合金制作珠宝饰品、钟表高耐磨零件和某些应用中的弹性元件等。

7.4.5　Pt-Ru 合金

Pt-Ru 合金为简单包晶系。富 Pt 端形成广阔固溶体，在 1000℃ 时 Ru 在 Pt 中固溶度约为 46%（质量分数，见图 7-9[12]）。图 7-10[3,16] 所示为退火态 Pt-Ru 合金的硬度和抗拉强度，随着 Ru 含量增加，合金的硬度和抗拉强度显著提高。密排六方晶格 Ru 是 Pt 和 Pt 合金的高硬化剂，硬化效应高于 Ir。另外，Pt-Ru 合金具有很强的抗腐蚀性、抗变色能力和极好的白色。

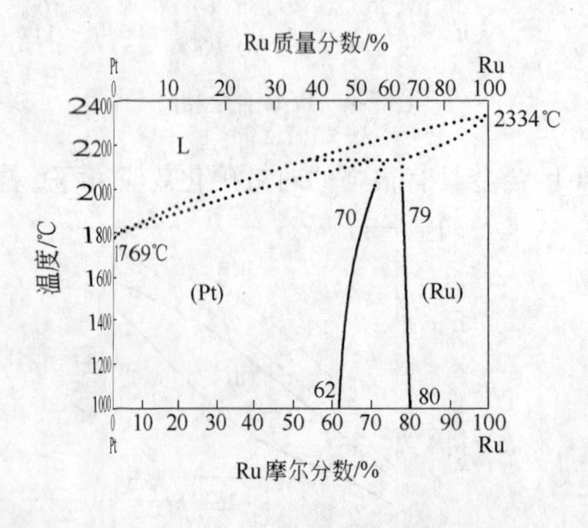

图 7-9　Pt-Ru 合金相图

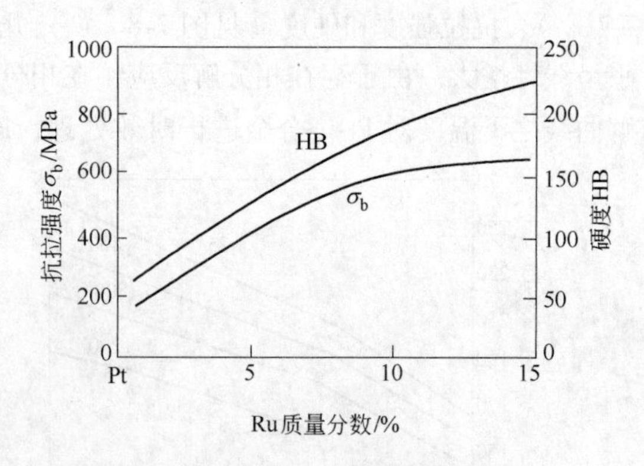

图 7-10　Pt-Ru 合金的硬度和抗拉强度与 Ru 含量的关系（退火态）

Pt-5Ru 是常用的珠宝饰品合金，它的主要力学性能见表 7-3[13]。图 7-4 所示为 800℃

退火态和90%冷加工态Pt-5Ru合金的拉伸应力-应变曲线。90%冷加工态Pt-5Ru合金的力学性能及再结晶温度与Pt-5Cu合金大体相当，但退火态Pt-5Ru合金的力学性能高于Pt-5Cu合金，而且它的晶体尺寸比Pt-5Cu合金更细小和均匀。Pt-5Ru合金具有很好的加工性能和制造性能，被广泛地用来制造结婚珠宝饰品，在美国深受欢迎。在瑞士，该合金也用于手表制造。

7.4.6 Pt-Pd二元和三元合金

Pt-Pd合金为连续固溶体，从富Pd端至富Pt端，合金的液相线与固相线间隔先逐渐增大而后逐渐减小，在等摩尔分数处间隔温度达到约60℃最大值。根据评估的Pt-Pd合金相图（见图7-11[12]），在低于770℃低温区存在相分解区。

从高温淬火至室温的Pt-Pd合金呈单相固溶体，它的力学性能与Pd含量的关系呈典型的固溶体特征，即随着Pd溶质含量增加，合金的硬度和强度增高，约在等摩尔分数成分处达到最大值（见图7-12[3,16]）。退火态合金相当软，具有好的加工性。图7-13[7]所示为Pt-10Pd合金的加工硬化与退火软化特性，退火态合金的硬度HV约为75，拉伸强度约为180MPa；80%冷变形态硬度HV达到140，拉伸强度约为450MPa。

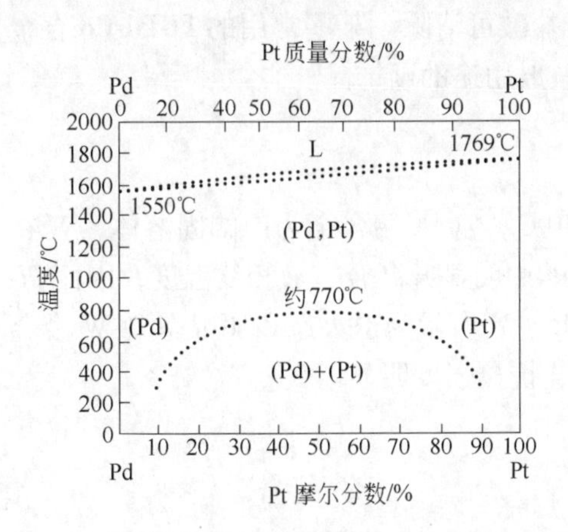

图7-11 Pt-Pd合金相图

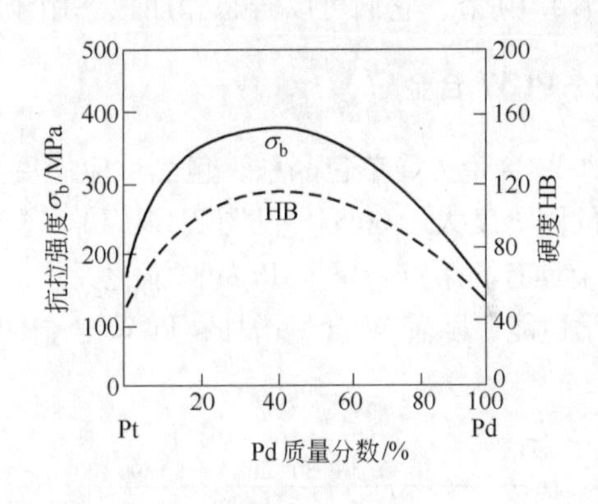

图7-12 Pt-Pd合金的硬度和抗拉强度与Pd含量的关系

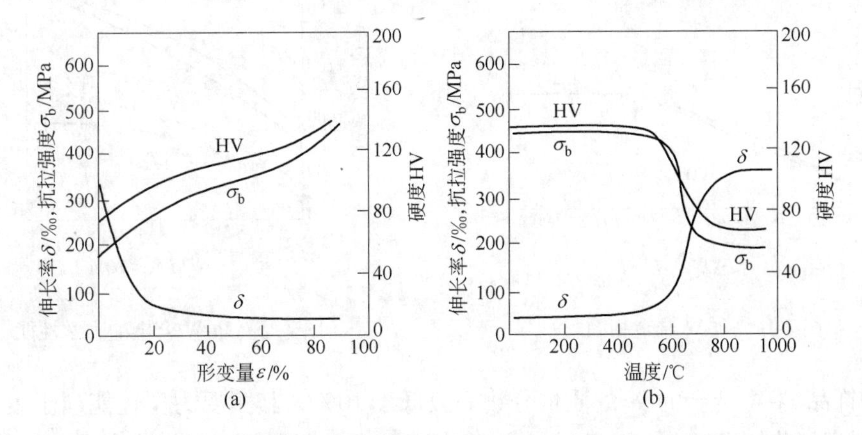

图7-13 Pt-10Pd合金的加工硬化曲线和退火软化曲线

（a）加工硬化曲线；（b）退火软化曲线

Pt-Pd 合金具有高的抗腐蚀和抗氧化特性，也具有好的铸造性能。Pd 熔体容易吸收气体，在大气中熔炼和铸造时容易在铸件中形成针孔，需在保护气氛或真空中熔炼和铸造。

Pt-Pd 饰品合金在中国和日本广泛应用，常用成分有 Pt-5Pd、Pt-10Pd 和 Pt-15Pd[3,6]。Pt-10Pd 合金具有适中硬度、好的可加工性和铸造性、好的焊接性能等，适于一般珠宝饰品制造。Pt-15Pd 合金适于制作链式饰品。在许多应用中，Pt-Pd 合金的硬度还不足，需要添加第三组元进一步强化，因此发展了许多以 Pt-Pd 为基体的三元合金。

（1）Pt-Pd-Cu 合金。Pt-Pd 合金中添加少量 Cu 可以提高硬度和耐磨性并降低合金成本。虽然含 Cu 合金在大气中热处理时易形成氧化铜膜层，但可用稀硫酸液浸渍清除。常用合金成分为 Pt-10Pd-5Cu，以加工态使用，用于制造比 Pt-Pd 合金更硬的饰品，如项链、手镯、胸针、耳环、坠饰等。

（2）Pt-Pd-Ru 合金。添加少量 Ru 可以改善 Pt-Pd 合金铸造性、提高合金硬度和耐磨性，还可增强合金的白色和耐腐蚀性，添加直至 6% Ru 合金仍保持好的延性和加工性。某些常用的 Pt-Pd-Ru 合金详见 7.4.10 节，这类合金主要用作一般用途的珠宝饰品以及铸件饰品。

（3）Pt-Pd-Co 合金。添加 Co 可以改善 Pt-Pd 合金的铸造性能和提高力学性能。Co 容易氧化，退火时合金表面易形成氧化钴膜，浸渍于盐酸可清除。某些常用的 Pt-Pd-Co 合金详见 7.4.10 节，它们可以铸态和加工态用于制造一般用途的硬饰品。

7.4.7 Pt-W 合金

Pt-W 合金为简单包晶系，包晶反应温度为 2640℃，富 Pt 端合金为广阔固溶体，W 在 Pt 中的固溶度大于 60%（见图 7-14[12]）。W 加入 Pt 中明显升高合金液相线温度，因而 Pt-W 合金具有高熔点。W 是 Pt 的高强化元素。图 7-15[3,16] 所示为退火态和加工态 Pt-W 合金的力学性能，随着 W 含量增加，Pt-W 合金的硬度、抗拉强度明显增大。

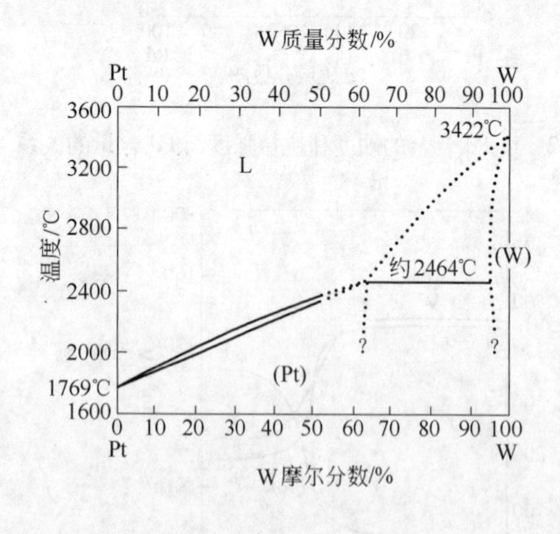

图 7-14 Pt-W 合金相图

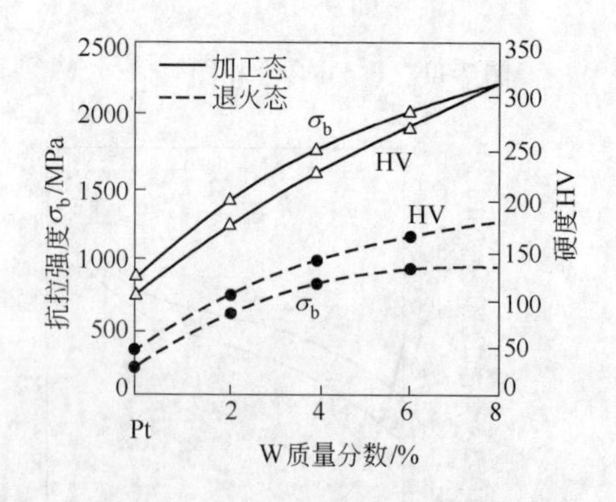

图 7-15 Pt-W 合金的力学性能

常用饰品 Pt-W 合金的 W 的质量分数一般低于 10%，其主要力学性能列于表 7-5。由于 W 具有高氧化挥发倾向，Pt-W 合金的熔炼和热处理应在保护气氛或真空中进行。Pt-W 合金具有高熔点和高硬度，适于制作弹簧和其他高耐磨硬件饰品。

表 7-5 富 Pt 的 Pt-W 合金的力学性能

合金成分（质量分数）/%	抗拉强度/MPa		硬度 HV	
	退火态（1200℃）	加工态（ε=99.8%）	退火态（1200℃）	加工态（ε=50%）
Pt-2W	570	1345	100	170
Pt-4W	770	1690	133	220
Pt-6W	860	1930	158	260
Pt-8W	895	2070	180	300

7.4.8 Pt-Au 合金

Pt-Au 合金相图如图 7-16[12] 所示。熔化态 Pt-Au 合金有宽的熔化间隙区，凝固时容易产生成分偏析。合金系在高温区为连续固溶体，1260℃以下存在相分解，低温出现调幅分解。固态合金从高温缓慢冷却时形成(Pt)+(Au)两相组织，约在 920℃以下，合金形成调幅分解结构。因此，Pt-Au 合金具有高的固溶强化和时效强化效应，图 7-17[17] 所示为经固溶处理和时效处理后 Pt-Au 合金的硬度和强度性质。Pt-Au 合金具有高的抗腐蚀性。

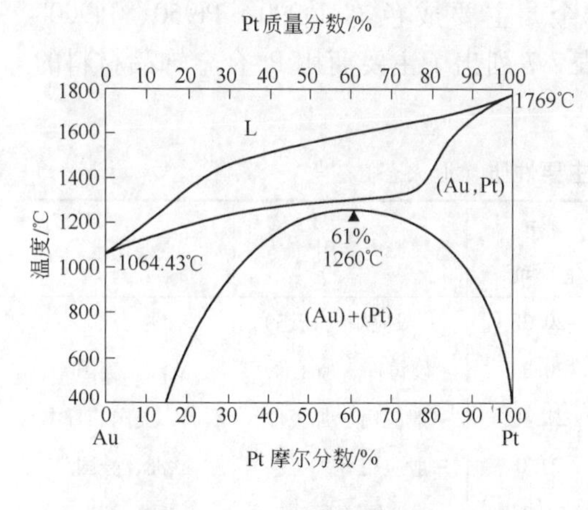

图 7-16 Pt-Au 合金相图

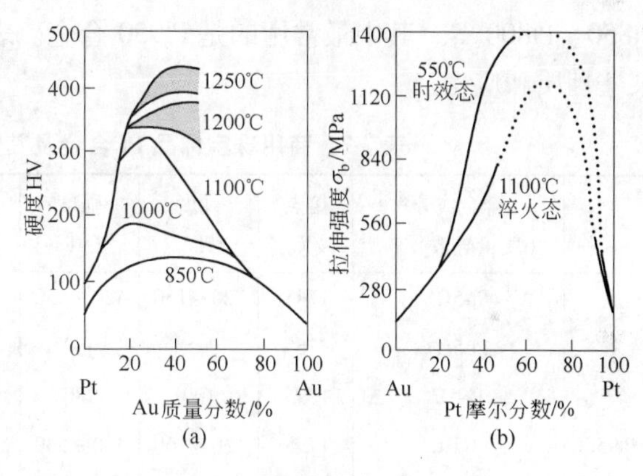

图 7-17 Pt-Au 合金力学性能

（a）不同温度淬火态；（b）时效态

制造珠宝饰品的 Pt-Au 合金的 Au 含量一般低于 10%，高 Au 含量会影响 Pt 的色泽。退火态 Pt-5Au 和 Pt-10Au 的硬度 HV 分别为 80 和 100，经适度冷加工后硬度 HV 可达到 135～150，再经时效处理硬度 HV 分别提高到 150 和 210，能用于镶嵌宝石。由于 Pt、Au 是高价金属，Pt-Au 合金珠宝饰品价格昂贵。

7.4.9 Pt-Ti 合金

按 Pt-Ti 合金相图，在富 Pt 相区合金为包晶系，包晶反应为 L ═ (Pt) + γ；低温区可能存在 $TiPt_8$ 或 $TiPt_{11}$ 有序相[12]。富 Pt 的 Pt-Ti 合金具有沉淀硬化效应，其中含低 Ti 合金的沉淀硬化归因于 $TiPt_8$ 或 $TiPt_{11}$ 相析出，含高 Ti 合金的沉淀硬化则归因于 γ 相析出。Pt-Ti 合金具有高的耐腐蚀性，但因 Ti 极易氧化，Pt-Ti 合金应在真空或保护气氛中熔炼。

珠宝饰品 Pt-Ti 合金的 Ti 含量一般低于 5%。表 7-6[8] 列出了处于不同状态的 Pt-

(1% ~5%)Ti 合金的硬度值。随着 Ti 含量增加，合金的硬度值增大。铸态和经 1000℃固溶处理的 Pt-2Ti 合金的硬度 HV 约为 180 ~ 190，具有良好的可加工性。经固溶处理再经 800℃时效处理后硬度 HV 升高到 220。冷加工态合金的硬度 HV 可达到 400，再经时效处理硬度 HV 可升高到 430 以上。

表 7-6　不同状态 Pt-Ti(含 1% ~5%Ti)合金的硬度值（HV）

合金成分（质量分数）/%	铸　态	固溶态（1000℃/20min）	固溶 + 时效（800℃/60min）	冷变形态	冷变形 + 时效（800℃/60min）
Pt-1Ti	130	125	130		
Pt-2Ti	190	180	220	约 400	>430
Pt-3Ti	200	230	240		
Pt-5Ti	400	420	435		

7.4.10　高成色高熔点商用铂合金珠宝饰品材料

世界珠宝饰品市场主要采用高成色铂合金珠宝饰品，高成色铂饰品最常用的是 Pt 与 Pd、Ir、Ru、Co、Cu 所形成的二元和多元合金，主要成色有 Pt990、Pt950、Pt900、Pt850、Pt800 等，其中最常用的是 Pt950 合金。表 7-7 列出了主要商用 Pt 合金饰品材料的某些性质和应用。

表 7-7　商用珠宝饰品 Pt 合金及其主要性质（退火态）[3,4,6,18]

纯度	合金成分（质量分数）/%	熔点 /℃	硬度 HV	强度 /MPa	密度 /g · cm⁻³	应　用	主要用地
Pt950	Pt-5Cu	1745	120 ~ 150	420 ~ 530	20.38	一般应用（铸态）	欧　洲
	Pt-5Co	1765	135	450	20.34	硬铸件、加工件	欧洲、美国
	Pt-5Ir	1795	100	280	21.49	一般应用（加工件）	欧洲、美国、日本
	Pt-5Ru	1795	130 ~ 160	420 ~ 540	21.0	一般应用（加工件）	欧洲、美国
	Pt-5W	1845	135	600	21.34	硬弹簧	欧　洲
	Pt-5Au	1755	80	180	21.3	精美加工件	欧　洲
	Pt-5Pd	1765	70	180	20.98	精细铸件	日　本
Pt900	Pt-10Pd	1755	80	150 ~ 200	20.51	一般应用	中国、日本
	Pt-10Au	约 1700	100	220	约 21	精美加工件	欧　洲
	Pt-10Ir	1800	110 ~ 130	380	21.53	一般应用	美　国
	Pt-7Pd-3Cu	1740	100	300 ~ 320	20.7	一般应用	中国、日本
	Pt-5Pd-5Cu	1730	120	340 ~ 360	20.5	加工件	中国、日本
	Pt-7.5Pd-2.5Ru	1770	120	330 ~ 350	20.9	铸　件	欧洲、美国、中国
	Pt-7Pd-3Co	1740	125	350 ~ 370	20.4	铸　件	日　本
	Pt-5Pd-5Co	1735	150	460 ~ 480	20.2	硬饰件	日　本
Pt850	Pt-15Ir	1820	160	520	21.57	硬饰件	日　本
	Pt-15Pd	1750	90	220	20.03	链饰件	日　本

续表 7-7

纯度	合金成分（质量分数）/%	熔点/℃	硬度 HV	强度/MPa	密度/g·cm^{-3}	应 用	主要用地
Pt850	Pt-10Pd-5Cu	1750	130	350～370	20.3	加工件	日 本
	Pt-12Pd-3Co	1730	135	370～390	20.1	铸件、加工件	日 本
	Pt-10Pd-5Co	1710	145	500～520	19.9	铸件、加工件	日 本
	Pt-10Pd-6Ru	—	200	520	—	铸件、加工件	欧 洲
Pt800	Pt-15Pd-5Co	1730	150	—	19.9	硬饰件	日 本
	Pt-20Ir	1830	200	700	21.63	弹簧、细丝件	德 国

注：1. 熔点为液相线温度；2. 合金的硬度和强度为退火态数据，因合金的硬度值与退火温度和时间有关，可能与正文中某些合金性能数据不相同；3. 主要用途和用地仅供参考。

7.5 高成色低熔点铂合金饰品材料

7.5.1 低熔点二元铂合金

上述 Pt 与副族金属元素形成的合金都具有高熔点，熔化温度介于 1725～1850℃。这就要求铸造温度至少在 2050℃以上才具有好的填充性能，给选择熔模铸造材料和控制铸件质量带来一定困难。若能降低合金熔点至低于 1700℃，就可以使其熔模铸造温度降低至 1950℃以下，有利于熔模铸造材料选择、铸件质量控制和便于操作。

Pt 与主族金属元素形成的合金具有相对低的熔点。为了发展具有相对低熔点的饰品 Pt 合金，已研究 Pt-Ga、Pt-Ge、Pt-In、Pt-Sn、Pt-Si 和 Pt-B 等合金[8,19]。由冶金学可知，Pt 与 Si、B 等元素形成低熔点共晶，如 Pt-4.2Si 和 Pt-2.1B 合金的共晶温度可降低到 830℃和 789℃，可以容易地实现熔模铸造。但这两个合金硬度 HV 高（分别达 440 与 330）和呈脆性，不适于饰品的继续加工和造型。曾试图通过添加一种至几种合金化元素改性 Pt-Si 和 Pt-B 共晶合金，虽然仍可保持低的熔化温度，但所得二元或多元合金的硬度 HV 仍然保持在 300 以上和呈脆性，不能满足加工制造的要求。

表 7-2 中列出了 Pt-Ga、Pt-Ge、Pt-In、Pt-Sn 合金的固溶态和时效态硬度值，这些合金的成色和硬度值都适合用作饰品合金，但这些合金硬度值对化学成分的微小变化十分敏感，因而至今尚未开发成商业饰品合金。

7.5.2 时效硬化型改性 Pt-Ga-M 合金

对 Pt-Ga、Pt-Ge、Pt-In、Pt-Sn 等二元合金进行适当的改性有可能发展品质好的饰品合金，其中最成功的是时效硬化型改性 Pt-Ga 系合金。Pt-Ga 二元合金的富 Pt 端为包晶系，包晶反应为 $L = (Pt) + Pt_4Ga$，包晶温度为 1361℃[12]。Ga 加入 Pt 中降低 Pt 合金熔点，升高合金硬度。另外，Pt-Ga 合金具有沉淀硬化效应，沉淀相为具有单斜结构的 Pt_4Ga 化合物。以 Pt-5Ga 合金为例，1000℃退火态的硬度 HV 达到 200 以上，再于 650℃进行 1h 时效处理，合金硬度 HV 升高到 350 以上。可见 Ga 是 Pt 的硬化元素，但高 Ga 含量使合金硬脆，同时也使 Pt-Ga 合金表面晦暗。为了使 Pt-Ga 合金性能最佳化，需要添加少量稀释剂改善铸造性和增加韧性等，合适的添加剂有 Au、Ag、Cu 和 Pd 等。表 7-8[19] 列出了某些铸造三元 Pt-Ga-M（M = Ag、Au、Pd）合金性能，Pt-(1 ~ 3)Au(或 Ag、Pd)-(2 ~ 3)Ga 等具有适中硬度 HV（130 ~ 180）和较低熔化温度（低于 1650℃）。

表 7-8　Pt-Ga-Au(Ag,Pd)三元合金的性能

合金成分(质量分数)/%	铸态硬度 HV	固相线温度/℃	液相线温度/℃
Pt-4Ga-1Au	360	1500	<1650
Pt-3Ga-2Au	183	1560	<1650
Pt-2. 5Ga-2. 5Au	171	1560	1620
Pt-2Ga-3Au	134	1580	<1650
Pt-2. 5Ga-2. 5Pd	154	1580	<1650
Pt-4Ga-1Ag	290	1490	<1650
Pt-2. 5Ga-2. 5Ag	145	1525	1590
Pt-2Ga-3Ag	130	1560	<1650

上述 Pt-Ga-M 合金都具有时效硬化效应，其中 Pt-Ga-Pd 合金成分范围是[20]：Pt > 95%，Ga 1% ~5%，Pd <3%。该合金在 900 ~ 1000℃进行固溶处理后淬火到室温，合金的硬度 HV 约为 150 ~ 200，然后在 600 ~ 700℃进行时效，硬度至少可提高 20%。表 7-9[20] 列出了单相固溶态和时效态 95% Pt-Ga-Pd 合金硬度，以 95Pt-5Ga 合金硬度最高，随着 Ga 含量降低和 Pd 含量增高，合金的硬度降低。控制 Ga 含量为 1% ~3%，Pd 含量小于 3%，Pt-Ga-Pd 合金仍具有很好的时效硬化效应，可以调节和控制合金硬度在较高的范围。

表 7-9　固溶处理和时效处理 Pt-Ga-Pd 三元合金的硬度（HV）

合金成分(质量分数)/%	1000℃固溶处理 0. 5h	650℃时效处理 1. 0h
99. 9Pt	38 ~ 50	无时效硬化效应
95Pt-5Ga①	200 ~ 220	340 ~ 385
95Pt-4Ga-1Pd	190	310
95Pt-3. 5Ga-1. 5Pd	185	270
95Pt-2. 75Ga-2. 25Pd	150	250
95Pt-2. 5Ga-2. 5Pd	125 ~ 150	220 ~ 225

①由于取自不同研究者的数据，表中 95Pt-5Ga 合金硬度值高于表 7-2 中 95Pt-5Ga 合金。

三元 Pt-Ga-M 的液相线温度低于 1650℃，具有很好的流动性和铸造性，适于精密熔模铸造。这些合金具有好的加工性能，可以进行冷加工，加工量达 40% 后进行中间热处理。它们具有高的时效硬化效应，适于饰品成品的最终硬化处理。这些合金还具有好的抛光性和高的抗氧化性。它们的密度比高熔点铂合金低，有利于制造较轻薄的饰品和降低饰品的成本。由于 Ga 易氧化，Pt-Ga-M 合金的熔炼和热处理应在惰性气氛或真空中进行。

Pt-Ga-M(M = Ag、Au、Pd)合金中还可以添加其他微量元素以增大加工硬化效应和调节合金性能，这些元素包括 Cu、Co、Au、Ag、In、Ir 等。添加微量 Cu、Co 可以增加合金熔体的流动性和改善铸造性能；添加微量 Ag 和 Au 协调热处理的能力；添加微量 Ir 可细化晶粒尺寸。这些元素可以单独或联合加入合金，但总含量应低于 2%。

7.6　低成色铂合金饰品材料

低成色铂合金是指 Pt 含量低于 80% 的合金，旨在节约铂用量和降低铂合金珠宝饰品

的价格，满足部分消费者的需求。低成色铂合金主要发展 Pt 含量介于 58.5% ~79.5% 的铂合金，大体相当于开金饰品合金中 14K ~18K 成色的水平。按其主要合金化元素的性质，可以将低成色铂合金分为以贵金属为主要组元的合金和以贱金属为主要组元的合金。

含有贵金属的低成色铂合金是以 Pd、Ag、Ru、Ir 作为主要合金化组元，但可以添加少量 II_B 和主族金属调节性能，还可添加某些高强化微量元素。大体来说，合金中 Pd 或 Ag 含量可以达到 40%，Ru、Ir 含量可控制在 15% 以内，调节性能的元素可选择单一或组合的 In、Ga、Ge、Sn、Zn 等，微合金化强化元素可以选择 Ir、Ru、W、Co 等，例如成分为 58.5% Pt、26.5% ~36.5% Pd 和 5% ~15% Ir(或 Ru、Co)的合金等[21]。与高成色铂合金比较，虽然这类低成色合金的 Pt 含量较低，但总的贵金属含量仍然很高，因而可以保证合金仍具有较高的化学稳定性和较好的白色色泽，同时合金的熔点、密度和成本有一定程度的降低。

含有贱金属组元的低成色铂合金不含其他贵金属组元或仅含微量贵金属组元，其主要合金化组元为 Cu 和 Co，可以含有少量 In、Ga、Ge、Sn、Zn 等组元作为性能调节剂和微量 Ru、Ir、W 等作为强化组元。如相当于 18K 成色的铂合金的成分范围是[22]：70% ~79.5% Pt（典型含量 75% Pt）、10.5% ~28% Cu、2% ~10% Co、少量 In、Ga 和微量 Pd、Ir、Ru 添加剂。该合金中若 Pt 含量低于 70%，加工性能降低；若 Pt 含量高于 79.5%，则合金属于高成色铂合金，成本明显增加。又如相当于 14K 成色的铂合金的成分范围是[22]：55% ~63% Pt（典型含量 58.6% Pt）、27% ~43% Cu 和 2% ~10% Co，另含有 0.01% ~2% In、Ga 或 Pd、Ir、Ru。表 7-10 列出了一个典型的低成色铂合金（58.6Pt-37.3Cu-4.1Co）的基本物理性能与高成色 950Pt-Cu 合金的比较，该低成色铂合金具有更高的力学性能，更好铂白色泽，更低的密度、更低的熔化温度和更优良的铸造性能，当然它还具有更低的成本和价格，适于制造更轻更舒适的大件饰品，如戒指、耳环、项链、表带和表体以及其他装饰品。显然，开发相当于 14K 以上成色和具有优良性能的铂合金珠宝饰品具有发展前景。

表 7-10 一个典型低成色铂合金和 950Pt-Cu 的基本物理性能比较

合金成分（质量分数）/%	密度 /g·cm⁻³	熔化温度 /℃	颜色	铸造性	硬度 HV		屈服强度（退火态）/MPa	抗拉强度/MPa		伸长率 /%
					退火态	加工态		退火态	加工态	
Pt-37.3Cu-4.1Co	13.6	1360-1410	铂白	优良	170	300	350	650	1000	>30
950Pt-Cu	20.3	1730-1745	铂白	良好	110	235	130	320	800	>30

注：加工态为 60% 冷轧态。

7.7 表面硬化铂与铂合金饰品材料

为了克服纯铂和某些铂合金饰品的表面硬度较低的缺点，可以采用表面硬化改性技术提高表面硬度和饰品的耐磨性。像金饰品合金一样，铂合金饰品表面硬化也可以采用 Pt 镀层技术、表面硼化技术、表面氮化技术、表面激光合金化以及表面金属间化合物涂层技术等，都可以提高铂合金表面硬度。由于铂和铂合金珠宝饰品尺寸较小，造型与形状相对复杂，表面改性技术不应损害饰品的表面光泽和质量，也不应当过高增加铂合金饰品的制造成本。

7.7.1 表面渗硼硬化的铂饰品材料

通过扩散渗硼技术在Pt或高成色Pt合金表面引入少量硼（B），可使Pt或Pt合金表面层硬化。B原子半径（配位数为12时B原子半径为0.083nm）远小于Pt的原子半径（0.138nm）和晶格尺寸，故B原子溶解于铂晶格形成间隙固溶体表面层。

对于Pt、Pd及其合金的硼化处理，可以在粉末态或膏态硼化物混合物中进行，也可以在气态硼化试剂或能释放B的熔盐浴中进行。在硼化物混合物中进行时，其混合物由硼试剂、活化剂和惰性载体组成：硼试剂一般采用无定形硼，或采用粒径小于40μm的碳化硼或氮化硼代替无定形硼，它们是硼的供体；活化剂采用氟硼化钾（KBF_4）；惰性载体用Al_2O_3。硼化物混合物的配方大体如下：20%～95%无定形硼、5%～20%氟硼化钾、0～50%碳化硼、0～30%氮化硼和0～50%氧化铝（Al_2O_3）。硼化处理时，被处理的Pt、Pd或其合金饰品埋在硼化物混合物或硼化物混合物与黏结剂组成的黏性膏体中，干燥后在大气或保护气氛（Ar或H_2）中硼化处理，处理温度应控制在500℃与Pt-B共晶温度（790℃）或与Pd-B共晶温度（845℃）之间，当处理温度超过共晶温度时会形成熔融共晶。

硼化处理技术可以施加于广泛铂合金，如含有25%以下贵金属或贱金属组元的铂合金。对于珠宝应用的铂合金，应根据具体合金成分制定硼化处理温度和硼化时间，如Pt和Pt-Co（Ni、Pd）合金的处理温度可控制在700～750℃范围，Pt-W合金的处理温度应为750～780℃，达到珠宝饰品所要求的表面硬度的典型硼化时间是3～5h。在硼化处理期间，B扩散进入Pt晶格使表面层硬化，硬化程度与表面层Pt晶格中B含量有关。

表7-11[23,24]列出高成色铂合金珠宝饰品的硼化工艺和所达到的性能。经硼化处理之后，铂合金的表面层的B含量可控制在0.6%～1.5%，硼化层厚度在100～250μm，表面硬度HV可以达到500～750，大大提高了珠宝饰品的耐磨性和抗划伤能力。由于渗入的B浓度不高，不影响高成色铂合金珠宝饰品固有的成色和颜色。

表7-11 某些高成色铂合金珠宝饰品的硼化工艺和所达到的性能

硼化处理合金	饰品	硼化层B的质量分数/%	硼化层厚度/μm	硼化层硬度HV	硼化处理工艺
990Pt	环	0.65	250	480	750℃/5h
950Pt-Co	环	0.60	180	500	750℃/5h
950Pt-Cu	环	0.90	150	700	760℃/5h
950Pt-W	表壳	0.85	150	680	780℃/3h
900Pt-Pd	表壳	0.70	150	550	750℃/3h
900Pt-Ni	环	1.00	100	710	750℃/3h
850Pt-Co	项链	0.80	250	730	750℃/5h

7.7.2 含有金属间化合物硬化层的铂饰品材料

通过扩散引入一种或几种金属元素到Pt或Pt合金表面并形成含有金属间化合物的表面层，也可以实现高成色Pt合金表面硬化和改性。容易与Pt形成金属间化合物的元素有Al、Cr、Ti、Zr等，其中Al最容易扩散进入Pt基体表面。根据Pt-Al相图，Pt与Al可以形成Pt_3Al、Pt_2Al、Pt_5Al_3、PtAl、Pt_2Al_3、$PtAl_2$、Pt_5Al_{21}（或$PtAl_4$）等金属间化合物。基于渗铝过程的动力学原因，Pt_3Al、PtAl、Pt_2Al_3、$PtAl_2$和$PtAl_4$等化合物甚至非平衡化合物都可能在表面层结构中出现。这些化合物具有高硬度，赋予 Pt 合金表面高硬度和耐磨性。

向 Pt 合金表面渗铝可以通过高温熔体渗铝和气相沉积渗铝。一种比较方便的方法是包覆渗透气相沉积渗铝[25]。待处理的 Pt 合金饰品埋放在“粉体包覆混合物”内，它由 80%惰性载体介质（如 Al_2O_3 或 NiAl 化合物）和一种无机卤化物活化剂组成，卤化物可以选择 NH_4Cl（升华温度 340℃）、NH_4Br（升华温度 452℃）或 NH_4I（升华温度 551℃），通常多选择 NH_4Cl。将“粉体包覆混合物”压结体置于蒸发炉内，抽成真空并用惰性气体清洗，随后于 700～1000℃加热，卤化物分解并与 Al_2O_3 反应形成氯化铝，氯化铝的升华温度 178℃，Al 扩散进入 Pt 合金饰品表面层，与 Pt 形成 Pt-Al 化合物。在渗铝热处理过程中还可以不同比例同时引入 Cr、Ti、Zr 等金属，它们与 Al 共沉积在 Pt 合金表面层，进而与 Pt 形成各自的金属间化合物，弥散分布在 Pt 合金表面层。不过，当有其他金属存在时，Pt-Al 金属间化合物可能被改性，同时由于其他金属卤化物存在会影响 Al 向 Pt 基体扩散。

表面渗铝工艺适用于高成色的铂珠宝饰品。含有铝化物或几种金属间化合物的 Pt 合金表面层的厚度和硬度取决于渗铝处理的工艺。例如，当在 800℃渗铝处理 8h 以内时，改性硬化层的厚度可以达到 10～120μm，表面层硬度 HV 达到 200～400[25]，明显地提高 Pt 合金饰品的耐磨性。鉴于 Pt-Al 金属间化合物具有不同的颜色，如 Pt_3Al 和 $PtAl_4$ 呈白色、PtAl 呈粉红色、Pt_2Al_3 呈蓝灰色、$PtAl_2$ 呈黄色，这会使 Pt 合金表面呈现不同颜色。当通过合适渗铝工艺控制 Pt 合金表面所形成金属间化合物的组成、稀浓度和高分散度时，Pt 合金表面改性层应是无色的，不影响高成色铂珠宝饰品的成色和颜色。另一种情况下，若 Pt 合金表面存在某种或某些带有颜色的 Pt-Al 化合物时，则可以赋予铂珠宝饰品另一种颜色和美学特征。

7.8 铂金属间化合物饰品材料

如上所述，Pt-Al 合金系中存在一系列具有不同颜色的化合物，它们都可以发展成特色饰品材料。这可以改变固溶体 Pt 合金饰品单调的白色，丰富 Pt 合金饰品的品种和色彩。

Pt-Al 合金系的 $PtAl_2$ 化合物呈金黄色，具有 CaF_2 型晶体结构而呈脆性。基于 $AuAl_2$ 紫金饰品材料的发展经验，以 $PtAl_2$ 化合物为基体添加第三组元来改变化合物的晶格参数和颜色，可以发展彩色铂合金。在 $PtAl_2$ 中添加 B、In、Fe、Co、Cr 等元素只能得到灰色化合物，而 Cu 则能明显地改变该化合物的颜色。表 7-12[26] 列出了以 Cu 为添加剂改性的 $PtAl_2$ 化合物的色度坐标和它们的颜色变化：在 $PtAl_2$ 化合物中添加 0～20% Cu，随着 Cu 含量增高，化合物的颜色从 $PtAl_2$ 黄色逐渐改变到橙色和铜红色，亮度则有逐渐降低的趋势。因此，通过控制化合物中 Cu 含量可以得到具有不同色彩的铂合金材料。

表 7-12 以 Cu 为添加剂改性的 $PtAl_2$ 化合物的色度坐标和它们的颜色变化

化合物组成	合金成分（质量分数）/%			色度坐标			颜　色	熔点①/℃
	Pt	Al	Cu	L^*	a^*	b^*		
$PtAl_2$	77	23	0	83.91	0.67	17.71	黄　色	1414
$PtAl_2$ +2Cu	75.5	22.2	2	80.45	0.43	14.45	黄　色	1324
$PtAl_2$ +5Cu	73.2	21.8	5	79.05	0.56	26.85	黄　色	1406
$PtAl_2$ +6Cu	72.4	21.6	6	78.71	2.28	24.06	黄　色	—
$PtAl_2$ +7Cu	71.6	21.4	7	79.50	1.93	22.17	黄　色	—

续表 7-12

化合物组成	合金成分(质量分数)/%			色度坐标			颜 色	熔点①/℃
	Pt	Al	Cu	L^*	a^*	b^*		
$PtAl_2$ +8Cu	70.8	21.2	8	79.70	2.42	20.96	黄 色	—
$PtAl_2$ +9Cu	70.1	20.9	9	79.90	2.61	22.12	橙黄色	—
$PtAl_2$ +10Cu	69.3	20.7	10	79.06	4.07	22.02	橙 色	1380
$PtAl_2$ +15Cu	65.5	19.5	15	75.33	10.07	19.06	橙红色	1352
$PtAl_2$ +20Cu	61.6	18.4	20	75.70	7.89	13.41	铜红色	1335

①化合物熔点采用差热分析测定，“—”表示该化合物的熔点未测定。

通过真空电弧熔炼方法可制备含 Cu 的 $PtAl_2$ 金属间化合物。$PtAl_2$ 的真实熔点为 1406℃，添加 Cu 后 $PtAl_2$ 熔点降低。含 Cu 的 $PtAl_2$ 化合物的硬度 HV 高，达到 600～750，不能直接进行加工变形，但可采用熔模铸造、超声波铣削术、高频钻孔、电火花加工和滚筒抛光等技术，将该化合物制备成珠宝饰品，也可将它做成“珠宝”镶嵌在标准铂合金上制成具有强反差的彩色首饰和其他饰品。

7.9 粉末冶金彩色铂合金装饰材料

铂的本色为白色，至今制造的装饰性铂合金也都呈白色。如果将一定比例的铂粉和金粉混合并通过粉末冶金方法制造成产品就可以改变铂的白色而获得淡黄色泽。基于这种设计思想和粉末冶金技术可以发展具有不同色泽的彩色铂合金材料。一种彩色铂合金材料的具体工艺是[26]：Pt 粉的粒度控制在 30～55μm，Au 粉的粒度最好控制在 50～100μm，将质量分数各为 20%～80% 的 Pt 粉和 80%～20% 的 Au 粉充分均匀混合，在 200～250MPa 压力下压实混合粉末，获得压实密度为 65% 真实密度的压实坯；压实坯在 300℃ 加热 1h 脱气，然后可选择在 650～1000℃之间的温度烧结 1h。烧结实体材料还可进一步挤压、轧制、喷砂等加工手段制成饰品，提高密度和硬度。表 7-13[26] 列出了所制备的烧结实体材料色度坐标，发现 80Au-20Pt 粉末体的色度坐标参数接近 9K 黄色金合金，而 80Pt-20Au 的粉末冶金体保持淡黄色。显然，这样的粉末冶金体颜色与 Pt 粉与 Au 粉的比例有关，富 Au 的粉末冶金体可以达到标准彩色开金合金的颜色，而富 Pt 的粉末冶金体的颜色随着 Au 粉含量增加逐渐由白色向黄色转变。另外，粉末冶金体的颜色还与粉末的粒度有关：如果两种粉末粒度相当，粉末冶金体的颜色就是铂白色与金黄色的混合色；如果第二相粉末粒子尺寸更大，经压实、形变和退火以后可以产生“豹斑型”或“条纹型”的彩色效果。

表 7-13 不同温度烧结 1h 制造的 Pt/Au 粉末冶金体材料的色度坐标

合金成分(质量分数)/%	烧结温度/℃	色度坐标①		合金成分(质量分数)/%	烧结温度/℃	色度坐标①	
		a^*	b^*			a^*	b^*
50Pt-50Au	650	1.75	12.53	80Pt-20Au	650	0.91	6.75
50Pt-50Au	850	1.33	8.04	18K Au 合金	铸态	2.78	23.82
50Pt-50Au	1000	0.68	6.98	9K Au 合金	铸态	5.01	15.68
20Pt-80Au	650	4.09	15.34	纯 Pt	—	0.08	5.25

①Pt 与 Au 粉末冶金体材料的色度坐标为在相同温度几个烧结样品的平均值。

粉末冶金彩色饰品材料不限于纯金属粉末，也可用于金属间化合物粉末。如将上述 $PtAl_2$ 化合物破碎成粉末，再按一定比例与 Cu 粉混合，经压制和烧结，也可得到以 Cu 改性的 $PtAl_2$ 化合物粉末冶金制品，其色度坐标和颜色与 Cu 含量相同的电弧熔炼化合物相同。

粉末冶金方法具有高的灵活性，也适用于其他贵金属粉末或贵金属与贱金属的混合粉末，对于那些难加工变形的合金，如高硬度呈脆性的合金与金属间化合物，采用粉末冶金方法制造饰品是一种合适的选择。用粉末冶金法制造的彩色铂合金或其他贵金属合金可以制成各种款式珠宝饰品，如戒指、手镯、手表、结婚饰品等。一般地说，粉末冶金产品含有一定比例的孔隙度，其中可以注入其他的物质，如浸渍或注入香水，就可以制成芳香首饰制品。

铂与铂合金还可以用于制造包覆型饰品和装饰品，具体方法参见第 14 章和文献［27］。

7.10 Pt 饰品合金熔模铸造

7.10.1 高熔点铂合金熔模铸造

高熔点铂合金熔化温度介于 1725 ~ 1850℃，熔模铸造温度至少在 2050℃以上合金熔体才有好的流动性和填充性，要求熔模材料应具有高的耐火度和高稳定性。因此，熔模材料一般选用硅石（二氧化硅）耐火材料和磷酸盐基黏结剂，在某些配方中还含有其他材料如玻璃纤维等。制作的铸模要求长时间静置与干燥，然后高温烧结固化。由于合金熔体温度高，熔模一般只能铸造一批饰件。在相同熔模铸造工艺条件下，铸件质量与合金的性质密切相关。例如，Pt-5Cu 合金在凝固时有较大的化学成分偏析和形成铸态树枝晶结构，而 Pt-5Ru 合金凝固时很难出现成分偏析，它不形成树状晶而形成等轴晶，晶体尺寸相对细小和均匀。在采用旋转离心铸造时，Pt-5Cu 和 Pt-5Ru 合金的熔化温度分别控制为 1850 ~ 2050℃和 2000 ~ 2050℃，熔模温度为 600 ~ 700℃，即保持熔体温度与熔模温度差约 1300℃，离心旋转加速度(35 ~70)g，一般可获得较好铸件质量[28,29]。

表 7-14[19] 列出了某些高成色、高熔点铂合金熔模铸造饰品质量（包括铸件光亮性、填充性、平滑度等）评价，Pt-Cu 合金对于铸造大型铸件和精密图纹铸件的质量较差，而 Pt-Pd-Ir 合金对于 3 种铸件都有优良质量，Pt-Ir、Pt-Ru 和 Pt-Pd 合金也有很好或满意的质量。这些结果表明，抗氧化程度较高的铂合金，特别是含有贵金属组元的铂合金，对不同类型的铸件都有高的质量，而含有易氧化组元（如 Cu、Co）的铂合金，铸件质量则不稳定，因为氧化物存在会增高熔体黏度从而影响熔体的流动性和填充性。

表 7-14　高成色、高熔点铂合金熔模铸造饰品质量评价

合金成分（质量分数）/%	大型环 40g	小型环 10g	精细图案约 0.5g	合金成分（质量分数）/%	大型环 40g	小型环 10g	精细图案约 0.5g
Pt-4.5Cu	差	满意	差	Pt-4.5Pd	差	很好	很好
Pt-4.5Ru	很好	满意	满意	Pt-15Pd	很差	满意	满意
Pt-4.5Ir	好	好	很好	Pt-4.5Co	很好	很好	很好
Pt-10Ir	好	很好	满意	Pt-3.5Pd-1Ni	很好	很好	很好
Pt-3.5Pd-1Ir	很好	很好	很好	Pt-2.5Pd-2Ni	满意	满意	满意

7.10.2 低熔点铂合金熔模铸造

低熔点铂合金的熔点低于1700℃，其熔模铸造温度可降低至1950℃以下，有利于熔模铸造材料选择、铸件质量控制和操作便利。低熔点铂合金的熔模材料一般采用白硅石与石膏的混合物，也可采用与高熔点铂合金相同的熔模材料。低熔点铂饰品合金主要是以Pt-Ga为基体添加了少量贵金属组元的三元合金系，如95Pt-Ga-Au、95Pt-Ga-Pd等。因为含Ga的合金易于吸附氧而降低熔体的流动性，当在大气中熔化合金并熔模铸造时，填充性往往不能满足要求，铸件氧含量也较高。在10% H_2/90% N_2 混合气氛中熔化合金和铸造时，合金熔体的流动性和填充性明显改善，可在1900℃实现熔模铸造，铸件氧含量可降低至约0.001% ~0.002%。另一种方法是向合金熔体添加脱氧剂，如少量Y可有效地增加熔体流动性且不与熔模反应，铸造废料可以再重熔铸造。硼化钙也可用作脱氧剂，但它会促进金属与熔模反应而影响铸件质量。因此，推荐的Pt-(1~3)Au-(2~3)Ga合金熔模铸造工艺是[19]：熔铸温度1900~1960℃，10% H_2/90% N_2 气氛，添加少量Y作为脱氧剂，铸模温度90~150℃。950Pt-Ga-Pd、950Pt-Ga-Ag合金的熔模铸造可以参照执行。

7.11 铂珠宝饰品与豪华铂表

今天，铂饰品已经走向社会，成为装饰和美化人民生活的高档珠宝饰品，为人们所喜爱。铂首饰和艺术饰品形式很多，这里仅介绍经典铂首饰和高级豪华铂表。

7.11.1 精美铂珠宝首饰

铂珠宝饰品按其构成可以有素净纯铂（铂合金）首饰品、镶嵌珍珠、宝石和钻石的珠宝饰品。图7-18所示为几款素净纯铂（铂合金）饰品，它们没有镶嵌宝石，以其优美的造型和高成色铂的光彩赢得消费者喜爱。20世纪70~90年代，纯铂（铂合金）结婚饰品很受美国青年的青睐。铂珠宝饰品可以镶嵌各种贵重宝石，如镶嵌高档黑白珍珠和贵重红、蓝、绿宝石，可以显示佩戴者温柔滑润的风采。铂珠宝饰品的最佳伴侣是镶嵌钻石，镶嵌钻石的铂首饰闪烁铂和钻石的光辉，色泽和谐、华丽璀璨、品质卓越、永不褪色，是忠贞永恒的象征，它们是铂饰品中的主体，也是贵金属珠宝饰品中的珍品。图7-19所示为不同造型和制作精美的镶嵌钻石的铂饰品。铂珠宝首饰虽然价格高昂，但它最能体现佩戴者典雅华贵的品质，同时也有高的保值增值作用，因此深受世界各国消费者的喜爱，男女青年在走进婚姻殿堂的时候都首选镶嵌钻石的铂饰品。

几千年来珠宝首饰世界一直是金银饰品占统治地位。虽然铂珠宝饰品已有200多年的历

图7-18 素净的纯铂（铂合金）饰品[18]

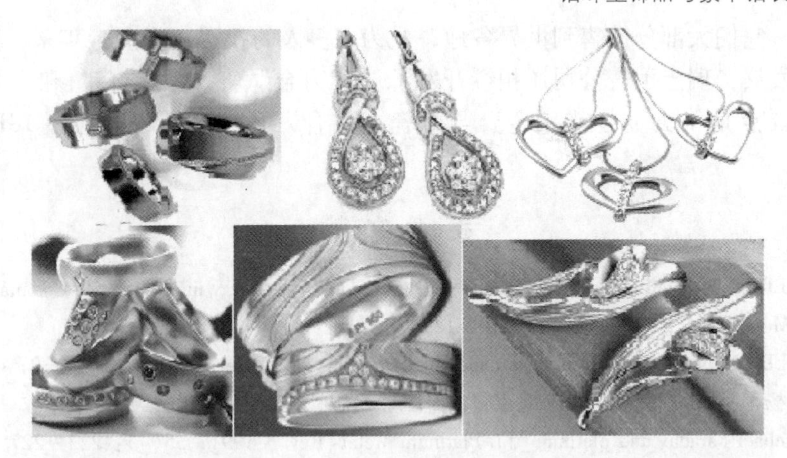

图 7-19 镶嵌钻石的铂金珠宝饰品[18]

史，但自20世纪初叶起，铂首饰品才开始获得发展，至20世纪70年代以后，铂珠宝饰品在世界珠宝饰品市场上的份额越来越大，使铂首饰品获得了极好的发展机遇。中国人民历来钟爱黄金饰品，20世纪90年代之前一般人很少涉及铂饰品。随着人民生活水平提高，也由于时尚和铂首饰制造商的推动，促使中国首饰工业向铂首饰方向发展。自90年代中期以后，中国铂首饰品销售量一路高升，2000年超过日本成为世界第一铂饰品消费国。2002年，中国铂饰品销售量约46t，2009年中国铂饰品销售额达到创纪录的64.7t，占世界销售总量的74%[30~32]。中国已成为世界铂饰品销售大国，在世界铂首饰市场占据主导地位。

7.11.2 豪华铂表

从20世纪初手表问世开始，铂就用于瑞士手表工业。1915年瑞士已经生产了约20~30只不同款式的铂手表，20年代生产了更多的铂手表。但在30年代，当时的政治和经济形势恶化，改变了铂用作高档装饰品的优势，铂变成了战略物资用于军事工业，它的价格升高超过金，于是发展了白色开金合金代替铂用于制造珠宝饰品和手表。第二次世界大战后世界经济形势仍然严峻，很少人需要奢侈品，使用铂手表的人仅限于制造商人的小圈子。70年代后一段时期，一方面，白色开金合金手表仍然占据市场；另一方面，石英手表问世进一步压缩了高级手表市场，使瑞士手表工业受到很大打击，产量下降，致使4万多技术熟练工匠流失。80年代以后，由于世界经济的发展，一些一流的瑞士手表公司（如亨得利公司等）重新生产高质量铂手表，在1988~1992年间，发展了一系列高档铂手表，铂手表的产量也增长了4倍[33,34]，铂手表重新建立了威信并销售到全球。

瑞士高级奢侈铂手表中，铂合金一般采用950Pt，如Pt-5Cu、Pt-5Co合金等，主要用作表壳和相关零件。铂相对稀缺的资源、复杂的冶金和加工技术、似银的冷白色、高昂的价格和增值空间，与瑞士高级手表的简约、精巧和准确相配合，瑞士铂手表向人们展示了名贵、永恒、典雅和时尚。图7-20[18,35]所示为瑞士制造的部分高

图 7-20 瑞士制造的高级豪华男女铂表一瞥

级豪华铂表，它们大部分销售到世界各地，成为许多人的投资选择。近年来，随着新材料和新技术的发展，瑞士手表公司还相继开发了“魅力金”、“魅力铂金”和“魅力银”手表，其技术要点是将黄金（或铂金）与陶瓷相结合，开发出高耐磨新型 18K 金表或铂金表。

参考文献

[1] MCDONALD D. The platinum of new granada——mining and metallurgy in the Spanish Colonial Empire [J]. Platinum Metals Rev., 1959, 3(4): 140 ~ 145.

[2] MCDONALD D. The platinum of new granada[J]. Platinum Metals Rev., 1960, 4(1): 27 ~ 31.

[3] 宁远涛，杨正芬，文飞. 铂[M]. 北京：冶金工业出版社，2010.

[4] I. E. C. Michael Faraday and platinum[J]. Platinum Metals Rev., 1991, 35(4): 222 ~ 227.

[5] SAVITSKII E M, PRINCE A. Handbook of Precious Metals [M]. New York: Hemisphere Publishing Corp, 1989.

[6] 宁远涛. 铂合金饰品材料，贵金属[J]. 2004, 25(4): 67 ~ 72.

[7] BENNER L S, SUZUKI T, MEGURO K, et al. Precious Metals Science and Technology [M]. Princeton: The International Precious Metals Institute, 1991.

[8] BIGGS T, TAYLOR S S, Van der LINGEN E. The hardening of platinum alloys for potential jewelry application [J]. Platinum Metals Review, 2005, 49(1): 2 ~ 15.

[9] NAOHIKO M. Platinum Alloy [P]: British 2279967. 1995.

[10] MURAGISHI Y, HAGIWARA Y, HAMADA T, et al. Precious Metal Material: US 5518691 [P]. 1996-05-21.

[11] KRASTSVETMEMT S. Platinum Jewellery Alloy: Russian Patent 2439180 [P]. 2012.

[12] MASSALSKI T B, OKAMOTO H. Binary Alloy Phase Diagrams. 2nd Edition Plus Updates [M]. ASM International Materials Park, OH/National Institute of Standards and Technology, 1996.

[13] JACKSON K M, LANG C. Mechanical properties data for Pt-5wt% Cu and Pt-5wt% Ru alloys[J]. Platinum Metals Review, 2006, 50(1): 15 ~ 21.

[14] GREENBERG B A, KRUGLIKOV N A, RODIONOVA A, et al. Optimized mechanical properties ordered noble metal alloys[J]. Platinum Metals Rev, 2003, 47(2):46 ~ 58.

[15] MERKER J, LUPTON D, TÖPFER M, et al. High temperature mechanical properties of the platinum group metals[J]. Platinum Metals Rev, 2001, 45(2): 74 ~ 82.

[16] 孙加林，张康侯，宁远涛. 贵金属及其合金材料[M]// 黄伯云，李成功，石力开，等. 中国材料工程大典第 5 卷：有色金属材料工程（下），第 12 篇. 北京：化学工业出版社，2006：524 ~ 538.

[17] WISE E M. Gold Recovery, Properties and Applications[M]. Princeton N J, D Van Nostrand Company, Inc., 1964.

[18] KENDALL T. Platinum 2002[M]. London: Published Johnson Matthey, 2002: 28, 29.

[19] AINSLEY G, BOURNE A A, RUSHFORTH R W E. Platinum investment casting alloys [J]. Platinum Metals Review, 1978, 22(3):78 ~ 87.

[20] STEVEN K. Heat-treatable Platinumm-Gallium-Palladium Alloy for Jeweley: US 6562158 [P]. 2003-05-13.

[21] IGOR S. Platinum Alloy Composition: US 6048492 [P]. 2000-04-11.

[22] PETER T. Platinum Alloy and Method of Production Thereof: DE 7410546 [P]. 2004-04-04.

[23] WEBER W, ZIMMERMANN K, BEYER H-H. Objects Made of Platinum and Palladium Comprise Hard Scratch-resistant Surface Layer Containing Boron in the Metal Lattice: German 4313272 [P]. 1994.

[24] WEBER W, ZIMMERMANN K, BEYER H-H. Surface-hardened Object of Alloys of Platinum and Palldium and Method for their Production: US 5518556 [P]. 1996-05-21.

[25] MAGILL I R, LUCAS K A. Scratch Resistant Platinum Article: US 4828933 [P]. 1989-05-09.

[26] HURLY J, WEDEPOHL P T. The development of coloured platinum products for jewellery[C]// Precious Metals 1993-Proceedings of the 17th International Precious Metals Conference. Mishra R K. International Precious Metals Institute, Pease & Curren, Inc. , Newport, Rhode.

[27] OTT D, RAUB C J. Copper and nickel alloys clad with platinum and its alloys[J]. Platinum Metals Review. 1986, 30(3): 132 ~ 140.

[28] MILLER D, KERAAN T, PARK-ROSS P, et al. Casting platinum jewellery alloys Ⅰ [J]. Platinum Metals Review, 2005, 49(3): 110 ~ 117.

[29] MILLER D, KERAAN T, PARK-ROSS P, et al. Casting platinum jewellery alloys Ⅱ [J]. Platinum Metals Review, 2005, 49(4): 174 ~ 182.

[30] JOLLIE D. Platinum 2008 [M]. London: Published by Johnson Matthey, 2008: 50 ~ 53.

[31] 宁远涛. 铂在现代工业中的应用与供需关系[J]. 贵金属信息, 2009(1): 1 ~ 9.

[32] JOLLIE D. Platinum 2010 [M]. London: Published by Johnson Matthey, 2010: 54 ~ 55.

[33] COOMES J S. Platinum 1990[M]. London: Published by Johnson Matthey, 1990: 29.

[34] JEREMY S. Platinum 1993 [M]. London: Published by Johnson Matthey, 1993: 35 ~ 40.

[35] JOLLIE D. Platinum 2011 Interim Review [M]. London: Published by Johnson Matthey, 2011: 34 ~ 35.

8 钯合金饰品材料

8.1 钯及钯合金的发现与发展

铂被发现和命名之后，引起了欧洲科学家的极大兴趣。在 1802 年，化学家沃拉斯顿用氯化铵从王水溶液中沉淀氯铂酸盐时，在母液中发现了一种新金属，并以当年新发现的小行星“Pallas”命名这种新金属为“钯（palladium）”[1]。当时，从事矿产贸易的商人将钯称为“新银”[2]，并以相当于当时 6 倍金价出售。经过科学家们的深入研究，发现它的性质与银不相同，也与其他已知金属不相同，由此逐渐建立了钯的科学技术基础。

1819 年，巴黎制币厂从西班牙政府购买了 1000kg 粗铂矿，从中提炼了大约 900g 钯并制造了 2 只装饰杯，大的一只送给了查尔斯十世国王，现在收藏在法国凡尔赛宫。另外，巴黎制币厂还制造了许多钯纪念币，其中一枚于 1823 年送给了路易十八世国王，其他的钯纪念币中还有 1833 年压铸的路易·菲利普一世国王和王后的头像。20 世纪初，美国珠宝商制造 950Pt 饰品时掺入了价格更便宜的钯，制造了 Pt-Pd 合金[2]，它间接地鼓励了采用 Pd 制作饰品。20 世纪 20 年代以后，随着白色开金饰品的发展，1939 年 Pd 作为重要的漂白元素加入 Au 合金中，开发和制造了含 Pd 的白色开金和饰品。20 世纪中期，世界范围内开发了一些成色较低的 Pd 饰品合金，可能是由于 Pd 成色低和呈灰白颜色的缘故，这些低成色 Pd 饰品不及 Ag 合金饰品和 Pt 合金饰品漂亮，它的投资价值也远不如 Au 合金和 Pt 合金饰品，故 Pd 合金饰品未被看好。20 世纪末期，随着 Pt 合金和 Au 合金饰品价格持续高涨，具有相对低的密度和低价格的 Pd 则显示了用作珠宝饰品的优势。2003 年，中国珠宝饰品市场率先推出 950Pd 饰品，2005 年中国销售 Pd 珠宝首饰品达到 37t 以上，2006 年以后中国又发展了 990Pd 饰品[3]。近年来在美洲和欧洲许多国家，新型 Pd 合金饰品材料成为研究的热点，发展了一批新的高成色 Pd 饰品合金。为了适应钯珠宝饰品的发展和保证钯珠宝饰品的成色与质量，继早年制定了金、银和铂合金珠宝饰品的成色检验制度之后，英国国会决定从 2011 年 1 月 1 日起对钯合金珠宝饰品实行强制性成色检验制度[3]。自此，世界范围内销售的钯合金珠宝饰品的成色和质量有了法律的保障。高成色 Pd 珠宝饰品有类似铂的色泽，较轻的质量和低廉的价格，逐渐为消费者所接受，成为现代珠宝市场的新秀。

8.2 钯的基本性质和强化效应

8.2.1 钯的基本性质

8.2.1.1 Pd 的颜色

Pd 对可见光的平均反射率为 62.8%，低于 Ag、Au 和 Pt 的反射率。由图 7-1 可见，Pd 的反射率和亮度低于贵金属元素，在可见光下 Pd 呈灰白色。

8.2.1.2 Pd的化学稳定性

Pd的标准电极电位为0.83V，低于Au、Pt但高于Ag。根据铂族金属在各种腐蚀介质中耐腐蚀程度的定性评价（见表2-3），铂族金属的耐腐蚀能力大体有下列顺序：Ir > Ru > Rh > Os > Pt > Pd。Pd的综合耐腐蚀性低于Pt，是铂族金属中耐腐蚀性最低的元素，但它的耐腐蚀性优于Ag。室温环境中Pd不氧化，保持光亮的金属表面。在大气或氧气中加热Pd，在约260℃开始氧化，在400℃以上温度形成晦暗的PdO膜；在750℃以上温区，PdO膜分解。将Pd加热到800℃以上温度然后淬火到室温，Pd仍保持光亮表面。

在有机物材料或气氛中使用时，与Pt一样，Pd表面上会形成薄的暗褐色有机聚合物膜，显示了强的“褐粉效应”。在Pd中加入Ag、Au、Cu、Ni、Sb、Sn、Zn等元素，可增强抗有机物污染能力，减轻“褐粉效应”。Ag在有机环境中具有完全惰性，当向Pd中添加Ag达50%（质量分数）时，在Pd-Ag合金上形成聚合物的量仅为在Pd上聚合物量的20%。

总体而言，常温大气环境中，或者说，在饰品使用的环境中，Pd金属和饰品表面不形成氧化物膜而保持光亮表面，具有好的抗腐蚀和抗晦暗能力。

8.2.1.3 Pd的密度

Pd的密度为12.02g/cm^3，属轻贵金属，稍高于Ag，远低于Au和Pt。这样，用Pd、Au和Pt制造的饰品，当具有相同体积时，Pd饰品更轻，佩戴更舒适；当具有相同质量时，Pd饰品可以做得更大；当饰品尺寸相同时，Pd饰品用Pd量更少。因此，相同质量的Pd饰品比Au、Pt饰品更便宜。

8.2.1.4 Pd的力学性能

完全退火态纯钯的相应力学性能为：硬度HV约42，抗拉强度约190MPa，伸长率约35%～40%。图8-1[4,5]所示为预变形50%的商业纯Pd的力学性能与退火温度的关系，随着退火温度升高，Pd的硬度和强度逐渐降低，而伸长率增高。根据“半硬度规则”，Pd的再结晶温度约为550℃。与退火态纯Pt的性能比较，Pd的硬度和强度高于Pt，伸长率低于Pt。Pd具有好的加工性能，通过冷加工和合适的中间退火工艺，Pd可顺利地加工成板、棒、管、带、箔、细丝等各种型材。

图8-2[4,5]所示为退火态Pd的加工硬化（强化）效应，经冷变形50%后Pd的硬度HV值升高到约110，强度值约350MPa。与图7-2所示Pt的加工硬化曲线比较，Pd有更高的加工硬化率，在变形量相同时，Pd的硬度高于Pt。尽管如此，对于珠宝饰品而言，冷变

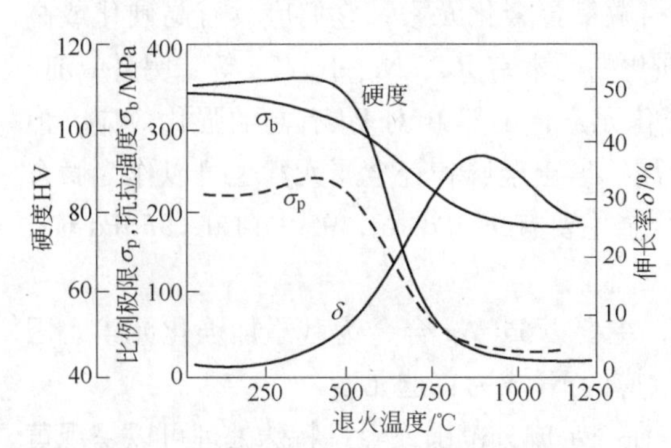

图8-1 Pd的力学性能与退火温度的关系

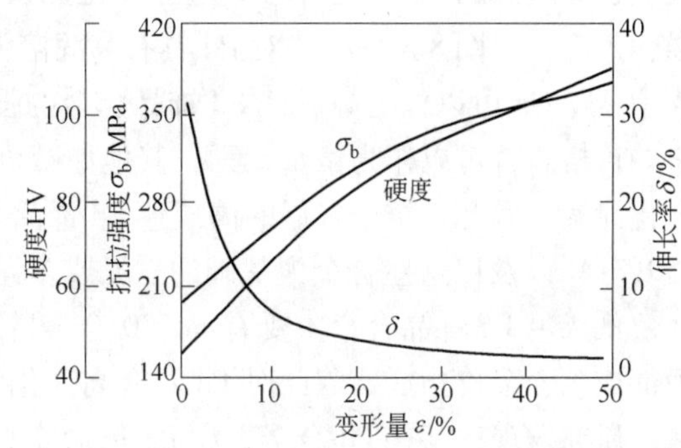

图8-2 Pd的力学性能与冷变形量的关系

形 Pd 的强度性能也偏低，因而需要通过合金化进一步强化。

8.2.2 合金元素对 Pd 的强化效应

图 8-3[4,6] 所示为某些合金化元素对 Pd 的硬化效应。具有密排六方晶型并具有高熔点的元素 Ru 是 Pd 的高硬化元素。具有面心立方晶格的合金化元素中，Ni、Ir、Cu 具有较高硬化效应，而 Au 和 Pt 的硬化效应相对较小。对于 Pd 饰品合金，Ag 除了具有适度的硬化作用外，它还可以增加 Pd 的白色与亮度，提高 Pd 的抗有机物污染能力。过渡金属元素在 Pd 中有较大固溶度（见表 4-1），对 Pd 具有固溶强化效应，对高成色

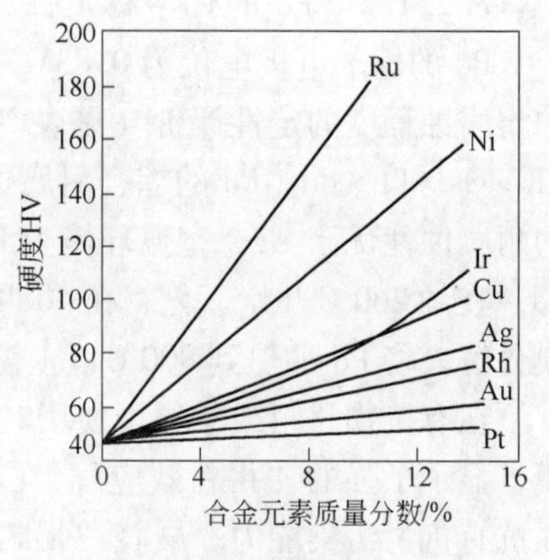

图 8-3 某些合金化元素对 Pd 的硬化效应

Pd 合金无时效强化效应或时效强化效应较弱。在主族金属中，Ⅲ$_A$ 族中 Al 属于低密度轻金属，相对低质量分数的 Al 溶质具有相对高的摩尔浓度，具有高的固溶强化效应；Ga 在 Pd 中的室温固溶度很低，因而可对 Pd 或 Pd 基合金提供高的固溶强化和沉淀强化效应；In 也具有一定的强化作用。因此，饰品 Pd 合金的强化元素多选择过渡金属和主族金属。某些具有高强化效应的元素，如碱土金属和稀土金属可以作为微合金化元素加入合金中提供附加的强化效应。虽然类金属对 Pd 也有相对高的固溶强化效应，但容易导致 Pd 合金热脆。

8.3 钯合金饰品的成色

对于 Pd 饰品合金，在历史的不同时期，不同国家开发了不同成色的 Pd 合金。20 世纪 50～60 年代，苏联和美国曾经开发了低 Pd 成色的饰品 Pd 合金。近年来，中国和国际饰品工业界重点在发展高 Pd 成色的 Pd 饰品合金。与其他贵金属合金饰品一样，Pd 合金饰品的成色仅标示 Pd 含量，并以质量千分数表示，对于饰品合金中的其余元素则不予公示。珠宝饰品市场上的 Pd 饰品合金均为白色合金，按其成色可以分为高成色和低成色 Pd 合金。

高成色 Pd 饰品合金主要有 Pd990、Pd950、Pd850，其中以 Pd950 合金为最常用合金。高成色 Pd 饰品合金只能含有少量合金化元素和微量合金化元素，它们应具有高硬化或高强化效应。由图 8-3 可知，对 Pd 具有高固溶强化的元素有 Ru、Ni、Ir、Cu 等，另外，Ⅲ$_A$ 族中 Al、Ga 可以作为高成色 Pd 饰品合金的强化元素，虽然 Ir 对 Pd 有高的强化效应，但它的价格高，可以作为微量元素，其他如碱金属、碱土金属和轻金属元素也可以作为微合金化元素。因此，至今发展的高成色 Pd 饰品合金主要有 950Pd-Ru、950Pd-Cu、950Pd-Ga、950Pd-Al 以及以这些合金为基础的三元或多元合金。

低成色 Pd 饰品合金主要有 Pd500 合金等，主要以 Pd-Ag 合金为基添加强化元素。因为低成色合金价格低，因此对 Pd 具有高强化效应的 Ni 成为首选元素。

研究发现，某些 Pd 合金，如 Pd-In 合金，在一定成分范围或经过特殊处理可以呈现黄色或其他颜色涂层，为发展彩色 Pd-In 基合金饰品和牙科材料提供了前景。

8.4 高成色白色钯饰品合金

8.4.1 990Pd 饰品

中国珠宝工业继 2003 年推出 950Pd 饰品以后，于 2004 ~2005 年又推出 990Pd 饰品。

因 990Pd 含有 99.0% Pd，仅允许添加 1.0% 其他元素，这就要求必须采用具有高强化或高硬化效应的合金化元素使之强化和硬化，并可以结合微合金化使 990Pd 获得进一步强化。作为 990Pd 的最常用合金化元素，可以采用某些具有不同晶格结构的高熔点元素，如 Ru、W 等，借助它们不同晶格结构可以赋予 Pd 高的强化效应；具有相同晶格结构的高熔点铂族金属如 Ir、Rh 可以明显提高 Pd 的强度和硬度，同时也提高高成色 Pd 饰品的耐腐蚀性。另外也可以采用 Ni、Cu 等具有相同晶格的高强化元素。由第 4 章可知，碱金属和碱土金属对 Pd 有高的固溶强化参数，其中以 Be 的固溶强化参数值最高，Mg、Ca 则次之。稀土金属对 Pd 有大的原子尺寸差，造成大的晶格畸变，也可提供高的固溶强化效应，且轻稀土金属的固溶强化参数大于重稀土金属，如 Ce 对 Pd 不仅有较强的固溶强化，而且还有沉淀强化效应[7,8]。这些元素可以作为微合金化元素加入 Pd 中提供辅助强化效应，可发展高强度 990Pd 饰品合金。

8.4.2 950Pd-Ru 合金

Pd-Ru 合金是简单包晶系合金，如图 8-4 所示[9]。在包晶反应温度 1583℃，Ru 在 Pd 中最大固溶度为 17.2%(摩尔分数)Ru(质量分数为 16.48%)。随着温度降低，Ru 固溶度减小并析出富（Ru）固溶体相，因此具有时效硬化效应。Ru 是 Pd 最强的硬化元素，可明显提高 Pd 的硬度。图 8-5[5] 所示为 Ru 含量对 Pd-Ru 合金力学性能的影响：随 Ru 含量升高，退火态 Pd-Ru 合金的硬度和强度明显增高，伸长率则平缓下降。退火态 Pd-Ru 合金具有高的加工硬化率，随 Ru 含量增加合金的加工硬化率增大。Pd-Ru 合金也具有一定的沉淀硬化效应，沉淀相即为（Ru）固溶体。含较低 Ru 的 Pd-Ru 合金具有好的加工性能，但当 Ru 含量超过 12% 时，合金的加工变得困难。用作饰品的 Pd-Ru 合金一般含 4.5% ~5.0%(质量分数)Ru，都视为 Pd950 合金。

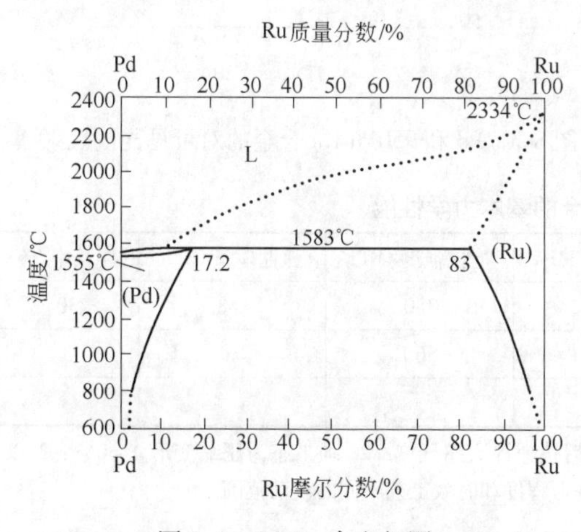

图 8-4 Pd-Ru 合金相图

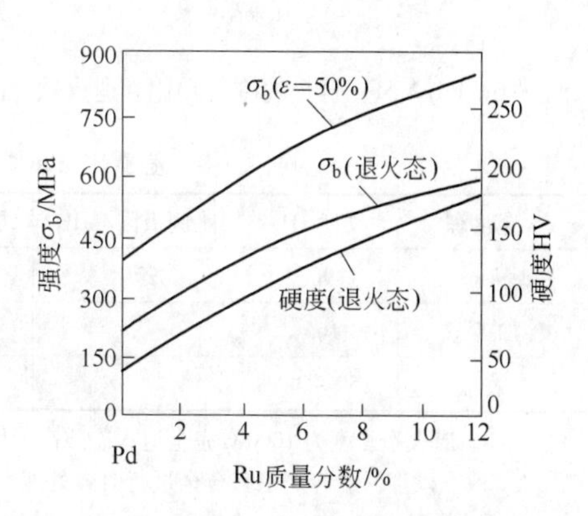

图 8-5 Ru 含量对 Pd-Ru 合金力学性能的影响

Pd-5Ru 合金的熔点为 1590℃，密度为 12g/cm³。在 1000℃以上温度长期保温或充分退火后快速淬火到室温可得单相固溶体，硬度 HV 约为 100，抗拉强度约 420MPa，退火态经 50% 冷加工的抗拉强度约 650MPa。将退火态合金做 700℃/210h 或 850℃/170h 时效处理，合金的硬度 HV 可达 160～180 及以上[4,5]。显然，时效态、不完全退火态或缓冷态合金硬度高于淬火态或充分退火态合金的硬度，因为有（Ru）相析出导致的沉淀硬化效应。

Pd-4. 5Ru 合金熔化温度约为 1580℃，铸态密度为 11. 62g/cm³，加工态密度为 12. 07g/cm³。图 8-6[5] 所示将淬火态 Pd-4. 5Ru 单相固溶体进行冷轧加工的硬化曲线和随后在不同温度退火 15min 的软化曲线，退火态硬度 HV 约为 90，经 60% 和 90% 压缩加工可使合金硬度 HV 分别提高到约 165 和 175，相应的抗拉强度可达到 560MPa 和 580MPa，伸长率约为 3%。将 90% 冷加工态合金在不同温度进行退火处理，在较低温区其硬度很缓慢下降，直至在 800℃以上温度退火硬度才急剧下降，在 1000℃退火时硬度 HV 约为 90。因此，需要在约 1000℃充分退火处理才能使 Pd-4. 5Ru 合金完全软化。将冷加工态合金进行时效处理，视其预变形程度和时效工艺不同，可以进一步提高硬度 HV 到 250～285，可用于镶嵌宝石。Ru 加入 Pd 可以提高 Pd 的弹性模量，纯 Pd 的弹性模量为 125GPa，而 950Pd-Ru 合金的弹性模量可提高到 148GPa。Ru 加入 Pd 还可以提高 Pd 对可见光的反射率，Pd 对白光的平均反射率为 62. 8%，而 950Pd-Ru 合金的对白光的平均反射率可提高到约 65% 以上，如图 8-7[4] 所示。另外，Ru 加入 Pd 可以提高 Pd 的抗腐蚀性。这意味着 950Pd-Ru 合金饰品的白色饱和度和亮度高于纯 Pd，它的抗腐蚀性也高于纯 Pd。表 8-1[4,5] 列出了 Pd-4. 5Ru 合金的基本力学性能，其值稍低于 Pd-5Ru 合金。

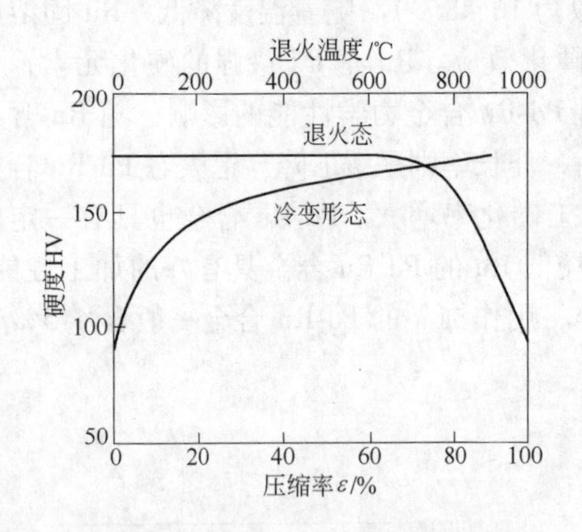

图 8-6　Pd-4. 5Ru 合金的冷轧硬化和退火软化曲线

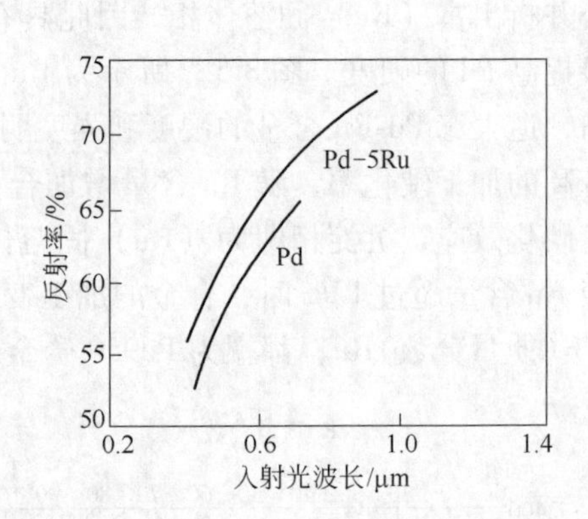

图 8-7　Pd 和 950Pd-Ru 合金的对可见光的反射率

表 8-1　Pd-4. 5Ru 合金的基本力学性能

合金状态	硬度 HV	比例极限/MPa	屈服强度/MPa	抗拉强度/MPa	弹性模量/GPa	伸长率/%
退火态	90	270	350	380	148	30
冷加工态	165			560		3
时效态	250～285					

注：1. 退火态硬度为 1000℃完全退火态或高温固溶处理后快速淬火态硬度；2. 加工态为压缩变形量 60%；3. 时效态硬度为对冷加工态合金进行时效处理、视其预变形程度和时效工艺不同的波动范围。

950Pd-Ru 合金可以加工型材或焊接型材制造珠宝饰品和其他装饰品。该合金铸锭在

1200～1300℃温度范围内热锻开坯，压缩率达50%以后再进行冷加工制造成所需要的型材。该合金饰品焊接可采用钎焊、熔焊或钨电极惰性气体保护电弧焊(TIG)。950Pd-Ru合金也可以采用熔模铸造直接制造珠宝饰品坯型，再经精修与装配制造成饰品[10～12]。950Pd-Ru合金是最常用的白色钯饰品合金，为世界各国常用的法定钯饰品合金，其中美国通常采用Pd-4.5Ru合金。950Pd-Ru合金具有优良的力学性能和好的耐蚀性，有接近于950Pt-Ru合金的白色，可制作各种高级珠宝饰品。

8.4.3 950Pd-Cu合金

Pd-Cu合金相图如图8-8所示[9]。在高温区Pd-Cu合金形成连续固溶体，低温富Cu区出现两个有序相：具有$Cu_3Au(L1_2)$型晶格结构的Cu_3Pd相，转变温度为508℃；具有四方晶格结构的CuPd(β)相，转变温度为598℃。相图中的1D LPS是一维反相畴结构，2D LPS是复杂反相畴结构。由图8-3可知，Cu对Pd具有中等硬化效应。图8-9[4,5]所示为Cu对Pd的强化效应。虽然在有序相结构区域存在明显的有序强化效应，但由于用作饰品的高成色Pd合金远偏离有序相结构区域，为单相固溶体合金，基本上不会出现有序相和有序硬化效应。

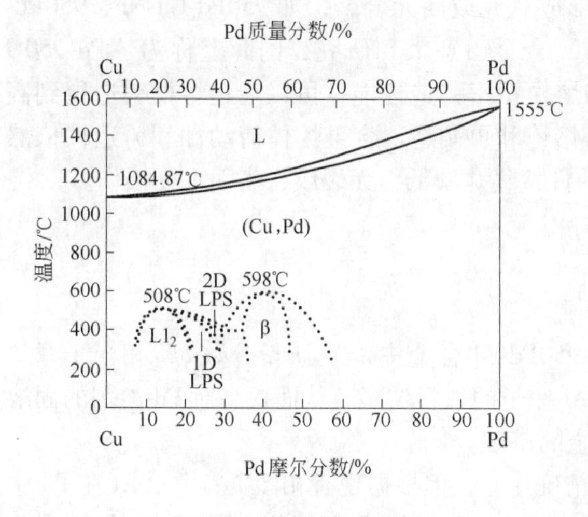

图8-8 Pd-Cu合金相图

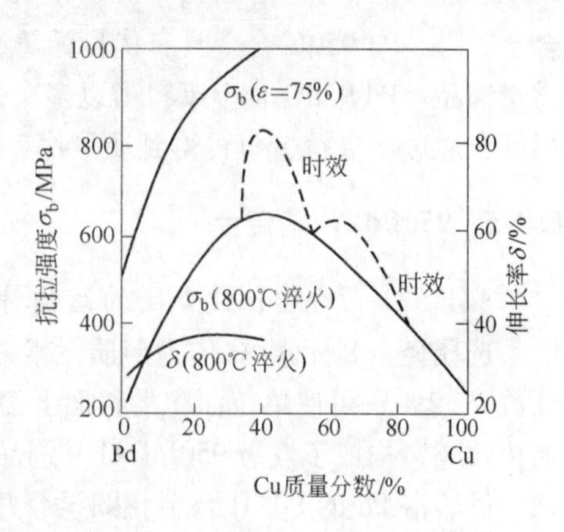

图8-9 Cu对Pd的强化效应

950Pd-Cu(Pd-5Cu)合金的密度为11.4g/cm³，液相线温度为1490℃，固相线温度为1480℃，其液-固相线间隔很小，因而具有好的铸造和熔模铸造性能。800℃退火后淬火态Pd-5Cu合金硬度HV约为60，抗拉强度约为250MPa，伸长率约30%。退火态合金经75%压缩冷变形后的抗拉强度达到约为550MPa，硬度HV约为150～170。向950Pd-Cu合金中添加适量Au、Ag、Ga、In或其他具有高硬化效应的合金化元素，还可以进一步提高硬度[5,13]。950Pd-Cu合金具有好的冷加工性能，铸锭经高温均匀化热处理后可直接进行大变形冷轧或冷拉拔加工，经适当的中间退火后可以继续冷加工，直到得到各种型材。采用钨电极惰性气体保护电弧焊（TIG）可以制备有缝管材，经继续拉拔加工可以减小管材直径和最终得到所需环形产品。950Pd-Cu合金可以用加工型材制造饰品，也可采用熔模精密铸型坯制造饰品，二元合金可以制作素净的饰品，含有强化元素的三元或多元合金可用于镶嵌宝石。

8.4.4 950Pd-Ga 合金

Pd-Ga 二元合金相图尚未完全建立。据已有的相图资料[9,14]，在约1000℃高温，Ga 在 Pd 中有约百分之几的最大固溶度；但随温度降低，Ga 的固溶度急剧下降，从而使 Pd-Ga 合金具有沉淀硬化效应，沉淀相为 Ga_5Pd_{13} 或 $GaPd_2$。

在950Pd 合金中，Ga 具有比 Cu 更高的硬化效应。铸态950Pd-Ga 合金的硬度 HV 达到190，退火态的硬度 HV 达到170。将退火态合金直接进行时效处理可以提高硬度 HV 至200 以上，若将退火态合金经75%冷加工可使硬度 HV 达到220[10~12]，在此基础上再进行时效处理可进一步提高硬度。950Pd-Ga 合金熔化温度低于950Pd-Cu 合金，需要在保护性气氛中熔炼铸锭或熔模铸造。铸锭经高温均匀化退火后可直接冷加工，配以中间退火可以制备成板、带、管、箔、丝等各种型材。该合金也可以采用 TIG 电弧焊将薄板材制成有缝管，在合适的润滑条件下可进一步拉拔制备环形饰品。950Pd-Ga 合金可以采用加工型材或熔模铸造铸件制造饰品，因合金具有高强度可镶嵌宝石，合金丝可制造链式饰品。950Pd-Ga 合金饰品可采用含 Ni 白色18K Au 合金钎料用氧丙烷火炬焊接，也可以 TIG 和激光焊接[10~12]。

950Pd-Ga 合金中还可以添加其他元素形成三元或四元合金，如950Pd-Ga-Nb、950Pd-Ga-Cu 和950Pd-Ga-Ag-In 等。950Pd-Ga-Ag-In 合金由意大利研究，国际上称为“Pd 950G 合金”[15]。Pd 950G 合金具有优良的铸造和熔模精密铸造性能，可以通过熔模铸造得到高质量饰品。Pd 950G 合金废料可以多次循环熔炼和再制造，合金熔体流动性和铸造性依然很好，通过熔模铸造也可得到质量优良的饰件，气孔率低，无裂纹，表面也无损伤。

8.4.5 950Pd-Al 基合金

8.4.5.1 950Pd-Al 合金的结构特性

选择轻金属元素 Al 作为溶质元素，在950Pd-Al 合金中，Al 质量分数5%相当于摩尔分数17.2%，可使单位面积滑移面上溶质 Al 原子的数目增多，从而提高对 Pd 溶剂的固溶强化效应，构成了发展950Pd-Al 基饰品合金的基础。

虽然富 Pd 的 Pd-Al 合金相图至今并未精确建立，但根据现有相图资料[9]，Al 在 Pd 中有大的固溶度（约20%摩尔分数），并可能存在“$\tau(Pd_5Al_2)$”沉淀相，因而具有沉淀强化效应。在 Pd-Al 合金基础上添加第三组元，如 Mg、Ru、Ti 等，可进一步提高合金硬度。Ru 是 Pd 合金最常用的高固溶硬化元素。Mg 和 Ti 也是相对原子质量轻的元素，除了高的固溶强化效应外，还赋予合金附加沉淀硬化效应。表 8-2[16] 列出了退火态和冷加工态950Pd-Al-Ru(Ti、Mg)合金的硬度，这些950Pd 合金在退火态就具有较高硬度，经压缩率80%冷加工后硬度明显增高，而且无论退火态或加工态，含有相对高 Al 含量的合金的硬度高于含相对低 Al 含量合金的硬度。

表 8-2 退火态和经压缩率 80%冷加工态 950Pd-Al-Ru(Ti、Mg)合金的硬度

合金	Pd-1.3Al-3.2Ti	Pd-0.4Al-4.1Ti	Pd-3.8Al-0.7Mg	Pd-1.9Al-2.6Mg	Pd-2.8Al-1.7Ru	Pd-0.9Al-3.6Ru
退火	154	128	242	170	224	158
加工	366	338	400	340	343	247

注：合金成分为质量分数。

8.4.5.2 950Pd-Al-Ru 合金性质

作为950Pd-Al 基合金的第三组元，Ru 不仅可以提供高的固溶强化效应，而且还可以改善合金的耐腐蚀性和光亮性，比 Ti、Mg 等元素更理想。950Pd-Al-Ru 合金可在预抽真空和回充 Ar 气的环境内在氧化锆坩埚中通过高频感应熔炼，以 Pd 片包裹 Al 片以避免 Al 与坩埚直接反应，熔体浇注到铜模中成锭。950Pd-Al-Ru 合金为面心立方单相固溶体，均匀化退火后可直接进行冷轧和其他冷加工。图 8-10[16] 所示为 950Pd-Al-Ru 合金的硬度与 Al 含量的关系，随着 Al 含量增加合金的硬度 HV 呈线性增高，从 950Pd-Ru 合金的约 110 增加到 950Pd-Al 合金的 320。图 8-11[16] 所示为 Pd-2.8Al-1.7Ru 和 Pd-0.9Al-3.6Ru 两个合金的加工硬化曲线，含高 Al 的合金具有更高的硬度和加工硬化效应。表 8-3[16] 列出了这两个 950Pd-Al-Ru 合金的力学性能，虽然高 Al 含量的合金具有更高的硬度和强度，但增加 Ru 含量明显提高合金的弹性模量。这两个合金的弹性模量接近传统 950Pd-Ru 合金（148GPa），高于 18K 白色开金合金（90～110GPa），但低于 950Pt 合金（170～210GPa）。

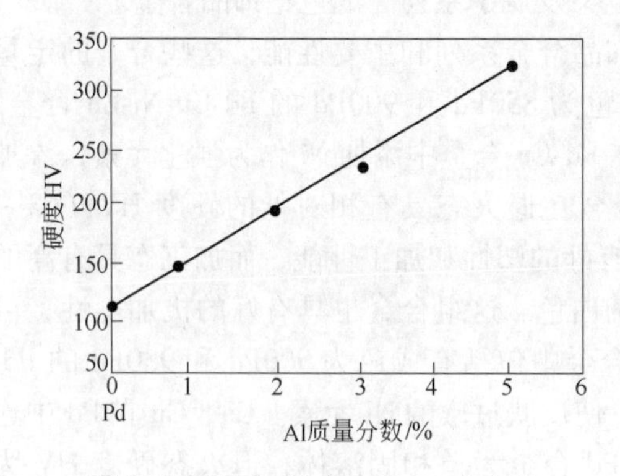

图 8-10 95Pd-xAl-$(5-x)$Ru 合金的硬度随 Al 含量增高

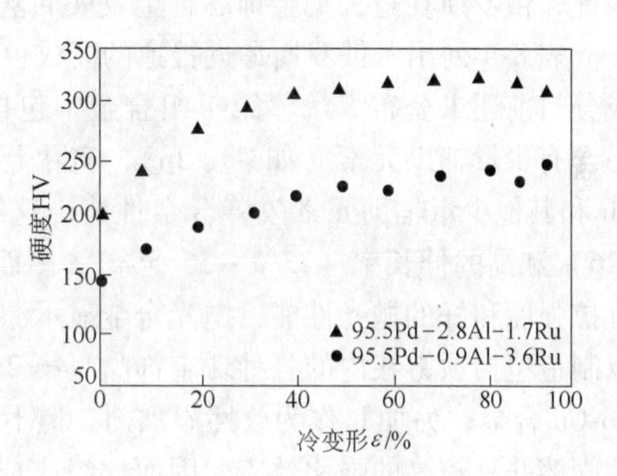

图 8-11 Pd-2.8Al-1.7Ru 和 Pd-0.9Al-3.6Ru 合金的加工硬化曲线

表 8-3 退火态 Pd-2.8Al-1.7Ru 和 Pd-0.9Al-3.6Ru 合金的力学性能

合金成分(质量分数)/%	密度/g·cm^{-3}	屈服强度/MPa	抗拉强度/MPa	弹性模量/GPa	泊松比
Pd-2.8Al-1.7Ru	10.8	420	650	139	0.37
Pd-0.9Al-3.6Ru	11.4	210	460	145	0.37

由表 8-3 可知，相对于抗拉强度而言，两个 950Pd-Al-Ru 合金的屈服强度较低，而且在加工过程中它们仍保持相对低的屈服强度，表明合金具有好的塑性和可加工性，可以进行 90% 轧制压缩而无需中间退火，还可以进行冲压加工，因而有利于珠宝饰品制造成型。

测定了两个 950Pd-Al-Ru 合金的 CIELAB 色度坐标。Pd-2.8Al-1.7Ru 合金的 $L^*/a^*/b^*=84/1.0/4.5$；Pd-0.9Al-3.6Ru 合金的 $L^*/a^*/b^*=86/0.9/4.1$，这些值与标准 950Pd-Ru 二元合金的值相当，非常接近 950Pt-Ru 合金的色度值（87.7/0.7/3.4）。作为比较，标准 18K 白色 Au 合金的色度值为 82/ >1.5/ >6；而理想的白色应是 100/0/0。根据美国材料试验协会（ASTM）建立的基于黄色指数（YI）的简单分类标准 D1925(1988)[16,17]：一个合金越白，它的 YI 指数越低。最白的金属如 Ag 和 Rh 的 YI≈7，950Pt-Ru 合金的 YI≈8，950Pd-Ru 和 950Pd-Al-Ru 合金的 YI≈10，18K 白色开金合金的 YI≥15。由上述 CIELAB 色度坐标和黄色指数（YI）值可见：（1）两个 950Pd-Al-Ru 合金的 CIELAB 色度

坐标和 YI 指数与标准 950Pd-Ru 合金相同，接近 950Pt-Ru 合金，表明 950Pd-Ru 和 950Pd-Al-Ru 的白色色泽接近 950Pt-Ru 合金和 Ag 的白色，优于 18K 白色 Au 合金的白色；(2) 在950Pd-Al-Ru 合金中，Al 含量增高轻度增强了黄色色调而降低了亮度；Ru 含量增高增强了合金的白色色泽和增加了亮度。从饰品所要求的美学和力学性能考虑，含有较高 Ru 含量的 950Pd-Ru 和 950Pd-Ru-Al 合金具有适中的强度、硬度、更好的白色与更高的亮度，是较为理想的白色饰品合金。

8.4.6　俄罗斯高成色白色钯饰品合金

由于俄罗斯具有丰富的钯资源，历史上前苏联和现在俄罗斯都发展了钯饰品合金，包括从 500Pd 到 990Pd 之间的多种成色。在 20 世纪 50 ~60 年代，苏联曾开发了 Pd-Ag-Ni 系饰品合金，其中包括 Pd850 高成色合金（见 8.5.2 节）。近年，由于世界和俄罗斯经济相对低迷，公众对珠宝饰品的需求也从高档黄金和铂金饰品部分转移到更便宜的钯金饰品。因此，俄罗斯在过去钯金饰品合金发展的基础上又发展了系列高成色钯饰品合金。

表 8-4 列出了俄罗斯最近报道的高成色钯饰品合金系列和主要性能，这些合金的定量成分目前还未公布[18,19]。第 1 组合金中包括成色为 850Pd 和 900Pd 的 Pd-Cu-Ni-Zn 合金，另含有少量辅助元素（如 Ga、In），实际上是在 Pd-Cu 合金中添加 Ni 作为强化元素，添加 Zn 和其他少量辅助元素改善合金性能。这组合金在退火态具有相对低的硬度 HV（63 ~126）和高的伸长率（25% ~35.5%），因而具有好的塑性和加工性能，而加工态具有高的抗拉强度和好的抛光性能，抛光合金显示漂亮的白色。这组合金也具有好的机加工性，可以制造包括项链在内的各种珠宝饰品。第 2 组合金中包括有成色为 900Pd 和 950Pd 的 Pd-Co-Cu 合金，另加 Ir 作为改性添加剂，但不含可使皮肤过敏的 Ni 元素。Co、Cu 在 Pd 中连续固溶并有较高的强化效应，因而这组高成色 Pd 合金为单相固溶体，退火态硬度 HV 为 100 ~110，好的加工性，加工态硬度 HV 可达 180 以上，也具有好的机加工性和抛光性能，漂亮的白色，也适合制造各种珠宝饰品。第 3 组合金含有 Cu、Ag、Co，另加 Ir 或 Fe 作为改性添加剂，具有好的加工性能、熔模铸造性能和好白色，适合制造各种珠宝饰品。第 4 组合金是含有不同 Au、Ag、Cu 含量和添加其他改性元素的合金，它们具有很好的熔模铸造性能，适于铸造各种珠宝饰品。

表 8-4　近年俄罗斯发展的高成色白色钯饰品合金及主要性能

序号	合金系列和主要组元	合金成色 /‰	硬度 HV		伸长率/%		密度 /g · cm⁻³
			硬态	软态	硬态	软态	
1	Pd、Cu、Ni、Zn、In、Ga	850，900	220	63 ~126	3	25 ~35.5	11.34 ~11.50
2	Pd、Ir、Co、Cu	900，950	183	100 ~110	1.5	45	11.6 ~11.75
3	Pd、Co、Ir、Ag、Fe、Cu	950，990	124 ~174	84 ~132	约 2	22 ~29	11.75 ~11.85
4	Pd、Au、Ag、Cu、其他	850，950	—	—	—	—	—

8.5　Pd-Ag 和 Pd-Ag-Ni 白色饰品合金

8.5.1　Pd-Ag 合金

基于 Pd 优良的抗硫化气氛污染和 Ag 抗有机气氛污染的能力，Ag-Pd 合金在抗硫化气氛和抗有机气氛方面有互补作用，可以减轻或抑制合金的硫化晦暗和“褐粉效应”。因此，在 Ag 中添加 Pd 可以发展抗硫化、抗晦暗和抗腐蚀的 Ag-Pd 饰品合金[20]，在 Pd 中添加 Ag 也可以发展抗“褐粉效应”的 Pd-Ag 合金作为饰品材料。Ag 添加到 Pd 中还可以降低合金的熔点和密度，改善在有机气氛中的晦暗特性，同时可以增加 Pd 的白色色调和亮度。

由图 6-12 和图 6-13 可知 Pd-Ag 合金呈典型的固溶体性能特性。退火态和加工态 Pd-Ag 合金的硬度和强度随着 Ag 含量增加而迅速提高，在约含 30% Ag 的 Pd-Ag 合金达到最高值，随后随着 Ag 含量增加逐渐降低。但 Ag 对 Pd 仅有中等硬化效应，具有高 Pd 成色的 Pd-Ag 合金的硬度和强度值都不很高，即使 Pd-30Ag 合金的硬度也不能完全满足珠宝饰品对力学性能的要求。因此，对 Pd-Ag 基合金仍需要通过第三组元进行强化和硬化。在诸多的合金化元素中，如图 8-3 所示，Ru 和 Ni 都是对 Pd 具有高硬化和强化效应的元素。

虽然 Ni 是白色开金合金最常用的漂白元素，但 Ni 对 Pd 无增白作用，Ru 则能改善 Pd 合金的抗腐蚀性，降低 Pd 合金的黄色指数（YI），即增加 Pd 合金的“白色”。虽然 Ru 在 Pd 中有较大的固溶度（见图 8-4），但 Ru 与 Ag 在液态和固态完全不互溶，而 Ni 在液体和固态 Ag 中有很小溶解度。另外，Ni 的价格相对便宜，而 Ru 的价格则贵得多。因此，若要以 Ru 或 Ni 作为第三组元发展 Pd-Ag 基饰品合金，Ru 只能少量加入以发展高 Pd 成色的 Pd-Ag 基合金，而 Ni 只适于发展成色和白色色泽较低的 Pd-Ag 基合金。除了 Ru 和 Ni 合金化元素以外，主族金属如 Ga、In、Ge 等对 Pd 和 Pd-Ag 合金也具有较高的强化效应，常用于 Pd-Ag、Pd-Cu 系构成多元饰品合金，如 Pd-Ag-Ge-In 和 Pd-Cu-Ga-Sn 等。此外，碱土和稀土金属在 Pd 中有较大的固溶度和高的固溶强化与硬化效应，它们可以作为微合金化元素加入 Pd-Ag 中提供进一步的强化与硬化效应。

8.5.2 Pd-Ag-Ni 饰品合金

20 世纪 50 ~ 60 年代，法国等欧洲国家曾发展了用 Pd-5Ni 合金制造的 950Pd 珠宝饰品。由于 Ni 对某些人群有过敏倾向，后来逐渐被性能更优越的 950Pd-Ru 合金取代。前苏联曾在 Pd-Ag 合金中添加 Ni 以强化合金，并在此基础上开发了 Pd 成色较低的 Pd-Ag-Ni 饰品合金。图 8-12[21] 所示为 Pd-Ag-Ni 合金相图，在其三个二元合金系中，Pd-Ag 和 Pd-Ni 合金均为连续固溶体，但 Ag-Ni 系在液态存在分层现象，固态相互溶解度很小，在三元合金相图中，基于 Ag-Ni 系的分层深入三元相区内部。富 Pd 的 Pd-Ag-Ni 三元合金为单相固溶体，由于受 Ag-Ni 二元系不互溶的影响，含低 Pd 的三元合金存在分层区；含有中等量 Pd 的合金由 Pd(Ag) + Pd(Ni) 两相固溶体组成。

前苏联设计与制造了两个 Pd-Ag-Ni 白色合金，即 Pd850 和 Pd500 合金，在图 8-12 显示了这两个合金的位置。Pd850 合金的成分（质量分数,%）是：Pd-13Ag-2Ni，为单相固溶体 Pd(Ag,Ni)，熔点约 1450℃，退火态硬度 HB 约为 100。Pd500 合金的成分是：Pd-45Ag-5Ni，为两相合金 Pd(Ag) + Pd(Ni)，熔点约 1200℃，退火态硬度 HB 约为 100。

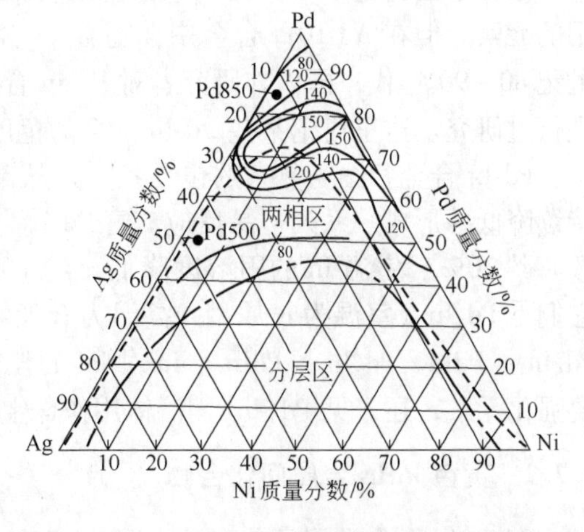

图 8-12 Pd-Ag-Ni 合金相图和等硬度 HB 曲线分布

Pd850 和 Pd500 合金的主成分为 Pd + Ag，其总含量分别高达 98% 和 95%，这决定了这两个合金具有较小的黄色指数和较好白色光泽，合金中 Ni 量都不高（分别含 2% 和 5% Ni），主要起强化和硬化作用，对合金的色泽影响很小。Pd850 因含有高成色 Pd，具有相对好的抗腐蚀性和化学稳定性，低成色 Pd500 的抗腐蚀性次之。由于这两个合金都含有 Pd 和 Ag，因而它们在有机气氛和硫化物气氛环境中具有较好的抗晦暗性能。Pd850 单相固溶体合金具有好的加工性能，Pd500 合金由 Pd(Ag) 和 Pd(Ni) 两相固溶体组成，也具有好的加工性能，它们可以顺利地加工成各种型材和成型饰品。Pd-Ag-Ni 饰品合金主要优点是密度低，价格便宜，宜做较大而轻巧饰物。现在，由于 Pt 和 Au 的价格远高于 Pd，Pd-Ag-Ni 饰品合金不失为中高成色铂合金和白色开金饰品的代用品。

8.6 表面硬化钯与钯合金

为了提高 Pd 与 Pd 合金（如 Pd-Ag 合金）的耐磨性，可以通过各种表面硬化技术提高 Pd 合金的表面硬度。因贵金属表面硼化处理渗入 B 浓度低，硬化程度高，不损害贵金属珠宝饰品的成色和色泽，该技术也适用于 Pd 与 Pd 合金饰品。Pd 与 Pd 合金饰品的硼化处理工艺可参照 Pt 合金硼化处理工艺进行（参见第 7 章），其硼化处理温度应控制在 500℃ 与 Pd-B 共晶温度（845℃）之间，实际可控制在 800 ~ 830℃，稍高于 Pt 合金的硼化处理温度。表 8-5[22] 列出了纯 Pd 和几个 Pd 合金的硼化处理工艺和表面硬化效应。经硼化处理的 Pd 与 Pd 合金的硬度 HV 可以达到约 400 及以上，可以明显提高 Pd 合金饰品的耐磨性。

表 8-5 某些高成色钯饰品合金的硼化工艺和性能

合金成分(质量分数)/%	试样	硼化层 B 质量分数/%	硼化层厚度/μm	硼化层硬度 HV	硼化处理工艺
纯 Pd	饰品	0.65	150	560	800℃/5h
Pd-54Ag	饰品	0.40	60	380	800℃/3h
Pd-6Cu-7Ga-7Sn	饰品	0.45	100	450	800℃/3h
Pd-44Ag-11Ge-5In	饰品	0.40	100	400	800℃/5h

8.7 黄色 Pd-In 合金

8.7.1 Pd-In 合金相结构

第 3 章已讨论了 In 对于 Au 合金颜色的影响，In 被认为是一个对 Au 具有中等漂白作用的元素。但在 Au-10Pt 合金中，随着 In 含量增加却逐渐赋予合金附加的金黄色调。20 世纪 80 ~ 90 年代，国内外研究者对 Pd-In 合金系中间相的电学性能、磁学性能和光学性能进行过研究。这里讨论某些 Pd-In 合金的色度学和制造黄色珠宝饰品的潜力。

Pd-In 合金相图为复杂的包晶系[9]，从高熔点 Pd 端至低熔点 In 端，合金的熔化温度持续降低并形成一系列包晶反应。富 Pd 端为固溶体区，In 在 Pd 中的最大固溶度（质量分数）约 20%，室温 In 的固溶度降低至约 16%。在 Pd-In 系中存在一系列 Pd_xIn_y 化合物，它们是 Pd_3In（室温为 α 原型，高温为 β 变体）、Pd_2In（室温为 α 原型，高温为 β 变体）、Pd_5In_3、PdIn、Pd_2In_3、$PdIn_3$。In 对 Pd 的强化效应较 Ga 弱[13]，仅作为 Pd 饰品合金的次要强化元素，还未见 Pd(In) 固溶体用作珠宝饰品材料。

8.7.2 黄色 PdIn 金属间化合物

Pd 和 In 两个金属呈灰白色，以 Pd 为基的 Pd(In) 固溶体、Pd(In) + Pd_3In 两相合金、富 Pd 的 Pd_3In 化合物以及富 In 的合金均呈灰白色。为了研究高 In 含量金属间化合物的颜色，将含 36% ~60%（质量分数）In 的 Pd-In 合金采用高频感应炉在真空回充氩气条件下熔炼和浇注成锭，然后测定了这些合金样品的光反射率和 CIE 系统的色度坐标。表 8-6[23] 列出了黄色 Pd-In 合金的 CIELAB 色度坐标，作为比较，表中也列出了 Au 和两个 18K 金合金的色度坐标值。可以看出，随着 In 含量增加，Pd-In 合金的颜色由浅黄色转变到黄色，然后再到转变黄红色，最后又回到浅黄色。其中 Pd-(40 ~48) In 合金的色度参数 a^* 介于 0.96 ~7.19，b^* 介于 14.29 ~19.14，亮度系数 L^* 介于 75.72 ~79.24，属黄色范畴，其色度介于纯金与 18K 黄色之间。In 含量介于 50% ~56% 的合金颜色变为红黄色。图 8-13[23] 显示了几个 Pd-In 合金与 Au 和 18K 金合金的 CIELAB 色度图，Pd-(40 ~52) In 合金的坐标点都靠近黄色坐标轴和接近 18K 金合金的数据点，表明它们的颜色接近 18K 金合金，呈黄色。图 8-14[23] 所示为几个 Pd-In 合金、纯 Au 与 18K 金合金对可见光光谱的反射率，在 Pd-(40 ~52) In 成分范围内合金对可见光光谱的反射率达到 50% 以上，它们的反射率与亮度介于纯 Au 与 18K 金之间，属于黄色范畴，且其亮度和黄色甚至优于 18K Au-7Ag-18Cu 合金。由相图可知，PdIn 化合物实质上是一个具有一定成分区间的中间相，其高温区成分范围介于 Pd-(42 ~58) In，室温的成分范围为 Pd-(45 ~52) In。上述 Pd-(40 ~54) In 合金的成分基本上与 PdIn 化合物相区的成分重叠，说明正是 PdIn 化合物呈黄色。

表 8-6　黄色 Pd-In 合金的 CIELAB 色度坐标

合金成分（质量分数）/%	CIELAB 色度坐标			合金成分（质量分数）/%	CIELAB 色度坐标		
	L^*	a^*	b^*		L^*	a^*	b^*
Pd-36In（浅黄）	74.98	−0.14	14.24	Pd-52In（黄红）	77.85	7.49	14.80
Pd-40In（浅黄）	78.31	0.96	15.39	Pd-56In（浅黄红）	72.63	4.99	14.35
Pd-42In（黄）	79.24	1.79	14.29	Pd-60In（浅黄）	75.39	1.43	11.37
Pd-44In（黄）	76.97	2.78	14.57	纯 Au（黄）	80.14	11.21	45.22
Pd-46In（黄）	75.72	4.85	18.66	Au-17Ag-8Cu（黄）	81.40	1.24	28.74
Pd-48In（黄）	77.98	7.19	19.14	Au-7Ag-18Cu（黄红）	66.93	6.21	26.81
Pd-50In（黄红）	77.13	7.72	13.05				

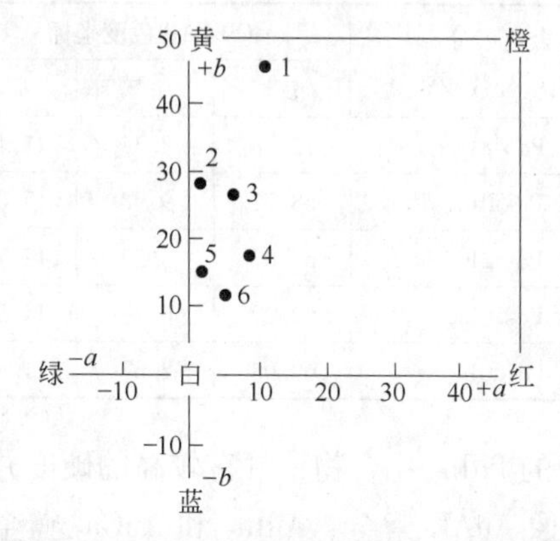

图 8-13　Pd-In 合金与 Au 和 18K 金合金的 CIELAB 色度图

1—Au；2—Au-17Ag-8Cu；3—Au-7Ag-18Cu；4—Pd-46In；5—Pd-40In；6—Pd-52In

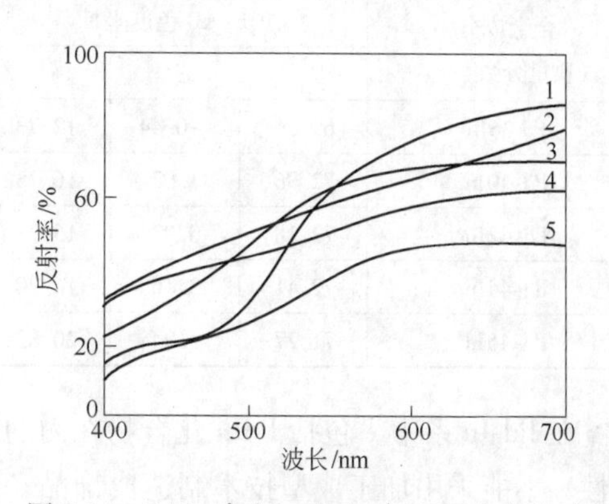

图 8-14　Pd-In 合金、纯 Au 与 18K 金合金对可见光光谱的反射率

1—Au；2—Pd-52In；3—Au-17Ag-8Cu；4—Pd-40In；5—Au-7Ag-18Cu

将Pd-In合金的颜色与合金的相结构结合起来考虑，可以绘出Pd-In合金的颜色图谱，如图8-15所示。Pd-In合金系中，Pd是白色，添加少量In并不能改变Pd的颜色，致使Pd(In)固溶体和Pd_3In化合物呈白色，并演变到Pd_2In呈灰白色。进一步增加In含量使Pd-In合金增加黄色色调，致使从Pd_2In经Pd_5In_3直至PdIn相区域呈浅黄色，其黄色色调逐渐加深。PdIn化合物基本呈黄色，但随着In含量增加（或Pd含量减少），黄色中的铜红色色调逐渐增加，使Pd_2In_3相区显示黄红色或淡紫色。继续增加In含量，In显示漂白效应，黄色逐渐减退，使$PdIn_3$相区显示浅黄色或浅褐色，直至Pd(In)固溶体相呈灰白色。图8-15只表示在Pd-In合金中颜色的大体分布，颜色的变化是连续的，各相区并无明显的边界。虽然图8-15中PdIn化合物表示为黄色，但在其成分范围内，随In含量增加使黄色合金中逐渐增加铜红色调，致使化合物的黄色加深，并逐步演变到黄红色或红黄色。

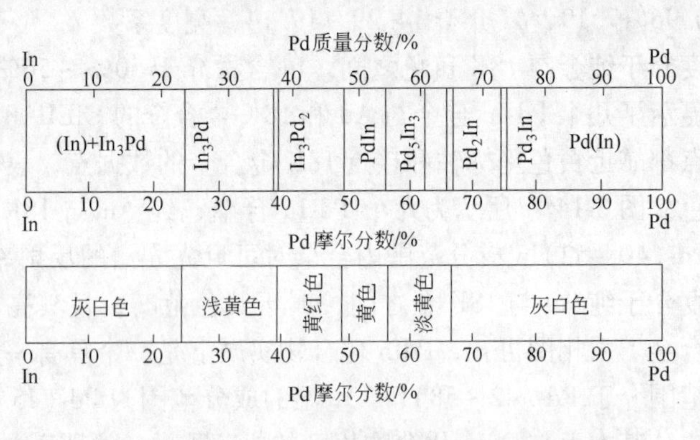

图8-15 Pd-In合金在室温的相结构和颜色图谱

将上述Pd-In合金试样在100℃、200℃和300℃大气中加热退火，再测量它们的CIE色度坐标和对可见光的反射率。表8-7[23]列出了在300℃退火的Pd-In合金CIELAB色度坐标值。总体来说，随着退火温度升高，Pd-In合金在300℃退火态的反射率明显降低，亮度参数L^*值随之下降，合金颜色变深。含In量较低的Pd-In合金的颜色相对于室温颜色先转变为偏蓝色，随后再偏黄色；含In量较高的Pd-In合金的颜色相对于室温颜色先转变为偏蓝色，随后再偏红色。这应与In_2O_3氧化膜形成和合金从退火温度的冷却速率有关。在室温，Pd-In合金对酸、碱、盐溶液有较强耐蚀性，在300℃以上，耐蚀性降低。

表8-7 300℃退火的Pd-In合金CIELAB色度坐标值

合金成分（质量分数）/%	CIELAB色度坐标			合金成分（质量分数）/%	CIELAB色度坐标		
	L^*	a^*	b^*		L^*	a^*	b^*
Pd-36In	69.36	-0.44	12.73	Pd-48In	72.78	8.37	18.14
Pd-40In	72.96	1.03	16.13	Pd-50In	68.72	9.98	17.83
Pd-42In	72.18	0.92	15.31	Pd-52In	67.07	8.53	12.77
Pd-44In	72.41	3.16	16.20	Pd-56In	62.20	6.73	14.31
Pd-46In	71.27	5.24	20.82	Pd-60In	69.08	2.67	11.96

在Pd-In系中，包括PdIn化合物在内的含高In的$PdIn_x$化合物，具有较高的硬度并呈脆性，不能采用加工成型技术制造成饰品，但可以像$AuAl_2$紫金、$AuIn_2$和$AuGa_2$蓝金一样，采用熔模铸造制造成珠宝饰品或采用涂层方法制作成装饰性薄膜。Pd-In合金具有相对低的密度和低的价格，高的耐腐蚀性，在某些应用中可以代替彩色开金合金，是一种有开发前景的彩色合金。

8.7.3 Pd-In-Ag 基金色合金

为了克服 PdIn 化合物的脆性使之适于珠宝饰品和牙科材料应用，可以引入延性元素和改性元素以改善其性能。美国牙科材料公司开发了以 Pd-In-Ag 为基的多元金色合金并获得多国专利[24,25]，这项发明最重要的特征是将 PdIn 化合物与延性元素结合仍保持黄色，以适应珠宝饰品和牙科制造的需要。Pd-In-Ag 基合金由广泛的元素组成，按其质量分数，合金含有 9.0% ~58.0% Pd，5.0% ~42.0% In，10% ~50.0% Ag，0 ~30.0% Au，0 ~45% Cu，0 ~7.0% Nb，0 ~4.5% Pt，0 ~5.0% Zn，0 ~3.0% W，0 ~2.0% Sn，0 ~1.0% Ge，0 ~1.0% Ta，0 ~0.75% Si，0 ~0.75% P，0 ~0.5% Ti，0 ~0.5% Ir，0 ~0.5% Re(或 Ru)，0 ~0.1% B，0 ~0.025% Li。可以将这些合金化元素分为 3 类。第一类元素是 Pd 和 In，它们以 PdIn 化合物出现在合金中并作为一个独立的“元素”以保证合金仍然呈黄色。第二类元素是 Ag、Au 和 Cu 延性元素，其中最主要的元素是 Ag。Ag、Au 或 Cu 可以改善合金的延性和铸造性能，Au 还可以提高合金的抗晦暗和抗腐蚀性，这 3 个元素的总含量达到 86% 时可以提供具有足够延性的基体。但为了保证合金所要求的黄色或金色，合金中 PdIn 化合物的含量必须超过 15%，而 Ag、Au 和 Cu 的最高含量分别为 50%、30% 和 45%。当 Ag 含量超过 50%，合金将失去黄色；Au 含量超过 30%，合金的颜色将变成白色；Cu 含量超过 45%，合金将失去黄色而变成红色。第三类是强化和改性元素，包括最高含量可达百分之几的过渡金属和主族金属，以及某些微量元素。碱土金属、过渡金属和主族金属对于 Pd 合金都具有高强化与硬化效应，其中 Ru、Re、Ir 等过渡金属虽然可以更高的含量加入合金中，但通常以微量元素加入，其含量在 0.5% 以下。Zn、Si、P 等元素明显改善合金流动性和铸造性能，Si、Li、Zn、B、Sn 等元素可作为脱氧剂以清除合金熔体中的氧化物，有利于生产干净光洁的铸件。因为 In 也具有脱氧作用，所以合金中必须含有更活性的脱氧元素以避免 In 过分损失。

为了保证合金具有所要求的黄色，合金中 Pd 和 In 的含量必须保持一定的比例以保证形成一定量的 PdIn 化合物。按 Pd-In 二元相图，该化合物的 Pd/In 质量比应为 0.85 ~1.95，最好的比值是 0.9 ~1.9。在这个比值范围内，向上增加比值，合金黄色强度逐渐增加；向下降低比值至接近 0.9 时，合金由黄色逐渐转变到带粉红色的黄色；当 Pd/In 比值低于 0.9 时，合金的颜色转变为粉红色。PdIn 化合物中引入 Ag 时，可以形成具有黄色或淡黄色的三元金属间化合物，Pd/In 质量比的上限可以增高，Ag 含量高于 30% 时，这个比值可高达 4.0 仍使合金保持所要求的黄色，但当 Pd/In 比值超过 1.7 且在缺乏 Ag 的条件下，合金的颜色转变为灰白色。合金中加入适量 Au 可以增加合金的黄色，但 Au 含量达到 20% ~30% 且含有较高量 Ag 时，合金可能变成淡金色，Au 含量高于 30% 时，合金变成白色。

可以看出，Pd-In-Ag 基合金具有非常广泛的成分范围和成分设计的灵活性，但具体合金应根据实际应用对颜色和性能的要求选择合适的元素和成分范围。例如，用于牙科修复的合金应含有至少 15% Ag 或 15% ~50% Ag 和至少 21% 黄色 PdIn 化合物。表 8-8[24] 列出了某些 Pd-In-Ag 基多元合金的颜色和力学性能。

表 8-8 某些 Pd-In-Ag 基多元合金的颜色和力学性能

序号	合金成分(质量分数)/%	Pd/In 比①	颜色②	$\sigma_{0.1}$/MPa③	硬度 HV
1	9Pd, 6.5In, 40Ag, 25Au, 15Cu, 2Sn, 2Zn, 0.25Ru, 0.25Re	1.4	淡金	—	185
2	9Pd, 6.5In, 40Ag, 27Au, 17Cu, 0.25Ru, 0.25Re	1.4	淡金	—	225
3	14.5Pd, 11.0In, 40Ag, 20Au, 10Cu, 2Sn, 2Zn, 0.25Ru, 0.25Re	1.3	黄色	352	195
4	17.7Pd, 12.8In, 30Ag, 25Au, 10Cu, 2Sn, 2Zn, 0.25Ru, 0.25Re	1.4	黄色	—	—
5	19.5Pd, 16In, 40Ag, 20Au, 2Sn, 2Zn, 0.25Ru, 0.25Re	1.2	淡金	228	165
6	20Pd, 16In, 40Ag, 20Au, 4Zn	1.25	淡黄	232.5	—
7	25Pd, 16In, 25Ag, 30Au, 4Zn	1.6	淡金	252	—
8	29.3Pd, 21.2In, 10Ag, 25Au, 10Cu, 2Sn, 2Zn, 0.25Ru, 0.25Re	1.4	黄色	—	—
9	35.1Pd, 25.4In, 25Au, 10Cu, 2Sn, 2Zn, 0.25Ru, 0.25Re	1.4	黄色	—	—
10	42.775Pd, 30.7In, 25Ag, 1Ge, 0.5Zn, 0.025Li	1.4	淡金	328	—
11	45.575Pd, 31.4In, 15Ag, 7Nb, 0.5Zn, 0.5Ge, 0.025Li	1.45	淡黄	—	295
12	46.275Pd, 33.2In, 15Ag, 4.25Cu, 0.75Si, 0.5Zn, 0.025Li	1.4	粉金	—	328

①Pd/In 比为质量比；②淡金为淡金色，粉金为带粉红色调的金色；③$\sigma_{0.1}$ 是剩余变形为 0.1% 的屈服强度。

8.8 钯饰品合金的熔模铸造和焊接特性

8.8.1 钯饰品合金的熔模铸造特性

Pd 饰品合金的熔点不算很高，有好的熔模铸造性能，适合于熔模铸造。

950Pd-Ru 合金饰品可直接采用熔模铸造，熔模材料采用很细的石英砂与六偏磷酸钠（或硼酸盐）溶液彻底混合成浆料制造[5,10~12]。其他 950Pd 合金，如 950Pd-Cu、950Pd-Ga 等合金也可以采用相同熔模材料和类似熔模铸造工艺获得好的精密铸造饰品。所有 950Pd 合金需要在保护性气氛中熔模铸造，熔化合金需要采用无碳坩埚，因为碳在 Pd 熔体中有较高的溶解度[26]或在 Pd 合金中形成脆硬的碳化物并产生 CO 和 CO_2 气体。

"Pd 950G 合金"具有较低的熔化温度（低于 1500℃），在氩气氛或真空充氩气氛中具有优良的铸造和熔模精密铸造性能，所得到的铸件气孔率低，无裂缝或热裂纹，但在大气中熔铸时，铸件中有气孔形成但并不形成裂缝或热裂纹。图 8-16[15]所示为"Pd 950G 合金"熔模铸造铸件及无裂缝与热裂纹高质量饰品环。作为比较，由于 Nb 具有高熔点与高

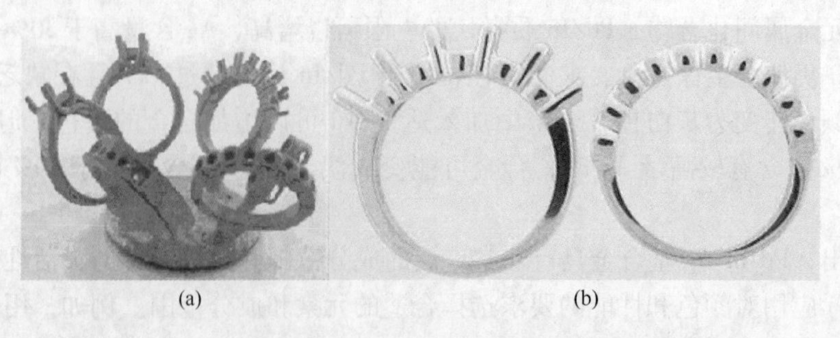

(a) (b)

图 8-16 "Pd 950G 合金"熔模铸造铸件及高质量饰品环

(a) 熔模铸造铸件；(b) 无裂缝和热裂纹高质量饰品环

活性，950Pd-Ga-Nb 合金的熔点高于 1500℃，在相同铸造条件下熔体易与坩埚和熔模材料反应，导致铸件形成大量气孔，并容易形成裂缝或热裂纹。

黄色 PdIn 金属间化合物呈脆性，不能采用加工方法制造饰品，但可通过熔模铸造成型。金色 Pd-In-Ag 基多元合金含有大量 Ag、Au、Cu 和某些具有脱氧特性并能改善合金流动性能的低熔点元素，具有好的铸造和熔模精密铸造性能，适于采用熔模精密铸造直接制造牙科修复体和珠宝饰品。

8.8.2　钯饰品合金的焊接特性

Pd 饰品合金可以采用钎焊、熔焊、电弧焊和激光焊接等方法进行焊接成型和装配。

采用钎焊技术焊接钯合金首饰和装饰品时，所选择钎料应有好的流动性与浸润性，还应具有与钯合金饰品的颜色和熔点相匹配的特性。由于 990Pd 和 950Pd 合金熔点一般都较高，可以采用白色开金合金、熔点较低的含 Pd 合金（如 Pd-Ga 和富银的 Pd-Ag 和 Pd-Ag-Cu 合金）以及 Ag 基钎料合金焊接。白色开金钎料详见第 11 章，它们可以用于 990 Pd 和 950Pd 合金饰品钎焊与装配，也可用于将 Pd 合金饰品钎焊到白色开金饰品，还可以进行分级钎焊。富 Ag 的 Pd-Ag 和 Pd-Ag-Cu 钎料合金的 Pd 含量较低，熔化温度介于 810 ~ 1235℃，具有低蒸气压，适于对 Pd 饰品合金钎焊[5,27]。Pd 合金饰品钎焊一般需要使用钎剂以清除表面氧化物膜，钎焊后用硝酸溶液清洗。

Pd 饰品合金可以采用火焰熔焊和电弧熔焊。火焰熔焊通常用氧乙炔焰或氧丙烷焰焊接[10,11]，可以用于焊接小件或薄壁件饰品或其他工件，熔焊过程中也可采用 18K 白色开金或低熔点含 Pd 钎焊合金作为填料。有研究表明[5]，采用氧化焰熔焊 Pd 合金具有易于判断的特殊外观，可以保持外观完好的钯饰品表面，减少在精整工序抛光工作量，究其原因可能与 Pd 合金中易氧化组元的氧化挥发有关。由于熔焊态的钯易于吸收气体，氧化焰熔焊 Pd 合金的工艺条件难以掌握和控制，因此一般并不推荐采用氧化焰熔焊 Pd 合金。钯合金也可采用钨电极惰性气体保护电弧焊（TIG），如钨电极氩弧焊。钨电极氩弧焊的熔池较浅，适于焊接薄壁管材和小件饰品，也可以对钯合金饰品进行装配焊接。采用钨电极氩弧焊还可以制备有缝管材[28]，再经继续拉拔加工可以减小管材直径和得到所需环形产品。图 8-17[29,30] 所示为采用钨电极氩弧焊制造的一对钯金红葡萄酒瓶，其制造过程是将退火态纯钯（纯度 99.9% Pd）在预制的黄铜或钢锥体模具上旋压造型制作瓶颈、瓶底和瓶身等，另外制造瓶把手，然后通过 TIG 钨电极氩弧焊成型，最后抛光。

图 8-17　采用旋压和 TIG 焊接方法制造的纯钯酒瓶
（a）旋压零件和 TIG 焊接的瓶身；（b）一对钯金酒瓶成品

由于钯与钯合金具有较高的熔点和低的热导率与热扩散率，钯合金饰品与工件可以像铂合金一样适于激光焊接[1]，但钯合金激光焊接需要在氩气氛中进行。激光焊既可以用于饰品装配焊接，也可以用于精密熔模铸件和牙科铸件的表面修理。

8.9 钯饰品合金与其他白色饰品合金的比较

8.9.1 一般性能比较

贵金属珠宝饰品合金中，Ag 合金、Pt 合金、Pd 合金和白色开金属于白色合金。现取成色相同或相近的白色合金，如 925Ag、950Pt 和白色 18K Au 作比较，950Pd 有如下特点：

（1）低密度。950Pd 的密度约 12g/cm^3，低于 950Pt（约 21g/cm^3）和白色 18K Au（约 15g/cm^3）。

（2）颜色。950Pd 的颜色接近 950Pt 的白色，不需要镀 Rh，白色 18K Au 一般需要镀 Rh，不仅增加成本，而且镀层易磨损而褪色。

（3）Ni 组元。950Pd 不含 Ni 组元，在使用过程中不会释放 Ni，而含 Ni 白色开金会使某些人群产生过敏反应。

（4）950Pd 具有高的耐腐蚀性和抗晦暗能力，而 925Ag 合金在含有硫化物的大气环境中易变晦暗，低成色白色开金含有大量如 Ni、Cu、Fe、Mn、Zn 等贱金属，在大气环境中易氧化而变得晦暗。

（5）950Pd 具有足够高硬度和耐磨性，能满足珠宝饰品和手表工业的要求。

（6）加工与制造特性。与 950Pt 和白色 18K 开金一样，950Pd 具有好的铸造性、加工性、焊接性、易抛光性和易成型性，但含高 Ni 的白色开金有高淬脆性倾向，950Pt 和 950Pd 无淬脆性倾向；950Pd 可以用熔模铸造和用加工型材制造所要求的珠宝饰品。

8.9.2 白色贵金属合金的黄色指数比较

贵金属白色合金的“白色”可以用黄色指数 *YI* 值进行比较（详见第 3 章），饰品合金的黄色指数 *YI* 值越低，合金的“白色”越好。表 8-9[16,17] 列出了纯金属 Ag、Rh、925Ag、950Pt、950Pd 和 9K ~ 18K 白色开金黄色指数 *YI* 和密度值。在表中所列金属和合金中，纯金属 Rh、Ag 和 925Ag 合金的 *YI* 值最小，950Pt、950Pd 和 510Pt-Pd 合金的 *YI* 值都小于 10，它们具有极好白色，属于Ⅰ级白色，但含 Ni 的 14K 白色开金的 *YI* 值大于 19，属Ⅱ级白色。可见 950Pd 的白色接近 950Pt，优于含 Ni 白色开金。

表 8-9 925Ag、950Pt、950Pd 和 9K ~ 18K 白色开金黄色指数 *YI* 和密度值

合金代码	合金成分/‰	密度/g · cm^{-3}	黄色指数 *YI*1925（最好值）
Ag	999.9Ag	10.49	8.402（一级白）
925Ag	925Ag-Cu-Ge	10.2	7.36（一级白）
9K Ag 白色开金①	375Au-625Ag	11.9	16.35（一级白）
14K Ni 白色开金①	585Au-20Ag-130Ni + 265 贱金属	12.9	21.26（二级白）
14K Pd 白色开金①	585Au-190Ag-160Pd + 65 贱金属	14.6	15.16（一级白）
18K Ni 白色开金①	750Au-140Ni + 110 贱金属	14.8	16.36（一级白）
18K Pd 白色开金①	750Au-140Pd + 110 贱金属	15.9	13.02（一级白）
510Pt-Pd	510Pt-490Pd	15.3	9.78（一级白）
950Pt-Ru	950Pt-50Ru	21.0	约 8.0（一级白）
950Pt-Co	950Pt-50Co	20.8	8.8（一级白）
950Pt-Cu	955Pt-45Cu	约 21	10.927（一级白）

续表 8-9

合金代码	合金成分/‰	密度/g·cm^{-3}	黄色指数 *YI*1925（最好值）
950Pd-Ru	950Pd-50Ru	11.8	9.9（一级白）
Rh	999.9Rh 或 Rh 镀层	12.42	6.828（一级白）
Pd	999.9Pd	12.02	13.638（一级白）
Pt	999.9Pt	21.54	约8（一级白）

①表示以 Ag、Ni、Pd 作为主要漂白元素的白色开金。

8.9.3 钯合金饰品的性价比

正常的情况下，Pd 的价格低于 Pt，一般约为 Pt 价格的 1/4~1/3。近年来，黄金与铂价格日益飙升，而 Pd 的价格变化趋势相对平稳，更突出地显示了 Pd 价格低廉的优势。

总体来说，950Pd 具有接近 950Pt 的优良白色，对可见光具有较高的反射率，具有好的抗蚀抗晦暗能力，足够高的强度、硬度性质，相对低的密度，相对于 Au、Pt 而言较低的价格，好的可加工性和工艺性，同时它的相对稀缺的资源使之具有明显升值空间，这些都使 Pd 在饰品材料中有较大的发展优势和应用前景。图 8-18[31] 所示为采用 950Pt、950Pd 和 750Au（18K Au）白色合金制造的环饰品，其中 950Pd 环的颜色接近 950Pt，而它的尺寸最大，质量最轻，价格最便宜，显示了高的性价比。

图 8-18 采用 950Pt、950Pd 和 750Au（18K Au）白色合金制造的环饰品

8.10 钯饰品合金的应用

由本章介绍可知，Pd 饰品合金主要有 990Pd、950Pd、850Pd、500Pd 等不同成色的白色合金以及黄色 PdIn 金属间化合物和黄色 Pd-In-Ag 基多元合金等。自 20 世纪初发展高成色 Pd 饰品合金并投放市场以来，Pd 饰品合金的应用正在逐步扩大。

8.10.1 钯合金珠宝首饰

2003 年中国率先用 950Pd 制造珠宝饰品，由此带动了 Pd 合金饰品在世界的发展。高成色 990Pd 和 950Pd 合金具有优良的白色和品质，主要用于制造素净或镶嵌宝石的较高档经典珠宝饰品，或作为 Pt 合金饰品的代用品，低成色 Pd 合金具有更低的密度和价格，可用于制造一般的饰品或作为某些白色开金饰品的代用品。珠宝饰品市场上，钯金饰品因其低密度宜作较大而轻巧饰物，佩戴时感觉更舒适，它既适合女士佩戴，也适合男士佩戴。图 8-19 所示为镶嵌有宝石的商业 950Pd 合金戒指[32,33]。Pd 合金还可以与其他白色或彩色材料制成复合材料。图 8-20 所示为采用白色 950Pd、14K 含 Pd 白色开金和 Ag 制造的三层白色装饰环，显示了似“木纹的”颜色层次和淡雅和谐的装饰效果，可以用做戒指、耳环等[12]。

图 8-19　镶嵌钻石和半贵重宝石的商用 950Pd 戒指

图 8-20　采用白色 950Pd、14K 含 Pd 白色开金和 Ag 制造的三层白色装饰环

8.10.2　生活装饰品和工艺美术品

纯 Pd 和 Pd 合金比纯 Pt 与 Pt 合金具有更高的强度、硬度和耐磨性，因而比 Pt 合金更适于制造耐磨零件，可用于制造生活装饰品和工艺美术品。由于 950Pd 具有一级白色，也适于制造表壳与表链，2005 年瑞士用 950Pd 制造手表[10]。Pd 和 Pd 合金的白色、轻质和相对低廉价格使它们也适合制造其他工艺饰品和男士、女士服饰装饰品等。图 8-21 所示为采用钯金制造的鱼蝶形胸花饰品。图 8-22 所示为用钯金制作的男士衬衫的链扣[34]。图 8-17 所示为一对钯金红葡萄酒瓶。

图 8-21　采用钯金制造的鱼蝶形胸花饰品

图 8-22　用钯金制作的男士衬衫的链扣

8.10.3　钯合金牙科修复体

由于 Pd 具有良好的耐腐蚀性，对人体皮肤和体液有良好的相容性，不产生毒性和过敏效应，因而许多 Pd 合金适合制作牙科材料。用作牙科材料的 Pd 合金主要有 950Pd 合金、950Pd-Ru-Al 合金、含 Pd 的 Au 基合金、含低 Au 的 Pd-Ag 系合金、不含 Au 的 Pd-Ag 系合金以及 Pd-In-Ag 基多元金色合金等。对于本章介绍的 Pd-In-Ag 基多元金色合金，当用作牙科材料时，优先的设计成分是至少含有 21%（质量分数）PdIn 黄色金属间化合物以保证合金呈金色或淡（粉）金色，至少含有 10%、最好 15% 以上 Ag 以改善合金延性。更多牙科 Pd 合金的设计和成分参见第 10 章。牙科 Pd 合金主要用于制造齿冠、牙桥和其他牙科修复体。特别要指出的是，因为 Pd 在高温具有氧化倾向并形成氧化钯膜，当在高温下与陶瓷材料烧结时，氧化物更容易渗透进入陶瓷材料中，可使 Pd 合金更容易与陶瓷牢固结合。这一特性有利于以 Pd 合金或含 Pd 合金制造牙科烤瓷的基体衬托材料。

8.10.4 钯合金/陶瓷复合装饰材料

Pd合金更容易与陶瓷牢固结合的特征可用于制造Pd合金/陶瓷复合装饰材料。对于950 Pd-Al-Ru合金，合金中Al的存在更有利于Pd合金与陶瓷结合。另外，工业与牙科应用的大多数陶瓷的线膨胀系数为$(8\sim14)\times10^{-6}\ K^{-1}$，Pd的线膨胀系数为$11\times10^{-6}\ K^{-1}$，含有5%(Ru+Al)的950Pd-Al-Ru合金的线膨胀系数接近于Pd。因此，950Pd-Al-Ru合金的线膨胀系数与陶瓷材料完全相匹配，可使950Pd-Al-Ru合金与陶瓷复合材料结合牢固并能经受热冲击和热震荡。将Pd合金表面通过喷砂处理，与陶瓷材料复合在一起，在890℃加热几分钟，Pd合金中的Pd、Al等组元的氧化物渗透进入陶瓷表面层形成牢固结合。图8-23[16]所示为用上述方法制造的950Pd-Al-Ru合金与具有不同颜色陶瓷片制造的复合彩色装饰盘，陶瓷片颜色均匀，无裂纹。

8.10.5 钯合金纪念币和投资硬币

铂族金属是名副其实的“稀有”元素，其中钯的储量和产量均低于铂[1]。因此，钯也成为当代最重要的贵金属投资产品之一，它除了用于制造珠宝饰品外，也用于制造纪念币和投资硬币。加拿大皇家铸币厂曾于20世纪80年代发行了枫叶金币、90年代后发行了枫叶银币与铂币，此后，它又于2006年和2009年发行了大小熊座钯币和枫叶钯币（见图8-24[3,28]）。2007年欧洲发行交换贸易基金（ETF）铂币与钯币。这些用于投资的铂、钯币受到世界各国投资者的欢迎。

图8-23 950Pd-Al-Ru合金与具有不同颜色陶瓷片制成的复合彩色装饰盘

图8-24 加拿大皇家铸币厂发行的投资钯币
（a）1盎司枫叶钯币（2009年）；
（b）大小熊座钯币（2006年）

参 考 文 献

[1] 宁远涛，杨正芬，文飞．铂[M]．北京：冶金工业出版社，2010.
[2] COTTINGTON I E. Palladium or new silver [J]. Platinum Metals Review，1991，35(3)：141~151.
[3] JOLLIE D. Platinum 2010[M]. London：Published by Johnson Matthey，2010.
[4] 孙加林，张康侯，宁远涛，等．贵金属及其合金材料[M]// 黄伯云，李成功，石力开，等．中国材料工程大典第5卷：有色金属材料工程（下），第12篇．北京：化学工业出版社，2006：524~538.
[5] WISE E M. Palladium Recovery，Properties and Applications[M]. Princeton N J：D Van Nostrand Company，Inc.，1967.
[6]《贵金属材料加工手册》编写组．贵金属材料加工手册[M]．北京：冶金工业出版社，1978.
[7] 宁远涛．贵金属与稀土金属相互作用：（III）Pd-RE系[J]．贵金属，2000，21(3)：45~55.
[8] NING Y T. Alloying and strengthening effects of rare earths in palladium[J]. Platinum Metals Rev.，2002，

46(3): 108 ~ 115.

[9] MASSALSKI T B, OKAMOTO H. Binary Alloy Phase Diagrams. 2nd Edition Plus Updates [M]. ASM International Materials Park, OH/National Institute of Standards and Technology, 1996.

[10] CORTI C W. The 20th Santa Fe symposium on jewelry manufacturing technology[J]. Platinum Metals Review, 2007, 51(1): 19 ~ 22.

[11] CORTI C W. The 21th Santa Fe symposium on jewelry manufacturing technology[J]. Platinum Metals Review, 2007, 51(4): 199 ~ 203.

[12] CORTI C W. The 23rd Santa Fe symposium on jewelry manufacturing technology[J]. Platinum Metals Review, 2009, 53(4): 198 ~ 202.

[13] 宁远涛，李永年，周新铭. 高强度钯基弹性合金研究[J]. 贵金属，1989，10(1): 1 ~ 7.

[14] 何纯孝，马光辰，王文娜，等. 贵金属合金相图[M]. 北京：冶金工业出版社，1983.

[15] CORTI C W. The 22nd Santa Fe symposium on jewelry manufacturing technology[J]. Platinum Metals Review, 2009, 53(1): 21 ~ 26.

[16] BRELLE J, BLATTER A. Precious palladium-aluminium-based alloys with high hardness and workability [J]. Platinum Metals Review, 2009, 53(4): 189 ~ 197.

[17] HENDERSON S, MANCHANDA D. White gold alloys: colour measurement and grading [J]. Gold Bull., 2005, 38(2): 55 ~ 67.

[18] YEFIMOV V N, MAMONOV S N, SHULGIN D R, et al. Development and making of new jewelry palladium based alloys at JSC "Krastsvetmet" [J]. Precious Metals, 2012, 33(suppl. 1): 279 ~ 280.

[19] DOVZHENKO N N, SIDELNIKOV S B, RUDNITSKY E A, et al. Particulars of use of new 850 standard palladium alloys for jewelry production [J]. Precious Metals(贵金属), 2012, 33(suppl. 1): 231 ~ 236.

[20] 宁远涛，赵怀志. 银[M]. 长沙：中南大学出版社，2005.

[21] ГОЛОВИН В А, УЛЬЯНОВА Э Х. Свойства Благородных Металлов и Сплавов (Справочник) [M]. Москва, Металлургия, 1964.

[22] WEBER W, ZIMMERMANN K, BEYER H-H. Surface-hardened Object of Alloys of Platinum and Palldium and Method for their Production: US 5518556 [P]. 1996-05-21.

[23] 文飞，张婕，胡新，等. Pd-In 合金色度测量[J]. 贵金属，1999，20(3): 16 ~ 22.

[24] SCHAFFER S P, INGERSOLL C E. Gold Colored Palladium-Indium Alloys: US 4804517 [P]. 1989-2-14.

[25] SCHAFFER S P. Gold Colored Palladium-Indium Alloys: CA 1281212 [P]. 1991-5-12.

[26] SELMAN G L, ELLISON P J, DARLING A S. Carbon in platinum and palladium[J]. Platinum Metals Review, 1970, 14(1): 14 ~ 20.

[27] 宁远涛. 贵金属合金材料[C]//侯树谦. 岁月流金，再创辉煌——昆明贵金属研究所成立 70 周年论文集. 昆明：云南科技出版社，2008: 67 ~ 85.

[28] JOLLIE D. Platinum 2007 [M]. London: Published by Johnson Matthey, 2007.

[29] CORTI C W. The 26th Santa Fe symposium on jewelry manufacturing technology[J]. Platinum Metals Review, 1912, 56(4): 242 ~ 247.

[30] CORTI C W. Final analysis: challenges and opportunities in palladium: the claret jug experience at the Santa Fe symposium[J]. Platinum Metals Review, 1912, 56(4):284 ~ 286.

[31] ALLCHIN M. Palladium-A New Opportunity [OL]. The Assay office of Birmingham, 4th September, 2006.

[32] KENDALL T. Platinum 2006 [M]. London: Published by Johnson Matthey, 2006.

[33] JOLLIE D. Platinum 2008 [M]. London: Published by Johnson Matthey, 2008.

[34] BUTLER J. Platinum 2012 [M]. London: Published by Johnson Matthey, 2012.

9 贵金属流通和非流通硬币

马克思说：“金银天然不是货币，但货币天然是金银”。这说明货币从诞生之日起，就自然地使用了金银。历史上，货币体制的发展大体经历了“多金本位制—金本位制—银本位制—金银两本位制—金本位制—纸币本位制”几个阶段。古代的贵金属货币最先用自然金属块充当，后来才发明了铸造硬币。根据金属硬币的性质和其功能的区别，世界各国的贵金属硬币可以划分为两大类[1]，即贵金属流通硬币和非流通硬币。贵金属流通硬币包括普通硬币和可流通纪念币，非流通硬币包括由金、银、铂、钯材质制造特定纪念币、用于投资的硬币、纪念章和奖章等。贵金属硬币不仅是一种特殊的商品，也承载着人类文明，具有重要的历史价值、美学价值和艺术价值。

9.1 历史上的流通金币

9.1.1 世界金币历史与沿革

9.1.1.1 铁器时代金币

货币和货币体制的产生经历了漫长的历史过程[1~6]。

原始社会末期出现了物—物交换。随着生产的发展，交换活动日益频繁，交换的商品种类也日益增多。为了解决物—物交换的困难，一种特殊的商品就从一般商品中分离出来，成为其他商品的一般等价物，这就是货币。在古代奴隶社会以前，牲畜、贝壳、粮食、布帛、食盐、毛皮、玉石、金属等都充当过一般等价物，起过货币的作用。到了封建经济阶段，作为交换手段的一般等价物就固定在金属上，金、银成为货币的主要形式，铜、铁等金属成为金、银的辅助货币。构成多金本位制，并在交易中约定了它们的兑换价值。由于黄金更贵重，加之金质地均匀、易分割、耐腐蚀、不变质、体积小、易储藏、便携带和色泽美丽，逐渐发展为主导货币，形成金本位制。

在所有早期文明发源地，黄金最早用作货币。如在古埃及、美索不达米亚地区、印度、土耳其、爱尔兰、罗马、希腊和中国等广泛区域都流通各种形式的金币。在古埃及使用金作为货币可以追溯到约公元前 3500 年，当时埃及的美尼斯法典规定“一份黄金的价值相当于两份半白银”，即金银比值为 1∶2.5。古希伯来人、巴比伦人、腓尼基人和亚述人以“谢克尔”作为金、银的质量单位，后来也作为所制造的金、银币的货币单位。最初 1 谢克尔约等于 11.3g，但在圣经中常提到 1 个标准谢克尔为 16.4g，约为 1/2 英两。居住在小亚细亚的吕底亚王国（现土耳其地区）拥有丰富的金矿藏和悠久的产金历史，在它的阿尔蒂斯王朝统治时期（公元前 652 ~ 前 605 年）就采用特选的金块作为货币标志；在它的阿尔耶茨王朝统治时期（公元前 605 ~ 前 561 年）已采用金块或狗头金铸造成粗糙金币或铸造成带有印记的小圆金锭，或经打造的各种形状（如圆形或椭圆形等）金片作为货币。带有印记的小圆金锭称为琥珀金，实际上是天然的金银合金，这已被考古发现所证实。吕底亚的最后一个国王克利苏斯（公元前560～前546年）采用金、银铸造了大量金、银币，金、银币的一面印有狮子头像以显示皇族象征，另一面有公牛印记，这些印记既显示其权威性，也是货币纯度的保证。由于贸易的发展和金银币制造，使吕底亚王国聚集了大量财富，克利苏斯国王成为当时最富有的帝王，时至今日，克利苏斯这个名字仍然是大富翁的同义词。阿尔耶茨王朝和克利苏斯王朝的金币都称为“斯塔特”，斯塔特金币质量为168格令（格令为英制质量单位，1格令=64.8mg），成色为98% Au，1金斯塔特相当于10银斯塔特。在吕底亚王国铸造金币之后，希腊也铸造了约130格令“斯塔特”金币，它迅速在以古希腊为代表的地中海地区广泛流传。公元前546年，古波斯（今伊朗地区）人侵入小亚细亚，吕底亚王国灭亡，它的制币技术传入波斯，波斯国王大流士（公元前558～前486年）铸造了达里克斯圆形金币，金币上刻有手持弓箭的图案，被译为“大力士”金币。它是一种小金币，质量不一，其中一些金币的质量约为130格令。公元前334年，马其顿国王亚力山大率军侵入小亚细亚，击败波斯，菲利普国王铸造了币面刻有雅典娜女神头像的圆形金币。

古代罗马的历史可以分为两个基本阶段：罗马共和国阶段和罗马帝国阶段。在罗马共和国阶段（公元前509～公元30年），苏拉王朝首先铸造金币，称为“里奥”，其质量约为120格令，它成为罗马共和国的基本金币。但在奥古斯都王朝以后，“里奥”的质量减轻或改用金与银或铜合金铸造，表明“里奥”金币贬值。罗马帝国时代（30～476年）是向外扩张和封建专权最强盛时期，它大量制造和使用了金币和银币，推动了帝国农业和商业发展及对外贸易，并沿“丝绸之路”通向中国，沿“香料之路”通往印度，促进了东西方钱币和文化的交流。

从货币发展史看，金（银）币最初是以特选的金属条、块形状出现，后来才发展了铸造币和经过锻打加工形态的金（银）币，它们大都采用自然金属制造。在早期文明古国的金币中，以吕底亚王国铸造的琥珀金币和马其顿王国铸造的刻有雅典娜女神头像的圆形金币最著名。采用自然金属制造的金币使用时间并不长，因为它们不耐磨损。为了提高金币的硬度和耐磨性，逐渐发展了Au-Ag、Au-Cu和Au-Ag-Cu合金币。表9-1[1]列出了铁器时代（公元前1200～公元50年，分早铁器时代和后铁器时代）制造的某些金币的成分。在铁器时代，西方文明古国也生产了许多银币作为金币的辅助流通币，实行以金币为主而以银币为辅的币制。

表9-1 铁器时代一些古文明国家制造的某些金币的成分

金币类型与名称	年 代	金币成分（质量分数）/%		
		Au	Ag	Cu
吕底亚克利苏斯金币（斯塔特）	公元前561～前546年	98		
马其顿菲利浦金币	公元前350年	99.7	0.3	
法国贝尔吉A	—	69.02	22.83	8.15
不列颠（QC）	公元前40～前20年	57.30	16.40	23.90
伽太基（潘诺穆什）	—	60.80	36.30	2.30
不列颠（韦立卡）	公元前10～公元50年	72.80	7.60	17.20

9.1.1.2 中世纪西方的金币[1,6,7]

从公元476年西罗马帝国灭亡至1640年英国资产阶级革命这一历史时期，欧洲处于古代奴隶制与近代资本主义之间的历史时代，为欧洲中世纪时代。这一时期，欧洲国家黄金产量下降，黄金供应短缺，大规模的金币制造业在公元850年左右几乎完全停止。但一些王朝通过征服、掠夺和受贡等手段获得了大量的黄金和白银，铸造了许多金币和银币。这一历史时期西方国家事实上实行同时使用金、银币的双币制。

从金币生产来看，拜占庭帝国（公元4～15世纪）制造了一系列金币，如君士坦丁堡东部帝国大君士坦丁生产的索利德金币和伯赞特金币，质量约74格令；穆斯哈里法王国生产的第纳尔金币，质量约65.4格令。这些金币使用了相当长的时间，并作为交换媒介通用于从英国到中国和从波罗的海到埃塞俄比亚的广大地区。13世纪，意大利的佛罗伦萨于1252年发行“弗洛林”等金币，其他欧洲国家也都制造了金币或银币，通称为“弗洛林币”。弗洛林金币和意大利的其他金币逐渐取代了大君士坦丁生产的伯赞特金币，直至16世纪，意大利金币在闻名于世的贸易之路上居于统治地位。英国在亨利三世（1207～1272年）和爱德华德三世（1354～1355年）期间已开始批量生产金币，称为“诺贝尔”金币（见图9-1）。“诺贝尔”既是金币的名称，也是金币的价值单位，1诺贝尔价值6先令8便士。早期开始生产的“诺贝尔”金币每枚质量9g，后来生产的金币质量逐渐下降到8.3g、7.8g和7.0g等。1464年以后，诺贝尔金币价值升高，并衍生出“半诺贝尔”和“1/4诺贝尔”金币等，每批生产的金币的质量也不同，为的是保持“诺贝尔”金币价值稳定。1663年，英国采用产自非洲西部基尼（现几内亚）的黄金铸造了金币，命名为“基尼”（1基尼=21先令），“基尼”金币与原先制造的银币“先令”（1基尼=21先令）按市场比价同时流通。1337年以后，法国人生产了大量金币，并命名金币为“法郎”。在法兰西第一帝国时期（1804～1815年），法国政府发行了刻有拿破仑头像的金币，称拿破仑金币，价值20法郎。自15世纪发现南美洲之后，西班牙政府从那里掠夺了大量黄金用于制造金币。

图9-1　英国于13～14世纪生产的“诺贝尔”金币

9.1.2　中国金币历史与沿革

9.1.2.1　中国黄金货币的发展

中国是世界文明古国，是世界上最早制造和使用金、银货币的主要国家之一，金、银作为货币也经历了漫长的历史[1,8～10]。

古代中国，许多东西都曾起过货币的作用，其中“以珠玉为上币，以黄金为中币，以刀布为下币”（《管子·国蓄》），珠玉的价值高于黄金，这里“黄金”是金、银、铜的统称。在夏虞时代，金、银币的价值反过来超过了其他货币（如珠、玉、贝、帛、龟等），司马迁《史记·平准书》记载：“夏虞之币，金为上品，或黄、或白、或赤”，这里誉为上品的“金”是包括金（黄）、银（白）、铜（赤）在内的金属。由此可以追溯金、银作为货币起始时间在夏虞之前，即公元前3000～公元前2000年之前。到了西周初年，即约公元前841年，周王朝就建立了黄金货币制度和设立了管理黄金货币的机构。《汉书·食货志下》记载：“太公为周立九府圜法：黄金方寸，而重一斤”，“圜法”即当时的币制。

战国之前的金币可能是采用金饼和零星金块。

战国时代（公元前475～前221年）是我国古代重要产金时代，社会上已积累了数量可观的黄金，但黄金大多数聚集在王公贵族和商贾富人手中，上层社会言财富多以黄金计之。当时的诸侯王国拥有大量黄金，黄金动辄以百镒、千镒计。《战国策·秦策》记载："当秦之隆，黄金万镒为用"。战国燕昭王筑燕台（金台），"置千金于台上，延请天下士"。赵王"乃饰车百乘，黄金千镒，……以约诸侯"（《苏秦列传》）。楚国黄金之多"能令农毋耕而食，女毋耕而衣"（《管子·轻重甲篇》）。从文献记载和考古资料来看，战国时代楚国拥有的黄金最多，并铸造了大量楚金币，其数量远远超过秦国。其他诸侯也纷起仿效楚国制造各自的货币，使我国先秦货币形成了几种货币形制的流通领域，如铜质的蚁鼻钱、银质的铲状布币、金质的郢爰等金属钱币等，其中以楚国的金币影响最为深远。

楚国金币在中国古代"金币制"中占有重要地位。众多资料表明，自东晋开始，历经唐、宋、明、清各朝代，许多地方都曾出土过楚金币，其中以安徽寿县和阜阳地区发现较多。据不完全统计，1949年前共发现郢爰41块，陈爰2块，专爰1块，鄗字金版2块，总质量约800g。1950～1986年期间，中国相继在安徽、江苏、河南、湖北、山东、陕西、浙江等省的广大地区出土了大量楚金币，其数量约计35000多克[11,12]，还有相当数量的楚金币尚未公布，可见埋葬在地下的楚金币数量非常巨大。这些出土的楚金币并非出于墓葬，多出于古城附近的窖藏之中。

楚国金币统称为爰金，也称"金爰"或"印子金"，这里，"爰"是我国古代的一种货币单位或质量单位，也有研究者认为"爰"是楚国金币的专有名称。据实物资料和文献记载，楚爰金计有郢爰、陈爰、鄗爰、专爰、卢金和鄗字金版共六种。爰金铸成板状，上钤有小方印，正面刻有篆书阴文"郢爰"、"陈爰"、"专爰"等文字（图9-2）。爰金也有钤圆印的，文字为"卢金"。在这六种金币中，郢爰发现的数量最多，其次为陈爰，再次为卢金，而鄗爰和鄗字金版发现很少。郢爰是楚国官方铸造并打上印记的金币，"郢"是春秋楚国的都城（今湖北荆州市江陵区西北，遗址称纪南城），楚文王于公元前689年定都于此。虽然后楚昭王曾迁都于"都"，楚惠王曾迁都于"鄢"，顷襄王曾迁都于"陈"，考烈王曾迁都于"巨阳"与"寿春"，凡迁都所至地当时都被称"郢"。但据史学家考证，最初的"郢爰"系楚文王最初定都郢所铸，其年代比小亚细亚吕底亚王国铸造的琥珀金锭（公元前605～前561年）早了近百年[1,11,12]。由此可见，中华民族是世界上最早铸造金币的民族。郢爰打上印记表明金币由官方铸造，同时也是金币成色的印证与保证。

据《宋书·符瑞志》记载，东晋时发现的楚金币"金状如印"。从完整的楚金币来看，其形态可分为四个不同类型，即龟版形、长方形、瓦形和圆饼形，其中龟版形最多，龟版形中金版尺寸不相等，有的尺寸为长5.9～8.3cm、宽4.6～9.7cm、厚0.3～0.6cm。从完整的部分龟版形和长方形郢爰金上的印章数目来看，计有11、15、16、17、18、19、20、21、22、46和60个印章等十一种，说明当时铸造金币每批熔

图9-2 楚国金币形貌

（图片选自 www.shgci.com）

炼的黄金质量不等，对金版上印章数目的多寡没有明确规定。根据出土金币统计，郢爰、卢金的质量在251~280g之间，陈爰的质量在230~265g之间。虽然爰金大小与质量不等，有的相当于楚金二斤半、二斤和半斤等，但平均质量与湖南长沙楚墓出土的天平砝码“镒”（楚金1斤）接近。据出土的约50块完整或残缺的爰金背面或侧面刻有数字符号看，楚金币“陈爰”和“陈爰”有千位数字和万位数字连文，充分证明楚国金币铸造数量巨大[1,11,12]。

出土的楚国金币有很多是截割过的零碎金块，大小、轻重相差悬殊，是在使用过程中根据需要将金版或金饼切割而成，然后通过特定的等臂天平称量再行交换。战国时代的货币制定较复杂，但黄金在货币中具有特殊地位，黄金对于当时社会上的其他钱币有如下关系[1,12]：1镒黄金=4000个铜币；1两黄金=250个铜币；1铢黄金=10个多一点铜币。“镒”既是钣金和饼金的名称，也是黄金计量单位。根据长沙出土的一套天平砝码可知，1镒为16两，合今衡257.28g；1两黄金合今衡16.08g，1铢黄金合今衡0.67g，24铢为1两，384铢为1镒。表明楚金币是一种称量货币，楚国金币已具有货币的价值尺度、支付功能、流通功能和贮藏功能。马克思指出：“价值尺度和流通手段的统一才是货币”。这表明楚国金币是世界上最早的“完全意义的货币”[1]。楚国金币的产生在中国货币史上具有划时代的意义。

公元前221年，秦始皇统一中国后，明令“黄金以镒为名，为上币，铜钱识曰半两，重如其文，为下币，而珠玉贝银锡之属为器饰宝物，不为币”，上币和下币由国家专铸。至此，秦朝统一了中国货币制度，进一步把金币-铜钱复本位制推向全国，黄金取得了法定上币的地位[1,8,9]。秦“半两”钱为方孔圆形币，它成为历代王朝硬币的主要形制。历代的钱币除文字变更外，钱币形制未有大的变化，直到辛亥革命推翻清王朝后，方孔钱币才被淘汰。

秦以后漫长的封建社会实行的是一种多元货币制度，其中以铜铸币为主，杂用金、银币。汉武帝时代曾用马蹄金、麟趾金、金饼和白金（银）币和皮币，其中黄金为上币。1968年，在河北满城汉中山靖王刘胜墓中出土了40枚金饼；2000年在西安北郊出土了一批汉代金饼，遭到哄抢，后被追回金饼219枚，总质量约54.5kg。这批金饼为窖藏，金饼直径5.6~6.5cm，质量250~300g，纯度达95% Au，表面刻有“黄、张、马、吉、贝”等姓氏印戳。经专家考证，确认它们为汉代库存之“上币”。西汉局摄年间（公元6~8年），王莽托古改制，改铸了“大泉五十、栔刀五百、刀平五千”三种大钱，以五铢为一泉，四品并行。“一刀平五千”形制仿刀形，上铸“平五千”，“一刀”两字原系在币上部刻制的阴文，再嵌入黄金，通称“金错刀”。所谓“错”，即涂金，这种钱币是涂金的刀币。王莽错刀币精美，素为历代藏家所珍爱。在王莽（新）始建年间（公元8~10年），王莽推行第三次货币改革，推行宝货制，共五物六名二十八品，“五物”指金、银、铜、龟、贝五种币材；“六名二十八品”为泉货六品、贝货五品、布货十品、龟宝四品、银货二品、黄金一品[1,8,9]。唐代白银的货币职能扩大，从明代后期直至新中国成立之前的这一历史时期，虽然货币制比较复杂（尤其在民国期间），但实际实行的是“银本位制”，“金本位制”未能实行。尽管如此，我国明清代仍然制造了一些金币。图9-3所示为明代“嘉靖元宝”和清代“光绪元宝”金币，“光绪元宝”金币正背面刻有“盘龙”图案和中英文字。新中国成立之后，结束了旧中国币制，发行了人民币，它既非“金本位制”，也非

图 9-3 我国明代嘉靖和清代广东省制造的金币

“银本位制”，而是一种“实物本位制”。

9.1.2.2 滇金与滇金币

美丽富庶的云南盛产黄金，包括砂金与岩金，称为滇金。据考证，滇金的开采至迟始于战国时代。公元 8 世纪南诏时代，云南就铸造了金锭和金块作为“硬通货”，并用以向其他国家换取物品或作为向唐朝中央进贡的贡品。至元、明两代，滇金生产达到鼎盛时期，向中央岁纳金课额居全国之首，占全国纳金课额总数的 1/3。如元代文宗天历元年(1328 年)，云南向中央政府交纳金课额“一百八十四锭一两九钱（每锭重十两)”，“高于浙江、江西、湖广、河南、四川等省”。按当时金课税率十抽一计，云南滇金产量已达 18400 余两。在明代弘治十五年（1502 年）至嘉靖、泰昌年间（1522 ~ 1620 年)，云南年金课额约为一千至五千两。清代以后，云南黄金产量减少，岁纳金课额相应减少。民国年间，滇金产量有所增加，1922 年 500 两，1937 年 3758 两，1939 年 8750 两[1,13~15]。滇金为当年抗日战争作出了重要贡献。

自 19 世纪中叶至 20 世纪初，中国沿海和边陲地区就出现了中、西货币共存的特殊情况，云南省就成了“世界货币博览馆”。这个时期，与云南毗邻的印度、缅甸、越南先后沦为英、法殖民地。在资本主义殖民经济的冲击下，云南的财政受到很大影响，使它的金融包含着原始经济、封建经济和殖民经济等多种经济因素，反映在货币上就形成了多种货币形式，既有封建社会的金锭、银锭、铜元和制钱等，也有资本主义国家的美钞、法郎、马克等，还有来自周边殖民地国家的各种货币。就金币的情况看，有滇铸金币、金锭、英镑金币、印度金币、美金等。20 世纪初，云南进口了大量黄金，仅蒙自海关于 1917 年就进口黄金 19788 两，1918 年进口黄金 18176 两，1919 年进口黄金 203842 两[13~15]。云南省省长公署和富滇银行用这批购入的黄金铸造了金币并发行流通。1921 年后黄金涨价，富滇银行通告限制收缴金币。此后再未发行金币。直至 1949 年以前，云南各地流通本地金币和各种外国金币，从一个侧面反映了旧中国半封建半殖民地社会的货币情况。

9.2 历史上的流通银币

9.2.1 国外银币

用作钱币，银具有与金一样的优点，它也是实物货币最好的原材料。银币是历史上的重要货币，其价值仅次于金币。自有商品交易时日起，银比金更早被商人用于贸易，在一定历史时期银币甚至成为主导货币。有人总结道[16]：“金归政府用作财富，银归商人用于交易”。

银用作货币的历史与金一样悠久。在古埃及、地中海东部、爱琴海沿岸及美索不达米亚地区有丰富的自然银矿资源，约在公元前3000年，这些地区的一些部落的人们就以自然银棒、银块、银锭、银环等形式用作货币进行货物交换活动。古代巴比伦人、亚述人、腓尼基人和希伯来人时代已在银片上打上印记作为银币，采用天平衡器称量金、银币，将称量金、银的质量单位称为“谢克尔”。“谢克尔”也用作金、银币的名称。约在公元前141年，谢克尔银币制作成铸造币，但各地区银币的形状不相同，其中巴比伦人铸造的谢克尔呈睡鸭形，亚述人铸造的谢克尔是一头狮子形状。

大约在公元前700年吕底亚王国就铸造了大量金、银币，这是世界上最早的硬币之一。吕底亚的克利苏斯王朝采用纯金、银铸造金币和银币，其形状基本上呈椭圆形，硬币的一面打印狮子头像以显示皇族象征，另一面打印着一头公牛。公元前546年，波斯人占领了吕底亚并不断扩张领土，使波斯帝国的领域从希腊扩展到印度。波斯帝国采用金、银双金属货币制，金币称为达里克斯，银币仍称为谢克尔，1个达里克斯金币兑换20个谢克尔银币。波斯帝国的金、银币成为这个广阔地区的标准货币。罗马帝国时代，谢克尔不仅只是银币的名称，同时也是犹太国王的权威象征。在南欧的古希腊和马其顿早年也发行过货币，金币称为“斯塔特”，银币称为“德拉克马”，“德拉”是古希腊的衡量单位，1斯塔特金币相当于20德拉克马银币。这两种货币最早成为世界范围内的货币。公元前2世纪，在法国的凯尔特族高卢人、英国的凯尔特族布立人和德国的一些部落也都各自发行过独立的金币和银币，20世纪60~70年代，在英国的布里斯托尔等城市都发现过当年制造的“杜布尼克”银币。总体来说，在铁器时代，世界上许多国家地区都制造和发行了金币和银币，其中金币作为主币，而银币作为辅币。

在中世纪，西方世界的白银产量增加。7世纪后，欧洲的许多硬币已采用白银代替黄金，货币逐步过渡到银本位制，或以银币为主而以金币为辅的货币体制。如不列颠国由金币向银币过渡时间是公元660~670年间，在公元700~710年期间，它制造和发行了含约95% Ag、约1%~3% Au和约4% Cu的小银币“先令”和“便士”，其中的Au、Cu不是有意添加元素，而是冶炼Ag时未丢失的元素。法兰克福国王卡洛斯大帝（公元742~814年）于公元780年废除金本位制，采用强制性的银货币体制，参照“第纳尔”和“便士”体制，发行了1第纳尔（或便士）银币。当时，西方人通常以银币或白银作为交换媒介从东方印度和中国等国家购买香料、丝绸、茶叶等货物，而当时的中国和印度也渴望得到白银，在某种程度上刺激了欧洲银产量的增加，也增加了银币产量。因此，可以认为，8~16世纪是欧洲的银币时代，当时的拜占庭帝国（公元4~15世纪）也制造的大量银币，图9-4所示为拜占庭帝国制造的银币，银币上刻有狩猎图像[16~18]。

中世纪后期，随着冶炼技术和合金化技术水平的提高，开始采用设计的Ag合金作为银币或饰品。如英国从11世纪亨利二世时期起，便设计与制造含92.5% Ag（即斯特林银）和95.8% Ag（布里塔里亚银）的银合金，并作为制造银币和其他银饰品的标准合金。在亨利三世和爱德华德三世期间生产的银币也称为“弗洛林”，1弗洛林银币值2先令。英国制造的银便士小而薄，设计简洁，使用方便，质量高，是西欧最好的硬币。英国货币以“磅”为结算单位，在盎格鲁-撒克逊时代，结算单位为1磅银。在英国，1磅=20先令，1先令=12便士，1弗

图9-4 拜占庭帝国制造的银币

洛林 =2 先令。英国的这种货币系统一直持续到 1970 年才结束，1972 年 2 月改为十进制。18 世纪，美国和德国发行的银币多含 90.0% Ag，瑞士同期发行含 90% Ag 和 83.5% Ag 的银币。20 世纪，银币成色继续降低至 83.5% Ag、62.5% Ag、50.0% Ag 和甚至 40.0% Ag。可以看出银币成色一直保持走低的趋势，其金属值低于面值，银币又逐渐变成为金币的辅币。20 世纪初以后，银辅币普遍流通起来，银币生产国主要有美国、德国、英国、瑞士、墨西哥等。1960 年，世界造银币用 Ag 总量达到 3235t，随后造币用银量一直下降，到 1981 年降低到历史的最低点 187t。在 1962 ~ 1982 年的 20 年内，世界制造新银币用 Ag 总量为 5.8 万吨，其中有 2 万吨回收再熔炼使用，其余 3.8 万吨留在私人手中。进入 21 世纪，世界各国政府铸造银币（包括银投资币、纪念币、各种奖章、纪念章等）用银量约为 1000t，占当年世界用银总消费量的 3.3% ~3.5%[16~18]。这些新造的银币主要不是用于市场流通，而是用于收藏与投资。

9.2.2 中国银币和银本位制

中国在先秦时代，金、银已经作为货币使用。在秦代，银不作为币，银用作饰品与器具。秦以后漫长的封建社会实行的是一种多元货币制，其中以铜铸币为主干，杂用金、银。唐代白银的货币职能扩大，其银铤形制更为后代所接受。宋代金、银同作货币流通，同时出现了世界上最早的纸币（交子）。元代继承了纸币制度，与白银并行，并出现了银锭。明代后期，白银货币取得合法地位，清代后期正式采用银本位制[16]。自明代后期至新中国成立之前，我国实行以“银本位制”为主导的货币制，银作为货币在中国历史上起了重要作用。

中国历史上的银货币有多种形式，如银砖、银锭、银条、银元宝和银元等。银砖为长方形，是历代官府所造，作为国库储存和大宗贸易的“货币”。官造银砖的成色较高，一般含 98% Ag。也有私造的银砖，成色一般为 93% ~95% Ag，质量规格在几百克到几千克之间。银锭是我国宋代开始使用的银币，又分高足锭、松江锭、煎饼锭和灯碗锞等。高足锭形为底部带小蜂窝的半圆形，成色一般为 95% ~98% Ag，质量约 60 余克。松江锭是一种地方货币，面上有突出的铅釉，形似乳头，呈灰黑色，底部呈粉红色，蜂窝深邃、质量约 180g，成色约 95% Ag。煎饼锭形如煎饼，表面洁白光润，中间有突出小疙瘩，俗称“狮子头”，成色在 98% Ag，质量一般 3 ~6kg。灯碗锞形圆带边，中间有突出小乳头，表面光润，成色约 98% Ag，质量 200 ~250g。银元宝是元朝使用的银货币，有长方形、椭圆形、马蹄形等，一般两耳高立，中部呈凹平状，底部有蜂窝。按质量分有大元宝（约 1850g）、中元宝（约 375g）和小元宝（约 37g）之分，成色一般在 98% Ag 左右。也有质量差者，其成色低至 97% ~95% Ag。银元宝面上都打有铸造年、月、日和牌号标准。银条形状各异，成色相差也较大，高者约 98% Ag，低者在 90% 以下。银元在中国流通已有 400 多年的历史，早期为铸造圆形币，正面与背面有图案或文字和制造年号。银元最早是舶来品，大约在明朝（16 世纪）由海外流入中国。在中国近代史上，由于东、西方贸易往来以及外国列强对中国侵略和对银元市场的控制，许多国家的银元流入，如西班牙、墨西哥、英、美、法、俄、日等资本主义国家的银元随着武装入侵流入我国，充斥市场，为经济掠夺服务。这些外来银元成色在 73% ~90% Ag 之间，质量约 20 ~28g。中国历代政府包括清政府、北洋军阀、民国政府，中华苏维埃政府都铸造了银元。除了官铸银元外，地方及私人也铸造银元。因此，中国银元种类繁多，约 500 余种，成色与质量规格不相同。

按成色，这些银元含 Ag 量介于60%～98%，某些私铸银元成色可能更低，银元成色也有逐渐走低的趋势。每枚银元的质量在 1.5～48g 之内，大多数银元质量在 26～30g 内，最小的银元是1792 年制造的乾隆宝藏银元（1.65～3.5g）和嘉庆宝藏银元（1.8～3.2g），最重的银元是1854～1856 年制造的上海银饼（37～47.8g）。银元的面值主币为一元，其他还有半元、二角、一角、五分，一钱、二钱、三钱以及一毫、二毫等小银元，小币值银元也称银角子，大都作为辅币应用[16,19]。

中国早期银元仿照外国银元铸造，官铸银元从清朝光绪十五年（公元1889 年）开始。清代的银元主要有光绪元宝、大清银币、宣统元宝等。图 9-5 所示为清代江南省造“光绪元宝”银元，正面镌有“光绪元宝”和“库平七钱二分”字样，背面为盘龙和英文字。1912 年“中华民国”建立，临时大总统孙中山即主张把铸币权集中于中央政府，并着手制定币制。但在中外反动势力扶植下，袁世凯于民国元年四月继任民国大总统，致使孙中山未能及时整顿币制。1914 年袁世凯公布了《国币条例》，将铸发国币权归于政府，并发行了壹圆、半圆、贰角、壹角四种银币，以壹圆银币为主币。壹圆银币正面镌袁世凯侧面头像及发行年号，背面铸嘉禾纹饰与币值质量（库平纯银六钱四分八厘），以 Ag-11Cu 合金铸造，银成色 89%。民国时期，除了发行孙中山纪念币外，还发行了多种版本的“孙船银元”，币正面为孙中山大头像，背面为帆船图等。图 9-6 所示为 1934 年发行的“孙船银元”，币值“壹圆”，直径 3.94cm，质量 26.6g，成色 88%，为 Ag-12Cu 合金铸造。民国时期各地方政府也发行过银元，其中较有名的是四川军政府所造“汉字银币”，正面中部镌有“四川银元”四字，四字中心处有海棠花一朵，币面上边有“军政府造”四字，下边为“壹圆”二字，背面为18 个圈绕成一环，中镌篆文“汉”字，大环内有横线纹，外有纵线文，上面有“中华民国元年”字样。中华苏维埃政权时期（1931～1935 年）也制造过多种银元，正面多为地球、镰刀斧头或列宁正、侧面像图案，背面多为镰刀斧头或嘉禾图案并中书壹圆（见表 9-2[19]），成色介于75%～96% Ag，质量介于24.3～31g 之间。新中国成立之后也发行过面值为 1 角和 1 元的银币[16,19]。

图 9-5 清代江南省造“光绪元宝”银元

图 9-6 1934 年发行的“孙船银元”

表 9-2 中华苏维埃银币

序号	制造年份	币 名	正面图案	背面图案	质量/g	成色(Ag 质量分数)/%
1	1931 年	平江县苏维埃银币	五角星内镰刀斧头	嘉禾中书壹圆	27.17	92
2	1931 年	中华苏维埃银币	列宁侧面像	镰刀斧头和壹圆	26.05	88
3	1931 年	中华苏维埃银币	列宁正面像	镰刀斧头和壹圆	30.88	88

续表 9-2

序号	制造年份	币 名	正面图案	背面图案	质量/g	成色(Ag质量分数)/%
4	1931 年	临时军用币	地球上镰刀斧头	镰刀斧头和壹圆	26.20	96
5	1931 年	湖南省苏维埃银币	五角星中间镰刀斧头	嘉禾中书壹圆	27.17	92
6	1932 年	鄂豫皖苏维埃银币	地球镰刀斧头	嘉禾中书壹圆	27.18	88
7	1932 年	鄂豫皖苏维埃银币	地球镰刀斧头	中间圈内书壹圆	27.18	88
8	1932 年	中华苏维埃银币	地球镰刀斧头	中间圈内书壹圆	24.50	87.50
9	1933 年	中华苏维埃银币	地球镰刀斧头	中间圈内书壹圆	26.10	75
10	1934 年	中华苏维埃银币	列宁侧身像	中间圈内书壹圆	26.30	94
11	1934 年	闽浙赣苏维埃银币	地球镰刀斧头	中间圈内书壹圆	26.60	88
12	1934 年	中华苏维埃银币	地球镰刀斧头	中间圈内书壹圆	26.70	88
13	1934 年	中华苏维埃银币	地球镰刀斧头	中间圈内书壹圆	26.10	75
14	1935 年	中华苏维埃银币	中间镰刀斧头	麦穗上书壹圆	26.70	88
15	1935 年	中华苏维埃银币	列宁侧面像	列宁侧面像	26.70	93

9.3 历史上的铂币

由于铂的发现年代远比金银晚，加之铂资源稀缺，价格昂贵，历史上发现铂流通货币的国家较少。自 19 世纪初期在俄罗斯发现天然铂之后，俄罗斯政府很快就生产了大量的铂金属并利用部分铂制造了铂硬币。1828 年，俄政府颁发命令生产了 3 卢布铂硬币，随后又生产 6 卢布和 12 卢布铂硬币，它们的质量标准列于表 9-3[20,21]。在 1826 ~ 1844 年的 18 年间俄政府共制造的铂硬币数量是：3 卢布硬币 1373691 枚，6 卢布硬币 14847 枚和 12 卢布硬币 3474 枚，总用铂量 485505 金衡盎司，折合约 15.1t。1846 年，由于俄罗斯境外的铂价下跌到低于铂硬币交换价值的水平，俄政府又下达了收回原生产的铂硬币和停止制造新铂硬币的命令。这些收回和废弃的铂硬币储存在帝国银行的地下室，1872 年，其中的 378000oz(约 11.757t)硬币被成批地分送到英国伦敦的江森-马塞（Johnson Matthey）、法国巴黎的底斯穆提-昆尼森（Desmoutis Quennessen）和德国汉瑙的海勒依斯（Heraeus）三个精炼厂进行销毁。今天，这批俄皇尼古拉一世时期制造的铂硬币存量很少，具有极高的收藏和投资价值。图 9-7[21] 所示为这些铂卢布硬币的形貌：正面图案为俄国双头鹰国徽图案；反面都刻有题文，注明卢布的金额、制造厂和时间等文字。这些卢布是采用工业纯 Pt 粉经粉末冶金和锻打制备，其密度介于 20.03 ~ 21.32g/cm^3，低于现代公认的 21.45g/cm^3 密度值，也低于当时许多人测定的 Pt 的密度值 21.47 ~ 21.53g/cm^3。经现代 EDX 分析[22~24]，这些铂卢布的 Pt 含量波动在 91.6% ~ 99.3% 之间，主要杂质为 Fe(0.5% ~ 1.8%)和 Ir(<0.05% ~ 1.7%)，铂币的晶格常数测定为 0.391 ~ 0.392nm[20~24]。

表 9-3 18 世纪俄皇尼古拉一世时期制造的铂卢布硬币的质量标准

铂硬币	质量标准①	折合质量/g
3 卢布	2zol. 41dol.	10.324
6 卢布	4zol. 82dol.	20.648
12 卢布	9zol. 68dol.	41.332

①1zol.（zolotnik）≈4.26g；1dol.（dolya）≈0.044g。它们均为俄罗斯质量单位。

图 9-7　18 世纪俄罗斯制造的铂卢布硬币形貌

（a）1842 年制 3 卢布铂币；（b）1844 年制 3 卢布铂币；（c）1830 年制 6 卢布铂币；（d）1832 年制 12 卢布铂币

9.4　贵金属收藏纪念币与纪念章

9.4.1　贵金属纪念币的意义

贵金属具有永恒的高贵品质、独特的美学色泽和巨大的保值、升值的空间，它们除了用作精美华丽的各种装饰品外，也用于制造各种纪念币和纪念章。

纪念币和纪念章的发行一般为庆祝或纪念一些重大政治事件、历史事件和社会事件，通过它能够窥视到一个国家的历史、政治、经济、科学、艺术、体育和人文地理等各个方面，它是诸多文化因素的综合反映。纪念币通常有如下特点：（1）它是由国家授权指定中央银行或政府主管货币部门统一铸造发行，其他任何部门、单位或个人不得铸造、发行和仿制；（2）纪念币正面标示发行国的国名，背面刻有特色图案和标注的面值；（3）它是国家法定铸币，有严格的数量限制；（4）纪念币图案体现一定的主题内涵，式样设计新颖，制造工艺精致，包装美观；（5）重要的纪念币通常选用纯贵金属和高成色贵金属合金制造，一般题材的纪念币和纪念章可以是贵金属电镀制品。因此，收藏纪念币的关键是要把握好题材和体现民族特色，选择升值空间大、设计造型新颖和铸造图像精美的品种、掌握好发行量和发行时间等因素。

纪念币属一次性限额铸造发行，有的发行数额非常少。它虽为法定货币，但并不参与货币流通。虽然币面标有价值，但并不按面值出售，它是按每枚纪念币所含有的贵金属量的国际价格、制造费用和经销利润合计价销售。因此，非流通纪念币的实际售价要高出其面值数倍甚至数十倍。非流通纪念币发行一次就成绝版，旧的纪念币不能重版再造。纪念币发行后，它的数量只会减少，不可能再增加，故深受钱币收藏家和钱币投资者的青睐。发行纪念币对国家和对投资者都具有很高的经济价值。由于纪念币再现了一些重大政治事件、历史事件、社会事件、科学技术成就和人文地理知识，是重要的文化载体，因而具有重要的历史价值、科学价值、艺术价值、美学属性和财富属性，因而有很高的收藏价值，成为人们收藏和投资的对象。除了具有收藏价值外，它还可供艺术欣赏和学术研究。

9.4.2 中国发行的贵金属纪念币

9.4.2.1 历史上的贵金属纪念币

中国发行最早的纪念币当属宋太宗淳化年间（公元990~994年）制造的淳化佛像金币，至今已有1千多年的历史，它们可能是世界上最早的非流通纯金纪念币。这些金币是1987年在维修五台山顶寺庙发现的，数量大约有千枚左右，金币呈圆形，直径2~3cm，单枚重12g，一面刻有“淳化年间”字样，另一面铸有凸起的两个佛像，左边为站佛，右边为坐佛。据考证，当年文殊菩萨在五台山讲经时，有千佛旁听，这些金币就是旁听时作为凭证用的，因此可以看做祭山听经纪念币[1]。我国宋代以后金币发行很少，所以这批金币弥足珍贵，现属国家一级文物。明清至民国年间，中国实行银本位制，除了发行大量流通银币外，还发行了不少银纪念币。辛亥革命成功后，1912年1月1日，孙中山任中华民国临时大总统，民国政府发行了中华民国开国银质纪念币，正面为孙中山的头像，圆圈上方是隶书“中华民国”，下方是隶书“开国纪念币”，两侧镌刻有带枝的梅花；背面图案中央是嘉禾二株衬托着“壹元”面额，圆圈外自上而下有“中华民国”英文字样和梅花星点。该纪念币质量26.62g，成色88% Ag，实为Ag-12Cu合金。北洋军阀统治时期，包括袁世凯在内的几乎每个北洋军阀都发行过以自己头像为图案的银质纪念币[16,19]。

9.4.2.2 新中国发行的贵金属纪念币[1,8,9,16]

新中国成立以后，中国政府十分重视纪念币发行，所发行的纪念币（章）涉及许多重大政治事件、历史事件和社会事件，综合反映了中国和世界的历史、政治、经济、科学、艺术、体育和人文地理等各个方面的风貌。已发行了上千个品种的贵金属纪念币，题材十分广泛，大体包括重大历史事件及其周年庆、当代国际国内盛事与盛会、伟人和历史名人系列、军事题材系列、中国与世界文化遗产系列、中国与世界文化自然遗产系列、科技成就和发明发现系列、人文地理系列、体育运动系列等。同一题材的纪念币有单一的金、银、铂币和组合成套的纪念币，也有金银双金属纪念币。具有特定题材的每种或每套纪念币，通过艺术家精心构思与设计，采用先进工艺与设备精细地制造出来，成为一件件高雅的艺术精品和值得收藏保存的纪念品，给人以永恒的美学享受和财富增值空间。

在重大历史和政治事件及伟人等题材方面，中国发行了中华人民共和国成立周年庆纪念币（见图9-8）、香港与澳门回归纪念金币、庆祝西藏自治区成立周年纪念币、辛亥革命周年庆纪念币、中国人民解放军建军周年庆金银纪念币、系列伟人纪念币、联合国第四次世界妇女大会金银纪念币、国际和平年纪念币、国际儿童年纪念币、中国红十字百年纪念银币等。

图9-8 中华人民共和国成立60周年1kg纪念金币（引自 www.xinhuanet.com）

科学技术与建设成就题材方面，中国人民银行发行的贵金属纪念币有体现中国社会主义建设伟大成就的纪念币和体现中国古代科技发明的纪念币。1992~1996年间发行了5组“中国古代科技发明与发现的金、银、铂纪念币”，向世界展示了中国古代的发明、发现和伟大的科技成就。这5组纪念币是：第一组表现的是世界最早的造纸术、铸铜术、铜铸币术、指南针、地动仪、航海与造船、风筝等，有金币 7 枚，银币 12 枚，铂币 5 枚；第二组表现的是太极图、太极阴阳、零位的产生、汉代兵马俑、马蹬、伞等，有金币 9 枚，银币 8 枚，铂币 5 枚；第三组表现了养蚕缫丝、船桅、编钟、龙骨车和首次发现彗星等，有金币 5 枚，银币 5 枚，铂币 5 枚；第四组表现的是印刷术、火药、针灸、瓷器、围棋等，有金币 5 枚，银币 6 枚；第五组表现了天文钟、船舵、马具、索桥、乐器等，有金币 5 枚，银币 5 枚。这套系列纪念币正面为国徽或长城图像，上书“中华人民共和国”，下书年号，背面为分别表现上述古代科技发明与发现的图案和简短说明及面值。该系列纪念币有多种规格，金币有 1kg、5oz、1oz、1/2oz、1/4oz、1/10oz；银币有 5oz、1oz、40g、20g、15g；铂币规格有 1oz 和 1/4oz 两种（按金衡，1oz = 31. 104g），铸币成色按高标准，纯金属铸币的贵金属成色为 99. 5% ~99. 95%，合金铸币贵金属成色在 95% 以上。图 9-9 所示为一枚表现古代铸铜术的 1oz 金币和一枚表现古代蚕丝术的 1/4oz 铂钯铜合金纪念币，可见该系列纪念币主题突出、图案精美，铸造精细，具有很高的收藏价值。

(a)　(b)

图 9-9　中国古代科技发明发现纪念币两枚

（a）显示古代铸铜术的 1oz 金币（99. 9% Au）；（b）显示古代养蚕缫丝的 1/4oz 铂钯铜合金币

体育运动题材方面，为迎接重大国际体育赛事，发行了多种纪念币，如为迎接第 43 届世乒赛，发行了 1/2oz 直径 33mm 特制纯银纪念币（发行 4000 套）；第十一届亚洲运动会期间发行了金、银纪念币；发行了中国奥林匹克委员会纪念币和 2008 年北京奥运会纪念币和奖章等。为了迎接和庆祝第 29 届北京奥运会，中国人民银行于 2006 ~ 2008 年三年内发行了 3 组金、银纪念币，由 6 枚 1/2oz 金币和 12 枚 1oz 银币组合成套，其图案设计新颖，突出了北京奥运会的特色。北京奥运会的最大亮点之一是其设计方案取意于中国传统金玉良缘的“金镶玉”奖牌，奖牌正面为国际奥委会统一规定的图案，即插翅膀站立的希腊胜利女神和希腊潘纳辛纳科竞技场；奖牌背面分别在金、银、铜质底盘的中间镶嵌着环形的中国玉，取意于中国古代龙纹玉璧造型，环形玉的中心是在金属上镌刻着北京奥运会会徽；奖牌挂钩由中国传统玉双龙蒲纹璜演变而成，如图 9-10 所示。在奥运会历史上，北京奥运会奖牌第一次采用了两种不同的材质，突出地显示了中国玉文化的特色，具有极高的珍藏价值。

在中国与世界自然遗产题材方面，中国发行了世界野生动物基金会成立 25 周年纪念币，中国珍稀野生动物纪念币，长江风光金、银币，清明上河图金、银币，台湾宝岛风景名胜纪念币，中国名胜古迹纪念币系列等。中国与世界文化遗产题材方面，发行的金银纪念币有：世界文化名人纪念币（第 1 组 ~ 第 3 组）系列、中国杰出历史人物纪念币（第 1

图 9-10 体现了“金镶玉”特色的北京奥运会奖牌
(a) 金牌正面；(b) 金牌背面；(c) 银牌背面；(d) 铜牌背面

组~第 10 组）系列、中国京剧纪念币系列、古代与现代名画纪念币系列、中国古典名著（《红楼梦》、《西游记》、《水浒传》等）纪念币系列、中国神话纪念币系列、观音纪念币系列、中国生肖纪念币系列和千禧年纪念币等。从 1981 年以后，中国发行了独具民族特色的系列“中国生肖纪念币”，包括金、银、铂纪念币，表 9-4[1] 列出了“中国生肖纪念系列金币”的正面和背面图案、面值、金成色和铸币数量等信息，正面图像展示了中国名胜古迹，背面图像展示了古今名人国画，题材独特，设计精美。在 2000 年新千年莅临之际，由中国人民银行和中国金币总公司发行了由沈阳造币厂铸造的千禧年纪念金币，每枚重 10kg，发行量仅 20 枚，是迄今世界最大、最重的纪念金币。中国拥有丰富的自然遗产和辉煌灿烂的文化遗产，为中国发行贵金属纪念币提供了十分广泛和珍贵的题材。

表 9-4 中国生肖纪念系列金币

发行年份	生肖年	正面图案	背面图案	面值/元	成色①	含纯 Au 量	铸造量/枚
1981 年	辛酉(鸡)年	北京北海白塔	徐悲鸿《雄鸡图》	250	916	7.33g	4982
1982 年	壬戌(狗)年	天坛祈年殿	刘继《立犬图》	200	916	7.33g	2500
1983 年	癸亥(猪)年	北京颐和园	徐悲鸿《双猪图》	150	916	7.33g	2185
1984 年	甲子(鼠)年	北京正阳门(前门)	齐白石《鼠与秋实图》	150	916	7.33g	2100
1985 年	乙丑(牛)年	北京颐和园石舫	唐·韩滉《五牛图》	150	916	7.33g	2200
1986 年	丙寅(虎)年	北京故宫太和殿	何香凝《猛虎图》	150	916	7.33g	5049
1987 年	丁卯(兔)年	湖北武汉黄鹤楼	刘继《双兔图》	150	916	7.33g	4750
1988 年	戊辰(龙)年	万里长城	双龙戏珠	1000	999	12oz	518
			三龙戏珠	500	999	5oz	3000
			单龙戏珠	150	999	7.33g	7500
		天坛祈年殿	双龙戏珠②	100	999	1oz	—
1989 年	己巳(蛇)年	山海关“天下第一关”城楼	齐白石《蛇行图》	1000	999	12oz	200
				500	999	5oz	500
				150	916	7.328g	7500
		国徽、国名	马晋《十二生肖图》局部②	100	999	1oz	3000

续表 9-4

发行年份	生肖年	正面图案	背面图案	面值/元	成色①	含纯 Au 量	铸造量/枚
1990 年	庚午(马)年	山东曲阜大成殿	徐悲鸿《奔马图》	150	916	7.328g	7500
			徐悲鸿《饮马图》	500	999	5oz	500
			徐悲鸿《奔马图》	1000	999	12oz	500
			张大千《唐马图》②	100	999	1oz	—
1991 年	辛未(羊)年	湖南岳阳楼	任颐《三羊图》	1000	999	12oz	200
			张大千《孝道可风图》	500	999	5oz	400
			一羊图	150	916	7.328g	7500
			南宋·陈居中《四羊图》局部②	100	999	1oz	1900
1992 年	壬申(猴)年	江西滕王阁	高奇峰《七世封侯图》	1000	999	12oz	99
			黄君璧《大寿图》	500	999	5oz	99
			齐白石《白猿献桃图》	150	916	7.328g	5000
		国徽、国名	一猿攀树图②	100	999	1oz	1900

①金币成色为质量千分数；②精制纪念币。

9.4.3　国外发行的贵金属纪念币

1774 年，西班牙的盛达菲制币厂设计和制造了两枚刻有西班牙国王查尔斯三世肖像的纪念章，其中一枚用纯铂制造，另一枚用含有铜的天然铂合金制造。这是最早的铂纪念章，据文献记载其中一枚在 1913 年仍然保存[25]。1798 年，法国人采用冲制方法制造了铂质“康波弗米欧”纪念章[26,27]。拿破仑一世执政的法兰西第一帝国时期，法国政府除发行了拿破仑金币以外，还制造了铂质和金质的奖章，用以奖励作战勇敢的将士。1819 年，巴黎制币厂从西班牙政府购买了 1000kg 粗铂矿，从中提取了铂和大约 900g 钯，并用这些钯制造了许多钯纪念币。图 9-11[28] 所示为巴黎制币厂 1833 年压铸的路易·菲利普一世国王和王后玛丽的头像纪念币。利用自产的丰富铂资源，俄罗斯政府除了制造了大量流通铂币外，还制造一定数量的纪念币。1826 年，为了纪念俄皇尼古拉一世加冕，俄政府制造了铂纪念币，该纪念币正面为尼古拉一世加冕纪念图案，背面标有制造时间和地点，如图 9-12[21] 所示。

图 9-11　1833 年巴黎制币厂制造的菲利普一世国王和王后玛丽纪念币

图 9-12　1826 年俄罗斯政府制造的尼古拉一世加冕纪念币

现代世界各国发行了大量各种题材的贵金属纪念币，这些题材同样涉及庆祝或纪念一些重大政治事件、历史事件和社会事件等方面。如 1976 年美国发行了建国 200 周年纪念银币（见图 9-13）；1992 年，为了纪念发现美洲新大陆 450 周年，意大利和葡萄牙联合发行了纪念铂币（见图 9-14[29]）。除了严肃题材的纪念币外，各国还发行了大量关于人文地理、自然和文化遗产等题材的纪念币，还有些纪念币镶嵌了彩色宝石。加拿大铸币厂于 2007 年推出的雪花系列银纪念币，成为收藏者的抢手货，供不应求，它又于 2011 年又发行了镶嵌宝石的雪花银币和圣诞树银币系列，图 9-15 所示为这些镶嵌宝石的银币系列。这套银币采用 99.99% 高纯银制造，每枚质量 31.39g，直径 38mm，面值 20 加元，每一种银币发行 15000 枚。雪花系列纪念银币将彩色的施华洛世奇水晶镶嵌在美丽的雪花中央，四周配以透彻的椭圆形水晶；圣诞树银币的树顶挂着一颗星星，圣诞树四周围绕着装饰物，五颗施华洛世奇水晶镶嵌在其中，做成灯光的效果。这套银币图像设计新颖，铸造精美，极显其华丽气派，成为珍贵的收藏纪念品。

图 9-13　美国发行的建国 200 周年纪念银币（来源：www. coinsky. com）

图 9-14　1992 年意大利和葡萄牙联合发行纪念新大陆发现 450 周年纪念铂币

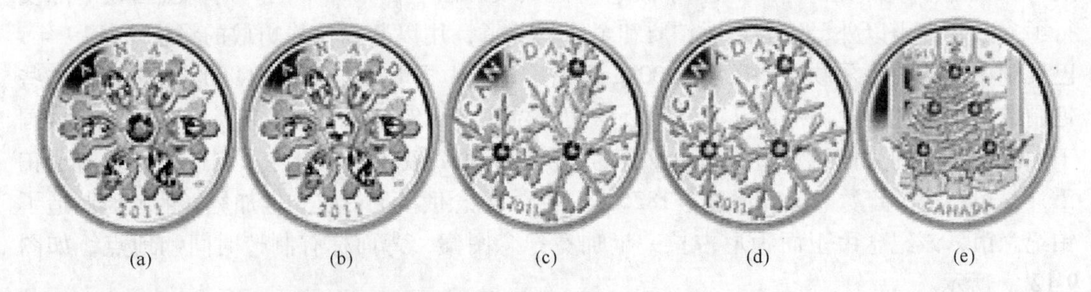

(a)　(b)　(c)　(d)　(e)

图 9-15　加拿大于 2011 年发行的镶嵌水晶和宝石的雪花银纪念币系列（来源：www. kitco. com. hk）
（a）绿晶雪花银币；（b）黄晶雪花银币；（c）蒙塔娜水晶雪花银币；（d）红锆石水晶雪花银币；（e）圣诞树银币

每逢世界性体育运动会与赛事，世界各国都会发行各种形式的纪念币，尤其是每届奥林匹克运动大会，除了国际奥委会颁发金、银、铜奖牌外，各举办国和其他国家都会发行贵金属纪念币，纪念币的主题展示了奥运理念和举办国的自然文化特色。如 1980 年在莫斯科举行的奥林匹克运动会，苏联政府发行了系列金、银、铂纪念币[21]，纪念币展示了奥运场馆、俄民族体育项目以及在科技领域的发展水平，突出了苏联作为体育大国与世界强国的地位。2000 年悉尼第 27 届奥运会纪念币的主题是绿色奥运和澳洲风情，即将奥运会的主体精神与澳大利亚的自然风情、地理环境、历史文化相结合。为纪念第 28 届奥运会，希腊政府于 2003 ~ 2004 年陆续发行了 6 组 18 枚金、银纪念币，每组包括 1 枚金币和

1套两枚银币，其图案展示了希腊历史上具有代表性的历史遗迹，反映了奥运会的诞生与复兴的主题精神。表现了各项体育运动，巧妙地将古代运动和现代运动结合在一起。图9-16所示为2004年雅典奥运会部分银质纪念币。一些国家和地区的体育运动会与赛事也发行了很好的贵金属纪念币。如2010年是澳洲墨尔本法定赛马节100周年纪念，为此，澳洲佩斯铸币局发行了面值1澳元、质量1oz、纯度99.9%的银纪念币，正面为彩色赛马图像，背面为英女皇伊丽莎白二世头像，如图9-17(a)所示。

图9-16 2004年雅典奥运会部分银质纪念币

（来源：中国经济网综合）

(a) (b) (c)

图9-17 澳大利亚发行的贵金属纪念币

（来源：www.perthmint.com.aus）

（a）2010年澳洲墨尔本法定赛马节100周年纪念银质纪念币；（b）兔年纪念金币；（c）兔年纪念银币

近年来，随着中国经济发展及其影响力增强，世界上一些友好国家也发行中国题材的贵金属纪念币。为庆祝中国兔年和龙年来临，澳大利亚和加拿大等国都发行了相应的纪念币。图9-17(b)，(c)显示了澳洲发行的中国兔年（2011年版）系列生肖纪念中的金币和银币。

9.5 贵金属投资硬币

9.5.1 世界著名的贵金属投资硬币

投资硬币有金币、银币、铂币和钯币，它们一般采用高纯金属或高成色贵金属合金铸造。纯金属币的纯度高于99.9%，质地较软，故硬币外层都覆有塑料薄膜保护层以避免币面划伤。合金硬币的贵金属成色一般高于90%，也有成色更低的。投资硬币图案精美，铸造精致，是各国政府的法定硬币，其贵金属含量、纯度和质量都由政府担保。投资硬币不能流通，发行量多于纪念币而少于流通币。世界上许多国家都发行了贵金属投资硬币，如南非克鲁格币、加拿大枫叶币、美国鹰币、英联邦“诺贝尔”币、澳大利亚袋鼠币与考拉币、奥地利的爱乐团币、日本Au/Pt双金属币、中国熊猫币等，其中以中国熊猫金币、美国双鹰金币、加拿大枫叶金币、澳大利亚袋鼠金币和南非克鲁格金币并列为世界五大投资金币，深受世界投资者喜爱。图9-18和图9-19所示为几款著名的投资金币和铂币。

南非有非常丰富的金与铂资源，是世界上最重要的金、铂生产国，具有生产金、铂投资硬币得天独厚的条件。1967年南非开始发行一种质量为1oz、成色为91.7% Au（实为917Au-Ag-Cu合金）的投资金币，1980年以后又发行了1/2oz、1/4oz和1/10oz金币，金币正面为南非共和国第一任总统保罗·克鲁格侧面头像，背面为羚羊图案并书写有制造年号、盎司数字和“Krugerrand”字样(见图9-18(a))。这里，“Krugerrand”为“Kruger”和“rand”复合字，前者为克鲁格总统的名字，后者为南非货币名称“兰特”。因此，南

(a) (b) (c) (d)

图 9-18 世界上著名的投资金币（图片来源：www. kitco. com. hk 和 www. coinsky. com）

（a）南非克鲁格金币；（b）加拿大枫叶金币；（c）美国双鹰金币；（d）澳大利亚袋鼠金币

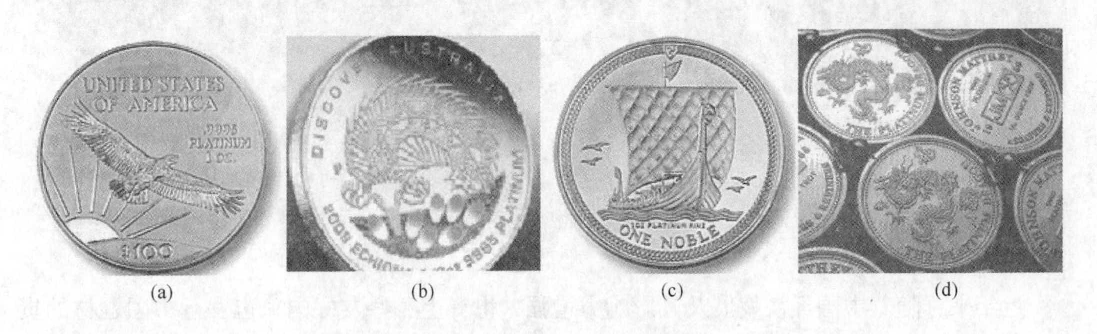

(a) (b) (c) (d)

图 9-19 世界上著名的投资铂币

（a）1997 年美国发行的“鹰翔”铂币[30]；（b）2010 年澳大利亚发行的针鼹铂币[31]；

（c）1983 年英国发行的“诺贝尔”铂币（来源：www. kitco. com. hk）；

（d）1992 年英国 JM 公司为香港发行的“龙”铂币[32]

非金币称为克鲁格或克鲁格兰金币，俗称“羚羊”金币。该金币发行后一时风靡世界，世界一些黄金生产大国纷纷效仿。加拿大枫叶金币（见图 9-18(b)）是由皇家铸币厂铸造并于 1979 年开始发行，最初发行时有 1oz、1/2oz、1/4oz 和 1/10oz 4 种规格，后于 1994 年起又发行了 1/20oz 规格，故现在有 5 种规格，其面值分别相应为 50 加元、20 加元、10 加元、5 加元、1 加元。枫叶金币成色为 99. 99 % Au，是世界上公认的最纯的金币。1990 年后加拿大相继发行了枫叶银币、枫叶铂币、枫叶钯币和大小熊座钯币[29]。加拿大枫叶币正面图案为英女皇头像，背面图案固定为加拿大国徽“枫叶”，具有独特的风格与魅力，享誉全球。美国早在 1795 年就发行过双鹰金币，但直至 1986 年才成为法定金币，由政府保证金币的质量和纯度。双鹰金币成色为 91. 67% Au，也为 917Au-Ag-Cu 合金。最初发行的金币正面图案是右手举火炬、左手拿着橄榄枝的自由女神，背面是一只带着橄榄枝的雄鹰回到迎候的母子鹰巢，后来发行金币的双鹰图像具有不同形态，图 9-18(c)所示图像即其一例。近年美国造币厂还发行了高浮雕双鹰金币，背面是展翅飞翔的雄鹰。美国于 1997 年又发行了“鹰铂币”，Pt 的纯度为 99. 95%，有 1oz、1/2oz、1/4oz 和 1/10oz 4 种规格，其面值分别为 100 美元、50 美元、25 美元和 10 美元。鹰铂币正面图案为自由女神像，背面为一只飞翔的雄鹰（见图 9-19(a)[30]），因而也被称为“鹰扬”或“鹰翔”币。澳大利亚“袋鼠金币”的前身是由佩斯铸币厂于 1987 年铸造发行的一种金币，它的正面为伊丽莎白二世女皇图像，背面为该国历史上发现的一块重2284oz的天然狗头金，称为“Nugget（天然金块）”金币，在我国称为“鸿运金币”。1990年后该金币的背面图案改为“Kangaroo(袋鼠)”。袋鼠金币的图案由3位著名的艺术家设计，每位艺术家都献上了自己独特的设计理念和技巧，这使金币上的袋鼠图案各具特色(见图9-18(d))。袋鼠金币采用99.99%高纯Au铸造，表面覆有塑料薄膜保护层，一般有1oz、1/2oz、1/4oz及1/10oz 4种规格。2011年2月澳大利亚发行了大型袋鼠金币，其直径80cm，厚度12cm，质量1.16t，纯度99.99% Au，面值1百万澳元，背面图案为一只跳跃的袋鼠。另外，澳大利亚还发行了1kg“考拉铂币”、“针鼹铂币”（见图9-19(b)[31]）、树熊银币和笑翠鸟银币等投资币。英国早在13世纪就发行了“诺贝尔”流通金币，它们现在已成为珍稀的投资产品。1983年英国在其属地曼岛（曼岛以其生产各种设计新颖和高质量硬币而闻名于世）开始生产“诺贝尔”投资铂币，1983～1989年间在英格兰的铸币厂生产了从10oz至1/10oz各种规格的“诺贝尔”铂币，但主要规格有1oz、1/2oz、1/4oz和1/10oz，纯度99.95% Pt。铂币的正面为戴皇冠的年轻伊丽莎白二世头像，背面图像是一艘正张帆行驶的一帆多桨帆船（它是历史上著名的“Thusly”号海盗船），帆船下面书写以“Nobel”表示的铂币质量，如“one Nobel”（见图9-19(c)）或“half Noble”等，这里“Nobel”表示币中铂的金衡盎司含量，即1Nobel = 1oz。因为英文“Nobel”意为“贵族”，所以英国“Nobel”硬币也称为“贵族”币。其他国家也发行过“Nobel”硬币，如南非于1983年发行了“Nobel”铂币，日本于1996年发行了Au/Pt双金属“Nobel”币。20世纪90年代，由于香港投资市场需求旺盛，1992年，英国江森·马塞（JM）公司为香港投资市场发行“龙铂币”(见图9-19(d))[32]。

9.5.2 中国著名的贵金属投资硬币

中国于1982年开始由中国人民银行发行各种金、银投资币，其纯度一般为99.9%，它们为中国法定货币。虽然在不同时期都有银币推出，但金币在投资市场具有更重要的地位，尤其我国发行的熊猫金币。熊猫金币正面图像为北京天坛祈年殿，上书中华人民共和国国名，下书年号；背面为多姿多彩熊猫图案，自1982～2007年间发行的普制版熊猫金币的背面图案已有25种，如熊猫食竹图、熊猫行走图、熊猫戏竹图等，熊猫图案每年更换。表9-5[1]列出了1982～1992年间发行的熊猫金币的质量规格、面值和背面熊猫图案。自2001年以后，我国熊猫金币图像还采用了凹刻折光法和反面喷砂技术，运用光折射和反射产生黑/黄（黄色为金币本色）和黑/白（白色为银币本色）反差效果，制造了黑/黄和黑/白熊猫金银币面，逼真地展示了大熊猫的本色与形态。图9-20所示为熊猫金币的正面图像和部分黑/黄熊猫背面图像。早年熊猫金币的面值较低，随着金价格不断上涨，近年熊猫金币的面值也有所上升。表9-6列出了2011年熊猫金币的质量规格、面值和发行量。

表9-5 1982～1992年间发行的熊猫金币的质量规格、面值和背面熊猫图案

发行年份	背面图案	面值（元）和金币质量/oz							
		3元	5元	10元	25元	50元	100元	500元	1000元
1982年	熊猫食竹图	—	—	1/10	1/4	1/2	1	—	—
1983年①	熊猫行走图	—	1/20	1/10	1/4	1/2	1	—	—
1984年	熊猫食竹图	—	1/20	1/10	1/4	1/2	1	—	12②

续表 9-5

发行年份	背面图案	面值（元）和金币质量/oz							
		3 元	5 元	10 元	25 元	50 元	100 元	500 元	1000 元
1985 年	熊猫戏竹图	—	1/20	1/10	1/4	1/2	1	—	—
1986 年	行走的熊猫	—	1/20	1/10	1/4	1/2	1	—	12③
1987 年	熊猫饮水图	—	1/20	1/10	1/4	1/2	1	5③	12③
1988 年	熊猫戏竹图	—	1/20	1/10	1/4	1/2	1	5④	12④
1989 年	熊猫食竹图	—	1/20	1/10	1/4	1/2	1	—	—
1990 年	行走的熊猫	—	1/20	1/10	1/4	1/2	1	—	12④
1991 年	熊猫食竹图	1g	—	1/10	1/4	1/2	1	—	12④
1992 年	熊猫攀树图	—	1/20	1/10	1/4	1/2	1	5③	12④

注：金币纯度为 99.9% Au。

①1983 年发行过成色 90% Au、0.7813oz 和面值 10 元金币，未列入表中；②背面图案：大熊猫与青竹；③背面图案：母子熊猫图；④背面图案：两只嬉戏大熊猫。

图 9-20　中国熊猫投资金币（来源：www.shgci.com）
（a）正面图案；（b）2001 年版；（c）2008 年版；（d）2009 年版

表 9-6　2011 年熊猫金币的质量规格、面值和发行量

版　本	背面图案	Au 成色/%	质量/oz	直径/cm	面值/元	发行量/枚
普　制	黑/黄母子熊猫图	99.9	1/20	14	20	200000
普　制	黑/黄母子熊猫图	99.9	1/10	18	50	200000
普　制	黑/黄母子熊猫图	99.9	1/4	22	100	200000
普　制	黑/黄母子熊猫图	99.9	1/2	27	200	200000
普　制	黑/黄母子熊猫图	99.9	1	32	500	300000

中国熊猫金币既具有法定货币的权威性，也具有极高的艺术价值、收藏与投资价值，受到世界投资者的欢迎，享誉全球，是世界上最著名的投资金币。中国熊猫金、银币设计理念和题材新颖、图案高雅优美、制造工艺先进和制作水平精湛，以其独特的民族艺术风格在世界投资币界独树一帜，为世界畅销的金、银币。中国熊猫金币多次在国内和国际钱币界和艺术界获奖，如 1983 年版金币获得 1985 年“世界硬币大奖”最佳金币奖，美国《新闻周刊》载文盛赞这套金币“富有魅力”；1988 年 1oz 版金币获得“中国工艺美术百

花奖”金杯奖；2001年1oz版金币（背面图像为“熊猫竹林图”）在2001年新加坡举办的亚洲货币展上获得“最受欢迎的钱币”奖，并获得2003年“世界硬币大奖”最佳金币奖；2009年1oz版金币（背面图像为“双熊猫图”）在《德国钱币》杂志2010年世界钱币评选中以最高得票率荣膺榜首，获得桂冠。

总之，贵金属钱币，包括流通钱币、纪念币和普通投资币等，是贵金属文化的一种表现形式。它以贵金属作为载体，通过艺术加工，注入了人类各个历史时期的政治、经济、文化要素，沉载着人类文明，促进了经济繁荣与发展，永远放射着贵金属的光彩。

9.6 贵金属硬币制造方法

从货币发展史看，金（银）币最初是以特选的自然金块和金条等形状出现，后来才发展了铸造币和经过锻打加工形态的金（银）币。在古代铸造金币中，无疑应以中国战国时代楚文王于公元前689年定都于郢所铸造的“郢爰”金币最早和最著名。在战国至秦汉时代，金、银币主要采用“石范”（即“石模”）和“泥范”（即“耐火泥模”）铸造。隋唐时代以后，发展了“砂型模”铸造金、银币。清末至民国年间，才引入“机制法”制币，所制造的金、银币也称为“机制币”[1,16]。现代造币生产继承了传统的造币工艺技术，并结合运用现代高新技术，使贵金属纪念币的质量标准、艺术与观赏价值以及防伪水平不断提高。国内许多造币专家对现代造币技术做了很好的总结[33]，现结合造币厂专家的文章就金、银纪念币制造综述如下：

（1）熔铸合金和制造板坯。不同类型的金、银币对成色有不同要求，纪念币一般要求采用纯金、纯银（纯度99.9%～99.99%）或高成色合金（如22K Au）制作，流通硬币一般采用合金，如925Ag、900Ag、500Ag和917Au-Ag-Cu(22K Au)合金等。大批量金、银币生产采用连续浇铸法制取锭坯或连铸连轧法制取板坯，经表面铣削扒皮后进行轧制减薄，做中间热处理以消除加工硬化，再精轧到所要求厚度的板材，控制板材厚度误差不超过0.005mm。

（2）冲饼、滚边和抛光。精轧所得到的板材在曲柄压力机上用冲模冲裁出边缘光滑无毛刺的饼坯，然后根据需要对饼坯进行滚边加工。将饼坯在保护气氛中进行光亮退火以降低硬度，再进行抛光，然后表面清洗或酸洗（可采用各工厂配制的或本书第11章推荐的清洗液或酸洗液），如用稀硫酸溶液清洗银饼坯可清除表面上的氧化铜膜，银饼坯呈纯银光亮白色。干燥后在精密电子天平上称量饼坯质量，质量超出标准规定的饼坯报废。

（3）压印模具制造。压印模具设计和制造是制币生产过程中重要的环节。当金、银币题材确定之后，根据题材设计具有艺术价值和民族风格的币面图案，包括正、背两面的图案、纹饰、文字、数字等，然后制作原型模具。通过一系列复杂的精微雕刻，运用现代先进的制模设备和技术，制造出精确的压印模具。压印钢模做硬化处理，镀硬铬后再经研磨和抛光。

（4）压印制币。在大吨位压印机上用压印模对贵金属饼坯进行压印，压印模上的图案、纹饰、文字和数字等特征题材全部清晰地压印在饼坯上，一枚枚精美的贵金属硬币便制造出来。压印是造币生产的主要工序，要求在干净的生产环境和在封闭式的模腔内完成。现代造币机生产率很高，每小时可生产几万枚硬币。贵金属硬币生产计划性很强，由政府安排生产。

（5）新技术应用。近几十年来，随着科学技术的迅速发展，造币生产中应用了许多新的工艺技术，如平底镜面、喷砂凝霜、异型造型、圆形打孔、边部滚字和凹槽滚字、连续斜丝齿、双（三）金属镶嵌、局部镶嵌（电镀）、坯饼深腐蚀、特制印版油墨移印、激光全息、激光雕刻、隐形雕刻、套合叠合、高浮雕和反喷砂等先进技术。这些新技术的应用使传统贵金属硬币的色彩更加斑斓鲜艳、浮雕效果和黑白反差效果更鲜明、硬币面上的图像饰纹更加丰富清晰，人物、花卉和风光图像更加栩栩如生。此外还创造了许多新币型币种，如圆形方孔币（如“大唐镇库”、“宝源通宝”等金、银币）、双（三）金属币、异型币、套币和叠合币等。新技术的应用大大提高了硬币制造的难度，使仿制硬币更加困难，因此提高了硬币的防伪功能。新技术的应用也提高了贵金属硬币的质量水平和观赏价值，使其收藏价值和投资价值进一步提高。

本章简略地阐述了贵金属钱币的发展历史和在历史上的作用，限于篇幅原因，不能概括所有贵金属钱币。关于贵金属钱币，国内外已经发表和出版了许多优秀的论文和专著。中文专著方面，近十多年出版的钱币专著有《中华人民共和国货币图录》、《中国历代钱币简明目录》、《钱币》、《世界硬币图鉴》、《世界货币手册》、《实用外币鉴赏大全》、《世界钱币简史》等（参见文献［4、8、9、19、34～40］），这些专著不仅系统收录了中国历史上和新中国成立以来发行的流通和非流通贵金属硬币，为继承和弘扬祖国优秀的钱币文化传统作出了贡献，还全面介绍了中国和世界钱币鉴别、鉴赏和收藏知识。英文著作方面，文献［40～42］内容丰富，卷帙浩繁，文图并茂，分类编排，综合评述了有史以来世界各国的钱币，对研究、鉴赏、收藏和投资各国贵金属硬币有重要参考价值。

参 考 文 献

[1] 赵怀志，宁远涛．金[M]．长沙：中南大学出版社，2003.
[2] WISE E M. Gold Recovery, Properties and Applications[M]. Princeton N J: D Van Nostrand Company, Inc., 1964.
[3] BENNER L S, SUZUKI T, MEGURO K, et al. Precious Metals Science and Technology[M]. Austin in U. S. A: The International Precious Metals Institute, 1991.
[4] 张驰，孙立新，秦文山．世界硬币图鉴[M]．石家庄：河北人民出版社，2011.
[5] 尚明，等．金融辞海[M]．长春：吉林人民出版社，1994.
[6] 许涤新．政治经济学辞典[M]．北京：人民出版社，1980.
[7] 夏征农．辞海[M]．上海：上海辞书出版社，1999.
[8] 钱屿．国宝大典[M]．北京：文汇出版社，1996：753，754.
[9] 戴建兵．中国历代钱币简明目录[M]．北京：人民邮电出版社，1989.
[10] 卢本珊，王根元．中国古代金矿物的鉴定技术[J]．自然科学史研究，1987，6(1)：73～81.
[11] 刘和惠．郢爰与战国黄金通货[C]．《楚文化论文集》第一集．武汉，荆楚书社，1987：119～133.
[12] 吴兴汉．楚金币研究[C]．《楚文化论文集》第一集．武汉，荆楚书社，1987：134～146.
[13] 杨毓才．云南民族经济发展史[M]．昆明：云南民族出版社，1989.
[14] 张增祺．云南冶金史[M]．昆明：云南美术出版社，2000.
[15] 张永俐．滇金的历史与今后的发展[J]．贵金属，2011，32(2)：82～86.
[16] 宁远涛，赵怀志．银[M]．长沙：中南大学出版社，2005.
[17] BUTTS A, COXE C D. Silver Economics, Metallurgy and Use[M]. Princeton, New Jersey: D. Van Nostrand Company, Inc., 1967.

[18] MOHIDE T P. Silver[M]. Toronto：Ontario Ministry of Natural Resource，1985.
[19] 唐松云．金银珠宝生产加工与鉴赏[M]．北京：冶金工业出版社，1999.
[20] 宁远涛，杨正芬，文飞．铂[M]．北京：冶金工业出版社，2005.
[21] BACHMMAN H-G，RENNER H. Nineteenth century platinum coins [J]. Platinum Metals Review，1984，28(3)：126～131.
[22] RAUB Ch J. The minting of platinum roubles Ⅰ [J]. Platinum Metals Review，2004，48(2)：66～69.
[23] LUPTON D F. The minting of platinum roubles Ⅱ [J]. Platinum Metals Review，2004，48(2)：72～78.
[24] WILLEY D B，PRATT A S. The minting of platinum roubles Ⅲ [J]. Platinum Metals Review，2004，48(3)：134～138.
[25] MCDONALD D. The platinum of new granada[J]. Platinum Metals Rev.，1960，4(1)：27～31.
[26] MCDONALD D，HUNT L B. A History of Platinum and Its Allied Metals[M]. London：Johnson Matthey，1982.
[27] 谭庆麟，阙振寰．铂族金属性质、冶金、材料和应用[M]．北京：冶金工业出版社，1990.
[28] COTTINGTON I E. Palladium or new silver[J]. Platinum Metals Review，1991，35(3)：141～151.
[29] JOLLIE D. Platinum 2007 [M]. London：Published by Johnson Matthey，2007：37.
[30] COWLEY A. Platinum 1998[M]. London：Published by Johnson Matthey，1998：20.
[31] JOLLIE D. Platinum 2010 [M]. London：Published by Johnson Matthey，2010：30.
[32] COOMBES J S. Platinum 1992[M]. London：Published by Johnson Matthey，1992：30，31.
[33] 章军．精美绝伦的金银纪念币（章）是如何铸造出来的[N]．中国印钞造币报，2004.
[34] 中国人民银行货币发行司．中华人民共和国货币图录[M]．北京：中国大百科全书出版社，2010.
[35] 中国银行国际金融研究所．世界货币手册[M]．北京：中国金融出版社，1991.
[36] 中国人民建设银行海南分行．当代世界货币图集[M]．海口：海南人民出版社，2011.
[37] 孟昭富．国际货币——鉴别、鉴赏、收藏知识[M]．西安：知识出版社，1991.
[38] 吴丹青．实用外币鉴赏大全[M]．北京：学苑出版社，2011.
[39] 李龙．世界常见硬币总汇图说[M]．北京：中央民族出版社，1993.
[40] [英] 洛德·埃夫伯里著，刘森译．世界钱币简史[M]．北京：中国金融出版社，1991.
[41] KRAUSE C，MISHLER C. Standard Catalog of World Coins[M]. Wikipedia，Lola，Wisconsin，Krause Publisher，2009.
[42] CRIBB J，COOK B，CARRADICE I，et al. The Coin Atlas：a Comprehensive View of the Coins of the World Throughout History [M]. Edison，N. J.：Chartwell Books，2004.

10 贵金属牙科修复与装饰材料

金是最古老的牙科修复材料，它用于牙科修复的历史已有4000余年。金最初的牙科应用是基于它的美学特性，而不是它的医疗作用。现在，贵金属牙科材料既是医用材料，同时也是人体装饰材料。贵金属牙科材料既满足了牙科应用的生化特性，也满足了装饰性。国际上，贵金属牙科材料是一类重要的材料和一门重要的学科，至今已发展了大量的合金材料和填充材料，广泛用作齿冠、齿桥、基托、卡环、嵌体、矫形丝、填充体、烤瓷基体和牙种植体等。在国内，贵金属牙科材料的应用较少，它的研究投入也较少。随着国家经济发展和人民生活水平提高，对贵金属牙科材料的需求也日渐旺盛。本章主要介绍各类贵金属牙科材料、制备技术和相关国际标准。

10.1 贵金属牙科材料历史简述

贵金属是什么时候和在什么地方最先用于牙齿保护和装饰？科学家罕佛瑞斯提出了一个合乎逻辑的假设[1]：当人类从狩猎时代进化到农牧时代，生活方式和食物结构的改变延长了10~20年寿命，但由于牙齿周围组织退化导致牙齿松动和脱落。同时，早期金冶金的发展可以提供金丝用于捆绑固定松动的牙齿，于是就开创了贵金属用于牙科治疗的历史。考古发现证明了这一假设。1914年，考古学家郡克尔在埃及吉扎地区的古墓葬中发现了两颗用金丝捆绑的臼齿（现保存在当地博物馆内），鉴定其年代约为公元前2500年。考古学家还在意大利古国厄特茹斯坎斯发现了以金带作为牙桥固定松动的人体牙齿和用金带固定动物牙齿（部分牛牙或象牙）代替人体脱落的牙齿(见图10-1(a))[1~3]，其年代约为公元前700年。在叙利亚赛达地区古代腓尼基人墓葬中也发现了用金丝捆绑人体松动的牙齿和用金丝捆绑动物牙替代人牙，其年代约为公元前400年，此发现的原物现珍藏在巴黎卢浮宫，图10-1(b)[1~3] 所示为其复制品。另外，南美洲的一些地区前哥伦布时期的墓葬

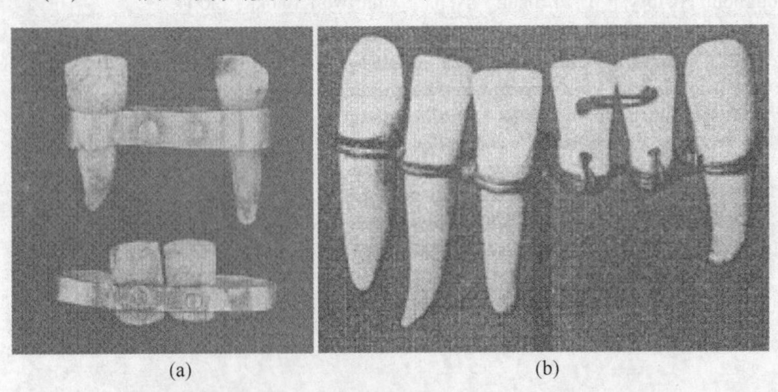

(a) (b)

图10-1 人类早期修复牙齿用金带和金丝

(a) 厄特茹斯坎斯人以金带作为牙桥固定松动的人体牙齿（上）和用金带固定动物牙齿代替人体脱落的牙齿（下）；
(b) 古代腓尼基人用金丝捆绑人体松动的牙齿（左）和用金丝捆绑动物牙替代人牙（右）

中也发现了用金丝捆绑的牙齿。世界其他地区，也发现有用金丝、银丝固定牙齿。用金、银丝（或带）固定人体松动牙科的技术一直延续到20世纪30年代。40年代以后，不锈钢丝才用于牙科并逐渐替代金、银丝。由于牙科的发展，在欧洲从16世纪开始就不断有关牙科的书籍出版[1~3]，其中记载了采用干净的退火碎金箔、金粉填充被腐蚀的牙坑和牙洞。大约在19世纪，牙科中又引入金海绵、“晶体”金和金汞齐作为填充材料。

古代中国，金在医药、涂料和丝绸印刷中的应用可追溯到公元前2500年[4~7]。我国在夏商时代（约公元前2100~前1600年）已掌握了制造金箔和贴金技术；在秦汉时代已能制造很细的金丝和银丝（直径仅0.14mm），并掌握了制造膏状“金汞齐”的技术。由此可以相信古代中国也是最早将金用于牙科修复的国家之一。

早期用于牙科材料的Au是天然金或未合金化的相对纯的金丝、金片或金带。在牙科中最早使用的Au合金是Au-10Cu合金，它曾是美国的流通金币材料。Au-10Cu合金还太软，不能满足某些牙科应用。1860年，一位在纽约从业牙科的医生通过向金币合金中加入Pt制备了新牙科合金，它比金币合金具有更好的抗腐蚀和抗晦暗能力。20世纪初，Pt的价格比金低，为了降低牙科金合金的成本，通常会在牙科合金中加入一定量的Pt取代相应量的Au。20年代以后，虽然Pt的价格超过了Au，但含Pt的Au合金仍然在牙科中应用。1926年以后，柯勒曼实现了对牙科Au合金通过合金化和热时效以提高其硬度和耐磨性的系统研究，他将当时使用的牙科金合金进行了分类。50年代以后，为了提高牙科合金的综合性能，也由于冶金学的进步，发展一系列以Au-Ag-Cu合金为基础的广泛牙科合金[8,9]。按牙科合金组成，现代贵金属牙科合金大体有含Pd和Pt的高开金合金，含Au量较低的低开金合金和以Ag为基体的Ag-Au-Pd合金等。除了贵金属牙科合金以外，20世纪还发展了Ni-Cr基、Cr-Co基和不锈钢牙科材料。总体来说，牙科材料以Au基合金为主。20世纪80年代，发达国家牙科材料年用金量约80t，占制造业年用金量的6.6%。2005年世界牙科材料年用铂量约在3.73t以上[10,11]。

柯勒曼的原始工作构成了美国牙科协会（American Dental Association，ADA）第一个牙科合金技术标准的基础[8,9]，后来美国牙科标准进行了多次修改和补充，建立了一系列的牙科材料国际标准。这些标准不仅规定了牙科合金材料的成分和性质，也规定了牙科合金元素的释放量和测定方法等[12]。

10.2 贵金属牙科合金设计基础

10.2.1 贵金属合金的塔曼耐酸限原则

牙科材料必须具有足够的抗腐蚀性和抗晦暗能力。在口腔环境中，牙科材料因溶解或腐蚀而产生哪怕最轻微的褪色，虽然可能并不影响它的功能，但在美学上也是不能接受的。

按塔曼耐酸限原则（详见第2章），高于50%（摩尔分数）Au的合金在各种腐蚀介质中显示良好耐蚀性。就主要的牙科合金体系而言，图10-2(a)[3]所示为Ag-Au-Cu合金耐硝酸腐蚀的成分区，富Au角区域的合金是耐硝酸腐蚀的合金。能耐硝酸腐蚀的合金，在相对柔和的口腔环境中就有足够的耐腐蚀性。Au合金中加入铂族金属时可以进一步提高合金的耐蚀性，试验证明Au+PGM（PGM为铂族金属缩写，主要为Pd和Pt）总含量高

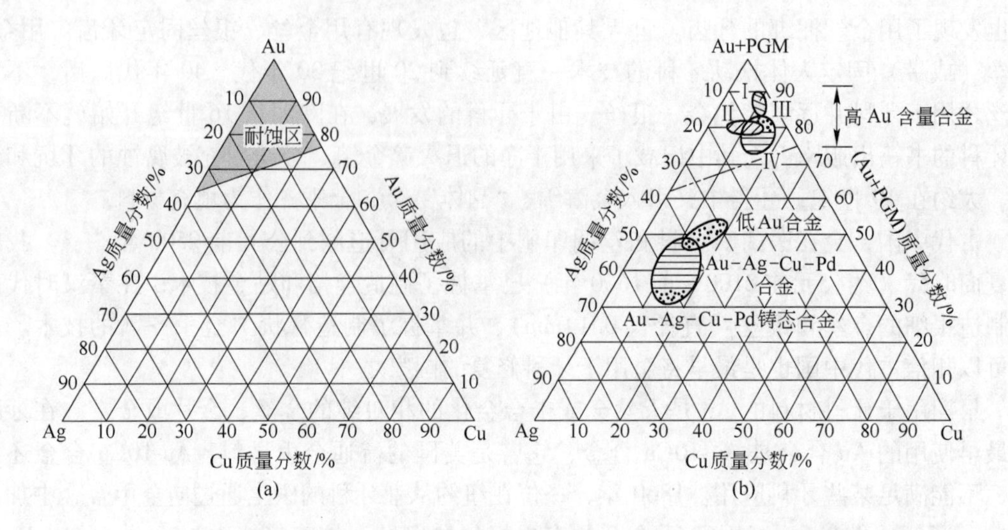

图 10-2 Au-Ag-Cu 和 Au(Pt,Pd)-Ag-Cu 三元合金系的耐腐蚀性区域

(a) Au-Ag-Cu 系合金的耐硝酸腐蚀区；(b) (Au + PGM)-Ag-Cu 合金系中牙科 Au 合金的成分分布范围

于 50% 的合金在清洁口腔环境中耐腐蚀[13]。这实际上是扩展的塔曼耐酸限原理。

图 10-2(b)[14,15] 所示为(Au + PGM)-Ag-Cu 系合金的耐腐蚀性，图中的 PGM 主要是 Pt 和 Pd，其中虚线以上的富 Au + PGM 区域是耐化学腐蚀区，包含了Ⅰ、Ⅱ、Ⅲ、Ⅵ型高耐蚀牙科合金成分区，可见图 10-2(b)所示的耐腐蚀区与图 10-2(a)的耐腐蚀区完全一致。图 10-2(b)中还包含有低 Au 含量的牙科合金成分区和 Ag-Au-Cu-Pd 合金成分区，富 Ag 的 Ag-Au-Cu-Pd 合金主要在日本使用，符合日本 JIS T6106 和 T6105 标准[14,16]。

在 Au-Ag-Cu 合金系基础上的高（Au + PGM）含量成为牙科材料化学稳定性的指标，它构成了高耐蚀牙科合金和其他生物材料成分设计基础。

10.2.2 贵金属牙科材料主体合金的基本特性

牙科疾病是人类最常见的疾病。据报道，我国患有牙科疾病者多达 8 亿多人。牙科材料是置入人体口腔内并承受咀嚼力的生物体材料，是人们最为关心的一类生物医学材料。牙科材料可以分为贵金属材料和非贵金属材料。贵金属牙科材料的主体合金就是上述高(Au + PGM) 含量的(Au + PGM)-Ag-Cu 合金。

高(Au + PGM)含量的贵金属牙科合金材料具有如下特性：(1) 与生物体有好的相容性，对人体组织无毒性和无刺激性，也无致癌或引发人体变态反应的因子或物质；(2) 高的化学稳定性和抗腐蚀性，能耐人体唾液长期侵蚀，对各种食物、药物都具有优良化学稳定性；(3) 高的物理稳定性和力学稳定性，具有高的强度、硬度和耐磨性；(4) 良好的制造工艺性能，包括好的熔铸特性、加工性和焊接性能，能容易地制造成牙科应用所要求的形式；(5) 外观色泽美观漂亮，色度接近牙齿本色并具有长期抗变色性能。良好的生物相容性、耐酸性、物理功能性质和美学外观，这些是贵金属牙科材料最基本的特性。

在国际上，申请牙科合金注册有严格的要求。合金制造者要提供牙科材料试样和性能检测报告，向指定的牙科机构（如美国牙科协会(ADA)），申请注册证书，然后由 ADA 组成评审委员会对生产者提供的材料做评估，合格者赋予注册合格证书。牙科材料制造商和牙科医生销售和应用未取得 ADA 合格证书保证的牙科合金可能会引起相关法律问题[14]。

10.3 金基牙科合金

10.3.1 纯金牙科材料

纯 Au 用于牙科修复主要使用金箔。将 Au 轧成薄片然后锤击至半透明状箔材，其厚度约0.6μm。纯金箔很软，退火态硬度 HB 约27，经锤击后 Au 箔的硬度 HB 可达70～80，强度可达约300MPa，伸长率为45%。这些特性使金箔容易地填充和修补齿腔齿洞，如将金箔做成小金叶，使用专门的工具将小金叶一层一层叠放在有腔洞的牙内并压实。因为在口腔唾液中 Au 既不腐蚀也不变晦暗，用金箔修复齿腔具有耐久性，不会造成渗漏。牙科修复用纯金也可使用金粉、海绵金和麸状金等。

为了提高麸状金和金箔填充修复牙齿的抗咀嚼力，后来发展了 Au-Pt 和 Au-Ag 合金箔[15]。合金箔比纯金箔更硬、更耐磨，也适于填充修复牙齿。合金箔可以通过轧制与锤击 Au/Pt/Au、Au/Ag/Au 三明治得到，也可以在 Pt 片或 Ag 片两边电镀 Au 然后再轧制和锤击到所要求的尺寸。Au-Pt 合金箔含 Pt 量应低于40%，更高 Pt 含量的合金箔太硬，使修复操作困难。

牙科填充修复的另一种方法是采用表 10-1 中的Ⅰ型铸造 Au 合金通过预制的模型制作成金合金镶嵌铸件，打磨抛光后填充并黏结到牙洞内[3]。这种铸造填充材料经久耐用，镶嵌过程不会给病人造成痛苦。电铸成型在珠宝工业中已广泛使用（详见第 14 章），近 20 年内，电铸成型纯金也用于牙科修复。牙科修复电铸成型采用微型电铸系统和亚硫酸盐电镀液。这个过程的主要优点是可以制造非常精密的铸件或高纯金（99.9%～99.99% Au）覆盖层，硬度 HV 值达到 140～250（与电铸成型工艺有关），还具有非常细小的晶体尺寸（小于1μm）[12]。电铸成型纯金用于牙科修复时先将牙腔填充瓷料，然后再以电铸纯金覆盖加固。此外，电铸纯金也用于镶嵌补牙，还可以作为烤瓷基体覆盖瓷料制作牙冠或牙桥。

表 10-1 铸造牙科合金的主成分和物理性能（按 ADAS No.5 标准和 EN ISO1562 标准）

类型	Au + PGM 最低质量分数/%	最低熔点 /℃	硬度 HB		0.2% 屈服强度/MPa		伸长率/%	
			软化态①	硬化态②	软化态	硬化态	软化态	硬化态
Ⅰ	83	927	40～75	—	80～180	—	≥18	—
Ⅱ	78	899	70～100	—	180～240	—	≥12	—
Ⅲ	78	899	90～140	—	≥240	—	≥12	—
Ⅳ	75	871	≥130	200	≥300	450③	≥10	3

注：1. Ⅰ型牙科铸造合金。其 Au + PGM 含量最高，硬度和屈服强度低，伸长率高，无时效硬化效应，易于加工和打磨，只能承受很低的应力，主要用作牙科修复材料。2. Ⅱ型牙科铸造合金。其 Au + PGM 含量低于Ⅰ型合金，具有中等硬度和屈服强度，伸长率较高，无时效硬化效应，可承受中等的应力，主要用作牙科镶嵌体、齿冠和支撑体。3. Ⅲ型牙科铸造合金。其 Au + PGM 含量和熔点大体与Ⅱ型合金相同，但硬度值更高，有时效硬化效应，能承受高应力，用作齿冠、牙桥、嵌体与基托。4. Ⅳ型牙科铸造合金。其 Au + PGM 含量和熔点最低，硬度 HB130 以上，具有时效硬化效应，可承受高应力，用作基托、棒、扣和假牙。

①软化态为固溶处理淬火态；②硬化态为时效硬化态；③Ⅳ型合金硬化态抗拉强度不小于622MPa。

10.3.2 铸造牙科金合金

在牙科修复中，铸造牙科合金主要用作各类镶嵌体、牙冠、牙桥和基托等。铸造 Au 合金可以分为以 Au-Ag-Cu 系为基础和以 Au-Ag-Pd 系为基础的牙科合金。

10.3.2.1 Au-Ag-Cu 系铸造牙科合金

铸造 Au-Ag-Cu 系合金可按开金分类，但牙科 Au 合金通常按其硬度分为Ⅰ、Ⅱ、Ⅲ、Ⅳ类，它们均分布在图 10-2（b）中的"高 Au + PGM"含量区。按照美国牙科协会 1966 年颁布的 ADAS No.5 标准和国际牙科协会 1976 年颁布的 EN ISO1562 国际标准，这 4 类牙科合金的主要成分与性能见表 10-1[12,14]。其他国家也制定了类似的标准，如中国国家标准 GB/T 17168—2008(《牙科铸造贵金属合金》)、德国标准 DIN13906（《齿科铸造合金》(1975)）以及日本标准 JIS T6106(《齿科铸造用金钯银合金》)、JIS T6108(《齿科铸造用银合金》)等。

铸造牙科合金的主要成分为 Au、Ag 和 Cu，还含有一定量 Pt 和 Pd。Pt、Pd 添加剂不仅可以增大合金的化学稳定性，适度提高合金的熔点、硬度和强度性能，还可以减小对熔体过热的敏感性。添加少量 Zn 可作为脱氧剂以清除合金中存在的氧化物，改善铸造性能。合金中也可以添加很少量的 Ir、Rh、Re 组元等以细化晶粒和改善熔体流动性。如果牙科合金中含有大于 0.1% Ni、大于 0.02% Cd 或 Be 等有害元素，应在产品包装上注明和详细说明防护措施。表 10-2[14,15] 列出了某些有代表性的 Au-Ag-Cu 基铸造合金。表 10-3[14,15] 列出了这类合金中某些实用铸造牙科合金的成分和性能，硬度低的合金主要用于牙科修复，而"高硬"合金主要用作牙冠。铸造牙科合金具有良好的铸造性能，可采用熔模精密铸造制备精确的铸件用于牙科修复。

表 10-2 实用铸造牙科合金的成分和特性

合金序号	类型	组元质量分数/%						颜色特征
		Au	Ag	Cu	Pd	Pt	Zn	
1	软	79~92.5	3~12	2~4.5	<0.5	<0.5	<0.5	黄 色
2	中硬	75~78	12~14.5	7~10	1~4	<1.0	0.5	黄 色
3	硬	62~78	8~26	8~11	2~4	<3.0	1	黄 色
4	高硬	60~71.5	4.5~20	11~16	<5	<8.5	1~2	黄 色
5	硬	65~70	7~12	6~10	10~12	<4	1~2	白 色
6	高硬	60~65	10~15	9~12	6~10	4~8	1~2	黄白色
7	高硬	28~30	25~30	20~25	15~20	3~7	0.5~1.7	银白色

注：类型"软、中硬、硬和高硬"分别相应于表 10-1 中"Ⅰ、Ⅱ、Ⅲ、Ⅳ型"。

表 10-3 铸造牙科合金的力学性能

合金序号	合金状态	硬度 HB	抗拉强度/MPa	比例极限/MPa	伸长率/%	液相线温度/℃
1	淬火态	45~70	206~309	55~103	20~35	950~1050
2	淬火态	80~90	309~377	137~172	20~35	930~970
3	淬火态	95~115	329~391	158~206	20~25	950~1000
	时效态	115~165	412~563	199~378	6~20	

续表 10-3

合金序号	合金状态	硬度 HB	抗拉强度/MPa	比例极限/MPa	伸长率/%	液相线温度/℃
4	淬火态	130~160	412~515	240~322	4~25	870~985
	时效态	210~235	686~823	412~631	1~4	
5	淬火态	105~115	343~391	165~206	9~18	1030~1070
	时效态	120~170	412~515	192~309	2~12	
6	淬火态	130~180	446~515	274~309	9~15	1025~1050
	时效态	225~260	755~823	515~569	1~3	
7	淬火态	160~180	563~597	343~377	9~12	930~1000
	时效态	220~280	789~892	446~686	2~3	

注：合金序号和成分同表 10-2。

10.3.2.2 Au-Ag-Pd 系铸造牙科合金

Au-Ag-Cu 系合金具有良好的铸造性能，但鉴于该三元合金系中存在基于 Ag-Cu 共晶的广泛两相区（见图 4-15），合金在凝固过程中存在较大的偏析，可能导致形成粗糙的晶粒，同时由相分解形成的高 Cu 相在口腔环境中易于变色和晦暗。在 Au-Ag-Cu 合金系中减少 Cu 含量而增加 Pd 含量可以克服 Au-Ag-Cu 合金这些缺点，因而逐步发展了 Au-Ag-Pd 系的铸造牙科合金，该系合金还可以通过添加 Ir、Ru、Re 等少量或微量元素细化晶粒和增加强度，日本标准 JIS T6105 和 JIS T6106 建立了相应的标准[17]。Au-Ag-Pd 三元系合金在全成分范围内为连续固溶体，具有较高的熔点（1100℃以上），其固相面与液相面温度很接近，因而结晶偏析很小，所有三元合金都具有良好延性和加工性，加工态硬度 HV 可达 200 以上。按照美国 ADAS No.5 标准的要求，早年研制的 Au-Ag-Pd 系的铸造牙科合金满足 Au + PGM 含量大于 75% 的成分要求，因而具有良好的抗腐蚀性，适于各种牙科应用。表 10-4 列出了某些 Au-Ag-Pd 系的铸造牙科合金的成分和性质。后来为了降低牙科材料成本，合金中 Au 含量逐渐降低到 50% 以下直至 10%。

表 10-4 某些 Au-Ag-Pd 系铸造牙科合金的力学性能

序号	合金成分(质量分数)/%			硬度 HV	颜色	序号	合金成分(质量分数)/%			硬度 HV	颜色
	Au	Ag	Pd				Au	Ag	Pd		
1	85.0	12.0	3.0	45/—	黄色	5	60.0	25.0	15.0	165/235	白色
2	85.0	8.0	7.0	45/—	淡黄	6	57.0	27.5	15.5	145/210	白色
3	75.0	14.5	10.5	90/—	浅黄	7	40.0	47.0	13.0	125/215	浅白
4	63.0	25.0	12.0	130/215	白色	8	55.0	30.5	14.5	—	白色

注：合金硬度值：低值为退火态；高值为加工态。

10.3.2.3 中国标准铸造牙科合金的性能

按中国国家标准 GB/T 17168—2008《牙科铸造贵金属合金》规定，铸造牙科合金也分为 4 大类，其化学成分分布范围较广泛，其中贵金属（Au、Ag、Pt、Pd、Rh、Ru、Ir、Os）总含量不小于 25%，其含量偏差应控制在 ±0.5% 以内；非贵金属（Cu、Sn、Zn、Co、Cr 等）总含量不大于 75%；有害杂质 Ni 含量不大于 0.01%，Cd 含量不大于 0.02%，Be 含量不大于 0.02%。4 类铸造牙科合金都是以 Au-Ag-Cu 为基和含有 Pt 和（或）Pd 的合金系，添加 Pt、Pd 的目的是为了提高合金的耐腐蚀性和力学性能，也可添加少量 Ir 和/

或 Ru 细化合金晶粒。表 10-5 列出了 4 类铸造牙科合金的力学性能，从Ⅰ类到Ⅳ类分别属于“软”、“中硬”、“硬” 和 “超硬”。

表 10-5 中国标准铸造牙科合金的力学性能（按国家标准 GB/T 17168—1997）

类型	规定非比例伸长应力/MPa			伸长率/%	
	软态		硬态	软态	硬态
	最小	最大	最小	最小	最小
Ⅰ	80	180	—	18	—
Ⅱ	180	240	—	12	—
Ⅲ	240	—	—	12	—
Ⅳ	300	—		10	3

10.3.3 加工态牙科金合金

加工态牙科 Au 合金早年有广泛应用，后来由于精细熔模铸造技术的发展，加工态合金的应用范围缩小，它主要以丝材形式用于畸齿矫正和补牙扣环。

加工态牙科合金既要具有高强度、高弹性和好的焊接性能，同时要有适当韧性使之容易加工和弯曲，还要有好的化学稳定性以适应在口腔环境内应用。传统的加工态牙科合金是含高 Au 或高 Au + PGM 含量的合金。基于早期加工牙科合金的研究和实践，美国牙科协会对含高 Au + PGM 的加工牙科合金制定了技术标准 ADAS No. 7，它将含高 Au + PGM 的加工牙科合金分为Ⅰ、Ⅱ两种类型，Ⅰ型合金的 Au + PGM 含量为 75%；Ⅱ型合金的 Au + PGM 含量为 65%。表 10-6[14,15]列出了两类合金的成分和性能，所列数据为各型合金所要求性能的最低值。表 10-7 和表 10-8[4,14]列出了某些典型的加工态牙科合金的成分与性能，这些合金的 Au 含量分布范围很广，高 Au 含量达 70%，低 Au 含量低于 30% 甚至不含 Au，但是低 Au 含量的合金都含有较高的 Pd(或 Pt)与 Ag。所有这些合金的 Au + PGM 或 Ag + PGM 含量不小于 65%，符合 ADAS No. 7 标准。另外，与铸造牙科 Au 合金的成分比较，加工态合金中的 Pt 与 Pd 含量远高于铸态合金，这是因为加工态合金需要以 Pt 或 Pd 作为强化元素以提高强度、硬度和弹性模量，同时具有优良的耐腐蚀性。

表 10-6 加工态牙科 Au 合金的成分与性能标准（ADAS No. 7 标准）

类型	Au + PGM 质量分数/%	熔点 /℃	屈服强度 /MPa	抗拉强度 /MPa	伸长率/%	
					淬火态	炉冷态
Ⅰ型	75	955	88	95	15	4
Ⅱ型	65	871	70	88	15	2

注：1. 强度数据均在炉冷试样上测定；2. 伸长率测量试样标长 50mm；3. 表中所列数据为各型合金所要求的最低值。

表 10-7 加工态牙科合金成分

合金	组元成分（质量分数）/%							熔化温度 /℃	密度 /g·cm^{-3}	颜色
	Au	Pt	Pd	Ag	Cu	Ni	Zn			
1	25 ~ 30	40 ~ 50	25 ~ 30	—	—	—	—	1499 ~ 1532	16.9 ~ 17.6	铂白
2	54 ~ 60	14 ~ 18	1 ~ 8	7 ~ 11	11 ~ 14	<1	<2	1004 ~ 1099	15.0 ~ 18.5	铂白
3	45 ~ 60	8 ~ 12	20 ~ 25	5 ~ 8	7 ~ 12	—	<1	1066 ~ 1121	15.5 ~ 15.8	铂白

续表 10-7

合金	组元成分(质量分数)/%							熔化温度/℃	密度/g·cm^{-3}	颜色
	Au	Pt	Pd	Ag	Cu	Ni	Zn			
4	62~64	7~13	<6	9~16	7~14	<2	<1	943~1016	14.5~15.6	亮金
5	64~70	2~7	<5	9~15	12~18	<2	<1	899~932	14.1~15.2	金黄
6	56~63	<5	<5	14~25	11~18	<3	<1	877~899	13.7~14.0	金黄
7	10~28	<25	20~37	6~30	14~21	<2	<2	941~1079	11.5~15.6	铂白
8	—	<1	42~44	38~41	16~17	<1	—	1043~1077	10.7~11.2	铂白

注：微量元素 In、Ir、Rh 等未列入表中。

表 10-8 加工态牙科合金的力学性能

合金	比例极限/MPa		抗拉强度/MPa		硬度 HB		伸长率/%	
	退火态	时效态	退火态	时效态	退火态	时效态	退火态	时效态
1	549~1029	—	858~1235	—	200~245	—	14~15	—
2	494~700	892~1036	755~892	1098~1345	150~190	240~285	12~22	5~10
3	755~823	892~960	960~1029	1098~1166	210~230	250~270	8~10	7~9
4	377~549	583~960	617~789	823~1132	166~195	240~295	14~26	2~8
5	364~501	707~954	563~823	892~1132	135~200	230~290	14~20	1~3
6	358~398	480~851	576~686	659~1077	138~170	220~280	20~28	1~2
7	412~789	755~1098	659~1015	1029~1317	150~225	180~270	9~20	1~8
8	432~597	734~871	686~755	892~1166	150~200	235~270	16~24	8~15

注：1. 合金弹性模量介于 9.8~11.9GPa；2. 退火态：在 700~870℃加热后水淬；时效态：250~450℃时效 0.5h；
3. 伸长率测量试样标长 200mm；4. 1 号合金无时效硬化效应；5. 合金序号同表 10-6。

10.4 低金和无金牙科合金

早期的铸造和加工态牙科合金都是含高 Au 或高 Au + PGM 的合金，它们具有高密度、良好生物相容性、高耐腐蚀性和抗氧化性以及良好的熔铸和加工特性，是优良牙科材料。但是，由于 Au、Pt 的价格不断升高，加工合金成本也随之增高，导致后来发展了低 Au（甚至无 Au）低 Pt 和相对高 Pd、高 Ag 的牙科合金。

10.4.1 低金含量牙科合金

低 Au 牙科合金是指 Au 含量低于50%的合金。图 10-2(b) 中虚线以下区域中规划出了低 Au 含量牙科合金的成分区域，它们大体是 Au 含量较低的 Au-Ag-Pd 合金或 Au-Ag-Cu-Pd 合金，表 10-2 中的 7 号铸造合金、表 10-7 中的 1 号和 7 号加工合金都属于低 Au 含量牙科合金的成分范围。一般地说，Au 含量低的合金都需要添加铂族金属以增强抗腐蚀、抗晦暗能力、细化晶粒和提高强度性质，其中主要是添加 Pt 和 Pd，此外还可以添加少量或微量 Ir、Rh。在加工态牙科合金中，Pt 和 Pd 的添加量大体有如下倾向：对于 Au 含量高于 65% 的合金，倾向于添加相对更多量的 Pt；而对于低 Au 含量（小于 50% Au）的合金，则倾向于添加更多量的 Pd。当低 Au 含量的合金不含 Cu 时，通常可添加 In 和 Sn，这两个金属对细胞组织不显示毒性，并可通过形成沉淀相使合金硬化。Zn 作为脱氧剂也是常用的添加剂。添加微量难熔金属如 Ir、Re、Ru 等，可以进一步细化晶粒。除了表 10-7

所列出的低 Au 牙科合金外，多年来一些公司开发了许多低 Au 的专利牙科合金，其成分范围大体在[14,18]：(30～50)Au-(20～50)Cu-(5～15)Ag-(1.5～15)Pd-(1～4)Pt-Zn-微量元素。此外，也有含有相对高 Ag 和低 Cu 的低 Au 牙科合金，如：41Au-36.9Ag-8Cu-10Pd-1Pt-3.1 其他元素，40Au-47Ag-7.5Cu-4Pd-1.5Zn(或 In)等。日本由政府补助发展了一种称为“Kinpala”的牙科合金，该合金成分含有 Au、Ag、Pd 和其他元素，其中 Pd 至少在 20%以上。日本的牙科治疗和处置中至少 90%牙科材料采用“Kinpala”合金，主要用作牙冠、牙桥和牙科烤瓷基体材料。世界上最大的含钯牙科合金消费国是日本，其次是中北美和欧洲。图 10-3[19] 所示为采用“Kinpala”Pd 合金制造的长跨距牙桥，它也可作为牙科烤瓷修复的基体。但日本近年逐渐减少了健康保险补助，致使含钯牙科合金的用量和牙科合金的用钯总量降低。

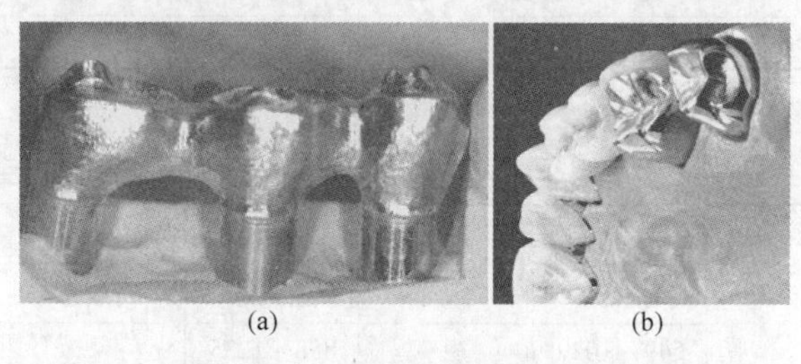

图 10-3 采用“Kinpala”Pd 合金制造的长跨距牙桥
(a)“Kinpala”合金基体；(b) 烤瓷修复牙冠

低 Au 含量牙科合金的抗腐蚀性相对较低，长期使用可能会给病人带来痛苦。因此，许多国家和国际标准都做出相关规定以控制这类牙科材料过快发展。如英国要求低 Au 含量的牙科合金应满足 BS6042(1981 年)技术标准要求[20]，即贵金属（包括 Au、Pt 和 Pd）含量不低于 30%，贱金属 Cu、Zn 等组元的含量不大于 20%，其余含量为 Ag。这个标准称低 Au 含量的牙科合金为“半贵金属”合金。美国牙科协会（ADA）也对牙科合金做了选择性分类以帮助牙科医生选择适当合金。按 ADA 分类，含有至少 60%(Au + PGM)和含至少 40% Au 的合金称为“贵金属”或“高贵”合金，含有至少 25% Au、Pt 或 Pd 的合金称为“半贵金属”或“中等”合金，含 25%以下贵金属的合金称为“低等”合金。含有高的铂族金属（Pt、Pd）或高 Ag 含量的低 Au 合金仍可以保持牙科合金的“高贵性”。

属于“半贵金属”合金或“中等”牙科合金的有 Ag-Pd-Au-Cu 系合金。Ag-Pd-Au-Cu 系合金于 20 世纪 30 年代以后开始用作牙科材料，被称为“白色金”，但实际上当 Au 含量高于 10%时这些合金呈淡黄或黄色而非白色。美国牙科协会标准（ADA）和日本牙科标准 JIS T6106 对 Ag-Pd-Au-Cu 合金制定了相应的标准[14]。Ag-Pd-Au-Cu 合金抗晦暗性相当好，有较高的力学性能和加工硬化率，硬度 HB 可达 170。当 Ag 与 Au + PGM 摩尔比为 1∶1 时，合金完全不变色。某些典型合金其成分为(30～45)Ag-(20～25)Pd-(15～30)Au-(15～20)Cu-1Zn。某些配方中，Au 含量可降低至 2%，但需另外添加贱金属 In 和 Sn。

10.4.2 Ag-Pd 系牙科合金

虽然 Ag 的最大缺点是易硫化变色，但添加 Pd 可以克服 Ag 的硫化晦暗倾向。因此 Ag-Pd 合金就构成了一类不含 Au 牙科材料的基础。Ag-Pd 基合金具有优良生物相容性和较好的化学稳定性，有较高的强度、硬度、韧性和良好的加工性，有接近牙齿本色的色泽并具有较好抗变色性。因此，银合金也广泛用于牙科镶嵌、矫形、修复和齿科材料焊接。

Ag-Pd 系合金可分为以 Pd 为基的合金和以 Ag 为基的合金，它们都为白色合金。

(1) 以 Pd 为基 Pd-Ag 系合金。这类合金因含有高 Ag + PGM，可归并为 Au + PGM 类，因而具有高的化学稳定性。以 Pd 为基 Pd-Ag 牙科合金，除了主体元素 Pd、Ag 以外，还含有 In、Sn 等辅助元素和 Ir、Ru、Re 等微量元素，它们符合 EN ISO 国际标准。表10-9[21,22]列出了临床用的某些 Pd-Ag 牙科合金的性质。除了 Pd-Ag 牙科合金外，美国也曾报道了不含 Ag 的 Pd 基专利牙科合金，其成分为[14] (75 ~ 85) Pd-(5 ~ 10) In-(5 ~ 10.5) Sn-(0.2 ~ 0.7) Ru-Co-Cr(或≤7.5Ni)-≤0.25Si，这些牙科合金含有较高量的 In 和 Sn。

表 10-9 临床用的某些 Pd-Ag 系牙科合金的性质

合金成分(质量分数)/%							密度 /g·cm^{-3}	熔化温度 /℃	硬度 HV	颜色
Pd	Ag	Cu	Pt	Sn	In	Ga				
60.5	29.5	—	—	3.0	7.0	—	11.2	1225 ~ 1280	260(时效)	白色
58.95	29.0	3.2	0.05	1.05	5.25	2.5	11.1	1130 ~ 1240	185(加工) 295(时效)	白色
56.5	33.5	—	—	4.0	6.0	—	11.1	1200 ~ 1230	200(加工)	白色
80.0	—	10.0	—	—	—	10	—	—	265(退火)	白色

(2) 以 Ag 为基 Ag-Pd 系基牙科合金。按合金的主要成分，Ag-Pd 牙科合金也可以分为两个基本类型：Ag-Pd-In 合金和 Ag-Pd-Cu 合金。图10-4[22]所示为 Ag-Pd-Cu 系合金的液相面等温曲线，图中 1 ~ 4 是典型合金，其成分（质量分数,%）分别为：1：Ag-20Pd-10Cu；2：Ag-20Pd-20Cu；3：Ag-30Pd-10Cu；4：Ag-30Pd-20Cu。图10-5 所示为 Ag-Pd-Cu 系合金变色试验结果，其中以高 Pd 低 Cu 的合金 3 的抗变色性最好，而含高 Cu 的合金 2 的抗变色性最差，表明 Pd 含量越高、Cu 含量越低，合金的抗变色性越好。图10-6 所示为铸态 Ag-Pd-Cu 系合金的抗拉强度，Cu 含量越高，合金强度越高，Cu 还可以降低合金熔点和赋予合金时效硬化特性。因此，在 Ag-Pd-Cu系合金中 Cu 含量的选择应综合考虑它对合金的冶金学性质和变色性的影响。在

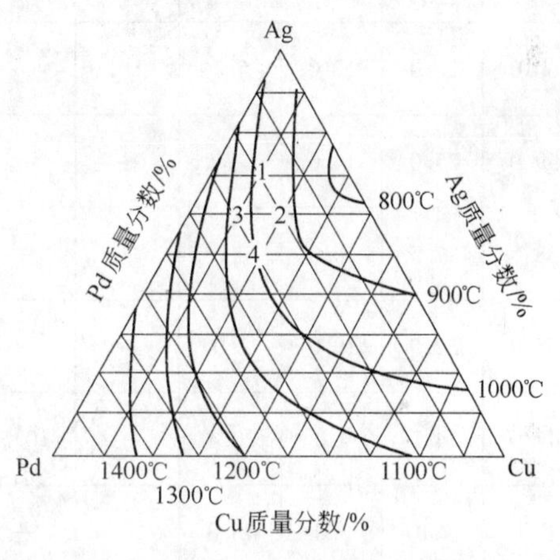

图 10-4 Ag-Pd-Cu 系合金的液相面等温曲线

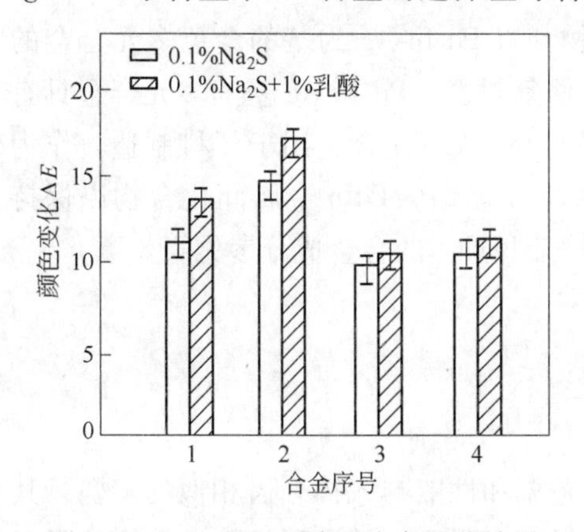

图 10-5 Ag-Pd-Cu 系合金变色试验结果

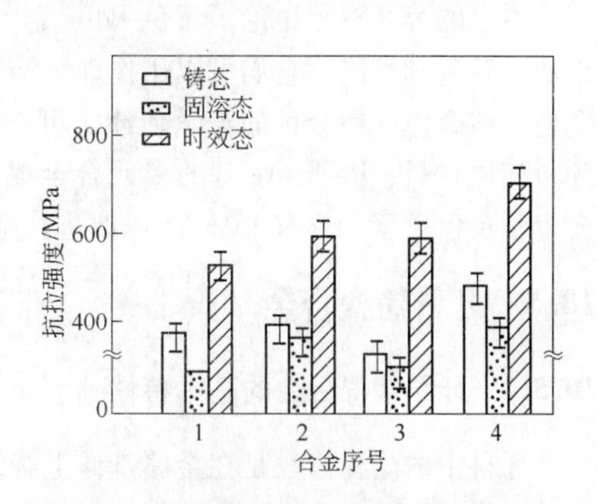

图 10-6 铸态 Ag-Pd-Cu 系合金的抗拉强度

Ag-Pd-In 和 Ag-Pd-Cu 系合金中还常添加 Au、Pt、In、Cu、Zn 等元素以进一步改善合金性能，如前一类合金有(45 ~75)Ag-(10 ~25)Pd-(10 ~20)In-(0 ~4)Cu-0.5 其他金属，后一类合金有(55 ~58)Ag-(25 ~29)Pd-(8 ~18)Cu-(0 ~8)其他金属。Ag-Pd 系牙科合金常以铸态和加工态使用。铸态合金通常制作铸造嵌镶体，有很大的用量，是它的主要应用；加工态合金主要用作连接棒、牙冠、支架和夹板等。表 10-10 列出了临床常用的一些 Ag 基牙科材料的成分与性质[22]。

表 10-10 临床用的某些 Ag-Pd 系牙科合金的成分与性质

合金成分(质量分数)/%								密度 /g·cm^{-3}	熔化温度 /℃	硬度 HV	颜色
Ag	Pd	Cu	Au	Pt	In	Zn	其他				
74.0	25.0	—	—	—	0.5	—	0.5	10.6	1140 ~1170	65(加工)	白色
71.0	19.5	—	8.0	—	—	1.5	—	11.1	1065 ~1130	75(加工)	白色
63.5	25.0	4.0	5.0	—	—	2.5	—	10.5	1020 ~1175	155(加工) 165(时效)	白色
60.0	28.0	9.0	2.0	—	—	1.0	—	11.0	945 ~1035	145(加工) 275(时效)	白色
60.0	20.0	12.0	5.0	2.0	—	2.0	—	10.8	890 ~995	155(加工) 180(时效)	白色
59.0	25.0	14.0	—	—	—	2.0	—	10.5	914 ~987	165(加工) 225(时效)	白色
58.5	27.5	10.0	2.0	—	—	2.0	—	11.1	950 ~1030	135(加工) 290(时效)	白色
56.0	22.0	19.0	2.0	—	—	1.0	—	10.5	855 ~925	145(加工) 175(时效)	白色
47.0	14.2	4.0	20.4	—	10.5	3.9	—	11.3	840 ~910	140(加工) 205(时效)	白色
47.0	4.0	3.0	40.0	—	—	3.0	3.0	12.41	857 ~913	125(加工) 215(时效)	白色

10.4.3 金色 Pd-In-Ag 基多元牙科合金

本书的第 8 章已讨论了黄色 PdIn 金属间化合物和以 Pd-In-Ag 为基的金色多元合金的组成、颜色和性能，它们可以用作珠宝饰品和牙科修复材料。Pd-In-Ag 基的多元合金具有金色、淡金色或粉金色的美学色泽，可以代替传统的 Au-Ag-Cu 合金用于牙科制造。作为牙科应用材料，Pd-In-Ag 基的多元合金成分中至少应含有 21% PdIn 金属间化合物以保持合金呈黄色，至少含有 15% Ag 以改进合金的延性。某些具体的合金成分参见第 8 章。

10.5 牙科烤瓷合金

10.5.1 牙科烤瓷合金的基本特性

牙科中的烤瓷修复是在金属基体上烧结一层其色调和性能与人体牙齿相似的陶瓷，其中的金属基体称为烤瓷合金。陶瓷具有天然牙齿色泽、高耐腐蚀性和耐磨性，但抗拉强度和切变强度低，呈脆性。将陶瓷与金属基体相结合的烤瓷修复体可以发挥两种材料的优点，使烤瓷牙科材料既具天然牙齿色泽，又具有足够的强度和耐磨性。

牙科烤瓷技术最先由弗查德（1678～1761 年）发明，他在基体金属上涂一层仿齿龈的红色釉瓷作为假牙。1808 年，冯兹发明了在 Pt 扣上制作烤瓷的方法。随后兰德（1847～1919 年）在 Pt 帽上制作烤瓷用作牙冠。20 世纪 30 年代，曾选用 Pt-Ir 合金作为制造烤瓷的基托合金，但该合金熔点太高，它与陶瓷的匹配性也不太好，故而未被继续使用。50 年代以后发展了 Au 基烤瓷合金，Pt 则是 Au 基烤瓷合金的重要组成成分[3,23]。

图 10-7 所示为烤瓷牙科修复体示意图，它是由合金骨架（基体）、内层不透明陶瓷和外层齿冠色陶瓷组成，通过烧结固化为一个整体，烧结温度通常在 960～980℃。对牙科烤瓷修复体各层的厚度有一定的要求[4,16]：烤瓷合金骨架和不透明陶瓷的厚度均为 0.2～0.5mm（临床厚度 0.3mm）；齿冠色陶瓷厚度 1.0～2.0mm（临床厚度 1.6mm）。

牙科烤瓷与基体合金应满足如下要求[4]：（1）用作齿冠的烤瓷材料应有较低熔点，基体合金应有较高的熔点，其固相线温度至少应高于烧结温度 100℃，以免基体合金在烧成过程中变形或熔化；（2）为了保持金属-陶瓷结合体的完整性，金属与烤瓷材料的膨胀系数应保持一致，金属与烤瓷之间的结合强度应大于 25MPa；（3）根据 ENISO9693 标准，烤瓷基体合金应具有如下力学性能：硬度 HV 不小于 300、屈服强度 $\sigma_{0.2} \geqslant 250$MPa、抗拉强度 $\sigma_b \geqslant 1000$MPa、致断伸长率不小于 3%，这是因为基体合金需要具有高强度和高硬度，同时需要具有一定韧性和塑性，使基体合金可以抑制陶瓷产生裂纹和延伸；（4）与其他牙科合金一样，基体还应有高抗腐蚀性和生物相容性，不变色，不污染烤瓷；（5）基体合金应具有好的铸造性和加工性能，能满足牙科骨架成型的要求。满足这些条件，贵金属合金成为烤瓷修复体的首选合金。图 10-8[3] 所示为烤瓷修复体中的牙科合金与陶瓷热膨胀率的最佳拟合。牙科烤瓷材料的线膨胀系数一般在 $1 \times 10^{-6}℃^{-1}$ 以内，而 Au、Ag、Pt、Pd 的线膨胀系数分别为 $14.2 \times 10^{-6}℃^{-1}$、$19.3 \times 10^{-6}℃^{-1}$、$8.3 \times 10^{-6}℃^{-1}$ 和 $11.1 \times 10^{-6}℃^{-1}$。因为陶瓷承受压应力的能力比承受拉应力的能力更好，因此合金的线膨胀系数应高于陶瓷的线膨胀系数，这样在冷却过程中可在牙冠陶瓷产生压应力。

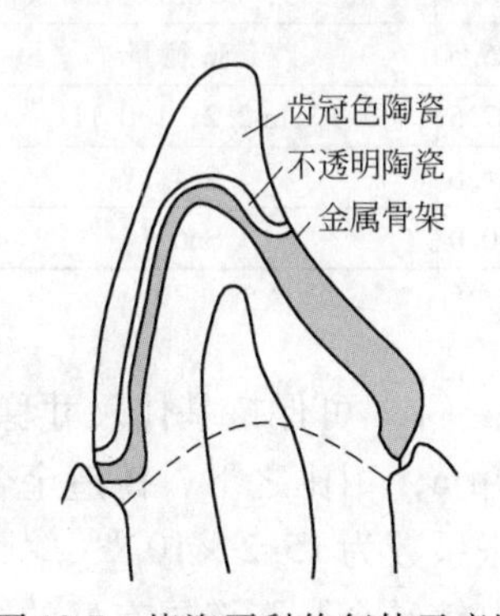

图 10-7 烤瓷牙科修复体示意图

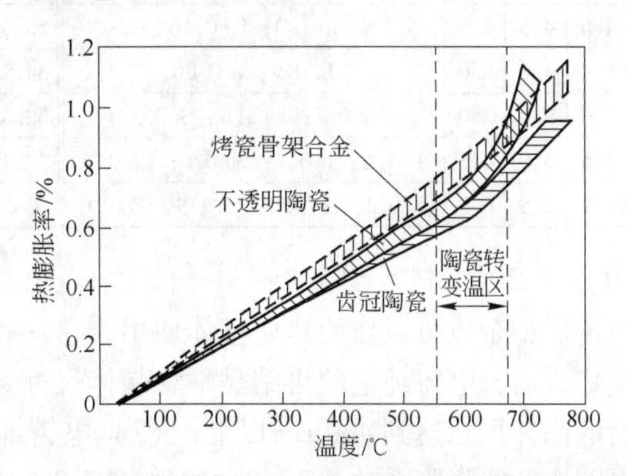

图 10-8 烤瓷修复体中牙科合金与陶瓷热膨胀率的最佳拟合

10.5.2 主要牙科烤瓷合金

10.5.2.1 Au-(Pt+Pd)-Ag 系烤瓷合金

用作牙科烤瓷修复体的贵金属烤瓷合金主要是 Au-(Pt+Pd)-Ag 系合金。图 10-9[4,16]

所示为在 Au-Ag-(Pt+Pd)伪三元系中烤瓷合金的成分的分布，它们大体分布在从富 Au 角的 A 点(质量分数约为90Au-10(Pt+Pd)合金)到底边的 B 点（质量分数约为 60(Pt+Pd)-40Ag 合金）的连线附近。按其成分，可将烤瓷合金分为三类：第Ⅰ类合金为高 Au(含 80%～90% Au)合金；第Ⅱ类合金含 40%～60% Au；第Ⅲ为 Pd-Ag 系合金。表10-11[4,14,16]列出了可用作烤瓷基体的贵金属合金的成分，它们包括了上述三类合金。在贵金属烤瓷合金中，许多合金含有贱金属组元，这些贱金属组元大体有两方面的作用：（1）Au-(Pt+Pd)-Ag 系合金中的贱金属组元具有时效硬化作用，但其硬化机制不相同，如 In、Ga、Sn 等组元可以产生沉淀强化效应[10]；而 Fe、Co、Ni 等组元可以产生有序相强化效应[10,24]。（2）在烤瓷合金烧成过程中，贱金属组元可以在合金表面上形成很薄（小于 1μm）的氧化物膜，氧化物能渗透进齿冠陶瓷，促进陶瓷与金属骨架之间的结合，提高其结合力[3]。烤瓷基体合金中的 Pd 组元也有类似特性。因此，开发高强度烤瓷合金时，重点应放在开发与陶瓷结合力强、实现界面无缺陷结合的合金上。除了贵金属合金以外，某些贱金属合金，如 Co 基合金、Ni 基合金和不锈钢也用作烤瓷修复体的基体合金。这些合金具有较高的强度和弹性系数，价格便宜，但它们加工较困难，其生物相容性和耐腐蚀性不如贵金属合金。

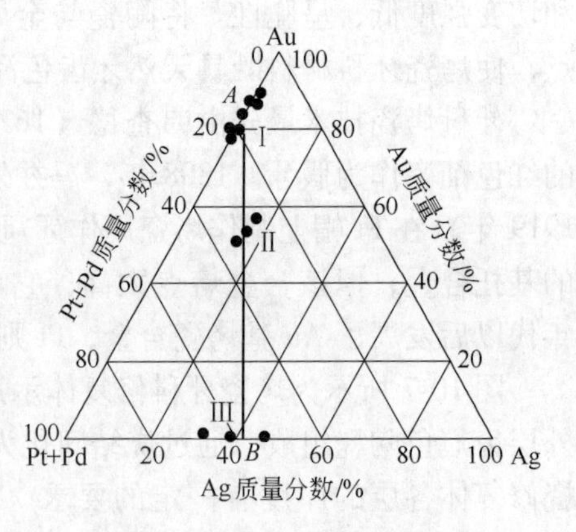

图 10-9 Au-(Pt+Pd)-Ag 系中烤瓷合金分布范围

表 10-11 牙科烤瓷 Au 合金成分（质量分数） （%）

Au	Ag	Pt	Pd	其他元素	Au	Ag	Pt	Pd	其他元素
89.0	0.5	7.5	2.0	Ir 0.4；Sn 0.3；Si 0.3	83.0	—	15.5	—	In 1.0；Ir 0.5
88.0	1.0	6.0	4.5	In 0.5	78.5	0.01	10.3	7.6	In 3.4；Ir 0.21
87.5	0.9	4.2	6.7	Sn 0.4；Fe 0.3	78.0	0.8	9.1	9.9	In 1.3；Ir 0.09
87.5	1.0	4.5	5.5	In 1.0；Fe 0.16	55.5	15.8	5.5	19.6	In 2.5；Fe 0.17；Sn 微量
85.7	0.4	4.0	8.0	In 0.9；Ir 0.06	54.2	15.7	—	25.5	Sn 微量
85.0	2.0	9.0	2.0	In 0.7；Sn 1.0；Si 0.3	52.5	15.7	—	27.5	In 2.2；Ir 0.11
84.0	1.5	8.0	4.5	In 1.0；Ir 0.2；Sn 0.6；Cu 0.2	49.1	15.0	—	31.6	Sn4.1
83.3	0.9	6.8	6.5	In 0.2；Ir 0.55；Sn 1.1；Fe 0.6	1.0	41.2	—	50.0	Sn6.7

10.5.2.2 电铸成型金

电铸成型金也可以作为烤瓷基体使用，它具有如下优点：（1）可保持基体尺寸稳定，与陶瓷烧成后，电铸纯金的再结晶平均晶体尺寸可控制在 50μm，相比之下，铸造金合金烧成后的晶体尺寸达到 400μm 以上；（2）电铸纯金的线膨胀系数为 $15.2\times10^{-6}℃^{-1}$，用作齿冠陶瓷的线膨胀系数为 $13.8\times10^{-6}\sim17.2\times10^{-6}℃^{-1}$，电铸纯金与陶瓷层有好的线膨胀匹配性；（3）电铸纯金与烤瓷结合强度可达到 30MPa，大于 ENISO9693 国际标准的要求值(25MPa)[12]。

传统的烤瓷电铸成型金工艺采用微型电铸系统和亚硫酸盐电镀液，电沉积条件为：Au 浓度10g/L，浴液温度 58℃，电流密度 0.5A/dm²。此工艺得到电铸成型金的力学性能为[25]：硬度HV143，屈服强度310MPa，抗拉强度420MPa，弹性模量60GPa，伸长率3.4%。通过改进的电沉积条件，电铸成型金的力学性能有明显提高[25,26]：硬度HV247，屈服强度360MPa，抗拉强度460MPa，弹性模量77GPa，伸长率1%。按上述数据，电铸成型金的抗拉强度还不够高，还不能满足烤瓷基体合金的强度要求，因而需要进一步研究和发展电铸成型工艺，或在电铸成型工艺中引入不同机制的强化措施，如发展电铸金合金、在电铸过程中引入陶瓷颗粒制造颗粒弥散强化电铸金等。

10.6　贵金属合金植入材料

古代社会，人们曾有佩戴耳环、鼻环、脐环的装饰习俗，现在佩戴鼻环和脐环的人已经不多（世界某些地区的少数民族还有佩戴），但耳环仍然是当今的经典珠宝饰品。这种习俗延传至今还有发展，在世界许多地方发展了“美体装饰”，如据报道，英国有新娘全身打有6925个孔，每孔都佩戴着珠宝首饰；还有将金属环植入皮肤内，然后用丝带将所有植入的金属环连接起来，看起来就像是穿了美体紧身衣。此外，人们为了美容美体，常常在身体内植入非生物材料，如在身体上刻字文身，在皮下植入硅胶、塑料丰臀隆胸。这种“美体装饰”采用外科手术植入技术。

医学上，外科植入材料是用来替代人体组织的金属材料或合成材料。贵金属是常用的植入或种植材料，如Ag合金可用作脑外科手术中骨骼替代材料；Au合金作为牙科植入材料；高纯Au膜可用作耳鼓膜修复材料；Pt和Pt-Ir合金可用作神经修复电极和心脏起搏器电极材料；采用回形针形Pt-25Ir合金管包封^{192}Ir放射源用于癌症放射治疗，植入Pt包覆的Ir丝或丝网用于屏蔽健康组织免受辐射伤害等。作为承受力的骨骼替代材料，最常用的是钛合金Ti-6Al-4V和不锈钢，但因不锈钢的生物相容性较差，钛合金中的钒具有较强的细胞毒性，它们并不是理想材料。在这些合金中添加贵金属，特别是Au、Pt、Pd等元素，不仅可以提高强度性能，而且可以改善耐腐蚀性和生物相容性[8]。图10-10[27]所示为某些用Pt合金制造的外科植入元件和Pt-Ir合金管包封^{192}Ir的回形针形放射源。这里所示的贵金属合金植入材料都是用于医学目的，而非美体装饰目的。

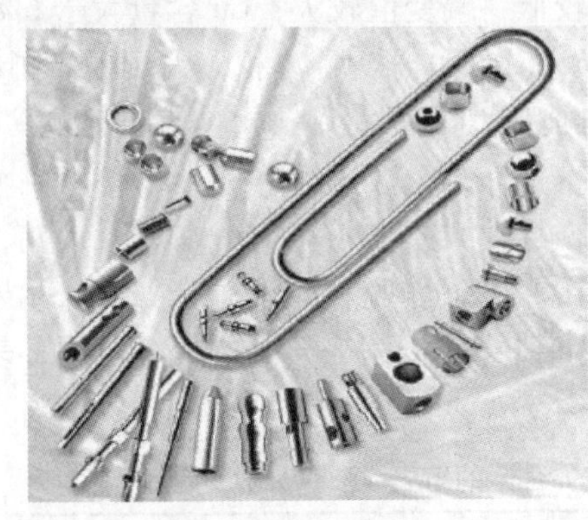
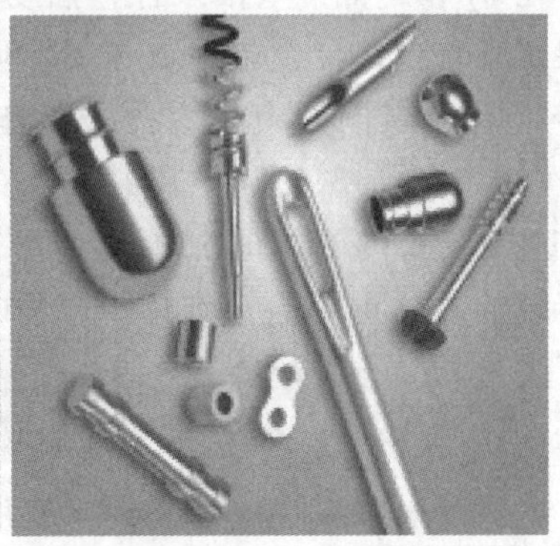

图10-10　外科手术用铂合金元件和医用植入材料

任何植入式美容美体手术都会产生痛苦甚至存在风险，许多植入材料可能存在对人体组织的相容性问题。从材料学角度考虑，贵金属及其合金对人体组织无毒害，具有最高的耐腐蚀性和人体组织相容性。与其他材料相比较，贵金属及其合金具有丰富的色泽和更好的美学视觉，它们是更佳和更安全的美容美体植入材料，贵金属植入性医学应用已证明了它们的安全性。如果植入式耳环、鼻环、脐环、“金属丝环紧身衣装饰”或其他美体装饰的金属饰品采用贵金属合金制造，不仅组织感染的可能性最小，而且具有最好的美容美体装饰效果。

10.7　牙科用汞齐合金和无汞填充材料

10.7.1　牙科用汞齐合金

我国唐代《本草》中就有记载，将白锡加银箔与汞发生汞齐反应生成汞齐合金，用于修补牙齿，并称这种 Ag-Sn 汞齐合金为“银膏”。

汞齐合金是以不同的金属粉或合金粉与汞反应的产物。所谓牙科汞齐化是将以 Ag 和 Sn 作为主要成分的合金粉末与适量汞（不大于 3%）在容器中混合，制成糊状物修补牙齿，经一定时间后固化结晶和硬化。Ag-Sn 汞齐中，Ag 是提高耐腐蚀性的主要元素，提高 Ag 含量可以缩短硬化时间，但固化时增大尺寸变化并产生膨胀；Sn 对汞亲和性好，促进合金汞齐化，抑制固化时因尺寸变化引起的膨胀，但含 Sn 量高延长硬化时间。Ag-Sn 汞齐合金的粉状前体主要是由 Ag、Sn 构成，其 Ag、Sn 比例大体与 $Ag_3Sn(\gamma)$ 相中的 Ag、Sn 比例相当。在汞齐化前，合金存在 Ag_3Sn、Sn 和 Hg 三个相；汞齐化时 Ag_3Sn 与 Hg 反应形成 Ag_2Hg(γ_1 相,硬度 HV120)和 Sn_8Hg(γ_2 相,硬度 HV15)混晶相。由于汞量不足致使反应不完全，总有过剩的 $Ag_3Sn(\gamma)$ 相保存下来。这种 Ag-Sn 汞齐合金能在口腔温度下成型，很快硬化，能进行触摸填充和抛磨，使用方便，因而沿用了很长的时间。由于硬化形成的 γ_2 相中存在相当数量的 Sn，致使该相的硬度低和耐腐蚀性能差；Ag-Sn 汞齐合金在口腔环境中易变色，其原因是生成了硫化物 Sn_2S_3。为了克服 Ag-Sn 汞齐的上述两项缺点，在 Ag-Sn 合金中增加 Cu 含量，减少 Sn 含量，抑制 γ_2 相的形成，可以提高牙科汞齐合金的硬度和强度。

由 Ag、Sn 和 Cu 为主要成分的银合金粉与汞发生汞齐反应所形成的含 Cu 银合金汞齐可分为高铜型和低铜型两类。Cu 含量低于 6% 的银汞合金是低铜型银汞齐合金，其结构主要由 Ag(Sn)固溶体（β 相）、Ag_3Sn(γ 相)、Ag_2Hg(γ_1 相)及 Sn_8Hg(γ_2 相)四部分组成，由于仍然存在 γ_2 相，低铜型银汞合金强度较低，蠕变值较大；Cu 含量大于 6% 的合金称为高铜型银汞齐合金，合金中生成了 Cu_6Sn_5（η 相）取代 γ_2 相，因而提高了机械强度，减少了蠕变。一种高铜型银汞齐合金的组成（质量分数）范围为[22]：24% ~45% Ag，28% ~42% Cu，29% ~34% Sn。其中 Ag + Cu 的摩尔分数比约为 Sn 的 3 倍，一个优化的合金组成是 41% Ag、28% Cu 和 31% Sn。

由于传统的 Ag-Cu-Sn 合金在熔铸过程中可用 Zn 作脱氧剂，这使 Ag-Cu-Sn 牙科汞齐合金中残存有少量 Zn。表 10-12[14,22] 给出了 Ag-Cu-Sn-Zn 汞齐合金的成分范围，表 10-13[17] 给出了某些代表性 Ag-Cu-Sn-Zn 汞齐合金成分。

表 10-12　Ag-Cu-Sn-Zn 系汞齐合金的组成（质量分数）范围　（%）

Ag	Sn	Cu	Zn	Ag	Sn	Cu	Zn
75 ~ 90	1 ~ 10	8 ~ 23	0 ~ 2.0	69 ~ 70	25 ~ 26	3.5 ~ 4.0	—
70 ~ 71	25 ~ 26	2.5 ~ 3.0	1.0 ~ 1.5	69 ~ 70	18 ~ 20	11 ~ 12	—
69 ~ 70	26 ~ 27	3.5 ~ 4.0	0.5 ~ 1.0	59 ~ 60	27 ~ 28	12 ~ 14	—
69 ~ 70	25 ~ 26	2.0 ~ 3.0	1.0 ~ 2.0				

表 10-13 某些代表性 Ag-Cu-Sn-Zn 汞齐合金成分（质量分数） （%）

类 型	Ag	Sn	Cu	Zn	其 他
HCSS	41.2	30.2	28.3	0.3	—
HCSS	59.2	27.8	13.0	—	—
HCSL	43.0	29.0	25.0	0.3	2.7Hg
HCB	69.5	17.6	12.0	0.9	—
LCS	72.0	26.0	1.5	0.5	—
LCL	70.9	25.8	2.3	1.0	—

注：HCSS—高铜单组成球形；HCSL—高铜单组成切屑；HCB—高铜混合型；LCS—低铜球形；LCL—低铜切屑。

含过量 Zn 的 Ag-Cu-Sn 汞齐合金固化较慢，并有二次膨胀。另外，为克服 Ag-Cu-Sn 汞齐合金的某些缺点，并减少银含量，通常添加一些其他元素如 Sn、In 等代替 Zn 以改善其性能并降低银含量。某些 Ag-Cu-Sn-In 汞齐合金的性能见表 10-14[22]。

表 10-14 Ag-Cu-Sn-In 汞齐合金的性能

合金成分（质量分数）/%				与 Hg 的比例	固化时间 /min	尺寸变化 /μm · cm⁻¹	流变 /%	蠕变 /%	压缩强度 /MPa
Ag	Cu	Sn	In						
48	18	30	4	0.82	6	+4.0	0.06	0.10	575
29	29	36	6	0.82	8	+3.0	0.13	0.11	563
60	12	23	5	0.87	8	−1.0	0.11	0.10	643
60	13	22	5	0.84	7	0 ±2	0.13	0.06	622
55	13	27	5	0.90	8	−18	0.23	0.20	520
28.5	38	28.5	5	1.0	8	−5.8	0.23	0.18	566
64	9.1	22	4.5	0.89	8	−1.8	0.30	0.20	553

按生产工艺不同，合金粉可分为车削合金粉、弥散合金粉、雾化合金粉和急冷微晶粉等。配制汞齐膏时，可使用球形粉加形状不规则粉，也可使用球形粉加超微细粉，旨在使汞齐膏具有更好的致密性和填充性、合适的黏度以及具有较好的雕琢特性。如将含高 Cu 的合金制成粒度为 0.043mm（325 目）的球形粉和不规则粉混合使用，混合粉的比例是球形粉占 65% ~85%、不规则粉占 35% ~15%。这种混合粉与汞发生反应后形成稠密的汞齐合金，具有合适的黏度、良好的填密性和平滑的雕琢特性，硬化后具有较高的抗压强度和耐磨性能。

10.7.2 无汞牙科填充材料

牙科充填材料的安全性一直是医学界共同关注的问题，其材料必须无毒，在口腔内不发生物理化学变化，具有生物相容性。但据测定[23]，在口腔中硬化后的牙科汞齐填料在唾液中的汞含量达到 $0.4 \times 10^{-4}\%$，在口腔唾液中汞释放量为 4 ~20μg/d，超过国际卫生组织规定的饮用水中汞含量极限（$0.001 \times 10^{-4}\%$）400 倍。临床上广泛使用的银汞齐合金在国际上早有争论，一些学者认为银汞齐合金充填物所含汞会导致若干病症的出现，医务人员在研磨、使用或拆除银汞齐合金时，会导致汞污染环境，使空气中存在汞蒸气。因此，为避免汞的毒性，免除对人体有害的忧虑和改善临床工作环境，发展不含汞的牙科填充材料势在必行。

为了替代牙科汞齐，研制和开发了“镓齐”或“镓铟齐”合金，即采用熔点很低的镓合金替代汞合金，其优点是：无毒、熔点低（15℃以下）、抗变色能力强、力学性能好。一种“Ag-Ga 基合金”充填材料就是由银合金粉和液态镓通过“镓齐化”形成的合金，其化学成分见表 10-15[22]。

表 10-15 Ag-Ga 基合金牙科充填材料的组成（质量分数） （%）

银合金粉 Ⅰ					液体合金 Ⅱ	
Ag	Cu	Sn	M①	非主体杂质元素	Ga	In
≥30	≥15	≤35	≤1.0	<0.1	≥10	≥20

①其他对人体无害元素，如 Pd、Pt、Au 和某些稀土元素。

这种 Ag-Ga 合金充填剂由银合金粉 Ⅰ 和液态镓合金 Ⅱ 组成，用液态合金调和后，形成多元银合金充填剂。银合金粉采用水冷雾化法制备；采用 Ga-In 或 Ga-In-Sn 合金可获得熔点低于 10℃的合金液体代替 Hg。表 10-16[25] 列出了无汞的 Ag-Ga 基合金牙科充填剂的性能。可以看出，Ag-Ga 基合金牙科填充材料的一些性能指标已达到美国牙科协会（ADA）汞齐合金的性能指标（ADA 标准是[14]：固化 1h，抗压强度 $\sigma_s > 80$MPa；固化 24h，$\sigma_s > 250$MPa；固化时间尺寸变化为 −0.2% ~0.2%；蠕变值为小于 0.3%）。通过生物毒性试验和临床试验研究证实，该牙科充填材料对牙髓无刺激作用，抗折断和耐磨损，充填成功率高。缺点是凝固时间略长、黏度大、易黏附于操作工具。

表 10-16 无汞的 Ag-Ga 基合金牙科充填剂的性能指标

固化时间 /min	抗压强度 σ_s/MPa	固化时间尺寸变化/%	蠕变值 /%	线膨胀系数 (15~50℃)/℃$^{-1}$	硬度 HV	所用粉末形态	所用液态金属熔点/℃
5~8	140(固化 1h),272(固化 24h)	0.06	<0.2	19×10^{-6} ~ 24×10^{-6}	>100	球形	≤10

另一项无汞牙科填充材料是 Ag-玻璃离子黏固剂，它是由银合金粉和玻璃离子黏固剂复合而成的齿科复合材料。它综合了金属和玻璃离子黏固剂的优点，具有韧性好、黏固性好、耐磨损、颜色好、成本低、操作方便等优点，特别是可控制颜色接近牙齿色泽，因而受到使用者喜爱。但此类产品的抗压强度远低于汞齐合金。还有一类不含汞齐的填充材料，如氰基丙烯酸盐和聚甲基丙烯酸盐填料，其中混合 Ag-In 合金粉末[16,22]。

10.8 实用牙科合金的化学稳定性

10.8.1 牙科合金生物相容性

为了预测牙科合金的生物相容性，通常是模拟人体口腔环境中牙科材料的腐蚀情况，从而得到牙科合金的溶解、毒性以及化学电位等相关数据。在历史上有许多研究者测定了不同合金体系牙科材料在口腔环境中的细胞毒性和组织刺激性，作为比较，表 10-17[13,14] 列出了部分代表性的贵金属和非贵金属牙科合金的测定结果。由表 10-17 可以看出，Au 基合金具有最低毒性和组织刺激性，与参比材料 Al_2O_3 晶体相当；含有高 Cu 和 Zn 的合金显示了高的细胞毒性和组织刺激性。另有试验表明，含有 Be、Cd 等元素的合金能增大合金元素的释放量和增加组织刺激性，这些元素在贵金属牙科合金中应限量使用。因此，Au、Pt 和 Pd 等贵金属有最低毒性和组织刺激性，以 Au、Pt 和 Pd 为基体或主体组元的合金无毒性，但在发展贵金属牙科合金时应慎重选择合金化元素，特别要注意保持贵金属基体的“高贵性”。

表 10-17 某些合金的细胞毒性和组织刺激性

合金成分(质量分数)/%	口腔内变色	细胞毒性①	组织刺激性	合金成分(质量分数)/%	口腔内变色	细胞毒性①	组织刺激性
75Au-11Ag-9Cu-3Sn-2Zn	-	0.91~1.11	-	38Ni-30Co-26Cr-5Cu-1Be	-	0.91~1.25	-
50Ag-20Au-20Pd-5Cu-3Sn-2Zn	-	0.77~1.21	-	66Fe-24Cr-6Co-4Ni	-	0.81~1.32	-
70Ag-26Cu-3Sn-1Zn	+ +	0.03~0.63	+ +	90Ti-6Al-4V	-	0.85~1.12	-
73Ag-15Sn-5Cu-5Zn-2Al	-	0.65~1.21	-	90Ti-10Mo	-	0.79~1.23	-
50Hg-35Ag-13Sn-2Cu	-	0.61~1.12	-	95Ti-5Pd	-	0.82~1.32	-
60Cu-40Zn	+	0.00~0.41	+ + +	Al_2O_3(参比材料)	-	0.92~1.09	-
60Co-32Cr-4Mo	-	0.89~1.15	-				

注：“-”表示变色程度和刺激性最小；“+”、“+ +”和“+ + +”表示变色程度和刺激性增大。

①数字越低，毒性越大，参比材料平均值为 1.00。

在牙科合金应用中，合金元素对人体的过敏性也是一个重要问题。合金元素对人体的过敏性与在人体唾液中金属的释放量有关，试验人造唾液由含有乳酸和氯化钠的去离子水组成，其 pH 值为 2.3。牙科合金的金属释放量的测定方法是将待测定的牙科合金铸件悬挂在盛有人造唾液的玻璃容器内，7 天后分析牙科合金的所有元素在溶液中的含量，一般要求所有金属离子释放总量不超过 100μg/cm^2，但这个限制并不是强制性的。按这种方法测定了符合 EN ISO 国际标准的常用牙科合金、含 Be 的 Ni 基合金和 Cu-Al-Ni 合金的金属释放量和过敏倾向性，发现含 Be 的 Ni 基合金和 Cu-Al-Ni 等合金有最高的金属释放量和过敏倾向，而大多数 Au 基合金或 Au + PGM 基合金的金属释放量少，因而过敏倾向不明显。按这种方法还测定了不同 Ni 和 Pd 含量的牙科 Au 合金在人造唾液中的离子释放量，并评价了 100 位试验者对所测定牙科 Au 合金的过敏反应，表 10-18[12] 列出了 Ni、Pd 离子释放量和过敏反应人数，可以发现含高 Ni 的合金在人造唾液中有高的 Ni 离子释放量，同时对较多人产生过敏反应。牙科 Au 合金中合金化的 Pd 不溶解于人造唾液中，也未显示过敏倾向，并且在含 Ni 的合金中添加 Pd 组分后，Ni 离子释放速率和过敏性倾向明显降低。但是，调查发现约有 10% ~20% 的人对 Ni 和 Pd 盐有交叉过敏反应[12,28]。

表 10-18 人体唾液中 Ni、Pd 离子释放量和过敏反应人数

合金成分(质量分数)/%						离子释放量①/μg·cm^{-2}		过敏反应率②/%
Au	Ag	Cu	Zn	Pd	Ni	Pd	Ni	
76	—	16	2	—	6	—	0.22	17
75	—	7.5	2	13.5	2	0.00	0.03	3
58.5	—	25.5	9	—	7	—	0.42	26
58.5	18	6.6	0.9	14	2	0.00	0.02	6
37.8	—	40	10.4	—	11.8	—	14.3	27

①在人造唾液中试验 7 天的测量值；②100 名试验者中过敏人数。

10.8.2 牙科合金抗晦暗性

在口腔环境中牙科材料的腐蚀和晦暗也是需要考察的问题。测定合金的抗晦暗性可以通过颜色变化并以总的颜色变化 ΔE 作为晦暗指标。类似于上面的测定金属释放量的试验，将具有不同贵金属含量的商业牙科合金浸渍在37℃ Na_2S 溶液和人造唾液中7天，测定合金颜色变化 ΔE，其结果列于表10-19[23]。表10-19中合金1和2的 ΔE 值最小，晦暗程度最低；合金3和4有中等 ΔE 值和中等晦暗程度；合金5有最大的 ΔE 值和最大的晦暗程度。这表明随着合金的Au + PGM含量减少，其晦暗程度加重。比较2、3和4号合金可知，当Au + PGM含量基本相当时，高的Ag∶Cu原子比有利于改善抗晦暗性。另外，合金的抗晦暗性也受热处理的影响，如铸态4号合金的 ΔE 值与3号合金相当，但经热处理后4号合金的 ΔE 明显升高，这可能与合金在处理过程组元的氧化有关，也可能与合金结构变化有关。

表10-19 5种商业牙科合金在人造唾液中的颜色变化指数 ΔE 和抗晦暗性

合金序号和成分			1	2	3	4	5
合金成分（质量分数）/%	Au		74	60	59	50	40
	Pd		4	4	4	5	6
	Ag		12	27	23	35	41
	Cu		10	9	14	10	13
（Au + PGM）摩尔分数/%			62	47	45	45	30
Ag∶Cu原子比			0.71	1.77	0.98	0.98	1.76
总颜色变化 ΔE	铸态合金	0.5% Na_2S	3.5	8.7	12.6	10.8	19.3
		人造唾液	4.5	4.8	11.1	13.1	32.1
	热处理合金	0.5% Na_2S	2.5	15.4	16.7	36.5	20.4
		人造唾液	5.3	9.9	10.7	31.1	24.3

注：试验条件为：在人造唾液中浸渍7天后测定颜色变化，该人工唾液成分：NaCl 4g，KCl 0.4g，$CaCl_2 \cdot 2H_2O$ 0.795g，$NaH_2PO_4 \cdot H_2O$ 0.69g，$Na_2S \cdot 9H_2O$ 0.005g，尿素1.0g，H_2O 1000mL。

为了进一步研究合金显微结构对牙科合金抗腐蚀和抗晦暗性的影响，采用类似的方法对铸态、均匀化态、时效态、有序化态和快速凝固态Au-Ag-Cu三元合金的抗腐蚀性进行了全面研究，得到了明确的结论[15]：经均匀化处理得到的单相固溶体结构具有最高抗腐蚀和抗晦暗性，多相结构和晶粒尺寸特别细小的合金不耐腐蚀。由此可见，旨在获得单相固溶体结构的均匀化热处理对提高牙科合金的耐腐蚀性有重要意义。

上述试验结果表明，影响牙科合金化学稳定性的因素是多方面的，其中主要因素是合金中Au含量或Au + PGM总含量和显微结构的均匀性：含有高Au含量或高Au + PGM含量和具有均匀单一显微结构的合金具有足够高的化学稳定性；对低Au含量的合金而言，适当控制较高的Ag∶Cu原子比，尽量减少成分偏析，保持结构均匀性，保持大晶粒（减少晶界面积），避免出现沉淀相和有序相，可以明显提高牙科合金的化学稳定性和抗晦暗性。

10.8.3　各类牙冠材料的医疗性质比较

本章内容已经表明，可以采用不同的技术制造牙冠材料，如全铸造 Au 合金牙冠、聚合物覆 Au 合金牙冠、Au 合金基体覆烤瓷牙冠、电铸 Au 覆烤瓷牙冠和全陶瓷牙冠等。在一项比较研究中评价了上述不同牙冠材料的制造成本、美学特性、生物特性和使用寿命，按其综合性质对所评价材料进行排序，结果示于表 10-20[3]。显然，电铸成型金烤瓷牙冠显示了优越的生物相容性、美学特性和综合性能，超越其他牙冠材料排列第一。金基合金基体覆烤瓷牙冠材料排列第二。全铸造 Au 合金的美学特性相对欠佳，但综合性能排列第三。全陶瓷材料是近年新发展的牙冠材料，虽然也具有好的生物相容性和美学特性，但因其发展空间较小、配合性较差和制造成本高而使其综合性质不如金合金材料。

表 10-20　牙冠材料技术与医疗性质比较

牙冠材料类型	发展空间	配合性	底座	牙冠生物相容性	底座生物相容性	美学	制造成本	寿命	分数	排位
全铸造 Au 合金	+ + +	+ +	+ + +	+ +	+ + +	(–)	+ + +	+ + +	18	3
聚合物覆 Au 合金	+ +	+ +	+ + +	+ +	+ + +	+	+ +	+ +	17	4
Au 合金基体覆烤瓷	+ +	+ +	+ + +	+ +	+ + +	+ + +	+ +	+ + +	20	2
电铸 Au 基体覆烤瓷	+ + +	+ + +	+ + +	+ + +	+ + +	+ + +	+ +	+ +	22	1
全陶瓷（硅酸盐）	+	+ +	+ +	+ + +	+ +	+ + +	+	+ +	16	5
全陶瓷（尖晶石陶瓷）	+	+ +	+ + +	+ + +	+ + +	+ + +	+	+ +	18	3
全陶瓷（刚玉）	+ +	+	+ +	+ + +	+ + +	+ +	+	+ +	16	5

注：“+ + +”表示最好；“+ +”次之；“+”更次；(–)欠佳。

10.9　贵金属牙科材料应用与发展前景

10.9.1　贵金属牙科材料的主要应用

贵金属牙科合金的主要应用领域可以归纳如下主要几个方面：

（1）填充材料。由于腐蚀或龋齿等原因使磨牙的窝沟受到侵蚀，产生所谓“虫牙”（龋齿）。治疗龋齿一般采用填充窝沟或牙洞的修复方法，填充材料有各种金材料和银汞齐。用于填充窝沟或牙洞的金材料有金箔、麸状金、海绵金、Au 合金箔、铸造 Au 合金镶嵌体和电铸成型纯金等。采用银汞齐修复牙科龋齿和牙洞的优点是操作方便，价格便宜，在我国牙科治疗中普遍采用。银汞齐的缺点是修复体的硬度和强度比金与金合金修复体低，耐用性不如金修复体，色泽与天然牙质差别也较大，另外汞齐硬化后会在口腔内残留有一定量汞。因此，应尽量避免使用汞齐修复或采用无汞修复体。

（2）牙冠与牙桥。所有类型的固定牙冠与牙桥都可以用表 10-1 和表 10-2 中的Ⅱ、Ⅲ和Ⅳ型富 Au 铸造合金制造，其中具有超高强度的Ⅳ型合金用于可移动假牙、长跨度牙桥、扣丝和紧固装置等。基于 Au-Pd 和 Ag-Pd 的低 Au 含量合金也适于这类应用。用于镶嵌、牙冠与牙桥的铸造合金都采用精密熔模铸造，Au 合金牙科铸件的尺寸精度可达到 0.1%。这意味着，对于一个大的假牙，尺寸公差可以达到百分之几毫米，完全适合口腔装配。

（3）烤瓷修复体。烤瓷修复是近代牙科最杰出的成就，它既满足技术要求，又具有美学美容效果。基于 Au-Pt 和 Au-Pt-Pd 系可硬化的浅黄色和白色富 Au 合金、电铸金合金及基于 Au-Pd 和 Pd-Ag 系的白色合金等，都适于这类应用。烤瓷修复体是具有高化学稳定性和真齿色泽的烤瓷与具有高强度高韧性的贵金属基体形成的完美结合。

（4）扣环与附件。当许多牙齿脱落且不能安装牙桥时，就需要安置局部的假牙，同时需要用套在自然牙齿上的扣环将假牙固定在位。加工牙科 Au 合金适于制造扣环，因为这些合金有高强度、高硬度、高弹性并兼有适当韧性。有时候，当只剩下几颗自然牙时，单扣环也不能更好地固定假牙位置。这时候可采用伸缩套管式支撑牙冠装置。这项技术涉及将一级牙冠固定到残留的自然牙上，然后再安放紧配合的和可移动的二级牙冠在一级牙冠之上。

（5）预制配件。各种固定铰钉、铰链和连接棒等都可以按男女有别的原则预制，然后由牙科医生精确固定假牙的位置。加工态高强度可硬化贵金属合金适合于制造精密的预制件，其中某些合金也适合于预制根管支撑，用于固定人造牙冠残留的自然牙根。

（6）畸牙矫正。用于畸牙矫正的装置大多数都是用 Ni-Cr 或 Co-Cr 合金制造的，但美国牙科医生克洛查制造的可移动畸牙矫正装置例外[3,10]。克洛查畸牙矫正装置采用贵金属合金丝（如 Ag-Au-Pd-Cu 合金）作为矫形丝，它施加给牙齿的力可以调整，因而佩戴在口腔内相当舒适且不易察觉，对成人和儿童都适用。

（7）牙科材料焊接。牙科中广泛使用焊接方式将两个金属部件结合在一起。用于牙科钎焊的焊料必须与牙科合金有相似的成分与颜色，因此每一类牙科合金都有相应的焊料（详见第 11 章）。Au-Ni 合金是广泛使用的焊料，它不仅适于焊接 Au 合金，也适于焊接贱金属合金和不锈钢。牙科钎焊一般采用丙烷或天然气火焰炬熔化焊接，但对非常精细的钎焊应采用氢焰或丙烷-氧混合焰焊接。钎焊常需要添加焊剂以溶解表面氧化物，避免形成新氧化物，促进界面扩散，提高焊接强度。近年来，激光焊和微型等离子焊技术也用于牙科合金的焊接。

10.9.2 贵金属牙科合金按 EN ISO 国际标准推荐的具体应用

表 10-21[12]按 Au 含量将贵金属牙科合金分成 13 组，列出了各组牙科合金的成分范围，并根据一系列 EN ISO 国际标准推荐了各组牙科合金的具体应用。表 10-22[12]列出了上述各组牙科合金中选择的临床特征合金的成分范围和相应应用，因第 1 组是纯金，主要用作填充材料，在表 10-22 中未列出。贵金属牙科合金中应用最广泛的是符合国际标准的含有 65%~75% Au 的金基牙科合金或含有高 Au + PGM 含量的铸造和加工牙科合金，符合国际标准的低 Au 含量的牙科合金在国际上也被临床应用。

表 10-21 贵金属牙科合金分组成分范围和 EN ISO 国际标准推荐的应用领域

合金系列	Au 质量分数/%	其他成分质量分数/%	ISO EN 标准	应用说明
1	99.9~99.99	—	—	A，M
2	97.9~98.3	1.7Ti，Ir，Rh，Nb	9693	C，D，E
3	75~90	10~20PGM，In，Sn，Fe，Re，Ag，Cu，Zn，Ta，Ti，Mn	9693	C，E
4	60~75	约 10PGM，10~25Ag，Cu，In，Sn，Zn	1562，9693	B，C，D

续表 10-21

合金系列	Au 质量分数/%	其他成分质量分数/%	ISO EN 标准	应用说明
5	65~75	5~10PGM，5~20Ag，Cu，Zn	1562	B，D，E，F，G，H，L
6	60	40PGM	—	H，I，N
7	40~60	5~10Pd，10~30Ag，Pt，Cu，Zn，Ir	8891	B，D，L
8	40~60	20~40Pd，0~20Ag，In，Sn，Cu，Ga，Ir，Re，Ru	9693	C
9	约 15	约 50Pd，约 20Ag，In，Sn，Ga，Ir，Re，Ru	9693	C
10	2~12	30~60Ag，20~45PGM，Cu，Zn，Ir	8891	B，F，L
11	0.1~2	50~60Pd，25~40Ag，In，Sn，Ga，Ir，Re，Ru	9693	C
12	0.1~5	70~80Pd，Sn，Cu，Co，Ga，Ir，Re，Ru，Pt	9693	C
13	10~80	0~10PGM，0~70Ag，Cu，In，Sn，Zn，Co，Ni，Mn	9333	K

注：A—电铸成型；B—镶嵌，覆盖，全铸态固定牙冠和牙桥或在聚合物饰面上覆牙科 Au 合金层的牙冠和牙桥；C—在瓷料饰面上的固定牙冠和牙桥；D—伸缩套管式支撑牙冠和可移动假牙；E—CAD/CAM＝计算机辅助设计/计算机辅助制造；F—畸牙矫正丝；G—扣丝；H—预制配件；I—根管支撑；K—焊料；L—部分假牙支架、铸造配件、假牙座、连接棒、鞍座和夹板；M—直接填充金箔；N—铸造、铸件。

表 10-22 临床特征贵金属牙科合金的成分、性质与应用

合金系列	成分(质量分数)/%	性质				颜色	应用
		硬度 HV	$\sigma_{0.2}$ /MPa	δ /%	熔化温度 /℃		
2	98.2Au-1.7Ti-0.1Ir	200	415	6	1060~1105	黄色	C，D，E
3	84Au-8.2Pt-4.7Pd-0.5Ag-0.1Cu-2.4In-0.1Ir	190	630	7	1085~1195	淡黄	C
	77.7Au-19.5Pt-2Zn-0.1Ir-0.7Ta	200	530	17	1050~1165	淡黄	C，E
4	73.8Au-9Pt-9.2Ag-4.4Cu-1.5In-2Zn-0.1Ir	200	460	5	900~950	黄色	B，C，D
5	87.4Au-1Pd-11.5Ag-0.1Ir	55	80	45	1030~1080	深黄	B
	77Au-1Pt-13Ag-8.5Cu-0.2In-0.2Zn-0.1Ir	120	210	54	900~940	深黄	B
	78Au-4.9Pt-11Ag-4Cu-2Zn-0.1Ir	195	380	18	920~970	深黄	B
	70Au-3.9Pt-2Pd-13Ag-9.5Cu-1.5Zn-0.1Ir	250	600	12	895~935	黄色	B，D，E，F，G，H，L
6	60Au-24.9Pt-15Pd-0.1Ir	230①	730①	10①	1320~1460	白色	H，I，N
7	50.1Au-10Pd-29.8Ag-8In-2Zn-0.1Ir	200	440	9	880~965	淡黄	B
	57Au-0.5Pt-4Pd-24.9Ag-13Cu-0.5Zn-0.1Ir	260	700	10	870~905	黄色	B，D，L
8	51.5Au-38.4Pd-8.5In-1.5Ga-0.1Ru	225	575	19	1170~1310	白色	C
9	15Au-0.1Pt-52.3Pd-20Ag-6In-5.5Sn-1Ga-0.1Re	265	620	6	1145~1260	白色	C
10	10Au-20Pd-54.2Ag-15Cu-0.8Zn	200	450	13	920~970	白色	B
	10Au-10Pt-35Pd-30Ag-15Cu	315①	850①	15①	1060~1110	白色	F，G
11	2Au-57.8Pd-28Ag-4In-6Sn-2Zn-0.2Ru	260	650	8	1175~1275	白色	C
12	1Au-1Pt-79.7Pd-5Cu-6.5Sn-6Ga-0.8Ru	260	575	30	1155~1290	白色	C
13	76Au-2.9Pt-10Ag-6Cu-5Zn-0.1Ir	—	—	—	850~880	黄色	K
	79.8Au-3Pd-15.5Ag-0.1Cu-0.3In-1Sn-0.1Zn-0.2Ir	—	—	—	1025~1055	黄色	K
	79Au-16Ni-1.5Ag-0.7Cu-2Zn-0.8Mn	—	—	—	850~920	淡黄	K
	10.2Au-8.1Pd-62.8Ag-11.1Cu-4.9In-2.9Sn	—	—	—	855~885	白色	K

注：系列序号和应用符号的意义同表 10-21。

①表示硬化态，其余为铸态。

10.9.3 长跨度牙桥修复应用举例

贵金属牙科材料的应用非常广泛，现举一例应用以说明牙科修复的效果。图 10-11[3] 所示为以金合金作为基体采用烤瓷技术制造长跨度牙桥修复上颚牙体的几张照片：图 10-11(a)为处理前的上颚牙缺失形貌；图 10-11(b)为对上颚牙的预处理；图 10-11(c)为在石膏模上制造的金合金牙桥基体骨架，它能保证牙体的稳定性；图 10-11(d)为在金合金骨架上烤瓷后制造的上颚牙修复体，显示了烤瓷齿冠的天然色泽和人体真牙的逼真形貌，具有良好医疗和美容装饰相结合的效果。

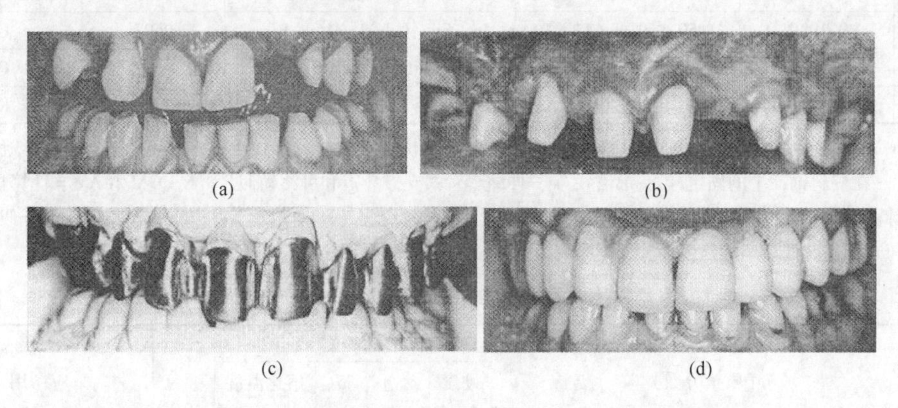

图 10-11 长跨度牙桥 Au 合金烤瓷牙科修复体形貌

(a) 处理前的上颚缺失牙；(b) 上颚牙的预处理；(c) 在石膏模上制造的金合金牙桥基体骨架；(d) 金合金骨架上烤瓷后制造的上颚牙修复体

10.9.4 贵金属牙科合金综合评价

贵金属牙科材料是一类涉及人民口腔健康和美容的重要材料，至今已形成了完整的体系，包括 Au 基合金、Au + PGM 基合金、低 Au 合金、Pd-Ag 基合金、Ag-Pd 基合金、电铸成型金与金合金、银汞齐合金等，它们在牙科领域有广泛应用并形成产业。贵金属牙科材料的应用量逐年增长，据估计仅牙科材料每年使用上百吨金、十余吨的铂与钯。随着贵金属价格日益升高，贵金属牙科合金的成本也升高。因此，近年来除了贱金属牙科材料继续得到发展外，还发展了新的替代材料（如局部陶瓷和全陶瓷牙科材料）以及与这些材料使用相联系的 CAD/CAM 新技术（即计算机辅助设计/计算机辅助制造）。贱金属牙科合金有 Ti 基合金（如 Ti-Pd、Ti-Pt、Ti-Ni、Ti-6Al-4V 等）、Co 基合金（如 Co-Cr-Mo、Co-Cr-W-Ni 等）、Ni 基合金（如 Ni-Cr 合金等）、不锈钢（Fe-Cr-Ni-M 合金）等。为了给这些非贵金属新材料和贵金属牙科材料一个综合的评价，表 10-23[3,10] 比较了贵金属与非贵金属牙科材料优缺点。贱金属牙科合金最重要的缺点是它们的耐腐蚀性和生物相容性差，其中尤以 Ni、Co、Al、V 等元素对人体组织的毒性不可忽视。在口腔环境中，这些贱金属元素释放离子，其中 Ni、Co、Cr 对人体组织具有致敏性或致癌性，Al 有可能引发神经系统疾病，V 具有很强的细胞毒性。因此，许多国家在口腔修复和治疗中已很少使用或限制使用 Ni 基合金和不锈钢牙科材料，在表 10-23 中也未列出。Au 基和 Au + PGM 基牙科合金最重要的优点是具有长期好的医疗认同、长寿命、生物相容性好、高的美学美容价值、容易加工制造和多种功能，它们既有悠久的历史发展渊源，也有现行的广泛应用。

表 10-23 贵金属与非贵金属牙科材料优缺点比较

技 术	材 料	优 点	缺 点
全铸造	Au 合金	长期医疗认可，长寿命，生物相容，精密的临界装配，好的加工性，广泛应用	高价格
	Co/Cr 合金	低价格，低密度，长期医疗认可，长寿命，适于可移动假牙	耐蚀性和美观性差
	Ti	低价格，低密度，生物相容	难加工，美观差，有牙斑
烤瓷基体	Au 合金	长期医疗认可，长寿命，生物相容，精密的临界装配，好的加工性，广泛应用。与认可烤瓷有好的相容性	高价格，如果贱金属含量高，界面存在暗色氧化物
	Co/Cr 合金	与认可烤瓷有好的相容性	界面有暗色氧化物，美观差
	Ti	与特殊烤瓷有好的相容性	界面有暗色氧化物，美观差
电铸成型①	纯 Au 和 Au 合金	美观，与广泛的烤瓷生物相容，可以实现小间距安装和精密临界装配	价格较高，目前应用范围尚有限，其技术尚需进一步改进
全陶瓷	强化玻璃-陶瓷	美观，生物相容	高价格，要求装配空间和技术，底座用复合材料，有限应用
	玻璃增强刚玉	美观，生物相容，底座用黏结剂	高价格，要求装配空间，有限应用
CAD/CAM	刚玉，氧化锆	美观，底座用黏结剂	高价格，要求装配空间，有限应用，制造限于服务中心
	Au 合金	美观，底座用黏结剂	高价格，要求装配空间，有限应用，制造限于服务中心
	Ti	美观，底座用黏结剂，但无铸造问题	高价格，要求装配空间，有限应用，制造限于服务中心

①所有 Au 与 Au 合金牙科材料价格高是因为当今 Au 原料价格高，当电铸成型 Au 以涂层使用时，可以节约 Au 和降低价格。

电铸成型金和金合金为牙科材料发展提供了新的机遇。在牙科产品制造和治疗中，电铸成型金和金合金的优点是：电铸成型金具有高耐腐蚀性、高的强度和耐磨性、牙科部件美观；电铸成型金牙科部件制造精密，可用于镶嵌补牙，实现小间距安装和精密装配，可使病人更舒适；电铸成型金可以与多种烤瓷或塑料物体相容，作为包覆涂层应用，可用于制作牙冠牙桥、烤瓷牙冠的基体和各种复杂形状的牙科镶嵌型材，并能根据每一位患者的特殊要求制作合适的牙科造型；电铸成型金可以比实体金合金更节省金用量，因而降低牙科材料的成本和价格。电铸成型金牙科部件制造已成为当今牙科医术中的主流技术。

参 考 文 献

[1] DONALDSON J A. The use of gold in dentistry（Ⅰ）[J]. Gold Bulletin，1980，13(3)：117 ~ 124.
[2] DONALDSON J A. The use of gold in dentistry（Ⅱ）[J]. Gold Bulletin，1980，13(4)：160 ~ 165.
[3] KNOSP H，NAWAZ M，STÜMKE M. Dental gold alloys[J]. Gold Bulletin，1981，14(2)：57 ~ 64.
[4] 赵怀志，宁远涛. 金[M]. 长沙：中南大学出版社，2003.

[5] 赵怀志，宁远涛．古代中国和印度的金粉制造技术和应用[J]．贵金属，1999，20(2)：55 ~ 58.

[6] 赵怀志，宁远涛，中国古代金药、“药金”、“金液”评论[J]．贵金属，1999，20(3)：49 ~ 54.

[7] ZHAO H Z，NING Y T. Techniques used for the preparation and application of gold powders in ancient China [J]. Gold Bulletin，2000，33(3)：103 ~ 106.

[8] LABARGE J J，TRÉHEUX D，GUIRALDENQ P. Hardening of gold-based dental casting alloys[J]. Gold Bulletin，1979，12(2)：46 ~ 52.

[9] YASUDA K. Age-hardening and related phase transformation in dental gold alloys[J]. Gold Bulletin，1987，20(4)：90 ~ 103.

[10] 宁远涛，杨正芬，文飞．铂[M]．北京：冶金工业出版社，2010.

[11] KENDALL T. Platinum 2006 [M]. London：Published by Johnson Matthey，2006：28 ~ 47.

[12] KNOSP H，HOLLIDAY R J，CORTI C W. Gold in dentistry：alloys，uses and performance[J]. Gold Bulletin，2003，36(3)：93 ~ 102.

[13] LAUB L W，STANDFORD J W. Tarnish and corrosion behavior of dental gold alloys[J]. Gold Bulletin，1981，14(1)：13 ~ 16.

[14] BENNER L S，SUZUKI T，MEGURO K，et al. Precious Metals Science and Technology[M]. Princeton：The International Precious Metals Institute，1991.

[15] WISE E M. Gold Recovery，Properties and Applications[M]. Princeton N J：D Van Nostrand Company，Inc.，1964.

[16] 黎鼎鑫，张永俐，袁弘鸣．贵金属材料学[M]．长沙：中南工业大学出版社，1991.

[17] 李关芳．医用贵金属材料的研究与发展[J]．贵金属，2004，20(3)：54 ~ 61.

[18] FIORAVANTI K J，GERMAN R M. Corrosion and tarnishing characteristics of low gold content dental casting alloys[J]. Gold Bulletin，1988，21(3)：99 ~ 110.

[19] JOLLIE D. Platinum 2010 [M]. London：Published by Johnson Matthey，2010.

[20] BROWN D. Oral golds[J]. Gold Bulletin，1988，21(1)：24 ~ 28.

[21] 贾正坤，彭如青，王健．白银深加工产品调查[M]．北京：科学出版社，1996.

[22] 宁远涛，赵怀志．银[M]．长沙：中南大学出版社，2005.

[23] TREACY J L D，GERMAN R M. Chemical stability of gold dental alloys [J]. Gold Bulletin，1984，18(2)：46 ~ 54.

[24] GERMAN R M. Gold alloys for porcelain-fused-to-metal dental restorations [J]. Gold Bulletin，1980，13(2)：57 ~ 62.

[25] VRIJHOEF M M A，SPANAUF A J，RENGGLI H H，et al. Electroformed gold dental crowns and bridges [J]. Gold Bulletin，1984，17(1)：13 ~ 17.

[26] ZIELONKA A，FAUSER H. Advanced materials by electrochemical techniques [J]. Z. Phys. Chemie，1995，208：195 ~ 206.

[27] KENDALL T. Platinum 2006 [M]. London：Published by Johnson Matthey，2006：28 ~ 47.

[28] BAGNOUD P，NICOUD S，RAMONI P. Nickel Allergy：the European directive and its consequences on gold Coatings and white gold alloys[J]. Gold Technology，1996，18：11 ~ 19.

11 贵金属饰品的焊料与焊接

11.1 概述

11.1.1 贵金属合金的热力学性质

贵金属珠宝饰品可以采用多种方法焊接。无论采用何种焊接方法，被焊接母材都需要加热到一定温度，或使母材局部熔化，或使钎料合金熔化，或提高扩散速率和加快扩散结合。因此，合金的焊接取决于被焊接材料对热能的吸收程度和热扩散速率。焊接时，与热量传输有关的参数有合金的熔化（液相）温度、熔化潜热、直到熔点温度的固态比热容和过热熔体的比热容、热导率和热扩散率等。Ag 和 Au 有相对低的熔点和高的热导率与热扩散率，而 Pd 和 Pt 则有高熔点和相对低的热导率和热扩散率（见表 2-9）。按热扩散率 = 热导率/(比热容 × 密度)可知，Ag 合金和 Au 合金有高的热扩散率，而 Pd 合金和 Pt 合金则有低的热扩散率。在焊接 Ag 或 Au 合金时，因其低熔点和高的热导率与热扩散率，它们仅需要输入较少的热量；而在焊接 Pt 或 Pd 合金时，因其高熔点和低的热导率与热扩散率，熔化合金需要输入较高热量。因此，对于不同的合金，应根据其热力学性质，选择最佳的焊接方法和工艺。热力学数据是选择合金的焊接方法和工艺的重要参考资料。表 11-1[1,2] 列出了在贵金属饰品焊接中常涉及的某些元素和合金的热学数据。

表 11-1　某些饰品铂合金的热学参数

金属/合金成分（质量分数）/%	液相线温度 /℃	密度 /g·cm^{-3}	热导率 /J·(s·℃·cm)$^{-1}$	潜热 /J·g^{-1}	50℃平均比热容 /J·(g·℃)$^{-1}$	热扩散率 /cm^2·s^{-1}
99～99.9Pt	1772	21.45	0.71	113.57	0.13	0.25
Pt-5Cu	1745	20.38	0.88	118.13	0.17	0.29
Pt-5Co	1765	20.34	0.71	120.00	0.17	0.23
Pt-5Ir	1795	21.51	0.71	118.59	0.13	0.24
Pt-10Ir	1800	21.56	0.71	123.61	0.13	0.24
Pt-15Ir	1820	21.62	0.71	114.32	0.13	0.24
Pt-20Ir	1830	21.67	0.67	133.62	0.13	0.24
Pt-5Pd	1765	20.98	0.71	115.83	0.13	0.24
Pt-10Pd	1755	20.51	0.71	118.13	0.17	0.24
Pt-15Pd	1750	20.03	0.71	120.39	0.17	0.24
Pt-5Rh	1820	21.00	0.71	118.97	0.13	0.25
Pt-5Ru	1795	21.00	0.75	126.88	0.13	0.25
Pt-5W	1845	21.34	0.75	122.10	0.13	0.27

续表 11-1

金属/合金成分（质量分数）/%	液相线温度/℃	密度/g·cm⁻³	热导率/J·(s·℃·cm)⁻¹	潜热/J·g⁻¹	50℃平均比热容/J·(g·℃)⁻¹	热扩散率/cm²·s⁻¹
Cu	1084.5	8.93	4.0	204.70	0.38	1.17
Co	1494	8.80	0.50	263.72	0.42	0.13
Ir	2447	22.55	0.59	213.86	0.13	0.20
Pd	1554	12.00	0.71	159.10	0.25	0.24
Rh	1963	12.42	0.88	221.86	0.25	0.29
Ru	2310	12.36	1.17	381.72	0.25	0.40
W	3387	19.25	1.46	255.35	0.13	0.54
Au	1064.43	19.28	3.18	63.67	0.13	1.25
Ag	961.93	10.50	4.27	105.90	0.25	1.74
Ag-7.5Cu	893	10.40	4.18	68.65	0.25	1.66

11.1.2 贵金属饰品的一般焊接方法

将贵金属饰品合金零件组装成首饰和其他装饰品可以采用多种装配方法，焊接是其中主要的方法之一，常用的焊接方法有钎焊、熔焊、电阻焊、激光焊和扩散焊等。一般地说，具有低熔点和高的热扩散率的 Ag 或 Au 合金更适于采用钎焊、火焰熔焊和扩散焊，而具有高熔点和低的热扩散率的 Pt 或 Pd 合金更适于采用电弧熔焊、等离子体焊接、高频焊接、激光焊或脉冲电阻焊。当采用激光焊接时，Pt 和 Pd 合金的热力学特性可以保证获得好的焊接质量，而 Ag 和 Au 或其低合金化合金的热力学特性难以保证获得好的焊接质量，含有易氧化组元（如 Cu、Co 等）的合金，由于合金表面晦暗会对最佳焊接参数有一定影响。

11.2 贵金属饰品合金钎料和钎焊

11.2.1 贵金属饰品钎料的一般特性

钎焊是采用钎料、钎剂（或气氛）和热源使基体与配件材料连接起来的方法，是贵金属饰品装配最重要的焊接方法。钎料是用来填充连接处间隙使工件牢固结合的填充材料。贵金属珠宝饰品最重要特性是保证其贵重性、颜色协调性、化学稳定性与力学性能的稳定性。用于实现不同零件连接的钎料实际上是饰品的组成部分，应保持饰品的整体特性。因此，贵金属合金饰品钎焊用的钎料应满足如下具体要求：

（1）钎料中的贵金属含量应与饰品中贵金属含量基本一致，保证饰品对贵金属成色的要求。

（2）钎料必须与饰品保持一致的颜色，保证饰品对颜色协调性的要求。

（3）钎料合金的熔点必须低于饰品合金熔点，对于造型复杂的饰品，钎料还必须满足分级钎焊的要求，形成分级钎焊的钎料系列。

（4）钎料对饰品基体具有良好润湿性、间隙填充性与钎焊工艺性；具有良好的化学稳定性，不腐蚀基体材料；钎焊接头具有足够的强度和硬度、抗蚀性与抗氧化性。

（5）鉴于 Cd、Pb 等元素及其化合物的毒性，钎料不含 Cd、Pb 等有害元素。

（6）钎料可以片材、带材、丝材、箔材等型材或粉末和膏状材料使用。

贵金属合金钎料按其熔点，可分为低温（小于450℃）、中温（450~1000℃）和高温（大于1000℃）钎料。通常又将熔点低于450℃钎料称为软钎料，高于450℃的钎料称为硬钎料。

11.2.2 颜色开金钎料合金

11.2.2.1 Au-Ag-Cu-M(M=Zn、Sn、In、Ga 等)系钎料合金

颜色开金饰品合金由 Au-Ag-Cu 或 Au-Ag-Cu-Zn 系合金制备。采用 Au-Ag-Cu 系合金钎料，可以保证钎料合金的组成与饰品合金基本相同，保持成分和颜色一致性。但钎料合金的熔点必须低于饰品合金，因此必须调整 Au-Ag-Cu 系合金中 Ag 与 Cu 的比例以降低钎料熔点。

Au-Ag-Cu 系的三个二元合金系中，Ag-Cu 系为简单共晶系，共晶温度为779℃。因此，Ag 与 Cu 的比例决定了 Au-Ag-Cu 合金的熔化温度。基于图 4-16 中 18K、14K 和 10K 合金所示的液、固相线，对于10K 合金，熔化温度可控制在 795~980℃，而 Ag/Cu 比值取 1.39：1 可使10K 合金熔点降至最低。同样，对 14K 和 18K Au 合金，Ag/Cu 比值取 1：1.47 和 1：2.57 也分别使相应合金的熔化温度达到最低值[3]，同时这些合金的颜色也正好落在 Au-Ag-Cu 系中的黄色区域[4]。这样，对于不同开金系合金，合适的 Ag/Cu 比值就成为设计低熔点钎料合金成分的重要参数或相应钎料合金成分设计基础。因为钎料合金的液相线温度必须低于被焊接饰品合金的固相线温度，还必须在上述最低熔化温度的 Au-Ag-Cu 三元合金系中添加低熔点组元 M(M=Zn、Sn、In、Ga、Ge、Si、Cd 等）以降低合金熔点，由此构成了 Au-Ag-Cu-M 系钎料合金。历史上 Cd 一直是钎料合金的主要添加剂，它的熔点 321℃，沸点 765℃，可显著降低合金熔点，改善浸润性与流散性，由于 Cd 金属和氧化物的蒸气具有强毒性，在合金熔炼与焊接过程中对人体健康有害，限制了它的应用，现在已经发展了许多无 Cd 钎料合金[5~9]。Zn 的熔点与沸点分别为419℃和907℃，它与饰品合金成分有很好相容性并明显降低液相线温度，是饰品钎料的主要添加剂。Zn 与 Zn 的氧化物被认为比 Cd 及其化合物的毒性低得多[6]。当合金中 Zn 含量较低时，直至1200℃ Zn 的挥发损失都较少，当 Zn 含量较高时，Zn 的挥发损失急剧增大。Sn、In 和 Ga 具有低熔点、高沸点和低蒸气压，常用作钎料合金的添加剂，有利于对降低钎料合金的熔点和蒸气压，可替代 Cd、Zn 等元素。但是，Sn、In 和 Ga 添加剂扩大 Au 合金的液-固相线间隔，图11-1[6]表明，随着钎料合金中“Sn + In + Ga”总添加量增加，21K Au-Ag-Cu 饰品合金熔化温度间隔几乎直线增大。因此“Sn + In + Ga”总

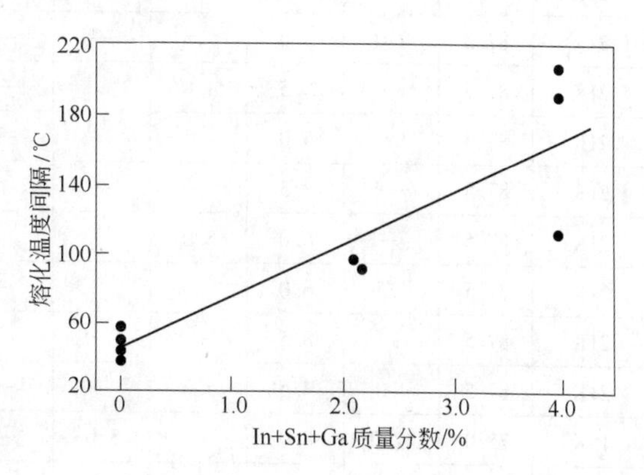

图 11-1 “Sn + In + Ga”总添加量对 21K Au-Ag-Cu 合金熔化温度间隔的影响

添加量应予以限制。对于 Au-Ag-Cu 或 Au-Ag-Cu-Zn 系颜色开金饰品合金，最常用的钎料合金是 Au-Ag-Cu-M（M = Zn、Sn、In、Ga 等）系钎料合金[7,8]，它们既能满足熔化温度降低的要求，也能与饰品颜色保持一致。

Au-Ag-Cu 或 Au-Ag-Cu-Zn 系颜色开金饰品合金品种很丰富，为了满足颜色开金饰品合金钎焊的要求，国内外开发了很多品种的颜色开金钎料合金，表 11-2[5~12] 列出了部分 Au-Ag-Cu-M(M = Zn、Sn、In、Ga、Cd 等）系开金钎料合金，少数传统钎料合金含有 Cd。这些开金钎料合金呈淡黄色和黄色，通过调整合金成分，如增加合金成分中 Ag 含量和添加 Ni、Cd 等元素，还可获得绿色和绿黄色钎料合金。表 11-2 所列钎料基本上分为三大类：高开金钎料、一般用途钎料和低开金钎料。高开金钎料的 Au 含量大于 80%，包括 22K 和 21K 合金；低开金钎料的 Au 含量小于 50%，包括 12K 以下的开金合金；一般用途钎料的 Au 含量为 50% ~80%，包括 14K ~ 18K 合金，是通用的钎料合金，适于广泛的应用。这些颜色开金钎料具有高的力学性能，如对于退火态合金，21K 钎料合金硬度 HV80 ~ 120；18K 钎料合金的硬度 HV140 ~ 160，屈服强度 130 ~ 150MPa；14K 钎料合金硬度 HV175 ~ 190，屈服强度 120 ~ 170MPa；9K 钎料合金的硬度 HV 约 170，屈服强度 160 ~ 210MPa。

表 11-2 部分颜色（淡黄色或黄色）开金合金钎料

合金	合金成分(质量分数)/%								熔化温度① /℃	有效温差② /℃
	Au	Ag	Cu	Zn	Sn	Ga	In	其他		
22K	91.6	0.4	3.0	5.0	—	—	—	—	865 ~ 880	—
22K	91.6	—	—	8.4	—	—	—	—	754 ~ 796	—
22K	91.8	2.4	2.0	1.0	—	—	2.8	—	850 ~ 895	—
22K	91.6	3.0	2.6	1.0	—	—	1.6	—	895 ~ 900	—
22K	91.6	4.4	3.0	1.0	—	—	—	—	940 ~ 960	—
21K	87.5	2.0	8.5	—	—	2	—	—	740 ~ 898	128(HV91)
21K	87.5	—	10.5	—	—	2	—	—	734 ~ 885	140(HV105)
21K	87.5	—	8.5	—	—	—	4	—	786 ~ 894	108(HV82)
21K	87.5	—	5.5	5.0	—	2	—	—	677 ~ 813	113(HV96)
21K	87.5	—	4.5	4.0	4.0	—	—	—	662 ~ 813	150(HV88)
21K	87.5	2.0	3.0	7.5	—	—	—	—	785 ~ 837	52(HV121)
21K	87.5	—	5.5	4.8	—	—	2.2	—	751 ~ 840	89(HV104)
21K	87.5	—	5.0	7.5	—	—	—	—	793 ~ 830	96(HV120)
21K	87.5	—	8.5	—	—	4	—	—	644 ~ 836	90(HV85)
21K	87.5	—	6.0	5.0	—	—	1.5	—	771 ~ 850	76(HV90)
21K	87.5	1.5	6.0	5.0	—	—	—	—	840 ~ 884	42(HV81)
21K	87.5	—	8.5	—	2.0	—	2.0	—	691 ~ 896	30(HV81)
21K	87.5	4.0	3.5	5.0	—	—	—	—	834 ~ 897	63(HV81)
18K	75.0	12.0	8.0	—	5.0	—	—	—	826 ~ 887	—
18K	75.0	9.0	6.0	10.0	—	—	—	—	730 ~ 783	—
18K	75.0	6.25	8.5	5.5	—	—	4.75	—	730 ~ 765	35

续表 11-2

合金	合金成分(质量分数)/%								熔化温度①/℃	有效温差②/℃
	Au	Ag	Cu	Zn	Sn	Ga	In	其他		
18K	75.0	6.0	10.0	7.0	—	—	2.0	—	765~781	74
18K	75.0	6.0	11.0	8.0	—	—	—	—	797~804	46
18K	75.0	6.0	10.0	7.0	2.0	—	—	—	765~781	—
18K	75.0	5.75	9.5	6.0	—	—	3.75	—	682~767	85
18K	75.0	5.25	12.25	6.5	—	—	1.0	—	792~829	37
18K	75.0	2.8	11.2	9.0	—	—	—	2.0Cd	747~788	—
18K	75.0	—	15.0	1.8	—	—	—	8.2Cd	793~822	—
16K	66.7	15.0	15.0	3.3	—	—	—	—	796~826	—
16K	66.6	10.0	6.4	12.0	—	—	—	5.0Ni	718~810	—
14K	58.33	17.50	15.67	6.0	2.5	—	—	—	757~774	81
14K	58.33	14.42	13.00	11.75	—	—	2.5	—	685~728	127
14K	58.33	14.16	14.58	10.0	—	—	2.93	—	668~748	80
14K	58.33	13.34	15.00	8.75			4.58		669~741	72
14K	58.30	18.0	12.0	11.7	—	—	—	—	720~754	—
14K	58.33	20.0	18.67	3.0	—	—	—	—	795~807	48
14K	58.3	20.8	19.0	1.9	—	—	—	—	793~830	—
12K	50.0	30.5	17.5	2.0	—		—	—	775~806	—
10K	41.67	33.25	23.85	1.23	—	—	—	—	777~795	35
10K	41.7	32.0	16.3	10.0	—	—	—	—	724~749	—
10K	41.67	29.4	22.18	4.25	2.5	—	—	—	743~763	67
10K	41.67	27.1	20.9	5.33	2.5	—	2.5	—	680~730	100
10K	41.7	24.0	16.3	9.0	—	—	—	9.0Cd	643~702	—
9K	37.5	31.88	18.13	8.12	—	1.25	3.12	—	637~702	65
9K	37.5	29.38	19.38	10.62	—	0.62	2.5	—	658~721	63
8K	33.3	31.0	28.0	7.7	—	—	—	—	737~808	—
8K	33.3	40.5	17.0	6.6	—	—	—	2.6Cd	722~749	—

①熔化温度 = 固相线 - 液相线温度；②有效温差为钎料液相线温度与开金饰品合金固相线温度之差，括号内数据为铸态钎料合金硬度。

11.2.2.2 高开金低熔点 Au-Ge-Si 系钎料合金

对于某些高成色颜色开金饰品的钎焊，上述 Au-Ag-Cu-M(M = Zn、Sn、In、Ga 等)系列钎料合金存在两大缺点：一是这些钎料合金的熔化温度偏高，大多数钎料合金的熔化温度达到 700~900℃，有些钎料合金的液-固相线间隔较宽；二是大多数钎料合金的有效温差（即钎料液相线温度与开金饰品合金固相线温度之差）低于 100℃，无疑增加了钎焊的难度。另外，对于 22K 以上高开金钎料而言，发展低熔点 Au-Ag-Cu-M 系钎料合金存在困难。因此，人们将发展低熔点钎料合金的目光投向 Au 基共晶合金。

Au与Si、Ge、Sn、In、Ga、Sb等元素都形成低熔点共晶合金，其中适合于高开金钎焊的合金是Au-Si和Au-Ge系合金。图11-2所示为Au-Si系相图[13]，它是一个简单共晶系，共晶温度363℃，共晶成分3.16%（质量分数）Si。Au-Ge也是一个简单共晶系，共晶温度361℃，共晶成分12.5%（质量分数）Ge。23K Au-3Si合金呈金黄色，21K Au-12Ge合金呈淡黄色，它们可以用于钎焊相应颜色的高开金饰品。

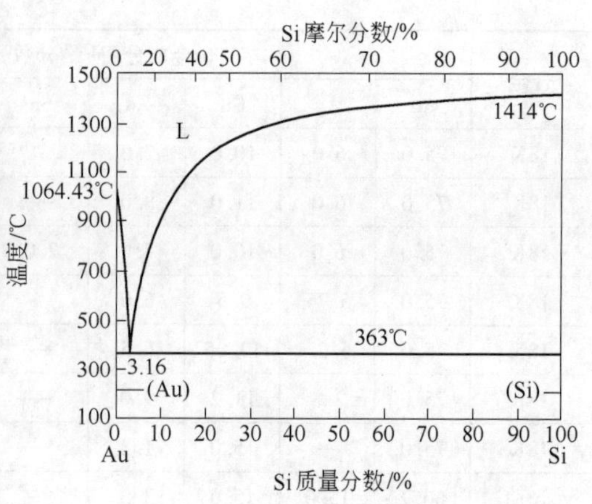

图11-2 Au-Si系相图

Au-Ge-Si三元系合金中，从Au-3Si合金成分到Au-12.5Ge合金成分形成一个连续共晶谷，相应于22K成色的共晶合金成分是Au-6.6Ge-1.7Si(即图11-3中合金4)。在铸态，该合金硬而脆，不能进行轧制加工。但是，采用熔体快速凝固可以制造得结构均匀的微晶箔带材，呈白色，厚度可控制到约100μm。因为熔体冷却合金中出现脆性亚稳相$Au_3(Si,Ge)$，这种带材呈脆性，硬度HV约为220。将箔带材在285℃氮气气氛中热处理约30min，由于Ge-Si沉淀相形态变化和脆性亚稳相消除，可得到颜色接近金黄色的延性带材，并使合金的硬度HV由铸态的220降低到退火态的约100。在这种延性的22K Au-6.6Ge-1.7Si合金箔带上镀一层厚约2μm的纯Au，可成功地用于钎焊22K开金饰品合金，达到优良的颜色匹配，钎料接头具有优良填充和结合特性、高的强度（大于210MPa）和好的抗腐蚀性[14,15]。在图11-3中，处于22K合金线两边的标记为1、2、3的三个合金也具有相同的焊接性质。22K Au-6.6Ge-1.7Si合金和21K Au-12Ge合金钎料可以箔带或钎膏形态使用，焊接时不需要钎剂，但需要在高纯流动氮气炉中进行。

11.2.2.3 Au-Ag-Ge-Si系钎料合金

Au-Ag系合金中添加Ge、Si等元素，可以降低合金的熔点，发展中温钎料。图11-4[11]表明，随着Ge+Si含量增高，Au-Ag-Ge-Si合金的熔点线性降低，由此可发展一系

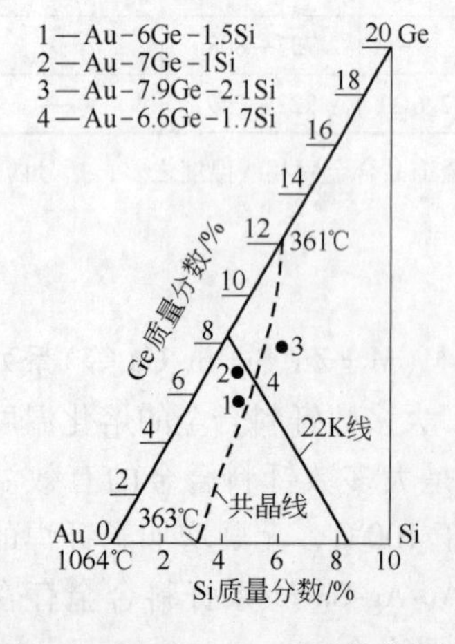

图11-3 Au-Ge-Si三元系部分相图

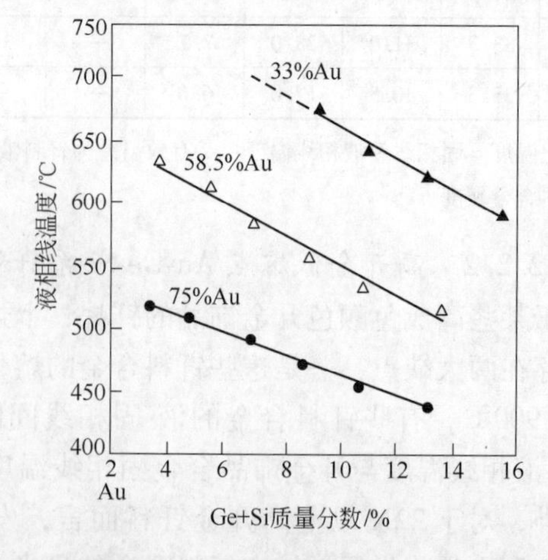

图11-4 Au-Ag-Ge-Si合金的液相线温度与Ge+Si含量的关系

列18K(黄色)、14K(淡黄色)和8K(白色)共晶型钎料，其液相线温度介于445~675℃(见表11-3)。这三种开金钎料合金可进行热加工和一定程度冷加工制造成钎料，但随着Ge+Si含量增高，合金的加工性变差。焊接试验表明，18K、14K和8K Au-Ag-Ge-Si钎料虽然可以焊接，但流动性并不太好，钎焊接头呈脆性，特别是钎焊含Cu开金饰品时，钎料中的Ge、Si和饰品合金中的Cu发生反应，形成脆性铜锗化合物或铜硅化合物。因此，这类钎料只适合钎焊不含Cu的饰品合金，其纯度、颜色和工作温度都符合要求，钎焊接头也有一定塑性。

表11-3 Au-Ge-Si和Au-Ag-Ge-Si钎料合金的某些性质

合 金	合金成分(质量分数)/%				熔化温度/℃	颜 色
	Au	Ag	Ge	Si		
23K	96.5	—	—	3.5	363(共晶)	金黄色
22K	92.5	—	6.0	1.5	362~374	黄 色
22K	91.7	—	6.6	1.7	362~376	黄 色
21K	88.0	—	12.0	—	356(共晶)	淡黄色
18K	75.0	21.7	—	3.3	500~520	淡黄色
18K	75.0	20.1	2.5	2.4	500~508	淡黄色
18K	75.0	14.3	10.0	0.7	450~455	黄 色
18K	75.0	18.0	5.0	2.0	470~495	黄 色
18K	75.0	16.0	7.5	1.5	450~468	黄 色

11.2.2.4 950Au钎料

高成色颜色开金饰品的钎焊还可以采用950Au钎料合金。表11-4[7,9]列出了某些950Au钎料合金的组成和性能，其颜色与纯金饰品接近或相匹配，其熔点却低于纯金，可制作成稳定膏状钎料，适于纯金饰品的钎焊或分级钎焊。

表11-4 950Au(22.8K)钎料合金的组成与性能

序号	合金成分(质量分数)/%	熔化温度/℃	铸态硬度HV	颜色	序号	合金成分(质量分数)/%	熔化温度/℃	铸态硬度HV	颜色
1	Au-5Zn	816~877	97	淡黄	6	Au-1Cu-3Zn-1Si	363~827	109	黄色
2	Au-3Cu-2Si	362~704	143	深黄	7	Au-1Cu-3Cd-1Si	363~899	77	黄色
3	Au-3Zn-2Si	365~624	88	黄色	8	Au-2Ag-3Si	363~584	122	黄色
4	Au-4Ge-1Si	353~810	100	深黄	9	Au-4.5Zn-0.5Si	406~847	72	黄色
5	Au-1Cu-4Zn	848~927	40	黄色	10	Au-4.7Zn-0.3Si	418~858	82	黄色

11.2.3 白色开金钎料合金

与颜色开金钎料合金相比较，白色开金钎料品种与数量相对较少，主要有如下合金系：

(1) 低熔点共晶合金。如19K Au-20Sn合金为白色，18K Au-25Sb合金为灰白色，适合于钎焊白色高开金饰品，但钎缝结构含脆性化合物。

（2）Au-Cu-Ni-Zn 系合金。由 Au-Ni 系相图可知，含约 18% Ni 的 Au-Ni 钎料合金具有 955℃最低熔点，18K 钎料合金主要是以 Au-Ni 系中低熔点合金成分为基础的合金。但对于大多数白色开金饰品合金，Au-Ni 钎料合金的熔点还太高，不适于直接用作焊料，需要添加其他组元，如添加 Zn 降低熔点，添加 Cu 改善加工性，构成了 Au-Ni-Cu-Zn 钎料合金。

（3）Au-Ag-Cu-Ni-Zn 合金。根据图 3-12 中白色合金成分区，选择 Au-Ag-Cu 系白色合金成分为基础，添加 Zn、Ni 漂白剂，构成 14K、10K 和 8K 白色钎料合金。因 Ni 不溶于 Ag，成分设计应避免出现两相。这类钎料合金不宜添加 Sn、In 等低熔点元素，因为添加 Sn 导致脆性，添加 In 导致严重偏析使加工困难。因此，低开金钎料可采用高 Ag 含量的 Au-Ag-Cu-Ni-Zn 合金。

（4）白色 Au-Ag-Ge-Si 合金。Au-Ag-Ge-Si 系中某些 14K 合金呈黄白色，8K 合金呈白色，可用作白色饰品钎料。表 11-5[7,8] 总结了某些白色钎料合金成分和熔化温度。

表 11-5 部分白色开金钎料合金

合金开数	合金成分（质量分数）/%								熔化温度/℃
	Au	Ag	Cu	Ni	Zn	Si	Ge	其他	
19K	80.0							20Sn	200 ~ 280
18K	75.0							25Sb	280 ~ 330
18K	75.0	—	1.00	16.5	7.5	—	—	—	888 ~ 902
18K	75.0	—	6.5	12.0	6.5	—	—	—	803 ~ 834
18K	75.0	1.0	6.0	8.0	10.0	—	—	—	—
18K	75.0	10.4	4.5	—	—	—	—	10.1Pd	—
14K	58.33	15.75	11.0	5.0	9.92	—	—	—	800 ~ 833（107）①
14K	58.33	15.75	5.0	5.0	15.92	—	—	—	707 ~ 729（211）①
10K	41.67	30.13	15.1	12.0	1.10	—	—	—	800 ~ 832（138）①
10K	41.67	28.1	14.1	10.0	6.13	—	—	—	736 ~ 784（186）①
10K	41.7	30.0	8.3	5.0	15.0	—	—	—	702 ~ 732
8K	33.3	42.0	10.0	5.0	9.70	—	—	—	721 ~ 788
8K	33.3	57.5	—	—	—	1.7	7.5	—	675 开始熔化
8K	33.3	55.9	—	—	—	0.8	10.0	—	642 开始熔化
14K（黄白色）	58.5	36.3	—	—	—	2.7	2.5	—	608 开始熔化
14K（黄白色）	58.5	32.6	—	—	—	1.4	7.5	—	557 开始熔化
14K（黄白色）	58.5	34.4	—	—	—	2.1	5.0	—	582 开始熔化
14K（黄白色）	58.5	38.0	—	—	—	3.5	—	—	636 开始熔化

①括号内数字为有效温差。

11.2.4 银合金饰品用钎料合金

银饰品合金主要是含 Cu 低于 20% 的 Ag-Cu 合金，为亚共晶，其液相线温度介于 Ag 的熔点 961.78℃和 Ag-28.1Cu 共晶温度（779℃）之间，即高于共晶温度。因此，银合金饰品一般采用 Ag-28Cu 共晶合金或熔点更低的 Ag-Cu-Zn 系钎料合金进行钎焊。在 Ag-Cu-Zn 系钎料中还可以添加其他元素以进一步降低熔点或改善钎焊特性。对于造型复杂的银合金饰品，需进行分级钎焊，可选用不同熔化温度的 Ag-Cu-Zn 系钎料。银饰品钎焊后一般还需整体镀银、镀金或镀铑，因此钎料合金还应满足电镀工艺要求。

在 Ag-Cu-Zn 三元系中，Zn 含量低于 25% 的三元合金是由 Ag-Cu 共晶分解所形成的富 Ag 固溶体（Ag）和富 Cu 固溶体（Cu）组成的两相区，加工性好。当 Zn 含量超过 25% 以后，合金中依次出现 β、γ、δ、ε、η 等电子化合物，其中除 β 相外，其余均为脆性相。因此，高 Zn 含量的合金呈脆性和加工困难。Ag 合金饰品用 Ag-Cu-Zn 钎料的 Zn 含量应低于 20%。Ag-Cu-Zn 合金钎料具有良好流动性与浸润性，对许多金属都有良好钎焊性能，在工业中广泛应用，也是银合金饰品的钎料。含高 Ag(如大于 70%)的 Ag-Cu-Zn 合金钎料具有高强度、高韧性和高导电性，适于钎焊导电性要求高的工件。随着 Zn 含量增高和 Ag 含量降低，合金的熔流点温度差变大，脆性倾向增大，钎缝接头韧性变差。表 11-6 和表11-7[7,16] 列出了适于银合金饰品钎焊的 Ag-Cu-Zn 系钎料合金和主要性能，其中列入国家牌号的钎料有 BAg70CuZn、BAg65CuZn、BAg50CuZn、BAg45CuZn、BAg25CuZn、BAg10CuZn 等。

表 11-6 适于银合金饰品钎焊的 Ag-Cu-Zn 系钎料合金成分（质量分数） （%）

牌 号①	Ag	Cu	Zn	Sn	Ni	其他	杂质②
BAg72Cu779	余量	27~29	—	—	—	—	≤0.15
BAg70CuZn690/740	余量	19.5~20.5	9~11	—	—	—	≤0.2
BAg70CuZn730/755	余量	25~27	3~5	—	—	—	≤0.2
BAg65CuZn671/719	余量	19~21	14~16	—	—	—	≤0.2
BAg50CuZn690/775	余量	32~34	15~17	—	—	—	≤0.2
BAg45CuZn675/745	余量	29~31	24~26	—	—	—	≤0.2
BAg50CuZnCd625/635	余量	14.5~15.5	15~17	—	—	Cd：18~20	≤0.2
BAg45CuZnCd605/620	余量	14.5~15.5	14~18	—	—	Cd：23~25	≤0.2
BAg35CuZnCd605/700	余量	25~27	19~23	—	—	Cd：17~19	≤0.2
BAg50CuZnCdNi630/690	余量	14.5~16.5	13.5~17.5	—	2.5~3.5	Cd：15~17	≤0.2
BAg56CuZnSn620/650	余量	21~23	15~19	4.5~5.5	—	—	≤0.2
BAg34CuZnSn730/790	余量	35~37	25~29	2.5~3.5	—	—	≤0.2
BAg50CuZnSnNi650/670	余量	20.5~22.5	26~28	0.7~1.3	0.3~0.65	—	≤0.2
BAg40CuZnSnNi634/640	余量	24~26	29.5~31.5	2.7~3.3	1.3~1.65	—	≤0.2

①牌号合金后面的数字为该钎料合金的熔化温度范围；②钎料主要杂质为 Pb、Zn 和 Cd。

表 11-7 某些 Ag-Cu-Zn 系钎料合金的主要性能

钎料牌号	抗拉强度 /MPa	电阻率 /$\Omega \cdot mm^2 \cdot m^{-1}$	钎料牌号	抗拉强度 /MPa	电阻率 /$\Omega \cdot mm^2 \cdot m^{-1}$
BAg72Cu	375	0.022	BAg10CuZn	451	0.065
BAg70CuZn	353	0.042	BAg50CuZnCd	419	0.072
BAg65CuZn	384	0.086	BAg40CuZnCdNi	392	0.069
BAg50CuZn	343	0.076	BAg35CuZnCd	411	0.069
BAg45CuZn	386	0.097	BAg50CuZnCdNi	431	0.106
BAg25CuZn	353	0.069			

Ag-Cu-Zn 合金中添加 Cd 可降低钎料熔点与流动性，提高钎焊接头强度与塑性，是 Ag 基钎料中性能最好的传统钎料合金。为避免出现脆性 γ 相，Zn + Cd 总量不得超过 40% ~50%，在 Ag-Cu-Zn-Cd 合金添加少量 Ni 或 Mn 可以提高钎焊接头耐蚀性和热强性。代表性钎料合金有：BAg50CuZnCd、BAg45CuZnCd、BAg35CuZnCd、BAg50CuZnCdNi、BAg40CuZnCdNi 等（见表 11-6）。由于 Cd 的毒性，Sn 可以取代 Cd 而形成 Ag-Cu-Zn-Sn 合金钎料。根据 Ag 含量不同，Sn 添加量为 5% ~5.5%，更高 Sn 含量使钎料变脆。列入国家牌号的合金有：BAg56CuZnSn、BAg34CuZnSn、BAg50CuZnSnNi 等。虽然 Ag-Cu-Zn-Sn 钎料无公害，但其熔化温度与 Ag-Cu-Zn-Cd 钎料有差异，其钎焊性能与力学性能也不如含 Cd 合金。Ga 也可以取代 Cd 而形成 Ag-Cu-Zn-Ga 钎料，代表合金有[7,16]：Ag-10Cu-16Zn-10Ga（钎焊温度 620℃）、Ag-10Cu-10Zn-18Ga（钎焊温度 590℃）、Ag-20Cu-7Zn-15Ga（钎焊温度620℃）等，其性能与 Ag-16Cu-17. 8Zn-26Cd-0. 2Ni 钎料相当。Ga 为稀散元素，资源少，价格高，这类含 Ga 钎料应用较少，也未列入国家标准。Ag-Cu-Zn 和 Ag-Cu-Zn-Cd 类钎料中的 Zn、Cd 组元蒸气压高，易挥发，只适于大气钎焊。

11. 2. 5　铂、钯合金饰品用钎料合金

饰品 Pt 合金的熔点一般都较高，可以采用具有不同熔化温度的 Pt 合金（如 Pt-Au 合金）、Pd 合金、白色开金合金或银合金钎料焊接。在所选用的 Ag 合金、Pd 合金和白色开金中添加适量 Pt 或 Pd，可以提高钎料熔点、提高焊接强度和焊缝耐腐蚀性。当颜色要求不重要时，纯 Au 也是优良钎料。Pt 合金饰品的钎焊，常用的钎料含 Au 或含（Au + Pd（或 Pt））量不小于 50%，其余为 Pt、Pd、Ag、Cu 和其他元素组成的合金，可以根据饰品合金的颜色和熔点要求设计广泛的钎料合金。钎焊 Pt 合金饰品的钎料，其熔化温度范围一般介于 1000 ~1700℃，最常用的温度范围是 1300 ~1500℃，可以根据饰品结构要求采用分级钎料。

表 11-8[7,8] 列出了某些适于 Pt 合金饰品钎焊的 Au、Pt 合金钎料。应当指出，因为适用于铂合金饰品焊接的铂合金钎料很少，采用白色开金钎料又很难到达成色与颜色和铂合金饰品完全一致。因此，高档铂合金饰品现在一般不采用钎焊而多采用激光焊接技术。

表 11-8　Pt 与 Pt 合金饰品用 Au 合金钎料

钎料合金	合金成分（质量分数）/%	熔化温度/℃	钎料合金	合金成分（质量分数）/%	熔化温度/℃
Au	纯 Au	1063	Au-Pd-Pt	48Au-42Pd-10Pt	1510
				37. 5Au-42. 5Pd-20Pt	1570
Au-Pt①	所有成分	1063 ~1769	Au-Ag-Pd	45Au-45Ag-10Pd	1120
				20Au-50Ag-30Pd	1260
Au-Pd	80Au-20Pd	1300	Pt-Ag	33Pt-67Ag	1200
	60Au-40Pd	1420		25Pt-75Ag	1150

①Au 质量分数大于 70% 时，钎料显示黄色。

饰品 Pd 合金的熔点介于饰品 Au 合金与饰品 Pt 合金之间，因而饰品 Pd 合金的钎焊可以采用某些流散性好和熔点较低的 Pd 合金、白色开金合金或银合金钎料焊接。采用白色开金钎料钎焊时，可选择具有不同熔化温度和钎焊温度的白色开金钎料。Pd 合金焊料系

列中，基本满足Pd合金饰品钎焊要求的主要有富Ag的Pd-Ag-Cu合金和Pd-Ni合金。表11-9[7,17]列出了富Ag的Pd-Ag和Pd-Ag-Cu系钎料合金的熔化温度和钎焊温度，其液相线温度低于1250℃，钎焊温度可控制在1300℃以下。值得注意的是，Pd合金在钎焊过程中易氧化，钎焊时需采用溶剂清除焊接接头处和饰品表面的氧化物。

表11-9　富Ag的Pd-Ag和Pd-Ag-Cu系钎料合金的熔化温度和钎焊温度

序号	合金成分(质量分数)/%						固相线温度/℃	液相线温度/℃	钎焊温度/℃
	Pd	Au	Ag	Cu	Ni	Mn			
1	5	—	95	—	—	—	970	1010	1095
2	10	—	90	—	—	—	1000	1065	—
3	20	—	80	—	—	—	1070	1175	—
4	5	—	68.4	26.6	—	—	807	810	815
5	10	—	58.5	31.5	—	—	624	852	860
6	15	—	65	20	—	—	850	900	905
7	20	—	52	28	—	—	880	900	905
8	25	—	54	21	—	—	901	950	955
9	20	—	75	—	—	5	1000	1120	1120
10	60	—	—	—	40	—	1236	1236	1236
11①	5	70	—	25	—	—	940	967	980
12①	15	51	—	34	—	—	998	1031	1040

①11和12号合金富含Au与Cu，为黄色或黄红色，适于黄色Pd-In或Pd-In-Ag基多元合金钎焊。

11.2.6 牙科钎料合金

在牙科修复中需要将修复的各个部件组合起来，常用的技术是钎焊。牙科钎料的性能除满足一般要求外，还要求钎料与母材电位差小以减小在口腔环境中电化学腐蚀。牙科钎料合金大体可分为Au合金和Ag合金，并可形成颜色合金与白色合金两类。

11.2.6.1 牙科Au合金钎料

牙科Au合金钎料主要有Au-Ag-Cu、Au-Ag-Pd和Au-Cu-Ni三个合金系。Au-Ag-Cu为常用钎料合金，其Au含量为40%～85%，另添加少量低熔点金属以降低合金熔点，如2%～3%Sn、2%～4%Zn等；添加Ni、Mn、Pd等元素则可制备“白色”钎料合金。在Au-Ag-Cu系合金中，高Ag含量的钎料具有更好的流动性和渗透性，多用于装配钎焊，高Cu含量钎料具有更高硬度与强度，多用于修补点焊；高Au含量钎料合金抗蚀性好而硬度较低，低Au合金钎料能承受高应力。表11-10[8,18]列出了Au-Ag-Cu、Au-Ag-Pd和Au-Cu-Ni钎料合金的组成与用途，表11-11[7]列出了某些Au-Ag-Cu合金钎料的成分与性能。

表11-10　牙科钎料合金的组成与用途

合金系		合金成分(质量分数)/%	熔化温度/℃	铸态硬度HB	钎焊对象
Au-Ag-Cu系	低开金型	40～45Au,30～35Ag,15～20Cu,2～3Sn,2～4Zn(Cd)	690～810	140	低开金,烤瓷合金
	普通型	60～65Au,12～22Ag,12～22Cu,2～3Sn,2～4Zn(Cd)	724～835	110	一般用途
	高开金型	75～80Au,5～15Ag,5～15Cu,0～3Sn,0～4Zn(Cd)	750～870	80	高开金,金铂合金

续表 11-10

合 金 系		合金成分（质量分数）/%	熔化温度/℃	铸态硬度 HB	钎焊对象
Au-Ag-Pd 系		20 ~ 30Au，20 ~ 40Ag，15 ~ 25Cu，10 ~ 20Pd，5 ~ 15Zn	800 ~ 900	—	金银钯合金
Au-Cu-Ni 系（白色合金）		40 ~ 50Au，15 ~ 20Cu，15 ~ 20Ni，15 ~ 20Zn，5 ~ 10Mn	850 ~ 900	—	钴铬合金，镍铬合金，18-8 不锈钢
Ag 合金	中温	40 ~ 50Ag，15 ~ 25Cu，10 ~ 20Zn，0 ~ 3Sn，少量 Ni、Mn	620 ~ 780	—	铸造银合金，贱金
	低熔点	少量 Ag，70 ~ 80Sn，少量 Zn、Cd	200 ~ 400	—	属齿科合金

表 11-11　某些 Au-Ag-Cu 合金钎料的成分与性能

合金成分（质量分数）/%	液相线温度/℃	屈服强度/MPa		抗拉强度/MPa		伸长率/%	
		软态	硬态	软态	硬态	软态	硬态
80.9Au-8.1Ag-6.8Cu-2.1Zn-2.0Sn	870	144	—	262	—	18	—
72.9Au-12.1Ag-10Cu-3Zn-2Sn	835	168	542	252	585	7	<1
66.1Au-12.4Ag-16.4Cu-3.4Zn-2Sn	805	206	542	312	585	12	<1
65.4Au-15.4Ag-12.4Cu-3.9Zn-3.1Sn	785	189	385	298	440	14	1
65Au-16.3Ag-13.1Cu-3.9Zn-1.7Sn	799	210	540	308	645	9	<1
50Au-23Ag-15Cu-9Zn-3Sn	700	251	645	373	666	18	3
参考合金：20% Au 基体合金	—	340	545	475	625	7	3
参考合金：26% Au 基体合金	—	375	580	500	670	7	3

11.2.6.2　牙科 Ag 合金钎料

Ag 合金钎料熔点低，润湿性好，价格便宜，但硬度低，在口腔内耐蚀性与抗变色性不如 Au 合金。牙科 Ag 合金钎料主要有 Sn-Ag 系软钎料和 Ag-Cu-Zn 系中温钎料，用于铸造牙科 Ag 合金和贱金属齿科合金（见表 11-10）。

11.2.7　贵金属饰品膏状钎料

贵金属饰品用钎料合金可以是板、带、棒、丝、碎屑、粉末、膏等形态。膏状钎料是由钎料粉末、助钎剂和载体配制而成的膏状混合物。一般地说，所有贵金属合金钎料都可以制成膏状钎料，尤其是某些难加工的合金。钎料合金粉末一般为球形，是组成膏状钎料的主体，要有一定的粒度分布，以适用于不同应用与钎焊方法。根据钎焊后金属沉积量的要求，膏状钎料中合金粉末的质量分数一般为 75% ~90%。钎料合金粉末对氧含量和杂质含量也有严格要求，如要求含氧量低于 0.06% ~0.08%、杂质含量低于 0.5% 等。助钎剂应具有足够活性，能有效清除钎料粉末表面和被焊接金属表面的氧化物，促进熔融钎料在母材上的润湿与铺展，但又不能腐蚀钎料和母材。载体实际上是一种黏结剂，能保证焊膏有足够的黏度与黏附性。良好的载体能保护钎料粉末和助钎剂不被氧化、不受腐蚀和不受潮解，在钎焊温度能挥发而不留残渣。优良的膏状钎料不含对人体健康有害的组成物或挥发物，焊后工件易于清洗。膏状钎料的主要优点是：（1）使用方便，可用手工、机械和印刷等方法施加焊膏，适于火焰焊、炉中焊、浸渍焊、高频焊和电接触焊等；（2）适应性强，特别适于钎焊几何形状不规则或结构复杂的元器件；(3) 可以均匀定量布料，保证接头性能稳定，节约焊膏用量；(4) 许多脆性合金都可制粉做成焊膏，有利于扩大钎料品种，填补钎料系列中某些空白温区。膏状钎料的缺点是不适于真空钎焊。

膏状银合金钎料主要是含 Ag 的软钎料和中温 Ag 基合金钎料。Pb-Sn 软钎料为 Pb-Sn 合金或含少量 Ag、Bi、Sb 的 Pb-Sn 合金焊膏，如 63Sn-34.5Pb-2.5Sb(熔点 189℃)、59.5Sn-34.5Pb-6Ag(熔点 177℃)和 42Sn-42Pb-14Bi-2Ag(熔点 160℃)、96.5Sn-3.5Ag(熔点 221℃)等，其熔化温度为 180～265℃，钎料温度为 220～310℃。这类焊膏的助钎剂主要是由松香（如水白松香）和活化剂（如有机酸、有机胺或铵的卤氢酸盐等）组成，按其活性可分为 R 型（无活性）、RMA 型（中等活性）、RA 型（完全活性）、SRA 型（超活性）等。这些焊膏一般不腐蚀基体，焊后残渣极少，易于用有机溶剂清洗。不同粒度的钎料粉末可制成不同规格的焊膏，可以采用涂抹、注射、丝网印刷或模板印刷等方式施加焊膏，可以采用各种焊接方法钎焊 Ag 合金、白色开金等。中温 Ag 合金焊膏(如 Ag-Cu-Zn 和 Ag-Cu-In 等)的助钎剂主要是由氟化钾、硼酸盐及其复杂盐类组成的混合物，钎焊温度可达 871℃。在 Ag 合金膏状钎料中，Pb-Sn 合金系膏状钎料应用更广泛。但随着含 Pb、Cd 等有害元素在合金和焊料逐渐被禁用，含 Ag 无 Pb 的膏状软钎料和银合金中温钎料将会有进一步发展。

开金饰品用膏状钎料主要用开金钎料合金制备。采用雾化法、球磨法等各种方法制备成分和粒度均匀的开金合金粉末，粒度控制在 100μm 以下，配以助焊剂和载体制成焊膏，所制成的焊膏可以通过注射针管施涂在饰品上。开金焊膏用于开金合金饰品、表壳表带和其他装饰品钎焊。图 11-5[19] 所示为通过 0.5mm 注射针管的 18K 黄色开金焊膏（其中开金合金粉末粒度在 75μm 以下），图 11-6[19] 所示为采用开金焊膏焊接的某些开金饰品。

图 11-5 通过 0.5mm 注射针管的 18K 黄色开金焊膏

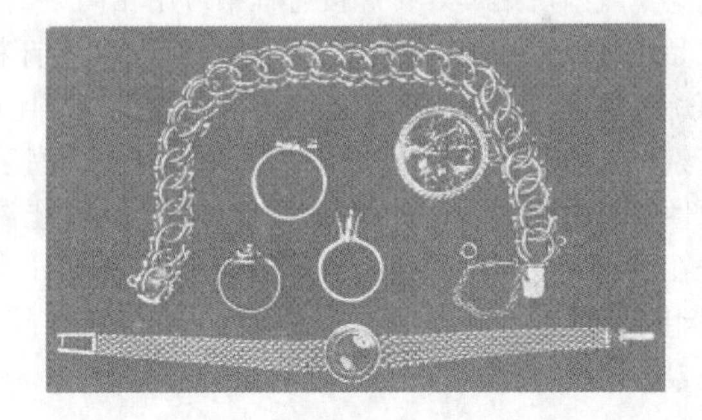

图 11-6 采用开金焊膏焊接的某些开金饰品

11.2.8 贵金属饰品钎焊

钎焊 Au 合金时，首先要根据开金饰品合金的颜色和熔化温度选择合适的钎料，即选择颜色匹配和有效温差恰当的钎料。将被焊接饰品表面酸洗干净，再浸渍或涂刷一层抗氧化介质（如硼酸酒精膏），以保护焊件在加热时不氧化。钎焊时采用还原火焰（或还原气氛）加热，在焊接面涂敷用硼砂和酒精混合的稠膏钎剂，还可在钎剂中添加树胶（如黄蓍胶）以提高钎料的黏附性。这种膏状钎剂熔化温度在 760℃以上，很适合于金和开金饰品硬钎焊。如果需要分级钎焊，先用高熔点高开金钎料钎焊，然后逐次选择熔点较低的低开金钎料钎焊。如18K金合金饰品的焊接温度从820℃(一级钎焊)到700℃(三级钎焊),14K金合金饰品的焊接温度从780℃(一级钎焊)到670℃(三级钎焊),8K金合金饰品的焊接温度从700℃(一级钎焊)到640℃(三级钎焊)。低开金一般具有较低的熔点,可以采用低开金钎料钎焊高开金饰品。

同样的原理和实践也适于用银硬钎料钎焊银和银合金,所使用钎剂也是以硼砂为代表的硬钎剂。当使用银软钎料或钎膏钎焊银合金饰品时,可以采用上述松香钎剂或其他软钎剂。银饰品也可以采用不同熔化温度的银钎料进行分级钎焊,若所钎饰件由金和银制成,宜采用银硬钎料或熔点较低的金合金钎料,以免银过热。金、银焊接后用10%硝酸或硫酸清洗。

铂合金饰品钎焊应根据铂合金饰品的熔点及对强度和颜色的要求选择适当的钎焊合金,还需要采用适当的钎剂,也可采用金合金钎焊钎剂。若采用火焰焊,铂合金钎焊则必须采用氧化性火焰,因为还原性火焰或气氛会导致铂合金污染和变脆,而氧化火焰可使铂合金表面平滑和易于抛光。铂合金饰品焊接后不需要清洗,直到热处理完成后用热盐酸浸渍清除焊剂。钯合金钎焊参见第8章。

11.3 贵金属饰品合金熔焊

11.3.1 火焰熔焊

熔焊是用各种热源熔化被焊接工件并在凝固后形成焊缝的方法,主要有火焰熔焊和电弧熔焊,既适用于高熔点和较厚焊缝饰件,也适用于小饰件和薄壁饰件的焊接。

Au合金、Pt合金和Pd合金饰品都可以采用火焰熔焊,熔焊方法有氢氧焰焊、氧乙炔焰焊、氧丙烷焰焊等,焊接过程中可用相同金属或合金作为填充金属,Pt合金和Pd合金饰品还可以采用18K白色开金或低熔点含Pd钎料合金作为填料。氢氧焰、氧乙炔焰或氧丙烷焰焊接可调节氢气、乙炔、丙烷和氧气的比例以调节火焰温度和氧化性气氛或还原性气氛,氧丙烷焰焊接温度可达3000℃以上,高于氢氧焰焊温度。Pt、Pd合金饰品若在还原性气氛中焊接时,乙炔或丙烷中的碳有可能渗入Pt、Pd合金,严重时使焊接点变脆;若在氧化性气氛中焊接时,可能会造成Pt、Pd有一定的氧化挥发,但同时也使其他贱金属组元和杂质氧化损失,可使Pt、Pd合金饰品表面光滑平整,减少在精整工序抛光工作量。

11.3.2 气体保护电弧焊和微束等离子弧焊

气体保护电弧焊是采用外加气体作为电弧介质并保护电弧和焊接区的电弧焊,一般在氩气保护下利用电极和工件之间的电弧使金属熔化而形成焊缝,称为惰性气体保护电弧焊或氩弧焊。氩弧焊接温度高,焊缝致密,焊缝强度高。氩弧焊可分为钨极氩弧焊(TIG)和熔化极氩弧焊,前者焊缝熔池较浅,适于焊接厚度较薄(<3mm)的工件;后者焊缝熔池更大,适于焊接较厚工件。用于Pt合金和Pd合金饰件的氩弧焊一般采用熔池较浅的钨极氩弧焊。表11-12[21]列出了铂合金钨极氩弧焊的工艺参数,焊接电流随铂合金工件的厚度增大而增加,另外还应配合以适当的焊接速度,焊接时采用相同Pt合金丝作填充剂。钯合金工件和饰品也采用钨极氩弧焊,焊接工艺可参照铂合金钨极氩弧焊工艺。

表 11-12 铂合金钨极氩弧焊的工艺参数

工件板厚/mm	0.3	0.5	0.6	0.7	1.0
焊接电流/A	20	25~30	30~40	30	40~45
焊丝直径/mm	1.0	1.0	1.0	1.0	1.0
氩气流量/$L \cdot min^{-1}$	3	4	4	4	4.5

等离子弧焊是采用建立在电极和工件之间的压缩电弧加热的一种熔焊方法，实质是钨极气体保护电弧焊的一种发展，其优点有能量集中、熔深大、焊速高、焊缝窄、变形小和无钨夹杂污染等。微束等离子弧焊应用广泛，也适于焊接贵金属珠宝饰品和其他精密器件[22]。

11.4 贵金属饰品电阻焊

电阻焊接是在一定电压下通过对电极施加压力，使电流流经组合焊件的接触面及邻近区域产生电阻热完成焊接的方法。按焦耳定律（$Q = I^2R$），电阻焊一般用低电压大电流产生大的电阻热，使焊接工件接触面熔化形成熔核，冷凝后形成焊点。电阻焊接法可以用来焊接由 Pt、Pd 合金制造的大型构件[1]，也用于焊接贵金属首饰制品，焊接方法有直接熔焊和钎焊等。

将饰件组合成搭接或对接接头，在点焊机的一定压力下用大电流产生的电阻热使饰件焊接，其基本工艺参数是控制焊接电流和压力。电阻焊接也可以实施钎焊，它是利用工件的电阻热熔化钎料（焊膏）并使工件结合，工件本身并不熔化。电阻钎焊过程大体包括如下步骤：首先将洗净的被焊接的工件靠拢并放在电解液中（电解液的作用在于增加导电性），在接头处施加焊料或焊膏，通过点焊机快速施加短电流脉冲使焊料（焊膏）熔化，工件就被焊接在一起；然后依次焊接下一个工件或部件。用这种方法还可以钎焊金项链、串有珍珠的项链和其他贵金属饰品。图 11-7[23]所示为在小型点焊机（220V 和 50Hz 电源）上通过高精密电位器控制电流脉冲钎焊金项链和串有珍珠的金项链的几个镜头和钎焊制品。

图 11-7 电阻脉冲钎焊金项链的过程和焊接的项链饰品

11.5 贵金属饰品激光焊接

激光焊接是以激光束为能源的一种焊接方法。激光器有以红宝石、钇铝石榴石（YGA）或铷玻璃棒等作为激光工作物的固态激光器和以气体（如 CO_2）为工作物的气体激光器。按能量输出方式有连续激光焊和脉冲激光焊；按输出功率大小则有大功率（不小

于 10^6 W/cm^2）激光器和小功率（小于 10^5 W/cm^2）激光器，前者可以焊接厚度几毫米至十余毫米的金属，后者主要用于焊接厚度在毫米以下直至微米级的细丝、薄片和薄膜工件等。激光焊接的优点是功率密度高、热量集中，热影响区小、应力变形小；缺点是高热导率和高反射率材料难以焊接。

11.5.1 贵金属合金的激光焊接参数和质量比较

影响激光焊接质量的因素有激光束聚焦形状和直径、激光脉冲激发电压和脉冲时间等。贵金属合金的激光焊接要求高质量的激光束，如图 11-8(a)所示，在工件上激光束斑点直径保持近常数并控制在几毫米，而图 11-8(b)所示的激光束聚焦质量则很差。控制激光束质量的参数主要有脉冲激发电压、脉冲时间和激光束直径，图 11-9 所示为激光参数对受热区的影响。另外，被焊接工件材料的性质如熔化潜热和对激光的吸收率等性能对焊接质量有明显影响。

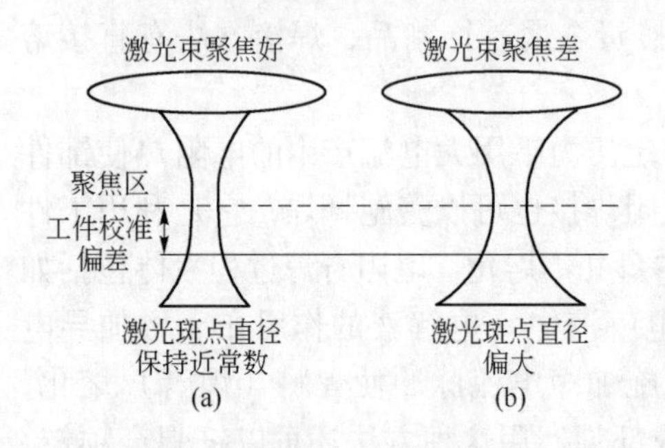

图 11-8 激光束聚焦质量比较

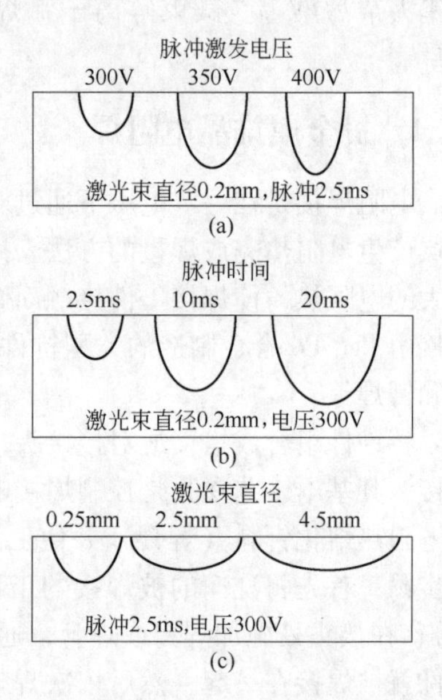

图 11-9 激光参数对受热区的影响

表 11-13[2] 列出了不同材料的典型激光焊接参数，Pt 与 Pt 合金具有高熔点，相对低的热导率和热扩散率，有非常好的激光焊接质量。Pd 与 Pd 合金的热导率和热扩散率等热学性质与铂合金相近，也具有好的激光焊接质量。由于 Au、Ag 及其低合金化的合金具有高的热导率、热扩散率和反射率，采用激光焊接 Au、Ag 及其高成色合金饰品的焊接质量不很理想或焊接质量较差，但可以焊接 18K 以下开金饰品。Al 和 Al 合金更难实现激光焊接。对于 Ti 和不锈钢等制品，存在明显的氧化倾向，需在保护气氛中进行激光焊接。

表 11-13 不同材料的典型激光焊接参数

合金成分	脉冲激发电压/V	脉冲时间/ms	评 价
Pt 与 Pt 基合金	200～300	1.5～10	非常好的焊接质量
999 纯 Au	300～400	10～20	靶区暗，焊接质量差或需高能量焊接
925Ag、835Ag	300～400	7.0～20	
18K 黄色 Au 合金	250～300	2.5～10	好的焊接质量
18K 白色 Au 合金	250～280	1.7～5.0	非常好的焊接质量
Ti	200～300	7.0～20	在激光焊接机内惰性气氛焊接
不锈钢	200～300	2.0～15	在激光焊接机内惰性气氛焊接

11.5.2 铂合金激光焊接参数

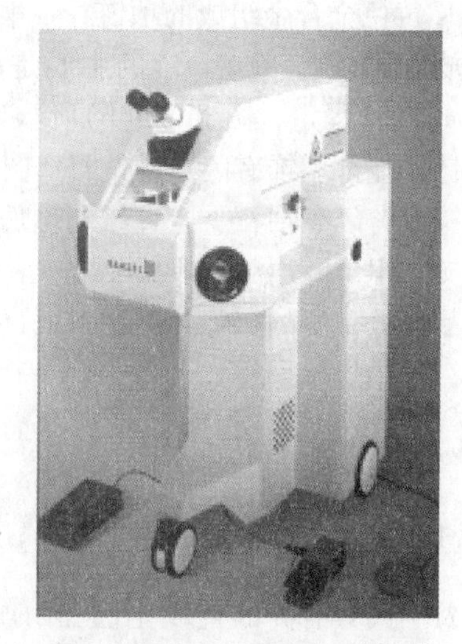

图 11-10 一种用于 Pt 合金首饰焊接的 YAG 激光器（英国 Rofin-Baasel 公司产品）

Pt 合金制品，无论是大型铂合金结构件（如玻璃工业用大型坩埚和漏板等），还是小型首饰零件装配，在有条件的地方，一般都采用激光焊接。激光焊接适于结构精细和形状复杂的各种 Pt 合金组件，如焊接玻璃纤维漏板的漏嘴、首饰和工艺品，还适于焊接匹配有宝石、钻石、珍珠甚至有机材料的铂合金珠宝饰品[24~26]。

图 11-10[24] 所示为一种小功率 YAG 激光器，适于焊接 Pt(或 Pd)合金饰品。被焊接的首饰安放在激光器的小室内，用可控的狭窄的激光束照射加热首饰，可加热 Pt 合金到熔点以上温度（1772~2000℃），体视显微镜和十字准线能精确地瞄准激光脉冲闪击的位置而实施精确焊接、工件加固或修补，焊接热敏感区可以控制在约 0.2mm 的狭小区域。用于 Pt 合金首饰激光焊接的典型参数见表 11-14。

表 11-14 用于 Pt 合金首饰激光焊接的典型参数

功 能	参 数	功 能	参 数
输入电源	115 或 200~240V；50~60Hz	峰脉冲能量	4.5~10kW
最大平均工作功率	30~80W	脉冲时间	0.5~20ms
聚焦激光束直径	0.2~2mm	脉冲频率	1~10Hz
脉冲能量	0.05~80J	脉冲激发电压	200~400V

11.5.3 激光焊接铂合金饰品

激光焊接具有能量低，光束细（0.2~2mm）、热影响区域小、焊接强度高和不改变饰品合金的初始强度性质等优点，可用于将原始弹性的和硬的零部件组装成整体饰品构件，在激光焊接装配期间只有非常局部的和有限的热扩散，不损害铂饰品合金的强度和弹性性能，也不损害各零部件的表面光洁性，使装配的整体饰品构件仍保持好的强度性质和表面光洁度。此外，采用激光焊接还可以修补和加固 Pt、Pd 合金饰品，如修补与填充表面针眼和小坑，修平表面小的疤痕和粗糙等，避免有缺陷的铸件重熔。

图 11-11[24] 所示为采用激光焊接组装成的铂合金饰品。图 11-11(a)所示为一只由 Pt

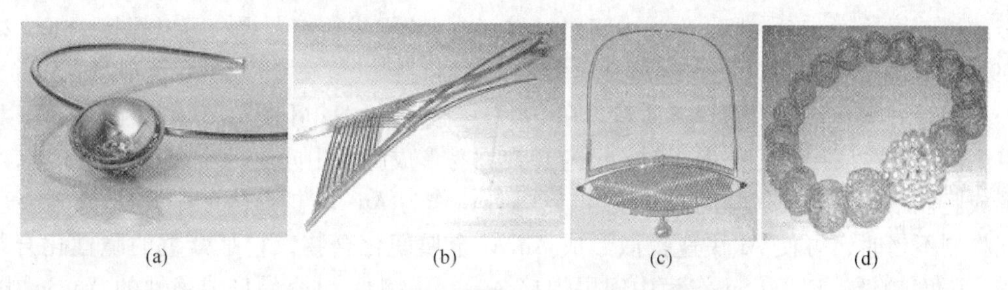

(a) (b) (c) (d)

图 11-11 采用激光焊接组装成的铂合金饰品

和18K黄色金合金组成的项链，一根Pt棒焊接在一个用直径0.4mm Pt丝制作的笼上，笼中安放着Au碗，在Au碗的中心是一颗闪亮的1.3克拉钻石，它用4根交叉的直径约0.7mm Pt丝固定；图11-11(b)所示为用Pt-20Ir合金和18K黄色Au合金通过激光焊接成的饰针，端部装饰有闪亮的钻石；图11-11(c)所示为用Pt-20Ir合金和18K黄色Au合金制作的镶嵌有闪亮钻石、蓝宝石和珍珠的项链，其中的鱼形网是用直径0.6mm Pt-20Ir合金细丝交叉织成并用激光焊接装配，它获得了1999/2000年在日本东京举行的第二届国际珍珠饰品设计比赛的二等奖；图11-11(d)所示为用Pt-20Ir合金丝扣通过激光焊连接的珍珠项链，丝扣焊接牢靠。

11.6　贵金属饰品固相结合

11.6.1　贵金属饰品扩散焊

贵金属具有高的抗氧化性和耐腐蚀性，表面不易形成膜，有利于实现扩散焊。事实上，将表面清洗干净的光洁贵金属工件，在一定压力作用下加热到较高温度，或者较高温度下通过压力加工，借助扩散就可以将贵金属工件焊合起来。如通过热加工或大变形冷加工可以将相同或不同的贵金属型材（片、带、棒、丝）结合起来形成层状或纤维复合材料；将一捆Au丝在500℃加热1h可形成一根金棒。

图11-12[27]所示为在一定时间（1h）内Au-Au扩散焊接时所施加压力与温度的关系，这里的Au试样是在光学玻璃上溅射0.1μm Ti和Pt中间层后再溅射3μm厚的极平滑Au层(粗糙度0.05μm)。镀Au玻璃背面以高强度树脂与螺栓黏结，再做拉伸试验直至破坏。图中Ⅰ区为良好焊合区，即Au-Au扩散焊接接头强度高于树脂黏结强度；Ⅱ区为不良焊合区。这个结果表明，扩散焊接过程中温度越高，焊合所需要压力越低和时间越短，焊合强度也越高；相反，压力越大，达到良好焊合所需要的温度越低和时间越短。

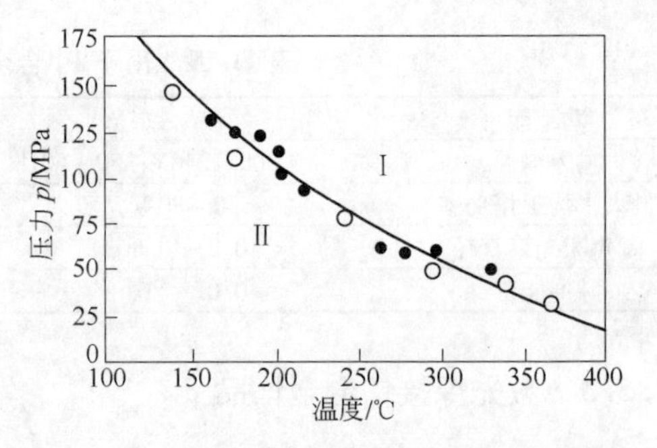

图11-12　Au-Au扩散焊接过程中压力-温度关系

在被焊接的两片金属或合金工件之间夹一层低熔点金属（如Ga、Sn、Bi、Pb、Hg等）或低熔点焊料做中间层时，扩散焊接过程可以明显加快，其速度甚至可提高3个数量级。如采用Ag-Sb合金片作中间层可使两个镀金的金属或陶瓷表面焊接起来[28]。在600～900℃温度范围内，采用Bi作中间层可使Au表面扩散系数增大10^4倍，因而促进Au与Au合金的扩散焊接[29]。采用Sn作为中间层材料，在450℃进行扩散焊，可以焊接18K、22K和990Au等高开金饰品[30,31]。液态金属Hg作为中间层，可在0～100℃实现Au-Au扩散焊，并随着时间延长而改善焊接质量，在100℃接触78天Hg可渗入Au中25μm[28]。以低熔点金属作为中间层进行扩散焊时，要避免使用易形成脆性中间层的金属或焊接工艺，因为形成脆性中间层使扩散焊的效果变差。如以Al作为Au-Au扩散焊的中间层，当温度和时间控制不当时，可使Al快速扩散形成Au_4Al金属间化合物，它是紫色的脆性化合物，使接头强度较低。以Pb-Sn作为中间层焊接Au-Au接头，也容易形成脆性的Au_4Sn化合物[8]。表面易形成致密氧化膜的金属，如 In（表面形成致密 In_2O_3 膜），也不宜用作扩散焊的中间层。

表 11-15 列出了以 Sn 作为中间层扩散焊接 18K、22K 等高开金珠宝饰品的主要焊接参数，推荐的扩散焊接温度和焊后热处理温度为 400～450℃。对于 18K 合金焊接，如 75Au-12.5Ag-12.5Cu，若在 450℃以上温度作较长时间退火时，焊件的晶粒尺寸明显长大和强度性质明显下降。图 11-13 所示为 18K 黄色开金在 450℃/1h 扩散焊接后焊接头放大 1000 倍的照片，接头处形成均匀的 Sn 层。按工业评价标准检测扩散焊接头强度，它的切变强度超过 60MPa，剥离抗力超过 20N/m。这些焊接性能实际上超过传统钎焊接头的性能。图 11-14[30~32] 所示为通过 450℃扩散焊接制造的 18K 黄色开金饰件，它们制作手镯和匹配耳环。

表 11-15 高开金珠宝饰品扩散焊接的主要焊接参数

适用开金珠宝饰品	18K、22K 或 990Au
推荐加热速率	10℃/min
最低加热温度	420℃
最高加热温度	18～22K：450℃；990Au：500±10℃
扩散焊气氛	惰性气氛（氩气或氮气）或真空（<1mPa）；氧含量 $<10\times10^{-6}$；在施加焊剂时可在大气中实现扩散焊
扩散焊期间施加应力	足以迫使表面密切接触，典型应力 1MPa
在加热温度施加应力保持时间	1～10min
推荐扩散焊后均匀化热处理温度	400℃
均匀化热处理时间	1h±10min
Sn 镀层厚度	单边焊合 4μm±0.5μm；两边焊合时每边 2μm±0.5μm

图 11-13 18K 黄色开金在 450℃/1h 扩散焊接后焊接头截面放大 1000 倍的照片

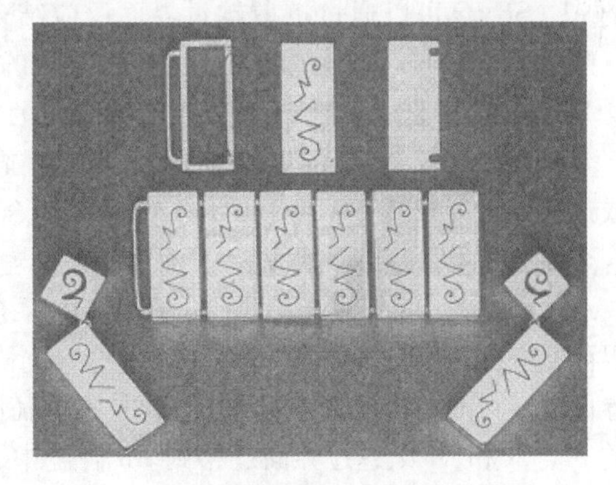

图 11-14 通过 450℃扩散焊接制造的 18K 黄色开金饰件

11.6.2 贵金属与陶瓷固相反应结合

11.6.2.1 贵金属与陶瓷固相反应结合与机制

贵金属与陶瓷固相反应结合是将陶瓷/金属/陶瓷在一定压力和温度下热压一定时间，

使界面发生某种固相反应而结合成一体的过程。它的主要技术要求是：（1）反应结合温度必须低于结合系中最低组元的熔化温度，在陶瓷/金属/陶瓷系中，通常金属是低熔点组元，反应温度 T 一般选择为 $T=0.9T_m$（T_m 为金属熔点）；（2）对于不同的结合偶系，反应结合时间 t 可控制在几分钟到上百小时，温度和压力越高，反应所需时间越短，通常控制结合时间 t 为 2～5h；（3）压力 p 控制范围视结合偶系而异，应以保证反应结合期间界面有足够的物理接触为准则，一般可控制 p 为 0.5～1.5MPa，有时也可以在无压力条件下实现结合；（4）根据不同的结合偶系，固相反应可在大气、保护气氛（氩气或氮气）和真空中进行；（5）为了到达最大结合强度，陶瓷和金属表面必须抛光到接近光学平坦和洁净；（6）在反应结合过程中金属与陶瓷均不变形和不熔化。控制固相反应结合的主要因素是温度、压力、时间和气氛。

通过固相反应结合，贵金属可以结合到各种氧化物陶瓷和硅酸盐陶瓷上[1,33～36]，如 $Al_2O_3/Au/Al_2O_3$、$SiO_2/Au/SiO_2$、MgO/Pt/MgO、$Al_2O_3/Pt/Al_2O_3$、$ZrO_2/Pt/ZrO_2$、$SiO_2/Pt/SiO_2$、MgO/Pd/MgO、$Al_2O_3/Pd/Al_2O_3$ 等。贵金属既可以与同类陶瓷结合，也可与异类陶瓷结合。对于 Pt 与陶瓷的反应结合，典型的参数为：反应温度为 1450℃或更高，压力为 1MPa，时间为 4h，气氛为大气。Pd 或 Au 与陶瓷的反应结合的温度应低一些，可分别控制在 1300～1350℃(Pd)和 1000℃(Au)。对于不同的结合偶系，在最佳的结合条件下，可以获得高于陶瓷的结合强度。贵金属/陶瓷固相反应结合材料可用作装饰品和牙科烤瓷修复体。

“陶瓷/贵金属/陶瓷”型固相结合涉及两种反应机制[1,8]。第一种机制是表面反应或微观反应机制：陶瓷与贵金属界面之间不存在扩散层，而是形成了熔点相对较低的晶态或非晶态中间层，其厚度介于几个单位元胞尺寸到几十纳米之间，可润湿陶瓷表面，达到了一种“准完善的结合”，并可达到很高的结合强度；第二种机制是界面扩散反应结合机制：对于含有贱金属组元的贵金属合金与陶瓷的高温结合，贵金属合金中贱金属组元与陶瓷相中的 Al、Si、O 可以通过扩散越过界面反应结合，形成具有一定厚度的反应结合层。这里，贱金属组元或其氧化物事实上是反应结合的促进剂。

11.6.2.2 金或钯牙科合金与牙科烤瓷的结合

牙科烤瓷修复体是 Au 基合金骨架与陶瓷镶面结合成一体的材料，由高温烧结形成。烧成过程中，要求烤瓷不变色，烤瓷与骨架合金热膨胀系数相协调以避免开裂与脱落，骨架合金要有足够硬度以支持脆性镶面陶瓷。适宜作为烤瓷骨架的合金是含有少量 Fe、In、Sn、Ag、Cu、Si、Zn、Ti 等元素的 Au-Pd-Pt 系合金，这些贱金属组元或其氧化物可以作为界面反应促进剂。在烧成过程中，Au 合金与陶瓷的结合为反应结合，即在 Au 合金与陶瓷界面上存在双向金属迁移：Au 合金中易于氧化的贱金属元素迁移到陶瓷相中，陶瓷相中的 Al、Si 和 O_2 则越过界面迁移到 Au 合金中，形成具有一定厚度的反应结合层。当不用贱金属或贱金属氧化物作为促进剂时，在一定压力与温度下，Au 或 Au 合金可与氧化物陶瓷（Al_2O_3、ZrO_2、SiO_2 等）通过上述表面微观反应机制控制的反应结合起来，这可能需要在更高压力和更高温度下在更接近光学平坦的表面上才能实现。

牙科 Pd 合金在高温下与作为牙科烤瓷的陶瓷材料烧结时，在烧成温度 Pd 氧化并形成氧化钯膜，氧化钯很容易渗透进入陶瓷材料中，使 Pd 合金更容易与烤瓷牢固结合。钯氧化物具有促进界面反应的作用，这一特性有利于以 Pd 合金作为基体制造牙科烤瓷材料。

11.7 不同焊接方法对饰品合金的结构和性能的影响

贵金属焊接接头的结构和性质既与合金本身结构有关，又与焊接方法有关。本节主要结合饰品 Pt 合金的不同焊接方法讨论对其结构与性能的影响。

11.7.1 焊接方法对铂合金结构的影响

一般地说，熔焊有好的渗透性和焊缝致密性，而电阻焊和激光焊都会在焊缝界面处留下孔隙缺陷，严重的情况下，孔隙缺陷可以到达焊接试样宽度的一半。图 11-15[26] 所示为采用电阻焊的 Pt-5Ru 合金焊接区形貌(图 11-15(a))和采用氧丙烷火焰熔焊的 Pt-3V 合金的焊接区的显微组织(图 11-15(b))。电阻焊合金在界面处存在孔洞和缺陷，未实现完全焊合，而熔焊试样则显示了良好焊合和均匀的等轴晶体。焊接截面上的成分变化也与焊接方法和合金组元特性有关，激光焊和电阻焊一般不会造成焊区焊接合金成分损失，例如对激光焊和电阻焊的 Pt-5Ru 和 Pt-5Cu 合金未检测到焊接区合金成分的损失。熔焊所造成的高温有可能造成熔焊区合金成分变化，如用氢氧焰焊接 Pt-Rh-Au 合金时，低熔点 Au 组元挥发并沉积在焊区表面形成一层 Au 膜，焊接区内 Au 组元相对减少[37]。用氧丙烷焰焊接 Pt-3V 合金的焊区也检测到了 V 的损失[26]。

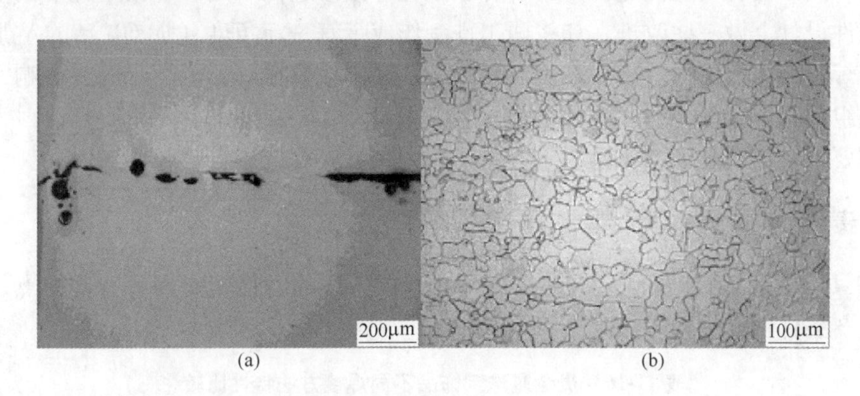

图 11-15 采用电阻焊和氧丙烷焰焊合金的显微组织
(a) 电阻焊 Pt-5Ru 合金（未腐蚀）；(b) 熔焊 Pt-3V 合金

焊接工件的显微结构与合金本身的结构有关。对于 Pt-5Ru、Pt-5Cu 和 Pt-3V 等单相固溶体合金，熔焊后形成等轴晶再结晶组织。但对于 Pt-Rh-Au 两相合金，熔焊后形成树枝晶体并析出第二相，使焊接头的脆性倾向增大，焊后工件需要进行适当热处理以改善韧性[37]。

11.7.2 焊接方法对铂合金性能的影响

采用激光焊、电阻焊（点焊）和氧丙烷焰熔焊焊接加工态 Pt-5Ru、Pt-5Cu 和 Pt-3V 合金试样，测定试样截面上显微硬度 HV 的变化。图 11-16[26] 表明，原加工态试样的初始硬度 HV 约 250，焊后试样硬度显示了不相同的规律。激光焊和电阻焊试样的焊接截面上的硬度总体保持了原加工态的高硬度水平，仅在截面中部的焊接区域的硬度明显降低，电阻焊试样的硬度降低幅度比激光焊试样更大，但硬度降低区域很窄小。熔焊试样截面上的硬度 HV 约为 150，焊后硬度较原始加工态的硬度有明显降低，甚至低于激光焊接和电阻焊接试样的最低硬度。熔焊试样的硬度明显降低是因为熔焊温度高，热影响区大，使试样完

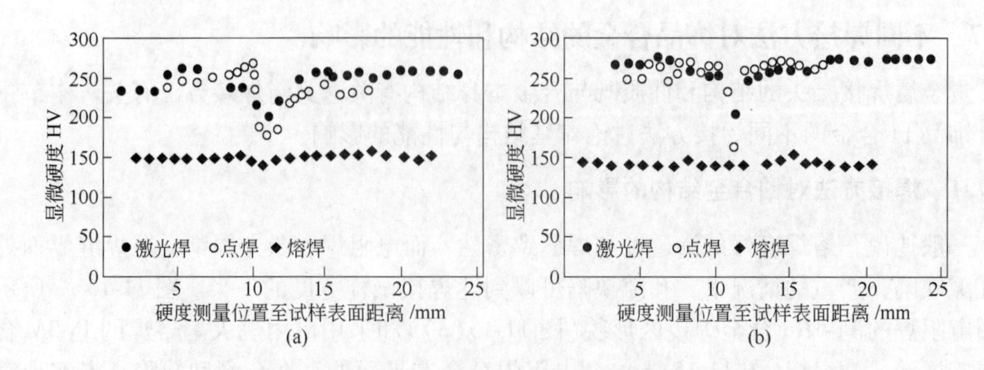

图 11-16　激光焊接、电阻点焊和熔焊对合金显微硬度的影响

（a）Pt-5Ru 合金；（b）Pt-5Cu 合金

全退火和再结晶，而激光焊接和电阻焊接的热影响区很小，仅在焊接点处因再结晶使硬度降低，其他区域仍保持试样原加工态的硬度。

激光焊接和电阻焊接基本可以保持焊接工件原加工态硬度，或仅要求对焊后工件做低温热处理，因而具有明显优越性。为了克服激光焊接渗透性不足和焊接不完全的缺点，可在焊接工件设计上做一些改进，如将两工件制作成带有一定角度（如 60°）的 V 形槽，有可能提高焊区熔体渗透性。熔焊的优点是渗透性和焊接质量好，但熔焊的热影响区大并形成再结晶组织，焊接工件的硬度明显降低。对于 Pt、Pd 合金珠宝饰品而言，因为需要镶嵌珠宝而要求较高的硬度，显然，它们更适合采用激光焊接或电阻脉冲点焊。

11.7.3　贵金属珠宝饰品不同焊接方法特性比较

表 11-16 评价了贵金属珠宝饰品采用不同焊接方法的特性，它们各有优缺点，可以根据具体生产条件选择焊接方法[22]。

表 11-16　贵金属珠宝饰品不同焊接方法特性比较

性　能	气体焊	TIG	等离子体	激光焊	电子束	电阻焊	高频加热
适用性	高	高	有限	有限	有限	中	有限
生产率	低	中	中	高	高	高	很高
能量消耗	低	低	中	高	高	高	很高
环境问题	有	无	无	无	无	无	有
材料性能限制	有	无	几乎无	无高反射率	无挥发组元	除 Ag、Cu	有
装配质量要求	低	低	中	高	高	中	高
保健要求	中	低	中	高	很高	中	中
焊后变形	大	相当大	中	很小	很小	小	小
操作技术要求	高	高	低	很高	很高	低	高
操作室限制	中	小	小	中	大	大	大
设备价格	很低	低	中	高	高	中	高

11.8 贵金属饰品抛光和表面清洗

贵金属珠宝饰品焊接和装配完成以后，还需要进行抛光、清洗、涂层与着色等项工作。

11.8.1 抛光

贵金属饰品抛光包含手工或机械磨光、滚光和电解抛光等方法。磨光过程是将软布、皮革或柔皮附在旋转轮上，施加抛光剂（粉状或膏状的氧化铁、氧化铝、氧化铬等细磨料），在一定压力下对饰品研磨和抛光，磨光精度可达 IT5 ~ IT6 级，即表面粗糙度 R_a 为 0.16 ~ 0.02μm。滚光是将待抛光的饰品和抛光剂放在滚筒内，通过旋转或振动滚筒使饰品抛光。被抛光的饰品可以保持尽可能少地接触和减少相互间碰撞与磨损，适于批量精密抛光。

电解抛光是在电解液中通过电化学溶蚀使作为阳极的金属工件抛光的一种方法。图 11-17[18] 所示为电解抛光装置，工件挂在带钩 Pt 阳极上，阴极通常是与工件具有相同形状和尺寸的不锈钢，用低压大电流进行电解。电解抛光的主要参数是：合金成分、电解液及其温度、电解时间和电压等。对于 Au 合金或 Pt 合金工件，电解液通常是氰化物溶液，调整电压到 20V（直流）。在电化学溶蚀作用下，挂在阳极上的金属工件部分溶解并达到抛光目的，其抛光量与电解液温度有关，也与金属工件材料的性质有关。图 11-18[18] 所示为不同开金在电解抛光过程中阳极消失金属量与电解液温度的关系：电解液温度越高，抛光消失金属量越大；低开金比高开金的抛光消失金属量更大。电解抛光的优点是形状复杂的工件可以均匀的抛光；抛光过程速度快，不需要特别熟练的技巧；被溶解的金属沉积在阴极上可再回收；同时可以曝露许多铸造缺陷，避免有缺陷的饰品流向市场。随着贵金属饰品设计和造型日益精密和复杂，电解抛光的优点对贵金属珠宝饰品尤为突出。

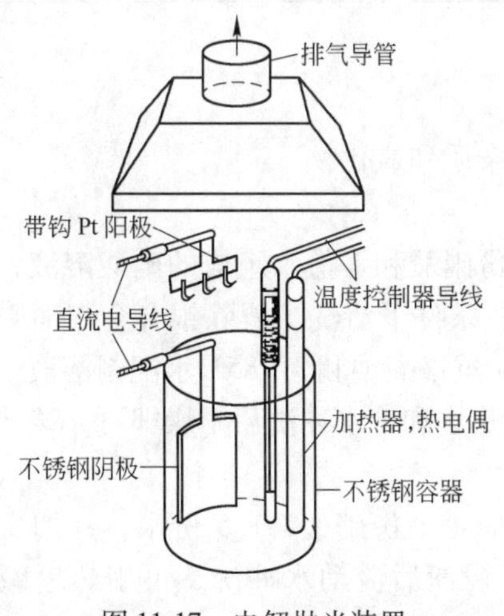

图 11-17 电解抛光装置

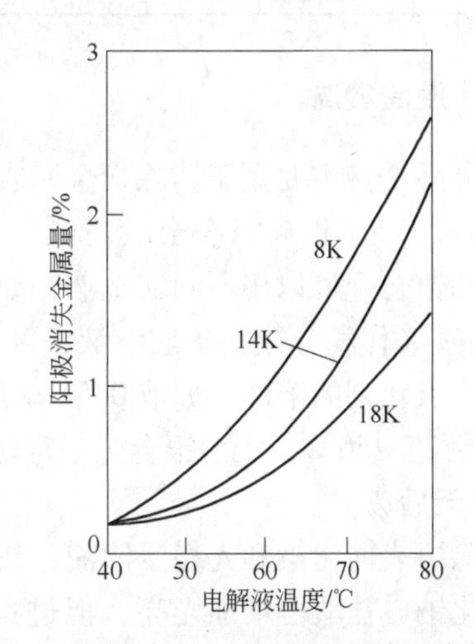

图 11-18 阳极消失金属量与电解液温度的关系

11.8.2 溶剂清洗

贵金属饰品在加工制造、焊接装配和抛光过程中，不可避免地会污染各种污物，包括油污、半固态化合物和固态化合物等。这些污染物可以是无机物或有机物，需要用适当的清洗剂清除。清除污物的方法包括乳化、洗涤、酸洗、溶剂清洗和电化学清洗等。

乳化剂是有机碱性溶剂的稀溶液，一般由 1 份溶剂和 50 ~ 100 份水组成，在 50 ~ 70℃使用，用以清除金属表面的半固态或固态污物、溶解或乳化矿物油和其他不能皂化的油。清洗珠宝饰品最常用的乳化剂是皂质氨溶液，它由皂片、氨水和水组成。饰品可以在沸腾的皂质氨溶液中清洗或刷洗，然后用流动水冲洗，可以有效地清洗各种液态油污和抛光残留的化合物。

洗涤剂一般含有缓冲盐、多价螯合剂、分散剂、抑制剂、润湿剂和肥皂，可以润湿、乳化、分散和溶解污物。洗涤剂通常以 4% ~ 10% 的体积分数加热至 65 ~ 100℃ 温度使用，特别用于饰品研磨和抛光之后洗涤污物。

清洗的溶剂有多种，用于稀释或溶解其他物质。表 11-17 列出了某些清洗溶剂的化学成分和可以清除的物质。

表 11-17 某些清洗溶剂的化学成分和可以清除的物质

溶 剂	化学成分	清 除 物 质
氨 水	$NH_3 \cdot H_2O$	油、脂、肥皂、抛光化合物
丙 酮	CH_3COCH_3	漆、橡胶胶水、树脂、脂肪、油、塑料、有机化合物
甲 醇	CH_3OH	树脂、虫胶、清漆、油、脂
乙 醇	C_2H_5OH	树脂、虫胶、清漆、油、脂
松节油	—	油、脂、油基涂料、沥青、橡胶、抛光剂
苯	C_6H_6	油、脂、油基涂料、沥青、橡胶、抛光剂，作用比松节油更强
煤 油	—	润滑剂、颜料
四氯化碳	CCl_4	颜料、油脂，也用作灭火剂
三氯乙烯	$CHCl:CCl_2$	漆、蜡、非水基黏附物

11.8.3 浸渍酸洗

各种酸洗液主要用于消除贵金属表面的贱金属杂质和氧化物。

11.8.3.1 银和银合金酸洗液

银和银合金可以用不同酸洗液，如按体积取 2 份硝酸和 1 份水组成的硝酸溶液，或取 5% ~10%（体积分数）硫酸溶液，可在室温或加热条件下清洗。清除银合金表面壳层可以用含有氧化剂的溶液，如取 0.5L 硫酸、60 ~ 120g 重铬酸钠和 3.785L 水配制溶液，将溶液加热到 25 ~ 50℃，浸渍银合金一定时间，取出用热水和冷水冲洗后干燥即可，该溶液使用 3 ~ 5 天后废弃。

清除银表面污染和光亮浸渍液：按体积 2 份硫酸、1 份硝酸、1.5 份水，外加少量盐酸或氯化钠。盐酸可增加光亮，但过量造成斑点。浸渍后流动水冲洗，再用热皂碱水液洗涤。

11.8.3.2 金和金合金酸洗液

王水洗涤液：按体积取 1 份硝酸、3 份盐酸（或硫酸）。配制溶液时，要很缓慢地将一种酸液加入另一种酸液，因为酸液混合过程产生热。王水可以溶解 Au 和 Pt。

金浸渍液：按体积取1份硫酸或硝酸，5~10份水，加热至50~80℃使用。对于中空容器，浸渍后可能残留有酸液，在苏打水或其他碱性溶液中沸煮至中性，再用热流动水冲洗，干燥。

白色开金浸渍液：10%（体积分数）硫酸，1%（体积分数）重铬酸钾，其余为水。

11.8.3.3 铂和铂合金酸洗液

与金一样，Pt可以用王水清洗。Pt的浸渍液还有10%~20%（体积分数）盐酸水溶液，置于耐热玻璃容器中加热使用。在退火之前，以此液浸渍Pt可清除加工过程玷污的铁或其他贱金属。如果不浸渍清洗，这些杂质将会在退火过程中扩散进入Pt合金内，导致污染和成分不均匀。

完成抛光和表面清洗之后，贵金属饰品还需要进行电镀（如镀Au、镀Rh等）或其他装饰性电镀，使饰品获得所要求的颜色和满意的装饰效果。

参 考 文 献

[1] 宁远涛，杨正芬，文飞．铂[M]．北京：冶金工业出版社，2010.

[2] WRIGHT J C. Jewellery-related properties of platinum[J]. Platinum Metals Review，2002，46(2)：66~72.

[3] MCDONALD A S，SISTARE G H. The metallurgy of some carat gold jewllery alloys：Part Ⅰ——coloured gold alloys[J]. Gold Bulletin，1978，11(3)：66~73.

[4] SUSZ C P，LINKER M，ORES P，et al. The colour of the carat gold alloys[J]. Aurum，1982，11：17~25.

[5] NORMANDEAU G. Cadmium-free gold solder alloys[J]. Gold Technology. 1996(18)：20~24.

[6] OTT D. Development of 21 carat cadmium-free gold solder[J]. Gold Technology. 1996(19)：2~6.

[7] 孙加林，张康侯，宁远涛，等．贵金属及其合金材料[C]//黄伯云，等．《中国材料工程大典》第5卷·有色金属材料工程（下）．北京：化学工业出版社，2006.

[8] 赵怀志，宁远涛．金[M]．长沙：中南大学出版社，2003.

[9] 刘泽光．贵金属钎料材料的发展与应用[C]//侯树谦．昆明贵金属研究所成立70周年论文集，昆明：云南科技出版社，2008：86~106.

[10] WISE E M. Gold Recovery，Properties and Applications[M]. Princeton N J：D Van Nostrand Company，Inc.，1964.

[11] ZWINGMANN G. Low melting carat gold brazing alloys for jewellery manufacture[J]. Gold Bulletin，1978，11(1)：9~14.

[12] DABALA M，MAGRINI M，POLIERO M. Characterisation of new yellow cadmium-free gold brazing alloys[J]. Gold Technology，1998(24)：2~6.

[13] MASSALSKI T B，OKAMOTO H. Binary Alloy Phase Diagrams 2nd Edition Plus Updates[M]. ASM International Materials Park，OH/National Institute of Standards and Technology，1996.

[14] SATTI P，SANGHA S P，HARRISON M R，et al. New low temperature high carat gold solders[J]. Gold Technology. 1996(19)：7~12.

[15] JACOBSON D M，SATTI P. A low melting point solder for 22 carat yellow gold[J]. Gold Bulletin，1996，29(1)：3~9.

[16] 宁远涛，赵怀志．银[M]．长沙：中南大学出版社，2005.

[17] WISE E M. Palladium Recovery，Properties and Applications[M]. Princeton N J：D Van Nostrand Compa-

ny, Inc. , 1967.

[18] BENNER L S, SUZUKI T, MEGURO K, et al. Precious Metals Science and Technology[M]. Austin in USA: The International Precious Metals Institute: 1991.

[19] LILDEBRAND H H. Gold solder pastes[J]. Gold Technology, 1993(9): 8 ~ 12.

[20] UNTRACHT O. Jewelry Concepts and Technology[M]. New York: Doubleday & Company, Inc. , 1982.

[21] 包芳涵. 稀贵有色金属的焊接[C]// 史耀武.《中国材料工程大典》第 23 卷《材料焊接工程》(下). 北京: 化学工业出版社, 2006: 310 ~ 312.

[22] POGREBISKY D. Exclusive jewelry joints [J]. Precious Metals, 2012, 33(suppl. 1): 263 ~ 266.

[23] HILDBRAND H H. Joining gold by resistance welding[J]. Gold Technology. 1998(24): 12 ~ 13.

[24] CORTI C W. The 20th Santa Fe Symposium on jewelry manufacturing technology[J]. Platinum Metals Review, 2007, 51(1): 19 ~ 22.

[25] CORTI C W. The 21st Santa Fe Symposium on jewellery manufacturing technology[J]. Platinum Metals Rev. , 2007, 51(4): 199 ~ 203.

[26] MILLER D, VUSO K, PARK-ROSS P, et al. Welding of platinum jewellery alloys[J]. Platinum Metals Rev. , 2007, 51(1): 23 ~ 36.

[27] HUMPSTON G, BAKER S. Diffusion bonding of gold[J]. Gold Bulletin, 1998, 31(4): 131 ~ 132.

[28] TYLECOTE R F. The solid phase bonding of gold to metals[J]. Gold Bulletin, 1978, 11(3): 74 ~ 80.

[29] BIBERIAN J P, RHEAD G E. Effect of adsorbed bismuth on the self-diffusion of gold[J]. Gold Bulletin, 1976, 9(3): 80, 81.

[30] HUMPSTON G, JACOBSON D M, SANGHA S P. New low temperature process for joining high caratage jewellery alloys[J]. Gold Technology, 1993(9): 4 ~ 7.

[31] HUMPSTON G, SANGHA S P, JACOBSON D M. The application of diffusion soldering to carat jewellery fabrication[J]. Gold Technology, 1994(12): 4 ~ 8.

[32] HUMPSTON G, JACOBSON D M, SANGHA S P S. Diffusion soldering——a new low temperature process for joining high caratage jewellery [J]. Gold Bulletin. 1993, 26(3): 90 ~ 104.

[33] RAPSON W S. The bonding of gold and gold alloys to non-metallic materials [J]. Gold Bulletin, 1979, 12(3): 107 ~ 114.

[34] BAILY F P, Black K J T. The effect of ambient atmosphere on the gold-to-alumina solid state reaction bond [J]. J. Mater. Sci. , 1978, 13(7): 1606 ~ 1608.

[35] BALIY F P, BLACK K J T. Gold-to-alumina solid state reaction bonding [J]. J. Mater. Sci. , 1978, 13(5): 1045 ~ 1052.

[36] ALLEN R V, BAILEY F P, BORBIDGE W E. Solid state bonding of ceramics with platinum foil[J]. Platinum Metals Review, 1981, 25(4): 152 ~ 154.

[37] 宁远涛, 邓德国. 玻纤漏板材料 Pt-Rh-Au 合金研究(Ⅱ)——Pt-Rh-Au 合金的结构与工艺特性[J]. 贵金属, 1981, 2(3): 24 ~ 28.

12 贵金属涂层装饰材料

贵金属悦目的美学色泽和高的化学稳定性，使实体贵金属珠宝饰品深受广大消费者的欢迎。随着贵金属作为装饰材料和工业材料的应用日益扩大，其价格也随之升高。发展贵金属涂层材料明显地节约贵金属资源和降低珠宝饰品成本，同时还可以改善和增强贵金属装饰材料的某些性能，如增大珠宝饰品表面反射率和亮度、丰富珠宝饰品的颜色和色泽、提高珠宝饰品表面层硬度和耐磨性、减轻珠宝饰品的质量、增大珠宝饰品的舒适感、扩宽珠宝饰品品种等。贵金属涂层材料在珠宝首饰工业获得广泛应用，也获得消费者的欣赏和认同。

12.1 贵金属珠宝饰品表面着色

12.1.1 贵金属饰品表面着色技术

利用贵金属及其合金所含组元在特定环境中形成表面膜的特性，可以发展表面着色饰品材料。通过热处理、化学处理、电化学处理等，可使贵金属珠宝饰品表面形成与其基体金属不相同的装饰颜色，这个过程称之为贵金属饰品表面“着色”。按照特定的要求和设计，表面“着色”可以扩展饰品的装饰颜色范围，丰富饰品的美学感受，甚至制造类似“古董”的装饰品和艺术品。根据处理的条件和环境不同，“着色”可以迅速地实现，也可以在一个相当长时间段内逐渐实现。一旦表面膜层形成或“着色”完成，形成的表面膜不再改变颜色。

12.1.1.1　热处理着色

在氧化气氛中或将氧化性热源直接施加到金属饰品表面，基体金属或合金中的某种合金化组元被氧化形成氧化膜，整体或局部改变饰品表面颜色，既可形成有别于基体金属本身的颜色，也可以在基体金属本色中装饰其他颜色，达到扩大和丰富饰品色彩效果。光亮铜在大气中加热到600℃以上温度时，表面形成红色氧化亚铜（Cu_2O）；如果长时间加热，氧化亚铜膜变厚和变韧，外层变成黑色的氧化铜（CuO），内层仍保持红色。抛光的钢表面在加热或浸渍于热硝酸钾溶液时也显示颜色变化，在 282 ~ 315℃转变为美丽的孔雀蓝色，迅速淬火可以保持这种蓝色。

在大气或氧化气氛环境中，金在加热时不被氧化和不形成氧化膜；银和铂族金属加热时在低温区形成淡色氧化物薄膜，在高温区氧化膜分解。银和铂族金属的氧化物膜可以用布料、细木炭粉之类的柔和磨料擦掉，或经高温加热使之分解，然后淬火使之保持光亮表面。由此可见，贵金属本身不能通过热处理着色。对于含有贱金属组元的贵金属合金，通过热处理可使所含有的贱金属组元或嵌镶的贱金属部件优先选择性氧化着色。比如含有 Cu 组元的贵金属合金或含有 Cu 合金部件的嵌镶体，通过热处理可使 Cu 优先氧化形成红色氧化亚铜。

12.1.1.2　化学浸渍着色

化学浸渍着色是将着色溶液浸渍或涂刷在金属饰品上产生全部或局部着色的方法，因为过程温度较低和使用方便而广泛应用。由于贵金属有高的化学稳定性，化学浸渍着色的实质是饰品中贱金属被氧化或硫化形成氧化物或硫化物表面膜。针对不同金属与合金，至今已发展了几百种着色溶液，它们由一定比例的化学试剂和水组成。表 12-1[1] 列出了常用的着色化学试剂，被广泛用于铜、黄铜、青铜和钢等材料表面着色。最经典的着色剂是“硫酐”，它是由碱金属碳酸盐或硫代硫酸盐与多种硫化物（如硫化钾）组成的混合物。将“硫酐”溶解于热水并搅拌，得到深红色溶液，可使铜和铜合金、18K 以下含铜的金合金、925 银和其他 Ag-Cu 合金的表面着褐色至黑色。浸渍液中的硫酐含量不能超过 15g/L，否则会造成着色化合物（金属硫化物）形成脆性壳层而剥落。

表 12-1 常用着色溶液的化学试剂

化学试剂	分子式	化学试剂	分子式	化学试剂	分子式
醋酸	CH_3COOH	铬酸	H_2CrO_4	氯化钾	KCl
酒石酸氢钾	$KHC_4H_4O_6$	醋酸铜	$Cu(C_2H_3O_2)_2$	硝酸钾	KNO_3
乙醇	C_2H_5OH	碳酸铜	$CuCO_3$	亚硝酸钾	KNO_2
氯化铝	$AlCl_3$	硝酸铜	$Cu(NO_3)_2$	硫化钾	K_2S
氯化铵	NH_4Cl	硫酸铜	$CuSO_4 \cdot 5H_2O$	亚硒酸	H_2SeO_3
钼酸铵	$(NH_4)_2MoO_4$	醋酸铅	$Pb(C_2H_3O_2)_2 \cdot 3H_2O$	氯化钠	$NaCl$
硫化铵	$(NH_4)_2S$	氯化汞	$HgCl_2$	氢氧化钠	$NaOH$
氨水	$NH_3 \cdot H_2O$	硫酸镍	$NiSO_4$	硫化钠	Na_2S
硫化钡	BaS	硝酸	HNO_3	硫代硫酸钠	$Na_2S_2O_3$
碳酸钙	$CaCO_3$	硫酸铝钾	$KAl(SO_4)_2 \cdot 12H_2O$	连二亚硫酸钠	$Na_2S_2O_4$
氯化钙	$CaCl_2$	氯酸钾	$KClO_3$		

12.1.1.3 电化学处理着色

电化学过程是通过金属阳极化使金属表面形成稳定的氧化物涂层，具有装饰和保护基体的功能。铝、钛及其合金是最常用和最成功的阳极化金属，钽、铌、镁、锆、铪、钨和其他金属也可以实施阳极化处理。通过电化学过程在铝和钛表面形成的初始阳极膜是相对硬的、透明或不透明的。铝的阳极膜有高度多孔性，一旦这些孔被封闭，这层阳极膜对铝基体就起着保护作用。因此，金属阳极化的初始目的是形成保护性涂层而不是装饰性涂层。但是，阳极化的金属表面可以接受油漆或颜料着色，阳极膜在金属基体和油漆（颜料）层之间提供一层惰性保护层。通常，铝阳极化和油漆（颜料）着色的次序是：金属表面机械或化学精加工处理、清洗、漂洗、阳极化、漂洗、油漆（颜料）着色、封闭和漂洗。某些情况下，金属阳极化形成多孔膜或粗糙表面可以增大电镀金属的黏着力，有利于在贱金属表面电镀贵金属。

12.1.2 银与银合金饰品表面着色

12.1.2.1 表面着色银合金与饰品

在常温大气环境中，致密金属银和银合金饰品以光亮的银白色著称。若对含有贱金属组元的银合金热处理、表面涂层或化学处理可获得不同于银白色的表面着色银饰品。在大气或氧化气氛中将 Ag-Cu 合金加热到 600℃ 以上温度，可使合金表面形成氧化亚铜红色。以“硫酐”处理，Ag 变成褐色。将 Ag 和 Zn 靶极通过物理气相沉积按一定比例沉积在饰品表面，经保温与淬火处理可以得到彩色表面：当 Ag 比例为 50% 时表面呈粉红色，当 Ag

比例大于50%时表面呈金黄色。将银合金经过硼化处理，可得到以硼化物为硬化相并具有彩色表面的银合金，如将表面清洗干净的Ag-Sn烧结合金浸入850℃的硼砂熔体中，取出后干燥和抛光可得到含SnB_4的蓝色硬化表面[1,2]。

12.1.2.2 乌银饰品

银与银合金在含有低浓度H_2S、SO_2等硫化物的潮湿气氛中会形成暗黑色硫化银膜，使Ag饰品变晦暗。如果将新制造银饰品置放在大气环境中，经长年缓慢的大气"硫化"作用，光亮Ag饰品也会逐渐晦暗变色。图12-1[1]所示为17世纪荷兰人制造的"行会银项链"，该Ag项链上挂有一系列造型各异的徽章，每一个徽章正面刻有各行会在不同时期的标志图案，背面刻有记事题文。经长时间的大气"硫化"后自然着色，原本光亮的图案和题文现已变成黑色，显示出古朴和浮雕装饰效果。中国古人充分利用银易硫化的缺点另作妙用。李时珍《本草纲目》中写道："今人用硫黄熏银，再宿泻之，则色黑矣。工人用为器，养生者以器煮药置于庭中高一二丈处，夜承露醒饮之，长年辟恶"。这段文字描述了通过硫黄熏银制备"乌银"的方法及其作为煮药容器的用途。

采用现代方法，若将直径2mm的银丝曝露于450~500℃硫蒸气中，Ag丝整个截面变成黑色。将银和银合金曝露于300~700℃硫蒸气中，可批量生产黑色银合金。若以硫蒸气局部腐蚀银器具，则可在白色银器上产生局部黑色斑点或花纹图案，形成"乌斑银"。这类乌银或乌斑银可用于银器、银首饰、手表和其他装饰品制造各种花纹图案装饰，通过控制硫蒸气浓度及硫化温度与时间，还可以制造出"仿古董"银器饰品。

12.1.3 金和铂饰品表面着色

将抛光的金合金饰品在大气中加热，金本身不被氧化和不变色，但某些贱金属组元可以被氧化形成具有特色的氧化物膜，从而达到饰品表面着色的目的。对含高Cu的18K以下的开金合金，采用"硫酐"处理可使表面着色，得到从褐色到黑色的开金饰品[1]。对含有Ru、Rh和其他合金化组元的20K~23K开金合金，在约980℃热处理可使其表面形成3~6μm厚的宝石蓝色彩膜。由于Fe在282~315℃加热形成美丽的孔雀蓝色膜，可以制造蓝色18K Au-Fe合金饰品，图12-2(a)[3]所示为用它制作的蓝色心形坠饰。将含24.4% Fe和0.6% Ni的18K开金合金在450~600℃大气中热处理，表面会形成蓝色氧化物膜，而当

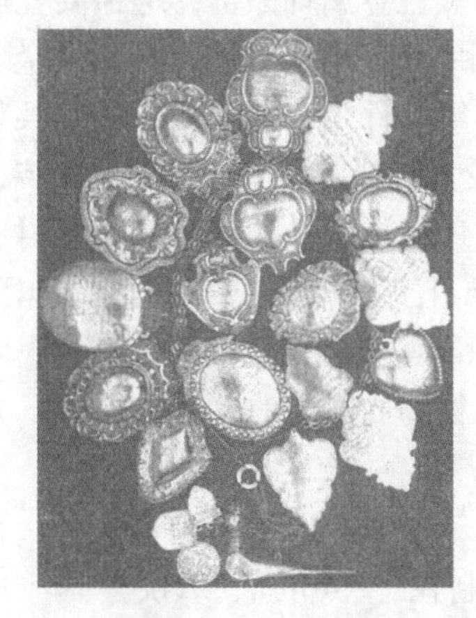

图12-1 行会银项链自然硫化着色效应

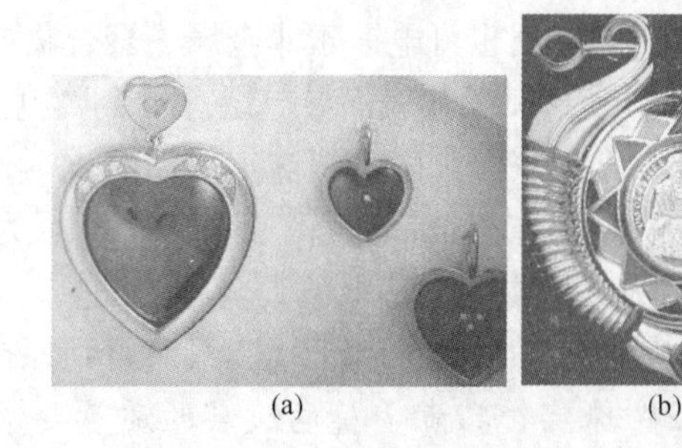

(a) (b)

图12-2 彩色开金珠宝饰品一览

(a) 18K Au-Fe蓝色开金心形坠饰（瑞士Ludwig Muller公司）；
(b) 着色的彩色金合金饰品（南非Anne Greenwood公司）

Au 含量增高到 85% 时，这层氧化物膜变成蓝-绿色。含有 Co、Cu、Fe、Ti 的 Au 合金热处理后都可以形成黑色氧化物膜。如 18K Au-Co 合金的组织由富 Au 相和富 Co 相组成，在 700 ~950℃氧化过程中 Co 偏析到表面并形成黑色 CoO 膜。在 18K Au-Co 合金中添加 Cr，因为 Cr 可以形成更薄的 Cr_2O_3 橄榄绿色氧化膜，使得 18K Au-15Co-10Cr 饰品合金呈深橄榄绿色，虽然 Cr_2O_3 膜厚度仅有 CoO 膜厚度的 1/5，但其耐磨性远高于 18K Au-Co 合金。图 12-2(b)[3] 所示为经过多重着色处理制造的彩色开金珠宝饰品，其中红、黄、蓝等色增加了饰品的颜色丰度，黑色增强了饰品的色调反差。Pt、Pd 的化学稳定性与 Au 相似，开金饰品表面着色处理原则上也可用于 Pt、Pd 合金饰品。

表面着色虽然可以获得漂亮的色彩，但所形成化合物膜层的厚度有限，不耐高磨损，一般用于成品珠宝饰品的最终处理和用于无磨损或轻度磨损之处。

12.2 装饰性电镀贵金属饰品材料

12.2.1 贵金属装饰性电镀的一般问题

12.2.1.1 贵金属装饰性电镀的适应性

电镀可将一种金属、合金或导电性的非金属通过电解沉积在被镀的工件上，它是通过在电极与电解液之间进行氧化-还原反应而实现的电沉积过程，电解液可以呈酸性、碱性、中性溶液或熔盐。一般地说，金属是从其简单盐（硫酸盐、硝酸银和氯化物）溶液或其配离子溶液中还原出来并沉积在阴极（镀件）上。因此，最简单的电镀或电沉积一般经过 3 个过程：(1) 电镀液中的水化金属离子或配离子通过某种方式从溶液迁移到阴极附近的液层；(2) 在电场作用下去掉金属离子周围的水化壳层或配位体层，并从阴极上得到电子而生成金属原子；(3) 金属原子沉积在阴极上形成镀层。约有 30 种以上的金属可以从其水溶液中电沉积出来，其中约有 15 种以上金属的电镀已经商业化。珠宝饰品和装饰品广泛应用贵金属镀层，以 Ag、Au、Rh 镀层应用最广泛。

贵金属电镀有悠久历史，1837 ~1840 年间埃尔金顿等人实现了 Ag、Au 和 Pt 的电镀并获得专利[2,4,5]。至今，贵金属电镀层广泛用作功能性涂层、保护性涂层和装饰性涂层，其中装饰性涂层应用非常广泛。贵金属可以电镀于其他贵金属及其合金，如 Cu 合金、Ni 合金和其他白色金属制造的饰品表面；贵金属也可以电镀于黑色金属饰品上，但需要先电镀有色金属或其他导电性金属作为中间镀层，通常采用 Cu 和 Ni 作中间镀层，否则贵金属镀层黏着不牢靠；贵金属也可电镀于非金属、聚合物或植物等饰件上，也需要预先以某种方式（电镀或化学镀）赋予其表面导电层。贵金属电镀为贱金属基体提供了保护性和装饰性涂层，节约了贵金属资源和降低了珠宝饰品的成本，同时还创造了品种繁多的新型材料和饰品，丰富了贵金属珠宝饰品宝库。图 12-3 所示为在 Ag 上镀 Rh 后嵌镶了水晶的耳环。图 12-4[1] 所示为在植物叶型芯上镀贵金属的饰品，它是以新鲜天然植物叶作为型芯，喷射一层导电性金属膜，然后镀 Ag 和 Au，最终得到保持了原植物叶形貌的镀金饰品。

12.2.1.2 珠宝饰品贵金属电镀层的质量要求

珠宝饰品贵金属电镀层的质量要求有：

(1) 镀层厚度。珠宝饰品的贵金属镀层厚度一般控制在 1 ~40μm，取决于其应用功能和电镀方法，其控制因素主要有电镀液的性质、电流密度、电镀时间、工件的形状和相

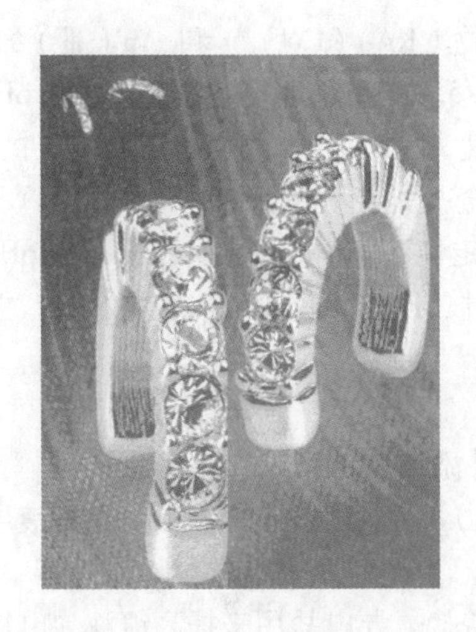

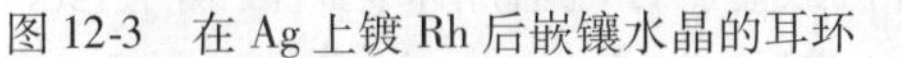

图 12-3　在 Ag 上镀 Rh 后嵌镶水晶的耳环

图 12-4　天然植物叶上镀贵金属的饰品

对于阳极的位置等。镀层厚度影响其延性、致密性、抗腐蚀性、抗破裂性和抗磨损性。

（2）颜色与光泽。镀层要体现贵金属及其合金的颜色和光泽。纯金镀层要具有纯正光亮的金黄色，只有采用纯金阳极电镀才能实现，采用金合金阳极电镀可得到不同的颜色，取决于金合金所含有的金属及其比例。Ag、Pt 和 Rh 电镀可以获得白色镀层。将电镀工件抛光到镜面光亮或在电镀溶液中添加阳极光亮剂都可以提高镀层反射率和光亮度。

（3）镀层致密性。镀层应有高致密性，任何小的孔隙都会曝露贱金属基体并使之被腐蚀。为了保护基体不被腐蚀，可以施镀一层抗腐蚀的贱金属，如镀 Ni 中间层。

（4）硬度。通过控制电镀液成分和电镀参数可以控制镀层的硬度。致密无缺陷和细晶粒镀层比实体金属一般有更高的硬度，因而具有更高的耐磨性。

（5）黏着性。镀层对于基体应有良好黏着性。虽然镀层黏着力和镀层金属与基体金属的差异有关，但电镀工件表面不干净也会降低镀层的黏附性。另外，完成电镀的珠宝饰品不能经受进一步的弯曲、拉伸、扭曲和锤击等加工工序，否则，黏附好的镀层也会破裂。

12.2.2　装饰性镀金

12.2.2.1　纯金电镀

A　镀金液类型

镀金液配方分为氰化物镀液和无氰镀液，图 12-5[6] 所示为镀金液的分类和特性。

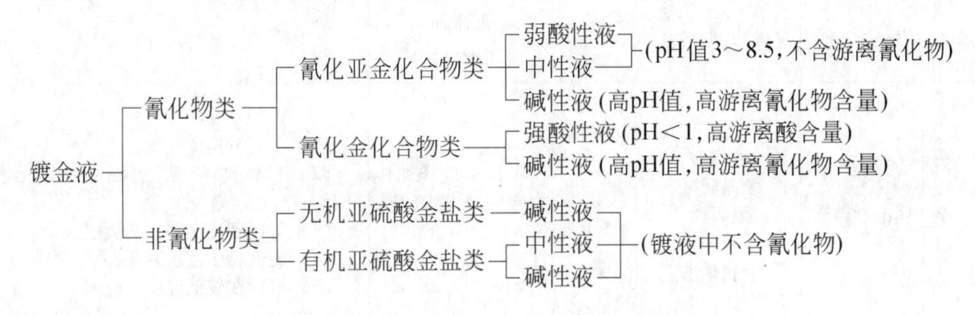

图 12-5　镀金液的分类及其特性

氰化镀液使用的金盐一般是 Au(Ⅰ)氰化物($KAu(CN)_2$)和 Au(Ⅲ)氰化物($KAu(CN)_4$)，Au(Ⅰ)氰化物电镀液 pH 值为 3.3～5.0、Au(Ⅲ)氰化物电镀液 pH 值为 0.1～5.0 时都有好的电镀特性。由于氰化物具有毒性，为改善镀金环境和操作条件，无氰镀金液和电镀工艺受到重视。无氰镀金液常使用的金盐是亚硫酸金钾($K_3Au(SO_3)_2$)和二乙胺亚硫酸金钾($K_3Au(SO_3)_2en$)。亚硫酸金钾的稳定性不如 Au(Ⅰ)氰化物，在 pH = 4.7 以下亚硫酸盐分解，而在 pH 值为 4.7～8.0 时，通过二乙胺强化亚硫酸盐配合物，能显著减少金配合物还原，提高镀液稳定性。

B 镀金液的基本组成

镀金液含有多种组分，包括主盐、导电盐和各种添加剂，其组成和用途如下[4,6～8]：

(1) 主盐：$KAu(CN)_2$、$KAu(CN)_4$、$K_3Au(SO_3)_2$、$K_3Au(SO_3)_2en$，主盐是镀层金属(Au)的来源。

(2) 导电盐、缓冲剂：氰化物、无机盐、有机酸盐。导电盐用来提高镀液导电性；缓冲剂用于稳定镀液 pH 值。

(3) 配合剂：EDTA、NTA、二乙胺等，其作用是使主盐金属离子配合，其数量应高于配离子化学式中配合剂的量。

(4) 金属光亮剂：有金属与半金属共沉淀光亮剂，如 Fe、Co、Ni、As、Bi、Pb、Sb、Te、Tl 等。添加浓度一般很低，仅百万分之几，能获得光亮镀层。

(5) 有机光亮剂：聚乙烯亚胺、高相对分子质量聚胺、芳香族化合物等，有机光亮剂使镀件平整和光亮。

(6) 表面活性剂：各种表面活性剂。

(7) 合金化金属：Ag、Cu、Zn、Cd、In、Fe、Co、Ni、Sn 等，用于合金电镀。

(8) 弥散硬化相：如 TiN、TiC、WC、金刚石等。通过加入各种弥散硬化相和采用复合电镀技术，可以获得高耐磨性 Au 基复合镀层。

镀金液的性质主要由所用金化合物主盐和导电盐的种类决定，它们与各种添加剂相结合，并通过调整氢离子浓度和密度等参数，可以制备各种电镀液。表 12-2[4,6] 列出了不同类型镀金液的组成、pH 值和特性。表 12-3[4,6] 列出了从各种镀金液得到的 Au (Au 合金) 镀层的性质、结构和主要用途。原则上，各种电镀液都可用于装饰性电镀，即使无光泽镀层也可用作珠宝饰品的底层，如碱性氰化物镀液可用于底层电镀，然后再用酸性镀液表面电镀，达到所要求镀层厚度。

表 12-2 不同类型镀金液的组成、pH 值和特性

金化合物	镀液类型	导电盐(酸或盐)	pH 值	金属添加剂(可溶性盐)	特 性
氰化亚金	弱酸性镀液	柠檬酸 氨基磺酸 酒石酸 草酸 有机磷酸	3.0～5.0	不添加或添加作为合金元素的 Co、Ni、In、Sn 的可溶性盐	(1) 不含游离氰化物； (2) 可镀纯 Au 和含 Co、Ni 等元素的合金； (3) 可得到光亮和硬的镀层； (4) 镀液易于控制调整； (5) 可以在较低温度下电镀

续表 12-2

金化合物	镀液类型	导电盐(酸或盐)	pH 值	金属添加剂（可溶性盐）	特性
氰化亚金	中性镀液	磷酸 硫酸 硼酸 有机酸 上述4酸混合酸	5.0~8.5	不添加或添加作为金属光亮剂的As、Pb、Tl、Se的可溶性盐	(1) 不含游离氰化物； (2) 可镀99.99%纯Au； (3) 可镀任何实用厚度的镀层； (4) 可得到半光泽或无光泽柔软的镀层； (5) 镀液易于控制调整
	碱性镀液	氰化物 碳酸盐 焦磷酸	8.5~13	不添加或添加作为合金元素的Ag、Cu、Cd、Zn、Sb的可溶性盐	(1) 含高游离氰化物，因而杂质影响小； (2) 可镀99.95%纯Au和18K~10K Au合金； (3) 可得到厚镀层，镀层均匀质量好； (4) 镀液成分简单，价格便宜
氰化金	强酸性镀液	盐酸 硫酸盐 磷酸	≤1	不添加	(1) 可在不锈钢上直接电镀纯金； (2) 在Ni合金上镀金，镀层附着性好； (3) 可用作触击镀（大电流快速镀）电镀液
	碱性镀液	氰化物 碳酸盐 磷酸盐	≥12	不添加或添加作为合金元素的Ag、Cu、Ni、Zn的可溶性盐	(1) 可在高电流密度下快速电镀； (2) 可以得到纯Au和各种颜色的合金镀层； (3) 用作外镀层
无机亚硫酸金盐	碱性镀液	亚硫酸盐 硫酸盐 EDTA	9~12	不添加或添加作为合金元素的Co、Ni、Cd、Zn的可溶性盐	(1) 不含氰化物； (2) 可镀99.95%纯Au到18K Au合金； (3) 可得到任何实用厚度镀层，镀层均匀； (4) 镀层光亮有延性，可经受变形处理
有机亚硫酸金盐	中性镀液	亚硫酸盐 有机磷酸 乙烯胺类	6~8	不添加或添加作为合金元素的Cu、Pd、Zn的可溶性盐	(1) 在中性pH值镀液中稳定，Pd、Cu、Zn等与Au良好共沉积，可得到独特色泽镀层； (2) 具有低匀饰性，可得厚镀层而不失去镀件原有形状和模式； (3) 适用于精细模式电镀并可得厚镀层
	碱性镀液	亚硫酸盐 硫酸盐	8~12	不添加或添加作为合金元素的Cu、Zn、Cd的可溶性盐	(1) 具有低匀饰性，可得厚镀层而不失去镀件原有形状和模式； (2) 适用于厚镀层的模式电镀

表 12-3 不同镀金液电镀得到镀层的性质、结构与用途

电镀液类型		氰化物镀液			亚硫酸金盐镀液	
		酸性	中性	碱性	中性	碱性
电镀条件	导电盐	有机酸	无机酸	氰化物	有机亚硫酸盐	亚硫酸盐
	pH 值	3.6	6.8	≥11	7.2	9.5
	温度/℃	32	65	25	60	50
	电流效率/mg·(A·min)$^{-1}$	30	118	115	120	120
	电流密度/A·dm^{-2}	1.0	1.0	0.5	0.5	0.4
	Au 含量/g·L^{-1}	8	8	8	10	10

续表 12-3

电镀液类型		氰化物镀液			亚硫酸金盐镀液	
		酸 性	中 性	碱 性	中 性	碱 性
镀层性质	外 观	光 亮	光 泽	光 亮	光 亮	光亮或无光泽
	硬度 HK	160 ~ 240	50 ~ 80	120 ~ 140	200 ~ 240	130 ~ 190
	镀层纯度/%	99.5Au 0.5Co	99.99Au	99.0Au 0.1Ag	99.0Au 0.1Cu	99.95
	镀层质量/mg · (μm · cm^2)$^{-1}$	1.74	1.93	1.81	1.85	1.92
	接触电阻/mΩ	0.6	0.3	0.3	0.5	0.3
镀层结构		沉积物为层状结构，层间共沉积有机聚合物	以柱状或针状生长，杂质很少共沉积	颗粒状沉积，氰化物聚合物共沉积	沉积物为层状结构，有机物很少共沉积	沉积物为等轴微细颗粒结构
主要用途		电器元件、印刷电路、珠宝饰品	半导体、电铸成型、珠宝饰品	电器元件、珠宝饰品	电器元件	半导体、印刷电路、珠宝饰品

12.2.2.2 彩色金合金电镀

Au 合金电沉积是采用两种金属盐的混合镀液并通过共沉积实现。正如合金组元对致密合金的颜色产生影响一样，在 Au 合金镀层中，镀层的色泽也随着合金组元及其浓度的变化而改变。表 12-4[4,6,9,10] 显示了镀层颜色与合金组元之间的关系。

表 12-4 Au 合金镀层颜色与合金组元之间的关系

镀层合金	组元浓度变化	镀层颜色变化
Au-Cu	Cu 增加	黄→浅红→红
Au-Ni	Ni 增加	黄→浅黄→白
Au-Co	Co 增加	黄→橘黄→绿
Au-Cd	Cd 增加	黄→绿
Au-Zn	Zn 增加	黄→绿
Au-Ag	Ag 增加	黄→绿
Au-Bi	Bi 增加	黄→绿
Au-In	In 增加	黄→淡黄
Au-Pd	Pd 增加	黄→浅黄→白
Au-Cu-Cd	Cu 增加	黄→红色
	Cd 增加	黄→白

装饰性镀金层的颜色与电镀液成分、电流密度、温度和搅拌程度等电镀参数有关。较高的镀液温度可以获得薄而漂亮的镀层。当沉积 Au-Ag 合金时，低电镀液温度和高电流密度能提高镀层中 Au 含量，而高电镀液温度和低电流密度及增大搅拌能提高镀层中 Ag 含量，制成绿色镀层。绿色镀层也可由 Au-Zn、Au-Cd 二元合金和 Au-Ag-Zn、Au-Ag-Cd 三元

合金沉积制备。当沉积 Au-Ag、Au-Cu 和 Au-Ag-Cu、Au-Cu-Zn、Au-Cu-Cd 三元合金时，视各种组元之间的比例可得到不同颜色镀层。表 12-5[1] 列出了几种典型的彩色 Au 合金电镀液的成分，表 12-6[4,11] 列出了几种典型的彩色 Au 合金用碱性氰化电镀液的成分和电镀条件。

表 12-5 几种典型的彩色 Au 合金电镀液的成分 (g/L)

镀层颜色	Au 离子	其他金属离子	游离氰化钾	碳酸钾
24K 黄色金	1.5		8.0	15
红色金合金	1.5	Cu：1.0	8.0	15
绿色金合金	1.5	Ag：0.1	8.0	15
黄色金合金	1.5	Cu：0.8；Ag：0.15	0.2	15
白色金合金	1.5	Ni：5.0；Zn：0.5	3.0	15

注：电镀条件为：所有金属以盐加入；pH 值为 10.5 ~ 11.8；温度：43 ~ 65℃；电流密度：0.1 ~ 1.1A/dm^2；阳极：不锈钢不溶阳极。

表 12-6 几种典型的彩色金合金用碱性氰化电镀液的成分和电镀条件

电镀液组成与电镀条件		翠绿色镀层	淡黄色镀层	金黄色镀层	红至粉红色镀层
电镀液组成 /g·L^{-1}	$K[Au(CN)_2]$	4	4	4	4
	$K[Ag(CN)_2]$	1.9 ~ 2.2	—	—	—
	KCN	2 ~ 7	4	1.5	3 ~ 7
	$K_4[Fe(CN)_6]$	—	30	—	30
	CuCN	—	—	—	1.5
	$K_2[Ni(CN)_4]$	—	1.8	—	2.0
电镀条件	温度/℃	50 ~ 70	60 ~ 70	60 ~ 70	60 ~ 70
	电流密度/A·dm^{-2}	1 ~ 2	2 ~ 4	2 ~ 3	2 ~ 4

12.2.2.3 装饰性镀金技术[1,6]

装饰性镀金技术有以下几种：

（1）薄膜电镀。生成不同厚度的镀金层采用不同电镀方法和技术条件。生产较薄镀层一般用低的电流密度且不搅拌；电沉积层厚度在 0.175 ~ 2.5μm 的电镀，一般可用酸性氰化物镀液，它能提供镀层对基体好的黏附性；保护 Ag 不变晦暗的镀金层厚度一般为 0.75 ~ 1.25μm。

珠宝饰品的外镀层可采用闪镀，它可得到所要求的颜色。闪镀采用较廉价的碱性氰化物镀液，镀液温度 40 ~ 60℃，电流密度 1 ~ 10A/dm^2，电镀时间 5 ~ 20s，闪镀层厚度一般控制在 0.025 ~ 0.25μm。薄膜电镀也可采用化学浸渍镀，通常镀层厚度为 0.1 ~ 0.3μm。

（2）厚膜电镀。电沉积层厚度在 2.5 ~ 25μm 的电镀称为厚膜电镀。厚膜电镀需要使用高电流密度并搅拌，且镀液中要有高 Au 离子含量。典型的方法有：1）无氰化物碱性镀液；2）氰化物中性镀液，它可以得到光亮镀层；3）双重电镀法，即先用碱性氰化物镀液，然后使用酸性镀液电镀达到所要求厚度。可用于 24K ~ 12K 纯金和金合金的厚膜电镀。

（3）触击电镀。触击电镀是大电流快速电镀，可生产 10μm 以下任何金属镀层，也用于在 Cu、Ag 和 Ni 上镀金和金合金。不要求厚度的触击电镀主要用于珠宝饰品的外镀层。

（4）电铸成型。生产厚度在 25μm 以上沉积层的电镀称做电铸成型，它是在某种基体上电镀一定厚度之后，通过溶解消除基体，然后再采用无氰化物电镀液电镀，可得到厚度 200μm 以上金饰品。电铸成型得到的饰品或其他制品是独立的固态产品，并不是附着在基体上的表面镀层，它的详细制造工艺与应用详见第 10 章和第 14 章。

12.2.2.4　Au 与 Au 合金镀层的应用

上述各种 Au 和 Au 合金镀液得到的镀层大体有如下特性：纯度 99.95% 以上的纯金镀层可以是光泽的和无光泽的；纯度低于 99.9% Au 和 Au 合金电镀层光亮，具有高硬度、高耐磨性和高导电性。Au 和 Au 合金电镀层在电气、电子工业和珠宝装饰品工业中有广泛应用，装饰性镀 Au 和 Au 合金用于各种珠宝首饰、工艺品、眼镜架、纪念章（币）等，全世界每年用于装饰品电镀的黄金达几百吨。珠宝饰品的电镀层要求光亮平滑的均匀薄膜或厚膜镀层，并具有好的延性和高耐磨性，能够通过调整合金组分比例得到色彩丰富的各种装饰颜色。根据珠宝饰品的不同应用，其金和金合镀层厚度范围分布很宽，从 1μm 以下的薄膜和直到 40μm 的厚膜，表 12-7 列出了不同应用需要的平均镀层厚度。

表 12-7　不同应用的平均镀金层厚度

应　用	镀金层厚度/μm	应　用	镀金层厚度/μm
装饰品、艺术品和纪念品	0.025 ~ 0.25	浴室与盥洗室装置	1.0 ~ 3.0
珠宝饰品等	0.1 ~ 2.5 以上	手表、打火机、笔	1.25 ~ 20 以上
餐具、刀叉等	0.25 ~ 5.0	眼镜框架	1.0 ~ 7.0
包金饰品	0.25 ~ 2.5		

12.2.3　装饰性镀银

12.2.3.1　银电镀液组成与镀层性质

银电镀液可以分为 3 种类型：含有高游离氰化物的碱性氰化物镀液、几乎不含游离氰化物的中性氰化物镀液、完全不含游离氰化物的无氰化物镀液。可归并为氰化物镀液和无氰化物镀液两类。

A　氰化物镀液

氰化物镀银液主要组成包括：（1）银的化合物（主盐）：氯化银，氰化银，氰化银钾；（2）导电盐：KCN，K_2CO_3，KOH，KCl；（3）配合剂：KCN，EDTA，NTA（氮川三醋酸）；（4）金属光亮剂：Sb、Se、Te；（5）阳极活化剂：硝酸钾；（6）各种类型表面剂；（7）有机光亮剂：苯磺酸、二硫化碳、硫醇、1,4 丁炔二醇 + M 促进剂（2-巯基苯并噻唑）等。

碱性氰化物镀液是最典型的镀银液，在工业电镀和装饰性电镀中广泛应用。这种镀液含有大量有毒的游离氰化物，纯银镀层可以是粗糙的或光亮的。有许多能使银镀层光亮或半光亮的添加剂，要根据镀液中银的浓度、游离氰化物浓度、镀件形状等因素选择。一般地说，在其碳链中含有 N、S 或 O 等原子的化合物都有一定增光作用，如二硫化碳、硫醇、硫脲、苯磺酸、丙烯硫脲、丙烯异硫代氰盐、酒石酸、锑酸钾、甘油锑酸钾、硫代硫酸铵、亚硒酸钠等。锑和硒（以盐加入）是非常有效的镀层光亮剂和硬化剂，但锑使镀层颜色变暗。

中性镀液含很少量游离氰化物，导电盐是有机柠檬酸盐、有机草酸盐或有机磷酸盐等。光亮剂采用含砷、硒、碲等的化合物，有机光亮剂和表面活性剂也偶有采用。中性氰化物镀液成分比较简单，它早先用于电子元器件的电镀，后来也用于半导体器件的高速电镀。

表12-8[2,6,7]列出了典型氰化物镀银液的电镀条件与沉积层的性质，其中4号和5号镀液用于高速电镀。

表12-8 典型氰化物镀银液的电镀条件与沉积层性质

电镀液类型		碱性氰化物镀液			中性氰化物镀液	
		1号	2号	3号	4号	5号
电镀条件	导电盐	氰化物	氰化物	氰化物	有机酸	有机磷酸
	pH值	12	12	12	8.0	9.0
	温度/℃	30	50	40	60	60
	电流效率/$mg\cdot(A\cdot min)^{-1}$	67	67	67	67	67
	最大电流密度/$A\cdot dm^{-2}$	2	20	4	40	80
	银离子含量/$g\cdot L^{-1}$	24	50	80	80	100
沉积层性质	沉积物表观	镜面光亮	光　亮	半光亮或乌泽	半光亮	光　亮
	硬度HK	150~200	150~200	80~120	80~110	80~140
	沉积银纯度/%	99.0	99.5	99.95	99.95	99.9
	沉积质量/$mg\cdot(\mu m\cdot cm^2)^{-1}$	1.04	1.04	1.04	1.04	1.04
	接触电阻/mΩ	0.4	0.4	0.4	0.4	0.4
	主要应用	珠宝首饰、电器元件	连接器、电器元件	半导体器件	半导体器件	半导体器件

B 无氰化物镀液

对无氰化物镀银液进行了长期研究，早期无氰化物镀液存在一些缺点，诸如电镀液不稳定和易分解，沉积层呈脆性，难以得到细密沉积物和难以补充银离子等。后来的无氰化物镀银液克服了这些缺点，并用于电镀光亮或乌泽的银镀件。表12-9[2,6,7]列出了典型无氰化物镀液的主要类型。在无氰化物镀液中银盐的螯合常数比银的氰配合物镀液的螯合常数小得多，因而其稳定性不如银的氰配合物镀液。在无氰化物镀液中的银盐容易在镀液中形成Ag，可能出现分解与非电解沉积，因此在电镀初期会出现浸渍沉积。这使无氰镀液得到的银镀层粗糙和黏附性较差。若向无氰镀液中加入各种添加剂，有可能从氨镀液系统中得到其质量类似于从氰化物镀液中得到的银沉积层。

表12-9 典型无氰化物镀液的主要类型

电镀液类型	使用的银盐	主要导电盐配合物	在镀液中银的状态与螯合常数①
氨镀液	AgCl，Ag_2SO_4	铵盐，EDTA	$Ag(NH_3)_2^+$，1.07×10^7
硫代硫酸盐镀液	AgCl，Ag_2O，$AgNO_3$	硫代硫酸盐，四硼酸钠	$Ag(S_2O_3)_2^{3-}$，2.85×10^{10}
硫代氰酸盐镀液	Ag_2O	硫代氰酸盐	$Ag(CNS)_4^{3-}$，1.07×10^{10}
碘化物镀液	AgI，Ag_2O	碘化钾	AgI_4^{3-}，5.5×10^{13}
焦磷酸盐镀液	Ag_2O，$Ag_4P_2O_7$	焦磷酸盐	—
琥珀酰亚胺镀液	AgC_4H_5NO	琥珀酰亚胺	—，$(2\sim3)\times10^6$

①参考数据：$Ag(CN)_2^-$ 的螯合常数为 1.25×10^{21}。

12.2.3.2 典型银电镀液配方与装饰性应用

装饰性电镀银或银电铸成型通常采用氰化物镀液。表12-10[2,7]列出了典型镀银液配方和电镀条件，阳极用99.95%纯银，配方1为一般镀银，配方2为光亮镀银，配方3～5为快速光亮镀银。装饰性镀银有广泛应用，特别用于餐具（如刀、叉、匙、茶具、咖啡壶等）、证章奖章和器具镀银。银镀层的主要问题是长期置放时会变晦暗。有许多方法可以控制或减轻银器的晦暗，最简单的方法是将银器放在塑料袋或特别处理的包装纸或布内保存。在镀银层上再镀铑、铂、金或金合金，可提高镀银层的化学稳定性和耐磨性，一般用于高级装饰品。还可以采用化学或电化学方法提高银器的抗晦暗性，但有可能损害银器的光亮性。

表12-10 普通氰化物镀银工艺规范

配方		1	2	3	4	5
镀银液配方 /g·L^{-1}	氯化银	35～40	30～40	55～65	40～43	45～50
	氰化钾总含量	65～80	45～80	70～75	—	—
	游离氰化钾	35～45	30～35	—	38～42	45～50
	碳酸钾	—	35～45	—	45～80	45～80
	氢氧化钾	—	—	—	8～14	10～14
	硝酸钾	—	—	—	—	40～60
	1,4-丁炔二醇	—	—	0.5	—	—
	M-促进剂	—	—	0.5	—	—
	光亮剂/mL·L^{-1}	—	5～10	—	—	硫代硫酸铵
	氨水/mL	—	0.5	—	—	—
电镀条件	温度/℃	10～35	10～35	15～35	42～45	42～45
	阴极电流密度/A·dm^{-2}	0.1～0.5	0.3～0.8	1～2	约10	约10

12.2.3.3 银合金电镀

Ag合金电沉积是采用两种金属盐的混合镀液并通过共沉积实现的。工业中已实现了许多银合金镀，主要有Ag-Sn、Ag-Pb、Ag-Cd、Ag-Sb、Ag-Pd、Ag-Cu、Ag-Al、Ag-Au电镀等。根据电解质的组成，银合金电镀可分为溶液电镀与熔盐电镀，含有机物的镀液可获得细晶粒和光亮镀层。银合金电镀可以提高镀层的硬度、耐磨性、耐腐蚀性和抗硫化性，如Ag-Pd、Ag-Au、Ag-Cd合金镀层比纯银有更好的抗晦暗和抗腐蚀能力，Ag-Sb合金镀层具有高硬度和高耐磨性。采用氰化银钾和氰化金钾镀液可以得到Ag-Au合金镀层，可用作装饰性涂层材料。某些Ag合金电镀工艺可参看文献［2］和［7］。

12.2.4 装饰性镀铑

Rh有似银的白色和高的可见光反射率、极好的耐腐蚀性和抗氧化性，Rh镀层应用广泛。自20世纪30年代起，Rh镀层用作贵金属和贱金属珠宝饰品的最终涂层。在贵金属饰品中，Rh镀层可用于银、银合金饰品和镀银层、白色开金和铂族金属饰品，可为银饰品、银器具和白色开金饰品提供保护性涂层以防止腐蚀和晦暗。

镀Rh液可分为硫酸型和磷酸型，主要为硫酸铑或磷酸铑镀液，所有的镀液都含有游离硫酸或磷酸，因而呈强酸性。镀液的主要组成如下：（1）Rh化合物：硫酸铑，磷酸铑；（2）游离酸：磷酸，硫酸；（3）合金化金属：Pt、Ru、Se、Pb、Te、In；（4）应力减缓剂：氨基磺酸，有机羧酸，Mg；（5）有机光亮剂：苯磺酸等。

表12-11[6]列出了镀Rh液组成和Rh镀层的性质。

表12-11 镀Rh液组成和Rh镀层的性质

镀Rh液类型		硫酸铑镀液			磷酸铑镀液	
		1	2	3	4	5
电镀条件	游离酸	硫　酸	硫　酸	硫　酸	磷　酸	硫酸+磷酸
	合金化金属	—	Mg	Ru	Pt	—
	温度/℃	40	50	50	40	40
	电流效率/mg·(A·min)$^{-1}$	4	18	18	5	2
	电流密度/A·dm^{-2}	2.0	1.5	2.0	3.0	2.0
	Rh浓度/g·L^{-1}	2	5	5	2	2
镀Rh层性质	厚　度	薄	厚	厚	薄	薄
	形　貌	光亮	半光亮	光亮	光亮	光亮
	硬度HK	900	900	1100	800	900
	镀层纯度/%	99.9	99.9	90	95	99.9
	镀层质量/mg·(μm·cm^2)$^{-1}$	1.24	1.24	1.24	1.3	1.24
	接触电阻/mΩ	1.1	0.8	1.0	0.8	1.0
	应　用	珠宝首饰、	电器元件、连接器	珠宝首饰、电器元件	珠宝首饰	珠宝首饰、反射器

Rh镀层呈光亮白色，相当薄，一般厚度为0.05~0.1μm，难以达到1~2μm厚度，但与某些金属共沉积的合金镀层，如Rh-Ru镀层，可以获得较厚的略带蓝色的白色镀层。Rh镀层硬度和耐磨性很高，抗晦暗和耐腐蚀强，除了用作银首饰和银器的外镀层，还用于白色开金和Ni、Cu合金基体的外镀层。几乎所有白色珠宝饰品，如项链、耳环、手镯、胸花、领带夹等，和各种装饰品，如眼镜架、打火机等都可以Rh镀层作为最终装饰涂层。虽然Rh资源稀缺，价格昂贵，但因其镀层薄，所消耗Rh量很少，因此镀Rh珠宝饰品日益为人们接受（见图12-3）。

12.2.5 装饰性镀铂

Pt电镀液主要分为两类：含Pt(Ⅱ)盐的电镀液和含Pt(Ⅳ)盐的电镀液。表12-12[5,12,13]列出了基于Pt(Ⅱ)盐和Pt(Ⅳ)盐的各种电镀液，其中应用较普遍的是Pt-P盐和Pt-Q盐电镀液。

表12-12 电沉积Pt用电解质类型

电解质类型	电 镀 液
Pt(Ⅱ)型电解质	氯化物镀液；二亚硝基二氨合铂（Pt-P盐）镀液；二亚硝基硫酸铂配合物（DNS镀液）；基于四氨Pt(Ⅱ)配合物镀液（Pt-Q盐）
Pt(Ⅳ)型电解质	碱性六羟基铂酸盐镀液；磷酸盐镀液

12.2.5.1 Pt-P 盐电镀液

Pt-P 盐电镀液以顺式-二亚硝基二氨合铂[$Pt(NH_3)_2(NO_2)_2$]作为主盐，导电盐有硫酸、磷酸、硝酸铵、氨基磺酸、氟硼酸等。这类电镀液有多种配方，其中以硫酸作为导电盐的电镀液多用于珠宝饰品电镀，其基本配方是[5,12]：Pt-P 盐 6～20g/L(Pt 10g/L)，98% H_2SO_4 50mL/L，85% H_3PO_4 50mL/L，Pt 阳极；电镀条件：温度 60～90℃，电流密度0.5～3A/dm^2；沉积效率 10mg/(A·min)，镀层质量 2.14mg/(μm·cm^2)。铂镀层薄而光亮，硬度 HK 200 以上。

12.2.5.2 Pt-Q 盐电镀液

Pt-Q 盐电镀液是基于中性的、酸性的或碱性的有机或无机阴离子结合的氨或胺的 Pt(Ⅱ)配合物制备而成，如稀浓度的四氨 Pt(Ⅱ)配合物($Pt(NH_3)_4^{2+}$)和磷酸盐水溶液组成电镀液。典型的配方是[5,13]：26mmol/L $Pt(NH_3)_4HPO_4$ + 28mmol/L Na_2HPO_4 水溶液，含 Pt 2～30g/L，最佳 pH 值 10～10.6（呈中碱性），电镀温度 91～95℃。电镀液的 pH 值可通过添加 NaOH 或相关的酸调整。在 −700～−750mV 沉积，Pt 镀层光亮和有高反射率。在 13mA/cm^2 电流密度和 −750mV 恒电位条件下，Pt 镀层具有高质量，Pt 沉积速率达到 12.9μg/(s·cm^2)。在更高的沉积电位（如 −800mV），可以得到无表面缺陷的多边形细晶体 Pt 镀层结构，具有高反射率和对基体有最强的黏附性，裂纹密度大大减少甚至完全消失。Pt-Q 盐电镀液比 Pt-P 盐电镀液更好，它可以在广泛的基体，如黄铜、铜、金、镍、铌、钛、钨、钼、不锈钢、超合金以及导电树脂和各种复合材料上进行电镀，广泛应用于工业电镀和装饰性电镀，它也用于 Pt 合金电镀，尤其适于工程用元部件和需要抗高温氧化和耐腐蚀部件的电镀。相对于所有传统商业电镀液，Pt-Q 盐都无毒和无爆炸危险，也因电镀液呈中碱性，相对于强碱或强酸电镀液更安全。

表 12-13[5,13]列出了铂镀层用作首饰和装饰涂层的某些应用。

表 12-13 铂镀层用作首饰和装饰涂层的某些应用

制 品	基 体	Pt 涂层厚度/μm	最常用涂层方法
书 镇	镀锡锌青铜的镍	0.1	电 镀
各种首饰	Ag 合金、Au 和开金、Ni、黄铜等	约 0.5	电镀、化学镀等
表壳和表链	黄铜、Au、开金	0.5～1.0	电 镀
电铸成型装饰品	Au 合金、Ag 合金、Cu 合金等	约 0.5	电镀、化学镀等
各种涂层装饰品	金属、瓷器、玻璃等	0.1～1.0	铂有机化合物热解

12.2.6 装饰性镀钯和镀钌

12.2.6.1 镀钯

常用的镀钯溶液为二氯二氨基钯溶液，可用于工业与装饰性电镀。表 12-14[6,7]列出了装饰性用镀钯液和钯镀层的性质。钯具有吸氢特性，厚钯镀层易于产生氢脆，因此钯镀层厚度应在 1～5μm 范围内。低合金化有利于防止钯镀层氢脆，如含 2%～5% Ni 或 Co 的 Pd 镀层可以避免氢脆。钯镀层呈白色，硬度高、耐腐蚀，它既可用作镀铑的底层，也可用作银合金和某些白色低开金饰品的装饰层，厚度 1～2μm 的钯镀层就可防止银晦暗变色。Pd 镀层密度较低，价格较 Rh 便宜，但其光亮与白度不如 Rh，可在某些要求不高的应用中代替 Rh 镀层。

表 12-14 装饰性用镀钯液和钯镀层的性质

镀钯液类型		1	2	3
电镀条件	Pd 盐	$Pd(NH_3)_2Cl_2$	$Pd(NH_3)_2Cl_2$	$Pd(NH_3)_2Cl_2$
	导电盐	氯化铵、柠檬酸铵	氯化铵、硫酸铵	硫酸铵、EDTA-二钠盐
	合金化金属	Ni	Ni	Co
	pH 值	8.5	7.0	8.5
	温度/℃	50	50	50
	电流密度/$A \cdot dm^{-2}$	2.0	2.0	2.0
	Pd 含量/$g \cdot L^{-1}$	15	15~30	20
钯镀层性质	形 貌	镜面光亮	光 亮	光 亮
	硬度 HK	380~420	300~400	350~450
	镀层质量/$mg \cdot (\mu m \cdot cm^2)^{-1}$	1.08	1.15	1.10
	应 用	珠宝饰品	珠宝饰品	珠宝饰品

12.2.6.2 镀钌

钌易氧化，在电镀过程中易与氧共沉积，控制电镀条件仍可能得到厚度达 2μm 无裂纹光亮镀层。钌镀层硬度高，耐磨性好，已用于珠宝的装饰性涂层，典型配方列于表 12-15[6]。

表 12-15 装饰性用镀钌液和钌镀层的性质

镀钌液类型		1	2
电镀条件	钌 盐	$RuCl_3$	$RuCl_3$
	导电盐	氨基磺酸	硫酸
	合金化金属	In	—
	pH 值	2	1
	温度/℃	50	80
	电流密度/$A \cdot dm^{-2}$	1.0	2.0
	Ru 浓度/$g \cdot L^{-1}$	5	3
钌镀层性质	形 貌	光 亮	光亮（闪镀）
	硬度 HK	770~870	—
	镀层纯度/%	99.9	99.9
	镀层质量/$mg \cdot (\mu m \cdot cm^2)^{-1}$	6.8	—
	应 用	珠宝饰品	珠宝饰品

12.3 化学镀贵金属饰品材料

化学镀贵金属有两类沉积方式，一类是化学浸渍镀，一类是化学还原镀。

12.3.1 浸渍镀

按照金属的电化序，每一个金属相对于它前面的金属都是电正性的，而相对于它后面的金属都是电负性的。无需施加电流，每一个相对电正性金属的盐溶液都可被相对电负性金属还原。对常用于珠宝饰品的金属而言，其电化序为：Al、Zn、Cr、Fe、Ni、Sn、Pb、Cu、Ag、Hg、Rh、Pt、Au。在这个电化序中每一个前面的金属都可使后面的金属从其盐溶液中还原，被还原的金属沉积在作为基体的金属上。将电位序低的金属基体浸渍到贵金属盐溶液中，通过氧化-还原反应，溶液中贵金属离子被还原为金属并沉积在基体金属上，得到贵金属镀层，这种方法称为浸渍镀。由此可见，化学浸渍镀实质上是化学还原镀。相对于贵金属而言，贱金属是电负性的。因此，Au 和 Ag 最容易通过浸渍镀沉积在 Cu 和 Cu 合金、Ni 与 Ni 合金基体上。将 Ti 合金浸渍在熔融氯化银内进行热浸镀也可获得黏附牢靠的银镀层[2]。浸渍镀层的厚度一般约为 0.2 ~ 0.4μm。表 12-16[1] 列出某些典型的金属浸渍液配方。

表 12-16 某些典型的金属浸渍液配方

浸渍镀 Au 液		浸渍镀 Ag 液		浸渍镀 Rh 液	
67% 氰化金钾	3.75g/L	硝酸银	7.5g/L	Rh(以氯化物)	4.6g/L
氰化钾或氰化钠	26 ~ 30g/L	氨	75g/L	盐酸(浓)	950mL/L
碳酸钠	30 ~ 37.5g/L	硫代硫酸钠	105g/L	温度	室温
温度	60 ~ 82℃	温度	室温	基体	Ag、Cu 和 Cu 合金
基体	Cu 和 Cu 合金	基体	Cu 和 Cu 合金		

12.3.2 化学还原镀

贵金属化学镀是用适当的还原剂使溶液中贵金属离子被还原成金属态，并沉积在被镀基体表面形成涂层的一种方法，其实质是在催化条件下发生的氧化-还原过程。采用化学还原法还可以实现在金属、陶瓷和塑料上化学镀贵金属。在非导电性的基体（如聚合物）表面化学沉积贵金属时，化学镀之前须选择合适催化剂如氯化亚锡或氯化亚钯（$PdCl_2$）溶液先进行活化处理，为绝缘表面提供导电层。化学还原法镀贵金属可用于工业和装饰用途。

12.3.2.1 化学镀银

早在 1835 年，里贝格发明银镜反应制备银镜，开创了化学镀银的历史，今天仍被广泛应用。传统的银镜制备方法一般有下述步骤：先制备含银溶液和还原剂溶液（见表 12-17[2]）。银与氨配合以减少自由 Ag 离子的浓度和减缓随后沉淀反应速度。还原溶液通常含甲醛、四水酒石酸钾钠、葡萄糖或联氨等。将这两种溶液混合并将反应产物涂覆在清洁的玻璃表面上，据所使用的还原液，经 11 ~ 15min，沉淀物转为灰色絮凝物之后，玻璃经干燥与仔细清洗后浸入氯化亚锡（$SnCl_2$）溶液中，在玻璃上吸附的 Sn^{2+} 离子层启动 Ag 的还原并形成 Ag 核（$2Ag^+ + Sn^{2+} \rightarrow Sn^{4+} + 2Ag$），然后在 Ag 核上生长 Ag 膜。

表 12-17 银镜反应中三种典型溶液

溶 液		葡萄糖	四水酒石酸钾钠	甲 醛
还原液	葡萄糖/g	90	—	—
	硝酸/mL	4	2	—
	四水酒石酸钾钠/g	—	1.7	—
	甲醛/mL	—	—	40
	蒸馏水/L	1.0	1.0	1.0

续表 12-17

溶 液		葡萄糖	四水酒石酸钾钠	甲 醛
银溶液	硝酸银/g	20	10	20
	氢氧化钾/g	10	—	—
	蒸馏水/mL	400	100	1000
	氨 水	按配方	按配方	按配方

在氰化物（如氰化银钾）电解液内加入化学还原剂如次亚磷酸钠、硼氢化钠、羟基喹啉或水合肼等，可将银沉积在工件上。在这种还原沉淀过程中，通过加入配合剂（如乙二胺四乙酸）可使 Ag 沉积层质量得到改善。将待镀金属与铝或锌接触可以加快银的沉积，得到较厚的无微孔银沉积层（称接触镀银）。

12.3.2.2 化学镀金

化学镀金液一般以金的氰化物如 $KAu(CN)_2$、$KAu(CN)_4$、AuCN + KCN、$HAuCl_4$ 等作为金盐，还原剂有次磷酸钠、联氨、羟胺、二乙基氨基醋酸、甲醛、硫脲、$NaBH_4$ 和二甲基胺硼氢化物（DMAB）等。在实践中最成功和应用最广泛的镀金液是采用 $KAu(CN)_2$ 和还原剂 $NaBH_4$ 与 DMAB 的化学镀金液。使用 $NaBH_4$ 还原剂时，采用碱性镀液，温度为 75℃；使用 DMAB 还原剂时，采用强碱性镀液，温度为 75～90℃。在金基片或已有一层电沉积或化学沉积金膜的基片上，基于金的自催化作用，进一步沉积 Au 可以将 Au 膜层加厚到所要求的厚度。通常沉积速度限制在 2μm/h，沉积速度过高会导致非常态 Au 沉积和影响镀金液的寿命。减少镀液中 Au 浓度和还原剂用量、增加 KCN 浓度、降低 pH 值和镀液温度等因素都降低 Au 沉积速度，而添加加速剂可提高 Au 沉积速度[4,14]。

12.3.2.3 化学镀铂（钯）

常用化学镀 Pt、Pd 和 Ni 的还原剂有次磷酸钠、硼氢化物、氨基硼烷和肼等。肼被认为是“干净”的还原剂，它只有在碱性条件下才有效。因此，采用肼作为还原剂时溶液需要控制在高 pH 值，这可向含有配合剂的碱性溶液中直接添加氢氧化铂使之溶解来实现，或者向溶液中添加和溶解草酸铂，然后添加氢氧化钠生成草酸钠沉淀并使其与溶液分离。溶液中含有少量草酸盐对化学镀过程无有害影响，也不污染镀层，但浓度过高会降低金属沉积速率。配合剂可选择乙二胺（en）和乙二胺四醋酸（EDTA）钠盐；稳定剂可以选择氧化砷、碘酸钾、咪唑、铅或铜盐等，氧化砷适用于 Pt、Pd 和 Ni 的化学镀，咪唑不仅可以调节金属沉积速度，还不污染金属涂层。表 12-18[5,15] 列出了化学镀 Pt 镀液的最佳配方，对该配方浓度做适当修改后可用于化学镀 Pd。

表 12-18 化学镀 Pt 镀液的最佳配方

Pt 浓度 /g·L^{-1}(mol·L^{-1})	乙二胺浓度 /mol·L^{-1}	肼浓度 /mol·L^{-1}	咪唑浓度 /mol·L^{-1}	As_2O_5 /mol·L^{-1}	pH 值	温度① /℃	沉积速率 /μm·h^{-1}
19(0.1)	0.8	2～4	0.5	6.5×10^{-4}	>13	60～90	1～2

①在聚合物上化学镀 Pt 可选择较低温度。

在非导电性的基体（如聚合物）表面化学沉积 Pt，化学镀之前须选择合适催化剂为绝缘表面提供导电性，一般使用 $PdCl_2$ 敏化剂提供催化活性中心，或溶解 $PdCl_2$ 到二甲砜

（DMSO）制备成 DMSO-Pd 催化剂。例如，在聚乙烯对二苯酸盐聚合物（PET）薄膜上化学镀 Pt 包括如下步骤[5,16]：(1) 用去离子水仔细清洗 PET 膜，消除蜡和油污；(2) 用含有氢氧化钠和表面活性剂的热碱溶液腐蚀 PET，使表面粗糙和更容易黏着 Pt 涂层；(3) 将PET 膜浸渍 DMSO-Pd 催化剂，再在室温浸渍到肼的水溶液中；(4) 将附着有 Pd 催化剂的 PET 浸渍于预热到 60℃ 的化学镀铂浴液中，分布在 PET 表面上的非常细的金属 Pd 粒子或原子簇起催化作用，促进 Pt 沉积到 PET 表面上。所制备的 Pt 涂层具有良好性能，厚度可达 200nm，Pt 镀层具有好的黏着性，越薄 Pt 涂层的黏着性越好。

12.4　贵金属气相沉积

12.4.1　贵金属气相沉积的一般方法

贵金属气相沉积分为物理气相沉积（PVD）和化学气相沉积（CVD）。用气相沉积方法可将贵金属及其合金沉积到金属、陶瓷、玻璃、半导体等基体上，制成各种薄膜器件和装饰品。气相沉积具有沉积效率高和涂层纯度高、膜层与基体结合强度高、贵金属膜用量少等优点，已广泛用于制造沉积贵金属膜的眼镜框架、表壳表带、首饰、证章和各种装饰品。

12.4.2　物理气相沉积

物理气相沉积的实质是将材料源不断气化和冷凝沉积在基体上，最终获得涂层。物理气相沉积有真空蒸发、溅射和离子涂覆等技术，是成熟的表面处理方法。用物理气相沉积方法可将贵金属及其合金沉积到金属、陶瓷、玻璃、半导体等基体上。具体方法介绍如下：

(1) 真空蒸发。真空中将贵金属及其合金加热气化或升华，然后冷凝和沉积到基体表面上形成涂层。真空蒸发的沉积速率高，可达 0.1μm/s，涂层膜纯度高，成分和厚度可预测和控制。制备合金膜时，可用整体合金蒸发，也可以将不同组元并置，蒸发并控制沉积层成分。

(2) 溅射。溅射是借助高能粒子（正离子、电子）轰击金属靶材（阴极），当入射粒子的能量超过靶材的溅射阈值时，靶材金属中的原子飞溅出来，然后沉积在基体材料上形成涂层与薄膜。表 12-19[17] 列出了贵金属元素对不同入射离子的溅射阈值。

表 12-19　贵金属元素对不同入射离子的溅射阈值　(eV)

贵金属元素	入射离子和溅射阈值					元素的升华热
	Ne	Ar	Kr	Xe	Hg	
Ag	12	15	15	17		3.35
Au	20	20	20	18		3.90
Pd	20	0	20	15	20	4.08
Pt	27	25	22	22	25	5.60
Rh	25	24	25	25		5.98

溅射可分为普通二极溅射和磁控溅射。二极溅射法的优点是适用面广，几乎所有金

属、合金、无机物都可以沉积，且涂层成分范围较宽；缺点是沉积速率较低。磁控溅射沉积速率高，与蒸发沉积速率相当，基体温升较低，沉积膜厚度均匀，沉积参数稳定，可自动连续沉积。溅射可用于制备单金属沉积膜，也用于制备合金膜。制备合金膜时，通过调整靶材成分可以弥补合金中不同组元溅射速率的差异，对于溅射速率差别特别大的元素，可用合金组元金属做成单独靶极并列同时溅射，使其在最终沉积物中得到需要的合金成分。溅射用的贵金属靶材料需要有高的纯度，一般要求在99.95%以上。

12.4.3 化学气相沉积

化学气相沉积是贵金属气态化合物在一定温度条件下发生分解或化学反应，其产物以固态沉积在基体上得到涂层。常用的贵金属化合物有卤化物（其中以氯化物为主）和金属有机化合物。基体材料非常广泛，包括各种金属、陶瓷、半导体、玻璃、聚合物、炭等。化学气相沉积涂层与基体之间是原子间的堆积，先形成晶核，然后形成第一沉积层并不断增长厚度。

12.4.3.1 贵金属有机化合物气相沉积

铂族金属有机化合物气相沉积（MOCVD）技术中，最常用的前驱体化合物是乙酰丙酮铂（或铱、铑、钌）。乙酰丙酮铂的分子式为$(CH_3\text{-}COCHCO\text{-}CH_3)_2$，简写为$Pt(acac)_2$。它的升华温度较低，适合在各种基体上沉积Pt。将乙酰丙酮铂加热到蒸发温度使之蒸发，用氩气输运到被加热至500～700℃基体表面，乙酰丙酮铂发生热解反应，分解出Pt和C原子共沉积在基体上。因此，沉积膜常会受到碳污染。通入适量的氧气与乙酰丙酮铂分解出的碳反应，生成一氧化碳或二氧化碳，可以减小甚至消除碳污染。要指出的是，氢气不宜用作运载气体，因为采用氢作运载气体会形成黑色的不挥发化合物沉积在铂涂层上。若用$Pt(acac)_2$和$Ru(acac)_3$或$Ir(acac)_3$共沉积，可以制备PtRu或PtIr合金膜[5,18]。

12.4.3.2 贵金属有机化合物溶液热分解制备涂层

采用金属有机化合物溶液或其混合溶液热分解，分解产物沉积在载体上可以形成金属和金属氧化物膜。该方法可按下述技术路线实现[5]：（1）将含有金属有机化合物的溶液或膏态直接施加在试样上，蒸发溶剂，金属有机化合物分解，形成的膜经高温退火结合到试样上；（2）将加热的试样置入含有金属有机化合物的溶液中，有机化合物分解形成涂层，随后退火使涂层结合到基体上；（3）压力作用下使含有金属有机化合物的溶液直接流向被涂覆基体，随后加热至特定温度形成涂层。

用于热解的贵金属有机化合物应具有如下特性：（1）在有机溶剂中，金属有机化合物应有高的溶解度；（2）金属有机化合物甚至在高温也不升华；（3）在金属有机化合物的分解温度，有机溶剂应完全蒸发；（4）有适当还原剂存在，通常选择氢作为还原剂。大多数铂族金属有机化合物在有机溶剂中都有高的溶解度，适合于经热分解形成薄膜。

通过热分解制备Pt涂层的化合物有$Me_3PtC_5H_5$、$Me_2PtC_5H_5$、$CODPtCl_2$、$(C_2H_4PtCl_3)H$、$(DMSO)_2PtCl_2(DMSO)$等，它们可以在金属、陶瓷、玻璃、聚合物等基体上制备金属Pt涂层。热分解$Ru_2(OOCPh)_4(PhCOOH)_2$和$Ru_3(CO)_{12}$可制备Ru涂层[5,18]。

12.5 贵金属汞齐化涂层技术

汞齐化涂层技术发源于中国。在春秋战国时代就发明了鎏金技术。秦汉以后，鎏金技术得到进一步发展，唐代至清代制造了许多精美绝伦的鎏金银器和铜器，黄白（红）相配，色彩光灿耀目[2,4,19]。图12-6所示为我国清代制造的鎏金铜瓶，铸造铜瓶造型美观大方并配以双龙耳饰，瓶身铸造纹饰精细，正面鎏金饕餮纹饰十分精美。中国古代的鎏金的银（铜）器不仅堪称稀世珍宝，而且显示独特的技术成就和艺术魅力，其鎏金技术值得借鉴与继续发展。

(a) (b)

图12-6 我国清代制造的鎏金铜瓶
（a）鎏金铜瓶，正面有精美鎏金饕餮纹饰；
（b）铜瓶身侧面精美铸造纹饰（放大）

12.5.1 贵金属汞齐制备

汞俗称水银，银白色，室温呈流体态。汞齐是以Hg作为基体与其他金属形成的合金。许多金属如Sb、Bi、Cd、Ca、Pb、Mg、K、Na、Sn、Zn、Au、Ag都可形成汞齐。在贵金属中，Hg与Au、Ag形成包晶系合金，Hg在Au和Ag中的最大固溶度分别达到19.8%（摩尔分数）Hg和37.3%（摩尔分数）Hg。因此，Ag和Au很容易形成汞齐。具体制备方法如下：

（1）金汞齐制备。汞齐制备的一般方法是将细分态的金属添加到Hg中，混合后形成液态或膏态汞合金，有时还须添加一定量稀酸。金汞齐制备一如中国古代的制备方法，Au与Hg质量比按1∶(4~6)比例，将干净的破碎金箔小片或粗金粉，加入到耐火瓷或黏土坩埚中与汞混合，适当加热和轻轻摇动坩埚或搅拌以加快汞齐化过程，观察金完全熔化形成汞齐。另一种方法是加热薄金片至红色，立即放入刚加热沸腾的汞中，金被迅速地吸收到汞中形成汞齐。在室温，金汞齐的组织为$Au_2Hg + L(Hg)$，当Hg过量时，汞齐呈液态。将汞齐冷却并倒入浸在水中的厚棉布袋内，提起棉布袋挤出多余的汞，收集汞齐并放在蒸馏水中保存。

（2）银汞齐制备。汞置入铁容器内，将细银粉撒入汞中，加热至250~300℃，搅拌混合物数分钟，形成银汞齐后冷却，后面的处理同金汞齐。银汞齐形态类似于金汞齐。

（3）多金属汞齐。可以将几种金属同时与汞合金化形成多金属汞齐。开金合金也可以被汞齐化并保持开金特定的颜色，因而可得到彩色开金涂层饰品。

（4）快银水。在金属汞齐涂层过程中，先在基体上涂一层称之为“快银水”的硝酸汞($Hg(NO_3)_2$)溶液，可以帮助涂层对基体黏附牢固。将10份汞加入到密度为1.33g/cm^{3}的10份硝酸中，适度加热以帮助硝酸溶解汞，冷却混合物，加入25倍蒸馏水，置入封闭玻璃容器中保存。

12.5.2 贵金属汞齐化涂层技术

金、银汞齐可以润湿几乎所有干净的金属表面。将金、银汞齐涂覆在基体金属上，通过适度加热，汞齐中的汞蒸发而留下金、银涂层，称为汞齐化涂层。贵金属汞齐可用于整体饰物涂层和光亮涂层，也用于局部涂层、嵌镶涂层，特别用作古文物和古建筑的维修等。

汞齐化涂层的方法是：在要施加汞齐的地方先涂刷或浇上“快银水”，清洗去酸，再施加贵金属汞齐，蒸发去汞，留下贵金属涂层并保留花纹与图案，打磨抛光至光亮。为了增大饰物不同部分的反差和装饰效果，可在饰品本色中局部保持光亮汞齐化涂层，也可以将基体贱金属或汞齐化贱金属氧化着色，使之与贵金属汞齐化涂层或贵金属基体形成反差。图 12-7(a)[1] 所示为一件用象牙、石榴石和金线条组成的装饰品，它是在青铜底板上雕刻线槽，其中涂敷金汞齐，蒸发汞得到金线条装饰，整体图案像一只熊猫在夜色竹林中。图 12-7(b)[1] 是通过局部涂敷汞齐然后着色得到的装饰品，它是在银板上雕刻图案与条纹，其中施加贱金属汞齐，蒸发汞留下贱金属涂层，通过氧化着色，就得到反差鲜明的装饰效果。通过汞齐化也可在基体金属或饰物上贴金箔或金粉。基体首先涂刷或浸渍“快银水”，清洗去酸，再涂覆汞，将金箔很仔细地贴上（金箔一旦接触汞就不能揭起），加热蒸发汞，便得到黏附牢靠的金箔层，反复进行可得到厚金层。同样的方法，也可将金粉撒在汞层上，然后蒸发汞后得到金粉装饰。

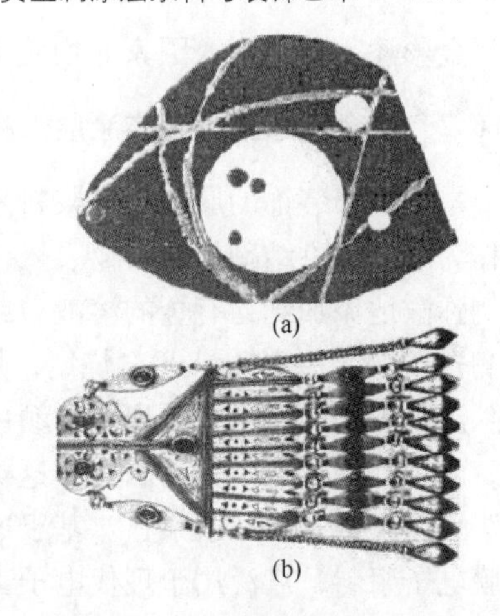

图 12-7　局部嵌镶汞齐然后着色得到的装饰品

（a）金汞齐装饰青铜饰品，线条为金汞齐装饰；（b）在银板上局部嵌镶贱金属汞齐然后着色得到的装饰品

12.6　贵金属涂层浆料与装饰艺术

12.6.1　中国泥金彩漆

采用含有贵金属粉末或碎屑的涂料作为陶器、瓷器、木器、书画等的装饰材料有悠久的历史。中国古人最早制备得金箔、金叶和金粉，并将它们同漆调和用于装饰木质器具、丝绸和书画等艺术品[2,4]。泥金彩漆就是流传至今具有中国特色的金色颜料。

广义地说，泥金是采用金粉、金箔或麸金与某种黏结剂混合调制而成的泥、膏或黏稠状液体。泥状或膏状的“泥金”用手工或模具做成所需要的形状，再经干燥和固化成型，做成金色饰品，这种制造过程属于粉末冶金方法（详见第 14 章）。按《辞海》定义，黏稠状态泥金是采用金箔与胶水制成的金色颜料，有青、赤两种。中国古代和民间，泥金是以生漆和金箔为主要原料调和而成的。

泥金彩漆是我国江浙一带的传统颜料，是泥金和彩漆相结合而成的。泥金彩漆器具有悠久的历史，据《浙江通志》记载，唐代高僧鉴真出使日本，就从宁波带去用泥金彩漆装饰的佛像、生活用具及其他漆饰品。大明宣德年间，宁波泥金彩漆和描金漆器就已久负盛名；明清至民国年间，泥金彩漆远涉重洋输往域外。现在，许多民间艺人仍然坚守这一民间绝技，吸取传统工艺精髓，进一步改良工艺配方和制作工艺流程，创造和制作了许多优秀泥金彩漆作品，在国内外展览备受赞誉。

泥金彩漆可用于书画和器具髹漆等方面。古代，泥金彩漆常用于书写泥金帖子以报喜事，如“新进士才及第，以泥金书帖子，附家书中，用以报登科之喜”(王仁裕《开元天宝逸事 · 泥金帖子》)。运用漆工艺技法绘制的泥金彩漆书画作品，早期多画在家具上，20 世纪 60 年代后发展成独立的造型艺术漆画，色彩艳丽光亮，是珍贵的工艺美术品，2009

年泥金彩漆工艺已列入国家非物质文化传统手工技艺类遗产名录。

12.6.2　贵金属厚膜型装饰涂层浆料

早年用于装饰的厚膜涂层浆料是采用金箔机械破碎法或化学还原法制备金粉，然后添加作为溶剂和黏结剂的硝酸铋、氧化硼或松节油等化合物构成的混合物，或将金粉按一定比例弥散地添加到含有金的溶液中或者天然树脂溶液中形成的混合物。将这类混合物涂刷在陶瓷器上，在400～800℃烧结，烧成后涂料失去光泽，再用玛瑙粉或其他柔和磨料抛光消除涂料表面的暗色，再现金的颜色和光泽，称为抛光金。这种抛光金膜较厚，用金量较多，耐磨和使用寿命长。因此，这类抛光金主要用于高档艺术装饰品[4,6,20]。同样的制备方法也用于银和铂厚膜浆料。基于这类早期的厚膜装饰涂层浆料，至今已逐渐发展了多种厚膜电子浆料，广泛用于现代电子工业的各种元器件中，当然它们也用作装饰涂料。现代的烧结型厚膜浆料的一般制备工艺流程如图12-8所示。

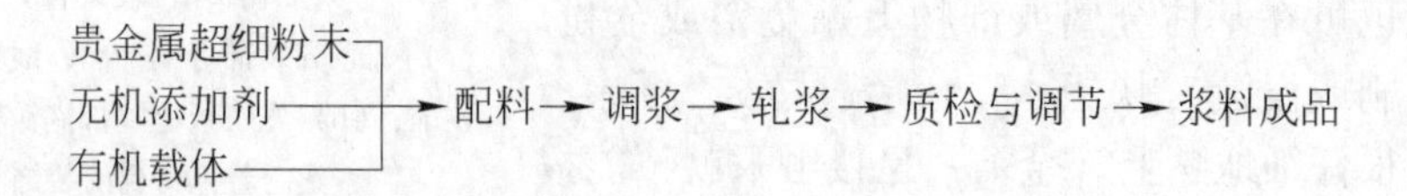

图12-8　烧结型厚膜浆料的一般制备工艺流程

12.6.3　贵金属薄膜型装饰涂层浆料

12.6.3.1　早期的贵金属涂料和装饰

17世纪，欧洲的化学家们采用化学还原法制造贵金属粉末。18世纪初至19世纪初的百年间，他们发明了膏状的银、金涂料以及涂层的方法，并将这些涂料施加在瓷器、陶器和玻璃上制备成彩色绚丽的装饰性艺术品。图12-9[20]所示为18世纪英国制造的以Au涂料装饰的瓷盘和陶器，是早期高质量金涂层装饰品。鉴于铂具有耐高温和不晦暗变色的特性，加之那个时代铂价格比银便宜，一些艺术工匠在陶器上施加Pt涂料以模仿“银光泽”。19世纪上半叶，具有银色光泽的铂涂料广泛用于各种陶瓷器具，包括瓷器艺术人像、陶制茶壶、咖啡壶、糖缸、奶油缸等。图12-10[21]所示为那个时期具有“银色光泽”

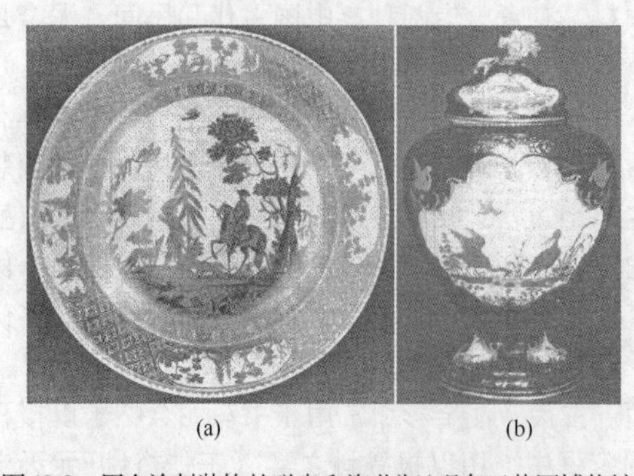

(a)　(b)

图12-9　用金涂料装饰的磁盘和瓷花瓶(现存于英国博物馆)
(a) 1730年制造的金涂料装饰磁盘；(b) 1750年制造用厚金涂料装饰的蓝色花瓶，金涂层显示柔和黄色色调

(a)　(b)

图12-10　18～19世纪制备用铂涂料装饰的陶制咖啡壶(a)和装饰柱(b)(白色部分为铂涂层，现存于伦敦阿贝特博物馆)

的铂涂料陶瓷艺术品。

12.6.3.2 “金水”、“银水”和液态亮铂涂料

1827年，德国人库恩发明了称为“釉金”的液态亮金，俗称金水。它是一种在萜烯型溶剂中的Au有机硫化物，浓度通常为4%～25%，为褐色黏稠性液体。将这种金水涂到瓷器上，烧成后得到极薄的精美金膜。金水很快在欧洲一些国家获得专利和应用，同时它的配方也移植到银和铂，先后产生了液态亮银（俗称“银水”）和液态亮铂[20,21]。

金水的基本制作方法如下：在一种香精油如薰衣草油中添加硫，反应后可得到一种称之为硫化香脂的萜烯硫化物。将这种化合物与氯金酸溶液混合，反应后得到萜烯金硫化物（Au-S-R，R＝萜烯），即液态亮金（金水）。金水可溶于萜烯，因而其黏度可控制。将金水施加于瓷器与玻璃器皿表面，干燥后金烧成在饰品基体上。金水在约300℃分解，在450～750℃形成薄金膜。低温烧成的金膜对瓷器与玻璃的黏附强度较弱，而在500℃以上温度烧成的金膜会出现明显的团聚，使金膜失去镜面光泽。金水的配方后来得到很多改进。向金水中添加Bi、Cr、Co、V及其他金属的树脂酸盐可以增大金膜的黏合能力。若添加树脂酸盐铑或萜烯铑硫化物，由于形成Rh_2O_3可以防止金膜表面过分簇聚，从而保持金膜镜面光泽，且这种金水可以经受高温烧结[6,20～23]。

12.6.3.3 贵金属的树脂酸盐薄膜浆料

基于早期液态亮金的配方，历史上曾发展了一系列基于油可溶的硫键合的贵金属配合物，现代发展了基于金属的树脂酸盐的各种浆料。金属的树脂酸盐是一些长链的有机分子与金属原子形成的配合物，主要类型有醇盐、硫醇盐、羧酸盐等[23～25]。在金属树脂酸盐中，金属有机配合物通过碳原子与金属离子相连，其中心原子可以是贵金属，也可以是贱金属。当中心原子是贵金属时，则称为贵金属树脂酸盐。贵金属树脂酸盐浆料的主要组成有主体贵金属有机配合物、用作改性剂的添加剂金属有机配合物、树脂、助溶剂和载体。将贵金属和添加剂金属的有机配合物溶解在有机溶剂中形成真溶液，调整溶液黏度到适当的流变形态——液状或膏状，就制得了贵金属的树脂酸盐浆料（见图12-11[5]）。将贵金属的树脂酸盐浆料涂敷于陶瓷基体上，经300～500℃加热，贵金属有机配合物分解形成贵金属涂层，贱金属有机配合物分解形成具有黏合和改性作用的氧化物。

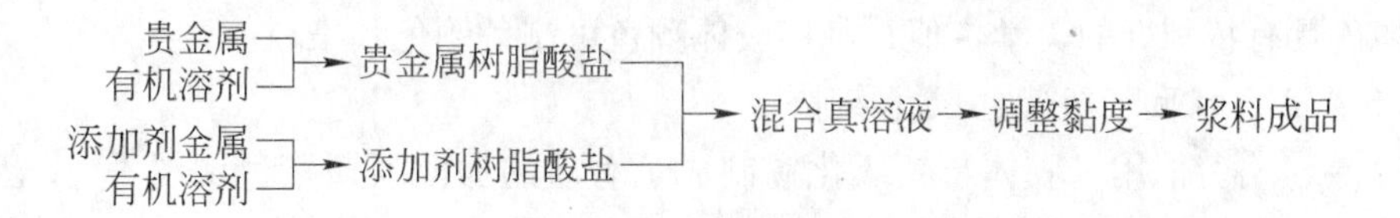

图12-11 贵金属的树脂酸盐浆料的制备流程

与粉体厚膜浆料比较，树脂酸盐浆料具有明显优点：电性能好，稳定性高；烧结温度低，烧结膜纯度和致密性高，与基体附着力大，几乎与所有陶瓷相兼容。它不含任何固体颗粒，可以形成厚度仅50～200nm的薄膜，相同质量的树脂酸盐浆料比粉体厚膜浆料的涂覆面积大5～10倍，因而贵金属用量少，浆料成本低。它的分散性好，使用方便，可采用刷涂、滚筒涂、喷涂、喷绘和丝网印刷等方法使用，可以实现机械化生产。若在树脂酸盐浆料加入光敏剂，还可采用光刻技术制作其线宽仅25μm和具有高分辨率的多层混合集成电路和其他任意精细图形。因此，贵金属树脂酸盐浆料是当代最重要的电子工业浆料，主

要用于制造电子元器件，也用作装饰性涂层。图 12-12[23] 所示为金-硫醇盐浆料涂层在瓷器上的装饰效果。图 12-13[20] 所示为采用机械化方法将现代改进的液态亮金浆料涂层在瓷盘上的过程：一种含有合成树脂和蜡的液态亮金浆料通过一个加热容器送到瓷盘上并按设计方案绘成花鸟图案，然后立即干燥和烧成形成金色图案。贵金属涂层材料用于陶瓷器着色与装饰可分为底涂层和外涂层两类，前者施于未烧成和未上釉的器件上，然后被烧成；后者施于瓷器的上釉表面，然后在较低温烧成。

图 12-12　金-硫醇盐浆料涂层在瓷器上的装饰效果

图 12-13　采用机械化方法将现代改进的液态亮金浆料涂层在瓷盘上的过程

12.6.4 贵金属胶体涂层材料

12.6.4.1　贵金属胶体制备

在陶瓷器表面和珐琅瓷上着色涉及许多金属氧化物和化合物，制备从粉红色到栗色各种高质量珐琅瓷可以采用贵金属胶体。粒径在 1 ~ 100nm 之间的微粒分散体系称为胶体，按其分散剂的状态可分为气溶胶、液溶胶和固溶胶。贵金属胶体的制备方法主要有两种：一是采用电弧在液体介质中分散贵金属到胶体颗粒；二是采用适当还原剂使贵金属盐还原得到分散的胶体。贵金属胶体颜色与其颗粒尺寸和絮凝状态有关，也与其制备方法和采用的还原剂有关。在采用法拉第法制备 Au 溶胶过程中，胶体的颜色可从褐色改变到紫色，粒径在 5 ~ 6nm 时为红色。用柠檬酸法制备 Au 胶，粒径 15nm 时胶体呈红色[4,5]。贵金属胶体的颜色具有特别好的美学价值，利用胶体颜色可制备颜色和染料。

12.6.4.2　加西阿斯紫色胶体颜料

1659 年，格劳伯用金胶体与氢氧化锡制成了著名的加西阿斯紫色颜料[26]，至今这种基于金胶体的紫色颜料仍用于制备彩色珐琅瓷。现代制备方法为：第一步制备金溶胶并控制其尺寸：原则上是添加氯化亚锡（$SnCl_2$）溶液到氯金酸中形成 Au 胶体，其反应为 $2Au^{3+} + 3Sn^{2+} = 2Au^0 + 3Sn^{4+}$，但在实际操作中多采用二价和四价锡的混合物。通过改变还原剂和还原方法及控制过程参数可以改变 Au 胶颗粒尺寸，得到蓝色、紫色、粉红色和其他各种颜色，而加西阿斯紫色的最佳 Au 胶颗粒尺寸是 10 ~ 15nm，更大颗粒尺寸产生蓝色珐琅。影响 Au 胶颗粒尺寸的主要的因素是反应温度、浓度、搅拌和微量离子的存在。第二步制备加西阿斯紫色颜料粉末，使具有最佳颗粒尺寸的金胶体沉积在氧化锡上得到稳定的 Au 溶胶，然后絮凝；絮凝物脱水，再与溶剂一起研磨；再经过过滤、干燥、焙烧等一系列工序。仔细控制每一工序的操作条件，可以制备优美彩色和优质胶体颜料。将金胶体与金水混合并添加某些微量元素也可以生产红色与蓝色染料。金胶体珐琅颜料有非常广泛的应用，可以用喷、涂、刷、丝网印刷等方法使用。如将金胶体颜料用丝网印刷在回火玻璃上制造网格线间距约1.5mm的Au线涂层网格，可用作汽车的天窗。网格形状的薄金膜可以反射阳光，产生与彩色玻璃不同的装饰与反射效果[4,26]。

12.6.4.3 固态金溶胶

在玻璃原料中加入金盐，同时加入多价金属如Sn、Sb、Bi、Pb、Se、Te、Ce等或其氧化物，在熔化过程中这些多价金属作为还原剂使Au从其离子态还原和形核，通过扩散长大形成8nm或更大的Au粒子弥散分布在玻璃中，形成固态Au溶胶。这种玻璃在冷却、或在600~700℃再加热、或经受X射线或紫外线等短波辐照时，视Au胶颗粒尺寸及其分布状态，玻璃可呈宝石红色或其他颜色，具有极好的装饰效果[27]。

12.7 贵金属感光材料与照相术

利用贵金属盐的光敏特性，将这些盐涂覆在片基（玻璃、纸或其他支撑物）上，制成各种感光材料，在光照及显影后贵金属还原并沉积，形成照片。

12.7.1 银盐感光材料与照相术

银盐感光材料是以卤化银（以溴化银为主，含氯化银与碘化银）为光敏物质，它以微晶形式分散于明胶介质中形成乳剂，并将其涂布在透明片基或不透明纸基支持体上经物理和化学处理而形成的精细化工产品。它在各种射线作用下能迅速发生光化学变化并形成稳定、真实和持久保持的光学影像。卤化银光敏乳剂采用沉淀法制备：以明胶为保护胶体，将可溶的银盐（通常是硝酸银）与可溶碱金属卤化物（如溴化钾、氯化钠等）混合，胶体物质吸附新形成的卤化银晶体并分散悬浮在溶液中。当混合过程迅速完成而无过量Ag或卤化物离子时，可以获得数目巨大感光晶体，1mol溴化银可形成约10^{18}个感光晶体，其平均直径约40nm。卤化银感光材料在曝光过程中形成影像，带有潜像中心的卤化银颗粒在显影剂中被还原并形成Ag像，显影剂通常使用硫酸对甲氨基苯酚碱性溶液；在定影过程中，未显影的剩余卤化银被溶解；最后显影的银像可以被有意地修饰或自发变化，获得本色为黑色的银像。

在卤化银乳剂中还可以添加极微量（10^{-6}级）的其他贵金属元素的盐类：如添加金盐作为敏化增强剂、添加铑盐作为反差增强剂、添加钌盐作为显影加速剂、添加Au、Pt作为调色剂等。虽然这些添加元素的含量很低，但在照相材料的制造中起很重要的作用。如在处理黑色银像时，采用Au、Pt调色剂可将Au或Pt的色泽施加到照片上，可以使银像照片永久保存，并赋予照片特别的观赏价值。

彩色胶片是在底层基片上叠加几层不同的感光乳剂制成，每层乳剂中均含有卤化银。最上面的一层乳剂是蓝光记录层，它能感受蓝光和紫光。第二层乳剂先用洋红色染料处理，它能吸收和记录绿光，并能使卤化银微粒感光，使该层乳剂既能感绿光又能感受蓝光和紫光。在第一层与第二层乳剂之间还夹有一层含有黄色染料的黄色滤光层，曝光时它能阻止蓝光和紫光透入以下各层，又称为蓝光吸收过滤层。第三层乳剂预先用能吸收红光的蓝色染料处理，使之既能感受红光又能感受蓝光与紫光而不感受绿光。彩色胶片曝光时，上层乳剂感蓝光，中层乳剂感绿光，底层乳剂感红光，从而得到色彩丰富的彩色照片[2,6]。

卤化银盐感光材料的应用已有大约两个世纪的历史，用它制造了大量的感光胶片和照片，不仅满足和促进了工农业、国防业、医学业、影视业和装饰业的发展，美化与装饰了人们的生活，也创作了大量具有历史意义的艺术照片和装饰照片。据统计，2002 年世界影视业年用银量为 6353t，占世界制造业用银量约 24.7%。今天，随着电子成像、数字化成像、无接触印刷等新技术的发展以及电视和其他娱乐业对电影业的冲击，使银盐感光材料产业受到极大冲击，2011 年世界影视业年用银量为 2046t，占世界制造业用银量约 7.5%[2]。

12.7.2　铂族金属感光材料与照相术

在 1804 年德国科学家阿道夫 · 斐迪南 · 格伦首先报道了铂盐、钯盐具有光敏性，他发现溶解在乙醚和乙醇混合物中的铂（或钯）氯化物经光照分解。约在 20 世纪初，英国开始将铂、钯盐的光敏性用于照相术，在第一次世界大战期间和以后一段时间内，铂盐照相术未继续发展。20 世纪 80 年代以后，这项技术又被恢复。2005 年，狄克 · 阿伦兹[28,29]再版了他的著作《Photography in Platinum and Palladium》，详细阐述了铂、钯照相术的历史和技术。

在照相术中应用铂盐或钯盐的原理和方法如下：将光敏材料，通常是 Fe(Ⅲ)草酸配合物，在紫外光环境中被光化学还原为相应的 Fe(Ⅱ)配合物，其反应为：

$$2[Fe(C_2O_4)_3]^{3-} \longrightarrow 2[Fe(C_2O_4)_2]^{2-} + C_2O_4^{2-} + 2CO_2$$

Fe(Ⅱ)配合物是还原剂，可以容易地还原 Pt、Pd 和 Au 的相应化合物。如果采用活泼的铂族金属配合物，就能够在短时间内显现金属图像，其反应为：

$$PtCl_4^{2-} + 2[Fe(C_2O_4)_2]^{2-} + 2C_2O_4^{2-} \longrightarrow Pt^0\downarrow + 2[Fe(C_2O_4)_3]^{3-} + 4Cl^-$$

为了成功地制备影像和印刷品，要选择具有良好吸收性的高 α 纤维素相纸，将含有 Fe(Ⅲ)配合物和作为敏化剂的 Pt 盐、Pd 盐或 Pt/Pd 混合物盐的溶液仔细地涂敷在相纸上后干燥。相纸曝光后，Fe(Ⅲ)配合物转变为 Fe(Ⅱ)配合物并使 Pt 盐或 Pd 盐还原成像。在显影过程中，水起着重要作用。如果相纸的环境湿度到达 80%，在曝光后直接显示图像而不需要再显像，因为这样的湿度可使相纸含有约 10% H_2O，足以使敏化剂离子快速运动和迁移，当 Fe(Ⅱ)离子曝露在适当波长的紫外光时就能立即与 Pt 或 Pd 离子接触并使之还原为金属。当环境湿度低于 50% 时，相纸吸附的水不足，则要求增加适当的显影步骤。

显影的铂像呈灰黑色，是典型的冷显色铂黑图像。图 12-14[28]所示为在 20 世纪初英

(a)　　(b)

图 12-14　100 年前的铂盐感光照片

（a）英国“威尔逊大教堂”；（b）“英格兰诺福克郡风光”

国拍摄的两幅铂盐感光黑白照片，感光部位呈铂黑图像，黑白反差十分清晰。铂照片可以采用树胶重铬酸盐着色处理，其方法是[29]：首先制备阿拉伯胶水溶液，它用作黏结剂，与所选择的颜料混合；然后将阿拉伯胶与可溶的重铬酸盐混合，再涂刷到照片上；将此照片曝光，Cr(Ⅵ)经光化学还原为Cr(Ⅲ)，它与树胶的大分子结构通过交联耦合反应使树胶变硬和不溶解，并在曝光部位捕集到适当比例的颜料，过量的着色树胶可用水洗脱。这个过程可以采用不同颜料重复进行，使铂照片的色调和光泽变得丰富。图12-15[29]所示的“池塘月色”照片就是经过了含有不同颜色颜料的树胶重铬酸盐多重处理后得到的彩色照片。图12-16[28]所示为钯盐感光和显影的照片，钯像的本征特色是黄褐色。如果将铂盐和钯盐感光剂混合使用，还可以获得色彩更丰富的照片。这种照相技术还可以施加到瓷器和玻璃上，制成精美的装饰品和艺术品。可以看出，这些黑白或彩色铂像和钯像照片显影十分细腻，其美学视觉效果不亚于黑白或彩色银像照片。

图12-15 经过了多重树胶重铬酸盐处理的铂照片——“池塘月色”(Edward Steichen,1904年摄)

图12-16 呈黄褐色本征特色的钯盐显影的照片

早年拍摄的铂或钯照片现在都成为珍贵的收藏品，多次在国际照片艺术展览会上展出或拍卖。如“池塘月色”照片在2006年2月纽约的一次拍卖会上以292.8万美元卖出，创造了艺术照片最高拍卖价格[29]。因为铂盐和钯盐照相术中未使用银感光材料中常用的诸如明胶类的有机材料，因此铂像和钯像照片不会产生真菌，也没有银照片易硫化使照片发黑的缺点。铂像和钯像照片不仅图像清晰，性能稳定，而且弥足珍贵，是照相术艺园中的一朵奇葩。

12.8 金箔与贴金装饰技术

面心立方贵金属Au、Ag、Pt、Pd具有高延展性，在合适工艺条件下都可加工成尺度达微米或纳米级箔材。贵金属箔材是重要的装饰性复层材料，尤其金箔应用历史悠久。

12.8.1 纯金箔与开金箔

纯金很软，在所有金属中，Au具有最高延展性，可直接加工到厚度达0.1~0.2μm箔材。为了增加金箔的强度，可添加Ag、Cu、Co、Ni、Pt、Fe等强化元素，以此发展了一系列开金箔材，主要有从23K至16K开金箔材。23K和22K金箔仅含有微量合金化元素，对开金的颜色影响较小，因此都显示纯金箔的金黄色，不氧化，不需要保护，但仍很软，应避免摩擦。纯金和高开金箔材可以制作成金叶和箔片使用。箔片金常称为窗户金，因为常用作商店、银行等建筑物窗户的贴金装饰和金标志。由于Ag加入Au中具有淡化金的黄色和漂白的作用，以 Ag 合金化的 18K 金箔为柠檬黄色，也称为淡色金箔或绿金箔。含 Ag 量更高的 16K 金箔呈更淡的柠檬黄色，被称为白色金箔。纯银也可以制造成箔材。纯银箔和含高 Ag 的金箔在大气环境中有随时间而变晦暗的倾向，需要用干净的涂有腊克漆膜的纸包封保护。铂和钯也可制成箔材，呈白色，不氧化，不需要保护。

12.8.2 金箔制造

人类制造金箔有悠久的历史。我国在夏商时代已掌握了制造金箔和贴金技术，在殷墟殷墓出土文物中发现了小件黄金饰物，有金片、金箔和贴金虎形饰物等，金箔的厚度仅 0.01mm ± 0.001mm[4]。古埃及人在公元前 1600 年也掌握了金箔制造技术[1]。

金箔制造是通过反复“打金”将金锭减薄至箔而成，在古代和民间采用手工打击，现代采用了许多机械加工手段可以缩短加工时间，但基本工艺路线相同。有许多文献记载了金箔制造过程。陈允敦等人考察了中国民间传统金箔制造工艺，其流程大体如图12-17[4,30]所示。

配料熔铸 → 压延成坯 → 打坯 → 旦研 → 打开 → 装开 → 打四 → 出匱 → 切金 → 产品包装

图 12-17 我国民间传统金箔制造工艺流程

按照图 12-17 所示的工艺，我国闽地生成的传统金箔产品按成色分为顶红（成色 97%）和顶赤（成色 79%）两种，规格尺寸有 8 连（约 3.25cm × 3.25cm，即 1 方寸）和 16 连（约 4.45cm × 4.45cm，即 1.5 方寸）两种，厚约 0.12μm。世界上许多国家和地区民间现在仍采用传统方法生产金箔，但一些专业公司则采用先进的设备与技术生产金箔，并制定了相应的金箔标准。美国金箔的标准尺寸是 85mm × 85mm，欧洲金箔的标准尺寸是 80mm × 80mm[1]。中国南京金箔（集团）公司是中国最大的金箔生产基地，它采用了先进的生产技术使传统的金箔制作进入到现代化生产，所生产的“金陵”牌金箔为国家质量金奖产品，产量占全国 70%，其中 70% 出口[4]。

12.8.3 金箔装饰

传统的金箔装饰有多种形式：

（1）贴金。贴金是以漆作为黏结剂，将金箔贴于饰物上，漆干后，金箔千年不脱。贴金也可以采用“快银水”（硝酸汞溶液）作为黏结剂，在基体上首先涂刷或浸渍“快银水”，清洗去酸，再涂覆汞，将金箔仔细地贴上，加热蒸发汞，便得到黏附牢靠的金箔层。在贴金应用中，要选择无接缝、无补丁、无针孔、无瑕疵的均匀光亮箔片。我国商周时期就已掌握贴金工艺，隋唐以后，佛教兴起，寺庙建筑和佛像大量使用金箔贴金装饰，帝王陵殿也采用贴金装饰，如清东陵慈禧的陵殿用贴金装饰，用金量达 143.5kg。

（2）包金。包金工艺是将饰物洗净、烘干，再将金箔覆上，取干净棉花按紧金箔，使金箔与饰物密贴，然后在炉火上微烘烤，金箔则紧贴于饰物表面。包金与贴金工艺相似，主要用于各种装饰品和工艺品，我国在商周时期已有包金很薄和均匀的铜器。

（3）髹金。在还没有发明还原法制造金粉之前，古人用金箔研磨成碎箔或粉，和于漆液，然后施于佛像或漆器上，也可用笔蘸后书写绘画，古时称为“髹金”。

(4) 洒金。洒金是将碎金箔喷洒在妇女衣物或鬓发上，以增强熠熠生辉闪烁的动态装饰，常用于妇女化妆或舞台演出。唐代温庭筠在《菩萨蛮》词中有“小山重叠金明灭，鬓云欲度香腮雪”的佳句，描写的就是发髻上的金箔铺饰。也可在纸、布上喷洒柿汁等无色干性黏结剂，再洒以碎金箔，即成泥金纸（布），称为金花版。

(5) 丝绸金饰。中国丝绸工艺高超绝伦，丝绸服饰和工艺品风靡世界，丝绸金饰也是我国的独门技艺。在陕西扶风法门寺出土的唐代各式绫、罗、纱、绢、锦、绣中，印花贴金、洒金敷彩、捻金织金等品种无所不包，其中的贴金、洒金就是用碎金箔制成。明代更将金箔制成金丝带，丝宽仅 0.3mm[4]，用于“红地穿枝花卉纹织丝绸”（现收藏在故宫博物院）。这些都显示了我国灿烂的丝绸金饰文化。

金箔装饰长盛不衰，今日社会，各种金箔装饰品比比皆是，大至名人塑像、佛祖菩萨、庙宇宫殿、著名建筑、牌坊彩楼等采用贴金装饰，小至各种贴金、包金、洒金和鎏金首饰品、工艺品、纪念品、霓虹灯、店名招牌、旅游产品和其他各种装饰装潢等，琳琅满目，装饰效果金碧辉煌，永不褪色。

图 12-18 所示为耸立在昆明世博园世纪广场的“世纪宝鼎”，它由青铜浇铸而成，外贴金箔，鼎重 28t，净高 2.86m，是云南迄今最大最重之宝鼎，是昆明的象征。

图 12-18 昆明世博园世纪广场的铜胎贴金“世纪宝鼎”

参 考 文 献

[1] UNTRACHT O. Jewelry Concepts and Technology[M]. New York: Doubleday & Company, Inc., 1982.

[2] 宁远涛，赵怀志. 银[M]. 长沙：中南大学出版社，2005.

[3] CRETU C, VAN DER LINGEN E. Coloured gold alloys[J]. Gold Bulletin, 1999, 32(4): 115～126.

[4] 赵怀志，宁远涛. 金[M]. 长沙：中南大学出版社，2003.

[5] 宁远涛，杨正芬，文飞. 铂[M]. 北京：冶金工业出版社，2010.

[6] BENNER L S, SUAUKI T, MEGURO K, et al. Precious Metals Science and Technology[M]. Austin in USA: The International Precious Metals Institute, 1991.

[7]《电镀手册》编写组. 电镀手册（上册）[M]. 北京：国防工业出版社，1977.

[8] ZIELONKA A R. Improved wear resistance with electroplated gold containing diamond dispersions [J]. Gold Technology, 1995(16): 16～20.

[9] 屠振密. 电镀合金原理工艺[M]. 北京：国防工业出版社，1993.

[10] 郭珊云，周光月，陈志全，等. 金合金电镀的发展[J]. 贵金属，1999，20(1): 53～57.

[11] МАЛЫШЕВ В М. Эолото[М]. 李安国，刘润修，刘鹤德，译. Москва, Металлугия, 1979.

[12] BAUMGÄRTNER M E, RAUB C J. The electrodeposition of platinum and platinum alloys [J]. Platinum Metals Rev., 1988, 32(4): 188～197.

[13] SKINNER P E. Improvement in platinum plating [J]. Platinum Metals Rev., 1989, 33(3): 102～105.

[14] SIMON F. Deposition of gold without external current source[J]. Gold Bulletin, 1993, 26(1): 14～23.

[15] STEINMETZ P. Electroless deposition of pure nickel, palladium and platinum [J]. Surface and Coatings Technology, 1990, 43144: 500～510.

[16] RAO Z, CHONG E K, ERSON N L, et al. Electroless platinum deposition for medical implants[J].

J. Mater. Sci. Lett. , 1998, 17(4): 303 ~ 305.

[17] 徐滨士，刘世参. 中国材料工程大典（第 6 卷），材料表面工程[M]. 北京：化学工业出版社，2006.

[18] RUBEZHOV A Z. Platinum group organometallics—coating for electronics and related uses [J]. Platinum Metals Rev. , 1992, 36(1): 26 ~ 33.

[19] 王瞻. 法门寺[M]. 西安：西北大学出版社，1993.

[20] HUNT L B. Gold in the pottery industry[J]. Gold Bulletin, 1979, 12(3): 116 ~ 127.

[21] HUNT L B. Platinum in the decoration of porcelain and pottery [J]. Platinum Metals Review, 1978, 22 (4): 138 ~ 148.

[22] PAPAZIAN A N. The products and their applications[J]. Gold Bulletin, 1982, 15(3): 245 ~ 261.

[23] BISHOP P T. The use of gold mercaptides for decorative precious metal applications [J]. Gold Bulletin, 2002, 35(3): 89 ~ 98.

[24] KERRIDGE F E. Platinum and Palladium Metallising Preparation [J]. Platinum Metals Rev. , 1965, 9 (1):2 ~ 6.

[25] 李东亮. 银、金、铂的性质及其应用[M]. 北京：高等教育出版社，1998.

[26] CARBERT J. Gold-based enamel colours [J]. Gold Bulletin, 1980, 13(4): 144 ~ 150.

[27] WISE E M. Gold Recovery, Properties and Application [M]. Princeton N J: D. Van Nostrand Company, Inc. , 1964.

[28] WARE M. Photography in platinum and palladium [J]. Platinum Metals Review, 2005, 49 (4): 190 ~ 195.

[29] WARE M. Platinotype sets record price for photographs[J]. Platinum Metals Review, 2006, 50(2): 78 ~ 80.

[30] 陈允敦，李国清. 传统薄金工艺及其中外交流[J]. 自然科学研究，1986, 5(3): 256 ~ 265.

13 贵金属珠宝饰品的伴侣材料

现代珠宝饰品是一切天然的和人造的具有美学价值的材料按设计要求组装在一起的装饰艺术制品。贵金属珠宝饰品实质上是由贵金属和各种宝石或其他具有美学价值的稳定材料制作的用于人体与其环境装饰的艺术品，其中贵金属既是珠宝饰品的主要组成部分，也是珠宝材料的载体和支撑材料。自古以来，宝石作为贵金属珠宝饰品的伴侣一直相伴至今。贵金属与珠宝相辅相成，不仅创造了更加完美和更具美学特性的贵金属珠宝首饰和工艺品，发展了丰富多彩珠宝饰品文化艺术，还赋予珠宝饰品创新设计的无限空间，提升了珠宝饰品的商品价值和艺术价值。图 13-1[1] 所示为几款贵金属与各种珠宝组成的装饰品。

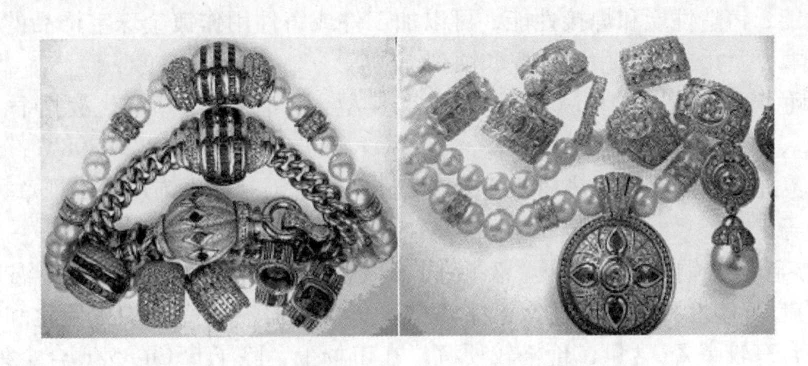

图 13-1　几款贵金属与各种珠宝组成的装饰品

13.1　非贵金属与合金饰品材料

非贵金属有色金属与合金主要包括铜与铜合金、镍与镍合金、锡与锡合金以及钛与钛合金。这些金属既是贵金属饰品合金的常用合金化元素，其合金也是贵金属珠宝饰品的常用伴侣材料，同时其自身也用作珠宝材料的载体和支撑材料。在珠宝市场上有时会发现以非贵金属合金饰品替代或冒充贵金属合金珠宝饰品。因此，消费者有必要了解一些主要的非贵金属合金饰品材料的特性。

13.1.1　铜与铜合金

13.1.1.1　铜（Cu）

Cu 的基本特性如下：原子序数：29；相对原子质量：63.546；密度：8.92g/cm^3；熔点：1083℃；沸点：2595℃；硬度：莫氏硬度 3.0。

纯 Cu 呈紫红色，俗称紫铜。它具有良好的导电性、导热性和力学性能，容易加工并呈现加工硬化和退火软化，当表面干净或有焊剂存在时，Cu 容易焊接。Cu 是应用最广泛的工业金属和装饰金属。在珠宝饰品材料中，Cu 是贵金属合金最常用的强化剂和调色剂，

Cu 合金是贵金属珠宝饰品最常用伴侣材料，但某些 Cu 合金常会以贵金属仿制品出现于市场。

13.1.1.2 铜合金

A 黄铜

以 Zn 为主要合金元素的 Cu-Zn 合金称为简单黄铜，除 Zn 以外还添加其他元素的铜合金称复杂黄铜，并以第三组元冠名黄铜，如锡黄铜、铝黄铜、镍黄铜、硅黄铜等。按合金的结构，Zn 含量低于 36% 时称 α 黄铜，Zn 含量介于 36% ~46.5% 时称（α + β）黄铜，Zn 含量高于 46.5% 时称 β 黄铜，黄铜中 Zn 含量一般不超过 50%。α 黄铜具有好的冷加工性，后两种黄铜具有好的热加工性。黄铜具有类似金的黄色，俗称仿金黄铜或金色黄铜，适于装饰用途，常被做成仿金饰品，但它的密度和耐蚀性远低于金，因而容易辨别。具体介绍如下：

（1）镀金铜 95Cu-5Zn。液相-固相线温度：1065 ~1050℃；铸造温度：1275 ~1300℃；热加工温度：750 ~875℃；退火温度：425 ~800℃。镀金铜合金具有好的热加工性能和优良冷加工性能、铸造性能和焊接性能，可以加工件或铸件用作镀金珠宝饰品的基体材料，适于制造证章、货币或纪念币、搪瓷和蚀刻饰物等。

（2）金色黄铜(80 ~88)Cu-(20 ~12)Zn。典型合金有 85Cu-15Zn，液相-固相线温度：1026 ~987℃；熔炼与铸造温度：1200 ~1255℃；热加工温度：787 ~898℃；退火温度：426 ~732℃。此合金具有好的热加工和冷加工性能，适于制造服饰用品、证章、环形饰物和蚀刻饰物等。

（3）仿金色黄铜 65Cu-35Zn。液相-固相线温度：932 ~904℃；退火温度：704 ~815℃。具有良好塑性和可加工性，压缩率可达 90%，具有较高的加工硬化和强化效应。这类黄铜因含有较高 Zn 含量，价格较便宜。在市场上，除了 65Cu-35Zn 合金外，还有许多添加了其他组元构成的仿金合金，具有似金的黄色，适于制造仿金装饰品，也适于做金汞齐化涂层基体。

B 白铜

Cu-Ni 二元合金称为简单白铜，一般含 Ni10% ~30%（质量分数），含少量其他元素的白铜称复杂白铜，如锌白铜、铝白铜、锰白铜等。锌白铜具有优良的加工性和焊接性、较高强度和良好的弹性以及耐腐蚀性。常用锌白铜有 65Cu-15Ni-20Zn、65Cu-14Ni-19Zn-2Ag、63.2Cu-17Ni-28Zn-1.8Pb 等。它们常用作银基复合材料和镀银器具的基体。

（1）镍银 65Cu-18Ni-17Zn。液相线温度：1100℃；固相线温度：1071℃；退火温度：593 ~815℃。它呈蓝白色，具有优良的冷加工性和焊接性能，可制成板、带、片、棒和丝材。

（2）德银 65Cu-12Ni-23Zn。液相线温度：1037℃；固相线温度：998℃；退火温度：593 ~815℃。它呈类银白色，具有优良的冷加工性和焊接性能以及高的抗腐蚀性。

所谓“镍银”或“德银”并不含银，实质是锌白铜，随着 Ni 含量增加，抗腐蚀性增强，但其颜色偏离白色。它们因具有令人愉悦的似银白色或蓝白色和较优良的性能，常用作仿银或代银饰品，主要用于制造服装装饰、餐具和奖牌奖杯，也用作镀银基体。

C 青铜

除黄铜和白铜之外其余铜合金都称为青铜。青铜前常冠以主要合金元素的名称，如锡青铜、铍青铜、铝青铜、硅青铜等。青铜的力学性能优于黄铜与白铜，耐腐蚀性也优于黄铜但不如白铜。青铜中以铍青铜的综合性能最好，以锡青铜和铝青铜用量最大。青铜常用于铸造器具、制作弹性元件，也用作复合材料的基体。

13.1.1.3 中国铜饰艺术成就

铜是最早被人类使用的金属之一，约在6000年前，古人就知道了通过熔化、铸造和加工铜制造武器、容器、饰物等。我国殷代是青铜文化的鼎盛时期，从殷墟中出土了大量青铜器，如司母戊大方鼎、司母辛鼎、妇好长扁足方鼎等[2]，铸造工艺十分精细。铜自古以来就成为金银珠宝饰品的天然伴侣，我国古代创造了大量精美绝伦的镶嵌金银的铜工艺美术饰品，其中最为珍贵的是北京景泰蓝和云南乌铜走银饰品。景泰蓝实质是"铜胎嵌丝珐琅"，其中又以镶嵌金丝或银丝的"金地花丝"、"银地花丝"和"蓝地花丝"等花丝景泰蓝最为著名。乌铜实质上是由含有少量Au和其他微量元素的铜合金通过特殊热处理工艺制作而成，乌铜走金银就是在乌铜器具和制品表面錾刻花纹图案，然后填充银屑或金粉，经热处理和手工搓揉，在黑色的乌铜衬底上呈现出银白色或金黄色的纹饰装饰图案，以银饰为多，类似于鎏金和鎏银技术。

13.1.2 镍与镍合金

13.1.2.1 镍（Ni）

Ni的基本特性如下：原子序数：28；相对原子质量：58.69；密度：8.9g/cm^3；熔点：1453℃；沸点：2732℃；硬度：莫氏硬度3.5。

公元前很长的时期，我国先民在熔炼云南省的矿石时得到了一种含Ni的铜合金，称为"白铜"。它实际上是45Cu-30Ni-24Zn-1Fe合金，其组成类似于德银。1751年，瑞典矿物学家克龙斯特德[3]从矿石中分离出Ni，得到了一种新金属元素。

Ni是灰白色金属，具有延性，可锻，硬度较高，可以高度抛光。Ni具有较高的抗腐蚀和抗氧化性能，它能耐氟、碱、盐水和有机物的腐蚀。在室温潮湿空气中，镍表面形成致密氧化物膜，能阻止继续氧化。在含有二氧化硫、氨和氯的潮湿空气中，Ni会受到腐蚀。强硝酸和强碱能使镍表面钝化，从而提高抗腐蚀性。Ni具有铁磁性，其居里温度为357.6℃。Ni有广泛的工业应用。在装饰工业中，Ni用于电镀，Ni镀层有光泽和良好抗腐蚀性。在贵金属装饰材料中，Ni用作强化剂、漂白剂和贵金属电镀层的基体或中间扩散阻挡层等。

13.1.2.2 镍合金

Ni能与其他金属形成广泛的合金，主要有镍基高温合金、耐蚀合金、磁性合金和装饰合金。在装饰工业中，Ni与Cu形成的"白铜"合金，如上述镍银和德银用作装饰材料和造币材料；含有Fe、Mn的Ni-Cu合金即蒙乃尔合金用作贵金属复合或涂层材料的芯层和制作眼镜框架；Ni合金也用于贵金属镀层的基体材料。

13.1.3 锡与锡合金

13.1.3.1 锡（Sn）

Sn的基本特性如下：原子序数：50；相对原子质量：118.69；密度：7.29g/cm^3；熔点：231.9℃；沸点：2260℃；硬度：莫氏硬度1.8。

Sn 主要来自锡石（SnO_2），纯锡石含 78.6% Sn。Sn 有晶型转变，13.2℃以下为 α-Sn（灰锡），具有金刚石型晶体结构；13.2℃以上至熔点为 β-Sn（白锡），具有四方晶系晶体结构。当 β-Sn 转变为 α-Sn 时，金属锡块变为金属锡粉，这一现象被称为“锡疫”。纯 Sn 呈蓝白色并有似银的光泽，它的强度和硬度都很低，具有优良的加工性和铸造性。常温下，Sn 表面形成致密氧化膜，可防止继续氧化，可耐潮湿大气和弱有机酸腐蚀；高温下，Sn 迅速氧化并挥发。历史上 Sn 用于铜和青铜器具的涂层，也用作食品容器和酒具，镀锡薄板（马口铁）也用作食品包装材料。在贵金属装饰合金和钎焊合金中，Sn 常用作添加剂，用以降低合金熔点、调制合金性能、改善合金铸造性和流动性等。

13.1.3.2 锡合金

Sn 是锡青铜、钛合金、锆合金的合金化元素。Sn 与一些低熔点金属如铅、铋、锑、镉等形成一系列低熔点锡合金，具体介绍如下：

（1）锡锑合金 92Sn-8Sb，又称白色金属，其铸造温度 315 ~ 329℃，可在金属模中重力铸造，或在硫化橡胶模中离心铸造，铸件通常用作服装的饰品。它也可采用“空壳铸造法”制成中空铸件，即将熔融金属通过浇铸口浇注部分金属到模中，停歇几秒钟让外壳层凝固，再浇注剩余的金属，不待熔融金属完全凝固，倒出中间液态金属，便得到中空铸件。

（2）白镴合金，是含有少量其他金属的锡基合金，可以分为含铅合金和无铅合金。含铅白镴合金主要有(80 ~ 82)Sn-(20 ~ 18)Pb、85Sn-4Cu-7Sb-4Pb、83Sn-2Cu-7Sb-5Zn-3Pb 等。含铅白镴合金具有很好的加工性能和铸造性能，可以轧制成板材或铸造成大型系列铸件，无需中间退火可以继续加工；它们也有很好的焊接性能，可用低熔点 Sn-Pb-Bi 软焊料焊接。含铅白镴合金铸型可用于贵金属电铸成型的模具。无铅白镴合金主要是 Sn-Cu-Sb 系合金，如 Sn-(1 ~ 10)Cu-(4 ~ 9)Sb、80Sn-2Cu-6Sb-2Bi 等[2]。因为不含 Pb，这类合金无 Pb 污染，可以很好的抛光，主要用于制造酒具、茶具和食品容器。

13.1.4 钛与钛合金

13.1.4.1 钛（Ti）

Ti 的基本特性如下：原子序数：22；相对原子质量：47.88；密度：4.5g/cm^3；熔点：1675℃；沸点：3260℃。

纯 Ti 是银白色有光泽和无磁性的金属，可以抛光至更光亮。它是一种相对轻的金属，其密度约是金的1/5，约是斯特林银的1/2。它的强度相当于软钢（低碳钢），其硬度约是不锈钢的4倍。Ti 具有高熔点和好的抗腐蚀性，在低温的抗氧化性也优于不锈钢。所有这些特性决定了 Ti 适于制造相对轻而大的珠宝饰品。自20世纪70年代以后，Ti 在珠宝装饰业中的地位得到承认，应用得到推广，被人们称为“钛金饰品”。

Ti 具有较高的初始硬度和加工硬化率，大变形可使 Ti 变脆。加热至高温时，Ti 除了氧化以外还会吸收氧、氢和氮气，1200℃以上温度 Ti 会自燃。因此，Ti 最初的热加工（热锻、热轧）需在保护气氛中进行，退火需在保护气氛或高真空中进行。由于 Ti 硬度较高，制造珠宝饰品时手工加工（如钻孔）要以慢速仔细进行。

在贵金属珠宝饰品材料中，Ti 是时效型强化元素，是白色开金的弱漂白剂，也是 Au、Pt 与 Pd 饰品的合金化元素。990Au-Ti(Au-1Ti)是著名的时效硬化型高开金黄色合金，Pt-

5Ti 合金是 950Pt 商业饰品合金。

13.1.4.2 钛表面着色

Ti 可以通过氧化着色用于装饰目的。Ti 着色一般可以采用加热氧化法和电化学法。Ti 在室温就会氧化，在加热过程中随着温度升高，Ti 表面会出现一系列颜色（见表13-1[3]）。可以根据饰品颜色设计或对颜色的要求确定着色加热温度和时间，在着色处理之前，Ti 表面必须处理至化学干净。Ti 的电化学法着色是将表面化学干净的 Ti 电极浸渍到酸性电解液中通过电化学反应着色：当 Ti 浸渍到电解液中，经受不同电压时，金属 Ti 与氧反应，Ti 表面形成致密钛氧化物阳极膜。氧化膜的厚度和颜色与所施加的电压有关（见表13-1），电压越高，氧化膜越厚。这样，可以通过控制电压获得所要求的表面颜色。

表 13-1 Ti 加热着色和阳极化着色的颜色与加热温度和电压的关系

加热温度/℃	直流电压/V	氧化膜厚/μm	氧化膜颜色	加热温度/℃	直流电压/V	氧化膜厚/μm	氧化膜颜色
371	3~5	0.03	淡黄色	523	60	0.1075	绿金色
385	10	0.035	淡黄色	537	65	0.12	绿金色
398	15	0.04	褐色	551	70	0.13	玫瑰金色
412	20	0.046	紫色	565	75	0.14	红紫色
426	25	0.0527	蓝紫色	579	80	0.15	紫金色
440	30	0.06	深蓝色	593	85	0.16	暗紫色
454	35	0.063	中等蓝色	607	90	0.17	绿色
468	40	0.0658	淡蓝色	621	95	0.18	暗绿色
482	45	0.07	蓝绿色	635	100	0.19	褐灰色
496	50	0.0825	绿蓝色	648	110	0.20	不透明斑驳灰色
510	55	0.095	淡绿色				

在加热氧化法和电化学法着色过程中，所形成的氧化物以 TiO_2 最稳定、最致密和最黏附，它能耐各种腐蚀性介质腐蚀，当膜足够厚时，它的颜色可以保持永久而不变晦暗。

13.1.4.3 钛合金

Ti 有晶型转变，在 882℃以下温度为 α-Ti，高温为 β-Ti。因此，按平衡状态和亚稳定状态下的相组织，Ti 合金可以分为 α 型、近 α 型、α+β 型、近亚稳 β 型、亚稳定 β 型和稳定 β 型[4]。钛合金可以采用热加工工艺，它们的形变塑性按上述结构出现的次序逐渐变差，因此加热温度和时间应控制得当。按应用特性，钛合金有结构合金、热强合金、耐蚀合金和功能合金。钛合金在航空航天工业、电力工业、汽车工业、化工和海洋工程等领域有广泛应用。钛合金也可以用作装饰材料，所制造的饰品称为“钛金饰品”；钛合金也用作医用材料，用于制造人工关节或骨骼等。

13.1.4.4 氮化钛膜

氮化钛（TiN）是氮原子置于 Ti 晶格间隙形成的间隙化合物。TiN 膜可以采用化学气相沉积、溅射和离子镀等方法制备。化学气相沉积法以 $TiCl_4$ 为原料，反应温度 900~1100℃；离子镀 TiN 沉积温度约在 550℃以下。TiN 镀层通常含有 δ-TiN（面心立方）和 ε-Ti_2N（体心四方）两相共存，这两相的颜色和硬度相近[4]。TiN 呈金黄色，熔点约3000℃，硬度HV达到2000，比镀金层硬度高约100倍，因而耐磨性好，同时具有好的耐腐蚀性。由于这些特性，在工业上TiN作为高速钢和硬质合金的镀层用作刀具和耐磨工具。在珠宝和装饰工业，TiN膜用作仿金镀层，用于制作眼镜框架、表壳表带和其他高耐磨性装饰品。

13.1.5 不锈钢

不锈钢是一类含有Cr或Cr和Ni的合金钢，按其化学成分可以分为含Cr（12%或更高）和含Cr与Ni（如含18%Cr和8%Ni）不锈钢两大类。不锈钢在室温呈钢白色，具有良好的抗氧化和耐腐蚀性，在环境气氛中不氧化，耐硝酸、硫酸、尿素和海水的腐蚀，因为在不锈钢表面可以形成一层致密的$FeO \cdot Cr_2O_3$、$NiO \cdot Cr_2O_3$或$NiO \cdot Fe_2O_3$之类的氧化物保护膜[4]。大多数不锈钢具有好的加工性，可以进行热加工和冷加工成型；冷加工态不锈钢具有高的硬度和强度，但可以通过热处理软化和韧化，易于进一步加工和造型。不锈钢具有良好的焊接性能，可以进行软钎焊和硬钎焊，不锈钢还具有良好的耐磨性和抛光性。

不锈钢可用于制造各种装饰品，质量相对较轻，价格也相对低廉，适合环境装饰，也适合爱新潮的年轻人佩戴。

13.2 木质装饰材料

木材是最普通最常用的家具材料和装饰材料，它们在某些装饰应用中也是贵金属的伴侣材料。木材可分为针叶木材（软木材）和阔叶木材（硬木材）。按我国规定木材含水率在15%时，针叶木材的密度为0.3～0.7g/cm^3，阔叶木材的密度为0.24～1.2g/cm^3[4]。用于雕刻的木材一般要求结构细密、硬度适中、切削容易、切面光滑、干缩小、不开裂和不变形，一般采用阔叶木材，适于制造木质印章、高档家具和木质工艺品。下面是几种高密度硬木材[3,4]：

（1）非洲黑木，密度为1.2g/cm^{3}高密度和高硬度，可沉入水下；心木呈暗紫褐色，结构为细密黑色纤质条纹并含有轻度油质，加工面光滑细腻，可以像金属一样钻孔和加工螺纹。

（2）黑檀木，又称乌木，纯黑而亮。此物种有几个系列，密度为0.8～1.2g/cm^3。所有类型的木质硬而沉重，密度大于1g/cm^{3}者可沉入水下。

（3）黄杨木，密度为0.83～1.14g/cm^3。常绿灌木或小乔木，木质呈白色或淡黄色，纹理和颜色类似象牙。木质坚韧细密，表面光亮，高密度而沉重，适于雕刻和制作木梳。

（4）石楠木，密度为0.8～0.9g/cm^3。常绿小乔木，我国淮河以南平原和丘陵地都有生长，具有高密度，木和根可制作小工艺品和烟斗管。

（5）伏牛花木，密度为0.8～0.9g/cm^3。此物种有200个系列，有些为灌木，有些为小乔木。新鲜木质呈亮黄色，大气中暴露后变成暗色。此木密度高，木质硬，适于制作工艺品。

（6）花梨木，又称海南檀，密度为0.85g/cm^3。它的心材呈红褐色，纹理精细美丽，坚硬有光泽，木质有玫瑰香味，适于制造珍贵家具和雕刻饰品。

（7）紫杉木，又称赤柏松，密度为0.67～0.82g/cm^3，呈淡赤色或暖褐色，木材坚实致密，硬而有弹性，适于制造家具、烟斗和手杖等。

适于雕刻的木材还有很多，上等木材有柘树、桑树、樟属、红豆杉属、铁木属等。

上等木材的雕刻工艺饰品可以配贵金属饰品。图13-2[3]所示为采用硬木雕刻的3个特技运动人像，穿戴的衣帽是镶嵌的银片、鲍壳和珠母层等。雕刻人像做成手镯形式，腰部用丝环和球链连接，可以开闭。整体雕像设计与造型新颖，形态生动优美，线条流畅，装饰颜色匹配和谐。

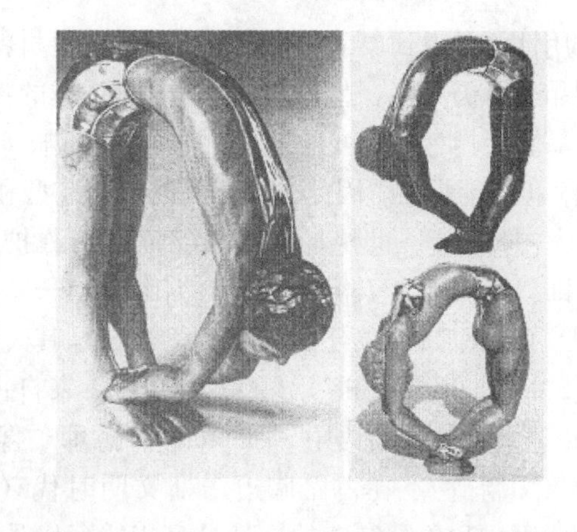

图13-2 用硬木雕刻的3个特技运动人像手镯（衣、帽是镶嵌的银片、鲍壳和珠母层等）

13.3 塑料装饰材料

近年来，佩戴塑料饰物成为一种新的装饰趋势，所使用的材料主要有树脂材料和透明塑胶类材料。广义地说，树脂材料一般为无定形的半固体或固体大分子有机物质，半固体材料一般用作黏合剂或涂料，固体材料可以用作装饰品。树脂有天然树脂和合成树脂，天然树脂取自天然植物或动物，如达玛树脂（由龙脑香料树木的分泌物提炼而成）、清漆、松香、虫胶、龙血胶等，它们一般用作涂料。合成树脂可以由各种单体聚合物或天然高分子化合物经化学加工而成，种类繁多，有酚醛树脂、聚乙烯基树脂、聚氯乙烯基树脂、聚酯树脂、聚酰胺树脂等。透明塑胶对光有较高透明度，可以分为热塑性和热固性两类，主要有聚苯乙烯、聚碳酸酯、有机玻璃、透明聚氯乙烯、透明环氧树脂等。这些树脂材料和透明塑料具有很好的固化成型和热塑成型性能，在成型过程中加入各种颜料或金属粉末可制成彩色或花型装饰产品，它们还可以装饰水晶和宝石，也能与贵金属珠宝饰品匹配或用于镀金装饰。透明或彩色塑料与珠宝饰物相匹配，可以制成丰富多彩的饰品。塑料饰品是一种新趋势，尤其适合爱新潮的年轻人佩戴，它们的价格便宜，市场巨大，有较好的商业开发前景。

13.4 骨质装饰材料

骨质材料和其他的有机材料是人类最早使用的装饰材料。早在狩猎时代，人类就利用动物的骨、牙、角和羽毛等作护身符，逐渐发展为装饰品。在法国发现了一件用猛犸长牙雕刻的作品，据估计已有3万多年的历史[5]。我国殷墟出土的大量文物中就有骨质饰品，如“象牙雕夔鋬杯”和“骨蛙”文物，象牙杯体雕刻有极其精细的花纹、饕餮纹和夔纹，造型新颖，技艺精湛；骨蛙镶嵌绿松石眼睛，形态栩栩如生。在现代的贵金属珠宝装饰品制造中常常会使用骨质伴侣材料，最珍贵的当属象牙。

象牙的密度为1.70～1.93g/cm^3，莫氏硬度为2～3，折射率为1.54[3]。在结构上，象牙是圆形并逐渐向一端变细的含钙的骨质圆锥形体，除了尖端部分外象牙是中空的，成熟象牙的中空腔会缩短，仅占象牙长度的一半或更短。象牙的内壁通常呈褐色，外表面呈灰白色，但在使用之前要刮掉外层以显示白色的内层。商业用优质象牙是白色、致密、纹理细密和富有弹性的。象牙的结构纹理不同于普通骨质，它是由交叉弧线组成的菱形网络纹理，而普通骨质显示斑点或条纹结构。象牙的魅力在于它愉悦的美学外观、可以感触的优良品质和耐用性。考虑到象牙是具有微孔隙的有机材料，它的耐用性就特别突出，以致最古老的象牙制品至今仍保存。这一方面是由于它优越的物理稳定性，另一方面也由于它是一次性使用。

象牙具有好的可加工性。它可以被锯、锉、刮削、钻孔、弯曲、蚀刻、雕刻、染色和抛光，但不能焊接。因此，象牙可以整体造型和局部造型，也可以片、环、块、棒等形式使用。自太古时代起，世界上许多民族都以象牙作护身符和装饰品，象牙被制作成耳环、指环、发夹、发饰、梳、匙、容器、匕首柄、印章、棋子、骰子等。可见象牙无废料，各有其用。

自古以来的象牙制品中，贵金属是其天然的伴侣材料。在象牙装饰艺术中有一个术语是"chryselephantine"，这里"chrys"来自古希腊语中"chrysos"，意即"金"；"elephantine"来自古希腊语中"elephas"，意即"象牙"[3]。术语"chryselephantine"意即"用金和象牙制造"。在古希腊迈诺斯文明时代（公元前3000~前1500年），金和象牙非常珍贵，用金和象牙制造的饰品是豪华的奢侈品。用金和象牙制造的饰品可以是用金覆盖象牙或镶嵌到象牙内，或者将象牙镶嵌在金饰品中，后一种装配结合通常用于新潮豪华艺术珠宝。19世纪，法国、德国、意大利等欧洲国家的艺术家重新采用"chryselephantine"技术，以象牙制作人物造型，配以各色金服饰，创造了大量美轮美奂和赏心悦目的艺术精品。图13-3所示为在19世纪用象牙雕刻和配以金服饰的几幅艺术人像。

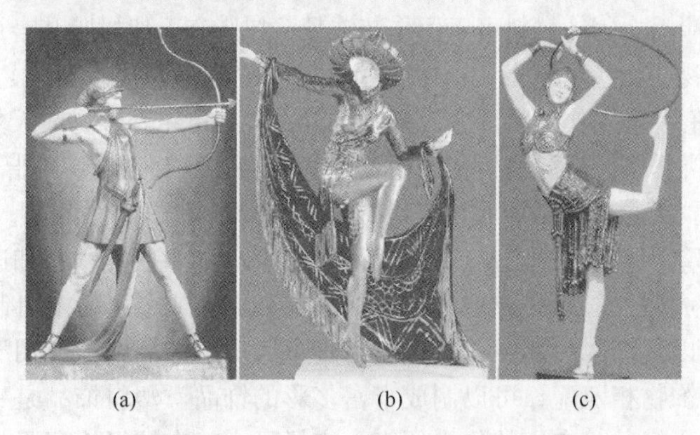

(a) (b) (c)

图13-3 19世纪用象牙雕刻和配以金服饰的几幅艺术人像

（资料来源：http：//www. slideport. com）

（a）弓箭手（戴安娜保护神，作者：L. Arqueral）；（b）墨西哥舞蹈者（作者：C. Mirval）；（c）持环舞（作者：C. R. Bailarina）

在现代装饰艺术中，其他贵金属如银、铂、珍珠、宝石等珠宝也用于象牙雕刻装饰制品中。图13-4[3]所示为2只象牙项链，其中图13-4(a)所示为用天然象牙切片和斯特林银环、金环、黄铜环、碧玉环、黑珊瑚环片组合装配的并安装有3颗蛋白石的项链；图13-4(b)所示为镶嵌有18K黄色开金和一系列钻石的象牙项链。

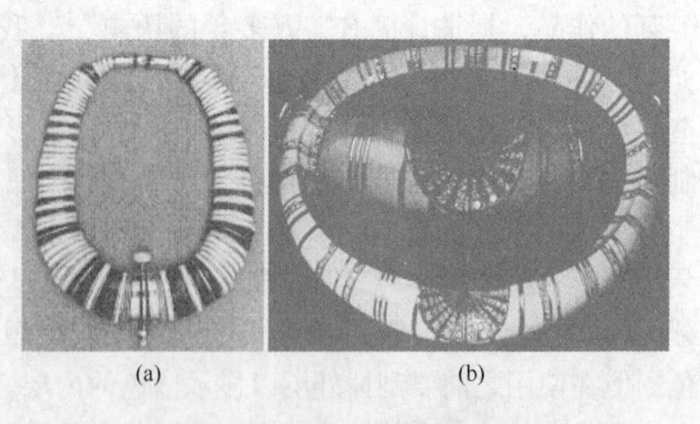

(a) (b)

图13-4 象牙与贵金属和其他珠宝材料制作的项链

象牙主要产于非洲和亚洲。非洲象

牙色调温和，几乎没有纹理和斑点，属上等品；亚洲象牙颜色较浅，硬度较低，容易加工。在历史上曾采用其他动物的牙或骨质材料作为象牙的替代品，如河马门牙和犬牙、海象牙和海狮牙、抹香鲸牙、雄角鲸的长牙、雄野猪牙和犀鸟嘴等。但是，现在，无论大象还是以上动物，都属于人类保护的对象，禁止捕杀和偷猎。现在常采用骨粉、角质、碧玉、乳白色坚果（被称为植物象牙）、塑胶、树脂等仿制象牙。仿制象牙受到鼓励，以保护动物不被捕杀。

13.5 有机珠宝

13.5.1 珍珠

珍珠是珍珠贝类体内的一种含有机质的矿物粒状螯生物，化学成分为 $CaCO_3 \cdot C_3H_{18}N_9O_{11} \cdot nH_2O$，是一类珍贵的有机珠宝，也是名贵的药材。

珍珠可分为天然珍珠和养殖珍珠。天然珍珠是在珍珠贝类（蠔、蚌、鲍鱼、贻贝、大海螺等）内自然生成。珍珠贝的外套膜所分泌的贝壳由角质层、棱柱层和珍珠层组成，珍珠层含有钙质和多种氨基酸的贝壳素。正常生活的贝类不产生珍珠，但当有外来异物，如细菌、寄生虫卵、砂粒等侵入贝壳与外套膜之间时，部分外表皮细胞受刺激而分裂和增殖，随同异物进入外套膜结缔组织内并围绕异物不断分泌其成分为碳酸钙的珠母层，将异物层层包裹，形成同心层放射状集合小球体，即为天然游离珍珠。由于珍珠层内所含有的金属元素的种类和数量不相同，使珍珠层呈现黄、灰、银白、粉红和蓝黑等色。生长于海水中的珍珠称为海水珍珠；生长于淡水中的珍珠称为淡水珍珠。天然海水珍珠主要产于波斯湾、斯里兰卡、缅甸、菲律宾和澳大利亚等海域。淡水珍珠生长在江、河、湖泊中的蠔、贻贝内，主要产于中国和日本。天然珍珠和珠母层的密度为 2.65 ~ 2.78g/cm^3，莫氏硬度 3 ~ 4，折射率 1.57。天然珍珠粒圆、质地致密均匀和细腻光滑、弹跳性好、珍珠层厚、光泽柔和绚丽和晶莹艳丽，被称为“上帝的眼泪”[3~5]。

养殖珍珠是人工向珍珠贝体结缔组织内移植事先培育的珠母或核，然后经过育珠并在成熟后采摘得到。养殖珍珠引入的核一般比天然珍珠核大，以缩短培育时间。养殖珍珠的密度比天然珍珠高，达到 2.70 ~ 2.79g/cm^3，硬度和折射率与天然珍珠相同[3]，但养殖珠的珍珠层较薄，因而透明度和光泽较天然珍珠更好，但总体质量不如天然珍珠。养殖珍珠在中国已有 2000 多年的历史，后传入日本，故而至今中国和日本是主要珍珠人工养殖国，中国“珍珠之乡”广西合浦的养殖珍珠“南珠”更是驰名中外。

珍珠评价标准包括形状、大小、珍珠层厚度、颜色与光泽及弹跳性等，主要特性如下[3~5]：（1）尺寸。养殖珍珠的大小一般以直径表示，天然珍珠以质量表示，其单位常采用克拉和珍珠格令（1 克拉 = 4 珍珠格令 = 200mg）。1 颗 5 格令天然珍珠近似等于直径 5.5mm 养殖珍珠。（2）形状。珍珠可以有各种形状，主要有圆形，扁圆形、水滴形、卵形、梨形等，以正圆形为最佳。养殖珍珠还可根据植入核的造型培植异型珍珠，如佛陀型珍珠等。（3）光泽。珍珠的特征光泽被称为“珍珠光泽”，天然珍珠呈现“云遮月”或“抛光银”的光泽；养殖珍珠的光泽则分为非常光亮、光亮、中等光亮、轻度黯淡和晦暗 5 个等级。测定珍珠表面显微条纹的干涉或衍射特性可以辨别珍珠光泽，珍珠专家可辨别光泽的微细差异。购买珍珠时应通过比较而判断，即将数颗珍珠放在自然灰色背景前在自然日光（非人造光）下观察比较而识别。（4）颜色。珍珠的颜色范围很广泛，大体有玫瑰色、乳白色、白色、蓝白色、黄白色、黄色、深黄色、褐色、灰色、紫色、蓝黑色、黑色等，天然珍珠有更深的颜色，而养殖珍珠可以染色。一般消费者比较喜欢的颜色是带玫瑰色调的银白色、银白色、乳白色等。（5）表面状态。取决于珍珠贝类型和养殖条件，珍珠表面可以很光滑或很粗糙。珍珠表面状态可分为 4 个等级，即完美无瑕、轻度斑点、中度斑点和大量斑点，有缺陷的珍珠使用价值较低。总体来说，颗粒大（直径大于 1cm）、正圆、珍珠层厚、细腻光滑、弹跳高、光泽强、能清晰照见人的瞳孔者为上等品珠；颜色以银白色微带玫瑰红者为佳，蓝黑色带金属光泽者为上佳品。

珍珠和珠母层是高档装饰材料，与贵金属匹配制作的珠宝饰品深受消费者欢迎。图 13-1 所示为珍珠与黄色开金组合制作的饰品。图 13-5[3] 所示为用铂和 104 颗圆珍珠、21 颗椭圆珍珠坠饰组成的项链，在珍珠之间镶有 156 颗钻石、57 颗祖母绿，另有 125 颗红宝石覆盖在每一颗珍珠的洞眼上，在该项链饰品内部显示的是两枚与珍珠项链相匹配的珍珠耳环。图 13-6 所示为采用斯特林银与珠母层制造的耳环、戒指和坠饰等首饰品。

图 13-5 用铂和珍珠、祖母绿、红宝石等制造的耳环和项链

图 13-6 用斯特林银与珠母层制造的饰品

13.5.2 琥珀

琥珀是地质时代古植物的树脂经过化石而形成的有机矿物，产于煤层和海底。在中、新生代煤层中富集的称为煤精琥珀（黑色者称煤玉），沉积在海底的琥珀称为海洋琥珀。这两种琥珀具有相同的构造。现代琥珀主要产自褐煤矿床的冲积泥层以及沉积在海底琥珀颗粒被海水抛上砂质岩岸得到，主要产地有波罗的海沿岸国家、不列颠群岛、西伯利亚、格陵兰岛、喜马拉雅山脉、缅甸和中国。

琥珀是由 C、H、O 组成的有机非晶矿物，其分子式为 $C_{20}H_{32}O_2$。主要性质为：密度 1.08 ~ 1.10g/cm^3；莫氏硬度 2.50 ~ 3.00；折射率 1.54[3,4]。琥珀部分溶于酒精，在 250 ~ 300℃熔融。琥珀呈蜡黄色至红褐色，也有紫黑色与深褐色，有树脂光泽并呈透明至半透明状。透明有光泽的琥珀为优质琥珀，特别其中包裹有昆虫和化石者为佳品。琥珀性脆，呈贝壳状断口。琥珀硬度并不很高，故容易切割、雕刻和抛光，在毛毡或法兰绒轮抛光机上用白垩粉和水作抛光剂可抛光至光亮玻璃状表面，抛光后涂抹菜油，最后再用法兰绒布擦净。可将琥珀粉末、碎屑、次级料经压实并在85℃加热制成柔软坯料，放在模具中于200℃烧结，再压制或挤压成块状材料，称为合成琥珀，可以切割、雕刻成型和抛光。合成琥珀的强度比天然琥珀高，但质量与致密性不如天然琥珀。采用天然树脂、合成树脂、塑胶和玻璃料可以仿制琥珀，称为人造琥珀。不透明的琥珀在油中加热或低温烘焙几小时可变透明。琥珀零件表面涂抹亚麻油后固定在一定压力下，加热一定时间可将零件焊合连接。

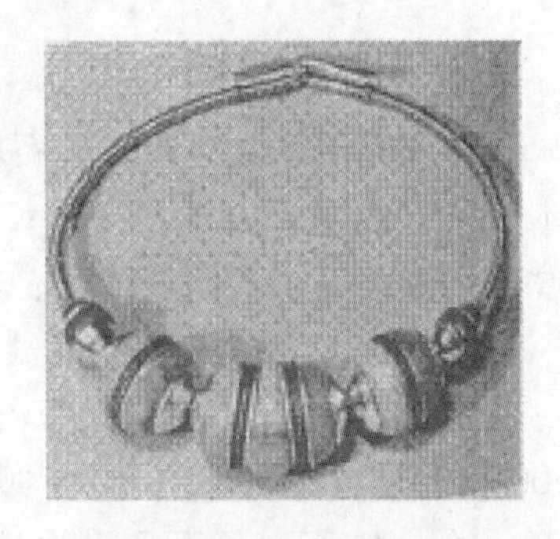

图 13-7 串有琥珀珠的斯特林银项链

琥珀经摩擦带电可以吸附轻物质如纸屑等，由于这一特性，古代先民视琥珀为魔石，佩戴于身作驱邪避害的护身符。现代，优质琥珀用作装饰品和雕刻工艺品，如项链、佛珠、坠饰、戒指、耳环等。琥珀常与贵金属组合制成装饰品，图 13-7[3] 所示为串有琥珀珠的斯特林银项链。

13.5.3 珊瑚

珊瑚是由生活在海洋底栖动物珊瑚虫及其外胚层分泌物组成的物质。它不是矿物，而是轴向生长和形态各异的树枝状骨骼，由钙质（碳酸钙）和有机物（角质）组成，因而遇酸会起泡沫。活体珊瑚虫一般生活在深度约 4.5 ~ 6.0m 的暖海水（13 ~ 15.5℃）中，但有的珊瑚虫生活在更深海水中，它们的形体随海水深度而减小。珊瑚虫不断从海水中吸取营养而生成不同颜色的珊瑚，在浅水或接近海面水域的珊瑚虫吸取铁质可生成红色珊瑚，而生活在深水海域者生成浅色和白色珊瑚，或由“介壳素”的角状物质形成黑色或金色珊瑚。其他还有粉红、深红、黄、紫、蓝色珊瑚等。珊瑚群体形态各异，色彩缤纷，构成美丽独特的“海底公园”。珊瑚虫无数世代骨骼的堆积可以形成巨大珊瑚礁。珊瑚分布在广大的海域，在西印度群岛、澳大利亚大堡礁以及太平洋岛屿附近海域的珊瑚多呈黑色或金色，在地中海、红海、非洲海岸和亚洲的一些海域的珊瑚多呈红色、粉红色和白色[3,5]。

珊瑚是名贵有机珠宝，其密度为 2.6 ~ 2.7g/cm^3，莫氏硬度 3.5 ~ 4.0，折射率 1.49 ~ 1.66，呈半透明或不透明，有玻璃至蜡状光泽[3,5]。珊瑚质地细腻致密，造型美观，颜色绚丽多彩，以深红色和黑色者最有价值，其他如淡玫瑰红色和粉红色珊瑚也受欢迎。珊瑚还富有韧性，可以通过切割、雕刻和抛光等加工工艺进一步造型。人们常用染色的骨粉、玻璃、橡胶、塑胶和石膏混合物仿制珊瑚，仿制珊瑚的颜色比较均匀，没有天然珊瑚独特的“纹理”结构，因而比较容易辨认。珊瑚是制造首饰和珠宝饰品的重要原料，常与贵金属匹配应用。图 13-8[3] 所示为两款与贵金属匹配制造的珊瑚饰品。

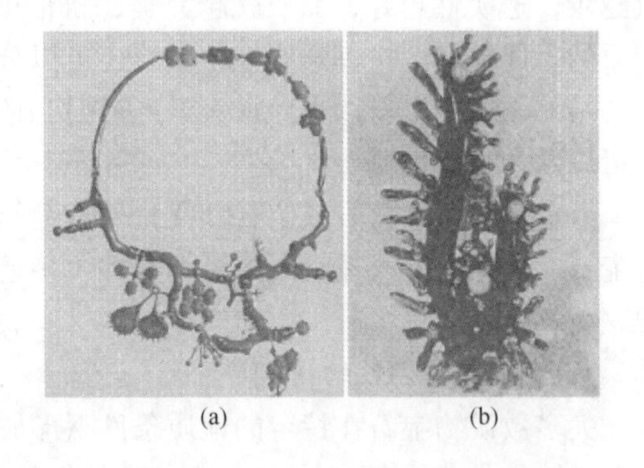

图 13-8 两款与贵金属匹配制造的珊瑚饰品
（a）用金与珊瑚枝、圆珊瑚宝石和红宝石制造的项链；
（b）由 14K 金和黑色珊瑚枝、珍珠制造的工艺饰品

13.6　宝石

13.6.1　宝石的结构与性质

13.6.1.1　古代宝石的开采

宝石出自矿物原石，矿物开采的年代可谓久远。自地球上有人类活动之时起，矿石就被开采。根据考古学家的考察，各类宝石最早开采年代大体如下[3]：

（1）后旧石器时代（公元前300000～前12000年）：琥珀、方解石、石髓、碧玉、黑曜石、石英、水晶、蛋白石、蛇纹石、滑石；

（2）中石器-新石器时代（公元前12000～前2500年）：玛瑙、紫水晶、萤石、玉石、煤玉、天青石、软玉、绿松石等，其中公元前3500～前2500年时期（国外学者称为“埃及王朝之前的历史时期”）：蜡石（石膏）、绿柱石、光玉髓、金绿宝石、长石、赤铁矿、孔雀石；

（3）金属时代Ⅰ（公元前4000～前2200年）：蓝铜矿、缟玛瑙、缠丝玛瑙；

（4）金属时代Ⅱ（公元前2200～前1200年）：血玉髓（血滴石）、绿玉髓、祖母绿、菱镁石、黄玉；

（5）早铁器时代（公元前1200～前500年）：蓝石髓、蓝宝石、尖晶石、蔷薇石英；

（6）后铁器时代（公元前500～公元50年）：水蓝宝石、金刚石、苔纹玛瑙、蛋白石（猫眼石）、红宝石、锆石。

13.6.1.2　宝石分类

按照不同属性分类，宝石可以分为天然宝石和人造宝石。天然宝石分布在矿物岩石（即火成岩、沉积岩和变质岩）或由岩石演变的砂砾中，它们分布在地表层中或埋藏在地层深处。根据宝石的特性和价值，天然宝石可以分为贵重宝石和半贵重宝石。贵重宝石包括钻石、祖母绿、红宝石和蓝宝石，它们并称为世界四大珍贵宝石，它们在自然界储量稀少，品质高，是珠宝饰品中的上品。其他的宝石属于半贵重宝石，它们的储量相对更大，适于制造普通的珠宝饰品。但是，贵重与半贵重的概念是相对的，某些品质好的半贵重宝石的价值甚至超过质量差的贵重宝石。无论哪种宝石，它所含有的杂质、瑕疵、缺陷、裂纹越少，透明性越好，品质就越完美，价值就越高。一般可采用10倍放大镜观察和检验宝石的上述缺陷。按其透明性，宝石还可以分为透明、半透明和不透明类型。透明宝石沿它的结晶面切割，可以得到最大的光散射和色散效应。不透明宝石按凸面切割，半透明宝石可以两种方式切割。

人造宝石大体有合成宝石和优化处理宝石，无论贵重还是半贵重宝石，都有相应的人造宝石。虽然有些人造宝石的结构和性质接近天然宝石，但毕竟是仿制品，所以价格相对便宜。

13.6.1.3　宝石的结构

大多数矿物宝石在特定的地质条件下形成面对称、轴对称或中心对称的晶体结构，基于晶体轴的长度和倾角，宝石的主要晶体结构有等轴、六方/三方、正方、单斜、斜方、三斜6种晶系。各个晶系中包含有多种宝石[3,5]。

（1）等轴晶系。等轴晶系为等轴晶体，对称性最高，主要晶体形式有立方体、八面体、五边十二面体等。主要宝石有金刚石（钻石）、萤石、石榴石、黄铁矿、天青石、方钠石、尖晶石等。

(2) 正方（正交）晶系。正方（正交）晶系有一条四次对称轴，主要晶体形式有四面棱柱形、金字塔形、八面金字塔形等。主要有锡石、符山石、金红石、柱石、锆石等。

(3) 六方/三方晶系。六方/三方晶系有六重对称性。主要有海蓝宝石、绿柱宝石、磷灰石、方解石、翡翠等。从晶体学角度，在六方晶系中包含有三重对称性的三方晶系，主要宝石有刚玉、红宝石、蓝宝石、电气石、石英等。

(4) 斜方晶系。斜方晶系有3条二次对称轴，典型晶体形状有斜方棱柱形、具有底轴面的金字塔形和斜方双重金字塔形。主要有红柱石、重晶石、金绿宝石（金绿猫眼）、橄榄石、黄玉等。

(5) 单斜晶系。单斜晶系有一条二次轴的最小对称线，主要晶体形式是带有底轴面的棱柱形。有蓝玉髓、透辉石、绿帘石、硬玉、孔雀石、月长石、软玉、正长石、蛇纹石、黝辉石等。

(6) 三斜晶系。三斜晶系无对称轴，是对称性最低的晶系。主要有富拉玄武石、斜长石、长石、蔷薇辉石、绿松石等。

13.6.1.4　宝石的性质

A　宝石的密度

宝石密度的定义和测量方法与金属相同，可根据阿基米得原理测定宝石密度，即 $d = \gamma W/(W-Q)$（W 为宝石在空气中的质量，Q 为它在水中的质量，γ 为测量温度水的密度）。已知水在4℃的密度为1g/cm^3，因此在4℃水中测量时宝石的密度 $d = W/(W-Q)$。大多数宝石的密度在1.0~5.0g/cm^3 之间。宝石的密度低于贵金属，特别远低于金和铂的密度。

B　宝石的质量

按国际米制克拉单位，已切割具有刻面的贵重宝石和透明的半贵重宝石的质量单位以克拉（carat，简写 ct）表示，特别适于钻石。美国于1913 年开始执行米制克拉单位，现在国际上都承认和采用克拉单位。1ct = 200mg。将 1ct 平均分成 100 分，即 1ct = 100 分，则有 1 分 = 2mg；在钻石市场上，通常将钻石质量分为几个质量级别，如 1.50 ~ 2.00ct，1.00 ~ 1.50ct，0.90 ~ 0.99ct，0.70 ~ 0.89ct，0.50 ~ 0.69ct，0.40 ~ 0.49ct，0.30 ~ 0.39ct 等。钻石的克拉级别越高，质量越大，价值越高。

C　宝石的尺寸

宝石的尺寸与克拉质量间有一定的对应关系，称为克拉尺寸。表 13-2[3] 列出了钻石的克拉质量与克拉尺寸之间的关系，克拉质量越大，克拉尺寸也越大。

表 13-2　钻石的克拉质量与克拉尺寸之间的关系

质量/ct	0.10	0.125	0.15	0.1875	0.25	0.30	0.375	0.50	0.625	0.75	1.0	1.25	1.50	1.75	2.0	2.5	3.0
尺寸/mm	2.875	3.125	3.25	3.50	4.125	4.25	4.50	5.25	5.50	5.75	6.50	6.75	7.0	7.5	8.0	8.5	9.0

D　宝石的硬度

宝石的硬度采用莫氏硬度度量，它由奥地利矿物学家莫斯于 18 世纪初提出。莫氏硬度是基于一种矿物抵御另一种矿物刻划的能力，即设定一种标准矿物的硬度，将未知矿物与标准矿物相互刻划，以确定未知矿物的硬度。常见的 10 种矿物按莫氏硬度分为 10 级：

1：滑石、2：石膏、3：方解石、4：萤石、5：磷灰石、6：正长石、7：石英、8：黄玉、9：刚玉、10：金刚石，各级矿物相对应的数字即为它们的莫氏硬度，以滑石莫氏硬度为1最低，金刚石莫氏硬度为10最硬。这10级硬度并不等分，特别是9与10间距更大。硬度高的矿物可以在硬度低矿物上进行刻划，反之则不能。有一种莫氏硬度笔，其笔尖即为上述莫氏矿物，可用于检验未知矿物的硬度。因此，莫氏硬度是矿物相对刻划硬度的标准，也决定了各种宝石适应珠宝镶嵌装配的能力。

E　宝石的净度

净度是评价宝石质量的主要指标之一，它是宝石（尤指钻石）洁净透明的程度。在10倍放大镜下，根据宝石含有杂质和瑕疵的数量，可以将宝石的净度分为五级[3]：一级（FL级，flawless）为完美无瑕，宝石内无杂质，外无瑕疵；二级（IF级，internally flawless），宝石内部无瑕，在表面可能有轻微的划痕；三级（VVS级，very very slight inclusions），宝石内有非常少的肉眼很难看见的瑕疵；四级（SI级，slight inclusions），宝石内有小瑕疵或夹杂；五级（I级，imperfect），宝石内有肉眼可见的瑕疵裂纹等缺陷。宝石含有的杂质和瑕疵越多，净度越低。

F　宝石的光学性质

宝石的光学性质涉及颜色、光泽、折射率、色散等性能，它们与宝石的净度有密切关系。

(1) 颜色。宝石的颜色取决于它们对可见光谱的反射特性，当宝石含有某种或某些微量杂质时，它们就会引起光散射，赋予其特殊颜色。透明宝石要求透明无色（如钻石）或者颜色均匀，但有些宝石如西瓜电气石的界面有几种颜色，称为杂色宝石。半贵重的不透明宝石常常要求具有某种颜色或有颜色变化，如不同颜色以斑点、条带、条纹、区块、圆环、或混杂等形式排布，都各具特色和视觉感受。宝石的颜色有时候用于辨别宝石，但这种方法不完全可靠，特别不适用于透明宝石。

(2) 光泽。光泽是抛光宝石的表面特性。对于透明宝石，光泽是它对光的折射和色散特性；对于不透明宝石，光泽是它对光的反射特性。某些宝石的光泽已有约定俗成的表述，如钻石——金刚光泽；石英——玻璃光泽；赤铁矿——金属光泽；黄玉——蜡光泽；猫眼（虎眼）——丝绢光泽；琥珀——树脂光泽；月长石——珍珠光泽等。

(3) 折射率。折射是光线照射到抛光的透明矿物时一部分光在矿物体内偏折的能力。宝石的折射率 n 定义为光在空气中的传播速度 v_a 与光在宝石中的传播速度 v_b 之比：$n=v_a/v_b$，它为一个常数。对于均匀质体的宝石，光在其中传播速度不变，只有单一折射率。对于非均质体宝石，光在其中传播速度不同，可以求得两个折射率，称为双折射率。折射率与矿物的结构有关，每一种矿物有特定的折射率，它可以通过折光仪器测量。

(4) 色散效应。色散为抛光宝石分解复色光为单色光的能力，它与宝石的内部结构和入射光线的波长有关。透明的钻石有强的色散能力，当由各种波长组成的白光照射钻石时，它能像棱镜一样强烈地散射白光，产生从红到紫七色闪烁光谱。经过切割并具有小刻面的宝石具有好的色散能力，以钻石为最。

(5) 猫眼效应。它是在抛光宝石表面出现的一种或几种平行光或光带波荡或游彩的效应，在切割成凸圆形抛光宝石表面最易显现。对于猫眼和虎眼宝石，猫眼效应是针状或丝状外来杂质或微管状缺陷平行排列成束，捕集入射光和造成光线或光带移动所致。切割成凸圆形的抛光电气石、绿柱宝石、金绿宝石等都显示猫眼效应。

(6) 星光效应。宝石在光照耀下呈星状光彩效应，这是由于宝石的晶体结构造成。当切割的方位恰当，红宝石、蓝宝石、海蓝宝石、石榴石或其他宝石都会出现星光效应。红宝石和蓝宝石是三方晶系，其晶体结构呈3个120°取向的交叉排列，形成一种6点星状构型。石榴石是立方等轴晶体结构，它有两条这样的交叉排列，形成一种4点星状构型。在宝石内存在几组针状杂质，也会导致星光效应。

13.6.1.5　天然宝石系列与特性

天然宝石系列与特性见表13-3。

表13-3　某些天然宝石的系列与特性（按莫氏硬度从高到低排列）

宝石名称	英文名称[①]	化学成分/结构	莫氏硬度	密度 /g·cm^{-3}	折射率	色散	耐久性
钻石	Diamond(T)	C/等轴晶体	10	3.52	2.42	高	高
刚玉	Corundum	Al_2O_3/三方	9	3.95~4.40			
红宝石	Ruby(T)	Al_2O_3/三方	9	4.00	1.77	低	高
蓝宝石	Sapphire(T)	Al_2O_3/三方	9	4.00	1.77	低	高
金绿宝石	Chrysoberyl(T)	$BeAl_2O_4$/斜方	8.5	3.71	1.75	低	高
紫翠宝石	Alexandrite(T)	$Be(Al,Cr)O_4$/正方	8	3.68~3.78	1.75	低	高
猫眼石	Cat's eye(Tr)	α-SiO_2/三方	8	3.68~3.78	1.54~1.75	—	高
尖晶石	Spinel(T)	$MgAl_2O_4$/等轴	8	3.60	1.72	低	高
黄玉	Topaz(T)	$Al_2(F,OH)_2SiO_4$/斜方	8	3.54	1.63	低	中等
绿柱石	Beryl(T)	$Be_3Al_2(Si_6O_{18})$/六方	7.75	2.70	1.58	低	高
祖母绿	Emerald(T)	含微量Cr绿柱石	7.75	2.66~2.83	1.56	低	高
海蓝宝石	Aquamarine(T)	含微量Fe绿柱石	7.75	2.68~2.70	1.57~1.575	低	高
石榴石	Garnet(Tr)	$A_3B_2[SiO_4]_3$($A=Mg^{2+}$、Fe^{2+}、Mn^{2+}、Ca^{2+}，$B=Al^{3+}$、Cr^{3+}、V^{3+})/等轴	7.5	3.70~4.16	1.74~1.89	中高	高
红柱石	Andalusite	$Al_2[SiO_4]O$/斜方	7.5	3.16	1.63~1.64	中等	高
锆石	Zircon(T)	$Zr[SiO_4]$/正方	7.5	4.02	1.81	高	高
电气石	Tourmaline(T-Tr)	$Na(Mg,Fe,Mn,Li,Al)_3Al_6$-$[Si_6O_{18}](BO_3)_3(OH)_4$/三方	7.5	3.06	1.63	低	高
石英[②]	Quartz(T-Tr)	α-SiO_2/三方	7	2.65	1.55	低	高
石髓[③]	Chalcedony(Tr)	α-SiO_2/三方	7	2.65	1.55	低	高
锂辉石	Spodumene(T)	$LiAl(SiO_3)_2$/单斜	7	3.18	1.66~1.67	低	低
紫锂辉石	Kunzite(T)	$LiAl(SiO_3)_2$/单斜	7	3.13~3.31	1.66~1.68	中等	低
玉	Jade						
硬玉	Jadeite(Tr)	$NaAl[Si_2O_6]$/单斜	7	3.24~3.43	1.66	—	高
软玉	Nephrite(Tr)	$Ca_2(Mg,Fe^{2+})_5$-$[Si_4O_{11}]_2(OH)_2$/单斜	6.5	3.02~3.44	1.62	—	高
橄榄石	Olivine (T)	$(Mg,Fe)_2[SiO_4]$/斜方	6.5	3.30~3.50	1.65	低	中等
蛋白石	Opal(Tr)	$SiO_2\cdot nH_2O$/非晶质	6	1.97~2.20	1.45	—	低

续表 13-3

宝石名称	英文名称①	化学成分/结构	莫氏硬度	密度 /g · cm^{-3}	折射率	色散	耐久性
长石	Feldspar	$M(AlSi_3O_8)$ (M = K、Na、Ca、Ba)/三斜	6			—	
月长石	Moonstone(Tr)	$KAlSi_3O_8$/单斜	6	2.50 ~ 2.55	1.52 ~ 1.54	—	高
富拉玄武石	Labradorite(Tr)	$(Na,Ca)(Al,Si)_4O_8$/三斜	6	2.70 ~ 2.72	1.52	—	高
黑曜石	Obsidian(T)	主成分 SiO_2/非晶	6	2.33 ~ 2.60	1.48 ~ 1.51	—	中等
绿帘石	Epidote(T)	岛状硅酸盐/单斜	6	3.25 ~ 3.49	1.73 ~ 1.76	—	高
赤铁矿	Hematite	Fe_2O_3/三方	5.6 ~ 6.5	4.95 ~ 5.30	2.49 ~ 3.22	—	高
磷灰石	Apatite	$Ca_5(PO_4)_3(F,Cl)$/六方	5	3.16 ~ 3.22	1.64 ~ 1.65	—	中
天青石	Lapis Lazuli	$SrSO_4$/斜方	5	2.76 ~ 2.94	1.50	—	中
榍石	Sphene	$CaTi[SiO_4]O$/单斜	5	3.45 ~ 3.56	1.95 ~ 2.05	—	中
方钠石	Sodalite	$Na_8[AlSiO_4]_6Cl_2$/等轴	5	2.13 ~ 2.29	1.483	—	中
绿松石	Turguoise	$CuAl_6[PO_4]_4(OH)_8(H_2O)_4$/三斜	5	2.60 ~ 2.80	1.61 ~ 1.65	—	中
孔雀石	Malachite	$Cu(CuCO_3)(OH)_2$/单斜	4	3.8	1.85	—	低
蓝铜矿	Azurite	$Cu_2(CuCO_3)_2(OH)_2$/单斜	3.5	3.80	1.48 ~ 1.65	—	低
蛇纹石	Serpentine	$Mg_6[Si_4O_{10}](OH)_8$/单斜	3.5	2.50 ~ 2.70	1.57	—	低
大理石	Marble	变质岩石	3	2.71	1.48 ~ 1.65	—	低
琥珀	Amber(T-Tr)	$C_{10}H_{16}O$/非晶质	2.5	1.03 ~ 1.10	1.54	—	低
滑石	Steatite	$Mg_3[Si_4O_{10}](OH)_2$/单斜	1 ~ 1.5	2.70 ~ 2.80	—	—	低
蜡石	Alabaster	$Al_2O_3 \cdot 4SiO_2 \cdot H_2O$/—	1 ~ 1.5	2.20 ~ 2.40	1.52	—	低
石膏	Gypsum	$Ca(H_2O)_2[SO_4]$/单斜	1 ~ 1.5	2.30	—	—	低

①英文名称后括号内字母意义：T—透明；Tr—半透明；其他宝石介于半透明与不透明之间。②石英包括水晶、紫水晶、黄水晶、乳石英、蔷薇石英、烟水晶、茶晶、墨晶和含有针状金红石的水晶等。③石髓包括玛瑙、砂金石、血玉髓（血滴石）、光玉髓、绿玉髓、碧玉、缟（条纹）玛瑙、肉红石髓、缠丝玛瑙和玉化木等。

13.6.2 宝石简介

13.6.2.1 基于硅酸盐的宝石——软玉、硬玉、黄玉、祖母绿、石榴石、锆石

A 软玉

玉是天然矿物隐晶质或非晶质致密块体集合体，1863 年依其硬度将其分为软玉和硬玉。

软玉是一种链状硅酸盐矿物，成分为 $Ca_2(Mg,Fe^{2+})_5[Si_4O_{11}]_2(OH)_2$，其中 Mg 和 Fe 可以完全类质替代，属单斜晶系。软玉产于变质岩及冲积矿床或结晶片岩和大理石中，是由纤维性的闪石晶体紧密交织而组成的隐晶质致密块体，常出现刺状断口。软玉一般呈白色，质硬而坚韧，莫氏硬度 6.5；密度 3.02 ~ 3.44g/cm^3。随着其成分中 Fe 含量增多，密度随之增大，它的颜色也逐渐变为浅绿至墨绿色，称为青白玉或绿玉（或碧玉）[3~5,6]。

软玉是我国传统玉石之一，主要产地分布在新疆南部的昆仑山脉和阿尔金山脉，其中以和田的软玉最著名。除中国以外，缅甸、西伯利亚、澳大利亚、美国、加拿大、墨西哥、巴西、津巴布韦、新西兰也产软玉，其中西伯利亚和津巴布韦软玉呈深绿色，澳大利亚产黑色软玉。软玉易与绿色硬蛇纹石混淆，软玉也可合成和仿制或经染色而改变颜色。

我国人民对“玉”可谓情有独钟，自古以来创作了丰富的玉雕艺术品，仅在殷墟中就

出土了大量玉雕和玉器，图 13-9[2] 所示为殷墟中出土的两款玉饰“玉蟠龙”和“玉凤”。同时也创造了灿烂的“玉文化”。

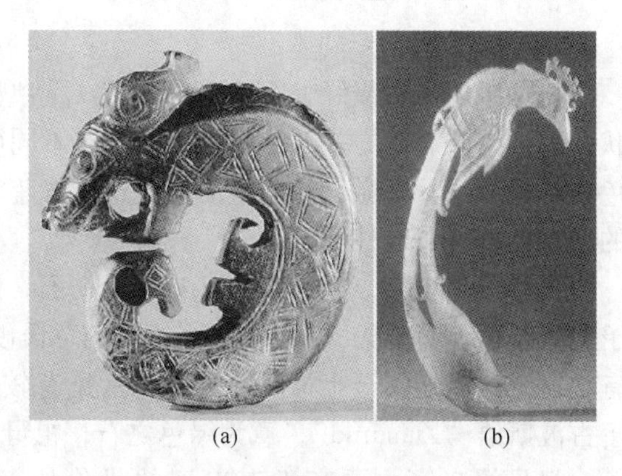

图 13-9　从殷墟出土的两件玉饰
(a)“玉蟠龙”；(b)“玉凤”

B　硬玉

硬玉也称为翡翠，也是一种链状硅酸盐矿物，成分为 $NaAl[Si_2O_6]$，可以有少量 Fe 替代 Al，属单斜晶系，产状是由细针状微晶体紧密交织而组成的隐晶质致密块体，常出现刺状断口。硬玉产于变质岩中，常与石英、霞石、钠长石、绿泥石等矿物共生。

硬玉的密度为 $3.24 \sim 3.43g/cm^3$，莫氏硬度为7。它比软玉的硬度高一级，因而质地更致密坚韧。翡翠的光泽强于软玉，颜色呈多样性，常呈不均匀色至斑斓的混合色，常见者多为绿色、浅绿色、浅蓝色和白色等，以绿色为优，艳紫色和血红色亦佳。按其颜色与光泽，国际上将翡翠分为几个等级，特级者呈浓艳翠绿色，粒度细腻润滑，颜色均匀鲜丽，光泽清澈明亮；商品级者颜色艳绿但不均匀；普通级者则呈浅灰绿色[4]。在市场上销售的翡翠一般分为 A 货、B 货和 C 货。A 货为未经处理的翡翠；B 货为除去杂质并注入胶质物体填充缝隙和裂纹的翡翠；C 货则为经过人工染色以改善色泽与外观的次级翡翠[6]。经过处理后的 B 货和 C 货，虽然颜色浓艳，但颜色不均匀，整体质地可能浑浊，有经验者可辨别。

硬玉以缅甸出产的翡翠质地为优，南美危地马拉和美国也有产出。翡翠是名贵的玉石，可单独制作装饰品和雕刻艺术品，也用作贵金属珠宝饰品的镶嵌宝石，用于戒指（见图 13-10[7]）、胸坠、佩饰等。

C　黄玉

黄玉的化学成分为 $Al_2[SiO_4](F,OH)_2$，是一种岛状硅酸盐晶体，属斜方晶系。单晶体常呈柱状并有可见纵纹；集合体成粒状或块状。纯洁者无色透明，多为浅黄色，也有浅蓝、浅绿、浅紫和浅玫瑰色等，有玻璃光泽，以透明黄玉为佳。黄玉的莫氏硬度为 8，其他的物理性质见表 13-3。黄玉主要产于花岗岩、花岗伟晶岩、云英岩等矿脉中，常与绿柱石等矿石共存[4,6]，主要产地有缅甸、巴基斯坦、斯里兰卡、巴西、墨西哥、澳大利亚等国。图 13-11[8] 所示为淡蓝色黄玉晶体镶嵌的金或银饰品等。

图 13-10　镶嵌有翡翠玉石的 18K 白色开金戒指

图 13-11　黄玉晶体做成的珠宝饰品

D　祖母绿

祖母绿属宝石级绿柱石家族，绿柱石晶型随其形成温度从高至低而呈长柱状到短柱状，晶体结构属六方晶系。绿柱石因含有不同微量元素呈现不同颜色，含微量铬的呈翠绿色，称祖母绿；含微量铁的呈蔚蓝色，称海蓝宝石；含铯的呈玫瑰色，称铯绿柱石；含铀的呈黄色，称黄绿柱石[4]。

祖母绿是含 Cr^{3+} 的环状铍铝硅酸盐矿石，成分为 $Be_3Al_2[Si_6O_{18}]$，其中微量的 Cr^{3+} 赋予它翠绿色，特称为“祖母绿色”。它的莫氏硬度 7.75，其他物理性质见表 13-3。祖母绿有玻璃光泽，透明至半透明、质脆，常见有较多裂纹。祖母绿（Emerald）一词最早起源于古波斯语“Zumurud”，意为绿色之石，祖母绿是其译音。

祖母绿矿石主要产于南美洲的哥伦比亚、巴西，非洲的赞比亚、南非、津巴布韦，俄罗斯的乌拉尔，亚洲的印度、阿富汗、巴基斯坦以及澳大利亚和美国等地，以哥伦比亚、巴西和赞比亚等地矿石品质最好和产量最高。天然祖母绿宝石数量少，可采用人工合成方法制造，主要有熔剂法、水热法、焰熔法和高温高压法生长祖母绿宝石晶体。

祖母绿属特等优质宝石，一般以颜色晶莹艳丽、高透明度和高净度者为上品，其品质和价值可与钻石媲美，是贵金属珠宝饰品的天然伴侣。图 13-12[9] 所示为镶嵌有祖母绿宝石的 18K 黄色开金合金饰品。

图 13-12　祖母绿饰品

E　石榴石

石榴石有多个系列，其成分通式为 $A_3B_2[SiO_4]_3$（$A = Mg^{2+}$、Fe^{2+}、Mn^{2+}、Ca^{2+}，$B = Al^{3+}$、Cr^{3+}、V^{3+}）。石榴石为岛状硅酸盐矿物，属等轴晶系，有玻璃或油脂光泽，密度为 3.7 ~ 4.2g/cm³，莫氏硬度 6.5 ~ 7.5，一般为红褐色至紫红色及其他颜色，色泽艳丽者用作宝石，如波西米亚制作红榴石珠宝已有 500 余年历史[4,5]。石榴石主要产地有南非、巴西、缅甸、澳大利亚、俄罗斯、美国等地。表 13-4[4,5] 列出了常用作宝石的石榴石及其性状。

表 13-4　常用作宝石的石榴石及其性状

名　称	成　分	莫氏硬度	性　　状
红榴石	$Mg_3Al_2[SiO_4]_3$	7.25	淡红色至血红色，无解理，断口呈贝壳状
贵榴石	$Fe_3Al_2[SiO_4]_3$	7.5	粉红至深红色，不透明或半透明
锰铝榴石	$Mn_3Al_2[SiO_4]_3$	7.0	净态呈鲜橙色至深橙色
钙铬榴石	$Ca_3Cr_2[SiO_4]_3$	7.5	鲜绿色，晶体松脆，断口呈参差不齐贝壳状
钙铝榴石	$Ca_3Al_2[SiO_4]_3$	7.25	净态无色，含铁者呈粉红色，含锰、铁者呈橙棕色，含铬、钒者呈美丽绿色
钙铁榴石	$Ca_3Fe_2[SiO_4]_3$	6.5	淡黄色至深黄色，含钛、锰者呈翠绿色，有玻璃至金属光泽

F 锆石

锆石是一种岛状硅酸盐矿物，化学成分为 $Zr[SiO_4]$（硅酸锆），属正方晶系，常呈短柱状或双锥状晶体，截面呈正方形。锆石主要产于酸性和碱性火成岩和片麻岩中，相关碳酸盐岩中也有产出，由于物化性能稳定，常形成砂矿。锆石中常含有铪，当 HfO_2 含量达到22%～24%时，称为铪锆石；当水分含量达到2%～12%时称水锆石。它们是提取锆、铪的主要矿物原料，也用于制造耐高温材料[4,7]。宝石级的锆石主要产自东南亚诸国，中国东部的碱性玄武岩中也有宝石级的锆石。

锆石硬度高(莫氏硬度7.5)，它的折射率和色散也高(见表13-3)，无解理，断口不平坦或呈贝壳状，有金刚光泽。天然无色锆石稀少，锆石的颜色通常呈淡黄、红褐、淡红、紫红、绿、蓝色、咖啡色等色，色泽美丽透明者用作宝石，市场上的宝石级锆石以无色、蓝色和咖啡色更流行。在天然宝石中，锆石折射率仅次于钻石，色散性高。因此，无色透明的锆石可与钻石相媲美，在珠宝市场中常用于代替钻石，但市场上常有用无色玻璃和人工合成尖晶石仿制的锆石。

钻石的另一种替代品是立方锆石，它不是硅酸盐，而是人工合成的具有立方晶体结构的氧化锆晶体。立方锆石具有高熔点（2750℃），高硬度（莫氏硬度8～8.5），高折射率（2.149），高色散性，好的化学稳定性。在合成过程中需要添加其他氧化物稳定剂以防止因相变引起开裂并保持高温立方结构，但同时可能引起物理性能和颜色变化。添加CaO稳定剂时可以得到无色晶体，但晶体不易长大；添加 Y_2O_3 时可以得到大晶体，随其添加量增加晶体颜色由浅黄色变成茶棕色。有时为了得到特种颜色，还可以加入其他着色氧化物，加入 CeO_2 得到红色晶体，加入 Co_2O_3 得到紫色晶体，加入 Cr_2O_3 得到绿色晶体[4,7]。立方锆石是价格相对便宜的人造宝石，在珠宝市场上不仅代替天然锆石，也用于代替钻石，具有广阔的市场前景。图13-13所示为镶嵌白色立方锆石的18K黄色开金合金戒指饰品，可与镶钻石饰品相媲美。

图13-13　镶嵌白色立方锆石的黄色18K开金戒指饰品

13.6.2.2 基于石英的宝石——水晶、蛋白石、玉髓

A 石英

石英是一类简单架状型氧化物矿物，化学成分为 SiO_2。石英有两种同素异构体，低温构体称α-石英（α-SiO_2），为三角晶系；高温构体称β-石英（β-SiO_2），为六方晶系。用作宝石的石英为低温α-石英，是分布最广泛的矿物之一，与正长石和斜纹长石共生[4]。

按晶体形式，石英有单晶、双晶和集合体。单晶体常常为带尖顶的六方柱状晶体，柱面上有横纹；双晶为左形晶与右形晶的结合体；石英集合体多为粒状或晶簇状、钟乳状等。具有显晶质的石英呈玻璃光泽和油脂光亮断口，主要有各种水晶；具有隐晶质的石英呈蜡状光泽和贝壳状的断口，主要有玛瑙和石髓（玉髓）等[4,6]。石英的主要性质见表13-3。

B 水晶

水晶是无色透明的纯净石英晶体，常呈完好无瑕疵的晶体形态。当石英中含有较多气体或液体包体时呈乳白色，称为乳石英。当石英中含有不同的自然混入物时则呈多种颜色，如含有Mn和 Fe^{3+} 者呈紫色，称为紫水晶；含有Mn和Ti者呈浅玫瑰色，称为蔷薇石英；含有 Fe^{2+} 和水者呈黄色或柠檬色，称为黄水晶。此外还有呈烟色者称烟水晶；呈褐色者称茶晶；呈黑色者称墨晶等；含有发状或针状矿物包裹体者称发晶或须晶[4,6]。水晶产区很广泛，我国南北各地均有出产。水晶是很好的装饰材料，常与贵金属匹配制作项链、坠饰或雕刻工艺品，造型美观的乳石英、发晶和水晶晶簇可作为观赏石，透明水晶也是重要的光学材料和压电材料。

C 蛋白石

蛋白石由远古时期（1.1 万～1.2 万年前）富含二氧化硅的热液与岩石接触凝聚形成，或由硅酸盐矿物风化分解产生的二氧化硅溶胶凝聚而成。它的化学成分为 $SiO_2 \cdot nH_2O$，是含有结晶水的石英，有结晶质型和非晶质型，其结构均由微米级尺度的 SiO_2 球形微粒堆垛而成，水分子存在于球粒间空隙中，含水量一般为 3%～10%[6]，当石中的水分蒸发和逐渐变干时易出现裂缝。蛋白石通常呈冻凝状块体或呈葡萄状、钟乳状等集合体。澳大利亚是蛋白石主要产地，其产量占世界总产量的95%，其他产地有美国、巴西、墨西哥和南非等。

蛋白石的硬度较高而性脆（见表 13-3），断口为贝壳状；半透明至微透明；可呈乳白色或无色、浅黄色、橙红色、蓝黑色等色，具有玻璃光泽、珍珠光泽或鸭蛋清光泽，在干燥环境中易脱水而失去光泽[3]。在不同角度光线照射下蛋白石发出不同颜色，显示了灿烂“变彩”效应，具有丝绢光泽似猫眼者称为猫眼石，呈黄色者称为虎眼石，呈蓝灰色者称为鹰眼石。根据其色泽和变彩特性以及切割的完美性可分为普通级和宝石级，色泽美丽者为宝石级蛋白石，称为欧泊（opal），尤以变彩颜色鲜艳者为优。按欧泊体色特征，它们又分为黑欧泊、白欧泊（或浅色欧泊）、火欧泊、水晶欧泊等。黑欧泊为黑色、深蓝、暗绿、深灰和褐色等深色，以黑欧泊最珍贵。白欧泊无色或呈白色、浅灰色、浅黄色等色，以白色为佳。火欧泊呈黄色、橙色或红色并呈半透明至全透明。水晶欧泊表面为水晶层，中间夹有欧泊层，呈透明或半透明，可以看见内部深处欧泊层的彩色。按欧泊体的结构，可以分为卵石形、双层和三层欧泊等。图 13-14[7] 所示为澳大利亚欧泊的形貌和镶嵌于贵金属的珠宝饰品。

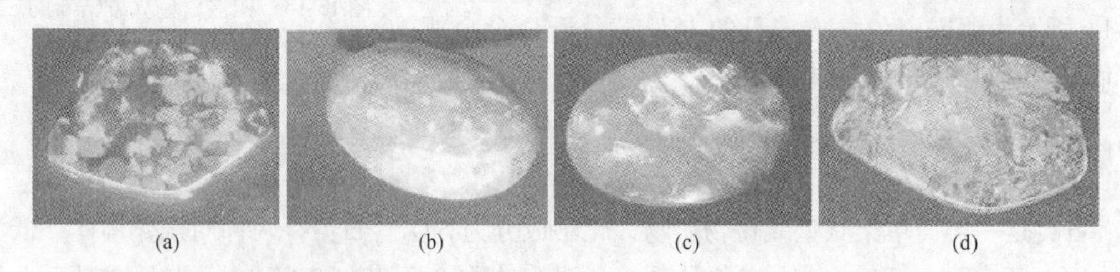

(a) (b) (c) (d)

图 13-14 澳大利亚产欧泊宝石和镶嵌欧泊的 18K 开金戒指与坠饰天然抛光欧泊宝石

（a）黑欧泊；（b）白欧泊；（c）水晶欧泊；（d）火欧泊

D 玉髓、玛瑙、碧玉

玉髓是隐晶质石英的亚种，莫氏硬度 7，透明或半透明，呈蜡状光泽，有红、橙、绿、乳白、淡黄和灰蓝等多种颜色，呈棕红色者称红玉髓，呈红橙色者称光玉髓，呈苹果绿色者称绿玉髓，呈深绿色者称深绿玉髓，绿色带红色斑点者称血玉髓等[5,6]。

玛瑙属微晶石英的玉髓家族，是具有隐晶质和同心带状结构的石英晶腺集合体。玛瑙具有不同颜色条带或花纹，常以条带或花纹的形态命名玛瑙，因而有苔纹玛瑙、缠丝玛瑙、堡垒玛瑙、缟玛瑙（含有带直线夹层）、山水玛瑙等品种。含有较多有机质的玛瑙呈黑色，块体纯净黑玛瑙在自然界很少见，按其有机质含量多寡而呈现出深浅不同的黑色。玛瑙致密坚硬，断口呈贝壳状。普通质地的玛瑙用作耐磨材料，色泽艳丽者可加工成珠宝饰品或工艺美术品。玛瑙多有孔隙或裂纹，可通过染色或斑点着色以增强天然色泽效应[5,6]。

碧玉是隐晶质石英致密坚硬块体，为不透明玉髓。常掺杂有氧化铁等杂质，因而常呈红色、棕色、绿色等，带有丝带条纹的称“丝带碧玉”，红色中带有白、灰色眼状图案的称“球状碧玉”[5]。碧玉可用作装饰和雕刻材料。

13.6.2.3 基于刚玉的宝石——红宝石、蓝宝石

A 刚玉

刚玉的成分为 Al_2O_3，是一种简单的配位型氧化物，属三方晶系，单晶体呈六方柱状、桶状或板状等。刚玉的熔点为2050℃，莫氏硬度为9，无解理，化学性质稳定，耐腐蚀。刚玉呈玻璃光泽，透明者无色，半透明者呈蓝灰色或黄灰色。当含有多种微量杂质，如Co、Cr、Fe、Mn、Ni、Ti、V等时，因其杂质不同，刚玉可有多种颜色，如含Cr者呈红色；含Fe和Ti者呈蓝色；含Co、Ni、V者呈绿色；含Ni者呈黄色；含 Fe^{2+} 和 Fe^{3+} 者呈黑色等。刚玉的（0001）晶面具有星彩性，使某些刚玉在日光或灯光下可以改变颜色[4]。刚玉因具有高熔点、高硬度和高化学稳定性，在工业中广泛用作耐热材料、耐磨材料、研磨材料、轴承材料，宝石级刚玉用作光学材料、激光发射材料和珠宝饰品等。

B 红宝石

含有微量铬的刚玉呈不同红色调（红至紫红色），称为红宝石，主要物理性质见表13-3。红宝石为柱形，但常出现双晶，有玻璃光泽，具有多色性和星光效应，常表现出深红/红，紫红/褐红，红色/橙红等变色效应，在光线的照射下会产生闪烁星光。红宝石属高档宝石，尤以透明且带有微紫色调的鲜红色（鸽血红）品种最为名贵，具有星光效应也是上品。天然红宝石主要用作珠宝饰品，常与贵金属经典首饰相匹配，用于个人特别是女性的装饰，具有不可抗拒的魅力。红宝石被称为爱情之石，象征坚贞爱情，因此镶嵌红宝石的贵金属珠宝饰品是步入婚姻殿堂的首选饰品。图13-15所示为几款镶嵌有红宝石和小卫星钻石的950Pt合金戒指。

天然红宝石主要产地有缅甸、泰国、斯里兰卡、澳大利亚和非洲，美国和中国也有出产，以缅甸产的红宝石为优。天然红宝石数量很少，商品红宝石多为人造宝石。1902年法国人维纳尔用火焰熔化氧化铝粉末和着色颜料的混合物制造出人造红宝石[5]，现代在铱坩埚中高温熔炼掺入了少量 Cr_2O_3 的 α-Al_2O_3，再提拉制得红宝石单晶体[9]。

C 蓝宝石

除红色、紫红色以外其他各种颜色的刚玉宝石统称为蓝宝石。可以根据蓝宝石的颜色进行细分类，如无色无杂白宝石、黄色蓝宝石（称“东方黄玉”）、绿色蓝宝石（称“东方橄榄石”）、粉红色蓝宝石、蓝色蓝宝石、黑色蓝宝石等，以蓝色蓝宝石多见。蓝宝石具有与红宝石相同的物理化学性质（见表13-3）和光学特性[4,6]。蓝宝石是贵重宝石，以矢车菊蓝色（带微紫色调的鲜蓝色）蓝宝石最为名贵，具有星光效应者更佳。蓝宝石也是贵金属珠宝饰品的常用伴侣材料，

图13-15 镶嵌有红宝石和小卫星钻石的950Pt饰品

镶嵌蓝宝石的贵金属经典首饰（见图 13-16）为上等饰品，深受女性喜爱。

图 13-16　镶嵌有蓝宝石和小卫星钻石制造的 18K 黄色开金饰品

蓝宝石主要产于印度、缅甸、斯里兰卡、中国、澳大利亚、泰国、美国和非洲等地，印度产矢车菊蓝宝石最美丽，斯里兰卡出产粉橙色蓝宝石命名为“帕德玛宝石”（意为“莲花”[5]）。高品质天然蓝宝石很少，工业上也采用高温焰熔法或提拉法生长蓝宝石，生长方法与红宝石相同[9]，但掺入的着色杂质不同。

13. 6. 2. 4　*金刚石与钻石*

金刚石是埋藏在地表以下几十千米深处经高温和高压形成的矿石，它的化学成分是碳，是一种配位型天然非金属矿物，常含有 Si、Al、Ca、Mg、Mn、Ti、Cr、N 等杂质，通常在磁铁矿、钛铁矿、镁铝榴石、绿泥石、橄榄石、黑云母、石墨等包体中存在[4]。1887 年在非洲金伯利最先发现包藏在橄榄石中的金刚石，故称为金伯利岩，它是原生金刚石的母岩。图 13-17（a）[3] 所示为包埋在橄榄石中的金刚石矿石。

金刚石属于面心立方晶体，碳原子位于立方体的顶角和面心以及其中四个相间排列的小立方体中心；单晶体多呈八面体、菱形十二面体、四面体等形态。金刚石化学性质稳定，在常温下不与酸、碱发生反映。它具有最高硬度（莫氏硬度 10），最高色散性和最高耐用性，其他物理性质见表 13-3。

钻石是从金刚石经切割加工而成的贵重宝石。图 13-17（b）[8] 所示为经切割后抛光的钻石。纯净的钻石无色透明，有强金刚光泽，由于微量元素的混入而呈现不同颜色，如含铬者呈天蓝色，含铝者呈黄色，含石墨者呈黑色，此外还有绿色、红色、褐色等。钻石具有多个不同取向方位的晶体刻面，它能反射各个方向的光线，在光线照射下，能产生斑斓闪烁的星光效应，晚上灯光下更能发出淡青色光芒。天然钻石以呈红、绿、蓝、紫、金黄、棕色等彩色者为珍品，极为少见；以无色或带微蓝色透明、洁净无瑕、切工规范精细而显示高亮度和光彩者为佳品；以带黄色者次之[4,6]。钻石的价值由其克拉质量、颜色、透明度、净度和切工精细来衡量，价格与质量的平方成正比。

当今世界各地均有金刚石产出，总储量大约有 25 亿克拉，主要出产国家有澳大利亚（储量约 6. 5 亿克拉）、扎伊尔（约 5. 5 亿克拉）、博茨瓦纳、俄罗斯、南非等国，其钻石产量占全世界钻石产量的 80% 以上。中国的金刚石探明储量和产量居世界第 10 位，主要产地有辽宁、山东、湖南、贵州等省。近年在大连市瓦房店地区发现一座大型金刚石矿，预计蕴藏有 21 万克拉钻石，其纯度超过世界最著名的金伯利金刚石矿。

(a)　　(b)

图 13-17　包埋在橄榄石中的金刚石和经切割抛光的钻石

市场上有许多仿冒钻石赝品，主要有锆石、立方氧化锆、无色尖晶石、人造钇铝石榴石（美国钻）、人造钆镓石榴石、人造金红石和人造镀膜玻璃制品（水钻）等。另外，在高温高压条件下可以合成钻石，但合成钻石费用高，市场上很少见。可以根据钻石特有的硬度、密度、色散、折射率、导热性等特性与其他仿冒钻石相区别。鉴于天然钻石具有良好导热性，而仿冒钻石的热导率相对较低，测量导热性可以方便地区别它们。图 13-18[8] 所示为鉴别钻石的专用笔式导热仪，它由金属针状探头与控制盒组成，当笔尖探头触及钻石表面时，温度明显降低，由控制仪表发出信号灯或鸣叫声显示测定结果。在专业珠宝商店配置有这种仪器，可以帮助顾客鉴别真伪钻石。

钻石象征纯洁，主要与贵金属匹配制造经典奢华珠宝首饰品，尤以铂金钻石饰品最完美和最珍贵。图 13-19 所示为几款镶嵌钻石的铂金珠宝饰品，包括镶钻铂金戒指、项链、坠饰。以铂金的淡雅柔美曲线环拥纯净的钻石，辉映钻石璀璨光华，显示和谐完美的美学匹配和忠贞永恒的属性，深为广大消费者喜爱，尤其受青年消费者青睐。

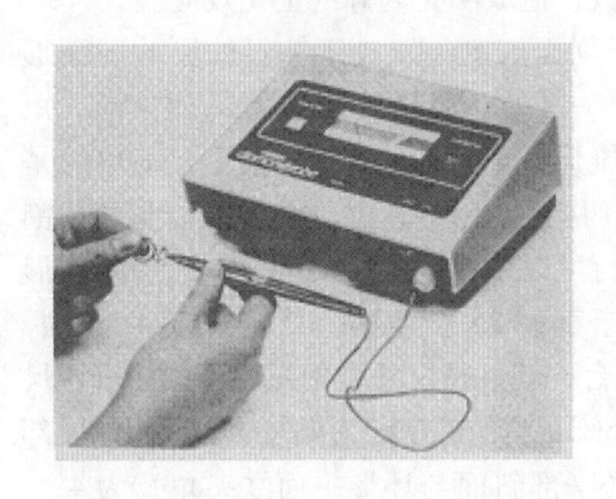

图 13-18　鉴别钻石的专用笔式导热仪

图 13-19　几款镶嵌钻石的铂金珠宝饰品

13.6.3　宝石切割与装配

包埋在各种原矿石中的宝石需要经过切割、雕琢、镶嵌等一系列设计和制造工序才能制造成为赏心悦目的宝石和珠宝饰品，这些内容涉及宝石晶体学和宝石制造工艺学，感兴趣的读者可参看相关书目。限于篇幅限制，本书仅作简单介绍。

13.6.3.1　宝石切割

宝石切割有多种形式，应根据宝石晶体学和几何学知识采取正确的切割方式。这里仅介绍两种主要的切割形式，即凸圆形切割和晶体刻面切割。

A　凸圆形切割

适于凸圆形切割的宝石一般是圆形、卵形、梨形、方形、矩形、长方形、八角矩形和八角长方形等，凸圆形切割的目的是创造表面圆弧造型。按照切割曲面的斜率，凸圆形切割可分为低弧（斜率）、中弧、高弧、圆锥形等 12 种形式，如图 13-20[3] 所示。凸圆形切割形式常在半贵重宝石中采用。

B　晶体刻面切割

具有结晶刻面的宝石可以切割成对称排列的小平面，其切割方式与刻面排列和特定宝石的晶体结构有关。一般而言，具有高反射率的透明宝石适于刻面切割，但某些不透明宝石也可做表面刻面切割以提高反射率。刻面切割的主要功能是充分开发晶体刻面的光学性

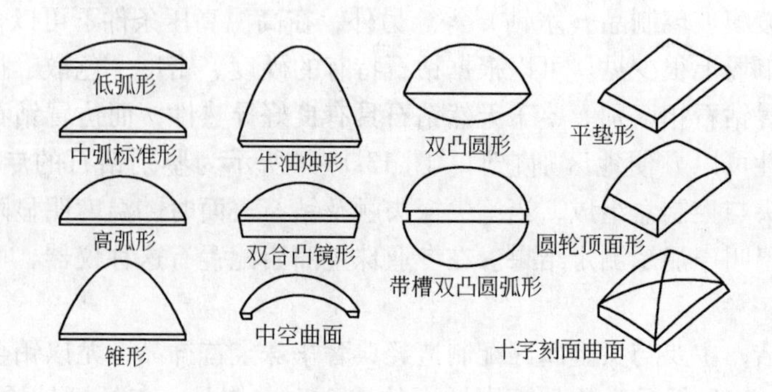

图 13-20 宝石的凸圆形切割形式

质，增强各个刻面对各种颜色光的反射、衍射和色散，造成明亮闪烁的星光效应。

在宝石中，钻石具有最高色散，因而也最适于刻面切割。取决于钻石的原始截面形态，钻石有许多种切割方式，大体可以分为两类：一是基于直边环形截面（如方形、矩形、三角形、八角形等）宝石的切割；二是基于圆锥形截面宝石的切割，其中最简单的是圆形截面宝石的切割。这里介绍一种标准的明亮式切割。图 13-21[3] 所示为一种明亮切割钻石的形貌及其俯视图形。一个圆形的明亮切割钻石可以分成两个主要部分，以中间环形平面为界将它分为上冠下亭。冠部有 33 个刻面，亭部有 25 个刻面，总体共 58 个刻面，称为“33/25”型切割或钻石。冠的顶面为八角形平台，其直径尺寸是中间环形截面直径尺寸的57. 5%；冠的高度则是中间环形截面直径的14. 6%；亭的深度则为43. 1%。理想的冠部角（冠部斜面与环形平面之夹角）为 35°，亭部角（亭部斜面与环形平面之夹角）为 41°。大部分钻石采用明亮式切割，因为这种切割方式可以充分展示天然星光效应，得到最光亮闪烁的钻石。还有其他切割方式，其基本结构相同，仅上述尺寸比例有轻度的调整。

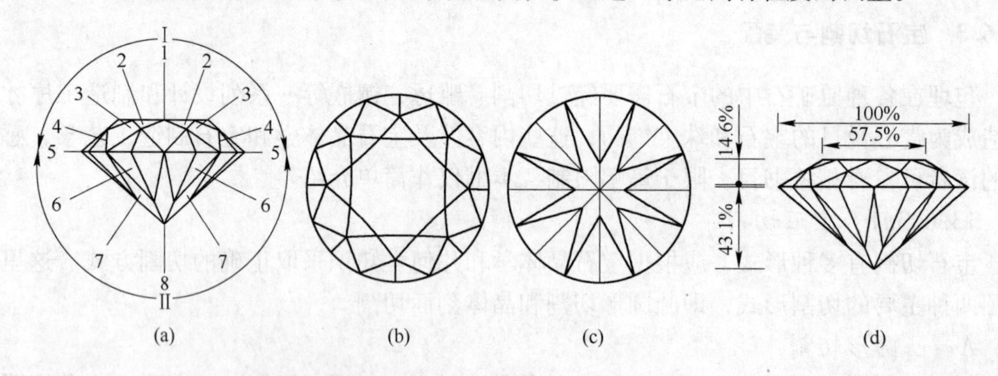

图 13-21 一种标准明亮式切割圆钻石的形貌（a）、俯视图形（b）和尺寸比例（c）、（d）（33/25 型切割）

Ⅰ—冠部：1—平台；2—星光刻面；3—斜刻面；4—冠部环形刻面；5—赤道环面；

Ⅱ—亭部：6—亭部环形刻面；7—亭部主要刻面；8—底面

13. 6. 3. 2 宝石安装

贵金属珠宝饰品中的宝石通常安装在贵金属框架内，它既能保证宝石安装的牢靠性，同时能保证宝石能最好地发挥它的光学特性和美学属性。有许多安装宝石的方法，应根据宝石的几何特征和贵金属珠宝框架形式选择最佳的装配方案。

A 凸圆形切割宝石的安装

图 13-22[3] 所示为 9 种基本安装形式，既适于安装圆形宝石，也适合安装直边形宝石和任何规则曲线宝石。对于一些不规则形状的宝石，也可使用这些安装形式或在此基础上做适当修改的安装形式，如对具有尖角的宝石，可以在这些平底座盘上开 V 形槽以适应宝石的尖角。

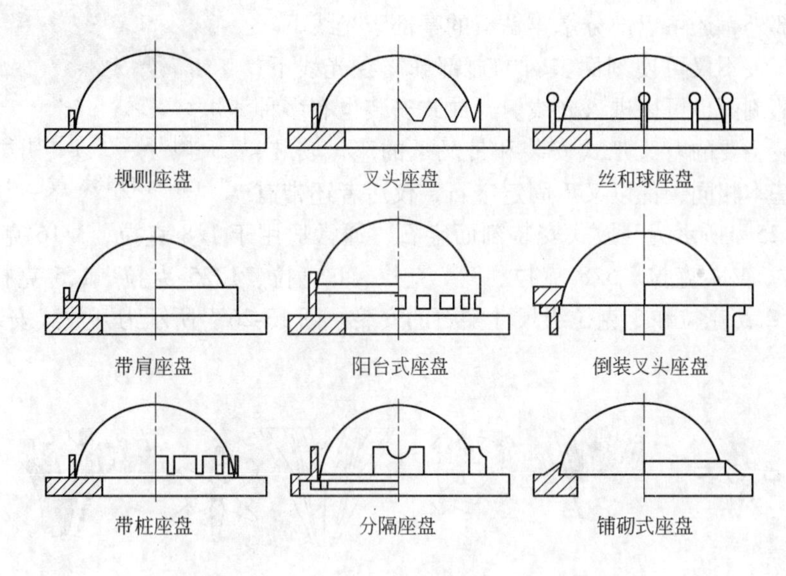

图 13-22 凸圆形切割宝石的一些基本安装形式

以凸圆形宝石安装为例，图 13-23[3] 所示为用 18K 金合金锥形带肩座盘的构架和镶嵌有肉红玉髓、烟水晶、琥珀和条纹玛瑙组成的项链饰品，其中图 13-23（b）所示 6 颗条纹玛瑙是从同一块原石上平行切取并经凸圆形切割和抛光得到，它们具有相似的美丽条纹。

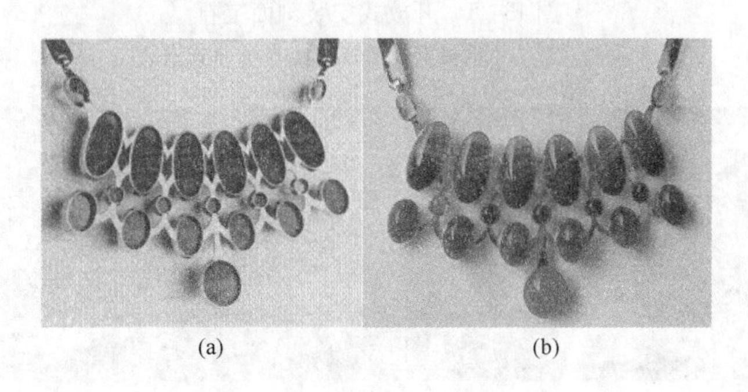

图 13-23 用 18K 金合金锥形带肩座盘构架（a）和镶嵌凸圆形宝石的项链饰品（b）

B 刻面切割宝石的安装

标准刻面宝石可以单粒或组合安装。就安装技术而言，可以闭合安装和开放安装，有些系统可以实行闭合和开放两者相结合的安装技术。

a 单粒宝石安装

闭合安装仅将宝石的腰部以上部分暴露在光线下，主要安装方式有杯式座盘安装、衬贵金属箔安装（以增加宝石光亮色泽）、无缝管安装、楔形安装、平截面锥体安装等形式。图 13-24 所示为质量为 18 克拉 40 分的钻石安装在闭合式和半闭合式的 18K 黄色开金戒指中，其中闭合式安装只能暴露钻石的冠部，而半闭合式安装除全部暴露钻石的冠部外，还可以部分暴露钻石的亭部于光线下。

图 13-24 采用闭合式安装钻石的 18K 黄色开金钻戒

开放式安装不仅可使刻面宝石的冠部暴露在光线下，而且它的亭部刻面也可以进入光线。开放式安装也有多种安装方式，最主要的有叉爪式安装和带叉爪的座盘安装，这两者形式基本相同，都以叉爪固定宝石，仅后者还带有座盘。图 13-25[3] 所示为开放式安装刻面宝石，通常适用于 1/8 克拉、3/16 克拉、1/4 克拉、3/8 克拉、1/2 克拉、5/8 克拉、3/4 克拉、1 克拉、1.25 克拉、1.5 克拉、1.75 克拉、2 克拉、2.5 克拉和 3 克拉级尺寸宝石的安装。图 13-26[3] 所示为开放式安装钻石的开金戒指。

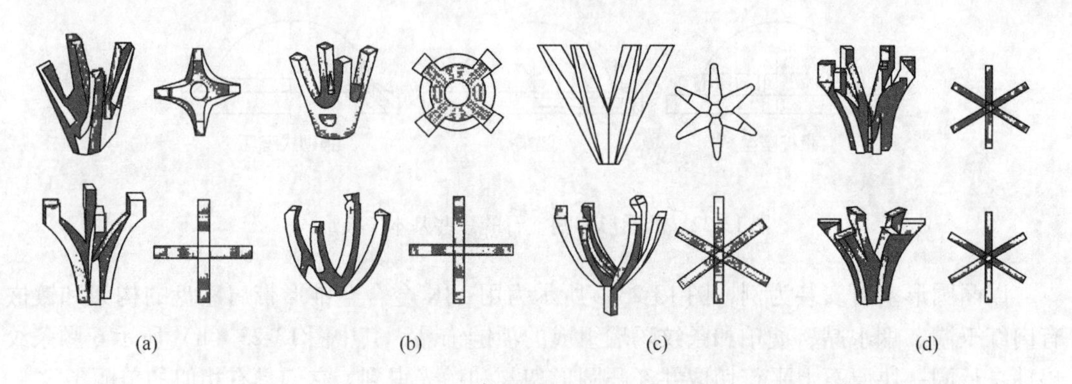

图 13-25 开放式安装刻面宝石

（a），（b）4 爪式安装；（c），（d）6 爪式安装

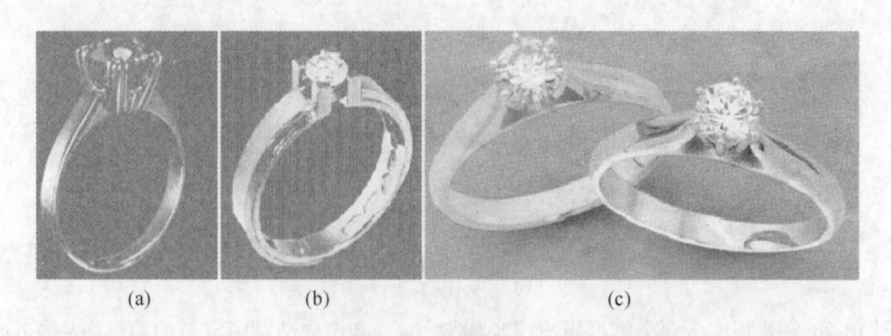

图 13-26 开放式安装钻石的开金戒指

（a），（b）用 4 爪固定钻石的 18K 白色开金戒指；（c）用 6 爪固定钻石的 18K 黄色和 14K 白色开金戒指

b 组合宝石安装

组合宝石安装也有多种形式，如簇状安装、铺砌安装和通道安装等，要根据贵金属载

体或托架的形式和宝石排列构型选择安装方式。

簇状安装通常是几颗较小的宝石围绕一颗大的宝石组成环形围绕安装，可采用上述单粒宝石安装方法。图 13-27[3] 所示为 8 颗小宝石围绕一颗大宝石形成的簇状安装的开金戒指。

铺砌安装通常是具有相同或相近尺寸的圆形刻面或凸圆宝石密排在一起覆盖部分面积或全部面积所形成的安装，表面可以是平面型、凸型或凹型，贵金属载体几乎完全隐藏在宝石背后但承担整体结构的强度。图 13-28[3] 所示为我国西藏制作的表面精细铺砌绿松石的银饰品，采用加热虫胶作黏结剂将精细切割和抛光的绿松石铺砌镶嵌在银表面而成，造型具有宗教特色。

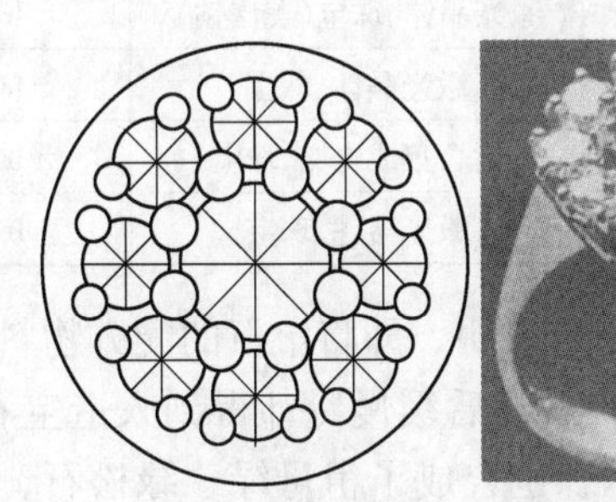
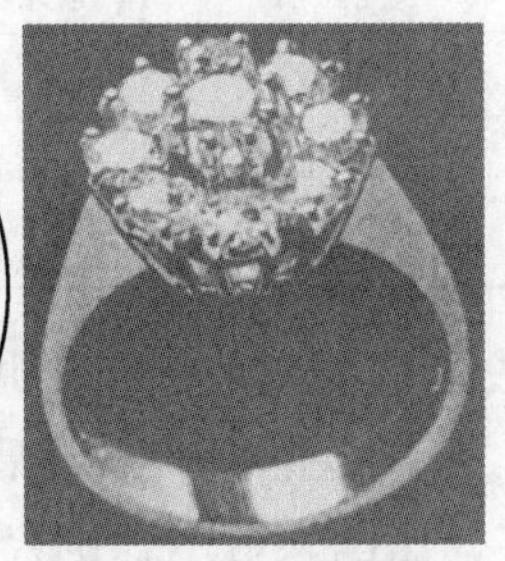

图 13-27 以 8 颗小宝石围绕一颗大宝石形成的簇状安装

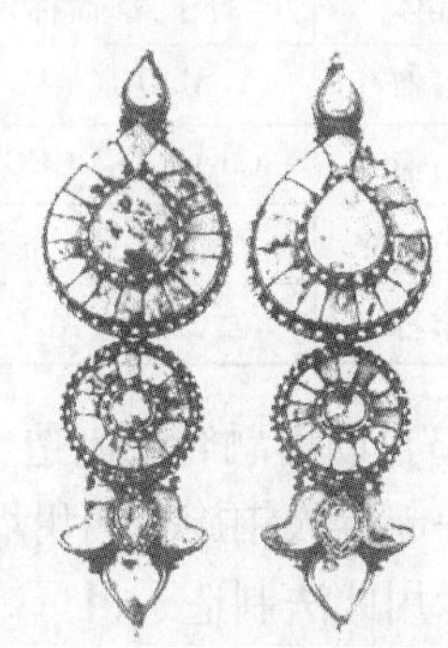

图 13-28 表面精细铺砌绿松石的银饰品

通道安装通常是在金属托架上切割通道，将一系列四边形的透明刻面宝石依次排放在通道上并固定。通道安装可以是平面的，也可以是凸起的，金属托架被铺盖在宝石平面下面，因而基本上看不见，仅起载体作用。

13.7 人造宝石与仿制宝石

天然宝石储量稀少，为了满足珠宝市场需求，人类发展了人造宝石和仿制宝石。在珠宝饰品和宝石市场上，所有贵重和半贵重天然宝石都有相应的人造宝石和仿制宝石，人造宝石大体又可分为合成宝石和优化处理宝石。

13.7.1 人造宝石

13.7.1.1 合成宝石

合成宝石是按照天然宝石的生成条件在实验室内制造的宝石，其的化学成分、结构和光学性质类似天然宝石。具体介绍如下：

（1）人造金刚石。在实验室的高温和超高压条件下使石墨或气相碳原子发生相变转化形成具有面心立方晶体结构的金刚石，已发展了许多实验方法，按其技术特点有静压熔剂—触媒法（简称熔媒法）、动压爆炸法和高温低压法等。工业上常用静压熔媒法，一般在 5 ~ 8GPa 压力和 1100 ~ 1700℃ 温度下，可以合成粒径 0.5mm 至几个毫米的金刚石。动压爆炸法则需要 2000℃ 以上高温和 100GPa 以上的超高压力才可使石墨直接转变为微米级尺度的金刚石粉末[4]。由于技术难度高，制造成本高昂，虽然已应用于某些工业领域，但较少用于珠宝制造。

(2) 高温熔体提拉法制造单晶体宝石。约在1900年韦尔讷伊采用“高温熔融滴铸法”首先制造得红宝石[5]，后来得到进一步发展。此法的要点是：按照天然宝石的成分配方，在铂族金属坩埚内高温熔化物料并采用滴铸法或提拉法制造成单晶体。如将物料置于铱坩埚内，在高频感应炉内加热至2200℃以上高温熔化物料，采用提拉法制造石榴石、蓝宝石和红宝石单晶体（见表13-5[9]）。这种方法制造的单晶体纯度高，其化学成分和结构与天然宝石相同或相近，可经切割和抛光造型用于珠宝饰品。

表13-5 采用铱坩埚和高温熔体提拉法制造石榴石、蓝宝石和红宝石单晶体

单晶体	分子式(简称)	熔点/℃	制备方法	主要应用	坩埚材料
钇铝石榴石	$Y_3Al_5O_{12}$(YAG)	1970	提拉法	激光晶体、珠宝(美国钻)	Ir
钆镓石榴石	$Gd_3Ga_5O_5$(GGG)	1825	提拉法	激光晶体、珠宝	Ir
蓝宝石	Al_2O_3	2050	滴铸法、提拉法	混合集成电路、珠宝	Ir
红宝石	含Cr^{3+}的Al_2O_3	2050	提拉法	激光器件、珠宝	Ir

(3) 助熔融合法制造宝石。此法由法国化学家弗雷米发明，即将宝石的配方物料和助熔剂一起置入铂族金属坩埚内熔化聚合，在高温下保持数月后缓慢冷却得到人造宝石[5]。弗雷米用此法制造了祖母绿和红宝石晶体，法国人吉尔森也合成了祖母绿、绿松石、青金石、珊瑚等宝石，但其光学特性不同于天然宝石。此法因添加了助熔剂，可能会影响宝石的纯度。

(4) 粉末冶金法制造宝石。将宝石的配方物料经压实和高温烧结制造宝石，如在1400℃还原气氛中烧结的钛酸锶晶体可以仿制钻石。此法比较简单，但所制备的宝石的纯度、密度和硬度可能不如上述单晶体宝石。

13.7.1.2 优化处理宝石

对于有裂纹和瑕疵或颜色不好的质量次级的宝石，采用优化处理可以改善原始宝石的外观，提高宝石的品质。优化处理有多种方法，如热处理、高能射线辐照、注油、染色、漂白或注塑等方法。热处理法是将宝石在高温加热处理，可以增强或改变宝石的颜色或透明度，如在还原气氛中高温热处理蓝宝石和红宝石，可以加深颜色，在氧化气氛中高温热处理则可减退颜色；又如绿色海蓝宝石经热处理可以变成蓝色，棕色锆石经热处理可以变成蓝色等。以高能射线辐照宝石可以使宝石褪色或恢复到原色，还可以添加或注入微量着色离子以改善表层颜色[4,6]。注油、染色、漂白和注塑等方法都能改变宝石外观甚至整体形貌，增强或减退某种颜色，填充和掩盖宝石的裂纹和瑕疵，如多孔白硅硼酸矿石经染色后可仿制绿松石，浸油的祖母绿可以变得更绿[5]，B货和C货玉石和翡翠经过人工优化处理可改善质量。

13.7.2 仿制宝石

仿制宝石与人造宝石不同，它是用其他廉价的材料仿造天然宝石，其外观可能类似天然宝石，甚至达到以假乱真的程度，但其成分、结构和特性完全不同于天然宝石。所有天然宝石都有相应的仿制品，有机质宝石一般采用骨质材料、植物象牙、树脂、塑胶、玻璃等材料合成仿制，无机矿物宝石则多采用玻璃和合成尖晶石或其他矿物材料仿制。

玻璃是一类非晶态固体，具有良好的光学性能、透明性和热塑造型特性，可以通过调整化学成分或掺杂方式、表面处理和热处理工艺，改变颜色和物化性质。因此，许多世纪以来，玻璃和合成尖晶石之类的人造材料一直用于仿制各种透明宝石和任何颜色的半透明或不透明宝石，还可以仿制包含有内含物的宝石，例如仿制的玻璃红宝石、绿宝石等达到逼真的程度。许多宝石的“变彩”或“虹彩”效应也可以仿制，如法国吉尔森采用硅石凝胶微粒球体结构仿制具有“虹彩”效应的蛋白石，还有人采用聚苯乙烯胶乳仿制蛋白石。通过仿制方法还可以制造“复合宝石”，如将不同宝石块体、片材或碎片聚合，可形成不同形式的复合宝石，其中底层多采用玻璃。如采用天然贵重蛋白石作顶层、普通蛋白石、玻璃或玉髓作底层制造“双层蛋白石”，若再外加一层水晶保护层就构成“三层蛋白石”[5]。

仿制宝石一般采用廉价材料，所以价格便宜。虽然许多仿制宝石外观可以达到或接近天然宝石，但毕竟是仿制品，或者说是赝品。以玻璃仿制的宝石有许多缺点，如硬度较低、易磨损和易产生裂纹、内部常有气泡等。此外，玻璃不具有许多宝石所具有的双折射效应。这些缺点使玻璃仿制的宝石容易辨认。

在人类发现和制造的美学材料中，贵金属与宝石都是稀缺物质，只有贵金属的高稳定性和丰富的色彩才能与宝石的美丽色泽和永恒特性相媲美，才能衬托出宝石的光彩，也只有贵金属的高贵性才能与宝石的高贵性相匹配，创造出更高的艺术价值和商业价值。在贵金属珠宝饰品中，银、金、钯、铂及其合金可以和各种贵重与半贵重、透明与半透明宝石匹配，其中尤以铂、金的高贵性最能匹配和衬托钻石的璀璨光辉和昂贵价值，铂金/钻石饰品是最完美的搭配，已成为人们心目中极致与永恒的象征。贵金属珠宝饰品的价值和美学属性体现在独特的设计理念、新颖造型和精密制作，以及贵金属与宝石的和谐匹配。社会的进步和人民生活水平的不断提高将继续推动贵金属珠宝饰品和艺术向前发展。

参 考 文 献

[1] CRETU C, VAN DER LINGEN E. Coloured gold alloys[J]. Gold Bulletin, 1999, 32(4): 115 ~ 126.

[2] 杜久明，杨善清. 中国殷墟[M]. 上海：上海大学出版社，2006.

[3] UNTRACHT O. Jewelry concepts and technology[M]. New York: Doubleday & Company, Inc., 1982.

[4] 师昌绪. 材料大辞典[M]. 北京：化学工业出版社，1994.

[5] 卡利·霍尔. 宝石[M]. 猫头鹰出版社译. 北京：中国友谊出版公司，1997.

[6] 夏征农. 辞海[M]. 上海：生活辞书出版社，1999.

[7] Australian Antique and Art Dealsers Association. Carter's Price Guide to Antique in Australasia[M]. Sydney: John Furphy Pty Ltd., 2010.

[8] VOLLSTADT H, HAUMGARTEL R. Edelsteine[M]. Stuttgart: Ferdinand Enke Verlag Stuttgart, 1982.

[9] 宁远涛，杨正芬，文飞. 铂[M]. 北京：冶金工业出版社，2010.

14 贵金属珠宝饰品的制造技术

贵金属珠宝饰品制造是一门古老的技术，但科学技术进步赋予了它新的制造技术与方法。大体来说，贵金属珠宝饰品制造可分为两步，第一步是采用各种技术制造贵金属型材、饰品半成品或铸件；第二步是制造珠宝饰品零件，装配成饰品。贵金属饰品半成品可以采用型材机加工、粉末冶金、熔模精密铸造等技术制造成。在非贵金属（包括各种贱金属及其合金、塑料、植物等）半成品或基体上采用电镀或其他涂层技术获得贵金属涂层也是制造珠宝饰品的重要方法。

14.1 贵金属型材制造技术

14.1.1 贵金属型材制造流程

用于珠宝饰品制造的贵金属及其合金型材包括各种规格尺寸的丝材、棒材、管材、板（带、片、箔）材等。贵金属型材制造一般采用熔铸—加工方法制造，图 14-1[1,2] 所示为贵金属型材制造的一般工艺流程，包括原料配制、熔炼铸造、压力加工、表面处理、质量检验等步骤。

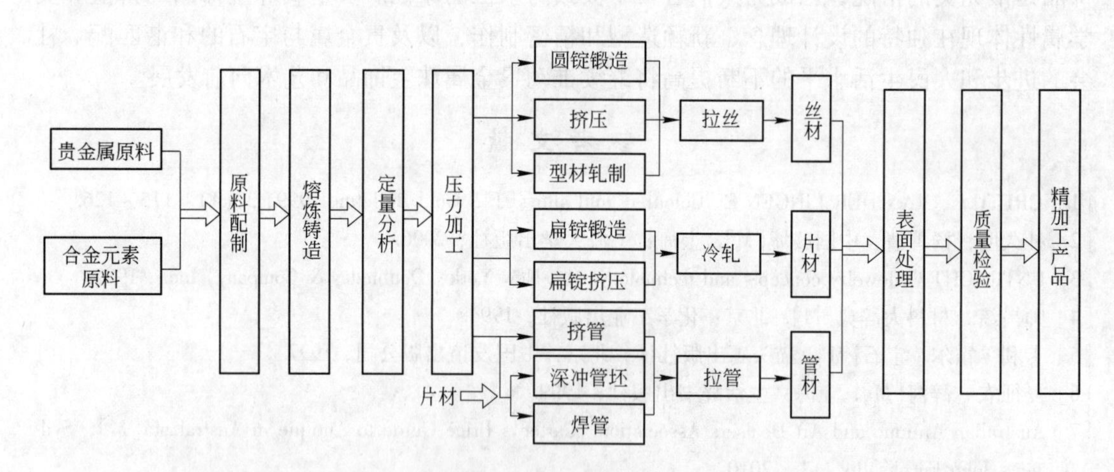

图 14-1 贵金属型材制造的一般工艺流程

14.1.2 贵金属及其合金的连铸连轧工艺

关于贵金属及其合金的熔铸和加工方法已在文献［2~5］有较详细讨论。由于 Au 和 Ag 合金熔点较低，在熔铸过程中对熔炼坩埚和结晶器材料的要求相对较低，另外 Au 和 Ag 饰品合金的生产规模较大，因此，对于大规模 Au 和 Ag 合金的生产可以采用连铸连轧的生产工艺。图 14-2[1,2] 所示为连铸连轧装置示意图，可使熔炼和型材生产在同一装置上完成，提高了生产率。在连续铸造装置中拉锭是在坩埚底部结晶器内进行的，避免了液态和凝固态金和银合金与空气接触，使产品中氧含量显著降低；同时连铸过程冷却强度大，这使铸件偏析减少和组织致密，因而提高了合金铸件的质量。在贵金属饰品合金材料中，925Ag-Cu 合金和 Au-Ag-Cu-Zn 系彩色开金合金是主要的饰品合金，生产规模和市场需求量大，可以采用连铸连轧或小型连铸连轧生产装置和工艺，具体生产工艺应视生产规模和生产条件而定。

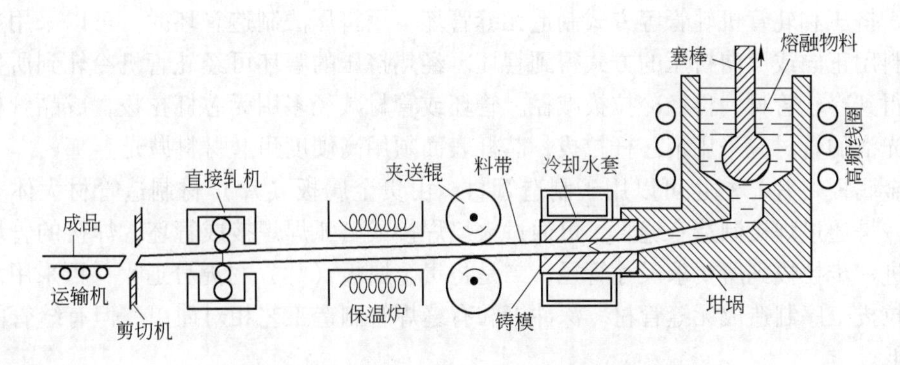

图 14-2 连铸连轧装置示意图

14.1.3 贵金属及其合金型材加工工艺

14.1.3.1 板带材制造

贵金属合金板带材制造可以采用图 14-1 中的片材制造工艺，铸锭或坯料应为矩形截面。根据扁锭的尺寸、质量大小和塑性的优劣，可以采用挤压、锻造或直接轧制开坯制成板带坯料。对于小截面铸锭和小批量生产，一般采用锻造或轧制开坯；对于大批量生产的合金，可采用挤压开坯，或采用连铸连轧直接制成板带坯料；由粉末冶金法制备的烧结坯锭宜用挤压法开坯，以进一步提高烧结坯锭的密度。挤压开坯具有大压缩比，其三向压应力状态有利于提高金属塑性，特别适于塑性较差的合金和多相合金开坯。锻造过程的应力状态也有利于改善合金塑性。对于塑性好的合金可以直接采用热轧或冷轧开坯和减薄。贵金属在压力加工过程中一般都需要经过多次中间退火处理，两次中间退火的变形量可控制在60%～80%，金、银的退火温度 600～650℃；钯、铂的退火温度 700～850℃，退火时间视其厚度和变形量而定。最后采用高硬化和高光洁度的钢轧辊或硬质合金轧辊轧制板带材，在多辊轧机上直接轧制成箔材，可以保证板带材或箔材尺寸精确和表面光洁度。

14.1.3.2 棒、丝材制造

贵金属合金丝、棒材制造可以采用图 14-1 中的丝材制造工艺，铸造圆锭可以采用挤压、旋锻、锻造（自由锻或模锻）或轧制开坯，并根据合金塑性状态采用后续热加工或冷加工。挤压开坯可采用单孔或多孔挤压模具，多孔模具设计应采用对称排列。小圆铸锭可采用模锻开坯减径。塑性好的合金可采用各种类型的型辊轧机热轧或冷轧开坯。开坯或粗轧孔型一般采用箱形或矩形孔型系列，变形量较小；中间轧制过程采用六角-方形、菱弧形-菱弧形、菱形-菱形等延伸孔型系列，以保证轧件有较大延伸；精轧过程多采用方形-椭圆形-圆形等孔型系列，以获得具有圆形截面的棒材。由挤压、锻造和轧制加工得到的棒材要经拉拔工序制备成品棒和丝材。粗拉拔工序可将 ϕ12 ~ 15mm 棒材拉拔至 ϕ4 ~ 5mm，一般采用钢模或硬质合金拉丝模；中拉可将 ϕ4 ~ 5mm 棒材拉拔至 ϕ0.5mm 丝，主要采用硬质合金拉丝模；ϕ0.5mm 以下丝材拉拔均采用钻石拉丝模，最终可拉拔至微米级尺度直径的丝材。在棒、丝材制造过程中应采用适当润滑剂以免损伤模具。

14.1.3.3　管材制造

贵金属合金管材制造可以采用图 14-1 中的管材制造工艺，可采用离心铸造法、铸锭穿孔法、挤压和轧管机轧管等方式制造无缝管坯。用挤压法制造管坯时，可以采用空心或实心坯料用正向或反向挤压的方式得到管坯。经热挤压的管坯可经轧管机冷轧到所要求的尺寸，得到冷轧管材，再经冷拉拔减径。管坯或管材减径多用无芯杆拉拔，成品管材或要求内壁光滑的管材应采用带芯杆拉拔，芯杆表面须用高硬度耐磨材料抛光。

贵金属板（片）材也可以用于制造管材。由贵金属板（片）材制造管材大体有两种方法：一是通过焊接制造有缝管，可通过火焰焊接或氩弧焊焊接成管坯，焊接的管坯经退火后可进一步拉拔到所要求尺寸管径，二是将贵金属板（片）材充分退火，再采用深冲—退火—拉拔工序制造成无缝管材。深冲管和有缝焊管制造工艺相对简单，但有缝管的强度相对较低。

14.2　贵金属合金型材制造珠宝饰品

14.2.1　贵金属丝材制造装饰品

贵金属丝材是制造珠宝饰品最基本的型材。中国和埃及等国采用金银丝材制造珠宝饰品的历史可以追溯到公元前3000 年。我国在殷商时代就发明了“错金银”镶嵌技术，并带动了金银丝材制造技术，在秦汉时代已可制造很细的金银丝，如汉代刘胜墓出土的金缕玉衣中金丝直径仅 0.14mm，是我国古代最辉煌的金丝装饰艺术成就。

退火态 Au、Ag、Pt、Pd 丝材柔软而具韧性，适合于手工编织和机器织造，能工巧匠和现代机器织造可以用丝材制造出款式新颖和花样繁多织造装饰艺术品。

14.2.1.1　金银丝细工装饰技术与饰品

金银丝细工装饰技术包括金银丝镶嵌和金银丝编织。金（银）丝镶嵌是一项古老的细工装饰技术，我国的“错金银”技术就是以金（银）丝或片嵌入器物表面制作成铭文或纹饰图案，所“错”花纹图案精细流畅。现代北京生产的“金地花丝”和“银地花丝”景泰蓝就是在铜胎中“错金银丝”的细工装饰技术。

采用金（银）丝细工工艺可以制造各种款式精细花纹图案饰品，至今在世界各地仍然应用，其基本的结构形式可以分为四种类型：（1）网状式细工花纹图案饰品，它没有任何支撑物，但可用较粗丝材作框架支撑较细的丝网，在接触点通过焊接形成饰物；（2）有基底支撑的细工花纹图案饰品，所有的细丝材料镶嵌或焊接在基底上；（3）上述两种形式的结合，即一个完整形式的网状式细工花纹图案饰品焊接或装配在基底上；（4）在上述三种形式饰品上添加其他饰物。图 14-3[6] 所示为采用银丝细工花纹图案耳环，显示的是孔雀图案（右）和花卉图案（左）。图 14-4[6] 所示为中国西藏制造的银吉祥盒，其中心区是银丝细工花纹图案，图案周围是穿有系列小珍珠的细工装饰，周边是压花装饰，做工精密细致。

图 14-3 银丝细工花纹图案耳环（印度）

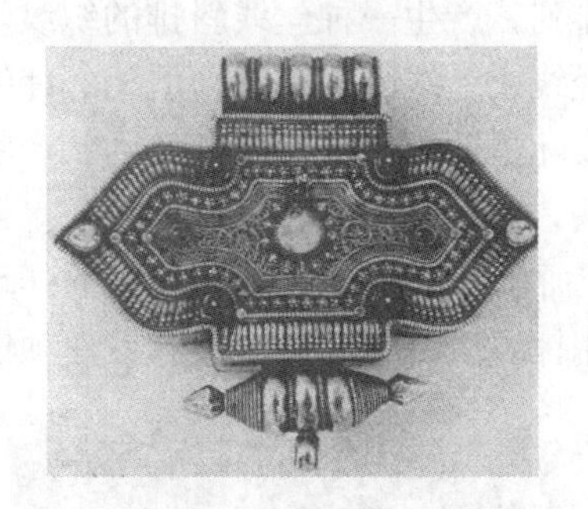

图 14-4 饰有细工花纹图案的银吉祥盒（中国西藏）

14.2.1.2 丝链饰品制造

贵金属丝链可以用作项链、手镯、腰带、发饰、表链等装饰品，是应用最广泛的饰品单元。链的基本单元是环或扣。环与扣的款式和连接方式多种多样，图 14-5[6,7] 所示为部分款式的环和扣。贵金属链式饰品尤其项链的花色、品种和规格繁多。

链可以用手工和机器制造。手工制造链大体经过如下几个步骤：（1）制造环：圆形（或其他形状）丝材环绕着一个芯绕成环，切断；（2）连环与钎焊：环与环相连相扣，用颜色相同的细丝或钎焊合金丝作为焊料，用气体火炬钎焊环缝，使每一个小环封闭，形成链条；（3）扭曲校直：将链条两端固定，施加张力，使扭曲的链校直；（4）抛光：采用滚筒抛光或电解抛光链条，使链条光亮；（5）装配与精整：将链条切成所要求的长度，钎焊固定，装配成项链或手镯等饰物。机器制造的程序与手工制造基本相同，只是由机器完成（见图 14-6[1]）。

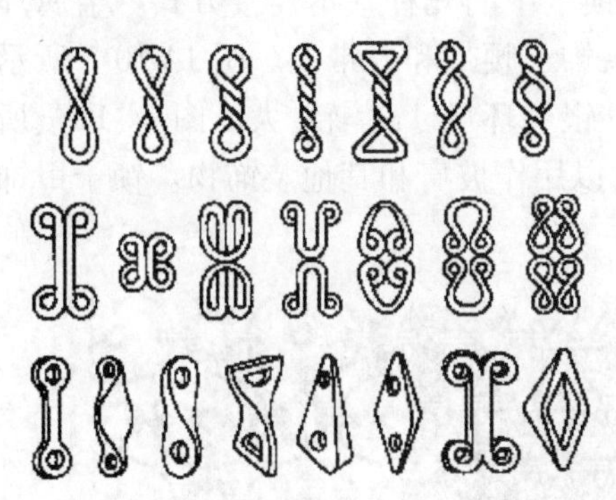

图 14-5 用于制造链式饰品基本单元的环和扣（部分款式）

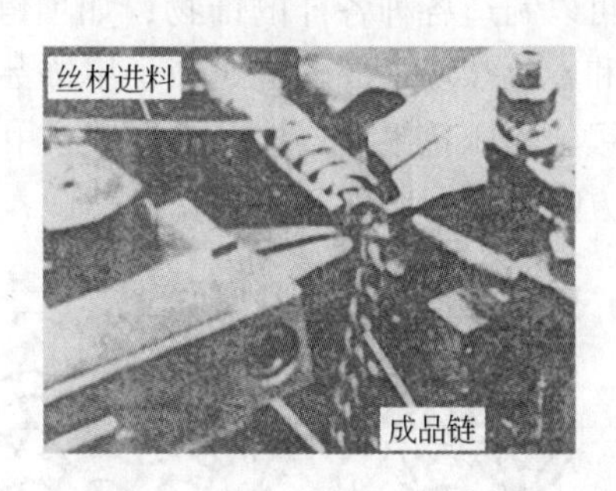

图 14-6 机器制链的主要过程

14.2.1.3 编织与织造饰品

手工编织和机器织造是贵金属丝材饰品的主要制造方法之一。织造过程的基本概念是一系列经线和一系列纬线交织成饰物或花纹图案，它适于丝材和窄带材。手工编织和机器织造饰品主要有平纹编织、斜纹编织、缎面编织和网状编织 4 种。平纹编织是最简单的编织方法，它是单一的经、纬线相互交织。斜纹编织一般是两根经线和纬线按一定角度交替上下排列，产生一种丝线斜排的织纹。缎面编织可以认为是斜纹编织的派生织法，它是单一的经线或纬线相互交织，但相邻纬线不会与同一经线耦合，产生平滑的织造表面。网状编织实际是针织织法，生产丝网状产物。由这些基本的编织方法可以衍生出许多其他的编织方法，如罗纹编织、篮筐编织等。编织或织造方法广泛用于制造贵金属珠宝饰品。图14-7[6]所示为采用925Ag丝编织的耳环，中间镶嵌有18K金合金丝熔焊点。图14-8[6]所示为采用针织法制造的金、银和钛丝项链（部分）。

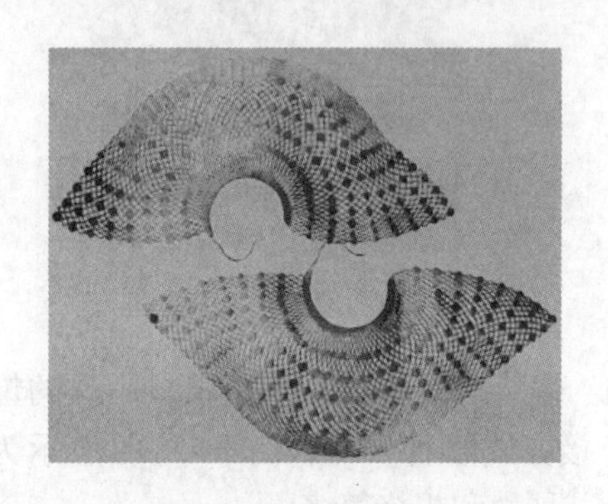

图 14-7　采用925Ag丝编织的耳环

图 14-8　用针织法制造的金、银和钛丝项链（部分）

14.2.1.4　金属环锁子甲

锁子甲是将金属丝环相互连接或用金属丝将金属片连接起来制成具有柔性的编织物，在2~17世纪广泛用作保护身体的铠甲。我国古代的锁子甲"五环相互，一环受镞，诸环拱卫，故箭不能入"（《正字通·金部》）。后来锁子甲逐渐用作装饰品。金属环（或片）连接成锁子甲的方式很多，图14-9所示为金属环锁子甲的几种基本连接方式。金属环锁子甲可以制造各种各样的饰物，如项链、披肩、头饰、腰带和表带等。图14-10[6]所示由银环和着色钛环组成的链式锁子甲饰品，从内向外银丝环尺寸逐渐增大。图14-11[6]所示为由银丝和压花银片连接形成的锁子甲饰品，它可以用作披肩和其他装饰物。锁子甲饰品设计方案灵活，图样新颖，花色美观，别具一格。

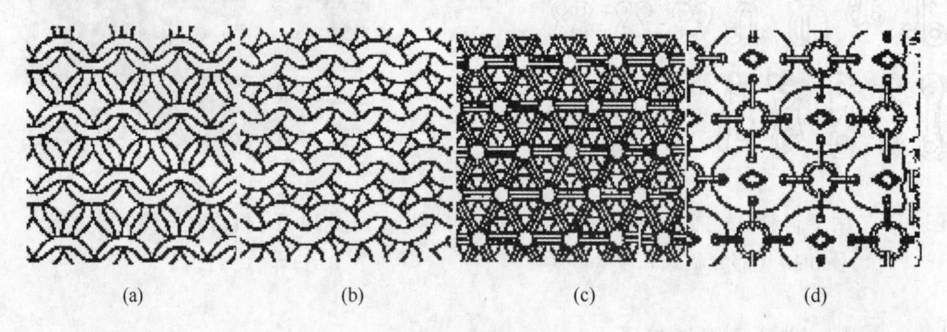

图 14-9　金属环锁子甲的几种基本连接方式

（a）普通丝网甲；（b）双重丝网甲；（c）丝环六方排列对角线连接锁子甲；（d）椭圆片连接锁子甲

14.2.1.5　丝绸金银丝饰品

我国汉代就有记载用捻金丝在丝绸服饰上织绣。唐诗《贫女》诗云："苦恨年年压

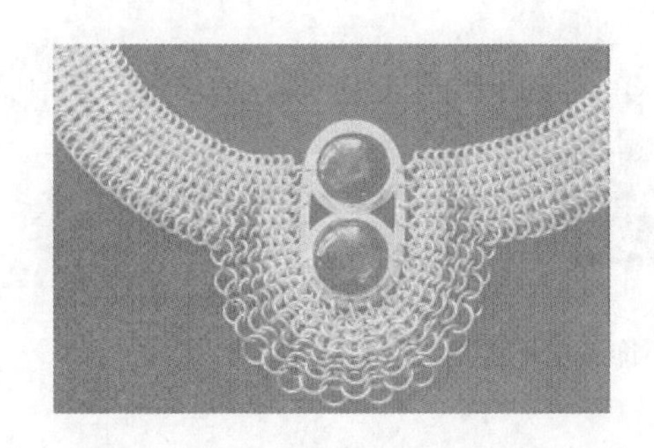

图 14-10 由银环和着色钛环组成的链式锁子甲饰品

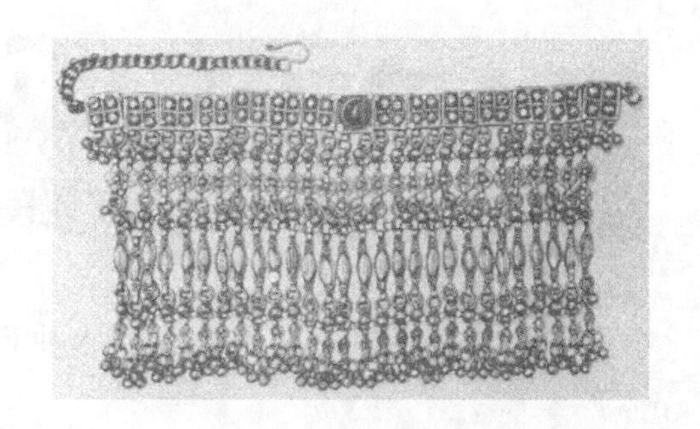

图 14-11 由银丝和压花银片连接形成的锁子甲饰品

金线，为他人做嫁衣裳”，可见唐代已采用金丝线绣丝绸衣裳，当时金丝平均直径0.1mm，最细金丝直径0.06mm[4]。明代也有“红地穿枝花卉纹织丝绸”，其纹纬是采用金丝带织成，丝宽仅0.3mm[4]。现代的高档服装和织造饰品的设计和制造中，细金、银丝也常用作装饰材料，采用金丝银线通过现代织造、编织或刺绣工艺可以在服装和织物饰品中制造出以简单线条构成的精细图案或复杂精美的花鸟鱼虫饰物。例如，用织有金丝银线的天鹅绒或织锦制作的晚礼服，具有金丝银线动态闪烁美学效果，也提高了其价值。

14.2.2 贵金属板（片）材制造装饰品

利用贵金属合金板（片）材进一步加工可以制造各种装饰品，包括各种容器、餐具、摆饰件、配件和挂件乃至经典首饰品等，这里仅介绍一般的制造方法。

14.2.2.1 利用贵金属板（片）材或带材直接制造装饰品

贵金属板（片）材或带材通过剪裁和进一步加工成所需要形状，或从棒材经加工成异型片材，可以直接制造装饰品。图 14-12[6] 所示为采用金合金板（带）材制造的挂饰品。用板（片）材制作的装饰品无陈规约束，设计思维灵活，构型创作随意，制造工艺相对简单，可以制作出前所未有的新颖装饰品。

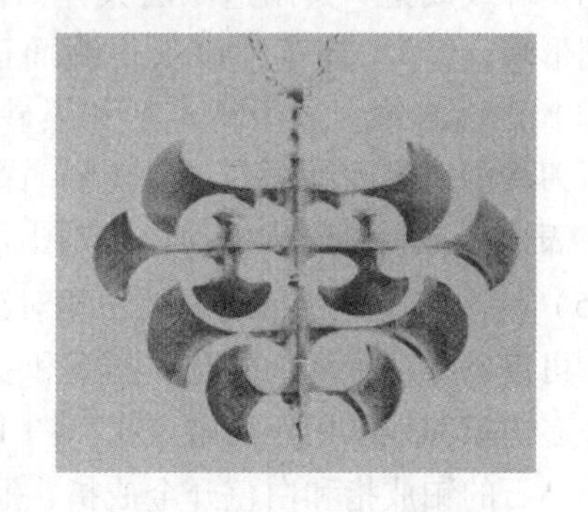

图 14-12 由锻造金板制造的挂饰件

14.2.2.2 贵金属板（片）材冲压成型饰品

退火态贵金属和高成色贵金属合金板（片）材具有很好的冲压性能，可压制成各种形状和花纹图案的饰品，典型的应用是制造各种扁平状餐具（如刀具、碟、盘等）和硬币。关于贵金属扁平状餐具的制造参见第6章，关于贵金属硬币制造参见第9章。采用模具冲压法也用于制造其他饰品，如各种证章、奖章、纪念章、坠饰和配饰品等。这类饰品的制造也需要控制贵金属板、带材的纯度、硬度、尺寸和表面光洁度，更重要的是设计与制造带有特征花纹图案的冲压模具。图 14-13[6] 所示为采用模具冲压法制造的坠饰品，其精美图案具有很强的装饰效果。

图 14-13 银板冲压制造的坠饰品（印度）

14.2.3 贵金属管材制造珠宝饰品

14.2.3.1 用管材直接制造饰品

与相同直径丝材料相比较，管材质量更轻，用料更省。用管材直接制造饰品可以有多种形式，可以采用不变直径管材，也可采用可变直径管材。

采用管材制造饰品有直排串连式和横排串连式。将直径均匀和表面光亮的管材，按要求长度切断，切口抛光，采用绳索、金属丝直排串连或焊接方式连接就可以构成一件设计新颖的饰品。将所切断的管材横向钻孔，再横向串连起来，也可构成饰品。无论直排串连式和横排串连式，它们都可以掩饰中间串连的绳索或金属丝，在管材开口处还可以嵌镶珠宝做进一步装饰。图 14-14[6] 所示为金和金合金管横向串连的饰品。锥形银管也可用于制造的饰品，如儿童喜爱的银项链等。管材饰品形式虽然简单，但造型却别具一格。

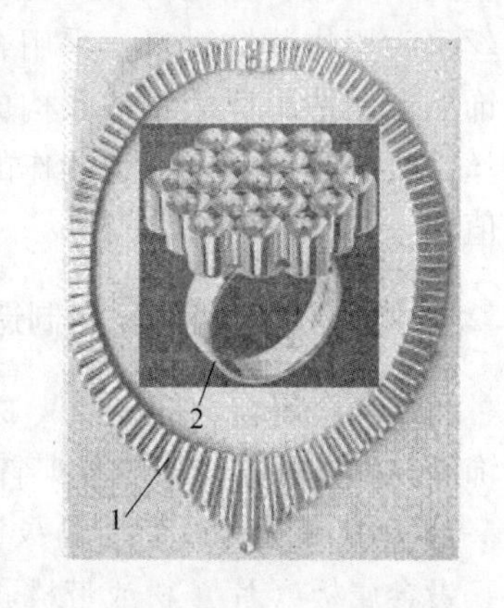

图 14-14 金和金合金管横向串连的饰品

1—18K 金合金管横向串连排列制作的项链；2—金管横向串连排列的戒指，端口处嵌镶有珍珠

14.2.3.2 切割管材料制造环形饰品

指环和其他环状饰品可以采用切割管材制造，称为切割指环或戒指。其制造方法大体如下：（1）制造管材或圆形环；（2）初车削以获得截面正圆和厚度均匀管坯；（3）表面修饰，采用精车削和喷砂使表面光滑，或用钻石刀具制造表面缎面花纹；（4）深刻修饰，用钻石刀具在表面镂刻精细花纹、波纹或图案，按设计嵌镶宝石；（5）清洗与抛光，得到成品。相对于用精密熔模铸造戒指，切割指环造型简朴大方，指环面可以刻饰精密复杂的花纹图案和装配珠宝钻石，是较为新颖的设计，为消费者接受，在许多国家和地区用作结婚戒指。图 14-15[8] 所示为通过管材切割制造的刻有花纹图案和嵌镶钻石的铂戒指和白色开金戒指，戒指表面为缎面或精细花纹装饰面，铂戒指两边还刻有装饰花纹，中间深刻的部分嵌镶有大小不等的钻石。

由贵金属管、棒制造珠宝饰品都需要采用机加工。从第 2 章的讨论可知，贵金属，特别是 Au 和 Pt，具有高的韧性，但在机加工过程中却显示了反常高的加工硬化率，致使采用传统碳化钨或高速钢刀具机加工铂或金饰品时刀具容易迅速磨损，并使铂或金饰品表面损坏。试验表明[5,9]，采用烧结氧化铝陶瓷、人造蓝宝石和金刚石刀具机加工的 Au、Pt 制品表面粗糙度分别为 2.0μm、0.2μm 和 0.1μm，以金刚石刀具精车削的 Pt 制品表面最光

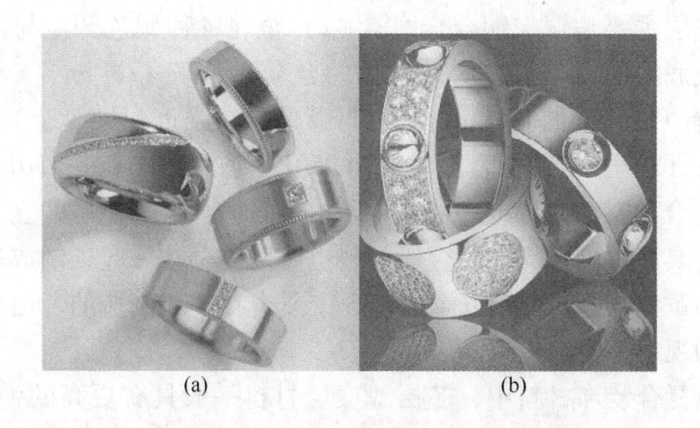

图 14-15 切割管材制造的缎面镶钻戒指
（a）缎面镶钻铂戒指；（b）缎面刻花和镶嵌钻石的白色开金戒指

滑。当使用金刚石刀具机加工 Pt 或 Au 棒或环时，采用图 14-16 所示的金刚石刀具构型，可以保证刀具有高的抗碎裂性。这种刀具可用于 Au、Pt 及其高成色合金首饰制品的精车削加工，并采用特殊的润滑剂（如石蜡基润滑油），可制造包括缎面“切割指环”的高质量饰品。

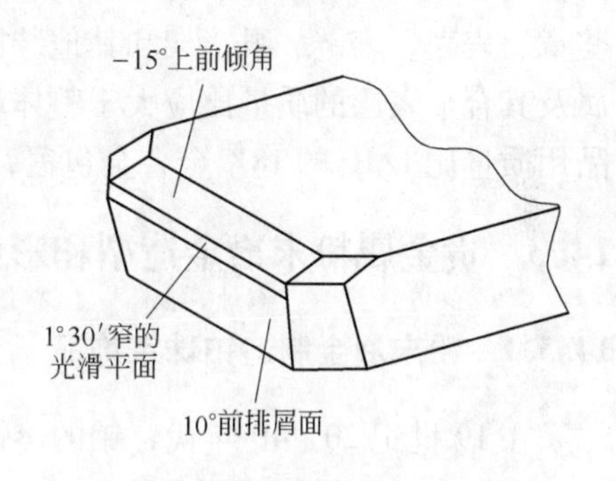

图 14-16 精车削 Pt 首饰制品用金刚石刀具构型

14.2.4 贵金属合金精密饰品制造

许多精密的饰品和艺术品，并不是由单一形状的材料制成，而是采用不同形状的材料制成不同零件，再将所加工各种零件经过精加工、抛光、装配、焊接、修饰、镶嵌宝石等工序制成各种精密饰品。由贵金属合金制造的精密钟表和高级豪华铂表就属于精密饰品，制造工艺十分精细。以高级豪华铂表的制造为例，表壳和相关零件的制作一般要经过如下步骤[10]：（1）将 950Pt（如 Pt-5Cu 合金）通过冶炼加工技术制备成所要求厚度的片材、板材和丝材；（2）采用冲压成型制作表壳毛坯，再经由计算机控制的车床精细加工成表壳；（3）取样送到专门检测中心测定表壳的铂成色，合格后才能进行下步加工；（4）抛光表壳，消除所有加工痕迹，达到铂所具有的似银冷白色，在抛光过程中铂的损失量约占表壳质量的 10%；（5）采用类似加工工序制作发条扣、表带和其他相关零件，平均每只表约有 130 个铂合金零件，约 100g 铂，占表壳质量 3/4 以上。

14.2.5 贵金属包覆饰品材料

装饰性贵金属包覆复合材料是以贱金属为芯层（或芯棒、底层）、以贵金属及其合金为复层的复合材料。它们是采用机械包覆（全包覆或局部包覆）、镶嵌（单条、多条、贯穿镶嵌等）和压力加工（如挤压、轧制和拉拔等）的方法制造，在界面形成冶金结合。另外，与电镀、化学镀和其他化学方法涂层的材料不同，包覆复合材料的复层较厚，结合牢靠和耐磨损。

用于装饰包覆复合的贵金属材料有：（1）银和银合金（如 Ag-Cu 合金）为复层的复

合材料，芯层或底层主要是铜与铜合金[2]；（2）金、各种颜色开金与白色开金为复层的包覆材料，芯层或底层通常是可以时效硬化的合金，如铜（Cu-Sn）合金、锌白铜（Cu-Ni-Zn）合金、含有 Fe、Mn 的 Ni-Cu 合金（即蒙乃尔高强度耐蚀合金）、轻而富有弹性的 Ti 和 Ti 合金等[4]；（3）铂与铂合金（主要为 950Pt，如 950Pt-Co、950Pt-Ru 和 950Pt-Ir 合金等）为复层的复合材料，芯层或底层材料基本上与金合金为复层的复合材料所用芯层材料相同[5,11]；（4）具有不同色泽的贵金属材料也可以复合在一起，制成多色的贵金属首饰和装饰艺术品。如黄色开金与白色开金或 925Ag 复合在一起制造的黄白相配的饰品，给出了一种新颖别致的视觉感受。

在贵金属包覆复合装饰材料中，芯层或底层材料一般具有更高的弹性、硬度和强度，贵金属合金复层可以赋予材料高光泽和丰富颜色、高的化学稳定性和良好的焊接性能，因而整体复合材料具有所要求的色泽和外观、好的耐腐蚀性、高的硬度、强度和弹性，较轻的密度和较低的价格，节约部分贵金属合金。贵金属包覆复合材可用作首饰、硬币、证章奖章、表壳、表链、眼镜架和其他装饰品。根据国际贵金属协会规定，在包覆材料中贵金属及其合金表层的质量比应大于整体质量的 1/20，并在饰品上打上相应的标记。如某种饰品用质量比 1/10 的 18K 金合金包覆，它应打上“1/10K18G. F.”的标记[1]。

14.3 贵金属粉末冶金造型和彩色装饰材料与饰品

14.3.1 粉末冶金制造铂珠宝饰品

在 19 世纪 20 ~40 年代，铂的熔铸—加工技术尚未建立，俄罗斯政府采用铂粉通过压实、烧结和锻打制备了总质量约 15.1t 铂币，其铂含量约为 91.6% ~99.3%。这是历史上最早采用粉末冶金技术规模化制造贵金属制品。随着铂的熔铸—加工技术进步，后来铂珠宝饰品都采用熔铸—加工型材和熔模铸造铸件制造。鉴于铂和铂合金熔点高，采用熔模铸造制造铂饰品需要特殊的高温熔铸技术和优质耐高温材料，这无疑增加了技术难度和制造成本。粉末冶金技术则不需要高温熔铸技术和耐高温材料，制造工艺相对简单，可以用于制造简单至复杂造型的饰品，也适合规模化生产，在工业中粉末冶金制品应用已日益广泛。因此，作为铂熔模铸造的代替技术，粉末冶金技术已逐渐用于铂珠宝饰品制造。

14.3.2 粉末冶金制造彩色装饰材料和饰品

将两种具有不同色泽的金属粉末或纤维（丝、棒、片）混合并通过粉末冶金技术制造成饰品，可以得到具有不同色泽的彩色装饰材料。如将不同颗粒尺寸 Pt 粉（或 Ag 粉）和一定比例的 Au 粉（或 Cu 粉）均匀混合、压实和烧结，再进行机加工、喷砂、辊花等项技术处理步骤，就可以制备具有花纹色彩的饰品。随着 Au 粉质量分数的增大，饰品的颜色从铂（银）白色逐渐向金黄色转变，当铂（银）和金粉质量比接近或达到 50% 时，饰品为淡黄色。贵金属金属粉末与特色金属间化合物（如 $AuAl_2$、$AuGa_2$、$AuIn_2$、$PtAl_2$ 等）粉末混合，通过粉末冶金也可制备有别于它们本色的彩色饰品或以色彩斑点装饰的多色产品。利用粉末冶金体的多孔性向饰品中浸渍或注入香水，还可以得到具有芳香性的首饰品[12]。因此，粉末冶金法可以制备特色贵金属饰品。图 14-17[13] 所示为将铂丝、棒、块混合在金粉末中经压结、烧结制成的材料。

具有不同颜色金属粉末冶金体的颜色变化是基于两色加和的混合色效应。因此，粉末冶金体的色泽与粉末粒度分布、烧结温度和时间的控制有关。一般地说，当第二相粉末颗粒尺寸与基体粉末尺寸相当时，可能产生两种颜色加和的混合色；而当第二相颗粒具有相对大的尺度时就可能产生反映其本色的视觉效应，在基体金属本色中产生第二相颗粒斑点色装饰效应。如果对粉末冶金体进行压力加工变形，第二相延性金属粒子（棒、块）随之变形和形成纤维，可赋予材料异色短纤维或“条纹型”的彩色装饰效果。在这种工艺中，粉末冶金压坯的烧结和中间退火应保持较低的温度和较短的时间，避免高温烧结和扩散退火处理形成单一结构的合金。

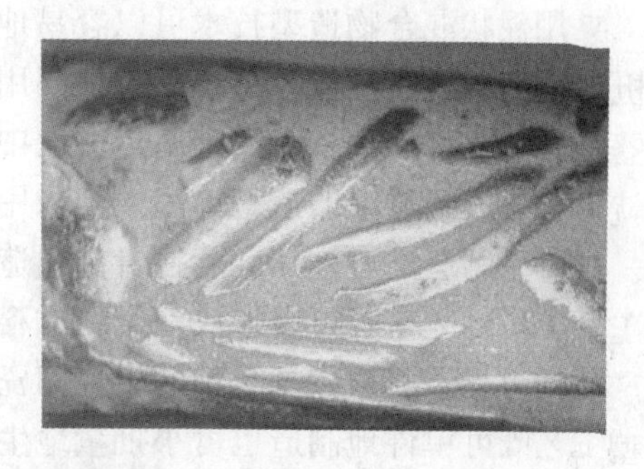

图 14-17　将铂丝、棒、块混合在金粉末中经压结、烧结制成的材料

14.3.3　贵金属粉末泥状混合物造型装饰材料和饰品

将贵金属粉末与有机黏结剂混合制成泥状混合物，用手工或模具做成所需要的形状，经干燥后烧结成型，再经抛光，便可以得到表面光亮贵金属造型饰品。若在贵金属粉末中添加其他颜色的金属粉末，可以制造具有不同颜色的造型饰品。造型饰品制造工艺如下：贵金属粉末、添加剂粉末、有机黏结剂→混合→泥状造型材料→成型→干燥→烧结→抛光→饰品成品。

泥状混合物造型技术可用于各种贵金属及其合金。以纯金造型产品为例，我国民间曾有泥金造型产品用作礼品。取平均粒径约 20μm 的金粉，采用由水溶性纤维素、表面活性剂和几种油组成的有机黏结剂混合成泥金，泥金成型后在大气中干燥 2 ~3 天或在 80℃干燥几小时，然后慢速升温加热至 1000℃，保温几小时后冷却即得到烧结产品。有机黏结剂在约 300℃完全分解，对环境无污染。泥金烧结产品具有多孔性，其密度取决于工艺条件，一般为铸造材料的 70% ~80%，抗拉强度和伸长率分别为铸态金的 50% ~60% 和 30% ~40%，可以满足制造装饰品的要求。由于密度较低，可以制造尺寸较大的饰品。此工艺还可用于泥状银、铂和开金造型。根据开金成分不同，可以制造各种颜色开金产品。为了防止开金泥状混合物烧结过程中 Cu 组元氧化，可采用两段烧结法，先在较低温度（如 300℃）大气中加热除去黏结剂，然后再在氢气气氛中高温烧结。表 14-1[14] 列出了泥状 18K 金合金烧结造型产品的颜色和力学性能。

表 14-1　18K 泥状金合金烧结造型产品的颜色和力学性能

造型材料成分（质量分数）/%				力学性能			颜色
Au	Ag	Cu	Ni	抗拉强度/MPa	硬度 HV	伸长率/%	
75.15	12.50	12.35	—	154	97	3.4	黄色
75.15	5.00	19.85	—	181	123	3.3	粉红色
75.15	—	24.85	—	218	152	4.5	红色
75.15	—	—	24.85	67	119	1.2	白色

采用泥状混合物造型技术可以容易地用手工和简单机械制造各种贵金属造型产品，如同用黏土制造陶瓷器一样。若将珠宝置入贵金属造型泥中，烧结收缩后就形成了嵌镶珠宝的造型饰品。若采用纤维素作芯材，还可以制造空心饰品。若将贵金属造型泥与普通陶工黏土融合起来，可以形成一类新材料，其造型烧结产品的组织看起来像未上釉的素烧陶瓷。粉末冶金造型工艺既可单件地制造也可小批量地生产独具特色的珠宝首饰、装饰品和工艺美术饰品。图14-18[14]所示为贵金属造型项链。

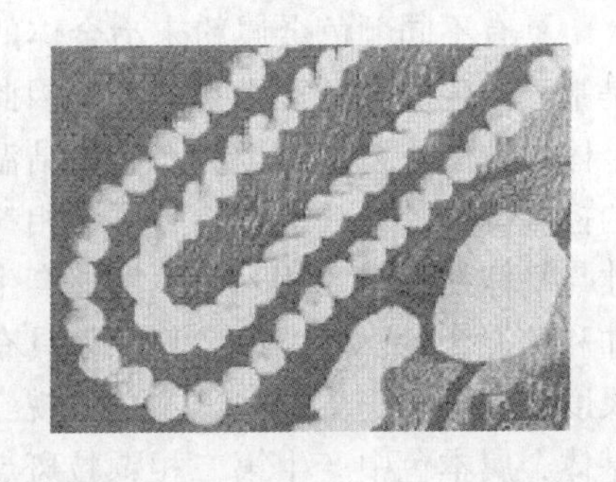

图14-18 具有柔和感的贵金属造型项链

14.4 贵金属合金熔模铸造珠宝饰品

14.4.1 熔模铸造的历史

铸造技术有悠久的历史，大约在公元前4000年就有了将金属熔体浇入模内制造的不同形状饰物。人们最早采用简单的石模，后来采用泥模和双合模铸造铜。随后，人们改进了熔模制造工艺，即先制作蜡模，再以蜡模为原型制造泥模，加热熔化蜡模并使泥模硬化，这样就可以铸造形状更复杂的动物型和其他造型铸件。这就是失蜡模铸造的开始，它们最先也用于铸造铜，随后用于铸造青铜，稍后用于铸造金银。世界古代文明的许多地区采用失蜡模铸造技术铸造了大量精密的铜和金、银器和饰品。约在公元前1789年，古巴比伦人用楔形文字记载了用熔模铸造为神庙制造青铜钥匙，这可能是熔模铸造最早的文字记录[15]。

我国商代已掌握了精密铸造造型技术，从安阳殷墟出土了大量铸造青铜鼎和青铜器。在北京平谷商墓中还发掘出铸造金瓶，金含量85%，重108.7g。在战国至秦汉时代，我国已采用“石范”、“泥范”和双合模铸造金银币。在隋唐以后采用“砂型模”铸造金银币。在汉代我国已采用熔模铸造技术制造艺术品，如汉代错金博山炉（见图1-3）采用了失蜡模铸造和错金工艺，铸型精致流畅，是一件稀世珍宝[4]。

20世纪初，熔模铸造用于制造贵金属牙科修复体；到30年代，熔模铸造开始用于制造更加精密的贵金属珠宝首饰。随后，熔模铸造技术在工程技术中获得了快速发展[16]。现代，熔模铸造广泛用于制造工业零部件、贵金属首饰、牙科修复体造型、装饰品和艺术品。

14.4.2 熔模铸造主要工艺步骤和方法

14.4.2.1 熔模铸造主要工艺步骤

熔模铸造又称蜡型模或失蜡模精密铸造，主要工艺步骤如下：（1）按照设计的饰品模型用手工制作原型样品，一般用易加工的铜或银制作。（2）制作蜡模：将原型样品制成橡胶阴模，将熔融态蜡倒入阴模中，冷却后得到与原型相同的蜡型。（3）组合蜡型：将各种蜡型组装成树枝状，以树根作为浇口，树干作为浇道（见图14-19(a)）。（4）制作难熔铸模：将树形组合蜡型置于容器中，注入耐火材料粉浆，干燥，真空除气，加热至600～900℃除去蜡型，然后高温烧结形成耐火材料铸模。（5）铸造：将Ag、Au、Pt、Pd及其合金熔体注入经预热的难熔铸模内，冷却后破模取出铸件（见图14-19(b)），去掉铸件上的浇口和熔渣，从树枝状铸件上分割单件饰品毛坯。(6) 对铸件进行打磨、钎焊与抛光，然后在铸件饰品上镶嵌宝石或钻石，一件精美的饰品便制成了。熔模铸造的优点是可以反复多次精细地复制原件，实现小批量生产，制造成本相对低廉。

(a)

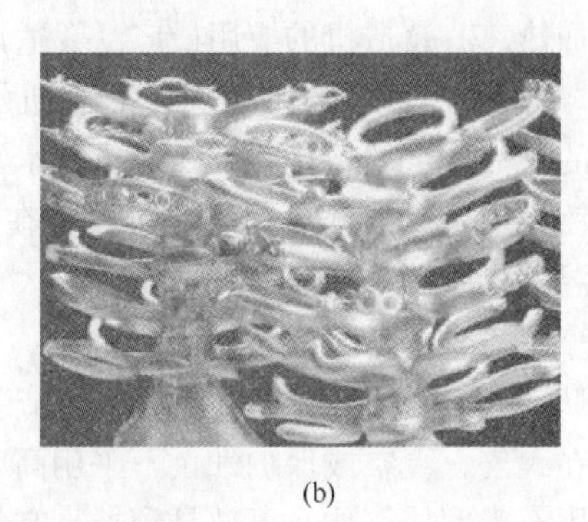
(b)

图 14-19 熔模铸造

(a) 开金饰品（戒指）树枝状蜡型装配图；(b) 铂合金熔模铸造树枝形铸件

14.4.2.2 熔模铸造主要方法

珠宝首饰熔模铸造的主要特征在于铸件尺寸小、截面形状复杂、比表面积大，采用简单的重力浇铸很难完全填充铸件及其精细部分。熔模铸造都是在某种形式的铸造机上实现的，即通过施加压力将熔体从熔化坩埚压入铸模和铸件的细小部位，实现完全填充。常用的方法有离心铸造、压力铸造和真空铸造或联合铸造等。

A 离心铸造

离心铸造是将熔模放在平衡臂的一端，采用火炬、电阻和高频加热熔化金属，平衡臂旋转产生压力使金属熔体进入铸模和填充铸件。图 14-20[16] 所示为火炬熔化离心熔模铸造过程。火炬加热可以快速熔化金属和完成铸造，但熔化温度难以控制，金属熔体容易氧化和吸气，因而难以获得最高质量铸件，它适于那些不易氧化的金属和小规模生产。电阻加热离心机有两种形式，一种采用电阻丝绕组加热炉并用石墨坩埚熔化金属，熔体温度可达1000℃左右，可用于约 1kg 以下开金合金熔模铸造。另一种采用大电流碳管炉熔化金属，可以用于约 2kg 开金合金熔模铸造。图 14-21[15] 所示为碳管炉熔化离

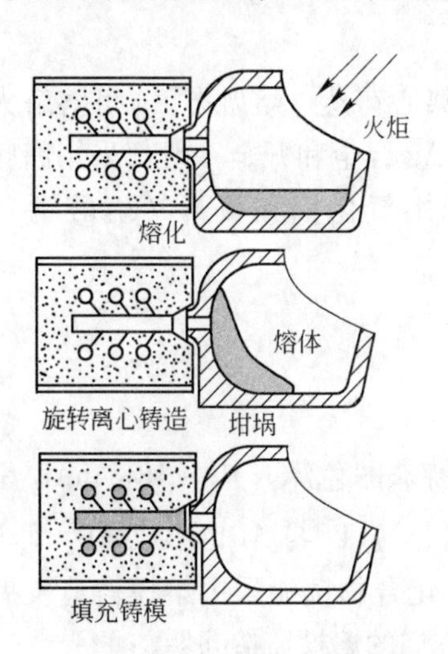

图 14-20 火炬熔化离心熔模铸造过程

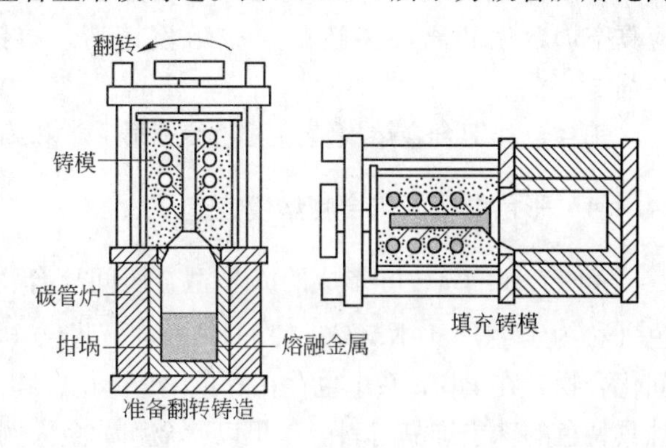

图 14-21 碳管炉熔化离心熔模铸造过程

心熔模铸造过程，在金属熔化后将装置向水平方向翻转实现铸造。电阻加热式的熔化过程可以避免金属熔体氧化和吸气，温度可控，缺点是升温较慢，熔化过程不能观察，加热元件寿命有限等。

高频感应加热离心铸造机的应用最广泛，适用于所有贵金属合金和珠宝饰品的熔模铸造。图 14-22[16] 所示为高频感应加热离心铸造机示意图，熔化金属的坩埚和铸模安放在水平面离心机臂的一端，金属熔化后，离心机臂水平旋转和坩埚向外倾斜几度，在离心力作用下熔体浇入铸模内。它的优点是熔化过程可在大气、真空或保护气氛下进行，升温快，温度可用辐射温度计或热电偶监控，熔化能力大，可熔化和铸造 0.1 ~ 5.0kg 开金合金。

B 真空静态铸造

图 14-23[16] 所示为一种底浇型真空静态铸造装置，它由上、下两部分组成。上部是金属熔化室，可在大气、真空或保护气氛下采用高频或中频感应加热熔化金属，熔化坩埚底部开有小孔，用石墨塞棒堵住。下部是预抽真空的铸造室，浇注时提升石墨塞棒，熔体浇入铸模内并填充铸件。真空静态铸造适合于所有贵金属合金熔模铸造，所得铸件填充性好和表面光洁度高。

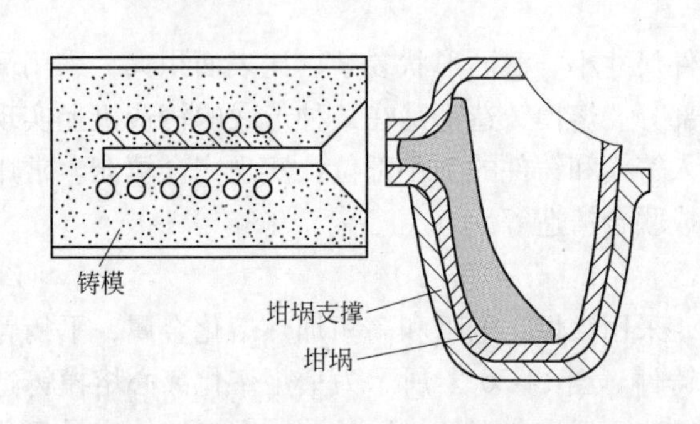

图 14-22 高频感应加热离心铸造机示意图

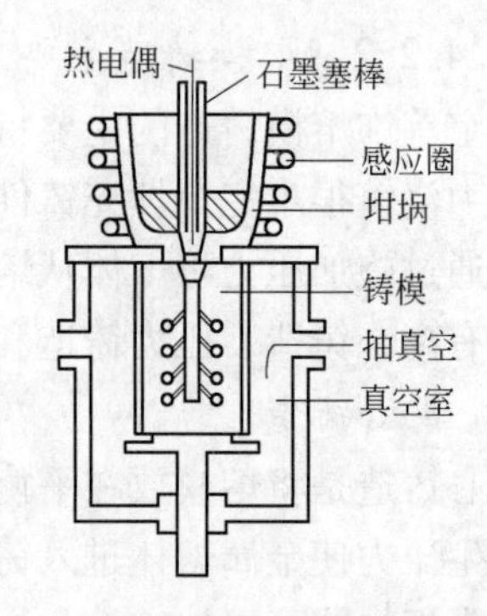

图 14-23 一种底浇型真空静态铸造装置

14.4.3 贵金属及其合金熔模铸造

Ag 和 Au 及其合金的熔点较低，可以采用火炬加热离心铸造。熔融态 Ag 可溶解大量的氧，银合金和开金合金中又含有易氧化组元如 Cu 等，Ag 合金和开金一般都采用高频感应真空炉熔化和离心铸造或真空熔模铸造，熔铸模采用氧化铝和石膏（硫酸钙）黏结剂[2,4,17,18]。

铂合金和钯合金熔模铸造工艺参见第 7 章和第 8 章。

14.4.4 彩色金属间化合物熔模铸造

Au 与 Al、Ga、In 形成的 AB_2 型金属间化合物具有特殊的色泽，其中 $18KAuAl_2$ 呈紫色（称为紫金），$14KAuGa_2$ 和 $11KAuIn_2$ 呈蓝色（称为蓝金）。Pt 与 Al 也形成 AB_2 型金属间化合物，在 Pd-In 系中也存在彩色 $PdIn_x$ 化合物。这些化合物都能采用熔模铸造发展成独具特色的珠宝饰品材料。这里以蓝金和紫金为例介绍它们的熔模铸造问题。

$14KAuGa_2$ 蓝金的液相线温度仅 495℃，它的熔化与熔模铸造可以参照开金合金。铸模采用以氧化铝和石膏作为黏结剂的标准铸模。采用真空或保护气氛熔炼合金，控制浇注温度550～630℃，铸模温度350℃，铸造后在铸造室内短时冷却，然后在大气中长时间冷却，再淬火至室温，可使铸件受到的机械和热冲击最小。标准14K蓝金对各种设计的铸模都能很好填充，铸件无裂纹，但是在生产形状复杂的薄铸件时，在精整过程中不能承受太大的弯曲力，否则薄壁铸件易开裂。添加微合金元素可使14K蓝金铸件的抗断裂性能明显提高。蓝金铸件一般采用软介质抛光以减少抛光损伤，铸件表面存在暗蓝色氧化膜，可以保留用于装饰设计，也可以采用酸洗清除。对铸件饰品表面按设计要求做局部酸洗以清除部分氧化物膜，可以获得14K蓝金本色与氧化膜暗蓝色相匹配的装饰效果[19]。14K蓝金可以做成“宝石”嵌镶在传统的颜色开金饰品中，既可丰富饰品的色彩，也可保护蓝金。

18K$AuAl_2$紫金的熔点是1060℃，特别需要更好的保护以避免氧化。采用密封熔室，先抽真空再回充保护气体，用高频感应快速加热熔化，在与感应炉相匹配的离心式或翻转式铸造机中快速铸造。因为紫金熔体易粘在坩埚壁上，只有快速熔铸可以避免。含Pd或含有其他微合金化组元的18K紫金可以得到无裂纹的铸件[20]。壁厚大于3mm的等形铸件，如等壁厚环或球体（珠）铸件，可以成功铸造和精整、抛光，精整、抛光过程可参考蓝金。

14.4.5　双金属熔模铸造

14.4.5.1　双金属熔模铸造步骤

双金属铸造在珠宝饰品制造中的应用目前尚少，但它具有很高的美学价值和很好的应用前景。基于蓝金和紫金的特殊颜色和它们的熔模铸造特性，可将它们与传统开金或高成色铂、钯合金结合起来，实现双金属铸造，达到生产多色珠宝饰品、增强蓝金和紫金的反差效果和用延性的金属框架保护蓝金与紫金的目的。

双金属熔模铸造分两步实现。第一步，采用传统熔模铸造或其他技术先铸造高熔点金属铸件，在其周围或顶部按设计要求注入蜡型，再按规则程序制造新铸模；第二步，向新铸模中浇铸低熔点金属，凝固后脱模便得到双金属铸件。在设计双金属铸造时，应选择颜色差别大的两种金属以增加双金属铸件的颜色反差；应考虑两种金属的熔化温度差至少应大于100℃；应设计两种金属有合适的质量比以得到好的颜色匹配效果；应选择合理的铸造参数和控制铸造过程。高熔点金属一般应选择彩色或白色开金、950Pt或950Pd合金，低熔点金属可选择14K蓝金、18K紫金或其他彩色低熔点合金。通过精心设计和控制熔模铸造过程，可以制造蓝金或紫金与传统黄色、红色、白色开金或铂、钯合金相结合的多色珠宝饰品。

14.4.5.2　14K蓝金/14K黄-绿开金双金属铸造

14K黄-绿开金的熔化温度为810～845℃，先制造14K黄-绿开金铸件，然后采用350℃熔模温度铸造14K蓝金，获得在黄-绿开金中嵌镶蓝金的铸件。尽管它们的熔化温度相差较大，但两种金属的界面仍然出现局部混熔和氧化膜层。在熔铸过程中应当避免氧化物膜层形成，因为它的存在削弱了界面结合强度。

14.4.5.3　14K蓝金/14K含Pd镀Rh白色开金双金属铸造

14K含Pd白色开金的熔化温度为1000～1090℃。先制造14K含Pd白色开金铸件，镀Rh后制作熔模，再铸造14K蓝金，形成14K含Pd镀Rh的白色开金与14K蓝金结合的双金属铸件，蓝金嵌镶在白色开金中。因为有镀 Rh 层，界面很少氧化，颜色稳定，色层分隔清晰，视觉效果取决于两层金属质量比。虽然两金属的熔化温度差大于 500℃，但在界面层的白色开金基体中仍检测出富 Ga 相，其原因是 14K 蓝金中的 Ga 扩散进入白色开金，导致白色开金局部熔点降低并与蓝金混合。

14.4.5.4 14K 蓝金或 18K 紫金/950Pd 双金属铸造

950Pd-Ru、950Pd-Cu、950Pd-Ga 合金的液相线温度约为 1500℃或更高。以 950Pd 作为高熔点金属，以微合金化 14K 蓝金和以 4% Pd 合金化的 18K 紫金作为低熔点金属铸造双金属：先铸造以 950Pd 合金，然后采用预热到 300 ~ 350℃和 600 ~ 650℃的铸模分别再熔模铸造 14K 蓝金和 18K 紫金，所得两种双金属结合牢靠，无裂纹和断裂。图 14-24[20] 所示为双金属铸造饰品，铸件饰品具有很清晰的颜色对比与反差，在使用过程中它们颜色基本保持稳定，仅紫金的颜色会变成轻度褐色。这层褐色可以容易地抛光消除，或者保留作为一种装饰色泽。为了避免紫金变褐色，可采用涂层保护（参见第 6 章）。

图 14-24 4% Pd 合金化 18K 紫金/950Pd 铸造饰品

14.5 贵金属饰品电铸成型

14.5.1 电铸成型技术特征

电铸成型技术发明于 19 世纪中叶。1880 年德国人罗伯特·劳舍尔申请了关于用电铸成型制造贵金属饰品专利[6,21]。在 20 世纪以后，电铸成型广泛用于工业制造和珠宝饰品制造。在珠宝饰品制造业，电铸成型用于制造具有创新性的独特珠宝饰品和艺术品，也用于复制三维艺术品和古董文物，因为可以多次或小批量复制，故其制造成本较低廉。

电铸成型技术及其设备与电镀基本相同，它实质上就是生产厚沉积层的电镀过程，在电镀一定厚度（如 20 ~ 25μm）后，通过溶解消除原先的模型并继续电镀，可得到厚度几百微米以上致密的固态金属产品。但电铸成型与电镀过程有许多差别。(1) 在电铸成型过程中使用的电解液有高电镀能力和稳定性，它能高电流密度电镀并能快速生产光亮均匀和低内应力的厚沉积层，故被称为"电铸"。(2) 电铸成型是在电镀一定厚度之后，沉积层与模型分离，然后以沉积层作为自载模型继续电镀，故镀层不易开裂。(3) 电铸成型的金属沉积速率高，沉积 1μm 厚的镀层大约需要 1 ~ 3min，而电镀需要约 3 ~ 10min。(4) 电铸成型可以低温电镀，故可采用蜡型芯电镀[21]。

电铸成型用的型芯是一个三维物体，它是事先制造的尺寸、形状和表面状态符合设计要求的模型。型芯可以分为固定式和消耗式。固定式型芯可以与电铸成型饰物分离并可反复多次使用，或者作为电铸成型饰物的一部分留在饰物中，它们一般用不锈钢、镍与镍合金、铜与铜合金、塑料、橡胶等材料制作。消耗式型芯仅使用一次，所使用的材料应是容易铸造成型和价廉的材料，如蜡、塑料、铝、锌、铜、黄铜以及 Sn-Pb 和 Bi-Sn 等低熔点合金。这类模型主要用于生产中空饰物，最后被溶解或熔化消除。制造型芯的非导电性的材料（如塑料、橡胶、植物和蜡等）必须事先沉积导电性涂层，即金属化。金属化有多种方法，其一采用刷、喷射或浸渍等方法涂覆以 Ag、Cu 或石墨粉末作为导电性材料的导电胶；其二是电镀法，如镀 Cu、镀 Ag 等；其三是化学金属化法，采用适当的还原剂使含有 Cu、Ag、Au、Ni 的溶液中金属离子被还原成金属态并沉积在被镀基体表面形成涂层。化学金属化涂层薄且脆，不能直接用于电铸成型，一般需在酸性铜电镀液中再电镀一层几微米厚的保护性涂层。

14.5.2 金饰品电铸成型

金饰品电铸成型可以采用不同电镀液，可以生产 950Au 以上金饰品。具体介绍如下：

（1）亚硫酸金盐电镀液。采用无氰化物电镀液可以获得几百微米厚度的镀层并可保持型芯的精细结构。表 14-2[6,21] 列出了中性亚硫酸金盐电镀液电铸成型的特性。

表 14-2 高成色金电铸成型电镀液和沉积金属的特性

电解质	Au 浓度/$g \cdot L^{-1}$	10 ~ 20（亚硫酸金盐形式）
	pH 值	7.2
	温度/℃	65
	电流密度/$A \cdot dm^{-2}$	0.5
	沉积 1μm 的时间/min	3
镀　层	颜色	黄色
	开数	23.5K ~ 24K（95% ~ 99.99% Au）
	硬度 HV	220 ~ 300
	密度/$g \cdot cm^{-3}$	17

（2）低温中性镀液。纯金或开金饰品电铸成型还可以采用弱酸性或近中性镀液、蜡型芯和低温电铸工艺。表 14-3[22,23] 列出用电铸纯金的电镀液配方和沉积层性质。

表 14-3 近中性镀液低温电铸纯金工艺和沉积金属的特性

电镀液和参数		沉积金属的特性	
Au 浓度/$g \cdot L^{-1}$	8	Au 纯度	99.9%
pH 值	5.5 ~ 6.0	颜色	深黄色
温度/℃	45	硬度 HV	250
电流密度/$A \cdot dm^{-2}$	0.5	密度/$g \cdot cm^{-3}$	15.9
平均电流效率(以 100mg/(A · min)为 100%)/%	90	表面状态	丝光
平均沉积速率/$\mu m \cdot min^{-1}$	0.24	焊接性能	非常好
阳极	镀 Pt/Ti 电极	可抛光性和稳定性	非常好

注：此电铸工艺为德国德古萨（Degussa）电镀公司开发的，并命名为“Aurunaform”电铸工艺。

电铸成型 Au 的硬度 HV 可以达到 220 ~ 300，远高于退火态 Au 的硬度（25 ~ 30）和一般电镀态 Au 的硬度（120 ~ 140）。如果在电铸成型电镀液中添加 TiN 颗粒并与 Au 共沉积，还可以电铸含有 TiN 颗粒的硬 24K Au 镀层[24]，进一步提高镀层的耐磨性。电铸成型纯金或硬 24K Au 可以制造珠宝首饰和各种装饰艺术品。

在我国贵金属珠宝饰品制造中，电铸成型已用于制造珠宝首饰、各种摆饰件、挂件和工艺品。

14.5.3 金合金饰品电铸成型

14.5.3.1 Au-Ag 系开金电铸成型

Au-Ag 系开金电铸成型的主要工艺特点是：采用基于氰化金钾和氰化银钾的低温碱性电镀液，适于蜡型芯；无特别添加剂（如 Cd），无公害；可以精确控制开金饰品的开数，适用于制造 8～18K Au-Ag 开金饰品和中空饰品，其 Au 开数公差也可精确控制在 ±0.5K；随着开数降低或合金中 Ag 含量增高，18K～8K 电铸层颜色由黄色经淡黄改变至绿色。表 14-4[22,23] 列出了电铸成型 18K Au-Ag 合金的主要参数，其沉积层硬度高，抛光性好，表面光亮。

表 14-4　用于 18K Au-Ag 合金电铸成型的碱性氰化镀液和沉积金属的特性

电镀液和参数		沉积金属的特性	
Au 浓度/g · L^{-1}	15	Au 成色	18K
Ag 浓度/g · L^{-1}	5	平均实际开数	18.5 ± 0.5
KCN 浓度/g · L^{-1}	10	颜色	黄色至淡黄色
pH 值	10.2	硬度 HV	220
温度/℃	45	密度/g · cm^{-3}	15.9
电流密度/A · dm^{-2}	1.2～1.8	表面状态	光亮
平均电流效率（以 100mg/(A · min) 为 100%）/%	100	焊接性能	非常好
平均沉积速率/μm · min^{-1}	0.9	可抛光性	非常好

注：此电铸工艺为德国德古萨（Degussa）电镀公司的“Aurunaform”电铸工艺。

14.5.3.2 Au-Cu 系和 Au-Cu-Cd 系开金电铸成型

23K～16K Au-Cu 系开金电铸成型可以采用酸性或碱性亚硫酸金盐电镀液，沉积层呈黄色至粉红色，比 Au-Ag 开金沉积层更富延性。

10K～18K Au-Cu-Cd 系开金的电铸成型可以采用碱性氰化物镀液，并通过计算机控制电铸成型过程，其模芯可采用低熔点 Bi 合金、Zn 合金或蜡模[22,25]。Bi 合金模芯有 53.45Bi-31.35Pb-15.2Sn 和 52Bi-48Sn 合金，它们的熔点低（93℃），通过离心铸造在硅胶模内制成电铸成型模芯，电铸之前在模芯上电镀 10～20μm 厚的 Cu 或 Ni 三明治层以避免电铸成型饰品直接与型芯接触。Bi 合金型芯适于电铸大件开金饰品，电铸成型之后，Bi 合金模芯通过加热熔化或用 50% 硝酸溶解消除。锌合金模芯成分为 95Zn-5Al，其熔点为 400℃，通过离心铸造在硅胶模或金属模内制成电铸成型模芯，适于直接电铸小尺寸开金饰品，电铸成型后用 60%～80% HCl 溶解清除锌合金模芯。蜡的熔点 65℃，注入橡皮模制模芯，再涂覆 Ag 或 Au 导电胶使之金属化，采用低温镀液电镀，电铸成型后通过再熔化或置于溶剂中溶解清除蜡模芯。表 14-5[22,25] 列出了电铸成型 10K、14K 和 18K Au-Cu-Cd 合金的主要参数，电铸成型 Au-Cu-Cd 开金有高的硬度，随着合金开数降低，即合金中 Cu 含量增高，它们的颜色逐渐由黄色转变为淡红色和粉红色。

表 14-5 用于 Au-Cu-Cd 开金电铸成型的碱性氰化镀液和沉积金属的特性

特 性		18K 合金	14K 合金	10K 合金
合金成分（质量分数）/%		Au：76.5；Cu：16.0；Cd：7.5	Au：60.0；Cu：32.5；Cd：7.5	Au：40.0；Cu：52.5；Cd：7.5
合金性质	颜色	黄色	淡红色	粉红色
	密度/$g \cdot cm^{-3}$	15.5	13.5	12.5
	热处理前/后硬度 HV	420～430/220～250	420～430/220～250	420～430/220～250
	力学性质评价	优	优	优
电镀液和参数	Au 浓度/$g \cdot L^{-1}$	6	6	6
	Cu 浓度/$g \cdot L^{-1}$	45	45	45
	Cd 浓度/$g \cdot L^{-1}$	1	1	1
	游离氰化物浓度/$g \cdot L^{-1}$	18	16	15
	pH 值	10	10	10
	电流密度/$A \cdot dm^{-2}$	1.5	1.5	1.5
	沉积速率/$\mu m \cdot min^{-1}$	0.5	0.55	0.67
	标准镀液温度/℃	65～75	60～65	55～60
	蜡芯镀液温度/℃	40～45	40～45	40～45

注：电铸工艺为法国和瑞士的珠宝首饰公司开发，瑞士 Enthone-OMI 公司命名为“Artform™”电铸工艺。

开金电铸成型饰品有更高硬度，除了用于电铸成型普通珠宝饰品外，还更适于制作表壳、表链、打火机等耐磨器件。图 14-25[23] 所示为采用电铸成型工艺制造的两件 Au-Ag 开金饰品，图 14-26[25] 所示为采用电铸成型工艺制造的 Au-Cu-Cd 系开金饰品。

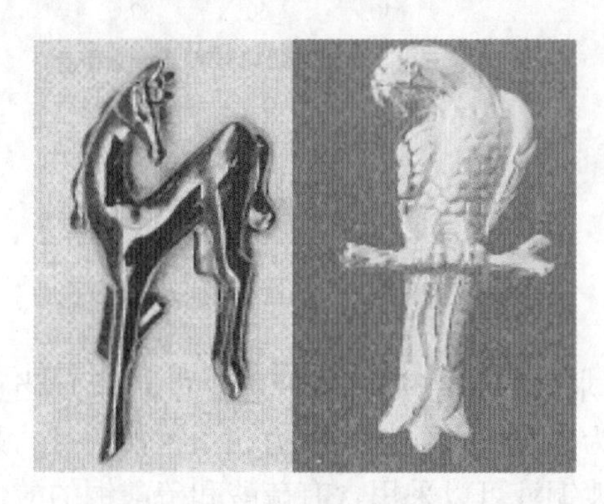

图 14-25 采用电铸成型工艺制造的两件 Au-Ag 开金饰品

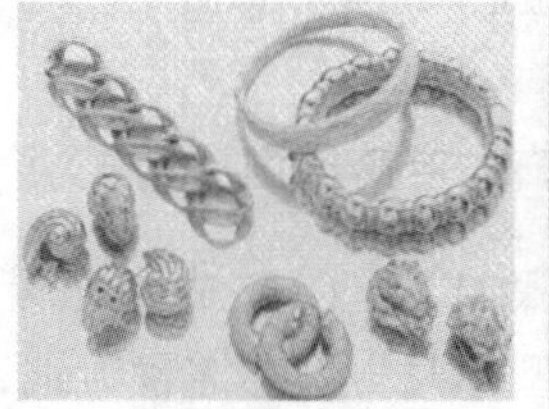

图 14-26 采用电铸成型工艺制造的 Au-Cu-Cd 开金饰品

14.5.3.3 以植物为模型电铸开金饰品

在电铸成型工艺中，天然植物（如藤、茎、叶、花卉等）都可以作为电铸成型的一次性型芯，但需要事先做金属化处理。植物型芯的金属化主要采用导电胶和电镀方式。采用导电胶时，先喷射聚氨基甲酸乙酯气雾胶在植物表面，为的是提高植物的强度使之能承受后续处理，然后喷射导电银胶或片状 Ag 粉浆料，涂层在植物表面，干燥后就具有导电性。

电镀金属化可以预电镀 Cu（或 Ag），然后再进行电铸成型过程。图 14-27[6] 所示为以预镀铜紫藤花茎作为永久性型芯电铸成型的金色“植物”饰品，其型芯的预镀铜工艺详见 14.5.4 节，18K 金合金电铸成型工艺参见表 14-4 和表 14-5。

14.5.3.4 开金电铸成型的开数控制

因为电铸沉积层中各组元的成分并不一定与它们在电解液中相对浓度成正比，准确控制电铸成型开金的成分并无一定模式。在实践中通常采用一些经验关系控制开金成色。例如，在仔细选择和精确控制电镀过程的条件下，可以通过电镀效率控制开金合金的开数，这里电镀效率用所沉积金属或合金的质量（mg）与所消耗的电量(A·min)之比(mg/(A·min))表示。图14-28[22] 表明，电铸成型 Au-Cu-Cd 开金中 Au 含量或开数与电镀效率成正比，即当电镀效率为 40mg/(A·min)、60mg/(A·min)和 80mg/(A·min)时，分别可以得到 10K(410Au)、14K(580Au)和 18K(750Au)开金饰品。这样就可以通过电镀效率控制电铸层开金的 Au 含量。因为电铸成型过程中影响电镀效率的因素有很多，如在电解液中各金属组元的浓度和游离氰化物的浓度、电解液的 pH 值、电镀温度和电流密度等，这个关系带有一定近似性。在大量实验的基础上还可以建立其他的经验关系，通过其他参数准确控制电铸层开金的开数。

图 14-27 以预镀铜紫藤花茎作为永久性型芯电铸成型的金色“植物”饰品

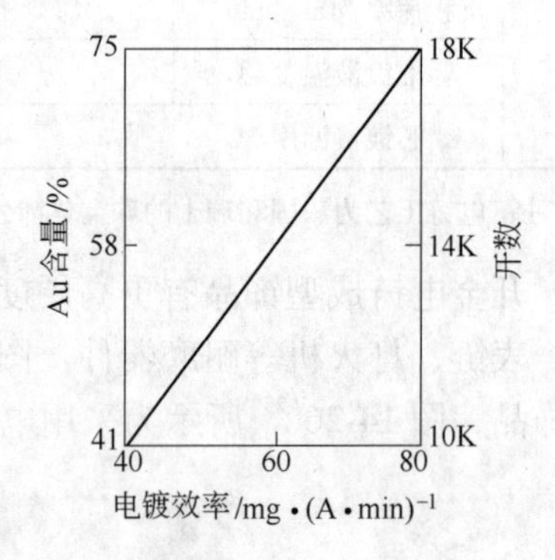

图 14-28 Au-Cu-Cd 开金电铸沉积层开数

14.5.4 银和银合金饰品电铸成型

银电铸成型的步骤如下：(1) 先按照设计要求选择型芯材料和制造型芯。(2) 当选择非导电性材料作为型芯时，型芯需预镀铜，因为铜与银有强的亲和力，预镀铜的目的是为了在随后镀银过程中能更好接受和沉积银层。镀铜液可以采用含有硫酸和硫酸铜的酸性镀液，也可采用含有氰化亚铜的碱性镀液。在搅拌条件下通过大电流触击电镀约 15min 即可在型芯上沉积一层薄铜层，取出镀铜型芯并用干净流动水清洗干净。(3) 第一次镀银，将清洗干净的镀铜型芯浸渍在镀银液中镀银，在电铸成型的电镀中通常选择含有络合氰化物的碱性镀液，因为它有更好的电镀能力。初始电镀必须采用非常低的电流密度（如 $0.001A/dm^2$），当银镀层达到一定厚度时可升高电流密度到额定水平，推荐的电镀温度为 32℃。通过增加电镀液中银的浓度，提高电镀温度和增大搅拌力度，可以提高银沉积速度。(4) 消除型芯，第一次镀银 1~2h 后，银沉积层厚度达到了最终厚度的 1/3 左右并具有足够刚性，这时可以加热或溶剂溶解消除型芯。银电铸成型也可以采用永久型芯，型芯可以留在电铸成型的银饰品内。(5) 第二次镀银，以第一次镀银层作为自载型芯继续电镀3～4h达到所要求的厚度，取出镀件并清洗干净，精整和抛光，便得到致密刚性光亮白色银饰品。(6) 电铸成型银饰品上可以再镀金，或先电镀一层光亮镍后再镀金，以保护银不受腐蚀和不变晦暗，并获得光亮镀金层。电铸成型技术可用于制造各种银和银合金饰品和银器具，图14-29和图14-30[6]所示为采用不同型芯电铸成型银和斯特林银饰品。

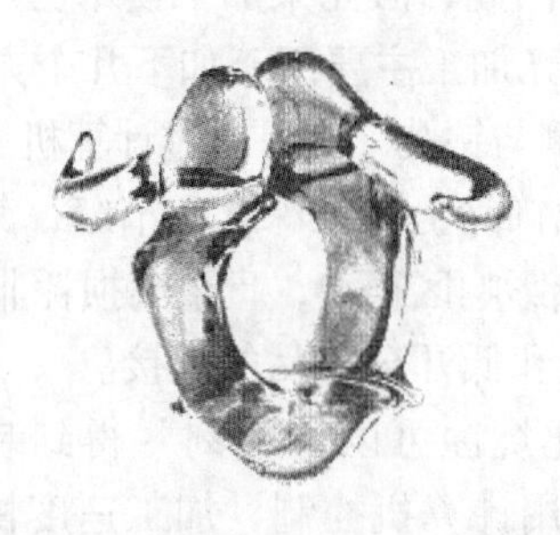

图14-29 以雕刻和抛光的琥珀作永久模型电铸成型的银手镯再镀金的饰品

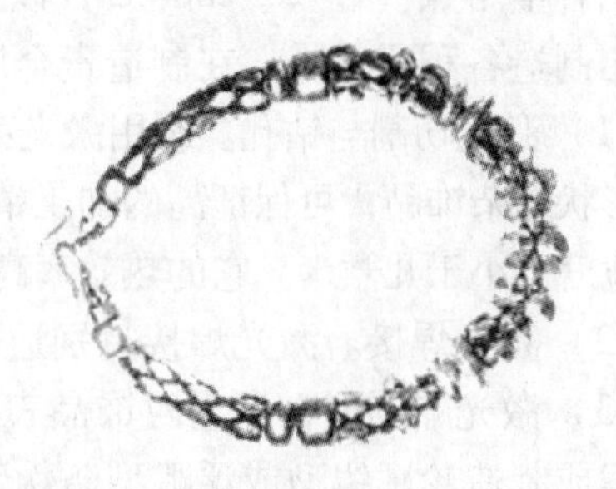

图14-30 采用蜡型芯电铸成型的925Ag零件经串连后制成的项链

14.5.5 电铸成型的优缺点和适用性

相对于许多传统的珠宝饰品制造工艺，电铸成型技术具有如下一些优点：(1) 电铸成型为珠宝饰品制造者提供了创造性的设计和制作平台，它可以制造任意形状的中空饰品，可以复制形状复杂和结构精细饰品，如复制植物、花卉、矿物和其他天然物体的表面花纹，也可与各种珠宝相结合。(2) 电铸成型可以实现快速批量生产，因而具有高的生产率和低的生产成本。(3) 电铸成型制造的饰品具有不同的结构特征和性能，尤其具有更高的力学性能，其硬度甚至高于冷变形加工硬化制品。(4) 电铸成型在生产过程中贵金属废料或边角料很少。

电铸成型技术也存在一些缺点：基于电沉积过程中阳极和阴极之间的电流遵循最小电阻路径，远离阳极的阴极区域比邻近区域的电流份额就少，导致电流密度和沉积厚度不均匀，特别在型芯的尖端与棱角位置会出现附加的金属沉积，影响沉积合金的结构、成分和力学性能均匀性。这种缺点可以通过电铸成型参数和型芯形状的设计得到改善。

电铸成型技术有广泛的应用，其主要应用范围有珠宝首饰和装饰艺术饰品制造、牙科产品制造、工业和技术产品制造和其他产品制造[26]。在珠宝首饰和装饰品制造方面，上面已经介绍了金、银及其合金的电铸成型工艺和制造的装饰艺术品。电铸成型技术也适用于铂、钯及其合金。在牙科产品制造方面，电铸成型金和金合金已用于制造包覆齿冠和牙科镶嵌型材，它可以根据顾客要求制造各种复杂形状的牙科预制品。牙科材料不仅要具有高的耐腐蚀性，也要求具有高的硬度和耐磨性，同时还要求最低的成本和价格，电铸成型金和金合金无疑是最合适的。总之，贵金属电铸成型技术为工业和珠宝业制造提供了更广阔的设计空间，能最大限度地节约贵金属资源，被誉为万能和创造性的制造技术。

14.6　光电加工与成型技术用于制造贵金属饰品

14.6.1　激光加工制造贵金属饰品

激光是一种能量高和方向性好的光束，它可将能量高度聚焦在被加工工件上使工件局部熔化和汽化，如将掺钕石榴石（Nd：YGA）激光束聚焦在铂合金上，可使温度即刻升高到铂合金熔点（1772～2000℃）以上使之局部熔化。因此，激光束加工技术已广泛用于机加工制造各种零部件。在制造贵金属珠宝饰品中，激光加工主要用于如下几个方面：

（1）激光切割与钻孔。利用激光束可实现贵金属切割与钻孔，它可通过计算机操作加工几何形状复杂饰品，可保证高的加工精度；它可在贵金属饰品上加工深孔和窄缝，其加工直径和宽度可小于几微米。它的热效率高，加工速度快，热影响区很小，贵金属损耗非常小。

（2）激光焊接。激光焊接特别适于铂、钯及其合金和低开金饰品的焊接。

（3）激光雕刻。在贵金属饰品表面通过激光束熔化烧蚀可以“雕刻”得到装饰性花纹图案或制造轮廓线型或浮雕型防伪印鉴。激光镂刻可用计算机控制，加工速度快，可在复杂几何表面制造复杂几何形状和图案。机械镂刻是贵金属珠宝饰品的主要装饰手段之一，但机械雕刻线宽，不适于制造精细的图案和特殊的表面花纹，且金属损失量大，约占工件质量的5%。激光雕刻的贵金属损失极少，仅有金属蒸发损失，其量约5mg/cm^2。

（4）激光表面造粒。表面造粒是在饰品表面添加小的颗粒或短丝形成装饰。它是一项古老装饰技术，可以追溯到公元前4700年。传统的手工或机械造粒要求具有高技能，而且速度慢和成本高。激光表面造粒是在饰品表面采用激光束熔化同种或异种金属并形成颗粒结合在表面的一种造型，它采用计算机自动控制，适于快速和批量生产，可在各种贵金属合金表面造粒。图14-31[27]所示为在18K白色开金板面上用不同方法熔化22K黄色开金丝形成的球粒：用传统手工艺制造的球粒表面不光滑，存在许多细气孔。用激光束制造的球粒表面更光滑圆润，气孔较少，球粒和金属板的晶体结构呈完全退火态晶体组织。

激光加工技术可单独或联合使用于制造或装饰贵金属珠宝饰品。图14-32(a)[27]所示

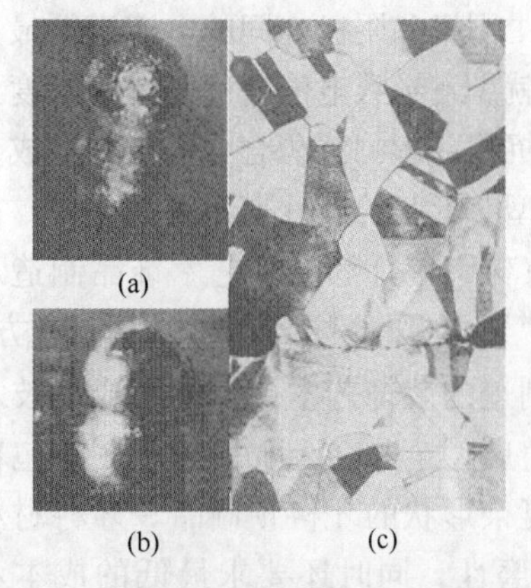

图14-31　在18K白色开金板面上制造的22K黄色球粒

（a）传统手工艺造粒；（b）激光造粒；（c）激光造粒的晶体组织和界面形貌

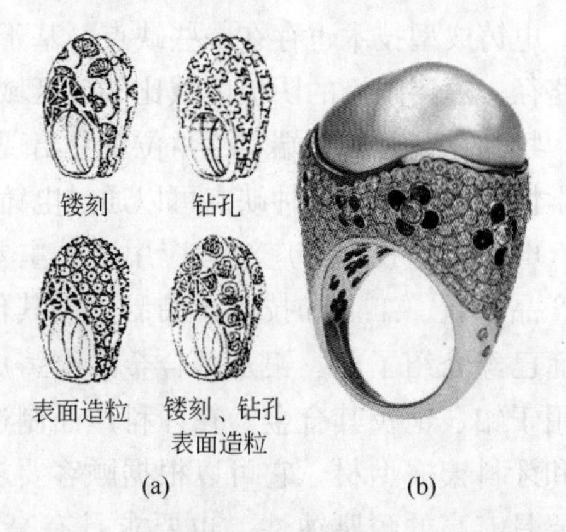

图14-32　激光加工单独和联合用于制造的复杂贵金属装饰品

（a）激光加工装饰示意图；（b）经激光加工并镶嵌珍珠与宝石的白色开金饰品

为通过计算机控制将激光镂刻、钻孔、表面造粒用于装饰贵金属饰品的示意图，图 14-32(b)所示为经过激光钻孔、镂刻并镶嵌珍珠与宝石的白色开金饰品，显示了复杂的表面造型和精细的加工技术。在薄的贵金属饰品上进行这样精细复杂的造型加工是传统手工和机加工不能完成的，这是将高技术引入珠宝制造的一项革新。

14.6.2 电火花加工制造贵金属饰品

电火花加工是在液态介质中利用工具电极和工件电极之间产生脉冲性火花放电对工件机械加工的方法，加工过程由计算机控制，其装置主要由脉冲电源、液态介质、伺服系统及精密电极和工具组成。电火花加工是依赖电热效应对贵金属进行线切割和成型的加工技术，用于制造造型复杂的新型贵金属饰品，也可用于制造嵌镶饰品。图 14-33[28] 所示为电火化工制造的开金坠饰，其中形状复杂的雪花和花瓣片状饰品是线切割制造，“高尔夫击球”和“苹果”图像饰品是通过“镶嵌造型”制造。“镶嵌造型”是先在白色开金板上切割出“高尔夫击球”和“苹果”腔型，然后另在黄色开金板上切割出“高尔夫击球”和“苹果”体型，最后嵌镶装配组合形成镶嵌造型，显示出黄白反差装饰图像。

图 14-33 电火化工制造的开金坠饰

14.6.3 光电成型制造贵金属饰品

14.6.3.1 光电成型技术与饰品制造

光电成型是使用感光效应赋予金属表面图像和造型的一种技术，原本用于电子和微电子器件制造，后被移植到制造珠宝饰品。光电成型是将光刻蚀与电铸成型相结合的技术，其过程大体如下：(1) 设计黑白图像并绘在高反差效应的纸上，采用照相技术将图像制作成胶片或玻璃板负片。(2) 在光滑平面金属模板上涂一层光致抗蚀剂并干燥，抗蚀剂是一种具有感光特性的涂层材料，同时具有耐腐性，通过曝光和显影可在基板上形成微细图像。(3) 将负片与涂有光致抗蚀剂的金属基板密切接触，然后置于紫外射线下曝光，经曝光和显影在基板上形成原设计的微细图像，经化学处理图像被蚀刻在金属模板上。(4) 对金属模板进行电镀或电铸成型处理，在蚀刻的图像上镀金或其他贵金属，再采用化学腐蚀去掉表面涂层材料，就制成了光电成型的带有图像的模板或饰品。金属模板可以是任何金属，如 Au、Ag、Pt、Pd 及其合金，Cu、Ni 及其合金、不锈钢，或电镀了上述金属的其他贱金属。金属工件表面必须平滑和化学干净，以保证光致抗蚀剂完全黏附。对于金和铂工件，可采用去污剂清洗表面，再用流动水冲洗，加热干燥。对于银模板，用细浮石膏清洗，然后用流动水冲洗和刷洗，完全洗尽浮石残渣，或者浸渍到弱硝酸溶液轻度腐蚀表面，再用流动水冲洗，在室温干燥和避免表面形成氧化膜。

图 14-34[6] 所示为采用光电成型技术制造的 925Ag 项圈：先在化学干净的 925Ag 模板上涂覆光致抗蚀剂，采用上述光电成型技术将原先设计的图像蚀刻在 925Ag 模板上，再浸渍到镀 Au 液中电镀，在蚀刻的图像上沉积 Au，最后消除抗蚀剂，便在白色斯特林银板上

得到精细镀金图像的饰品。光电成型技术可以制造精密细致和复杂的高清图像，这是采用其他制造方法不能完成的。

14.6.3.2 光致抗蚀剂

上述光电成像是利用光致抗蚀剂的光化学反应使金属模板感光成像和选择性腐蚀溶解而复制模板图像的一种方法。光致抗蚀剂曝光后发生化学变化，随着曝光量的不同，产生不同的溶解力。根据所使用光致抗蚀剂是负型或是正型，用合适的溶剂显影可使未曝光区域或曝光区域加速溶解，在金属表面产生浮雕花样。

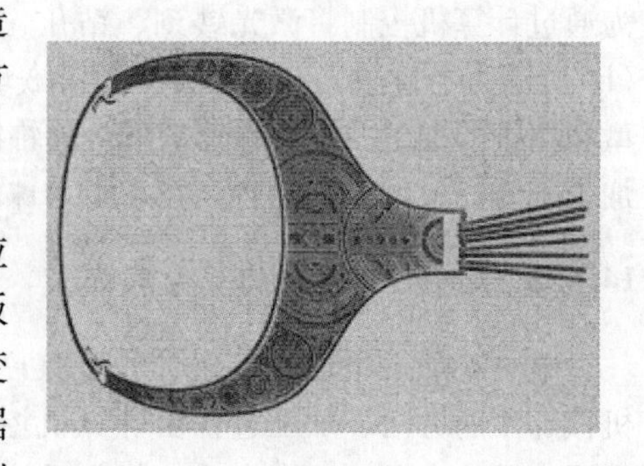

图 14-34 采用光电成型技术制造的 925Ag 项圈

光致抗蚀剂是一种溶解于有机溶剂中的对光敏感的光聚合物树脂。它分为正型和负型两种。负型抗蚀剂曝光后发生交联反应和光聚合，使溶解性减小，主要有以环化橡胶-双叠氮化合物、聚乙烯醇肉桂酸酯及其衍生物为主的聚合物树脂。正型抗蚀剂曝光后发生光分解、光降解反应，使溶解性增大，主要有以邻重氮萘醌感光剂-酚醛树脂型为主的聚合物树脂。贵金属 Ag、Au 和 Pt 及其合金主要使用负型光致抗蚀剂[6]。表 14-6[29,30] 列出了柯达公司生产的负型光致抗蚀剂及其性能，它们用作贵金属的光致抗蚀剂，也可用作 Ni 合金、Ti 和不锈钢的光致抗蚀剂。

表 14-6 柯达公司生产的负型光致抗蚀剂及其性能

型 号	厚度/μm	记录过程	灵敏波段/nm	曝光量/$mJ \cdot cm^{-2}$	分辨率/条 · mm^{-1}
KTFR（负型）	0.8	光交联	290 ~ 485	10（400nm）	400
KMER（负型）	1.0	光交联	290 ~ 485	10（400nm）	250

14.7 化学加工制造贵金属饰品

化学加工是采用各种耐蚀涂层将金属工件的非加工面保护起来，而将需要加工的面显露在外，浸渍化学溶液中进行选择性腐蚀，制造成复杂的造型或在金属表面蚀刻图像。

14.7.1 选择性腐蚀

选择性化学腐蚀可以用于金属整体造型，金属穿孔，制造凹槽、凹痕和浮雕，刻蚀花纹图案，单面或双面同时腐蚀等。化学腐蚀过程包括如下步骤：（1）设计造型或纹饰图像，将图像画在描图纸或任何平滑透明纸上；（2）清洗金属表面到化学净（清洗剂参见第11章）；（3）在干净的金属表面均匀涂覆耐蚀涂层；（4）将设计图案转移到金属表面，即将描图纸上图像描绘在耐蚀涂层上，需要腐蚀的部位的耐蚀涂层被切除，金属裸露在外；（5）采用特定酸液，通过化学铣切造型或浸酸腐蚀使金属选择性溶解，使裸露金属减薄或在金属上腐蚀出线条与花纹，显示出原设计的浮雕图像；（6）最后清除表面涂层等。在这些步骤中，主要因素是精确转移图像、选择合适的耐蚀涂层和腐蚀液以及控制腐蚀强度。

通常使用的耐酸涂层是一种沥青油漆，它是由沥青、硬柏油脂、蜡、树脂、胶黏剂等组成，适于图像蚀刻。沥青油漆有市售产品，也可按要求自配。涂覆在金属表面的沥青油漆若因某种原因破损或脱落，可以用快干清漆修补。在电子工业中有一种用于制造印刷电路的耐酸涂层画笔，它可以在干净的金属表面用沥青油漆画出精细线条或花纹图案，用于精细装饰目的。因为金、铂具有高耐蚀性，也可将金、铂电镀在金属表面作为选择性腐蚀的耐酸涂层。

任何金属都可被酸腐蚀。对于贵金属和某些贱金属，推荐的腐蚀酸液如下：

（1）金：王水溶液（1份硝酸，3份盐酸，40~50份水）。

（2）铂：先在48%氢氟酸溶液中浸渍30s去脂，冲洗干净和干燥后用王水溶液腐蚀。

（3）银：强硝酸溶液（2~3份硝酸，1份水）或弱硝酸溶液（1份硝酸，3~5份水）。

（4）铜和黄铜：快速腐蚀，1份硫酸+2份水；慢速腐蚀，1份盐酸+0.2份氯化钾+9份水。

（5）镍银或德银：1份硝酸+3份盐酸+水（水量视所要求的腐蚀强度而定）。

（6）钢和铁：一般，1份盐酸+1份水；轻腐蚀，1份硝酸+4~8份水；深腐蚀，1份硝酸+1份水。

（7）钛：1份48%氢氟酸+9份水；或10%浓氢氟酸+20%硝酸+70%水。

（8）白镴合金（锡铅基合金）：1份硝酸+4份水。

14.7.2 电化学阳极腐蚀

将金属工件表面按设计图案涂覆耐酸涂层，工件焊接铜丝置于电解液中作为阳极，以其形状与尺寸相同的金属如Pb或不锈钢作为阴极，在电解液中以低电压和大电流进行电解，并在压力作用下使电解液高速循环流动以冲刷工件，阳极工件通过电化学溶解持续腐蚀和加工，直至完成。这种电解阳极腐蚀过程的优点是加工速度快，蚀刻线清晰，表面粗糙度小，工件不产生裂纹和热变形，适合制造形状复杂线条的型面型腔工件与饰品。

银的电解腐蚀采用15%硝酸银（或硝酸）电解液，电压2V，温度20~60℃，电流密度5~10A/dm^2，不锈钢阴极，以沥青油漆作保护层。金的电解腐蚀采用10%氰化钠碱性溶液，6V，钢阴极。铜的电解腐蚀采用稀硫酸溶液（1份硫酸+20份水）或含氯化钠的氯化铵溶液。在电解腐蚀过程中推荐采用如下耐酸涂层：按体积配方由“4份沥青+4份蜡+1份硬柏油脂”组成的耐酸涂层，先涂刷一层，干燥后再刷一层以保护金属。

14.7.3 明胶/重铬酸钾感光成像

明胶/重铬酸钾是传统感光成像材料，可用于印刷制版和全息照相。明胶/重铬酸钾感光成像步骤如下：（1）在暗室中将5份明胶（或阿拉伯树胶）和1份红色重铬酸钾（光敏剂）溶解于100份蒸馏水，得到饱和溶液，在搅拌条件下加入足量黑色颜料使溶液着色；（2）将上述光敏溶液完全均匀覆盖在金属板上，然后干燥；（3）在暗室内将镂刻有设计图像的模板与涂覆有明胶/重铬酸钾感光成像材料的金属板重叠并曝光，重铬酸钾曝光后使明胶硬化和不可溶；（4）在37.7℃蒸馏水中溶解未曝光的明胶，再用酸液浸渍，通过选择性腐蚀就在金属板上得到与模板相同的图像。所得到的图像可以重叠：采用相同或不同的模板，在同一金属板上重复上述过程，就可以将后来的图像叠加到前面的图像上。在这个过程也可以使用丝网复制照相铜板。

14.7.4　金作为耐酸涂层选择性腐蚀镀金铜板

因为纯金具有高的耐酸性，它也可以电镀到铜或其他贱金属上作为耐酸涂层，再进行选择性腐蚀。在电子工业，金已经作为耐酸涂层施加到其他金属并通过选择性腐蚀用于制造印刷电路。在装饰工业，金的这一特性也可用于制造装饰品。例如，通过浸渍、电镀或焊接等方式按设计模式（如形式、图像、花纹等）将金施加到铜上，然后浸渍在硫酸溶液中，未镀金的裸露铜的部分被腐蚀，视其腐蚀程度深浅，形成凹痕（槽）或穿孔，而涂金的部分不被腐蚀，厚镀金层形成浮雕图像。被腐蚀铜基体呈暗铜绿色，与金色的浮雕图像形成鲜明的反差，具有好的装饰效果。纯铂也有高的耐酸性，也可以电镀到铜或其他贱金属用作耐酸涂层。

14.8　贵金属饰品表面加工与装饰

14.8.1　机加工表面造型

机加工表面造型是最古老的贵金属饰品制造手段，但至今仍被广泛应用。

14.8.1.1　雕刻

约公元前11世纪，人类史进入雕刻时代，雕刻被用于在底板上刻画出线条花纹，用于凹雕、浮雕、透雕和造型，用于刻面宝石或其他材料镶嵌，用于削除珠宝饰品焊接接头多余的焊料，用于模具或中空饰品内部凹刻细节，雕刻也用于刻字。我国的文字图章雕刻历史悠久，形态万千，具有独特的民族特色，在世界雕刻艺术中独树一帜。现代雕刻主要用于装饰目的，人们在金属、石材、宝石、木材、竹材、象牙和其他骨材、塑料、果壳等广泛的材料或器物上进行雕刻，创造了丰富的雕刻艺术品和珠宝饰品。

在金属饰品上雕刻出的线条花纹与基板金属本色可以产生明暗相间的反差，具有装饰效果。退火态贵金属及其某些合金硬度不很高，适合于雕刻装饰，自古以来就用于制造雕刻饰品，特别是民间制造银器和银装饰品，一般都有手工雕刻的图案花纹，具有独特的个性和收藏价值。图14-35(a)[6]所示为银板雕刻饰品，雕刻的图案花纹十分精细。手工雕刻

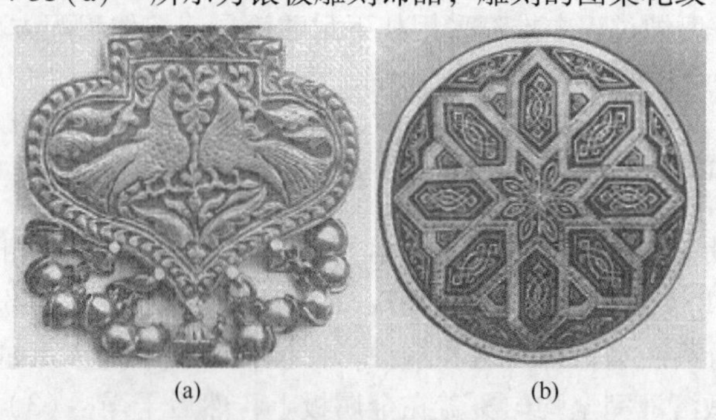

(a)　　(b)

图14-35　雕刻与镶嵌银饰品

(a) 雕刻装饰银项链坠饰；(b) 在刻花钢片内镶嵌金银细丝的精细图案

需要专门的技艺，制造周期较长，但雕刻图像具有个性。

14.8.1.2 表面刻花

表面刻花是一种更精细和更明亮的雕刻技术，可在饰品表面刻制复杂精美的花纹和图案。如刻有花纹的环状首饰与饰品称为刻花环，它的制作包括制环、初刻、表面加工、用磨砂法或钻石刀具雕刻基本图案、闪光刻面、刻饰精美花纹和附加图案等，然后清洗去脂与抛光等工序，以钻石刀具雕刻的花纹更精细。刻花环饰品款式新颖，具有闪光刻面可以反射不同方向的光线，具有动态闪光效应，用作婚戒很受欢迎，如图 6-15 所示刻花抛光银戒指和图 14-15 所示缎面刻花并镶钻的铂金戒指都是很受欢迎的婚戒。

14.8.1.3 镶嵌

我国在战国时代就发明了“错金银”，即以金银丝（或片）嵌入器物表面制作成铭文或纹饰图案[2,4]。它不仅是金银丝细工装饰的典范，也开创了金属镶嵌技术的先河。镶嵌是珠宝饰品最常用的装饰技术之一，镶嵌体和基体之间应具有设计要求的颜色反差和美学特性。贵金属珠宝饰品镶嵌大体可以分为型材镶嵌和宝石镶嵌。

传统的型材镶嵌技术是将一种材料的颗粒、丝、片或其他形体永久地置入另一种材料表面所开凿的孔、线、槽等凹形空间所形成的复合体。传统的型材镶嵌是手工精细操作，镶嵌饰品多具有独特的创意和高的艺术价值。现在可以采用各种技术制造嵌镶产品，如通过压力加工、热静压和粉末冶金等方法将镶嵌体压入基体内制造各种颗粒、纤维（丝）、层状复合材料，可以实现整体和局部镶嵌复合；采用热腐蚀、酸腐蚀和光刻蚀等技术先在金属表面制造刻蚀图像，再结合电镀（化学镀）和电铸成型等技术在刻蚀图像中涂层贵金属，也可实现局部嵌镶。型材镶嵌体一般不贯穿基体材料，镶嵌多为平面镶嵌，有时也采用浮雕式镶嵌，镶嵌体的固定主要依赖于它与基体上刻槽的楔形紧配合或者基体冷缩后产生的机械夹持力。

就贵金属饰品而言，贵金属型材可以镶嵌在其他贵金属、贱金属或非金属基体内，其他金属或非金属型材也可以镶嵌在贵金属基体内，因而形成种类繁多、彩色和反差各异的贵金属嵌镶材料和装饰产品。在贵金属饰品与硬币制造中，通常采用双金属、三金属和多色金属镶嵌，以丰富饰装品的色彩。如镶嵌金银币、金铂币等，不仅增加了硬币的色彩层次，还可以提升艺术和商业价值。如果将贵金属丝、片、管等型材镶嵌在金属和非金属基体材料中，既可以增加装饰品的美学特性，也可以节省贵金属用量和降低饰品成本。图 14-35（b）所示为不同基体上镶嵌贵金属的饰品。

在贵金属珠宝饰品中，各种类型的宝石也常常采用镶嵌形式安装在贵金属基体或框架内。在第 13 章中介绍的许多宝石安装形式，如宝石楔形安装、平截面锥体安装、铺砌安装等形式都是贵金属珠宝饰品中最常用的宝石镶嵌形式。

14.8.1.4 喷沙处理

贵金属饰品的喷沙处理是以高能沙粒高速冲击表面，使表面组织达到适当的粗细度，或者将生产模具上的图案部分喷成极为细致的磨沙面，使所生产的饰品产生一种特殊的光饰效果，如绒面效果或凝霜效果。在贵金属饰品和硬币制造过程中常采用特殊的喷沙工艺处理，如均匀喷沙、背面喷沙、渐变喷沙、多层次喷沙、装饰性网格喷沙等多种工艺，可以使饰品产生不同反射或亚光的效果，以增加饰品的黑白反差和层次感，制造浮雕图文和立体图像。

14.8.2　热处理表面造型

14.8.2.1　斑晶

变形金属在退火过程中发生再结晶，导致变形晶体向等轴多边形长大或生成退火孪晶。由于各个晶体的结晶学取向不同，它们对光线的反射也不同，因而长大的晶体可以产生不同的光线视觉效应，通过着色处理还可以产生更强的反差效果。每个晶体犹如具有不同色泽的斑晶，具有很强的装饰效果。制造斑晶产品最重要的因素是掌握好热处理温度和控制加热时间，避免二次再结晶和晶体不均匀长大。

利用斑晶效应最著名的装饰产品是“斑铜”，其中尤以云南斑铜享誉世界，以云南斑铜制造的各种斑铜器和装饰产品畅销海内外。只要控制合适的退火温度和退火时间，原则上任何金属都可以得到斑晶效应和发展斑晶产品。在贵金属中，银和银合金最适合发展“斑银”产品，用于制造斑银银器和装饰品等。

14.8.2.2　表面浮突网纹造型

对于金属或合金，“过退火”都是一种不希望的热处理。但人们利用“过退火”或“过热”所产生的结构变化，逐渐发展为一种装饰手段。这是因为，所谓“过退火”，即在正常退火温度和熔化温度之间的高温进行退火，会导致表面部分金属熔化，冷却后形成似山脉起伏的浮突网纹组织，称为表面网纹造型组织，具有独特和不可复制的装饰效果。当采用火焰加热金属表面时，因为热集中在表面局部区域可致局部金属熔化，就有可能形成浮突网纹组织。

在 Ag-Cu 共晶合金中，含 7.5% ~20% Cu 合金的熔点较低，适合于制造表面网纹造型组织，其制造过程大体如下：(1) 使合金表面“脱铜”，将 Ag-Cu 共晶合金板在 650℃大气加热完全退火，表面 Cu 氧化形成氧化铜层，淬火到含 33% 硫酸的酸洗液中，氧化铜层溶解，表面“脱铜”得到纯银层。如此反复处理多次，最后得到表面浅白色厚银层。(2) 将表面刷毛，采用气体火炬（或激光束）加热合金到低于熔点以下的温度，金属完全再结晶，晶体长大并生成类树枝晶。试样的表面仍保持富银层，但由于内层氧化，在表层与 Ag-Cu 合金基体之间的区域形成薄的富 Cu 次表层，而内层低熔点共晶合金处于熔融状态，Cu 从邻近的 Ag-Cu 合金扩散到次表层。这层富含 Cu 内层的存在对促使表层银形成网纹结构起主要作用。因为表层银不熔化，而内层 Ag-Cu 合金熔化导致膨胀，当火炬移开之后，熔化的 Ag-Cu 合金凝固并收缩，这突然的膨胀—收缩导致表面 Ag 层形成浮突网纹。通过调整供应热量、火炬加热时间和移动速度，可以制造在一定程度上均匀的浮突网纹结构，成功的关键是精确控制热处理温度。用这种方法制造的浮突网纹具有独特的装饰效果，很难复制。

表面浮突网纹造型结构有两种基本使用或装饰形式：一是对金属板先做网纹造型，然后作为饰品的一个组件装配成型；二是对整体装配饰品做网纹造型。图14-36[6] 所示为在银和斯特林银板上制造的表面浮突网纹造型，显示了上述两种造型结构形式。上述方法也适用于在金和金合金表面制造网纹结构，基体过程相似，仅酸洗液采用硝酸溶液。

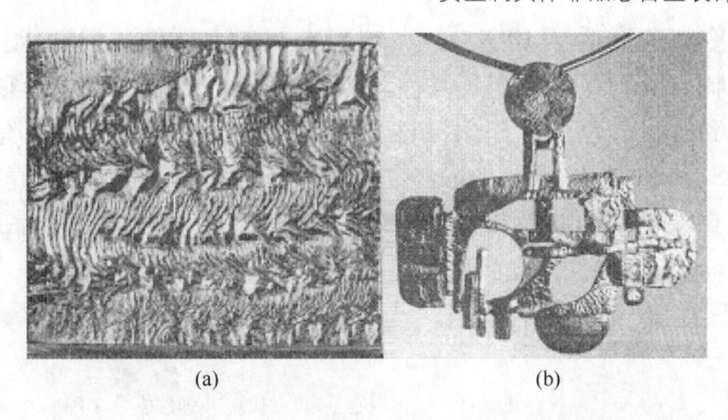

图 14-36 在银和斯特林银板上制造的表面浮突网纹造型
（a）单片银板造型；（b）斯特林银坠饰整体造型

14.9 贵金属实体非晶态合金装饰材料

14.9.1 非晶态合金一般制造方法

非晶态是一类原子呈无规则排列、不存在长程有序或只存在短程有序或原子团的特定亚稳态结构，是一种像被“冻结”的液态金属一样高度无序的无定形结构，故又称为“金属玻璃”。由于热力学和动力学条件限制，并不是任何合金都可以形成非晶态。制备非晶态合金的关键是要获得足够高的冷却速度和足够大的过冷度，抑制平衡相结晶，“冻结”或保持“液态”或“气相”金属结构特征。主要方法有液态金属高速淬火法、气相沉积法、化学沉积法、等离子体喷射法等。液态金属急冷法大体分为三类，即熔体喷射法（冷却速度 $10^3 \sim 10^5$K/s），熔体连续急冷法（冷却速度 $10^6 \sim 10^8$K/s）和表面熔体急冷法（冷却速度 $10^8 \sim 10^{10}$K/s），通过这些方法可以制备非晶态粉末、球粒、箔材、细丝、带材和棒材等。气相沉积法可以到达 $10^{10} \sim 10^{12}$K/s 的冷却速度，它所制备的非晶态合金的成分范围比快速凝固技术制备的非晶态合金更广泛，一般制备成薄膜或涂层。

通过快速凝固技术制备非晶态合金的临界厚度取决于合金形成非晶态的能力和熔体快速凝固的冷却速率：合金形成非晶态的能力越强和熔体快速凝固的冷却速率越高，越容易制备得到较厚的或实体非晶态。处于深共晶成分的合金具有强的非晶态形成能力，而类金属元素P、B、Si 有强的促进玻璃体形成的能力。因此，含有适当类金属比例的共晶合金在足够高的冷却速率条件下有可能形成实体非晶态合金，而纯金属、固溶体合金和金属间化合物则不易形成。贵金属非晶态合金主要有贵金属-类金属型、贵金属-过渡金属型和贵金属-过渡金属-类金属型，主要贵金属非晶态合金有：Pt-Si、Pt-P、Pt-Ni-P、Pd-Si、Pd-M-Si（M = Cu、Ag、Au、Cr 等）、Pt(Pd)-Rh-P(Si)、Pt(Pd)-Ru-P(Si)、Pd-Rh(Pt、Ir)-Ti-P(Si)等[31,32]。

实体非晶态合金通常是指临界厚度大于 1.0mm 的非晶态合金。制备实体非晶态合金需要选择具有高的形成非晶态能力的合金系和能提供高冷却速率的技术条件。

14.9.2 实体非晶态钯合金装饰材料

Pd 合金系中，深共晶合金 Pd-Si 和 Pd-P 本身或含有 Ⅷ_B 或 Ⅰ_B 族金属的合金系具有很好的玻璃体形成能力。Pd-M-Si（M = Cu、Ag、Ni）系是发现和制造最早的实体非晶态合金，它们的临界冷却速度低至 10^2K/s，在较高冷却速率下就可以获得厚度或直径大于1mm 的非晶态材料。表 14-7[33] 列出了几种 Pd-Si 系非晶态合金的性能，它们比传统 Pd 合金具有更高硬度和强度，也具有高耐蚀性、优良色泽和极好加工性（总加工率 98% ~ 99%）。实体 Pd-Si 和 Pd-M-Si 系非晶态合金在珠宝工业中可用于制造表壳、表链和高强度耐磨损元件。基于 Pd-P 的深共晶合金，如 Pd-Cu-Ni-P 也制备得实体非晶态合金，其铸造临界厚度可达 70mm 以上，测定临界冷却速率为 0. 05K/s[34]。

表 14-7　Pd-Si 系非晶态合金的性能

合金成分（摩尔分数）/%	熔点/℃	硬度 HV	抗拉强度/MPa	弹性模量/GPa	玻璃转变温度/℃
Pd-20Si	约 800	430	1333	66	372
Pd-6Ag-16. 5Si	767	450	1370	77	372
Pd-6Cu-16. 5Si	732	470	1470	83	373
Pd-6Ni-16. 5Si	761	460	1470	88	374

14. 9. 3　实体非晶态 850Pt 和 18K Au 装饰材料

在 Pt 合金中，Pt-P 合金是一个类似 Pd-P 的深共晶合金。基于 Pt-P 深共晶成分，已发现和制备了含有 $Ⅷ_B$ 或 $Ⅰ_B$ 族金属的 Pt-$Ⅰ_B$-$Ⅷ_B$-P 实体非晶态合金，如 Pt-Cu-Ni-P 和 Pt-Cu-Co-P 等，合金中 Pt 的质量分数大约为 85%，简称为 850Pt 实体非晶态合金。这些合金液相线温度不高，具有较大的过冷液相区和较宽形成非晶态合金的成分范围，较强的非晶态形成能力。将这些合金与 B_2O_3 熔体接触熔化和凝固，可以进一步提高它们的玻璃体形成能力，可制备得铸造厚度达 20mm 的 850Pt 实体非晶态合金。Au 合金系中 Au-Si 合金是类似 Pd-Si 系的深共晶合金，熔化温度低于 400℃。在 Au-Si 合金中添加其他组元，如 Cu、Ag、Pd 之一或组合，采用上述制备 850Pt 实体非晶态合金的熔体淬火技术，也制备得一系列多元实体非晶态合金，如 Au-Ag-Cu-Pd-Si、Au-Ag-Cu-Si、Au-Cu-Pd-Si 等。这些合金中 Au 的质量分数约 75%，即相当于 18K 金合金，简称 18K 实体非晶态金合金。表 14-8[34,35] 列出了 850Pt 和 18K Au 实体非晶态合金的性能，850Pt 实体非晶态合金的液相线温度低于 900℃，玻璃转变温度 230 ~240℃；18K Au 实体非晶态合金液相线温度低于 400℃，玻璃转变温度低于 130℃。表14-9[34,35] 列出了典型 850Pt 和 18K Au 实体非晶态合金和相同成色传统 Pt 和 Au 合金的力学性能，850Pt 和 18K Au 实体非晶态合金的密度远低于传统 Pt 和 Au 合金，而硬度、强度、泊松比和弹性应变则远高于相应的传统 Pt-15Ir 和 18K Au 合金。

表 14-8　850Pt 和 18K Au 实体非晶态合金的性能

合金成色	合金成分（摩尔分数）/%	T_g/℃	T_x/℃	ΔT/℃	T_l/℃	T_{rg}	D_{max}/mm	硬度 HV
850Pt	$Pt_{57.5}Cu_{14.7}Ni_{5.3}P_{22.5}$	235	333	98	795	0. 64	16	402
750Pt	$Pt_{42.5}Cu_{27}Ni_{9.5}P_{21}$	242	316	74	873	0. 59	20	392
850Pt	$Pt_{60}Cu_{16}Co_2P_{22}$	233	296	63	881	0. 58	16	402
850Pt	$Pt_{60}Cu_{20}P_{20}$	—	—	—	844	—	<4	—
750Au	$Au_{49}Ag_{5.5}Pd_{2.3}Cu_{26.9}Si_{16.3}$	128	186	58	371	0. 62	5	360

续表 14-8

合金成色	合金成分(摩尔分数)/%	T_g/℃	T_x/℃	ΔT/℃	T_l/℃	T_{rg}	D_{max}/mm	硬度 HV
750Au	$Au_{52}Pd_{2.3}Cu_{29.2}Si_{16.5}$	120	154	34	378	0.60	2	—
750Au	$Au_{46}Ag_5Cu_{29}Si_{20}$	122	147	25	291	0.59	1	—
750Au	$Au_{55}Cu_{25}Si_{20}$	75	110	35	381	0.53	0.5	—

注：T_g—玻璃转变温度；T_x—结晶温度；$\Delta T = T_x - T_g$；T_l—合金液相线温度；$T_{rg} = T_g/T_l$；D_{max}—非晶态合金最大铸造厚度。

表 14-9 典型 850Pt 和 18K Au 实体非晶态合金和相同成色传统 Pt 和 Au 合金的力学性能

合金成色	合金成分(摩尔分数)/%	密度 /g·cm^{-3}	$\sigma_{0.2}$/MPa	E/GPa	G/GPa	硬度 HV	ε/%	ν
实体非晶态 850Pt	$Pt_{57.5}Cu_{14.7}Ni_{5.3}P_{22.5}$	15.3	1400	94.8	33.3	402	1.5	0.42
实体非晶态 750Au	$Au_{49}Ag_{5.5}Pd_{2.3}Cu_{26.9}Si_{16.3}$	13.76	1200	74.4	26.45	360	1.5	0.41
传统 850Pt-Ir	Pt-15Ir（质量分数）	21.5	420	—	—	160	<0.5	0.37
传统 18K Au	含 75Au 合金（质量分数）	15.4	350	—	—	150	<0.5	—

注：$\sigma_{0.2}$—屈服强度；E—弹性模量；G—切变模量；ε—弹性应变；ν—泊松比。

上述 850Pt 和 18K Au 实体非晶态金合金中仅含有单一的玻璃体形成元素 P 或 Si，但单独存在的 P 或 Si 难以使成色高于 90% Pt 或 Au 合金形成玻璃体。有研究发现，若将 3 个玻璃体形成元素 P、B 和 Si 以适当比例共存并与 Pt 结合，可以制备 Pt 含量高于 90% 的高成色实体非晶态合金，但若这 3 个元素不是共存，这样高成色的实体非晶态合金则难以形成。基于这样的配方，一项专利实体非晶态合金的组成是[36]：Pt 的质量分数为 92.5% 或更高（如 95% Pt），合金成分中 P、B 和 Si 以适当比例共存，同时合金中还可含有少量 Cu、Ag、Ni、Pd、Au、Co、Fe、Ru、Rh、Ir、Re、Os、Sb、Ge、Ga、Al 等元素之一或组合作为余量元素。根据这样的成分设计，可以组成广泛的合金，但每一个合金的 Pt 含量保证在 92.5% 以上，通过熔体淬火制备成实体非晶态合金。

14.9.4 高成色实体非晶态合金制备与性能

高成色实体非晶态铂合金和金合金具有非常好的玻璃体形成能力和低的临界冷却速率，典型的制备方法如下[37]：（1）合金制备：合金组元按配方配料，将除 P 外的组元密封在含有惰性气体的石英玻璃管内，采用高频感应加热熔化合金制备成无 P 中间合金，用此中间合金包覆 P，按相同方法重新熔炼成锭，得到含 P、B 和 Si 的配方合金。（2）实体非晶态合金制备：含 P、B 和 Si 配方合金与脱水 B_2O_3 密封在含惰性气体的石英玻璃管内，高频感应加热熔化合金和 B_2O_3，将合金熔体升温至合金熔点以上约 100℃，保持 B_2O_3 熔体和合金熔体接触至少 16min 后快速水淬或淬火至玻璃转变温度以下，就可以得到实体非晶态合金或含有少量晶态的混合非晶态合金。在这个过程中，合金熔体与 B_2O_3 熔体保持充分接触并共同淬火可以提高合金形成非晶态的能力和降低熔体凝固临界冷却速率。

将高成色实体非晶态铂合金或金合金加热到它的玻璃转变温度以上，它变成黏滞液体并具有极好的超塑性，可以采用模型注射成型或“吹玻璃”等方式制造成型。例如，对于玻璃转变温度为约 235℃的 850Pt 实体非晶态合金，可以在 250 ~ 270℃进行热塑性变形，然后快速冷却保持为实体非晶态，或缓慢冷却得到晶态进行加工。对 850Pt 或 18K Au 实体非晶态合金进行大变形加工，可以制成各种所需要的形状。图 14-37[34,35] 所示为 850Pt 和 18K Au 实体非晶态合金热塑成型的形貌。由于 925Pt 高成色实体非晶态合金含有 3 个玻璃体形成元素，它们也具有类似于 850Pt 实体非晶态合金的特性和加工性能。

图 14-37 贵金属实体非晶态合金超塑性近净成型形貌
（a）850Pt-Ni-Cu-P 在 270℃经 28MPa 压力/100s 成型；
（b）750Au-Ag-Pd-Cu-Si 在 150℃经 100MPa 压力/200s 成型

实体贵金属非晶态合金是贵金属材料的重大新发展。它们具有高硬度、高强度、高弹性模量、高耐蚀性、优良色泽和极好加工性（总加工率 98% ~99%），其优良的热塑成型特性为工业制品和珠宝饰品制造提供了非常方便的条件和更多材料选择。许多制造商已考虑将实体贵金属非晶态合金用于制造珠宝首饰和装饰品，或将贵金属非晶态合金薄膜用于珠宝饰品的耐蚀耐磨涂层。贵金属非晶态合金有可能发展成为一类新型珠宝饰品材料。

本章主要介绍了制造和装饰贵金属珠宝饰品的许多传统加工工艺和热处理手段，也介绍了采用部分现代制造和装饰技术，还介绍了一些新型的贵金属珠宝饰品材料。随着技术进步，许多高新技术和材料被逐渐移植到贵金属珠宝饰品制造。现在，虽然许多传统的加工工艺已逐步被现代高新技术所代替，但传统技术制造饰品的独创性和艺术性仍然具有生命活力。传统技术与高新技术相结合，相辅相成，使贵金属珠宝饰品的加工技术更完善，珠宝饰品的材料和品种更丰富，品质更优异，满足不同层次消费者的要求。

参 考 文 献

[1] BENNER L S，SUZUKI T，MEGURO K，et al. Precious Metals Science and Technology[M]. Austin in USA：The International Precious Metals Institute：1991.
[2] 宁远涛，赵怀志. 银[M]. 长沙：中南大学出版社，2005.
[3] 黎鼎鑫，张永俐，袁弘鸣. 贵金属材料学[M]. 长沙：中南工业大学出版社，1991.
[4] 赵怀志，宁远涛. 金[M]. 长沙：中南大学出版社，2003.
[5] 宁远涛，杨正芬，文飞. 铂[M]. 北京：冶金工业出版社，2010.
[6] UNTRACHT O. Jewelry Concepts and Technology[M]. New Yark：Doubleday & Company，Inc.，1982.
[7] International Gold Corporation Japan Limited. Gold Jewellery Japan[M]. Japan：Toppan Printing Company Limited，1984.
[8] KENDALL T. Platinum 2003[M]. London：Published by Johnson Matthey，2003.
[9] RUSHFORTH R W E. Machining properties of platinum[J]. Platinum Metals Rev.，1978：22 (1)：2 ~12.
[10] JEREMY S. Platinum 1993[M]. London：Published by Johnson Matthey，1993：35 ~40.

[11] OTT D, RAUB C J. Copper and nickel alloys clad with platinum and its alloys[J]. Platinum Metals Review, 1986, 30(3): 132~140.

[12] HURLY J, WEDEPOHL P T. The development of colored platinum products for jewelry[C]. //Precious Metals 1993-Proceedings of the 17th International Precious Metals Conference, Edited by Mishra R K., International Precious Metals Institute, Pease & Curren, INC., Newport, Rhode Island, 1993: 141~151.

[13] CORTI W C. The 25th Santa Fe symposium on jewelry manufacturing technology[J]. Platinum Metals Rev., 2011, 55(4):246~250.

[14] ISHII T, UCHIYAMA N, HIRASAWA J, et al. The development of precious metals plasticine[C]// Precious Metals 1994-Proceedings of the 18th International Precious Metals Conference, Edited by PEACEY J G., International Precious Metals Institute, Pease & Curren, Inc., Vancouver, British Columbia, Canada, 1994: 503~510.

[15] HUNT L B. The long history of lost wax casting[J]. Gold Bulletin, 1980, 13(2): 63~79.

[16] GAINSBURY P E. Jewellery investmemt casting machines[J]. GoldBulletin, 1979, 12(1): 2~8.

[17] RAUB C J, OTT D. Gold casting alloys[J]. Gold Bulletin, 1983, 16(2): 42~48.

[18] OTT D, RAUB C J. Investimemts casting of gold jewellery[J]. Gold Bulletin, 1986, 19(1): 2~8, 19(2): 34~40.

[19] KLOTZ U E. Metallurgy and processing of coloured gold intermetallics-part Ⅰ: properties and surface processing[J]. Gold Bulletin, 2010, 43(1): 4~10.

[20] FISCHE-BHHNER J, BASSO A, POLIERO M. Metallurgy and processing of coloured gold intermetallics-partⅡ: investment casting and related alloy design[J]. Gold Bulletin, 2010, 43(1): 11~20.

[21] DESTHOMAS G. Electroforming of carat gold alloys[J]. Gold Technology. 1991(4): 2~9.

[22] SIMON F. Electroforming in gold jewellery production [J]. Gold Technology. 1991(4): 10~15.

[23] SIMON F. Recent development in the field of Electroforming, A production process for hallmarkable hollow jewellery[J]. Gold Technology. 1995(16): 22~29.

[24] SOLE M. Electroforming——A method for the future? [J]. Gold Technology. 1993(11): 32~35.

[25] DESTHOMAS G. Electroforming of gold alloys——The ARTFORM™ process[J]. Gold Technology. 1995, (16):4~15.

[26] KUHN A T, LEWIS L V. The electroforming of gold and its alloys[J]. Gold Bulletin, 1988, 21(1): 17~23.

[27] ESPOSITO C, FAES R, VITOBELLO M L, et al. New laser process technologies for optimized gold jewellery manufacture[J]. Technology. 1996(17): 30~34.

[28] STANTON R. Electro-discharge machining of gold alloys[J]. Gold Bulletin, 1979, 12(2): 72.

[29] 师昌绪. 材料大辞典[M]. 北京: 化学工业出版社, 1994: 255.

[30] 曾汉民. 高技术新材料要览[M]. 北京: 中国科学技术出版社, 1993: 737~744.

[31] 宁远涛. 非晶态金属的结构转变与动力学[J]. 物理, 1983, 12(1): 49~55.

[32] 宁远涛. 金属快速凝固方法及其对显微结构的影响[J]. 材料科学与工程, 1984, 4: 18~26.

[33] 廖中尧, 郑福前. PdSi 系非晶态合金的性能与应用[J]. 贵金属, 1983, 4(1): 19~22.

[34] SCHROERS J, JOHNSON W L. Highly processable bulk metallic glass-forming alloys in the Pt-Co-Ni-Cu-P system[J]. Applied Physics Letters, 2004, 84(18): 3666~3668.

[35] SCHROERS J, LOHWONGWATANA B, JOHNSON W L, et al. Precious bulk metallic glasses for jewelry applications[J]. Materials Science & Engineering A, 2007, 449~451: 235~238.

[36] DEMETRIOU M D, JOHNSON W L. Amorphous Platinum-rich Alloys: EP2396435[P]. 2011~12~21.

[37] CORTI C W. The 21th Santa Fe symposium on jewelry manufacturing technology[J]. Platinum Metals Review, 2007, 51(4): 199~204.

15 贵金属珠宝饰品品质检验与保护

15.1 贵金属珠宝饰品成色检验与标志

15.1.1 贵金属质量检验的历史渊源

贵金属珠宝首饰和装饰品属高档商品，为了保证贵金属饰品的成色和质量，维护消费者的利益，在销售之前贵金属饰品必须接受经官方授权的法定质检部门对其成色和质量检验，在合格产品上打上明确的数字或印戳以示证明。由国家发行的贵金属流通硬币、纪念币和投资硬币都是法定货币，政府更要对其贵金属成色、克重和质量承担保证。

在贵金属制品上打上官方或法定的印记以证明和保证贵金属纯度的制度有悠久的历史。据文献记载[1]，早在公元前2000多年，埃及人就采用贵金属纯度检验制度消除Au中的杂质，以保证金锭至少有95%纯度。在古代罗马和其他文明古国也在贵金属铸锭上打上法定印记，这些印记通常是统治者的名字或与制造者相联系的名称。约在公元前7世纪，当时小亚细亚的吕底亚人在制造金银币时都打上特殊的印记表示金银的固定质量，以显示制币的权威性和价值保证[2]。我国金银币制造时间不迟于春秋晚期，战国时期楚国铸造了大量称为“爰金”的金币，“爰金”上钤有小方印或圆印，正面刻有篆书阴文“郢爰”、“陈爰”、“专爰”、“卢金”等文字，这些印记表明金币由官方铸造，同时也是金币成色的印证与保证。

现代意义的具有官方政府功能的贵金属制品纯度检验制度起源于13世纪法国，随后在英国逐渐推行并建立了严格的贵金属制品纯度检验制度。贵金属制品纯度的检验制度早先用于铸件和珠宝饰品，随后也应用到贵金属工业产品上，并一直沿用至今。

15.1.2 英国的“Hallmark”检验制度

英国于1238年首次颁布了金和银制品的纯度标准，但如何检验和保证这些标准实施却存在困难。1300年英国爱德华一世颁布了法令要求对银和金制品必须通过金匠协会（Goldsmiths’ Guild）在伦敦的检验机构进行分析检验和打上特征印记，金匠协会负有分析检验和打印记的责任，1327年爱德华三世赋予金匠协会皇家特许权力。为了避免不合标准的制品在社会上流通，1478年金匠协会在伦敦建立了专门检验机构并指定了专职带薪分析员，并强制制造商带着他们制造的贵金属制品到伦敦金匠协会大厅（Goldsmiths’ Hall）进行成色检验并打上相应证明印戳标记（mark），这就是“Hallmark”一词的来源。

15.1.2.1 Au制品检验印记

最初，英国的“Hallmark”检验只打上一个盾形花豹头像印戳，随着时间推移，“Hallmark”检验逐渐添加了其他的印戳，至今对于金制品需要打上5个不同形状的印戳：(1) 制造商的印戳：从14世纪开始，这个印戳是强制性的，在1720年以后这个印戳用制造商名称的字母组成，但不能有重复字母，如 Johnson Matthey 公司的印戳是“JM”；（2）英国标准印戳：对于金制品，它包含一个皇冠印戳和一个表示开金成色的质量千分数数字的盾形印戳；（3）伦敦或其他检验机构的印戳：英国现在有 4 家“Hallmark”检验机构，伦敦检验机构的印戳为“花豹头像”，伯明翰检验机构的印戳为“锚”，爱丁堡检验机构的印戳为“城堡”，谢菲尔德检验机构的印戳为“玫瑰”；（4）表示日期的字母系统印戳：自 15 世纪起，伦敦检验机构用特别书写的字母序列代表年号，如 1975 年用花写“A”表示，1985 年用花写“L”表示等。打印日期的凸模冲头在当年的年终销毁，以避免可能发生伪造。图 15-1[1] 所示为英国 1973 年颁布的法令对贵金属制品实施“Hallmark”成色检验标示方法。

饰品材料	标准成色/‰	制造商印鉴（名称字母）	英国标准印鉴（皇冠印戳 + 标准成色）	伦敦检验机构印鉴（花豹头像）	制造年号（代表字母）
9K 开金	375		375		A
14K 开金	585		585		A
18K 开金	750		750		A
22K 开金	916.6		916		A
斯特林银（925Ag）	925				A
958Ag	958.4				A
铂（platinum）	950				A

其他检验机构印鉴　伯明翰　爱丁堡　谢菲尔德

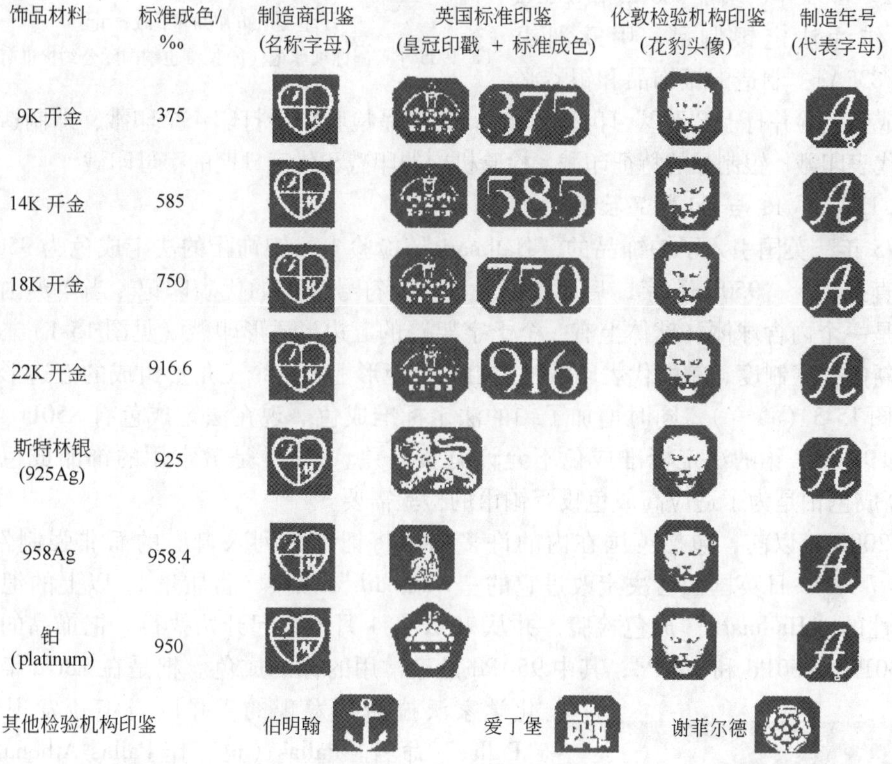

图 15-1　英国 1973 年颁布的法令对贵金属制品实施“Hallmark”成色检验标示方法

自 1932 年以后，英国金饰品法定标准定为 9K、14K、18K 和 22K，其相应的质量千分数为 375、585、750 和 916。后来英国对 Hallmark 检验又做了某些改变，主要有：（1）制造商印章也可以采用“检验机构赞助人印章”缩写字母，如伦敦检验机构资助人印章为“LAO”字母（London Assay Office sponsor's mark），伯明翰检验机构资助人印章为“BAO”字母等；（2）扩大了金制品成色品种范围，增加了“999Au”高成色金检验，以适应高成色投资金币的检验；（3）英国金制品的标准印记是皇冠印戳，在 1972 年签订了关于控制和标志贵金属制品的维也纳国际公约之后，英国金制品代表印戳也采用标示有金成色数字（如 750 等）的“天平”印章。图 15-2[3] 所示为英国对 750Au 标准开金打出的两种印章标记。

15.1.2.2　Ag 制品检验印记

历史上英国有两个法定的银制品成色，即斯特林银和布里塔里亚银。当年，Ag 制品的代表印戳有两个：斯特林银以一个正在行走的狮像印戳代表，它于 1544 年第一次使用；布里塔里亚银以一个“女王坐像”代表[3]（见图 15-1），后来这个印戳也换成狮像或两个图像共用。斯特林银为 925Ag，布里塔里亚银为 958Ag。1999 年，增加 800Ag 和 835Ag 欧洲银作为法定银制品，用欧洲银（800Ag/835Ag）制造的银饰品和银器必须接受成色检验并打上“800”印记。现在，银制品检验需要打印 4 个印戳，即制造商或检验机构代表印戳、银制品的特征印戳、检验机构的印戳和代表日期的字母印戳。

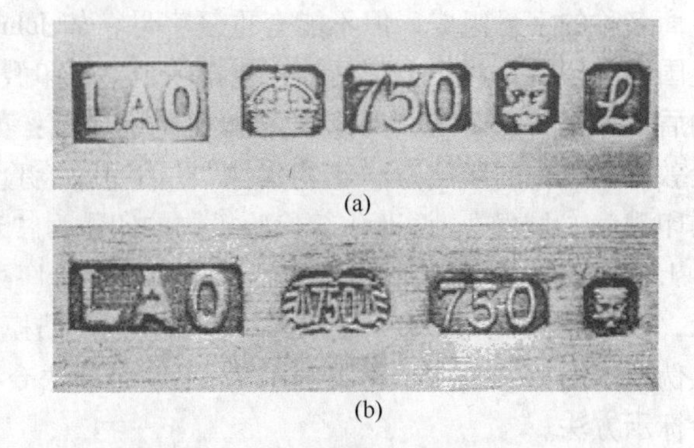

图 15-2　伦敦检验机构对 750Au 标准开金打出的两种印戳标记

(a) 1985 年英国标准印记；(b) 按维也纳国际公约标准打的印记

15.1.2.3　Pt 与 Pd 制品检验印记

1975 年，英国引入了铂饰品的“Hallmark”检验[4]，铂饰品的法定成色为 950Pt，检验印戳直接打上“950”数字，后面再打上“Pt”符号和铂的代表印记。当年英国铂的代表印记是一个内含球体（球体上有一个十字架）的五边形盾形印戳（见图 15-1）。1999 年颁布了新的检验制度，铂的代表印戳改为由一个矩形上置一个三角形组成的五边形盾形印戳（见图 15-3（a）[5]），同时增加了铂的法定标准成色。现在法定成色有 850Pt、900Pt、950Pt 和 999Pt，铂的法定标准成色不允许有负公差。950Pt 是最常用的饰品成色，增加 999Pt 高成色铂是为了适应高成色投资铂币的检验需要。

在 2008 年以前，包括英国在内的许多国家将钯饰品列入自愿的而非强制性检验。2009 年 7 月 23 日英国国会决定改进它的“Hallmark”法案，将质量 1g 以上的钯制品列入强制性的“Hallmark”成色检验，并从 2011 年 1 月 1 日起开始执行。钯饰品的法定成色有 500Pd、950Pd 和 999Pd，其中 950Pd 是最常用的标准成色。钯是在 1802 年由英国化学家沃拉斯顿发现的，并以当年新发现小行星“Pallas”命名。Pallas（也写作 Pallas Athena）是希腊神话中的智慧女神，她的头像就用作 Pd 饰品“Hallmark”检验印戳标记。图 15-3（b）[6,7] 所示为英国伦敦和伯明翰检验机构对 950Pd 品质检验的印戳标记，其中“LAO”与“花豹头像”和“BAO”与“锚”分别是伦敦和伯明翰检验机构资助人印章和该机构的代表印章，950 代表 Pd 饰品成色，第 4 个符号字母“I”代表检验时间是 2010 年，智慧女神头像印戳是钯的特征印鉴。钯的这个新的检验标记促进了 Pd 珠宝饰品的发展。这样，Au、Ag、Pt、Pd 贵金属珠宝饰品在英国都建立了强制性的质量检验制度。

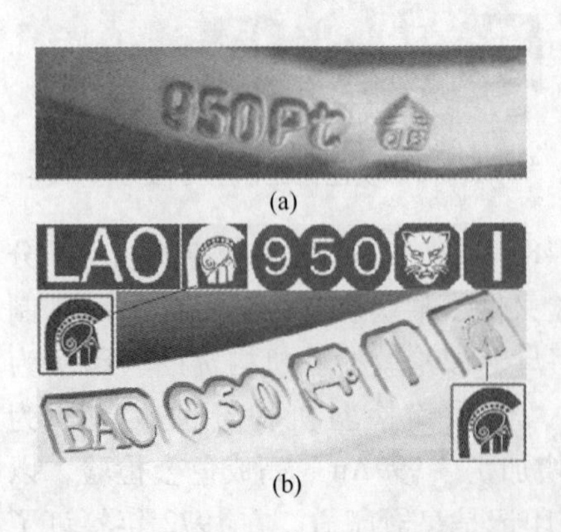

图 15-3　英国对 950 以上高成色铂、钯饰品的“Hallmark”标示方法

(a) 950Pt；(b) 950Pd

15.1.3 欧洲国家的“Hallmark”检验制度

法国是最早对贵金属制品成色实行检验的国家之一，它的检验制度也带强制性并由政府授权机构执行。从1275年起，法国采用城市标记（townmarks）作为检验印记最先应用到银器上，后来又应用到镀金的银器上，现在法国检验印记为“鹰头像”。14世纪以后，其他欧洲国家也推行贵金属制品检验制度。由于英国、法国等欧洲国家最早建立贵金属饰品与制品的检验和印鉴制度，因而在历史上留下了许多经过质量检验和留有印鉴的贵金属饰品和器具。

1972年11月15日在维也纳召开了关于控制和标志贵金属制品的国际会议，会上签订了维也纳国际公约，签约国一致同意在他们的国家设立相应的分析检验机构，负责控制和保持贵金属制品的纯度标准，统一国内的印戳标记，也同意承认和接受从其他签约各国进口的贵金属制品上的检验标志印章。同时，签约国引入了一个对贵金属饰品适用的共用印鉴，即“天平”印鉴，天平中标出的数字代表饰品的成色（见图15-4）。带有“天平”印戳的金、银、铂、钯饰品可以在签约国家内出售而不需再打上销售国的印戳。

对于金饰品，大多数欧洲国家也采用英国的纯度标准，并以质量千分数数字标示其Au含量。对于铂饰品，维也纳国际公约签约国的法定成色有999、950、900和850，但大多数欧洲国家采用950标准成色，不允许负公差；意大利允许有小的负公差；德国采用999、950、900和800成色；法国、西班牙和意大利允许铂饰品中的Ir视为Pt[5]。图15-5所示为部分欧洲国家设计和使用的“Hallmark”检验印章。

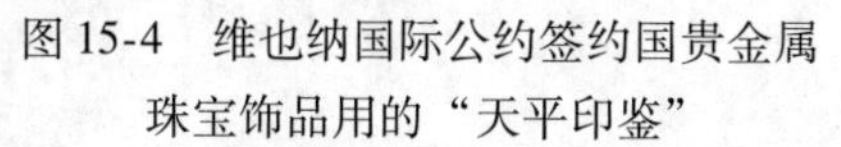
图15-4 维也纳国际公约签约国贵金属珠宝饰品用的“天平印鉴”

图15-5 部分欧洲国家设计和使用的“Hallmark”检验印章

欧洲的“Hallmark”检验制度迅速推广，许多国家也采用了相似的检验制度，设计和使用特征的贵金属饰品检验印记，如澳大利亚的检验印记为“澳洲鹊鸟”。图15-6所示为澳大利亚、加拿大、意大利和印度设计和使用的检验贵金属珠宝饰品成色的特征印章[4]。除了这些特征印鉴外，还必须打上成色印鉴、检验机构的印鉴等。虽然许多国家建立了类似的贵金属制品质量检验系统，但未完全遵循英国“Hallmark”检验制度，在一些国家的“Hallmark”检验制度不是强制性的，但一旦发现饰品的成色与质量存在问题，政府可以

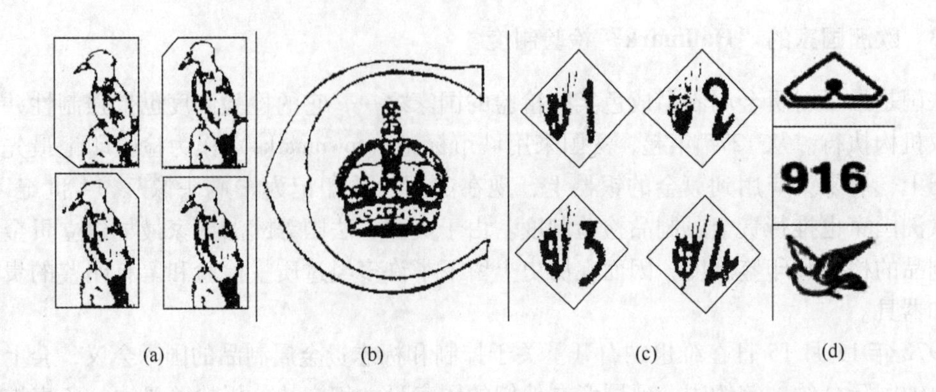

图 15-6 澳大利亚、加拿大、意大利和印度设计和使用的检验贵金属珠宝饰品成色的特征印章
(a) 澳大利亚；(b) 加拿大；(c) 意大利；(d) 印度

追究制造商的责任。

15.1.4 美国的“Hallmark”检验制度

美国于1814年在巴尔的摩开始实施 Hallmark 检验制度，1906 年通过联邦印花法令（Federal Stamping Law）之后才开始实施在贵金属制品上打上检验标记的印戳。后来美国商业部联合国家标准局还制定了一系列涉及贵金属制品纯度检验和标示的法规并装订成册，称为商业标准（CS）[1]。随着技术进步，这些标准法规与时俱进地予以修改，如 1962 年生效的标示金和银的法规规定必须打上制造商的名字或商标。1970 年 11 月 1 日对联邦印花法令做了新的修改，增强了该法令的强制性。在 1976 年，美国又修改了 1906 年的联邦印花法令，通过了新的金制品标签法令，对标示开金成色允许更小的偏差，如一般制品纯度偏差允许 0.3%，钎焊制品纯度偏差允许 0.7%。

在美国，金饰品有 22K、18K、14K 和 10K 法定纯度标准，在开金饰品上直接打印上述开数以示其 Au 纯度；银饰品有含 925Ag 和 900Ag 两个法定纯度标准，前者打上“sterling”印鉴，后者打“coin”印鉴（意即货币银），或者直接打印 Ag 含量的数字。对于铂饰品，成色在 950 以上者应打上“Platinum”或“Plat”字样的印记，成色在 850 以上的铂饰品可以打上缩写字母“Plat”或“Pt”字样的印记，但要在字母前面打上成色数字。Pt 合金中 Pt 的最低含量允许为 500‰（50%），但必须保证铂族金属总含量达到 950‰（95%），在其检验印鉴中必须打每一个合金元素的含量，如含有 300‰Ir 的 950Pt 应打印“650Plat300Irid”[4]。

15.1.5 中国的“Hallmark”检验制度

中国于 1989 年首次制定了国家标准 GB 11887—1989《首饰 贵金属纯度的规定及命名方法》，1999 年对该标准进行了第一次修订。2002 年对该标准进行了第二次修订，修订时采用了欧共体欧洲议会和理事会 94/27/EC 指令作为强制性标准，形成 GB 11887—2002 版本。2007 年，国家首饰质量监督检验中心对该标准进行了第三次修订，采用了国际标准 ISO 9202：1991（E）《首饰—贵金属纯度的规定》（英文版），形成 GB 11887—2008 版本[8,9]。

上述国家标准规定了首饰中贵金属的纯度范围（不包括焊药成分，但成品含量不得低于规定的纯度范围）、印记、测定方法和贵金属首饰的命名方法。按我国贵金属的成色标准和成分范围，金饰品成色标准有：千足金（999‰）、足金（990‰）、22K（916‰）、18K（750‰）、14K（585‰）和9K（375‰）；银饰品成色标准有：千足银（999‰）、足银（990‰）、925Ag和800Ag；铂饰品成色标准有：千足铂（999‰）、足铂（990‰）、950Pt、900Pt和850Pt，铂也可称为铂金或白金，对于含有Pd的Pt合金饰品，Pt+Pd总含量不得低于950‰；钯饰品成色标准有：千足钯（999‰）、足钯（990‰）、950Pd和500Pd，钯也可称为钯金。所有贵金属饰品合金的成色即贵金属含量不允许负公差。首饰合金中不得含有对人体有害杂质，其中的Pb、Hg、Cd、As和6价Cr等有害元素的含量必须低于1%。对于含Ni的饰品，Ni含量未作具体规定，但应满足如下要求：一般与人体皮肤长期接触的饰品，其Ni释放量必须小于0.5μg/（cm^2·周），用于耳朵和人体其他部位穿孔的饰品，Ni释放量必须小于0.2μg/（cm^2·周），这个规定符合欧共体欧洲议会和理事会2004修订的94/27/EC指令。首饰配件材料的纯度应与主体一致，为保证强度和弹性的需要，配件材料应满足如下规定：金含量不低于916‰（22K）的金饰品，其配件的Au含量不得低于900‰；铂含量不低于950‰的铂饰品，其配件的铂含量不得低于900‰；钯含量不低于950‰的钯饰品，其配件的钯含量不得低于900‰；足银、千足银饰品，其配件的银含量不得低于925‰。

贵金属饰品应打上相应的印鉴，印鉴的内容应包括：厂家代号、纯度、材料以及镶钻首饰主钻石（0.10克拉以上）的质量。贵金属饰品的纯度以质量千分数或开数和金、银、铂、钯字母组成，如金的纯度以“金”、“Au”或“G”标示，后置质量千分数或开数，如“金750”（18K金）、“Au750”（Au18K）、“G750”（G18K）等。铂、钯首饰以元素符号“Pt”、“Pd”为前冠，后置质量千分数，如Pt900（也可标示为“足铂”）或铂900、Pd950或钯950等。银首饰以“银”或“S”为前冠，后置质量千分数，如“银925”、“Ag925”或“S925”。对于镶嵌钻石的饰品，应标示主钻石的克拉（ct）数字，其后标示钻石代号“D”，例如：北京花丝镶嵌厂生产的18K金镶嵌0.45克拉钻石的首饰印记为“京A18K金0.45ct（D）”，其中的“0.45ct（D）”，表示主钻石质量为0.45克拉。另外，对贵金属饰品的称量误差也有明确规定，如称量值不大于500g时，允差±0.01g；称量值大于500g而不大于2000g时，允差±0.1g；银饰品及材料的称量值不大于2000g时，允差±0.1g；金、银、铂、钯材料称量值大于2000g而不大于20000g时，允差±0.2g[8,10]。

15.1.6 其他亚洲国家的“Hallmark”检验制度

日本建立了类似的贵金属检验系统，制品纯度检验是非强制性的，而且由制造者自愿送去检验，通过检验的贵金属制品打上纯度数据标记。因此，在首饰市场上许多贵金属制品未经检验和无印鉴，但在商店购买饰品时可以期望在饰品下面打上纯度标记。对于铂饰品，日本的法定成色包括1000、950、900和850，允许0.5%的负公差[4]。这就使得成色标示为1000的纯铂饰品在制造时可以添加少量（小于0.5%）其他元素以增加纯铂的硬度。

印度也建立了与英国相似的贵金属检验制度，通过检验的饰品需打上3个印鉴（见图15-6（d）），第一个符号是印度标准局的印鉴，中间符号“916”数字是22K金饰品印记，下面符号是检验机构的印鉴，此外还需要补充资助人印章和代表年号的字母。

15.2 贵金属珠宝饰品的定性鉴别方法

15.2.1 印鉴鉴别法

购买珠宝首饰品，最重要的是查看印鉴。世界各国生产的贵金属珠宝饰品上都打有材质和成色印鉴，我国生产的珠宝饰品上还打有镶嵌主钻石质量的印鉴，购买贵金属珠宝饰品时应首先查看饰品的印鉴。在购买我国发行的包括纪念币和投资币等贵金属钱币时，应首先查看是否有中国人民银行发行的字样，因为中国钱币都由中国人民银行的中国金币总公司经销发行，并由中国人民银行在报刊和网站上进行公告，因此可登陆中国人民银行官方网站核实钱币的题材、材质、图案、币值等相关信息，以鉴别所要购买的贵金属钱币的真实性。另外，我国发行的贵金属钱币还采用了独特的防伪标志，如隐形雕刻、激光幻彩、变色油墨等，这是一般假冒钱币所不具备的技术，购买钱币时应特别关注防伪标志，可根据中国人民银行发行公告识别。对于贵金属珠宝饰品和钱币的鉴别，印鉴是最可靠的鉴别方法。

15.2.2 表面色泽观察法

贵金属珠宝饰品最重要的特性之一是其美学属性，包括美丽的颜色、明亮的光泽和优美的造型等特性。因此，对贵金属珠宝饰品的鉴别首先应观察其颜色和光泽。对于金合金饰品成色的鉴别，我国明代已相当成熟，如《本草纲目》也指出“金有山金、沙金二种，其色七青，八黄，九紫，十赤，以赤为足”[11]。古代以“赤”为足色金，但事实上“金无足赤”。这些谚语对于金饰品的定性鉴别有一定帮助。根据现代色度学，在正常光照条件下，我国的“足金”、“千足金”或“纯金”为黄色。彩色开金主成分为Au-Ag-Cu合金并显示丰富的颜色和色调。富Au合金呈金黄色，富Ag合金呈银白色，富Cu合金呈铜红色。向Au中添加Ag，随着Ag含量增加，合金的颜色由金黄色逐渐转变为绿黄、淡绿黄、浅白直至银白色。向金中添加Cu，随着Cu含量增加，合金的颜色逐渐转变为红黄、粉红直至铜红色。因此，取决于金合金中Cu和Ag的不同含量，Au-Ag-Cu合金可以取得不同的颜色。反过来，根据开金饰品的颜色，大体可以推断饰品中Ag、Cu的含量，进而推断出开金饰品的成色。白色开金主要以Ni或Pd作为主要漂白元素，含Pd白色开金饰品一般呈一级或二级白色，而含Ni白色开金一般呈三级白色或呈灰白色，其光泽没有含Pd白色开金明亮。

银具有明亮白色光泽，称“银白色”。假银饰品一般为铝和铝合金、白铜（主要为Cu-Ni合金）、锡或锡合金（如Sn-Sb、Sn-Cu-Sb合金等），这些合金色泽灰暗，不具有银饰品的“银白色”。观察饰品表面颜色可作为初步鉴定，再辅之以硬度和密度可做进一步鉴定。

铂显示锡白色，钯显示钢白色，具有明亮的金属光泽。可以假冒铂和钯饰品的金属大体有镍与镍合金、钛与钛合金和白铜等，但所有贱金属都易氧化和生成晦暗氧化膜，不具有铂和钯的金属光泽。近年来，钯饰品获得较快发展，首饰市场上钯饰品日益增多，甚至有以钯饰品假冒铂饰品。事实上，要区别钯与铂饰品是很容易的，因为相对于铂饰品，钯饰品的颜色灰暗。

15.2.3 密度鉴别法

按密度值大小，8 个贵金属可以分为两类，Ag、Pd、Rh、Ru 的密度值分别为 10.49g/cm³、12.00g/cm³、12.40g/cm³ 和 12.41g/cm³，属轻贵金属；Au、Pt、Ir 和 Os 的密度分别为 19.32g/cm³、21.45g/cm³、22.42g/cm³ 和 22.57g/cm³，属重贵金属。贱金属的密度一般都比较小，如 Cu、Al、Sn、Ni 和 Ti 的密度分别为 8.94g/cm³、2.70g/cm³、7.29g/cm³、8.90g/cm³ 和 4.50g/cm³。这些值与贵金属密度值有很大差别，在相同体积下，贱金属比贵金属更轻。因此，掂量贵金属饰品与假冒饰品，可以感受到贵金属饰品更沉重。一般地说，可以假冒银饰品的材料有铝和白铜等。铝制品轻而软，可以很容易地与银制品区别。白铜的密度也低于银，而且没有银白色光泽。可以假冒金与黄色开金的材料主要是黄铜。黄铜为 Cu-Zn 合金，其中仿金色黄铜的质量分数为 65Cu-35Zn，密度低于 Cu，更低于黄色开金密度（16g/cm³ 以上），很容易区别。可以假冒铂和钯饰品的材料主要有镍、钛合金和白铜，因铂和钯的密度远高于镍和钛，因而可以容易地区分。铂与钯饰品除了颜色与光泽的差别外，铂的密度比钯的密度几乎高出近 1 倍，铂比钯更沉重。

15.2.4 酸点试法

众所周知，致密贵金属是一类高耐腐蚀性的材料，其化学稳定性远高于贱金属材料，可借助于贵金属的优良抗酸性检验贵金属饰品。一般在贵金属饰品背面光滑处，选用不同酸进行点试，根据其反应鉴别贵金属饰品。

以稀硝酸溶液对银饰品进行点试，银则溶解生成硝酸银，被光分解为黑色金属微粒。若银饰品含有铜，铜溶入硝酸形成 $Cu(NO_3)_2$ 而呈绿色。用稀盐酸点试银饰品，银形成 AgCl 白色沉淀，继而被光分解呈灰蓝色；若含有铜，铜被溶解而生成绿色 $CuCl_2$。因此，用稀硝酸或稀盐酸点试银饰品，可以容易地区别纯银和 Ag-Cu 合金。

单一的酸液不腐蚀纯金和高开金，以稀硝酸或稀盐酸点试纯金或高开金饰品均不发生反应，也不变色。14K 以下低开金因含有较高量的贱金属元素，采用单一硝酸就可以溶解。因此，用单一硝酸溶液点试开金饰品，若发生溶解反应，则饰品成色应低于 14K；若不发生反应，饰品成色高于 14K。单一的酸液也不溶解铂与钯，以单一酸液点试铂与钯饰品，均不会发生反应。总之，采用单一的硝酸或盐酸液滴点试贵金属饰品，纯金和高开金、铂金和钯金饰品均无反应，也不改变颜色。

15.2.5 氯化亚锡溶液点试法

采用氯化亚锡溶液点试法并观察化学反应所产生的颜色变化，有可能用于检验被试验制品是否由贵金属制备。在做这个试验时，首先配制氯化亚锡试验溶液：按半份氯化亚锡、半份盐酸和 1.5 份蒸馏水比例，溶解氯化亚锡于盐酸和水制成溶液，再加入半份纯锡，锡将缓慢溶解，锡溶解完毕后就得到新的混合液。在任何情况下，这种混合液储存时间不能超过几天。在被检验样品表面或背面锉或刮出一小块试验面积或沟槽。点滴一滴氯化亚锡溶液在刮锉的小面积或沟槽上，观察反应所导致的颜色变化。如果反应后沟槽显示艳黄色，被检验样品中有铂或铱存在；如果沟槽显示暗紫色，被检验样品中有金存在。对于开金合金，先向划痕或沟槽处点滴硝酸，然后再点滴氯化亚锡溶液，如果显示琥珀黄色，则为14K开金。

15.3 贵金属试金石分析方法

15.3.1 试金石法的历史

试金石是最古老的鉴定金银真伪和成色的工具与方法，世界各文明古国都有使用试金石鉴别金银的记载。古希腊首府麦加拉的诗人和德育家西奥格里斯在公元前6世纪的诗文中反复地提到试金石。在公元前5~4世纪，古印度人在著作中也描述了试金石的应用。小亚细亚地区的古吕底亚人已采用试金石检验黄金。古罗马帝国也用试金石检验金银矿，普林尼长老（公元23~79年）在他的“自然历史（Natural History）”中说：“有经验的人用试金石法显示金中银和铜含量的比例，其准确性是如此惊人，以致从不失误”。在公元4世纪，埃及古城底比斯的莱登·帕皮纳斯十世在其著作中指出古埃及也使用试金石法[12]。

我国使用试金石的确切年代待考，但大量历史资料表明，我国古代先民们已发现和使用试金石。在商代发明了在青铜器上“错金银”镶嵌工艺，并采用所谓“错石（厝石）”把“错金银”的铜器磨光。1965年在湖北江陵楚墓发现两块错石，很像试金石。在公元前的一些著作中多有关于“砥砺”的记述。《山海经·西山经》中记载：“崦嵫之山，苕（若）水出焉，其中多砥砺”。东晋郭璞在《山海经注》中指出：砥砺，“磨石也。精为砥，粗为砺”。章鸿钊先生在其《雅石》中认为：“案试金石坚腻细润，或出江水中，当与砥为近”。这表明试金石是由磨刀石演变而来，有悠久历史。郭璞《山海经注》中还指出：“黄银出蜀中，与金无异，但上石则色白”。这里的“黄银”即银金矿，经试金石擦拭，呈白色，非纯金也。这表明至迟在东晋时人们已能从试金石的条痕色上将金银矿与自然金加以区别。明李时珍在《本草纲目》(1578年)中说：“金有山金、沙金二种，……和银者性柔，试石则色青。和铜者性硬，试石则有声”。这表明试金石已用于检验含银或含铜的山金和沙金。1730年，鄂尔泰在《云南通志》中对试金石也有记述：“砺石色如新墨，莹然坚腻，以之试金，能辨好恶，贾人贩金必佩之”。可见在我国历史上广大地区已普遍应用试金石[13~15]。

12世纪以后在欧洲建立了金匠和银匠行业协会，它们的章程推荐金银制品检验采用试金石法。15世纪末，在欧洲出版了第一份贵金属分析检验手册，详细说明了试金石方法的步骤，给出了试金针和酸混合液的配方。在炼丹术士发现了无机酸之后，试金石分析技术有了更重要的进步。在17世纪上半叶，在试金石分析中开始使用硝酸和王水。1799年，法国化学家沃奎林[12]配制了合适的试验酸溶液并首先将它们应用到试金石法中。此后，试金石法在欧洲国家广泛用于检验贵金属饰品和其他制品。

15.3.2 试金石与贵金属合金试针

15.3.2.1 *试金石方法*

试金石法的实质是通过比较待检测试样与标准试样在试金石上划痕的颜色来确定待检测试样的成色，这与现代比色分析法中的目视比色法极为相似。试金石法通常有如下几个步骤：先将待检验的贵金属合金试样在一种硬的、耐酸和油亮的试金石上磨出其长度约

20～30mm 和宽约 3～5mm 的均匀划痕；再用已知其成分和颜色的试针以同样方式在试金石上磨出有相同的尺寸和强度划痕，采用适当的试验酸液同时润湿两种划痕，观察两种划痕的反应；最后，通过对比色泽可初步确定待检测制品的成色。

划痕面积着色程度与酸侵蚀程度有关，而酸侵蚀程度又与合金中贵金属的成色或贱金属含量有关。通常，酸侵蚀后划痕越亮的合金的成色越高，这是因为低成色的贵金属合金含有高量的贱金属，它比高成色的合金更容易被酸溶解和侵蚀。因此，与酸接触一定时间后，低成色合金的划痕腐蚀快和划痕消失快。如果被试验合金的划痕比标准试针的划痕消失快，它的成色就低于试针的成色。通过反复的磨试、酸侵蚀反应和色泽比较，可以提高检测的精度。

15.3.2.2 试金石

古代使用的试金石主要是黑色和灰色石头，现代使用的试金石更广泛，有红色、灰色和白色石头。黑色试金石主要是由石英和玉髓组成的板岩，是质地致密和脆硬的矿物，是在地质年代中由海洋原生动物沉积的淤渣在高压和热作用下形成。红色试金石是由含有硅质骨骼和呈红色的海洋原生放射性虫类淤渣在地质年代中形成的沉积岩，这类试金石特别适于金的磨试[12]。我国使用的试金石大多用南京“雨花石”制作，雨花石是古长江沉积的由隐晶质石英（玛瑙、玉髓等）和岩石构成的砾石，石质晶莹剔透，色泽丽润[14,15]。总的来说，试金石是石英、石髓和蛋白石的混合物，主要成分为二氧化硅或硅酸盐，其他成分有 Al、Fe、Ca、Mg、K、Na 等金属的氧化物，此外还含有少量碳和有机物。优质试金石是结构均匀细腻、致密坚硬、无纹理和斑点、呈深黑色或褐红色、表面光洁的耐酸石头。试金石表面可以研磨但不必抛光，在使用前用去皮蓖麻子或纯油涂抹，使其光滑油润。使用后，试金石的条痕用磨料擦净和用王水清洗，再用流动水冲洗干净，备后用。

15.3.2.3 贵金属合金试针

贵金属合金试针是一系列已知成分的合金制作的标准针或片试样，用作磨试分析的对比参考标准。试针可以用贵金属及其合金整体制造，也可以将标准贵金属针或片试样焊接在黄铜或德银柄的端部制作，标准合金中贵金属和其他元素的含量刻写在柄上。对于金合金试针，不仅需要知道金的成色，还需要知道每一种标准开金的颜色。在进行试金石分析时，相同成色的金试针数量配置越多，分类越细和覆盖的颜色越广泛，分析结果越准确。我国民间把金和银试针称做金对牌和银对牌。金对牌分清金对牌和混金对牌，前者以 Au 和 Ag 按不同比例制作，后者以 Au 和 Cu 按不同比例制造，有的混金对牌则以 Au、Ag、Cu 等元素按不同比例制造。银对牌一般以 Ag、Cu 按不同比例制成[14,16]。每只金、银对牌上都标有各自的含量，是鉴定 Au、Ag、Cu 的标准。

15.3.3 贵金属检验酸液

有许多化学反应可以用来检验贵金属饰品，但在试金石分析法中采用酸溶解方法较为简单，可大大提高鉴别准确性。所使用的酸液应能优先腐蚀贵金属合金中的贱金属和银，不同的合金应采用不同的酸液。将待检测制品在试金石上划道后，在条痕一端点滴酸液，利用合金中贵、贱金属元素与酸液反应特性确定贵金属成色。

15.3.3.1 金与金合金检验酸液

纯金和 18K 以上高开金合金，采用“3 份盐酸 +3 份硝酸（体积分量，下同）”的混合酸可以溶解；14K～18K开金合金，采用“49份盐酸+1份硝酸+12.5份蒸馏水”的混合酸溶液溶解；14K以下低开金采用单一硝酸就可以溶解[1]。此外，金与金合金的试金石分析还可以采用表15-1[12]所列的酸液。

表15-1　适于金与金合金试金石分析所采用的酸液

Au合金成色/‰	溶液组成	Au合金成色/‰	溶液组成
800～1000	45份$HNO_3$①+3份$CuCl_2$②+2份H_2O	500～650	(1)30份HNO_3(浓)+0.5份HCl(浓)+70份H_2O (2)30份$HNO_3$①+1份$CuCl_2$②+15份H_2O
650～800	(1)40份HNO_3(浓)+1份HCl(浓)+15份H_2O (2)41份$HNO_3$①+2份$CuCl_2$②+7份H_2O+0.1份HCl	375～500	5份$HNO_3$①+15份$CuCl_2$②+20份H_2O

①密度为1.248g/cm^3；②在20mL水中溶解有6～7g$CuCl_2$的溶液。

15.3.3.2　银与银合金检验酸液

采用“1份盐酸+3份硝酸”溶液，纯银饰品产生含有氯化银沉淀的泡沫并有一种似乳酪的气味，如果银饰品中含有铜，酸液转变为绿色。

我国民间试金石法中采用一种名为银药（俗称吃金虎）的试剂[16]，它是Ag与Hg调和而成的银汞齐。利用金和银在常温下与汞反应的特性来验证金、银的存在与成色。先将金银制品在试金石上划一条痕，再用银药划一下，若白色加深，证明有金银存在。检验白银时，挂银药多的成色高，少的成色低。

15.3.3.3　铂与钯合金检验酸液

采用“9份盐酸+2份硝酸”的混合酸溶液。

15.3.4　金与金合金试金分析方法

采用试金石法可以鉴别合金是否含有金和确定开金成色。

15.3.4.1　鉴别合金中是否有金

先将未知成分的合金在试金石上磨道，再按下述方法鉴别：(1) 用银药涂抹试金石上的磨道，若磨道黄色条痕上挂白，证明有金存在，不挂白色，则无金[14,16]；(2) 向条痕点滴硝酸或稀王水，若条痕不变色，有金存在，若条痕显示红褐色或褐黑色，合金含有少量金，若条痕颜色消失，则无金；(3) 向条痕点滴王水并吸到一片滤纸上，向滤纸点滴氯化亚锡，若有紫色晕环出现，有金存在，若使用红色或白色试金石，由这个试验结果可以检测合金中Au含量低至50‰[1,12]。

15.3.4.2　彩色开金分析

测定彩色开金中金成色，需要选择颜色相似的金对牌做平行试验。如果只需测定大体的金含量，可以用“一对一”对比试验，即用一个已知成分的金合金与试验合金并列划痕，然后用酸液滴试和比较。如果需要更精确地测定金含量，可用已知成分的两个金对牌条痕夹一待测试合金的条痕，然后进行酸液滴试和颜色比较，并可反复多次进行测试。用浓硝酸点滴试验开金的划痕，再点滴一个已知成分的18K合金的划痕，若试验开金的划痕被溶解，可以确定试验合金的Au含量低于500‰；若两条划痕的腐蚀情况相似，可以确定试验合金的 Au 含量介于 750‰~800‰。若要进行更准确的测定，可以进行多次“二夹一”和逐渐逼近的对比试验，直到制品试件与对牌颜色相符。这种方法主要是根据试金石上条痕的溶解程度以及反射率与色泽的差别来判断成色。Au 含量低于 400‰的低金合金适于用红色或白色试金石磨试，试验酸液通常采用稀硝酸溶液。清除酸液后若划痕为褐色继而变暗，合金中 Au 含量可能低至 100‰[12]。

某些合金元素会影响试金石分析结果。如对 Au-Ag 二元合金鉴定的准确性要高于含有 Ag、Cu、Pb 等元素的金合金。当合金中含有除 Ag 和 Cu 之外的其他元素时，划痕的颜色就不可能与 Au-Ag-Cu 标准合金试针颜色完全相匹配，因而也难以准确判断合金中 Au 的成色。如当有 Zn 和（或）Cd 存在时会加速酸液对磨痕的侵蚀，使得磨痕的颜色偏离具有相同 Au 成色的标准合金试针的颜色，使所得到的分析结果常常低于试验合金中的 Au 含量。当合金中含有 Pt 时则显示相反的影响，即使含有少量的 Pt，它也会使合金的颜色比相应无 Pt 的合金的颜色更淡，从而影响对合金成色的准确判断。对于某些含有复杂成分的低开金合金，试金石法很难准确判定金含量，需要辅以其他定量分析方法。

15.3.4.3 白色开金分析

试金石法分析白色开金很难达到对相同成色彩色开金的分析准确性，主要原因是 Au 含量在 333‰~916‰（即 8K~22K）白色开金都呈现类似的灰白色。因此，根据表面颜色不可能准确判断白色开金的金成色和其他成分。另外，酸液对白色开金划痕的腐蚀特征不仅与 Au 含量有关，也与合金中其他元素的特性和相对含量有关，比如以铂族金属作为漂白剂的白色开金磨试条痕酸侵蚀比以 Ni 或 Ni 与 Zn 作为漂白剂的白色开金更困难。但是，有经验的分析人员从酸液对划痕的腐蚀特征仍可以获得更多的信息。例如，将浓或稀硝酸作用于白色开金的划痕时，若划痕的残迹显示微红色，则白色开金的 Au 含量低于 650‰。随着 Au 含量增加，划痕的颜色逐渐变淡，反之亦然。若将浓或稀硝酸液作用于含 Pd 白色开金的磨试条痕时，条痕显示比较容易鉴别的褐色[12]。

15.3.5 银与银合金试金分析方法

银与银合金试金分析方法有：(1) 在磨拭条痕上点滴稀硝酸，再加一滴氯化钠溶液或加入少量氯化钠晶体，如果试样是银，条痕会出现乳白色氯化银沉淀，再加滴氨水，氯化银溶解于氨水，白色沉淀消失。若试样不是银，就不会出现乳白色沉淀或加滴氨水后乳白色沉淀也不消失。(2) 在磨拭条痕上点滴硝酸之后再点滴氯化亚锡溶液，如果是高成色银就会呈黏稠乳白色；假如有铜存在，磨拭条痕显示绿色，且随着铜含量增加，条痕的绿色加深。(3) 用重铬酸钾和硫酸溶液润湿磨拭条痕，若出现红褐色沉淀则磨拭试样有银，银形成了它的重铬酸盐，无沉淀则不是银。我国民间以银药涂抹磨拭条痕，挂药多者银成色高，挂药少者银成色低，不挂药者不含银。对于成分复杂的含低银的合金，必须辅以化学分析或其他分析法鉴定[12,14,16]。

简单银合金鉴别成色可以通过比较试验合金划痕与银合金试针划痕的颜色，并在特殊环境中采用酸检验。因为 Ag-Cu 合金的颜色与其 Ag 和 Cu 含量有明确关系，如富 Ag 的合金呈明亮的白色或带微黄的白色，含 700‰~800‰Ag 时合金呈黄色，含约 600‰Ag 的合金呈粉红色，含 500‰Ag 的合金呈红色，采用标准试针作对比分析比较容易，可以得到较准确的结果。但是，在 Ag-Cu 合金中含有的某些附加合金化元素，如 Pt、Pd、Zn、Cd 等，可使具有相同成色的银合金的颜色变淡，这会导致这些银合金中 Ag 含量被高估[12]。

15.3.6 铂、钯及其合金试金分析方法

铂与富铂合金的分析应采用特别耐酸的试金石。用试金石法可以鉴定铂是否存在：缓慢加热带有磨拭条痕的试金石，在磨拭条痕上点滴王水使其溶解，以滤纸吸收王水溶液，加滴氯化铵溶液于滤纸的湿斑点上，若出现黄色至橙色则有铂存在。

用试金石法鉴定含 90% Pt 以上的富铂合金相当精确，但低 Pt 合金因含有其他贵金属和相当量的贱金属，用试金石法鉴定比较困难。铂合金试金石鉴定的一种方法是用硝酸加食盐点试，即在试金石上磨拭条痕的一端加入少许食盐，加滴硝酸使食盐润湿，20min 后用清水冲洗食盐与硝酸，若条痕不变，其 Pt 成色在 95% 以上；若条痕微显模糊，其 Pt 成色约为 90%；若条痕变灰黑色或被腐蚀，含 Pt 约 70% 或更低。另一种方法是在试金石上磨拭条痕，然后将带有磨痕的试金石立即浸入已添加有硝酸钾的热王水中，当开始反应时即取出试金石并用流动水冲洗，然后观察磨痕的反应程度可做出相应的判断[12]。

其他铂族金属的试金石分析案例并不多见，但可以采用氯化锡溶液定性分析钯。在试金石的条痕上点滴氯化锡溶液，条痕显示微带褐色的红色，随后迅速转变为暗绿蓝色，则为钯。

15.3.7 贵金属试金石法的适用性和准确度

试金石法适于鉴定合金中是否含有贵金属、分析珠宝饰品的贵金属成色或作为采用更精确分析方法之前的定性分析等，是一种操作简单、消耗材料少（典型试样仅约 0.5mg）和成本低廉的分析方法，在贵金属饰品和其他制品分析中广泛应用，特别适用于那些不适合取样或只能取很少量试样的制品。当其他分析方法价格很昂贵时，也可考虑采用试金石法。

一般来说，试金石分析方法只能得到一个近似的结果。影响分析准确性的因素主要有被检验合金的性质和成分、试金石的质量、试针配置的数量和成分分布范围、使用酸的强度、环境照明条件和分析员的经验。最重要的因素是被检验合金的性质和成分，如高成色或成分简单的贵金属合金可以得到较准确的分析结果，低成色或成分复杂的合金则难以得到较准确的分析结果；非常软的材料，如纯金和 22K 以上高开金，磨拭时可能会留下轮廓不清晰的痕迹而影响分析结果；而很硬的合金材料，如某些白色开金，磨拭时会刮伤试金石，因而不适于做试金石分析。另外，试金石分析方法需要有丰富的实践经验，在最佳的分析条件下，有经验的分析员可以得到贵金属含量误差为 1% ~2% 的分析结果[12]。

15.4 贵金属饰品成色定量检验

对于贵金属合金的成分检验，一般是对其铸锭或其加工半成品取样进行化学分析，最重要的是在贵金属合金制造过程中取样跟踪分析。贵金属珠宝饰品一般只公示其贵金属成色，它的成色检验一般只需分析贵金属主成分的含量，同时应采用无损伤或不易被察觉的轻微损伤的检验方法。这里只介绍常用的几种贵金属饰品成色定量检验方法。

15.4.1 火试金法

火试金法也称为灰吹法。第 1 章已介绍了灰吹法的起源和文明古国采用灰吹法生成银

的历史。公元13世纪，英国已将灰吹法定为法定的检验方法，随后一些国家建立了灰吹法试金实验室。20世纪初，Au和Ag的火试金法已日趋完善，铂族金属的试金法逐渐发展起来[17]。在现代分析中，火试金法用于检验合金中Au、Ag、Pt和Pd含量。

15.4.1.1 火试金法分析检验金、银合金饰品

火试金法用于检验贵金属饰品成色的原理是将贵金属与铅熔化形成铅扣合金，再在高温烤钵中氧化吹灰，铅氧化形成PbO，绝大部分PbO被多孔性灰钵吸收，其余少量PbO则挥发，使金、银与铅分离，最后在灰钵底部得到金、银扣粒，再利用金不溶于硝酸而银完全溶解的特性使金与银分离，可精确地测定Au、Ag含量。烤钵用磷灰石（磷酸钙）或角质灰，灰与足量的水混合形成泥膏并涂敷在铸钢模壁然后固化与干燥，脱模后将烤钵放在大气中完全干燥，得到高度耐火的多孔烤钵。

用试金法分析检验贵金属饰品时应遵循严格的程序。首先要精确地称取贵金属饰品的总质量。其次是在实体饰品的隐蔽处刮取分析试样：对于铸锭，所取试样约1g；对于加工制品或饰品所取试样的质量可以更少，精确的火试金法适用于1μg至1g的称量样品。如果珠宝饰品是由几部分组成，则每一部分以及所使用的焊料都应当取样，以保证饰品的每个部件都满足质量标准。将刮取的贵金属合金碎屑试样包裹在一定质量的纯铅箔中，控制贵金属合金与铅的质量比以及Au和Ag的质量比，目的是达到所要求的分析结果。对于金或银合金，如果估计合金中Ag含量低于2.5倍的Au含量，应加入足量Ag以能形成含有3份Ag和1份Au的合金，因为富Au的合金不溶于硝酸，结果得不到纯Au。将上述所有物料放进烤钵，烤钵加热至1000~1100℃并鼓风对流，银和铅熔化下沉，熔融的Pb与合金中的贱金属（如Cu、Sn等）氧化和反应，PbO（熔点880℃）和其他杂质氧化物形成熔渣上浮，经大气排出，部分Pb与杂质熔体流散并渗透到多孔烤钵中，铅氧化完毕，得银和金扣粒。在这个过程中，Pb起着捕集和清除杂质的作用。当熔化温度控制恰当时，金无蒸发损失，银的蒸发损失也很少，在冷却过程中，熔化贵金属凝固沉积在烤钵底部，形成光亮圆润的贵金属扣粒。将贵金属扣粒称重、锻平和轧薄，放入沸腾的硝酸溶液中，Ag溶解，Au以黑色粉末留在溶液中，过滤收集Au，然后从硝酸银溶液中沉淀和回收Ag。称取Au、Ag质量，与原先称取试样的质量比较，就可以得到饰品中的Au、Ag含量以及它们与贱金属的比例[18,19]。

铅火试金法是经典的分析方法，至今仍然是贵金属分析的重要方法，它分析的准确度甚至优于其他仪器分析。对金合金珠宝饰品的金成色检验至今仍采用铅火试金法，如果检验的金含量达到所要求的成色，就打上相应的检验印鉴。

15.4.1.2 试金法分析检验铂、钯合金饰品

火试金法的原理也适用于铂、钯饰品合金的成色检验，但要求所形成的银扣粒中至少含有15份银对1份贵金属的比例，以便有足够量的银捕集贵金属。若Ag含量低于这个比例，在随后的硝酸或硫酸分离液中银的选择性溶解就不充分。若灰吹所得银扣粒只含有Ag与Pd且当Ag∶Pd比例达到15∶1时，采用硝酸分离液可使Pd完全溶解，实现Ag与Pd一次分离。如果灰吹银扣粒中还含有Pt，一次硝酸处理Pd不能完全溶解而形成胶体悬浮液，静置一段时间后褐色悬浮颗粒沉淀下来，对残渣用银再灰吹2~3次以形成15∶1银对铂族金属比例的扣粒，随后再用硝酸分离，在实现Pt、Pd完全溶解后进行适当的湿法处理，可以测定Pt、Pd的含量。如果在吹灰银扣粒中含有Au且其含量超过Pd，在任何浓度硝酸液中可使Ag与Pd完全溶解，Au的存在有助于Pd溶解。因为Rh、Ru和Ir不被硝酸溶解，它们的存在会妨

碍 Pt、Pd 完全溶解，但当它们的含量很低时，从硝酸分离液残渣中可用王水溶解 Au、Pt、Pd。应用得当时，火试金法可以测定含有微量 Rh、Ir 和 Ru 的 Au、Pt、Pd 含量[20]。

15.4.2 滴定法

滴定法是向被检验试样的溶液中滴入一定量标准滴定液并通过控制反应终点测定制品成色的方法。根据不同的反应终点指示，有电流滴定、电位滴定和其他滴定方法。滴定法是测定贵金属成色准确的分析方法。

就银饰品而言，传统的滴定法是以形成银盐沉淀作为反应终点。从贵金属饰品上刮取试样并溶于硝酸，加入硝酸铁作为指示剂，以可控的一定体积硫氰酸铵作为滴定液滴入含试样的硝酸溶液，控制反应形成的硫氰酸银沉淀到容器底部作为反应终点，根据硫氰酸铵滴定液量就可以计算出银的精确含量[1]。对银饰品检验采用电位滴定法，以氯化钾溶液作为滴定液加到硝酸银溶液中，用银电极检验溶液电导率，当所有的银形成氯化银沉淀时，根据反应终点所需要的氯化钾量自动计算和打印出原始试样中银的千分含量。

昆明贵金属研究所采用精密库仑滴定法测定金、银和铂族金属合金成色，采用氯化铜溶液作为滴定液，利用生成亚铜离子作中间体的支持电解质体系，当电解产生亚铜离子时改变电解质溶液的盐酸浓度，就能以灵敏的电流或电位作反应指示终点，实现贵金属精密测定[21]。我国颁布了许多贵金属合金成分测定的国家标准，采用精密库仑滴定法测定金、钯合金中金的测定范围是 5% ~95% Au(GB/T 15072.1—1994)；采用电位滴定法测定银合金中的银的测定范围是 50% ~90% Ag(GB/T 15072.2—1994)，测定金、钯合金中的银的测定范围是 15% ~90% Ag(GB/T 15072.5—1994)；采用电流滴定法可测定金、钯、铂合金中的铂的测定范围是 5% ~95% Pt(GB/T 15072.3—1994)[22]。

15.4.3 光谱分析法

尽管试金法不失为测定 Pt、Pd 含量的一种有效方法，但测定过程较复杂，而且还受 Ir、Rh、Os 等难溶杂质的干扰。因此，Pt、Pd 合金珠宝饰品成色分析常采用光谱分析。光谱分析是根据所检测元素的特征光谱线存在与否或其强度进行定性或定量分析。光谱分析适于检测浓度较低的元素；它可以和火试金法相结合测定岩石、矿物和冶金产品中微量或低浓度铂族金属；它也适于检测铂族金属中的微量杂质元素[20]。X 射线发射光谱分析或电感耦合等离子体发射光谱分析一般适合于检测含有高浓度铂族金属的材料，包括含有高浓度铂族金属的合金、浓缩物、冶金残渣和废料等。

检验 Pt、Pd 饰品合金成色采用电感耦合等离子体发射光谱分析（ICP-OES）。在送检铂饰品上取 10mg 样品，溶解于 3 份浓盐酸 +1 份浓硝酸组成的王水中并加热，样品由载气（氩气）带入 ICP-OES 光谱仪的雾化系统进行雾化后，以气溶胶形式进入等离子体的轴向通道，在高温和惰性气氛中被充分蒸发、原子化、电离和激发，发射出所含元素的特征谱线，根据特征谱线的强度定量检验 Pt、Pd 含量并由计算机直接打印出饰品中 Pt、Pd 的千分质量数。

15.4.4 中国珠宝首饰成分定量检验的相关标准

中国国家标准 GB 11887—2008 引用了涉及贵金属含量和有害元素测定方法的检测标

准，这些检测标准的修订参照了相应的国际标准。金首饰中的金含量采用 GB/T 9288 标准（《金合金首饰　金含量的测定　灰吹法（火试金法）》）检测（该标准修改时参照了国际标准 ISO 14426：1997），即金含量采用“火试金法”检测。银首饰中的银含量采用 GB/T 17832 标准（《银合金首饰　银含量的测定　溴化钾容量法（电位测定法）》）检测（该标准修改时参照了国际标准 ISO 14427:1993），即银含量采用电位测定法检测。铂首饰中的铂含量采用 GB/T 19720 标准（《铂合金首饰　铂、钯含量的测定　氯铂酸铵重量法和丁二酮肟重量法》）检测（该标准修改时参照了国际标准 ISO 11210:1995）。钯首饰中的钯含量采用 GB/T 21198.6 标准检测。对于 Pb、Hg、As 含量采用 GB/T 21198.6 标准（《贵金属合金首饰中贵金属含量的测定　ICP 光谱法　第 6 部分：差减法》）检测；六价 Cr 含量参照 SN/T 2004.3—2005《电子电气产品中六价铬的测定　第 3 部分：二苯碳酰二肼分光光度法》5.3 ~5.5 所列方法检测。Ni 释放量采用 GB/T 19719《首饰　镍释放量的测定　光谱法》（参照欧盟 EN1811:1998 标准修订）检测[8,9]。

15.4.5　贵金属饰品无损检测法

对于某些贵金属珠宝饰品成品的纯度检验，不允许有可被察觉的轻微损伤，这时应对饰品进行无损伤检验。X 射线荧光光谱法测定贵金属饰品的成分是一个较为理想的无损检验方法，该法灵敏度高、准确性高、分析范围广、快速、无污染，可同时提供多种杂质数据。此法测定贵金属饰品不用做任何物理与化学处理，测量误差不大于 3%，但需要标准试样，同时对于镀银（或镀金、镀铑），包银（包金）或表面以纯 Au 修饰后的开金饰品的准确定量还有困难。电子探针可直接测定所测定区域的纯度与杂质含量，但分析区域很小，对有镀层和包覆层的饰品或成分不均匀的饰品难以给出有代表性的结果。其他物理方法还有中子活化法、晶格常数测定法、颜色指数测定法、反射率测定法等，这些方法均可用于无损检测金银制品。但这些方法分析周期长，分析费用昂贵，适用范围有限。随着科学技术的发展，分析贵金属的新技术越来越多，分析仪器也越来越先进，感兴趣的读者可参考相关专著。

15.5　贵金属珠宝饰品生产和使用过程中的某些环保问题

致密贵金属、贵金属合金及其涂层材料无毒性和无放射性，因而贵金属珠宝饰品本身是环保和无公害产品。但在贵金属及其合金材料生产制造过程中要使用许多原材料和化学试剂，例如，为了清除材料表面污物和氧化物所使用的各种腐蚀性清洗液，电解抛光、电镀和电铸成型过程中使用的电解液和电镀液（酸、碱和氰化物等）、某些合金所含有的有害元素及其挥发物、熔模铸造过程中使用的粉末、塑料和有机溶剂等物质有可能对人体健康造成有害影响，对环境可能造成污染。因此，在贵金属珠宝饰品制造过程中应注意保护工作人员的健康和安全，避免造成环境污染。

15.5.1　某些合金元素的毒副作用与防护

在合金制造过程中有一些金属对人体健康有害或可能造成环境污染，其中人们较为关注的金属有 Be、Cd、Cr、Hg、Ni、Pb 等。在珠宝合金生产过程中涉及的有害元素主要是 Cd 和 Ni，在珠宝合金或饰品的表面处理过程涉及的有害元素有 Hg 和 Pb 等。

15.5.1.1 Cd 的危害

在珠宝饰品中，Cd 主要用作银合金焊料的合金化元素，其主要作用在于降低焊料合金熔化温度、增大熔体流散性和填充性、改善润湿性，从而提高钎焊质量。在少数情况下，少量 Cd 添加剂用作白色开金漂白元素，用以增加合金的白色或绿色色调。它也用作开金电镀液的组元，用以调节电镀层的颜色。

Cd 的熔点较低（321℃）而蒸气压较高，因而在熔化过程中产生高浓度 Cd 蒸气，继而氧化形成褐色毒性 CdO 烟气。Cd 和 CdO 烟气有害人体健康和导致多种疾病，呼吸这些烟气的早期症状是鼻炎、喉干、咳嗽、头痛、眩晕、寒战、发烧和胸痛等，长时期呼吸这些烟气会造成肺气肿、贫血症、骨质疏松、肾损害和癌症。Cd 可以累积在人体内，它的半排出期长达 30 年以上。因此，Cd 比其他半排出期较短的金属如 Hg、Pb 等具有更大的毒害性。累积在体内的 Cd 不可能采用生成螯合物的治疗方法（螯合治疗法是将体内金属通过形成螯合物排出体外的一种常用方法）从体内排出，而是通过肾脏排出，从而加重对肾脏的毒害。鉴于 Cd 和 CdO 蒸气对人体健康的危害，我国卫生部早期规定车间空气中 CdO 最高容许浓度为 0.1mg/m^3[23]。美国劳动部职业安全与健康局（OSHA）也制定了 Cd 蒸气含量标准：在环境气氛中 Cd 蒸气的最大允许极限是 5μg/m^3[24]。

为了减少 Cd 蒸气的污染和毒害，现在一般采用通风排放的方法。但是，Cd 蒸气或 CdO 烟尘排放到大气中或浸入土壤中会再次污染空气或进入食物链，造成二次危害。避免 Cd 或 CdO 蒸气毒害的最佳办法就是在工业制品和珠宝饰品制造中不使用含 Cd 合金。近年来发展无 Cd 合金已成为人们的共识，已经开发了一些无 Cd 珠宝饰品合金和无 Cd 焊料合金。

15.5.1.2 Ni 的副作用

在贵金属珠宝饰品中，Ni 主要用作 18K 以下白色开金的漂白元素和强化元素，在电镀工艺中 Ni 常用作电镀沉积层的着色剂或中间阻挡层，用以控制电镀层的颜色、阻挡贵金属镀层与贱金属基体之间的相互扩散、提高镀层的硬度、强度和耐磨性。丹麦皮肤病学家最早发现了 Ni 致过敏病症。据调查，佩戴含 Ni 的贵金属珠宝饰品，某些人会产生皮肤过敏症，在欧盟国家中估计约有 10% ~15% 妇女和约 2% 男人易患 Ni 接触过敏。

过敏有很复杂的机制和很大的差异性，它主要是由外来物质侵入有机体导致免疫系统产生特殊的往往是激烈的反应。对于接触金属所产生的皮肤过敏，是因为金属离子溶解在汗液中并与蛋白质结合刺激上述反应的结果。Ni 接触过敏是因为 Ni 释放、溶解和 Ni 离子进入体内导致皮肤红斑和皮肤炎等病症。根据欧盟委员会 CEN/TC283/WG4 标准化报告，虽然 Ni 释放量可以通过二甲亚砜试验检测，但欧盟的专家组提出了一个模拟测定方法，即将检测饰品浸渍在 30℃ 人工汗液中 7 天后测定 Ni 释放量，这个方法现在称为“prEN1811”的临时标准[24,25]。图 15-7[25] 所示为 21 种材料在人工汗液中浸渍 7 天测定的 Ni 释放量与过敏病人百分率之间的关系图：Ni 释放量的范围从不到 0.002μg/(cm^2 · 周)

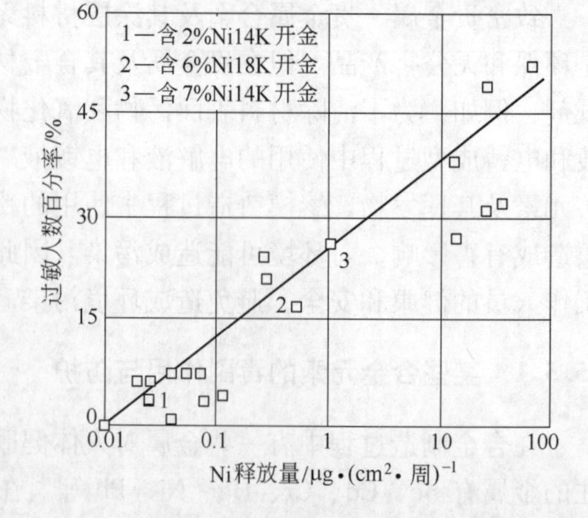

图 15-7 Ni 释放量与过敏病人百分率之间的关系

增大到96μg/(cm^2·周)，过敏病人百分率从零增加到60%，可见对Ni过敏病人的比例与Ni的释放量呈正比增大。这些试验研究证明，含2% Ni的14K和18K白色开金合金是安全的，含6% Ni的18K开金饰品的Ni的释放量约为0.5μg/(cm^2·周)，可导致17%的试验者过敏；而含7% Ni的14K开金饰品可导致26%的试验者过敏。根据这些研究结果，欧盟委员会于1994年和1999年先后发布了“Ni安全指令”（The Nickel Directive-CE Directive 94/27/EC）[25,26]，要求一般与人体皮肤长期接触的饰品，其Ni释放量必须低于0.5μg/(cm^2·周)。2004年，欧共体议会和理事会对上述94/27/EC“Ni安全指令”又做了修改，规定对在穿孔愈合中使用的含镍制品，要求其镍释放量必须小于0.2μg/(cm^2·周)。因为珠宝饰品合金的Ni释放量受许多因素的影响，合金中的Ni含量与Ni释放量之间并没有建立一个简单的线性关系。因此，“Ni安全指令”仅要求限制Ni释放量，并没有设定合金中Ni含量极限。尽管如此，许多欧盟国家强制要求限制珠宝首饰和相关产品的Ni含量，一般设定Ni含量应低于6%，并从2000年1月起执行。为了防止佩戴某些类型含Ni珠宝饰品（特别如穿孔耳环）的过敏效应，一些欧盟国家如丹麦、瑞典等规定珠宝饰品合金的Ni含量必须小于5%，并限制销售高Ni含量的饰品。因此，生产和使用白色开金饰品，或者研究与开发新型白色开金饰品时都必须注意避免Ni的过敏问题。避免Ni过敏的主要方法有两种：一是控制白色开金中的Ni含量，发展低Ni含量的合金；二是发展无Ni白色开金饰品合金，通常采用Pd、Fe、Mn等元素作为白色开金的漂白剂，发展以Pd作为主要漂白元素的多元合金。表15-2[25]列出了某些白色开金在人工汗液中浸渍7天测定的Ni释放量，可以看出低Ni白色开金的Ni释放量低，特别当含Ni白色开金中添加Pd时，可以明显降低Ni释放量。

表15-2　某些白色开金成分与Ni释放量（在30℃人工汗液中浸渍7天测定的Ni释放量）

合金成分/%						Ni释放量/μg·(cm^2·周)$^{-1}$
Au	Ag	Pd	Cu	Zn	Ni	
76			16	2	6	0.54
75		13.5	7.5	2	2	0.02
58.5	0.5		27	7	7	1.05
58.5	18	14	6.6	0.9	2	0.03
37.8			40	10.4	11.8	4.00

以Ni作为中间层的镀Au或镀Ag饰品在人工汗液中的浸渍试验显示了更坏的结果，其Ni的释放量达到5～100μg/(cm^2·周)[25]。这主要是因为中间Ni层通过Au或Ag镀层的针孔向外扩散并溶解在人工汗液中造成的。提高Au或Ag镀层的致密性可减少Ni的释放量。

Ni也用作Au合金镀层的着色剂以控制电镀层的颜色，如以AuCo和AuNi作镀层的14K和18K开金可以达到1N、2N和3N色度标准的颜色。由于在AuNi镀层中Ni含量很低（小于1%），它对人体皮肤过敏倾向性较小，因而是安全的。但在某些合金镀层中Ni含量较高，如在AuNiIn合金镀层中，Ni含量可达4%。为了避免合金镀层中Ni含量过高和Ni的过敏倾向，应当限制合金镀层中的Ni含量，同时要控制电镀工艺稳定性以避免合金镀层中Ni含量过高的偏差，或者采用替代电镀液以获得其他合金电镀层。采用AuFe、AuPd、AuCo、AuSn、AuCuPd、AuAgCu、AuCuAgFe、AuCuCdFe合金镀层也可以达到1N

和2N色度标准的色泽，但要注意这些合金镀层在大气环境中可能会变晦暗。

对人体皮肤可以产生过敏反应的元素除了Ni组元以外，Co和Cr也显示了过敏倾向，但其反应程度较轻，过敏人群比Ni也少得多。虽然某些试验显示约有10%～20%的人群对Ni和Pd盐有交叉过敏反应[25]，但合金化的Pd不溶解于汗液，而且在含Ni白色开金合金中添加Pd还会降低Ni释放量（见表15-2），因而含Pd或同时含Pd、Ni的白色开金不会对人体皮肤造成交叉过敏反应。

15.5.1.3 Hg和Pb的毒性

在贵金属珠宝材料中,金、银汞齐化涂层和牙科汞齐填料涉及汞的应用与操作。汞和汞蒸气都具有高毒性,它可通过呼吸或皮肤直接吸收进入人体内,造成累积性中毒甚至危及生命。因此,处理汞一定要在玻璃容器内进行并保持良好的通风环境。在工业生产环境中,大气中汞蒸气的浓度应低于0.1mg/m^3[23],国际卫生组织规定饮用水中汞含量极限为0.001×10^{-6}[1]。

在贵金属珠宝饰品中，采用铅火试金法检验珠宝饰品成色涉及Pb的应用，在制造“黑金”装饰合金过程中也涉及Pb的应用。Pb是重金属，进入体内和血液中会造成累积性中毒并不易排出。我国卫生部早年规定车间空气中Pb及其无机化合物的最高容许浓度为0.01mg/m^3[23]。根据国际血铅诊断标准，成人血铅等于或大于100μg/L为铅中毒；美国健康标准认定的成人血铅标准为30μg/L，超过这个标准被认定Pb中毒。Pb中毒会损害神经系统、大脑和肾脏，对儿童危害更大。

15.5.2 贵金属合金熔铸过程中粉尘的危害与防护

贵金属珠宝饰品制造首先要采用熔铸方法制造合金，或采用熔模铸造法制造精密铸件，这里都涉及粉尘材料的应用。当贵金属合金熔炼生产的批量较大时，一般采用氧化铝或氧化锆等耐火材料粉末捣打坩埚；在熔模铸造过程中，一般采用在石膏模或磷酸盐模表面喷涂氧化硅（SiO_2）粉末制造的熔模。当这些氧化物粉末粒子很细，比如粉末粒径小于10μm时，粉尘就浮在大气中，容易被吸入并累积在肺部，轻者导致呼吸道感染、咳嗽和胸痛，重者造成肺病，通常称为硅肺。在熔模铸造中使用的二氧化硅通常有石英和方石英两种形态，其中尤以方石英的危害更大。

对于有化合物粉尘的工作环境，我国卫生部曾有规定，含有10%以上游离二氧化硅（石英和方石英）粉尘的最高容许浓度为2mg/m^3，含有10%以下游离二氧化硅的滑石粉尘的最高容许浓度为4mg/m^3[23]。表15-3[24]列出了美国劳动部职业安全与健康局（OSHA）和美国职业安全与健康协会（NIOSH）制定的在工作环境中石英粉末的排放标准，其中对方石英粉末的排放限制更严。因此，涉及粉尘的工作环境应建立良好的通风和排放系统，粉末操作应在排风橱柜内进行，工作人员应戴防护面罩，工作场地保持清洁通畅等。另外，在粉末操作的环境中不要吸烟，统计数据显示，在粉尘环境中吸烟者患硅肺病的危险比不吸烟者高50～75倍。

表15-3 美国劳动部职业安全与健康局（OSHA）和美国职业安全与健康协会（NIOSH）制定的石英粉末的排放标准

石英粉末	NIOSH	OSHA	石英粉末	NIOSH	OSHA
石英/mg·m^{-3}	0.05	0.1	方石英/mg·m^{-3}	0.05	0.05

15.5.3 某些溶剂与酸液的毒性与防护

15.5.3.1 有机溶剂

在贵金属珠宝饰品制造过程中广泛使用各种溶剂，常用作脱脂剂和干燥剂等。有些有机溶剂具有毒性，如乙醇、酮、苯、甲苯、二甲苯和某些具有氯化作用的溶剂（如三氯乙烯、全氯乙烯）与氯氟碳氢化合物（CFC's）等。使用有机溶剂的危险性在于：某些有机溶剂具有神经毒害性；某些溶剂具有可燃性甚至有爆炸的危险；某些溶剂具有挥发性。吸入具有毒性的有机溶剂蒸气或通过皮肤吸收溶剂可以造成嗜睡、眩晕、丧失嗅觉、丧失记忆，严重者甚至不可逆地损害中枢神经系统。当挥发性溶剂排放到空间时会造成空气污染，氯氟碳氢化合物（CFC's）还可以消耗臭氧层。

在生产过程中应当尽量避免有机溶剂的有害性，通常采用的方法是抽空排放，减少工作环节中有机蒸气浓度，但应当避免造成空气污染。对于可燃性的有毒气体，可以通过燃烧或催化燃烧后再排放。对于有机溶剂废液，应储存和集中处理或循环使用。某些有机溶剂可以用水溶性清洁剂代替，如采用柠檬酸基或碱性溶液清洁剂，它们无害和低成本，可以在加热和超声搅拌条件下使用。溶剂干燥剂也可以采用空气干燥替代。

15.5.3.2 无机酸

在贵金属合金珠宝饰品加工制造过程中，各种酸液主要用作金属表面清洗液、光亮浸渍液、表面刻蚀剂、消除熔模铸造铸件表面微观缺陷（氢氟酸）、电镀液、贵金属化学分析试剂和精炼溶剂等。常用的酸液有硝酸、盐酸、硫酸、王水和氢氟酸等，主要的危险是吸入浓酸烟气会损害鼻、喉和肺等器官组织；接触酸液会造成皮肤和肌肉烧伤。氢氟酸是特别黏性的酸液，它与皮肤接触后会渗透和破坏皮下肌肉组织并很难愈合。

酸液的操作应在良好的通风橱内进行，以避免操作者吸入过多的酸烟气。在混合或稀释酸液时，应注意将酸液缓慢地加入水内，决不能反向操作。因为混合酸液（特别是硫酸）是放热反应，会释放大量热，如果将水加入酸液中可能会使混合液瞬间沸腾和飞溅而造成伤害，而向水中添加酸液可使热效应最小。操作者应穿着防护服，佩戴防护眼镜和长橡皮手套等，生产车间应配置警报器和洗眼设施。当酸液溅到皮肤上时应立即用水冲洗或医疗处理。酸液可以用氢氧化钠、碳酸钠或碳酸氢钠等碱性溶液中和，如可用碳酸氢钠处理溅到皮肤上的酸液，但不能用氢氧化钠处理。

为了避免强酸液的腐蚀性，可以采用一些替代性的处理溶液。如金属表面清洗液可采用浓度为约200g/L碳酸氢钠的水溶液，用于替代硫酸混合溶液。又如可以采用含有肥皂、稀盐酸或30%碳酸铵溶液超声处理法替代氢氟酸消除熔模铸造铸件表面微观缺陷。

15.5.3.3 氰化物

在贵金属珠宝饰品工业中，氰化物主要用于电镀、电铸成型、电抛光、腐蚀剥离与刻蚀等操作工艺。氰化物是非累积性的高毒性物质，少量剂量就足以摧残人体，其致死性剂量为50~90mg（取决于不同个体）或以30mg/h速率侵入时。氰化物通过皮肤侵入的速度较慢，但是当皮肤有伤口或者溅入眼内时，氰化物的侵入速度加快。氰化钠通过皮肤渗透的时间是约90min，而氢氰酸蒸气的渗透时间约3min[24]。当氰化物与普通酸液接触时氢氰酸会蒸发，吸入氢氰酸蒸气则更危险。在过氧化氢-氰化物热溶液中实施珠宝饰品光亮抛光的工艺尤其危险，这种溶液被称为“化学爆炸”溶液。相对而言，碱性氰化物溶液较安全。

至今，在许多工艺过程中很难避免氰化物。因此，注意安全操作和防护十分必要。操作环境应有良好通风防护设施，工作人员应佩戴面罩和手套，工作间应配有氰化物解毒药，如亚硝酸戊烷基胶囊。一旦工作人员出现不良反应，如红眼、昏迷和呼吸困难等，立即脱离现场，打开胶囊塞入鼻内，该药物蒸气可以帮助病人呼吸，可以反复几次用胶囊施救，或进一步进行较长时间的人工呼吸，当体内氰化物衰减时，病人就可能苏醒。

为了减少氰化物的毒害，在贵金属电镀工艺中已发展了许多非氰化物镀液配方（详见第12章）。当必需应用“化学爆炸”溶液时，应控制氰化物含量不超过13g/L[24]。氰化物废液不能随意排放或弃置，必须集中安全处理，或送到精炼厂回收贵金属。

15.6 贵金属珠宝饰品的保存与维护

贵金属珠宝饰品是具有独特美学属性、造型精美和制作精致的精密艺术品，价格昂贵，在佩戴和保存过程中应予以维护。适当的维护不仅可以保持其美学色泽、明亮光泽和完美造型，还可以延长使用寿命。贵金属珠宝饰品的保护大体有如下一些值得注意的地方：

（1）保持贵金属珠宝饰品清洁和光洁。当发现饰品变晦暗或弄脏时，可以用绒布、鹿皮等柔软物料蘸酒精、洗涤剂、牙膏轻度擦拭和抛光，必要时可以采用超声波清洗。银饰和银器容易晦暗，更应经常擦拭。

（2）贵金属珠宝饰品应避免机械损伤。纯金属饰品质地很软，容易变形和划伤，使用时应避免摩擦、划伤和变形；贵金属合金饰品的硬度和强度虽有提高，但不能经受硬物刻划、冲击和碰撞；镶嵌宝石的贵金属珠宝饰品，应避免冲击和碰撞，以免宝石脱落和破碎。

（3）贵金属珠宝饰品不宜在酸碱腐蚀性环境中佩戴和保存。虽然纯金属都有高的抗腐蚀性，但许多贵金属合金含有贱金属，尤其低开金或低成色合金含有高含量贱金属，在腐蚀性环境中贱金属元素优先选择性腐蚀。即使在家居环境中，贵金属饰品也不宜与酸性食物长期接触，家居环境中的醋酸、苹果酸、柠檬酸、草酸、乳酸、氨水、尿素、墨水、甲醛、香水和香精油等物质，当它们与银饰品或含有贱金属（如Cu）的贵金属合金饰品长期接触时，都可能会对饰品造成不同程度的腐蚀。

（4）贵金属珠宝饰品不宜长期曝露在高温、高辐射和强光环境中。虽然纯金属都有高的抗氧化性，但贵金属合金所含有的贱金属元素，如Cu、Ni、Fe、Ti、Mn、In等，在高温环境中容易优先氧化并形成晦暗膜，使饰品变色；在高辐射和强光环境中某些颜色开金和宝石会褪色。

（5）银和银合金饰品和器具应特别注意变晦暗。银和银合金在潮湿和含有硫化物和卤化物的盐雾气氛中长期存放时会逐渐变晦暗，慢慢地失去原有的明亮光泽，影响它的美观性。因此，银饰银器应放置在干燥无腐蚀性气氛的环境中，不与含有硫化物和卤化物的盐雾气氛中长期接触，也不要与硫、硫化物和含硫食品（洋葱、蛋黄等）和橡胶制品接触。本书第6章介绍了一些防止银饰晦暗的措施，有助于防止银饰银器晦暗。

（6）铂、钯合金饰品不宜在强有机气氛环境中佩戴和保存。在铂、钯合金饰品与有机物质，特别如甲苯、乙醚、苯酚、苯甲醛、苯乙烯、聚氯乙烯等有机物或其气氛长期接触时，在铂、钯的催化作用下，铂、钯合金表面上会形成一层薄的暗褐色粉状有机聚合物，损害了饰品表面光泽。在化工生产或化学实验室环境中可能存在较高浓度的有机物质和气氛，不宜佩戴铂、钯合金珠宝饰品。但在家居环境中一般不会存在这些有机气氛，因此在家居环境中铂、钯合金饰品不会出现上述“褐粉效应”，可以放心佩戴。

（7）某些宝石含有结晶水，如珍珠、蛋白石、绿松石、硅孔雀石等，当它们失去结晶水时可能会变质或褪色。镶嵌有这类宝石的饰品不宜长期存放在干燥的环境内，也不宜长期暴晒和高温烘烤，宜在具有一定湿度的环境中保存。

参 考 文 献

[1] UNTRACHT O. Jewelry Concepts and Technology[M]. New York: Doubleday & Company, Inc. 1982: 336 ~ 386.

[2] JACOBSON D M. Book review ——“Hallmark-A history of the London Assay Office”[J]. Gold Bulletin, 1999, 32(4): 136 ~ 137.

[3] EVANS D W. Assaying and hallmarking in London[J]. Gold Technology, 1991(3):2 ~ 8.

[4] KENDALL T. Platinum 2002[M]. London: Published by Johnson Matthey, 2002: 28 ~ 29.

[5] ORGAN R M. Palladium Hallmarking in the UK[J]. Platinum Metal Rev., 2010, 54(1):51 ~ 52.

[6] JOLLIE D. Platinum 2010 [M]. London: Published by Johnson Matthey, 2010: 39.

[7] Australian Antique and Art Dealsers Association. Carter's Price Guide to Antique in Australasia[M]. Sydney: John Furphy Pty Ltd., 2010.

[8] GB 11887—2008 首饰 贵金属纯度的规定及命名方法[S]. 南京：凤凰出版社，2009.

[9] 李素青，段体玉. 解读 GB 11887—2008[C]//侯树谦，汪贻水，彭觥，等. 振兴铂业，2009: 118 ~ 120.

[10] 王若川. QB/T 1690—2004 贵金属饰品质量测量允差的规定[S]. 北京：中国轻工业出版社，2005.

[11] 赵怀志，宁远涛. 古代中国金银鉴测技术[J]. 贵金属，2001，22(2):43 ~ 48.

[12] WALCHLI W. Touching precious metals[J]. Gold Bulletin, 1981, 14(4): 154 ~ 158.

[13] 赵怀志，宁远涛. 金[M]. 长沙：中南大学出版社，2003.

[14] 杨丙雨. 试金石及其对贵金属的磨试[J]. 贵金属，1985，6(2):39 ~ 43.

[15] 夏征农. 辞海[M]. 上海：上海辞书出版社，1999.

[16] 宁远涛，赵怀志. 银[M]. 长沙：中南大学出版社，2005.

[17] 普拉克辛 И. Н. 取样与试金分析[M]. 夏广智，译. 北京：冶金工业出版社，1959.

[18] 吴瑞林，李茂书，吴立生. 贵金属试金分析方法评论[J]. 贵金属，1997，18(1):44 ~ 48.

[19] MOHIDE T P. Silver[M]. Toronto: Ministry of Natural Resource of Ontario, 1985.

[20] BEAMISH F E, VANLOON J C. Analysis of Noble Metals[M]. New York: Academic Press, 1977.

[21] 董守安. 贵金属精密分析[J]. 贵金属，1994，15(1):73 ~ 78.

[22] 方卫，马媛，赵云昆. 贵金属检测技术发展的过去、现在和未来[C]//侯树谦. 昆明贵金属研究所成立70周年论文集. 昆明：云南科技出版社，2008: 199 ~ 209.

[23] 顾超庆，楼书聪，戴庆平，等. 化学用表[M]. 南京：江苏科学技术出版社，1979.

[24] GRIMWADE M. Health, safety and environmental pollution in gold jewellery manufacture[J]. Gold Technology, 1996(18):4 ~ 10.

[25] BAGNOUD P, NICOUD S, RAMONI P. Nickel Allergy: the European directive and its consequences on gold coating and white gold alloys[J]. Gold Technology, 1996(18):11 ~ 19.

[26] DABALA M, MAFREINI M, POLOERO M, et al. Production and characterization of 18 carat white gold alloys conforming to European Directive 94/27CE[J]. Gold Technology, 1999(25):29 ~ 31.

16 贵金属供需关系和投资趋势

16.1 贵金属储量与产量

16.1.1 贵金属储量

16.1.1.1 银储量

根据20世纪90年代数据，20世纪银储量约为28万吨，其中以墨西哥储量最高（3.7万吨），居世界第一[1]。但2004年波兰首次报道银储量为5.1万吨，排名跃居世界第一。表16-1[2,3]列出了世界主要产银国家2004年白银储量、储量基础。我国白银储量占全球的9.6%，排名第5；储量基础占21%，居世界第二。按2004年世界银矿山产量计，现有银储量和储量基础静态保证年限分别为15年和31年。

表16-1 2004年世界主要产银国家白银储量、储量基础

国　家	波兰	墨西哥	秘鲁	澳大利亚	中国①	美国	加拿大	其他	世界总计
储量/t	51000	37000	36000	31000	26000	25000	16000	50000	272000
比率②/%	18.8	13.6	13.2	11.4	9.6	9.2	5.9	18.4	100
储量基础/t	140000	40000	37000	37000	120000	80000	35000	80000	570000
比率②/%	24.6	7.0	6.5	6.5	21.1	14.0	6.2	14.1	100

①据中国有色地质调研中心数据，截至2002年年底，中国白银储量23996t，资源量84780t；②各国储量与储量基础对世界总储量与总储量基础的比值。

16.1.1.2 金储量

表16-2[2,4]列出了1994～2008年世界主要产金国家的金矿产储量和储量基础。随着勘探技术进步和资源不断核实，黄金资源储量也随之有所变动。如2002年南非官方修订储量为8000t，2004年改为6000t，仅为1994～2001年报道数据的1/3。尽管如此，南非黄金储量仍然排名世界第一，其次是澳大利亚、秘鲁、俄罗斯和美国。我国金矿资源较为丰富，分布范围广泛。按文献［2］报道的数据，2004年中国黄金储量为1200t，储量基础4100t，排名世界第8位。但按中国黄金协会编著《中国黄金年鉴2002～2003》报道，中国保有探明储量1489t，储量基础4468t，约占世界总储量的4.6%，世界排序第7位。根据文献［4］，2008年我国探明的黄金储量为1868t，基础储量5923t，仅次于南非、俄罗斯、澳大利亚和印尼，居世界第5位。又据“2011年上海国际首饰时尚节论坛”上张永涛先生报道，目前中国已探明黄金储量为6328t，居世界第三位。

16.1.1.3 铂族金属储量

表16-3[4,6]列出了世界主要产铂地区的铂族金属储量、储量基础。2006年，世界铂族金属储量约71000t，储量基础约80000t，资源量估计在10万吨以上。铂族金属矿产储量分配极

不均衡，南非拥有世界88%以上、俄罗斯拥有世界8%以上铂族金属资源。我国已探明的铂族金属资源较少，1996年查明铂族金属资源储量310.1t，约占世界资源0.44%[2]。铂族金属资源中主要为铂和钯，其他铂族金属铑、钌、铱、锇的总量仅约为铂、钯的1/10。

表16-2 世界黄金储量

项目	年份	南非	澳大利亚	秘鲁	俄罗斯	美国	印度尼西亚	加拿大	中国	其他国家	世界总计
储量/t	1994	18000	3100	—	3100	5000		1400	—	13400	44000
	2000	19000	4000	—	3000	5600	1800	1500	—	13100	48000
	2004	6000	5000	3500	3000	2700	1800	1300	1489①	17000	42000
	2008	6000	5000	1400	5000	3000	3000	2000	1868①	19732	47000
储量基础/t	1994	29000	3400	—	3400	5500	—	3300	—	15500	60100
	2000	40000	4700	—	3500	6000	2800	3500	—	16500	77000
	2004	36000	6000	4100	3500	3700	2800	3500	4468	26000	90000
	2008	31000	6000	2300	7000	5500	6000	4200	5952	32048	100000
比值②/%		19.4	83.3	60.9	71.4	54.5	50	47.6	31.4	—	

①中国2004年数据取自中国黄金协会编著《中国黄金年鉴2002～2003》；2008年数据取自文献[5]。②2008年各国储量与储量基础之比。

表16-3 世界主要产铂地区的铂族金属储量、储量基础（2006年数据）

国 家	南非	俄罗斯	美国	加拿大	其他	总 计
储量/t	63000	6200	900	310	800	71210
比率/%	88.47	8.71	1.26	0.435	1.12	100
储量基础/t	70000	6600	2000	390	850	80000
比率/%	88.61	8.35	1.13	0.49	1.08	100

16.1.2 贵金属产量和供应量

16.1.2.1 银产量和供应量

表16-4[2,7]列出了世界主要产银国家的银产量，其中矿产银产量包括从银矿和其他伴生银的矿产提炼得到的银产量，从银矿山的银产量约占30%，而从伴生银矿产（主要有铅锌矿、铜矿、金矿和其他矿产）中生产的银约占70%。可以看出，2000～2011年矿产银产量总体呈稳步增加的趋势（见图16-1[8]），从2000年1.84万吨增加到2011

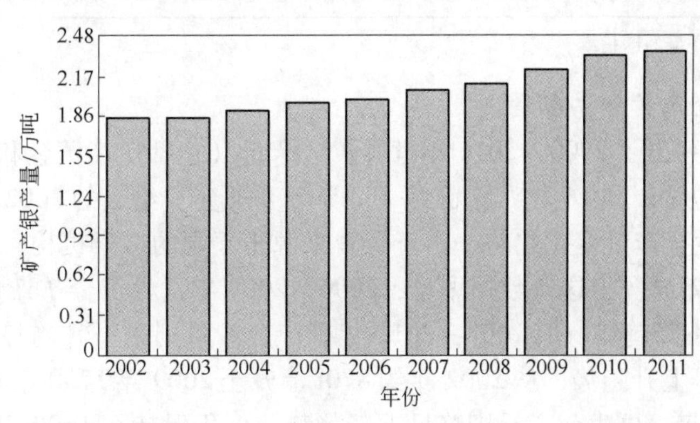

图16-1 2002～2011年间矿山银产量稳步增加的趋势

年2.37万吨。主要产银国有秘鲁、墨西哥、中国、澳大利亚、俄罗斯、智利、加拿大、波兰和美国等。

表16-4 世界银产量和供应量 (t)

年 份	2000	2001	2002	2003	2004	2005	2006	2007	2008	2009	2010	2011
矿产银	18381	18856	18472	18557	19068	19817	19945	20660	21179	23640	23656	23689
再生银	5621	5684	5830	5721	5713	5786	5849	5659	5594	5560	7129	7984
政府净抛售	1874	1961	1841	2759	1924	2051	2433	1314	961	498	1376	357
生产商套期保值	—	587	—	—	299	859	—	—	—	—	—	—
推断净负向投资	2710	—	361	—	—	—	—	—	—	—	—	—
世界银供应总量	28586	27087	26505	27038	27004	28512	28277	27634	27733	29698	32161	33528

注：在2002~2006年政府净抛售中含有中国政府出售银，其量约为1400t、1850t、1050t、650t和550t。

各种银废料也是银的重要资源。从表16-4看出，2000~2011年间从银废料回收的再生银年产量也呈稳定增长，其中2000~2009年再生银量介于0.55万~0.59万吨，2010~2011年再生银量有大幅度增长，每年的再生银量约为矿产银的1/4~1/3，发达国家再生银供应量约占世界再生银总量的80%以上[2]。2012年世界回收的再生银量与2011年持平，主要是影视业用银量及其再生银量减少，从其他产业增加的再生银量只能弥补影视业减少的再生银量。2000~2011年期间，世界年银供应总量大体波动在2.6万~3.3万吨之间。

我国银资源比较丰富。表16-5[2,7]列出了近10年中国白银产量与增长幅度。我国银产量一直居世界前列，2007年以后，我国银产量跃居世界第一位；2010年和2011年我国白银生产仍以较高速度增长。我国再生银产量也不断提高，据文献［2］，2005年再生银产量超过3000t；但据文献［9］，我国目前再生银年产量在2000t左右。我国再生金银民营企业很多，再生银产量也不断提高，但准确产量尚无精确统计数据。

表16-5 我国白银产量与增长幅度

年 份	2000	2001	2002	2003	2004	2005	2006	2007	2008	2009	2010	2011
产量/t	1596	2013	3217	4305	5637	6754	8252	9092	9587	10348	11617	12300
增长率①/%	6.8	28.3	59.8	33.8	30.9	19.8	22.2	10.2	5.45	7.4	12.8	5.9

①当年产量对上年产量的增长率。

16.1.2.2 金产量和供应量

表16-6[10~12]列出了2000~2011年世界黄金产量（包括矿产黄金和从二次资源回收的金产量）和供应量。图16-2[10]所示为“世界金委员会”给出的2002~2011年间世界黄金矿产量和再生金产量变化趋势，由于资料来源于不同的检索机构，它所显示数据与表16-6的数据有差异。由这些数据可见，2000~2008年世界黄金矿产量波动在2600~2400t，大体略呈下降趋势。但2008~2011年矿产金产量则呈上升趋势。近10余年内，再生金产量大体呈上升趋势，从2002年约870t上升至2009年1750余吨，增长近1倍，但从2009~2011年，再生金产量则略呈下降趋势，但仍保持在1600t以上。这一期间，虽然发达国家如欧盟、美国和日本等增加了再生金供应，但发展中国家如印度、土耳其

和中国等国近年再生金产量有所减少，致使2009～2011年间再生金呈下降趋势。由图16-2还可见，再生金产量相对于矿产金量的比例明显增大，2005年之前再生金产量约占矿产金产量的1/4～1/3，2006年以后，再生金/矿产金比例增高到40%～66%。世界黄金供应量也总体呈上升趋势，2007～2011年，黄金供应量从3476t增高到4486t。黄金生产大国主要有南非、中国、美国、澳大利亚、加拿大、巴西、秘鲁、印度尼西亚等，其中南非、美国、澳大利亚、加拿大等国的矿产金产量呈下降趋势，而中国、秘鲁、印度尼西亚、乌兹别克斯坦等发展中国家的矿产金产量迅速增长，使世界黄金的矿产总量呈增长趋势。

表16-6 世界黄金产量和供应量 (t)

年份	2000	2001	2002	2003	2004	2005	2006	2007	2008	2009	2010	2011
矿产金	2584	2623	2641	2678	2485	2550	2450	2478	2416	2650	2741	2818
再生金	622	710	870	980	860	885	1160	958	1260	1695	1719	1661
再生金/矿产金	0.24	0.27	0.33	0.35	0.35	0.35	0.4	0.39	0.5	0.66	0.63	0.59
金产量合计	3206	3333	3511	3658	3345	3435	3610	3476	3676	4400	4460	4479
总供应量	4009	3887	3975	4153	3846	4036	—	3476	3519	—	4352	4486

数据来源：部分数据取自World Gold Council：《Gold Demand Trends 2011》、《Gold Demand Trends Q1 2012》和文献[5,8]。

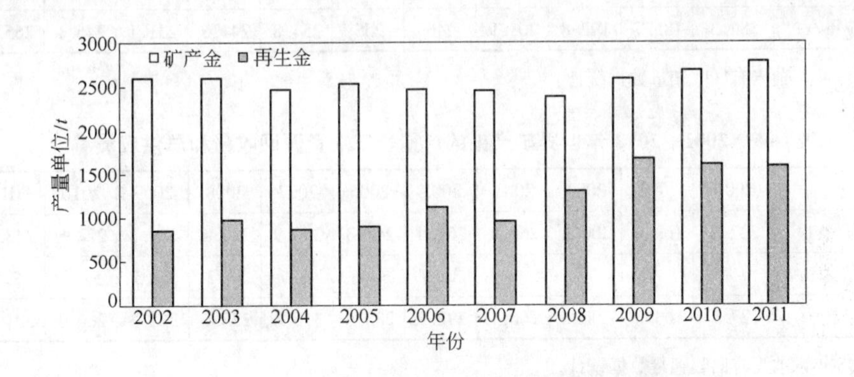

图16-2 2002～2011年间世界黄金矿产量和再生金产量变化趋势
（资料来源：Thomson Reuters GFMS，World Gold Council：《Gold Demand Trends 2011》）

历史上我国黄金产量一直名列世界前茅。1888年我国黄金产量13.452t，占世界金产量1/7，居世界第五位。但在1936年，金年产量跌至近代最低点，仅0.26t。1957年以后，我国把金银生产列为重要生产指标，采取了一系列措施促进黄金生产，1978年我国黄金产量为19.67t。改革开放后，我国黄金生产快速发展，产量稳步上升，三十多年来，平均年递增率在10%左右[13]。表16-7列出了2001～2012年间中国矿产黄金年产量，中国矿产金年产量和对世界矿产金年产总量的比例逐年增高。2007年中国黄金产量达到271t，首次超过南非，成为全球第一产金大国，此后连续蝉联全球第一。2012年中国黄金产量再创新高，达到403t，比2011年增长11.63%。受我国黄金市场开放的推动，2010年中国进口黄金量达到245t。我国再生金产量近年来也迅速增长，1997年约为17t，2005年增加到约42t，约占当年矿产金量的1/5[9]。如同再生银一样，我国再生金产量也缺乏精确统计数据。

表 16-7 2001 ~ 2012 年中国矿产黄金产量

年 份	2001	2002	2003	2004	2005	2006	2007	2008	2009	2010	2011	2012
产量/t	182	190	201	212	225	240	271	282	300	341	361	403
增长率/%	3.9	4.7	5.9	5.8	5.8	7.0	12.7	4.3	6.4	13.7	5.9	11.63

16.1.2.3 铂、钯和铑的矿产供应量和再生回收量

铂族金属是近200年来才陆续开发的新金属，在200年内，全世界共生产铂族金属共10000多吨，其中约5000t是近30年生产。铂主要由南非、俄罗斯、北美洲和津巴布韦等国家和地区生产。表16-8、表16-9和表16-10[14~17]是2001~2012年世界铂、钯和铑的矿产供应量、二次资源的回收量和总供应量，其中矿产供应量是从销售的铂族金属矿产估计的供应量，而不是精炼厂生产的金属销售量。铂、钯和铑的供应量总体呈增长趋势，但2012年的矿产供应量和二次资源回收量减少，铂和铑总供应量比2011年分别减少约10%，钯总供应量较2011年减少约9%。

表 16-8 2001 ~ 2012 年世界铂矿产供应量、二次资源回收量和总供应量[14~17]

年 份	2001	2002	2003	2004	2005	2006	2007	2008	2009	2010	2011	2012
矿产供应量/t	182.3	185.7	192.8	201.9	206.5	211	205.3	184.8	187.4	188.2	201.6	181.6
回收铂量/t	—	—	—	—	39.5	44	49.5	56.9	43.7	56.9	63.6	56.9
铂总供应量/t	182.3	185.7	192.8	201.9	246	255	254.8	241.7	231.1	245.1	265.2	238.5

注：2005年以前未有回收铂量数据统计。

表 16-9 2001 ~ 2012 年世界矿产钯的产量、二次资源回收量和总供应量[14~17]

年 份	2001	2002	2003	2004	2005	2006	2007	2008	2009	2010	2011	2012
矿产供应量/t	227.7	163.3	200.6	266.9	261.4	247.3	266.9	227.4	220.8	228.8	228.9	204.4
回收钯量/t	—	—	—	—	30.8	38.3	48.7	50.2	44.5	57.5	72.9	69.7
钯总供应量/t	227.7	163.3	200.6	266.9	292.2	285.6	315.6	277.6	265.3	286.3	301.8	274.1

注：2005年以前没有回收钯量数据统计。

表 16-10 2005 ~ 2012 年铑供应量和回收量

年 份	2005	2006	2007	2008	2009	2010	2011	2012
矿产供应量/t	23.5	25.6	25.6	21.6	24.0	22.8	23.8	21.9
回收铑量/t	4.3	5.3	6.0	7.1	5.8	7.5	8.7	7.1
铑总供应量/t	27.8	28.9	31.6	28.7	29.8	29.3	32.5	29.0

我国是次要铂矿生产国，1958年第一次从铜冶炼厂阳极泥中提出9kg铂、钯。1966年金川资源开发，才建立了矿产铂族金属生产基地，矿产铂族金属的产量也随之逐年提高。2001年以后，铂、钯年产量突破1t，铑、铱、锇和钌共80kg。随着我国从二次资源的回收量铂钯量逐年增长，我国至今累计生产铂钯数十吨[2,6]。近年中国工业对铂年需求量估计保持在45~50t，每年需要进口大约35~40t铂，除自产矿产铂钯外，其余缺额来自从二次资源回收的再生铂，约5~10t。

16.2 贵金属储备

贵金属既是珠宝金属、货币金属、财富金属、投资金属和金融金属，也是工业金属、环保“绿色金属”、高技术金属和保证人类社会可持续发展的战略金属，在国民经济和国防建设中具有重要的战略地位。因此，有史以来民间和世界各国都十分重视贵金属储备。

16.2.1 白银储备

有人估计，在人类6000余年的历史中，世界总共生产约118万吨银，20世纪中期以前约有70万吨银未被消耗掉，它们被用作现货、银币、储藏物、银制品、银器、首饰等被积存下来，成为留给后人的历史财富。20世纪60年代以后，银在工业中（特别是照相工业和电子工业）应用急剧增长，银的需求量日益增大，出现了银的供给与需求之间的缺口，致使各国政府抛售银以弥补工业对银的需求缺口。20世纪80年代，各国政府每年抛售银总计几百吨，90年代以后增加到几千吨[2]。表16-4列出了2000~2011年世界各国政府净抛售银的数据，2007年以前每年抛售银超过1000~2000t，自2007年以后，政府抛售银的数量明显减少，仅2010年回升到千吨以上。各国政府抛售的银流入市场，增加了当年银供应量，但减少了银的积累量和储备。

表16-11列出了20世纪80年代和21世纪初世界银储备情况，20世纪80年代世界储藏银量总计保持在6.8万吨左右[2,12,18]。关于世界各国政府库存银总量，虽然21世纪前几年的数据还不完善，但仍可从表中数据比较世界各国政府库存银总量的走向趋势：从20世纪80年代到2011年，世界各国政府库存银总量大体呈下降趋势，从20世纪80年代超过万吨降低到2011年约3000t，表明政府净抛售银量促成了世界各国政府库存银总量减少。

表16-11 20世纪80年代和21世纪初世界银储备情况 (t)

年份		1981	1982	1983	2001	2002	2003	2004	2011
交易所库存①				3329	4762	13155	22921	21835	19191
工业库存				8379	11486				
政府库存	美国政府库存②		5475	5355					
	世界其他国家库存		4670	—					
	世界各国政府银库存量合计	10265	10140	10020	5297	8300	7030	5370	3017
其他库存（估计）	美国和其他国家银锭库存		23950	23950	18440				33592③
	美国私人持有银币		26500	26500					
	其他国家私人持有银币		780	780					
	合计		51230	51230					
世界总计银库存			66516	68000	—	—	—	—	—

①交易所库存包括伦敦、纽约、芝加哥等地的金属、商品、期货交易所；②美国政府库存包括战略储备、国防部库存和财政库存；③2009年、2010年世界银锭库存量与2011年相同。

在亚洲，印度和中国是应用银最多的国家。印度尽管产银不多，但银是传统的交易物，从远古时代以来人们就有储藏银的习惯，直至今天甚至最贫困的农民都有少量银积蓄。因此，印度政府和民间储藏银的数量相当大。20世纪80年代中期对印度和巴基斯坦储藏银的最低估计是 7 万吨，整个印度次大陆估计拥有 11. 53 万 ~15. 5 万吨金属银[1,18]。我国银资源丰富，自明代至新中国成立之前实行以“银本位制”为主导的货币制，生产了大量银锭和银币。但在清代，西方列强通过不平等条约从我国掠夺了大量黄金、白银，另外又通过输入外国金、银币以控制我国经济。新中国成立后，国家大力发展经济和金银生产，使我国金银产量名列世界前茅。关于我国政府白银库存和民间持有银量，国外文献时有报道和估计，如文献［18］曾估计在 20 世纪 80 年代中国政府库存银约有 7800t，还认为我国民间持有大量银，主要为古银币。事实上，无论我国民间私人持有的白银量（包括银首饰、银币、银器等），还是政府白银库存，目前鲜见权威数据报道。

16. 2. 2　黄金储备

黄金是最重要的硬通货，各国都予以大量储备。黄金储备不仅只是价值形态和社会财富的一般代表的保持形式，它还有更重要的职能和作用。在金本位制度下，黄金储备起着三大作用[1]：一是作为扩大或收缩国内金币流通的准备金；二是作为支付存款和银行券兑现的准备金；三是作为国际支付，即作为世界货币的准备金。金本位制崩溃以后，黄金储备的前两个作用已基本消失，但黄金仍然是全世界所接受和公认的资产，是主要的国际储备资产和国际结算的最终支付手段；黄金在紧急时刻可充作货币直接支付，或弥补国际收支逆差和作为借款抵押。在现代经济中，黄金是防范信用货币制度风险的有效基石，是应付现代金融危机的可靠保证。因此，黄金是最重要、最稳定和最灵活的国家储备资产和战略物资，对民间而言，黄金储备也是私人和家庭最稳定的财富保证。

据国际货币基金组织（IMF）金融统计数据库 2009 年和 2010 年世界各国黄金储备数据，排名前 12 位的国家、地区和机构列于表 16-12。排名前 5 位的是欧美国家，它们的黄金储备及其对所占外汇储备的比例很大，2011 年该比例值在 67% 以上，其中尤其以美国黄金储备数量及黄金对外汇储备比例最高，其次为德国。我国黄金储备量自 2010 年已达到 1054t，占世界各国储备量第 6 位，由于我国外汇储备量巨大，其黄金储备占外汇储备比例很低。

表 16-12　2009 年、2010 年世界各国（地区、机构）黄金储备前 12 名和黄金储备量（按 IMF 数据库数据）

2009 年			2010 年		
世界各国（机构）	储备量/t	占外汇储备比例/%	世界各国（机构）	储备量/t	占外汇储备比例/%
1　美国	8133. 5	77. 4	1　美国	8133. 5	73. 9
2　德国	3408. 3	69. 2	2　德国	3401. 8	70. 3
3　IMF	3217. 3	—	3　IMF	2846. 7	—
4　意大利	2451. 8	66. 6	4　意大利	2451. 8	68. 6
5　法国	2445. 1	70. 6	5　法国	2435. 4	67. 2
6　中国	1054. 0	1. 9	6　中国	1054. 1	1. 7
7　瑞士	1040. 1	29. 1	7　瑞士	1040. 1	16. 4
8　日本	765. 2	2. 3	8　俄罗斯	775. 2	6. 7
9　荷兰	612. 5	59. 6	9　日本	765. 2	3. 0
10　俄罗斯	568. 4	4. 3	10　荷兰	612. 5	57. 5
11　欧洲央行	501. 4	18. 8	11　印度	557. 7	8. 1
12　中国台北	423. 6	3. 9	12　欧洲央行	501. 4	27. 9

据推测，全世界约有13万吨黄金存在银行里。世界最大金库是位于纽约曼哈顿的联邦银行地下金库，库内藏金1.3万吨。世界第二大金库当属美国肯塔基州佛尔特诺斯科银行，藏金4500t。世界第三大藏金银行是法国国家银行。据20世纪90年代数据，全世界私人拥有的黄金约3.1万吨，其中大部分在美国、法国和意大利收藏者手中，印度和中东地区民间也藏有可观的黄金。

我国人民有深厚的“金文化”底蕴，历来有购买黄金饰品“储金避险”的社会习俗，民间都藏有黄金。我国人民历来有强烈的爱国主义精神，在民族危亡和国家困难时期，许多爱国志士捐金支援抗日战争。在亚洲金融危机时期，韩国和东南亚国家的人民也表现了“捐（售）金救国”的精神，如韩国就从民间筹集了700t黄金用于缓解韩国的国际收支状况，支援韩元稳定[1]。

16.2.3 铂、钯储备

据不完全统计，截至2004年，世界矿产铂族金属已达到1万吨[9]。铂族金属除了用于制造珠宝首饰和铸币外，它们也是现代工业、军工技术和国防装备必用之核心材料，是重要的军用材料。世界军事大国美国和前苏联早就将铂族金属列为战略储备物质。1946年，美国国防部将铂、铱和其他90种材料列为战略和极需储备物质；1956年，又将钯列入其中；1989年，列入全部铂族金属。从已经解密的文件可知，早在1956年，美国政府的铂、钯、铱的储备量已分别达到1300koz（折合40.4t）、1000koz（31.1t）和100koz（3.1t），已超过当时的世界年产量；1981年铂储备增加到51.65t，1984年增加到54.24t。2002年美国国防部后勤署抛售300koz钯，库存降为225koz，说明钯的国防库存至少就有约525koz（16.33t）[2]。俄罗斯的铂族金属资源丰富，除了工业应用和部分出口外，剩余的铂族金属用作储备。据估计，20世纪80年代，苏联的铂族金属储备超过30000koz（约93.3t），其中主要是钯[6,19]。其他一些工业发达国家，由于本国铂族金属产量不高，主要依靠进口保证国防和现代工业的需要，因此也都保有相当数量的铂族金属战略储备。

16.2.4 中国贵金属储备战略

虽然我国金、银储量和产量居于世界前列和占有重要地位，但相对于我国快速发展经济，金、银不能满足需求，铂族金属更属于稀缺矿产资源。相对于人口基数，我国贵金属储量和产量的人均占有量则更低。表16-13[9]列出了2004年我国贵金属资源储量、矿产量和人均占有量占世界的比例，可见我国人均拥有的贵金属储量和产量，都远低于世界人均矿产拥有量。由此可见，我国贵金属矿产资源并不富裕，有专家推测2015年需求量将达到高峰，而自产贵金属很难跟上中国经济快速发展的需求。因此，我国应及早制定和建立健全的贵金属储备机制，我国贵金属储备应兼顾国家储备和民间储备。

表16-13 中国贵金属资源储量、矿产量和人均占有量在世界的比例

贵金属	储量在世界排名	储量占世界比例/%	储量占世界人均比例/%	矿产量在世界排名	矿产量占世界比例/%	矿产量占世界人均比例/%
银	7~8	2.86	20	4	8.6	39
金	5	9.6	50	4	10.1	46
铂族金属	6	0.44	2	6	0.25	1.1

国家贵金属储备应首先重视黄金储备，国家黄金储备量关系到它的国际支付能力及其货币的国际信用。我国历史上曾是黄金生产和储备大国，据推测西汉时代黄金储备达到100多吨。但在近代史上，西方列强从我国掠夺了大量黄金，致使黄金储备大为减少[20]。新中国成立后，从零开始不断累积储备黄金，20世纪50年代国家黄金储备达到150余吨，80~90年代达到390t，2002年达到600t[4,20]，自2009年以后达到1054t。尽管我国黄金储备已占世界第六位，但相对于发达国家而言，我国黄金储备量还很少，特别其黄金储备占外汇储备比例很低（1.7%）。为增加黄金储备：一方面要发展黄金生产和提高黄金产量；另一方面可从国际市场购买黄金用以增加黄金储备。如2009年11月国际货币基金组织（IMF）以1045美元/oz的价格出售黄金，欧洲央行在2009年8月制定了未来5年(2009~2014年）抛售2000t黄金的新协议，每年抛售400t[8]。无疑，IMF和欧洲央行出售黄金的行动和计划引发了黄金储备量较少的国家未来购买黄金的预期。由此，许多专家建议我国应适时将储备的部分国外货币（特别是美元）转化为黄金，调整、改善金融储备结构，以保证外汇储备资产的保值增值；更主要的是借助现在充裕的外汇储备，积累真正雄厚坚实的“家底和基石”，以保证在国际经济竞争中更具有实力和应付急剧变化的能力[2,20]。鉴于铂族金属是重要的战略金属和我国铂族金属资源稀缺，国家也应建立必要的国家储备。

据估计，世界民间拥有约3.1万吨黄金中，发达国家民间储金约占一半，人均储金量比发展中国家高数倍。我国人均拥有黄金储量仅0.16g，仅为世界人均拥有量（0.49g）的1/3[20]；我国人均拥有铂族金属储量则更低。在我国实行“藏金于民”和“藏铂于民”也是一种战略储备，它不仅可以增强国家抗击金融风险的能力，必要时还可以用于战略需要。近年来，随着经济的发展，我国人民生活水平明显提高，对贵金属珠宝饰品的购买力和投资贵金属的能力明显增强，黄金和铂金珠宝饰品市场十分活跃。自2000年以后，我国已成为世界第一铂饰品消费国；2009年，铂首饰品消费额达到创纪录的54.4t，占世界销售总量的71.4%[6]。我国民间蕴藏着购买和投资贵金属珠宝饰品的巨大潜力。

16.3 贵金属价格变化趋势

16.3.1 白银价格走势

图16-3[8]所示为2007~2012年Ag价格走势。20世纪80年代，Ag的价格处于相对高

图16-3 2007~2012年Ag价格走势

（资料来源：Thomson Reuters GFMS《World Silver Survey 2012》）

位，如1988年前后，Ag价格约为10～15美元/oz，随后Ag价格一直走低，2001～2002年间，Ag价降低至约5美元/oz。之后，Ag价格在起伏中一路走高，在2011年2季度达到约50美元/oz的峰值，随后又回落到30～40美元/oz。2011年全年Ag平均价格为35.12美元/oz，相对于2010年平均价格增高73.9%。2012年1季度，Ag的平均价格为32.63美元/oz，相对于2011年1季度的平均价格增长2.4%。

16.3.2 黄金价格走势

图16-4[13]所示为2005～2012年黄金价格走势。金价一直呈增长趋势，从2005年1月平均金价约420美元/oz增长到2012年1月约1600美元/oz，7年间增长4倍多。据伦敦金属交易所统计数据，2012年，世界黄金价格小幅波动在1590～1743美元/oz之间，年平均价格1659美元/oz，仍然保持了连续上涨的局面。预计2013年世界黄金价格会以较大幅度震荡，可能会呈现“U”形变化趋势。

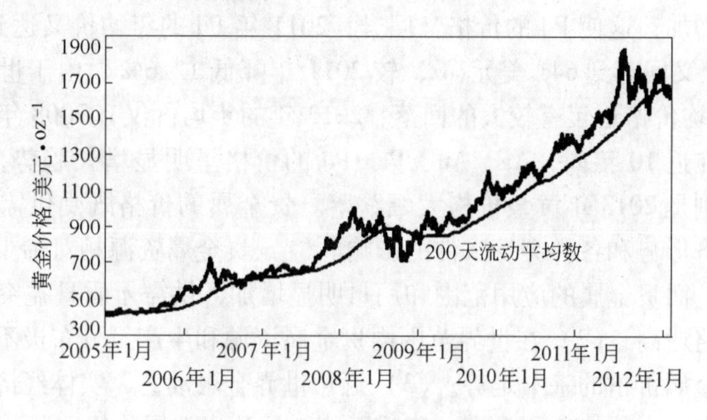

图16-4 2005～2012年黄金价格走势

（资料来源：Thomson Reuters GFMS《World Gold Survey 2012》）

16.3.3 铂和钯价格走势

图16-5[17]所示为1992～2012年铂和钯的价格走势。从20世纪80年代末期直至2008

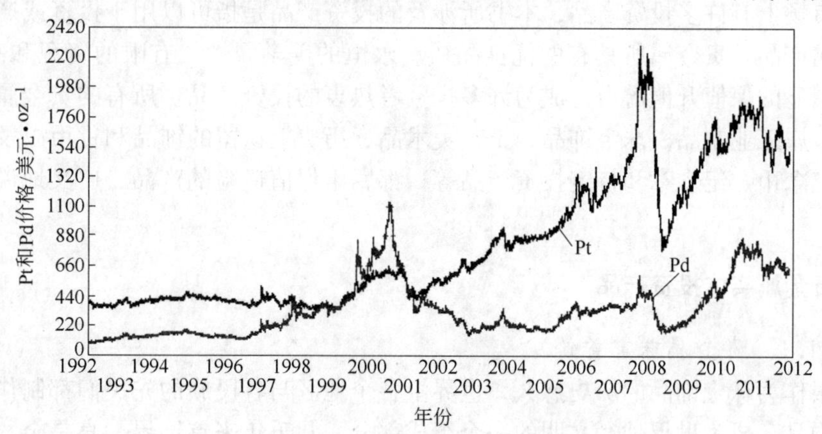

图16-5 20年间Pt和Pd价格变化趋势

（数据来源：Johnson Matthey）

年初期，20余年内铂价格一直呈上升趋势。在2007年末至2008年初形成价格高峰，2008年上半年，铂价格上升到2252美元/oz最高价（按纽约收盘价）。此后，受美国金融危机的影响，铂的价格急剧下降，在2008年10月降低到774美元/oz最低价。按年平均价格，从2000年的545美元/oz上涨到2008年的1576美元/oz，涨幅达2.9倍。但在2009年铂平均价降低到1205美元/oz，较2008年降低23.5%。2009~2012年，铂价一直保持回升态势，2011年回升到1721美元/oz，但2012年又回落到1535美元/oz。

从图16-5中Pd价格走势曲线来看，10年间Pd价也经历了急剧的变化。在2000~2002年间在Pd价格曲线上出现一个峰，最高平均价超过1100美元/oz，超过同期Pt的价格。这个价格峰的形成是由于20世纪90年代Pd的价格低于Pt价，致使汽车尾气净化催化剂用Pd量远高于用Pt量，导致Pd价急剧增高并超过Pt价。反过来，Pd价升高又促使汽车催化剂制造商采用更多Pt而减少Pd，加之制造业用Pt量的增长，又促使Pt价升高并超过Pd价，Pd价回落到低于220美元/oz的最低值。Pd价降低又促使汽车催化剂和其他制造业中的用量增加，这使Pd的价格又回升，2011年Pd的年均价又达到733美元/oz峰值。2012年Pd价又回落到641美元/oz，较2011年降低12.6%。由于世界各国近年经济不景气，Rh的年均价格近年有较大的回落，2012年的年均价仅有2008年的1/5。

总体来说，在近10年内，Ag、Au、Pt、Pd的价格呈明显增长趋势，但在2012年都呈明显回落，特别是2013年黄金价格大幅跌落。贵金属的价格既受供需关系的影响，也受世界政治、经济形势和各种突发事件的影响。(1) 贵金属资源相对稀少，提取技术难度和成本日益增大，而贵金属的应用范围和用量明显增加，供需矛盾日益突出，从长远看必然导致贵金属价格增高；(2) 在世界范围内贵金属资源和生产量分布极不均衡，少数资源大国可以主宰贵金属价格的基本走势；(3) 近年世界金融动荡，实体经济低迷，美元持续贬值，推动石油和粮食价格急剧升高，货币贬值，导致贵金属价格回落；(4) 世界经济强国操纵货币和贵金属价格。贵金属价格的增长和回落起伏，给投资者带来了机会。但从长远的价格趋势来看，购买贵金属，特别是黄金，仍然是人们避险保值的最佳产品。

16.4 贵金属投资产品

金融市场上有许多投资产品，本书所涉及的投资产品是指可以用于投资或产生投资效果的贵金属产品。贵金属所具有的优良品质、永恒的美学属性，有限的资源和高贵价值，使它具有明显的保值升值潜力，成为许多投资者热衷的投资产品。所有的贵金属制品，包括各种贵金属工业制品、珠宝饰品、工艺美术品、历史上遗留的饰品和货币以及由国家发行的各种纪念币、纪念章和特定投资产品等，都属于保值避险的产品，广义地说，都属于投资产品。

16.4.1 贵金属实体投资产品

16.4.1.1 贵金属珠宝首饰

金、银作为珠宝饰品的历史悠久，世界上各个地区与各民族的先民们都制作了大量的金、银首饰品，成为世界灿烂文明的一个组成部分。几千年来首饰界一直是金、银饰品占统治地位，但20世纪80年代以后，铂、钯珠宝饰品迅速发展，使世界珠宝首饰市场“进入了白色饰品时代”，使铂金首饰品获得了极好的发展机遇。当今世界已进入高科技时代，但黄金、白银和铂金的主要应用领域仍是珠宝首饰业，无论是纯金属饰品，还是镶嵌着珍珠宝石的华丽珠宝饰品，都深受世界各国消费者欢迎和钟爱，成为个人和家庭投资首选。虽然贵金属珠宝首饰主要用于装饰和美化，但它们也属于投资产品，是未来的财富。个人和家庭投资贵金属珠宝首饰的价值可能有限，但全世界每年用于首饰业的黄金量达约3000余吨，白银量约在5000余吨，铂、钯用量上百吨，贵金属珠宝饰品构成了一个巨大的投资产业。

16.4.1.2 贵金属钟表和艺术品

贵金属名表（如豪华铂表和金表）和艺术品被现代世界各国列为主要奢侈品，属于稳定性最高和回报最丰厚的投资产品。如瑞士制造的高级豪华铂表销售到世界各地，成为许多富人的投资选择。

16.4.1.3 贵金属硬币

无论历史上还是现代社会发行的各种贵金属钱币，它们是重要的文化载体，具有重要的历史价值、科学价值、艺术价值，已成为人们的重要收藏和投资产品。我国古代发行了许多贵金属流通货币，如楚国完整的郢爰、卢金、陈爰等饼金（金币），明代发行了多种形式银货币，如银砖、银锭、银条、银元宝和银元等。世界上其他国家也发行了大量古代贵金属硬币，如英国的“诺贝尔”金币，俄罗斯的“铂卢布”等。这些古代制造的贵金属流通硬币和纪念币现在市面上存量已很少，具有极高的收藏和投资价值。在投资市场上，古代金、银币成了投资者抢手的产品，使贵金属硬币市场价格一路上涨。当然，现代生产的贵金属纪念币和投资硬币的文化内涵更丰富、式样设计更精美、制造工艺更精致、图文装饰更美观，深受投资者喜爱，是投资市场上的主要产品。

16.4.1.4 贵金属小额和大额投资产品

贵金属投资市场上，有专门为投资者设计制造的小额和大额投资产品，产品的贵金属纯度一般在99.95%以上。所谓小额投资产品，其质量一般在100g以内，有各种造型精美并镌刻有图案文字的产品，如小棒、条、板或异型产品。大额投资产品主要是价值高的产品，如大棒、铸锭（砖）等，质量一般为500～5000g，其中以500g和1000g更为流行。投资大额产品需要高的成本，但具有更高的投资回报。大额投资产品在中国香港、日本和欧盟等地区很受投资者的欢迎，在20世纪90年代，首先在欧美和日本兴起了大额金和铂锭投资。2004～2008年期间，由于金、铂的价格急剧升高，刺激了投资商出售大额金、铂投资产品，致使贵金属大额投资量减少。2008年以后，由于世界金融危机和经济发展的不确定性，大额投资者锐减。图16-6[21]所示为国际上发行的用于投资的铂锭。

我国古代贵金属流通货币中就存在大额和小额产品。如楚国完整的郢爰饼金的质量一般都在230g以上，是当时的大额金币。除此之外，还有大量被分割成小块的楚金，是当时的小额金币。明代发行的银砖和银锭等都属于大额银币，银元和银条则属于小额银币。在我国现代投资市场上，大额贵金属投资产品的需求较少，但小额投资产品很受广大投资者的欢迎。中国人民银行和印钞制币总公司发行了大量具有高金成色（99.99% Au）和铸有防伪标志

图16-6 国际上发行的用于投资的铂锭

的黄金投资产品，如各种金条、金盘、金章、金钱、小金鱼（“小黄鱼”）等，它们设计别致、造型精美、款式多样、工艺精湛、权威出品和信誉保证，并融入中国传统吉祥元素，具有极高的艺术价值，更具有收藏、保值和增值的投资价值，市场销售十分活跃。图 16-7 所示为中国印钞制币总公司发行和中国建设银行销售的投资金章和金条。

(a)　(b)

图 16-7　中国印钞制币总公司发行和中国建设银行销售的投资金章和金条
(a) 十二生肖金章（部分）；
(b) 五虎贺岁金条（部分）

16.4.2　以贵金属为依托的投资产品

国际投资市场上发行的以贵金属为依托的股票和基金是另一种投资贵金属的形式，简称交易基金（exchange traded fund ETF）。这类基金是由生产商向基金公司寄售实体贵金属（如铸锭）单独储存，不能出卖或租借到市场，由商业银行担任基金托管和实物保管，由基金公司在交易所内公开发行基金份额或投资硬币，销售给各类投资者。投资者可以在二级市场买卖 ETF 份额，在基金存续期间内可以自由赎回，利用 ETF 二级市场交易价格与基金单位净值之间存在差价进行套利交易。已经发行的以贵金属为依托的交易基金主要有黄金 ETF、白银 ETF、铂 ETF 和钯 ETF 基金。

黄金 ETF 最先于 2003 年 4 月在澳大利亚股票交易所上市发行，2004 年以后又相继在伦敦、纽约、东京、新加坡、香港、南非约翰内斯堡的证券交易所推出。截至 2012 年 7 月 6 日，黄金 ETF 总计持仓黄金 1279.5t，价值 659.6 亿美元。

全球首只白银 ETF 产品名为 iShare Silver Trust（SLV），依托白银约 3657t，由巴克莱（BGI）公司发起，管理人为纽约银行，托管人是美国 JP 摩根大通银行，于 2006 年在美国证券交易所上市。截至 2012 年 7 月 6 日，白银 ETF 总计持仓银 9681.6t，Silver Trust 持仓约 7750t 银。

2007 年 2 月，欧洲发行了两套以铂、钯为依托的交易基金：在瑞士通过 ZKB 银行发行，在伦敦以 ETF 股票发行。2011 年 4 月在美国发行 2 个新的 Pt、Pd ETF 基金。图 16-8[22] 所示为欧洲铂、钯 ETF 基金拥有的铂、钯锭和发行的铂币。在发行的时候，交换贸易基金管理者希望在第一个贸易年总投资达到 150koz 铂和 400koz 钯。发行后，基金增

(a)　(b)　(c)

图 16-8　欧洲铂、钯 ETF 基金拥有的铂、钯锭和发行的铂币
(a) ETF 铂币；(b) ETF 铂锭；(c) ETF 钯锭

长十分迅速，2007 年 7 月就达到 60koz 铂，255koz 钯；同年 12 月分别达到 195koz 铂和 280koz 钯；在 2008 年 3 月，分别达到 390koz 铂和 580koz 钯[22]。在 2011 年年终，铂 ETF 持仓约 385koz 铂，钯 ETF 持仓约 800koz 钯[17]。

全球范围内，以贵金属为依托的 ETF 基金很受投资者欢迎，投资收益高于预期。因为贵金属依托实物由商业银行保管并在受到严格监管的交易所内交易，所以 ETF 基金安全可靠。此外，交易成本低、透明和便捷也是 ETF 基金的优点。

16.5 贵金属需求和投资趋势

16.5.1 白银需求与投资趋势

表 16-14 列出了 2002~2011 年世界制造业对白银总需求量的变化趋势。这 10 年间，世界制造业用银量有如下一些变化：（1）制造业总用银量在波动中有所上升，2002~2008 年间波动在 2.57 万~2.64 万吨之间，可能受 2008 年世界金融危机的影响，2009 年降低至最低值，随后两年制造业用银量有较大幅度升高。（2）影视业用银量明显减少，其对制造业用银量的比例明显减降低，2002 年这个比例值为 24.7%，2011 年降低到 7.5%。这是由于近年来电子成像、数字化成像和无接触印刷等新技术发展，数码照相日益取代传统银盐感光胶片照相，使银盐感光胶片用量大幅度下降。（3）银首饰和银器的用银量和其对制造业用银量的比例呈下降趋势，2002 年为 30.5%，2011 年降低到 23.4%。对比 1998 年世界银饰银器（银首饰 + 银器件）用 Ag 量 8700t，占制造业总用 Ag 量 32.45%；2001 年世界银饰银器用 Ag 量 8930t，占制造业总用 Ag 量 33%，可见近年世界银饰和银器用 Ag 量明显下降。（4）银币和银证章用银量及其在制造业用银量中的比例有明显升高，2002 年这个比例值为 3.8%，2011 年升高到 13.5%，特别是 2007~2011 年间的增长趋势明显增大。

表 16-14 2002~2011 年世界制造业白银需求量

名 称	2002	2003	2004	2005	2006	2007	2008	2009	2010	2011
影视业用量/t	6353	5999	5562	4987	4428	3881	3260	2467	2261	2046
银币和银章用量/t	983	1110	1318	1246	1237	1235	2019	2457	3151	3670
珠宝首饰用量/t	5253	5574	5438	5407	5171	5086	4923	4942	5194	4970
银器用量/t	2596	2610	2093	2109	1905	1828	1783	1810	1545	1431
工业用量/t	10548	10876	11418	12599	13204	14105	13910	12560	15160	15132
制造业总需求用量/t	25733	26169	25830	26348	25945	26136	25896	24236	27334	27283
首饰比例/%	20.4	21.3	21.1	20.5	19.9	19.5	19.0	20.4	19.0	18.2
银器比例/%	10.1	10.0	8.1	8.0	7.3	7.0	6.9	7.5	5.7	5.2

资料来源：GFMS：《World Silver Survey 2009》、《World Silver Survey 2011》和《World Silver Survey 2012》。

图 16-9[8] 所示为 2002~2011 年世界银投资量和相应的美元价值的变化趋势，这里，银投资量包含银净投资、银 ETF 投资、银币和银证章等。2007~2011 年，银投资额明显上升。银首饰和银器的用银量降低和银投资趋势增高与近年来银价升高有关，使得部分银饰、银器消费者转向银投资，另外发达国家经济不景气也影响银饰、银器的消费。

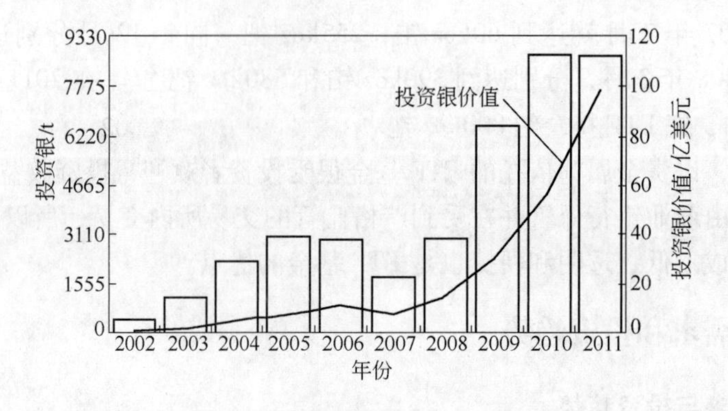

图 16-9 2002～2011 年世界银投资量和相应的美元价值的变化趋势

（资料来源：GFMS：《World Silver Survey 2012》）

图 16-10 所示为 2001～2011 年中国银需求量的变化，随着经济快速持续发展，制造业对银需求量呈明显上升趋势。表 16-15[2] 列出了1995～2011 年间部分年份制造业对白银的总需求量。表中未列出的 2005～2008 年和 2010 年制造业银消费量分别为 2600t、3000t、3600t、4500t 和 5700t。2011 年制造业银消费量为 6000t，其中电子电器占 36%，银基合金和焊料占 23%，银首饰、银工艺品和银器用量占 18%，感光材料用银量占 3%，其他应用占 4%。银的工业应用中除感光材料用银量减少外，其他各项应用的用银量都增高。其他年份的应用比例大体可参考此比例。与世界银饰、银器用 Ag 量有大幅度下降的趋势相反，我国银首饰、银工艺品和银器用银量增长很快，制造儿童银首饰占全球市场的 80%。近 10 多年以来，我国白银投资倾向增强，投资银币、银章和银条等产品的需求量激增，表明白银的金融属性正在增强。

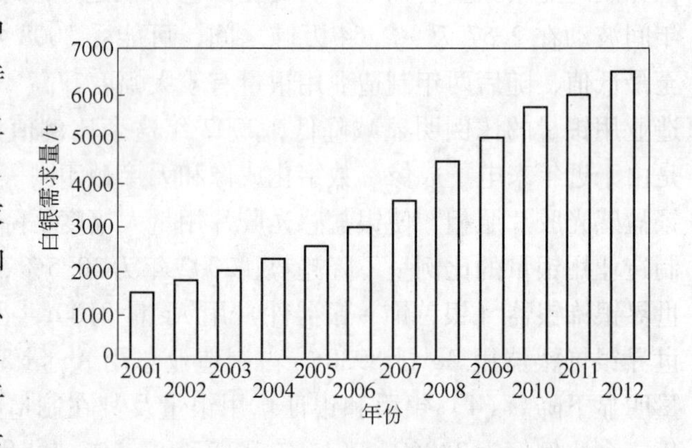

图 16-10 2001～2011 年中国银需求量的变化趋势

（资料来源：中国有色金属协会）

表 16-15 1995～2011 年间部分年份中国制造业对白银的总需求量

年 份	1995	1999	2000	2001	2002	2003	2004	2009	2011
电子电气用量/t	400	540	553	680	701	724	823	—	2160
银合金与焊料用量/t	187	241	355	347	383	508	609	—	1380
照相感光材料用量/t	174	200	152	154	171	189	208	—	180
银币和银章用量/t	25	82	90	95	98	103	112	118	960
首饰与工艺品用量/t	131	131	163	170	353	384	426	800	1080
其他方面用量/t	96	50	47	79	90	98	107	—	240
制造业总需求量/t	1013	1244	1360	1525	1796	2006	2285	4980	6000
首饰品比例/%	12.9	10.5	12.0	11.1	19.7	19.1	18.6	16.1	18.0

注：2009 年和 2011 年的银首饰与工艺品用银量包括银器用银量。

16.5.2 黄金需求与投资趋势

表16-16[10,11]列出了世界黄金协会于2012年5月发布的2002~2012年世界黄金珠宝和投资对金总需求的数据。图16-11[11]所示为2008~2011年世界黄金珠宝、投资和工业需求量及黄金价格的变化趋势，可以看出：（1）这十年内，全世界对黄金的总需求在波动中回升，2009年后大体保持上升趋势，2010年和2011年总需求量超过4000t；（2）工业对黄金需求量在弹性波动中总体保持上升趋势，工业需求量对总需求量的比例大约为10%~15%；（3）黄金珠宝首饰是金的主要应用，远超过工业用金，但受黄金价格升高的影响，黄金首饰需求量总体保持下降趋势，2011年首饰需求量降低至2000t以下，2012年1季度黄金首饰需求量为519.8t，比2011年1季度低6%；（4）黄金投资需求量保持增长，特别金币与金条投资需求强劲，2010年和2011年超过千吨，2012年1季度所有品种黄金投资量为389.3t，比2011年1季度增高13%。

表16-16 2002~2012年世界黄金珠宝和投资对金总需求的数据 (t)

年 份	珠宝首饰	金币和金条投资	ETF和类似产品投资	工业	官方购金	总需求量
2002	2662	352	—	358	-547	3372
2003	2484	307	39	386	-620	3216
2004	2616	359	133	419	-479	3527
2005	2719	398	208	438	-663	3763
2006	2300	418	260	468	-365	3446
2007	2423	444	253	476	-484	3596
2008	2304	875	321	461	-235	3961
2009	1814	786	617	410	-34	3627
2010	2017	1210	368	466	77	4138
2011	1971	1524	162	453	456	4569
2012第一季度	520	338	51	108	81	1098

注：官方购金（正值）属于需求，列入总需求量；官方售金（负值）属于供应，应列入总供应量。

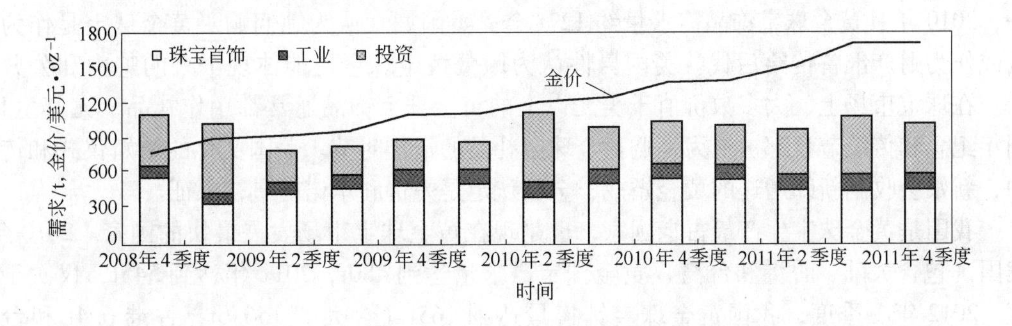

图16-11 2008~2011年间世界黄金珠宝、投资和工业需求量及黄金价格的变化趋势

（资料来源：World Gold Council：《Gold Demands Trends——Full year 2011》）

表16-17[10,11]列出了几个主要国家在2010年和2011年对黄金珠宝和金币金条投资需求量的数据。就黄金珠宝而言，印度、中国和美国是黄金珠宝需求大国，其次是俄罗斯、欧洲、土耳其等国，但欧洲国家这两年对黄金珠宝的需求降低至零。2011年相对于2010年黄金珠宝需求呈正增长的国家只有中国和俄罗斯，其他国家均呈现负增长。虽然俄罗斯的黄金珠宝销售增长较高，但它的基数较低。中国（包括大陆、香港和台湾）的黄金需求量很高，增长率达到14%。世界范围内对金币和金条投资呈增长趋势，仅美国的投资趋势呈负增长，减少了25%。这种局面的形成是由于黄金价格居高不下和世界经济疲软造成的。

表16-17 世界几个主要国家在近两年对黄金珠宝和金币金条投资需求量

国家	2010年			2011年			增长趋势/%		
	珠宝/t	金币金条投资/t	总量/t	珠宝/t	金币金条投资/t	总量/t	珠宝	投资	总量
印　度	657.4	348.9	1006.3	567.4	366.0	933.4	-14	5	-7
中　国	480.1	186.7	666.8	545.2	266.0	811.2	14	43	22
大陆	451.8	187.4	639.2	510.9	258.9	769.8	13	38	20
香港	20.6	1.1	21.7	27.5	1.8	29.3	33	68	35
台湾	7.7	-1.8	5.9	6.8	5.4	12.2	-12	—	105
韩　国	15.9	0.6	16.5	13.7	3.1	16.8	-14	517	2
泰　国	6.3	63.2	69.5	4.1	104.8	108.9	-34	66	57
日　本	21.3	-40.0	-18.7	20.8	-45.2	-24.4	-2	—	—
土耳其	70.6	40.5	111.1	63.8	80.4	144.2	-10	99	30
美　国	128.6	106.5	235.1	115.1	79.9	194.9	-11	-25	-17
俄罗斯	66.0	—	66.0	75.1	—	75.1	14	—	14
欧洲国家	—	298.6	298.6	—	374.8	374.8	—	26	26
全世界	2017	1210	3227	1971	1524	3495	-3	24	7

印度一直是世界上黄金珠宝需求最高的国家，2010年其黄金珠宝需求量达到657t金，2011年为567t。印度文化包含金元素，印度人自古以来就崇尚传统手工制造黄金或开金珠宝饰品并具有熟练的技巧。在印度，妇女们总是追求设计新颖的新款式珠宝，购买的黄金珠宝中，有50%以上用于结婚和结婚周年庆礼品。美国是世界上重要的黄金消费市场之一，2010年其黄金珠宝饰品需求量约127t金。美国妇女认为她们购买黄金珠宝是作为投资或作为财产准备传给后代。美国男性认为佩戴黄金珠宝更能体现个人的魅力和公共形象。在珠宝市场上，大多数价值千美元以上的黄金珠宝饰品通常都用作礼品，尤其生日、周年纪念和传统节日都被视为是购黄金珠宝礼品的最佳时节。美国文化的结婚仪式和传统中，新娘会收到新郎赠送的黄金婚戒，金被认定是爱情和承诺的最初象征。

我国是黄金珠宝生产最古老国家，也是现在黄金珠宝市场发展最快的国家。2010年，我国（包含大陆、香港和台湾）黄金珠宝需求量达到480t，2011年达到545t，仅次于印度。2012年1季度，我国黄金珠宝销售量达到165t（含大陆156.6t，香港6.4t和台湾2t），已超过印度同期黄金珠宝销售量（152t）[11]。这虽然受到春节期间结婚和购物高峰的影响，但从珠宝市场发展的趋势来看，相信我国黄金珠宝年销售量可能很快赶上和超过印度。近年来，我国黄金投资也呈快速增长，其中金币、金条投资从 2010 年的 187t 增加到 2011 年的 266t，增长 43%。又据报道，2010 年，上海黄金交易所全部各类黄金产品共成交 6046.06t，现货黄金交易量全球第一；上海期货交易所黄金期货交易的成交额共 18291.77 亿元，交易量全球第七。2011 年，上海黄金交易所各类黄金产品共成交 7438.463t，同比增长 23%，成交额共 24772.168 亿元，同比增长了 53.45%；上海期货交易所黄金期货交易的成交额共 50976.079 亿元，同比增长了 178.68%。富裕了的中国人也热衷贵金属投资。

我国人民历来喜爱纯金和高成色黄金珠宝饰品，近年来开金饰品也受欢迎。由于 18K 金饰品具有相对高的金成色和美丽色泽，它更受青年消费者的欢迎。大多数中国妇女认为佩戴黄金珠宝是一种美好的享受，可以体现自身的魅力。2010 年，我国约有 6 百多万新娘在婚姻殿堂上接受金饰品，作为她们幸福永久婚姻的承诺。据估计，我国有超过 75% 的城市妇女拥有一件以上的珠宝饰品，她们认为购买黄金珠宝等同于投资。

16.5.3 铂需求和投资趋势

16.5.3.1 工业对铂需求和消费趋势

表 16-18[15~17] 列出了 2005~2012 年世界各国家和地区工业铂的需求量。铂在工业中有广泛应用，主要用于能源、环境保护、化学化工、电气电子、玻璃制造、医药和医学等领域。世界工业对铂的总需求量和各地区对铂的需求量都呈马鞍形曲线，2009 年降低到最低值，特别如玻璃工业的铂用量急剧降低，这与 2008~2009 年世界金融危机引发实体经济疲软有关。近几年随着世界经济缓慢恢复，工业对铂的需求量有所回升。在工业需求中，汽车尾气净化催化剂的铂用量最高，约占世界工业对铂总需求量的 60%~70%，但自 2007 年以来汽车催化剂的铂用量有下降趋势，这与高铂价有关。就地区而言，欧洲对铂需求量最高，其次是北美洲和日本，主要归因于汽车尾气净化催化剂的广泛应用。

表 16-18 2005~2012 年世界各国家和地区工业铂的需求量

年份		2005	2006	2007	2008	2009	2010	2011	2012
工业需求量/t	汽车催化剂	118.0	121.5	128.9	113.7	68.0	95.6	96.6	95.5
	石油精炼	5.3	5.6	6.4	7.5	6.5	5.3	6.5	6.2
	化学化工	10.1	12.3	13.1	12.4	9.0	13.7	14.6	14.0
	电气电子	11.2	11.2	7.9	7.2	5.9	7.2	7.2	6.2
	玻璃	11.2	12.6	14.6	9.8	0.3	12.0	17.3	7.0
	医学和生物医学	7.8	7.8	7.2	7.6	7.8	7.2	7.2	7.5
	其他	7.0	7.5	8.2	9.0	5.9	9.3	11.0	14.6
欧洲工业对铂需求/t		71.5	74.3	74.8	71.5	39.2	57.2	58.0	51.5
北美洲工业对铂需求/t		39.7	35.8	39.5	27.5	19.3	23.6	23.8	26.4
日本工业对铂需求/t		26.7	26.6	24.1	25.5	17.3	24.4	23.8	22.7
中国工业对铂需求/t		7.5	10.4	14.6	10.9	2.6	12.1	10.6	11.8
其他地区对铂需求/t		25.2	31.3	31.4	31.7	25.0	32.8	44.2	38.6
世界工业总需求/t		170.6	178.5	186.3	167.2	103.4	150.3	160.4	151.0
中国需求比例/%		4.4	5.8	7.8	6.5	2.5	8.1	6.6	7.8

注：工业铂需求量不包含铂投资和铂珠宝饰品的用铂量。

我国工业对铂的需求相对较少，在世界工业对铂的总需求中的比例低于10%，主要应用于汽车催化剂、化学工业、电气工业、石油精炼重整工业和玻璃工业。我国汽车催化剂应用起步较晚，近年虽有较快的增长，但发展不平衡，相应标准较低，应用尚未普及。由于世界经济疲软，我国外贸受到影响，如2008～2009年中国玻璃生产受出口影响有大幅度下降，致使2009年工业用铂量下降到2.6t，在世界工业对铂总需求中所占的比例下降到2.5%。近几年通信和电视平板显示技术的发展，推动中国LCD玻璃生产增长和出口增长，铂在玻璃工业中的应用量增高。随着我国经济快速平稳发展，中国工业对铂的需求量将会平稳增长。

16.5.3.2　铂投资趋势

铂投资是指用于铂硬币、铂小棒、铂大锭方面的交易，以铂硬币和铂小棒投资称为小额投资，以铂大锭投资称为大额投资，近10年间的投资趋势列于表16-19[17,22]。世界用于大额投资的铂几乎全部由日本主宰，但近年由于高铂价的刺激使投资商出售铂，这使日本的大额投资用铂锐减。小额投资市场主要在北美洲，其他地区投资量较少。欧洲早年的铂投资很少，但在2007年后欧洲银行发行了以铂为依托的交换贸易基金（ETF），在当年12月达到195koz铂，2008年3月达到390koz铂，使欧洲的铂投资量骤增。我国仅在1999年和2005年各投资5koz（0.16t）铂，其他年份铂投资量都很少，世界其他地区的铂投资也很少。总体来说，世界范围内，铂投资量远低于铂首饰品需求量。

表16-19　2001～2012年世界各国家和地区铂投资趋势　（t）

年份		2001	2002	2003	2004	2005	2006	2007	2008	2009	2010	2011	2012
世界	小额	1.56	1.4	0.94	0.94	0.47	(1.24)	5.29	17.26	20.53	20.37	14.31	15.24
	大额	1.24	1.09	0.62	0.47								
日本	小额	0.16	0.16	0.16	0.16	(0.47)	(2.02)	(1.87)	11.98	4.98	1.40	7.78	4.97
	大额	1.24	1.09	0.62	0.47								
北美洲	小额	1.4	1.24	0.78	0.62	0.78	0.62	0.93	1.87	3.27	14.46	0.31	6.53
欧洲		0	0	0	0	0	0	6.07	3.27	11.96	4.35	4.82	2.80
中国		0	0	0	0	0.16	0	0	0	0	0	0	0
其他地区		0	0	0	0.16	0	0.16	0.16	0.16	0.31	0.16	1.40	0.93

注：1. 2005年以前投资以小额和大额统计，2005年以后统计数据包括小额和大额投资之和。2. 欧洲的铂投资主要为交换贸易基金小额铂投资。3. 括号内数字表示投资者卖出的铂，被视为对当年铂投资的负贡献。

16.5.3.3　铂珠宝首饰需求变化趋势

表16-20[17,22]列出了2001～2012年间世界各国家和地区铂首饰销售趋势。历史上首饰制造用铂一直是其最大应用，2002年以后，汽车尾气催化剂用铂量超过了首饰制造业对铂的需求量。1999年世界销售铂首饰品89.6t，占当年世界铂总用量（174t）的51.5%，是历史上铂首饰品销售最高水平。2001年和2002年铂首饰品销售量仍然保持在80t以上。随后，铂金属价格上涨对铂首饰品的销售产生了负面影响，导致世界铂首饰品销售量连续下降，2008年降低至64.1t最低点，占当年世界铂总需求量的38.3%。2008年发生于美国的一场金融危机使铂的价格明显回落，这反而促进铂饰品销售量大幅上升，使2009年

的首饰用铂量升高到87.4t，超过了当年汽车催化剂用铂量（68t），占当年世界铂总需求量的45.8%；2012年首饰用铂量达到84.8t，仅次于2002年和2009年的首饰用铂量。

表16-20 2001～2012年间世界各地区铂首饰销售趋势 （koz（t））

年份	2001	2002	2003	2004	2005	2006	2007	2008	2009	2010	2011	2012
日本	750 (23.3)	780 (24.3)	660 (20.5)	560 (17.4)	670 (20.8)	585 (18.2)	540 (16.8)	530 (16.5)	335 (10.4)	325 (10.1)	315 (9.8)	306 (9.5)
欧洲	170 (5.3)	160 (5.0)	190 (5.9)	195 (6.1)	195 (6.1)	200 (6.2)	200 (6.2)	205 (6.4)	185 (5.8)	175 (5.4)	175 (5.4)	180 (5.6)
北美洲	280 (8.7)	310 (9.6)	310 (9.6)	290 (9.0)	285 (8.9)	270 (8.4)	225 (7.0)	200 (6.2)	135 (4.2)	175 (5.4)	185 (5.8)	175 (5.4)
中国	1300 (40.4)	1480 (46.0)	1200 (37.3)	1010 (31.4)	1205 (37.5)	1060 (33.0)	1070 (33.3)	1060 (33.0)	2080 (64.7)	1650 (51.3)	1680 (52.3)	1920 (59.7)
	50.2%	52.5%	47.8%	46.8%	48.9%	48.3%	50.7%	51.5%	74.0%	68.2%	67.7%	70.4%
其他	90 (2.8)	90 (2.8)	150 (4.7)	105 (3.3)	110 (3.4)	80 (2.5)	75 (2.3)	65 (2.0)	75 (2.3)	95 (3.0)	125 (3.9)	145 (4.5)
总量	2590 (80.6)	2820 (87.7)	2510 (78.1)	2160 (67.2)	2465 (76.7)	2195 (68.3)	2110 (65.6)	2060 (64.1)	2810 (87.4)	2420 (75.3)	2480 (77.1)	2725 (84.8)

注：中国栏中百分比数据为中国铂首饰销售量占世界总销售量的比例。

20世纪20～30年代我国就有了铂合金工艺品的加工，但很少涉及铂首饰品制造。我国人民历来钟爱黄金首饰品，20世纪90年代之前一般人很少涉及铂金首饰品。随着对外开放和经济发展及人民生活水平提高，也由于时尚和铂金首饰制造商的推动，铂金珠宝市场日益活跃，促进了我国铂首饰工业的发展。自90年代中期以后，我国铂首饰品销售量一路高升，2000年超过日本成为世界第一铂金首饰品消费国。2002年，我国铂首饰品销售量约46t，占当年世界铂首饰品销售量52.5%。随后的几年中与世界其他地区一样，受铂价格升高的影响，我国的铂首饰品销售量也略有回落，但在世界铂首饰销售量中仍占最高比例。根据全球权威咨询机构华通明略公司于2008年对我国5城市（北京、上海、广州、成都、沈阳）1000位20～40岁白领女性的调查，有半数以上受访者表示购买珠宝首饰时会首选铂金首饰[23]。2009年在我国铂金婚庆、非婚庆首饰和礼品销售量创造了64.7t的新纪录，占世界铂金首饰总销售量的74%。近年，由于年轻的消费者热衷于购买铂金首饰作为他们的第一款饰品，因此2012年铂金首饰达到约60t，达到铂金首饰第二个高峰。我国已成为名副其实的世界铂首饰品销售大国，在世界铂首饰市场占据主导。面对于西方首饰市场的不景气态势，我国的铂首饰品市场可谓“风光独好”。铂首饰品销售为民间增加了收藏和间接投资渠道，同时也有利于“藏铂于民”的铂战略储备。

16.5.4 钯需求和投资趋势

16.5.4.1 工业对钯需求和消费趋势

表16-21[17,22]列出了2002～2012年世界各国家和地区及工业对钯的需求量。钯的主要应用领域是汽车尾气净化催化剂、化学工业、电子工业和牙科材料等。作为汽车尾气净化催化剂的主要活性成分，含高Pd比例的Pt/Pd/Rh催化剂有利于降低催化剂的起燃温度，

扩宽空燃比窗口，提高催化转化效率[5]。另外，由于Pd的价格远低于Pt的价格，因此Pd在汽车尾气净化催化剂中的应用一直高于Pt。电子工业和牙科材料也是Pd的主要应用领域。就地区而言，欧洲、北美和日本等发达国家的工业用Pd量居高，中国工业早年用Pd量较低，近年有了快速发展，其在世界工业对Pd总需求量中的比例已提高到19%。随着中国经济的持续发展，中国工业对Pd的需求量将会进一步升高。

表16-21 2002~2012年世界各国家和地区及工业对钯的需求量

年份		2002	2003	2004	2005	2006	2007	2008	2009	2010	2011	2012
工业需求量/t	汽车催化剂	83.4	94.6	101.4	100.8	99.8	141.4	138.9	126.0	173.6	187.6	201.6
	化学化工	7.9	8.2	9.6	12.9	13.7	11.7	10.9	10.1	11.5	13.8	16.5
	电子工业	23.6	28.0	28.6	30.2	37.5	48.2	42.6	42.6	43.9	42.9	37.6
	牙科	24.4	25.7	26.4	25.3	19.3	19.6	19.4	19.8	18.5	17.1	16.8
	其他	2.8	3.4	2.8	8.2	2.6	2.6	2.3	2.2	2.8	3.3	4.0
欧洲用量/t		48.2	43.2	40.0	35.5	32.5	43.1	42.9	42.3	54.1	56.5	55.5
北美洲用量/t		28.8	47.0	50.9	55.5	45.9	70.3	56.1	47.1	57.7	61.0	67.8
日本用量/t		35.9	39.8	43.1	43.7	41.8	45.3	47.0	36.9	43.4	38.4	41.5
中国用量/t		5.4	11.8	13.8	15.9	19.1	23.6	22.1	34.4	44.8	48.1	52.4
其他地区用量/t		23.8	18.0	21.2	26.9	33.6	41.2	46.0	40.1	50.2	60.8	59.3
世界工业总需求/t		142.1	159.8	168.9	177.5	172.9	223.5	214.1	200.8	250.2	264.8	276.5
中国需求比例/%		3.8	7.4	9.9	9.0	11.0	10.6	10.3	17.1	17.9	18.2	19.0

注：钯需求量不包括钯投资和钯珠宝饰品的用量。

16.5.4.2 钯投资趋势

表16-22[17,22]列出了2002~2012年世界各国家和地区的钯投资趋势。钯投资一直以北美较活跃，2007年以后，欧洲发行了以实体金属钯为依托的交换贸易基金（ETF），欧洲的钯投资量明显增高。钯投资也受钯价格的影响，近年钯价格升高使投资者出售钯，使2011年的钯投资为净抛售。中国和世界其他地区尚未涉及钯投资。

表16-22 2002~2012年间世界各地区的钯投资趋势 (t)

年份	2002	2003	2004	2005	2006	2007	2008	2009	2010	2011	2012
欧洲	0	0	0	0	0	8.7	11.5	16.4	(0.1)	(1.1)	3.3
北美洲	0	0.9	6.2	6.8	1.6	(0.6)	1.6	3.0	33.9	(16.6)	8.7
日本	0	0	0	0	0	0	0	0	0.3	0.16	0
总投资	0	0.9	6.2	6.8	1.6	8.1	13.1	19.4	34.1	(17.6)	12.0

注：1. 中国和世界其他地区未涉及钯投资，钯投资额为零。2. 括号内数字表示投资者卖出的钯，被视为对当年钯投资的负贡献。

16.5.4.3 钯珠宝首饰需求变化趋势

表16-23[17,22]列出了2001~2012年间世界各国家和地区钯首饰销售趋势。钯与钯合金在珠宝首饰品中的应用有两种形式：其一，自20世纪20年代始，钯作为主要漂白元素用于制造优质白色开金珠宝饰品；其二，直接用作珠宝饰品，在市场上被称为钯金饰品。虽然在20世纪50~60年代，苏联和美国曾开发了若干饰品钯合金的配方，但20世纪钯金饰品一直不被看好，世界珠宝饰品中钯饰品销售额很低，钯主要作为开金饰品合金的添加

组元应用。2003 年中国珠宝市场推出高成色钯金饰品获得成功，2004 年以后，高成色钯金珠宝销售额急剧增加，占据了世界钯金珠宝饰品主要份额。但 2008 年以后钯金珠宝饰品销售在世界范围内呈下降趋势，其主要原因可能有：（1）近年钯的价格呈上升趋势；（2）钯金首饰是新上市的珠宝饰品，虽然高成色钯金首饰的性价比并不亚于铂金，但消费者对钯金并不很了解，许多消费者甚至不知道钯是贵金属，特别在边远城市和农村消费者更不了解钯金首饰品；（3）钯金饰品质量标准还不健全和完善，有些不法商家常以钯金充当铂金，损害了钯金形象。直到 2007 年 11 月中国首饰标准化技术委员会正式认可"钯金"珠宝首饰品名称，这为钯金首饰参与市场竞争创造了条件[23]。

表 16-23　2001～2012 年世界各国家和地区钯首饰销售趋势

年　份	2001	2002	2003	2004	2005	2006	2007	2008	2009	2010	2011	2012
欧洲用量/t	1.1	1.1	1.1	1.1	1.1	1.2	1.2	1.4	1.6	2.0	1.9	2.2
北美洲用量/t	0.3	0.3	0.3	0.3	0.6	1.2	1.7	1.9	1.9	2.0	1.4	1.4
日本用量/t	4.4	5.1	5.0	4.8	4.5	4.0	3.9	3.6	2.5	2.3	2.2	2.2
中国用量/t	0.8	0.9	0.8	21.8	37.3	23.6	21.9	23.0	17.4	11.2	9.5	7.5
其他用量/t	0.9	0.9	0.9	0.9	0.9	0.8	0.8	0.8	0.8	0.9	0.8	0.8
总需求量/t	7.5	8.3	8.1	28.9	44.4	30.8	29.5	30.7	24.2	18.4	15.8	14.1
中国比例/%	10.1	10.8	9.9	75.4	84.0	76.6	74.2	74.9	71.9	60.9	60.1	53.2

钯金首饰有相对低廉的价格，有相对轻的质量和更舒适的感受，有接近于铂金首饰的色泽和品质，也有较丰厚的投资回报预期。通过市场不断丰富钯金饰品产品，提高钯金饰品质量，加强钯金饰品宣传力度，完善和规范钯金饰品市场管理和制度等措施，钯金首饰在我国应有广阔的市场。

16.6 中国贵金属珠宝饰品消费概貌和发展前景

16.6.1 中国贵金属珠宝市场现状与品牌

1979 年改革开放以前，我国贵金属珠宝市场的规模很小，贵金属珠宝饰品加工企业主要集中在上海和北京等地，所生产的珠宝首饰的品种、款式和花色也都很少。我国香港是世界上重要的珠宝首饰生产和消费地，有几十家珠宝首饰加工厂。香港首饰造型新颖美观，制造技艺精湛，产品深受香港和大陆用户喜爱与欢迎。改革开放以后，一方面借助于我国老牌企业（如上海老凤祥等）的技术改造、创新和发展，另一方面也得益于我国香港珠宝首饰业向内地转移的机遇，我国的珠宝首饰加工业得到了快速的发展，迅速形成了以珠江三角洲地区（深圳、番禺、四会、揭阳等地）和江浙地区（上海、浙江义乌、诸暨、江苏扬州等地）为中心的珠宝首饰加工中心，培育、发展了一批民族乃至世界珠宝首饰品牌公司。除此以外，我国还形成了一些具有特色的珠宝加工基地，如在云南瑞丽、腾冲、昆明以及新疆和田的玉石玉器加工基地、浙江诸暨和广西南浦珍珠加工基地、辽宁和山东的钻石加工基地、广西梧州人造宝石加工基地等。在我国少数民族居住的省份和地域也发展了少数民族珠宝首饰加工企业，如在云南省就建有十余家民族银饰银器加工厂，主要分布在通海、建水、大理、思茅、文山、红河和西双版纳等州县，仅通海和建水民族银饰品厂每年生产民族银饰就有几吨，其他省份如贵州、广西、四川、青海、西藏也有相应的民族银饰加工厂。另外，我国城乡民间广泛地分布有贵金属珠宝首饰个体或家庭经营户，从事珠宝首饰加工和改造业务，对满足和方便民众的需求作出了贡献。

随着我国贵金属珠宝市场发展和繁荣，一些国际机构，如国际铂金协会、国际黄金协会和国际白银协会等，先后进驻我国，并推出其珠宝产品。2007 年，国际铂金协会在我国推出婚庆铂金首饰"缘锭三生"系列、名花"绽放"系列等产品。国际上著名的珠宝首饰公司也纷纷登陆我国珠宝市场，针对我国青年消费群体，在"首饰年轻化"、"80 后代言人"、"满足个性需要"等经营策略下，推出 80 后铂金系列以及以由开金铂金、开金黄金组合的双色、三色和多色、变色的 14K 或 18K 彩色金合金首饰系列，富有时尚和观赏性，很受青年消费者喜爱[24]。图 16-12 所示为世界著名珠宝公司制造的几款镶嵌钻石的铂金婚戒，纯净的铂金与璀璨的钻石完美结合，极显高贵、典雅、卓越和华丽之品格，诠释爱情的纯洁、忠贞和永恒。

图 16-12 几款世界顶级品牌镶钻铂金婚戒

（a）卡地亚婚戒；（b）蒂芙尼婚戒；（c）德米阿尼婚戒；（d）哈里 · 温斯顿婚戒；
（e）宝格丽婚戒；（f）梵克雅宝婚戒；（g）施华洛世奇婚戒；（h）御木本婚戒

16.6.2 中国贵金属珠宝饰品消费的发展

在现代社会，虽然贵金属及其合金已成为基础工业、尖端工业和高新技术必不可少的关键材料，但黄金、白银、铂金和钯金的主要应用领域仍是珠宝首饰业，各类贵金属珠宝饰品已成为人类生活与文明的组成部分之一，各类贵金属投资产品已成为人们抗击金融风险和保值增值的最佳理财产品。在世界范围内，每年用于珠宝首饰业的黄金量保持在 3000t 以上，白银珠宝首饰量保持在 5000t 以上（未包括银器用银量），铂金、钯金用量超百吨。世界珠宝首饰业中，我国珠宝市场一直繁荣兴旺，可谓"一枝独秀"。目前，我国珠宝首饰业的每年用银量 1000t 以上，黄金珠宝用量在 500t 以上，铂金、钯金的年用量在 80t 以上，占据世界珠宝首饰的主导地位。

近年来贵金属珠宝首饰正在成为继住房、汽车之后中国老百姓的第三大消费热点，消费额逐年上升。有资料显示，2005 年中国珠宝市场销售总额约 1400 亿元，出口 54.9 亿美元，销量位居世界前列。2006 年全国珠宝市场销售总额约 1600 亿元，出口 68.7 亿美元。

2007年，中国首饰市场更加繁荣，根据商务部对重点流通企业监测的数据显示，2007年1~5月的金银珠宝消费，比2006年同期累计增长34.6%，是28大类监测商品中增长速度最快的商品，至2007年8月全国金银珠宝消费猛增53%。2010年，我国珠宝市场的销售额约为1800亿元，占全球市场的10%以上。预计到2020年，我国珠宝产业年销售总额将达到3000亿元，出口超过120亿美元。

据《世界奢侈品协会2011年官方报告蓝皮书》调查显示，截至2011年3月底，世界各国奢侈品（主要包括时装、箱包、贵金属珠宝、名表和化妆品）的消费比例是：日本35%，中国25%，美国15%，欧洲各国16%，中东和其他地区9%，中国已成为全球第二大奢侈品消费国。中国奢侈品市场消费总额为107亿美元，其中珠宝市场消费额为27.6亿美元，占25.8%。奢侈品消费中，2010年增长最快的是贵金属珠宝和名表，在全球经济疲软和货币贬值的环境下，这突出显示了贵金属珠宝和名表两款奢侈品最具投资价值和具有最高稳定性。世界奢侈品协会报告，2012年中国奢侈品市场消费额将达到146亿美元，占全球奢侈品消费额顶峰。根据《世界奢侈品协会官方报告峰会》针对中国珠宝行业的发展与现状主体报告，2010年中国珠宝玉石首饰总销售额达700亿人民币，出口达28亿美元；首饰用黄金达230t，居世界第四；铂金饰品销售总件数突破100万件，铂用量达1500koz（约合46.7t），占全球铂金饰品年销售额的52%。钻石年销售额已超过11亿美元，中国已成为世界公认的潜力最大的钻石销售市场和世界第二大钻石加工国。中国是珍珠养殖大国，年产量占世界总产量的90%。此外，中国的和田玉具有几千年的文明历史，巧夺天工的雕刻玉石艺术品被称为中国本土的珠宝奢侈品，深受人们的喜爱，巨大的消费市场为世界珠宝业所瞩目。但是，玉石消费主要集中在中国、东亚和东南亚一些国家，在欧美市场上玉石消费仅占它们的珠宝市场3%的份额。因此，世界奢侈品协会建议我国应建立玉石的国家标准，规范市场秩序，推动白玉向西方市场发展。❶

我国黄金、白银、铂金和钯金珠宝首饰加工、钻石加工、珍珠加工和玉石加工在世界珠宝市场上都占有举足轻重的地位，极大地推动了贵金属珠宝首饰加工业的蓬勃发展。据统计，我国珠宝行业的从业人员目前已超过300余万人（不包括从事贵金属冶金和材料加工的人员）。近年来，我国首饰加工业接受的国外订单逐年增加，将成为全球最具竞争力的珠宝首饰制造和贸易中心之一，也将成为世界最大的珠宝消费市场。我国贵金属珠宝市场繁荣兴旺，对促进就业、拉动内需、促进外贸和繁荣经济都具有重要意义，也有利于实现“藏金于民，藏铂于民”的贵金属储备战略。

面对我国铂金首饰的旺盛需求，全球最大的铂金生产商英美铂业公司（Anglo Platinum）首席执行官 Neville Nicolau 先生表示：“中国铂金市场的卓越表现体现了铂金首饰推广工作的成功，也再次证明了中国独有的市场特性。受全球经济危机影响，在西方市场铂金首饰销量显现下降态势，而中国旺盛的增长可谓一枝独秀。中国铂金首饰市场远未饱和，铂金首饰销售网络仍在持续增长”[25]。事实上，我国黄金、白银和钯金首饰市场也远未饱和，珠宝市场发展潜力巨大。如果全国每人增加1g黄金或铂金珠宝饰品，需要的黄金铂金就在千吨以上。珠宝饰品更受年轻人青睐，估计我国每年有1000万对青年结婚，

❶ 上述资料数据参考资料《Asian Guide Weekly》28/07/2011，第139期。由于统计渠道不同，世界奢侈品协会的数据与国内统计数据不尽相同。

以每对新人购买10g黄金或铂金饰品计算，每年就需要黄金铂金饰品百余吨。随着我国经济发展惠及广大农村，将有越来越多的农村妇女购买黄金、铂金、钯金珠宝，越来越多的农村新娘佩戴黄金、铂金、钯金珠宝走进婚姻殿堂。可以预期，贵金属珠宝销售将遍及全国，促进经济更加繁荣。

参考文献

[1] 宁远涛，赵怀志．银[M]．长沙：中南大学出版社，2005.

[2] 王永录，张永俐，宁远涛．贵金属[M]．长沙：中南大学出版社，2008.

[3] 国土资源部信息中心．世界矿产资源年评2003~2004[M]．北京：地质出版社，2005.

[4] 刘时杰．铂族金属矿冶学[M]．北京：冶金工业出版社，2001.

[5] 张永涛．中国黄金工业发展面临新的机遇与挑战[C]//安泰科信息开发有限公司．2009年中国国际贵金属年会论文集，2009：18~24.

[6] 宁远涛，杨正芬，文飞．铂[M]．北京：冶金工业出版社，2010.

[7] 石和清．再创新高仍可期？——2009年10月金银市场简评及11月市场展望[J]．中国贵金属，2009(10-11):26~44.

[8] KLAPWIJK P. World Silver Survey 2012 - Global head of metals analytics[R]. New York: GFMS Thomson Reuter, 2012.

[9] 王永录．贵金属二次资源的回收与利用[C]//侯树谦．昆明贵金属研究所成立70周年论文集，昆明：云南科技出版社，2008：10~19.

[10] STREET L, PALMBERG J, ARTIGAS J, et al. Gold Demands Trends—Full year 2011[R]. World Gold Council, Feb. 2012, www. gold. org.

[11] ONG E, STREET L, PALMBERG J, et al. Gold Demands Trends—First Quarter 2012[R]. World Gold Council, 2012, www. gold. org.

[12] KLAPWIJK P. World Gold Survey 2012 - Global head of metals analytics[R]. GFMS Thomson Reuter, April 2012, New York.

[13] 赵怀志，宁远涛．金[M]．长沙：中南大学出版社，2003.

[14] JOLLIE D. Platinum 2007 Interim Review[M]. London: Published by Johnson Matthey, 2007.

[15] JOLLIE D. Platinum 2010 [M]. London: Published by Johnson Matthey, 2010.

[16] JOLLIE D. Platinum 2011 Interim Review[M]. London: Published by Johnson Matthey, 2011.

[17] BUTLER J. Platinum 2012 Interim Review[M]. London: Published by Johnson Matthey, 2012.

[18] MOHIDE T P. Silver[M]. Toronto: Ontario Ministry of Natural Resource, 1985.

[19] 邓德国，李关芳，张永俐，等．贵金属材料[C]//有色金属材料咨询研究组编．有色金属材料咨询报告．西安：陕西科技出版社，2000：191~213.

[20] 刘时杰．加速发展黄金工业，开拓应用增加储备“藏金于民”[C]//侯树谦．昆明贵金属研究所成立70周年论文集，昆明：云南科技出版社，2008：40~46.

[21] JOLLIE D. Platinum 2009 [M]. London: Published by Johnson Matthey, 2009.

[22] JOLLIE D. Platinum 2008[M]. London: Published by Johnson Matthey, 2008.

[23] 张炳南．GFMS：铂钯年鉴2008[R]．北京：北京黄金经济发展研究中心，2008.

[24] 彭觥．我国铂钯首饰市场现状[C]//侯树谦，汪贻水，彭觥，等．振兴铂业．北京：中国地质学会，2009：112~117.

[25] 瀚金．中国铂金首饰需求旺盛[J]．珠宝商情，2009(8).

冶金工业出版社部分图书推荐

书　　名	定价(元)
贵金属生产技术实用手册(上册)	240.00
贵金属生产技术实用手册(下册)	260.00
铂	109.00
金银冶金(第2版)	49.00
金银提取技术(第3版)	75.00
黄金生产知识(第2版)	12.50
金银生产与应用知识问答	22.00
伴生金银综合回收	39.00
现代有色金属提取冶金技术丛书	
稀散金属提取冶金	79.00
萃取冶金	185.00
金银提取冶金	66.00
现代有色金属冶金科学技术丛书	
锡冶金	46.00
钨冶金	65.00
钛冶金	69.00
镓冶金	45.00
钒冶金	45.00
锑冶金	88.00
稀有金属手册(上)	199.00
稀有金属手册(下)	199.00
稀土金属材料	140.00
铝冶炼生产技术手册(上册)	239.00
铝冶炼生产技术手册(下册)	229.00
现代铝电解	108.00
镁合金制备与加工技术手册	128.00
镁质材料生产与应用	160.00
铜加工技术实用手册	268.00
高纯金属材料	69.00
钛	168.00
贵金属合金相图及化合物结构参数	198.00
稀有金属真空熔铸技术及其设备设计	79.00